FULDA — GINSBERG

TONERDE UND ALUMINIUM

II. Teil

TONERDE UND ALUMINIUM

ERGEBNISSE UND ERFAHRUNGEN AUS DER BETRIEBSPRAXIS

1920—1952

VON

WILHELM FULDA † und HANS GINSBERG
DR. PHIL. DR.-ING. HABIL.

II. TEIL

DAS ALUMINIUM

Mit 264 Abbildungen und 43 Tabellen

1953

WALTER DE GRUYTER & CO.
vormals G. J. Göschen'sche Verlagshandlung, J. Guttentag, Verlagsbuchhandlung
Georg Reimer, Karl J. Trübner, Veit & Comp.
BERLIN W 35

vormals G. J. Göschen'sche Verlagshandlung — J. Guttentag, Verlagsbuchhandlung
Georg Reimer — Karl J. Trübner — Veit & Comp.
Berlin W 35
Archiv Nr. 52 89 53 Printed in Germany

Satz: Walter de Gruyter & Co., Berlin W 35 — Druck: Thormann & Goetsch, Berlin SW 61

Inhalt

Seite

Vorwort XI

A. Die Aluminium-Elektrolyse

I. Allgemeine Betrachtungen

1. Geschichtliche Entwicklung der Aluminium-Elektrolysezellen 1
   a) Die ersten Versuche der Aluminiumgewinnung 1
   b) Beginn der elektrolytischen Gewinnung 2
   c) Die technische Aluminium-Elektrolyse in Europa 4
   d) Die Entwicklung der Aluminium-Elektrolyse in USA 9
   e) Die Weiterentwicklung der Aluminium-Elektrolysen 10
2. Die chemisch-physikalischen Grundlagen und Erörterungen verschiedener Theorien über die Vorgänge bei der Elektrolyse 16

II. Die Herstellung von Hüttenaluminium

1. Die elektrischen Anlagen 20
   a) Die technologischen Bedingungen des schmelzelektrolytischen Prozesses 20
      aa) Der Gleichstrom 20
      bb) Ofenspannung, Gesamtspannung der Ofensysteme 22
      cc) Die Regelung der Stromstärke oder der Leistung der Ofensysteme 22
      dd) Die Betriebssicherheit der Stromversorgungsanlagen 26
   b) Der Verbrauch an elektrischer Arbeit bei der Aluminiumerzeugung . 26
   c) Die Erzeugung billiger Energie 26
      aa) Der Strompreis 26
      bb) Standort der Aluminiumhütten 28
   d) Primärerzeugung von Gleichstromenergie (Beispiel Töging) 28/29
   e) Die Umformer- und Gleichrichteranlagen 34
      aa) Der Motorgenerator 34
      Die Maschinenanlage des Erftwerkes als Beispiel einer Umformeranlage mit Motorgeneratoren 35
      bb) Der Einankerumformer 37
      cc) Quecksilberdampfgleichrichter 39
         Allgemeines 39
         Gruppeneinteilung der Gleichrichteranlagen 41
         Rückzündungen 41
         Regulierung 43
         Transformatorschaltung und Phasenzahl 45
         Rückkühlanlagen 46
      Das Kraftwerk Ering und die Gleichrichtersysteme des Mattigwerkes als Beispiel einer Stromversorgungsanlage mit Drehstromgeneratoren und Umformung unmittelbar bei den Ofensystemen 47
         Neue Ausführungsformen von Gleichrichtern 49

Seite

f) Messung starker Gleichströme 51
g) Ausblick 52

2. Ofentypen 53
a) Offene Öfen mit gebrannten Elektroden 53
b) Öfen mit Söderberg-Anoden 58
c) Aufbau der Ofenböden (Kathoden) 60
d) Anordnung der Öfen in der Halle 66
e) Vergleich zwischen offenen und geschlossenen Öfen 67
aa) Herstellungskosten 67
bb) Verbrauch an Strom und Rohstoffen 68
cc) Personalbedarf 70
dd) Abschließender Vergleich 71

3. Technische Einrichtungen einer Hüttenanlage und eines Ofenbetriebes . 71
a) Einschalten einzelner Öfen oder ganzer Systeme 71
aa) Öfen mit Ofenwannen verschiedenen Aufbaues 71
bb) Öfen mit gebrannten Anoden 73
cc) Öfen mit Söderberg-Elektroden 73
b) Wiedereinschalten von alten Öfen 77
c) Der laufende Betrieb 77
aa) Bedienen der Öfen, Beurteilung der Schmelze usw. 82
bb) Anodendienst 87
cc) Metallentnahme 89
dd) Störungen und ihre Beseitigung 90

III. Die Herstellung von Al-Legierungen im Elektrolyseofen

1. Siliziumhaltige Legierungen 94
2. Manganhaltige Legierungen 95
3. Titanhaltige Legierungen 95

IV. Die Herstellung von Reinstaluminium durch Elektrolyse 97

1. Entwicklung der elektrolytischen Raffination mit flüssiger Anode und Kathode 100
2. Raffination mit fester Anode und fester Kathode, sowie mit fester Anode und flüssiger Kathode 105
3. Die Raffination von Aluminiumschrott in der Dreischichten-Elektrolyse 106
4. Der Magnesiumentzug 107
5. Aufbau und Kennzahlen einer Raffinationszelle 109
6. Die Ausseigerung schwermetallreicher Schmelzen 113
7. Wärmebilanz einer Raffinationszelle 115
8. Aufbau und Betrieb einer Raffinationsanlage 116

B. Herstellung von Aluminium unter Umgehung der Aluminium-Elektrolyse 121

Seite

C. Nebenbetriebe

I. Fabrik für feste Elektroden und Anlage für Söderberg-Masse

1. Rohstoffe und an sie gestellte Anforderungen 127
a) Kokssorten 128
b) Bindemittel 131
c) Lagerung der Rohstoffe 132

2. Herstellung von gebrannten Elektroden 133
a) Kalzinieren, Trocknen 133
b) Mahlen und Klassieren 135
c) Mischen 139
d) Pressen 140
e) Fehler beim Pressen 141
f) Brennen 141
g) Fehler beim Brennen 141
h) Betriebskontrollen 142
i) Die Einrichtung eines Brennofens 143
j) Die fertige Anode 149
aa) Einschrauben 149
bb) Eingießen 150
cc) Einstampfen 150
k) Eigenschaften der Anoden 150

3. Herstellung der Masse für die Söderberg-Anoden 155

II. Ausnutzung der Abgase der Elektrolyse

1. Absaug- und Auffangapparatur 159
a) Naßwäsche 160
b) Elektrische Entstaubung 162

2. Kryolithrückgewinnung 162
a) Aufarbeiten der Laugen 163
b) Aufarbeiten des Waschschlammes 164

D. Gießen von Aluminium und Aluminium-Legierungen in der Hütte

I. Gießöfen und ihre Befeuerung

1. Anforderungen an die Öfen im Rahmen der verschiedenen Arbeitsgänge 165
2. Beheizungsarten 165
3. Die wichtigsten Ofenarten und ihr Anwendungsbereich 166
a) Tiegelöfen 166
b) Herdöfen 167
c) Der Niederfrequenz-Induktionsofen 170

II. Masselguß 172

III. Blockguß

1. Schmelztechnik und Blockgußbeschaffenheit bei Al und Al-Legierungen 177
2. Allgemeine Richtlinien für das Gießen von Blöcken 184
3. Gießverfahren mit die Kokillenhöhe nicht übersteigender Blocklänge . . 185

Seite

IV. Strangguß (Aufbau und Ausrüstung einer neuzeitlichen Gießerei)

1. Geschichtliches 193

2. Apparative Einrichtung 195
a) Gießöfen 196
b) Absenkvorrichtungen 197
c) Gießrinnen 198
d) Kokillen 199
e) Hohlbarrengießvorrichtungen 201
f) Plattiergießvorrichtungen 201
g) Mehrfachgießeinrichtungen 202

3. Betriebserfahrungen 203
a) Wasserverbrauch 203
b) Gießtemperatur 203
c) Beziehung zwischen der Blockdicke und Absenkgeschwindigkeit . . . 204
d) Gießbedingungen für Plattierguß 205
e) Die Reißneigung und ihre Bekämpfung 206
f) Erstarrungsverlauf und seine Einwirkung auf die Blockeigenschaften . 212

E. Schrottaufbereitung

I. mittels mechanischer Reinigung durch Schmelzen in besonders konstruierten Öfen: 219

1. Tiegelöfen 225
2. Abschmelzöfen 236
3. Trommelöfen 242
4. Schaukelöfen 246
5. Salzbadelektrodenöfen 246
6. Induktionsöfen 249
7. Vakuumschmelzöfen 254

II. mittels Raffinieren:
1. durch Elektrolyse (s. A IV)

F. Überblick über die Weiterverarbeitung des Metalles

Allgemeines 256

I. Formgebung 257

1. Kneten 258

a) Walzen 261
aa) Warmwalzen 261
bb) Kaltwalzen 270
cc) Walzplattieren 275

b) Pressen und Ziehen 277
aa) Strangpressen 277
bb) Mehrstrangpressen 283
cc) Abschrecken an der Matrize 283
dd) Preßeffekt 284
ee) Ziehen 284

Seite
c) Schmieden 285
aa) Freiformschmieden 286
bb) Gesenkschmieden 286
cc) Schmiedehämmer und Schmiedepressen 288
dd) Abgratpressen 288
ee) Aushärten 289

2. Formgießen 290
a) Sandguß 290
b) Kokillenguß 293
c) Druckguß 295

II. Oberflächenbehandlung

1. Herstellung und Eigenschaften oxydischer Deckschichten 302
a) Die chemische Oxydation 303
b) Soda-Chromat-Verfahren 304
c) Erftwerk-Verfahren 310
d) Die anodische Oxydation 313
e) Die Vorgänge beim Aufbau der Schicht 316
f) Die Struktur der Schichten 318
g) Die Eigenschaften der Schicht 318
h) Einfluß der Gefügebestandteile und Verarbeitungsbedingungen . . . 321
i) Die Technik der anodischen Oxydation 323
j) Entfetten und Beizen 324
k) Ausrüstung für die anodische Oxydation 326
aa) Schwefelsäure-Verfahren 326
bb) Oxalsäure-Verfahren 326
cc) Chromsäure-Verfahren 326
l) Die Nachbehandlung 329
m) Das Schwefelsäure-Verfahren 330
n) Oxalsäure 331
o) Oxalsäure-Schwefelsäure-Mischungen 332
p) Das Chromsäure-Verfahren 332
q) Das Ematal-Verfahren 332
r) Die anodische Deckschicht als Grundlage für Farben, lichtempfindliche Schichten und metallische Niederschläge 333
s) Foto-Verfahren 335
t) Das Elytal-Verfahren 335
u) Das anodische und chemische Polieren 335

G. Anhang

I. Verzeichnis der Abbildungen 347
II. Verzeichnis der Tabellen 354
III. Stichwort-Verzeichnis 355
IV. Namen-Verzeichnis 357

Vorwort

Wir haben uns bemüht, den Charakter der Berichterstattung wie er für den ersten Band maßgebend war, auch bei der Abfassung des vorliegenden zweiten Teiles zu wahren. Dementsprechend findet man hier keine speziellen Angaben über das Element Aluminium, seine physikalischen und chemischen Eigenschaften, sondern eine Monografie der praktischen Aluminium-Hüttenkunde, die wiederum in erster Linie die Entwicklung der deutschen Aluminium-Industrie berücksichtigt. Hierzu scheint uns die Tatsache zu berechtigen, daß diese ebenso wie die deutsche Tonerde-Industrie eine überragende Bedeutung im Rahmen ihres Industriezweiges innerhalb der vergangenen Jahrzehnte errungen hatte. Hinzu kommt, daß eine Berichterstattung, beschränkt auf den eigenen speziellen Arbeitsbereich nun einmal die zuverlässigste ist. Gerade auf diesen Punkt möchten wir besonderen Nachdruck legen, weil bis in die jüngste Zeit hinein auf kaum einem unserer Fachgebiete soviel unzuverlässige Angaben in die Literatur eingegangen sind wie auf dem der praktischen chemischen Technologie. Unsere ausländischen Kollegen werden die Beschränkung und dadurch bedingte Einseitigkeit der Berichterstattung verstehen. Sie mögen aber dadurch auch angeregt werden, aus eigener Reserve herauszutreten.

Die Ausführlichkeit, mit der der eine oder andere Arbeitsablauf behandelt wird, möge im Sinne des vorhergesagten nachsichtig beurteilt werden. Wie im ersten Band wird auch hier nicht nur der letzte Stand, sondern wiederum die ganze Entwicklung chronologisch dargestellt. So wird die Fülle der in den vergangenen Jahrzehnten geleisteten Arbeiten zusammengefaßt vor Augen geführt, einmal um die nur zum Teil gelösten Probleme lebendig zu erhalten und damit unsere jungen Nachwuchskräfte zur weiteren Bearbeitung anzuregen, zum anderen aber auch, um Abgeschlossenes nunmehr dem Literaturschatz einzugliedern.

Im Teil A unter I wurde der Abschnitt „Geschichtliche Entwicklung der Aluminium-Elektrolyse“ von Herrn

Professor Dr.-Ing. A. von Zeerleder, Neuhausen/Schweiz,

und unter II der Abschnitt „Die elektrischen Anlagen“ von Herrn

Dipl.-Ing. Hans Schmitt, Saint-Jean de Maurienne/Frankreich,

beigetragen.

Weiterhin haben sich die Herren

Dr. H. Bauer, Grevenbroich/Niederrh.,
Professor Dr. P. Brenner, Bonn/Rh.,
Ing. A. Gross, Lünen/Westf.,
Dipl.-Ing. W. Helling, Grevenbroich/Niederrh.,
Ing. R. Lange, Grevenbroich/Niederrh.,
Dr. E. Mäkelt †, Töging/Inn,
Dipl.-Ing. H. Peters, Töging/Inn,
Dr. W. Roth, Bonn/Rh.,

in den Dienst der Sache gestellt und am Erscheinen des Buches mitgeholfen. Ihnen allen sei an dieser Stelle herzlichst gedankt.

In dankbarer Verehrung sei an dieser Stelle unseres jetzt im Ruhestand lebenden Kollegen

Herrn Dr. phil. Theodor Menzen

gedacht.

Für die Erledigung der umfangreichen schriftlichen Arbeiten und für alle Hilfe beim Korrekturlesen sei auch Frau Elly Diener gedankt.

Während die Berichterstattung im Teil „Tonerde“ auf wenigen Schultern ruhte, stammt also dieser Bericht aus einer Gemeinschaftsarbeit.

Bonn, im Juli 1953

H. Ginsberg

A. Die Aluminium-Elektrolyse

I. Allgemeine Betrachtungen

1. Geschichtliche Entwicklung der Aluminium-Elektrolysezellen

a) Die ersten Versuche der Aluminiumgewinnung

Die ersten Versuche zur elektrolytischen Zerlegung von Tonerde gehen auf Davy zurück, dem es gelungen war, schon vorher Kalium und Natrium elektrolytisch darzustellen. 1807 versuchte er die Reduktion von Aluminium, indem er befeuchtete Tonerde in einer Wasserstoffatmosphäre dem Strom einer Batterie von 1000 Platten aussetzte. Als Anode benutzte er ein Platinblech, als Kathode einen Eisendraht. An der Berührungsstelle dieses Eisendrahtes mit der Tonerde schmolz letzterer durch, und es bildete sich wahrscheinlich durch kombinierte elektrothermische und elektrolytische Reduktion eine Fe-Al-Legierung. Daneben versuchte Davy auch auf chemischem Wege durch Reduktion von Tonerde mit Kalium in Gegenwart von Eisenfeilspänen Aluminium zu gewinnen. Diese Versuche scheiterten an der Unmöglichkeit, das Aluminium aus der erhaltenen Fe-Al-Legierung zu isolieren.

Der erste, welcher reines metallisches Aluminium darstellte, war Oersted. Nachdem ihm erstmals die Gewinnung von reinem Aluminiumchlorid gelungen war, reduzierte er im Frühjahr 1825 aus diesem das Aluminium mittels Kaliumamalgam. Aus diesem Amalgam isolierte er das Aluminium durch Destillation[1]).

Durch andere Arbeiten in Anspruch genommen, berichtete er hierüber an Wöhler, welcher das Verfahren weiter entwickelte, das Kaliumamalgam durch Kalium ersetzte und das Aluminiumchlorid in Dampfform über dieses leitete. Daß Wöhler durch Oersted zu diesen Arbeiten angeregt war, geht unter anderem aus seinem Schreiben vom 18. Februar 1828 hervor.

Er schreibt dort an Oersted:

„... Vielleicht haben Sie das vorletzte Heft von Poggendorfs Annalen schon zu Gesicht bekommen. Sie werden darin gelesen haben, daß Ihre gütige Erlaubnis, die von Ihnen begonnene Aluminiumarbeit fortsetzen zu dürfen, Früchte getragen hat. ..."

Anhand dieser grundlegenden Arbeiten entwickelte dann Sainte-Claire Deville 1854 sein Verfahren zur industriellen Aluminiumgewinnung. Als Reduktionsmittel verwendete er das billigere Natrium anstelle von Kalium. Das sehr hygroskopische Chloraluminium ersetzte er durch das weniger hygroskopische Natrium-Aluminium-Doppelchlorid. Diese Methode bildete die Grundlage des während über 30 Jahren industriell verwerteten Verfahrens zur Darstellung von Aluminium. Die Gesamtproduktion betrug über 200 Tonnen.

---

[1]) H. Chr. Oersted, Oversight overVidenskabernes Selskabs Forhandlinger 1824/5, 15/16.

Seit 1886 wurde in der Aluminium- und Magnesiumfabrik Hemelingen bei Bremen nach dem Patent Grätzel[2]) Aluminium erzeugt. Dieses Verfahren beruht auf der Reduktion von Kryolith durch metallisches Magnesium nach der Formel:

$$2(AlF_3 . 3NaF) + 3Mg = 2Al + 3(MgF_2) + 6(NaF)$$

Das auf diese Weise erzeugte Aluminium war wesentlich weniger rein als dasjenige von Sainte-Claire Deville und enthielt besonders beträchtliche Mengen Silizium.

b) Beginn der elektrolytischen Gewinnung

Nach den erfolglosen Versuchen von Davy gelang es gleichzeitig Bunsen[3]) und Sainte-Claire Deville[4]), Aluminium auf elektrolytischem Wege zu reduzieren. Die Priorität der ersten elektrolytischen Darstellung des Aluminiums ist nicht mehr mit Sicherheit zu entscheiden, da die Veröffentlichungen von Sainte-Claire Deville offenbar wesentlich später erfolgten. Auch Bunsens zusammenfassender Bericht wurde erst am 9. Juli 1854 an die Redaktion von Pogg. Ann. abgeliefert. Bunsen hat erstmals beide Elektroden aus Kohle verwendet, während Sainte-Claire Deville noch eine Platinkathode benutzte.

Während Bunsen einzig die Elektrolyse des Aluminium-Natrium-Doppelchlorids studierte, empfahl Sainte-Claire Deville auch Gemische dieses Salzes mit reinem Kryolith und von Kryolith mit anderen Fluoriden. Er dürfte als erster die Löslichkeit der Tonerde in geschmolzenen Fluoriden erkannt und die Ergänzung des Aluminiumgehaltes des Bades durch Zugabe von Tonerde in Form gepreßter Tonerde-Kohleanoden vorgeschlagen haben. Als Mitarbeiter von Sainte-Claire Deville hat sich besonders Louis Le Chatelier während längerer Zeit mit der Aluminium-Elektrolyse beschäftigt. Da aber die Dynamomaschine noch nicht erfunden war, fehlte eine wirtschaftliche Stromquelle zur technischen Verwertung dieses Verfahrens.

Abb. 1 veranschaulicht die Elektrolysezelle, wie sie 1854 von Sainte-Claire Deville benutzt wurde. Wie man sieht, hielt dieser noch die Trennung des Anoden- vom Kathodenraum durch ein Diaphragma für notwendig. Bei den geringen, damals verwendeten Stromstärken war Außenheizung zur Erzeugung der nötigen Schmelzwärme unerläßlich.

Nach der Erfindung der Dynamomaschine erhielt die Elektrometallurgie neuen Auftrieb. W. von Siemens[5]) veröffentlichte 1878 seinen ersten elektrischen Metallschmelzofen mit Kohle-Elektrode und Kohletiegel (Abb. 2). Er ließ sich die Verwendung der Stromheizung zur Durchführung schmelzelektrischer Vorgänge schützen. Dieser Ofen hat, wie Héroult selber berichtet, den Erfindern der Aluminium-Elektrolyse als Grundlage gedient. An Stelle der Lichtbogenelektrode trat bei ihnen die in den Elektrolyt eintauchende Anode. Weitere Vor-

---

[2]) DRP. 26962 (1883).
[3]) Lieb. Ann. 82, 137, 1852 und Poggendorfs Ann. 9. 7. 1854.
[4]) Ann. Chim. et Phys. 43, 27, 1854; C. R. 46, 452, 1854.
[5]) W. v. Siemens, Engl. Pat. 2110, 1879.

schläge zur elektrolytischen Aluminiumgewinnung folgten in großer Zahl, so von Kagenbusch[6]), Gaudin[7]), Berthaut[8]), Graetzel[9]), Lossier[10]), Grousilliers[11]), Omholt[12]), Lontin[13]), Minet[14]), Grabau[15]), Feldmann[16]), Winkler[17]), Daniel[18]), Dixon[19]), Emme[20]). Daneben wurden auch elektrothermische Verfahren der Aluminiumgewinnung entwickelt, welche aber ebenfalls ohne Erfolg blieben. Neben der Schmelzfluß-Elektrolyse sind erst in neuester Zeit auch Verfahren der Abscheidung von Aluminium aus organischen Lösungen versucht worden[21]). Infolge der geringen Leitfähigkeit dieser organischen Elektrolyte kam diesen bisher keine technische Bedeutung zu.

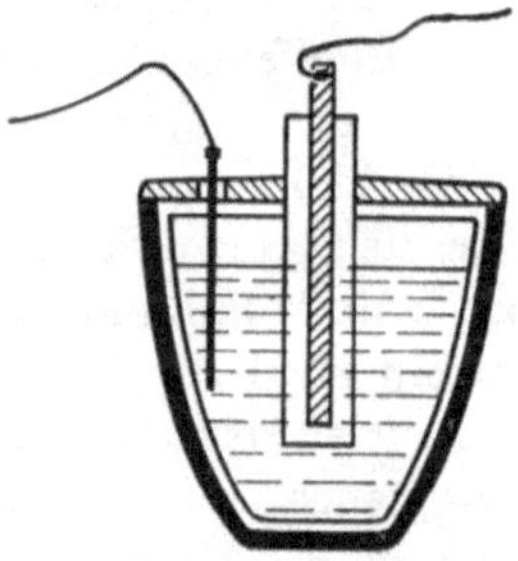

Abb. 1

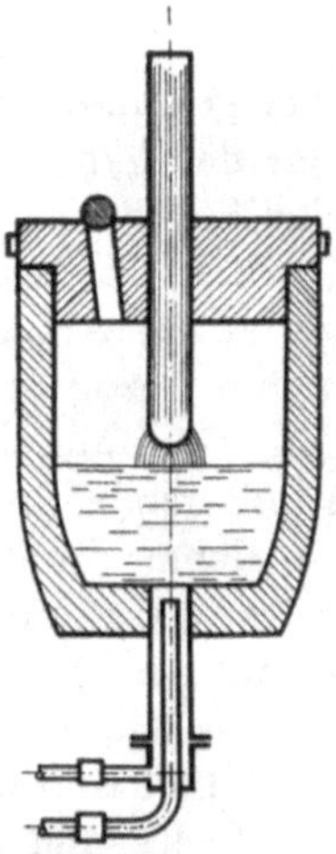

Abb. 2

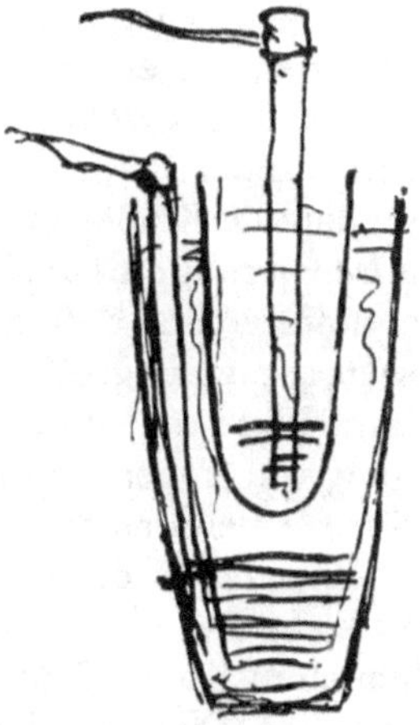

Abb. 3

Abb. 1. Aluminium-Elektrolyse-Zelle 1854 von Sainte-Claire Deville.

Abb. 2. Metallschmelzofen nach W. von Siemens (1878).

Abb. 3. Première idée de l'invention d'Héroult tracée par lui sur un cahier de cours de l'Ecole des Mines (1883).

---

6) Kagenbusch, Engl. Pat. 4811 (1872).
7) Gaudin, Moniteur scientifique 11, 62, 1869.
8) Berthaut, Engl. Patent 4087 (1879).
9) Graetzel, DRP. 26962 (1883).
10) Lossier, DRP. 31089 (1884).
11) Grousilliers, DRP. 34407 (1885).
12) Omholt, DRP. 34728 (1885); USA.P. 382183 (1888).
13) Lontin, Engl. Patent 473 (1875).
14) Minet, Electro-Métallurgie, S. 344 (1901).
15) Grabau, DRP. 45012 (1887).
16) Feldmann, DRP. 49915 (1887); 50370 (1888).
17) August Winkler, DRP. 45824 (1888).
18) L. J. E. Daniel, DRP. 50054 (1889).
19) I. Douglas Dixon, Engl. Patent 16794 (1889).
20) M. Emme, USA.P. 476256 (1891).
21) Electro-Chemical Society, 65, 339—55, 1934.

c) Die technische Aluminium-Elektrolyse in Europa

Es darf mit Sicherheit angenommen werden, daß sowohl Héroult wie Hall die grundlegenden Arbeiten von Sainte-Claire Deville bekannt waren. Von Héroult weiß man, daß er diese während des Besuches des Collège Sainte Barbe vor seinem Eintritt in die Ecole des Mines 1883 gelesen hat. In einem Kollegheft aus der Ecole des Mines finden wir seine erste Skizze einer Versuchszelle zur Aluminium-Elektrolyse (Abb. 3). Die Ähnlichkeit mit der in Abb. 1 wiedergegebenen Zelle von Sainte-Claire Deville ist unverkennbar. Nach dem Tode seines Vaters 1885 erhielt er das freie Verfügungsrecht über dessen stillgelegte Gerberei in Gentilly, in welcher sich eine Dampfmaschine mit einer „Gramme"-Gleichstrom-Dynamomaschine von 25 PS befand. Zuerst erprobte er verschiedene Flußmittel, bis er schließlich bei geschmolzenem Kryolith verblieb. Dabei versuchte er den Kryolith ohne Tonerdezugabe zu elektrolysieren, setzte aber, wie die meisten anderen Erfinder, auch Chloride zu. Bei einem Versuch beobachtete er nun, daß die Kohle-Anode angegriffen worden war. Dies konnte er sich nur durch die Depolarisation von Sauerstoff an der Anode erklären. Die Untersuchung seiner Rohstoffe ergab, daß das von ihm bezogene Aluminiumchlorid offenbar durch Zersetzung zum größten Teil in Aluminiumoxyd übergeführt worden war. Auf diesem Wege machte er die grundlegende Entdeckung, daß die Elektrolyse unter Lösung von Tonerde in Kryolith leichter durchzuführen sei. Bei den großen Stromdichten seiner kleinen Versuchselektrolyse erhielt er aber noch kein Aluminium an der Kathode, da dieses offenbar mit dem Kohleboden zu Karbid reagierte. Als er dem Elektrolyt neben Tonerde etwas Kupferoxyd zusetzte, erhielt er erstmals eine Aluminium-Kupfer-Legierung und bald darauf gelang es ihm auch, durch entsprechende Dimensionierung des Bades und der Stromdichte reines Aluminium abzuscheiden. Wie seine erste Patentanmeldung vom 23. April 1886[22]) veranschaulicht, arbeitete er noch mit Außenheizung. Er erkannte offenbar bald, daß diese nicht notwendig ist, da schon sein nächstes Patent vom 15. April 1887 keine Außenheizung mehr aufweist. Das Grundlegende seines Verfahrens wird am besten im Patentanspruch wiedergegeben:

„Ich beanspruche die Erfindung des oben beschriebenen Verfahrens zur Darstellung von Aluminium, welches in der Elektrolyse der im geschmolzenen Kryolith gelösten Tonerde besteht, wobei die Stromzuführung durch beliebige Elektroden erfolgt, z. B. durch Kohleanoden, die in das geschmolzene Kryolithbad eintauchen, während die Kathode das Bad umschließt. Auf diese Weise wird der an der Anode frei werdende Sauerstoff diese verbrennen, während das auf der Kathode abgeschiedene Metall sich allmählich auf dem Boden des Tiegels ansammelt. Dabei wird der Kryolith nicht verbraucht und es genügt — um eine kontinuierliche Metallabscheidung zu erhalten — die durch die Elektrolyse zersetzte Tonerde zu ersetzen."

Als Héroult dem französischen Großindustriellen Péchiney diese Erfindung anbot, erklärte ihm dieser, für Reinaluminium bestehe überhaupt kein Interesse, gleichgültig, ob dieses zu frs. 10,— oder frs. 100,— das Kilogramm hergestellt werde. Dagegen bestehe für Aluminiumbronze mit 10—30% Aluminium eine beträchtliche Nachfrage. So kehrte Héroult zu seinem ersten Kunstgriff, der Tonerde Kupferoxyd beizugeben, zurück. Da aber auch für dieses Verfahren in Frankreich kein

---

[22]) Franz. Pat. 175711. Hall meldete im gleichen Jahr in Amerika unabhängig praktisch das gleiche Verfahren an.

Interesse bestand, schloß Héroult mit der Schweizerischen Metallurgischen Gesellschaft, welche zur Verwertung der Wasserkräfte des Rheinfalls am 31. Oktober 1887 mit einem Kapital von Fr. 200000 gegründet worden war, einen Lizenzvertrag. Dabei behielt er für sich die Verwertung seiner Erfindung in Frankreich, während er die übrige Welt der Metallurgischen Gesellschaft überließ. Immer noch unter dem Eindruck der Ausführungen von Péchiney, stellte er zuerst in Neuhausen einen Ofen zur Erzeugung von Aluminiumbronze gemäß Abb. 4 auf, welcher durch eine Gleichstromgruppe von ca. 600 PS gespeist wurde. Die Versuche waren so erfolgreich, daß schon am 12. November 1888 zur Gründung der Aluminium-Industrie Aktien-Gesellschaft (AIAG) mit 10 Millionen Franken Aktienkapital geschritten wurde. Neben Dr. Martin Schindler trat nun auch Martin Kiliani,

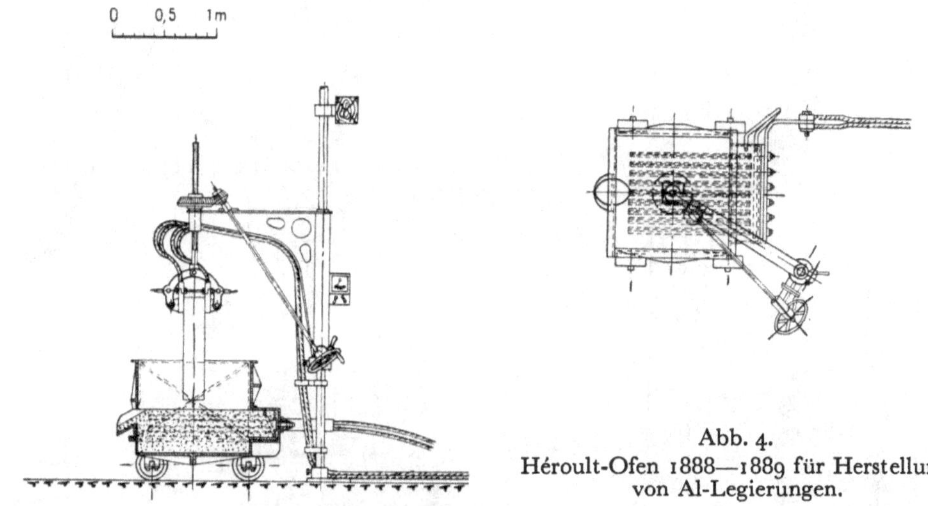

Abb. 4.
Héroult-Ofen 1888—1889 für Herstellung von Al-Legierungen.

welcher vorher bei der AEG in Berlin an der Aluminiumelektrolyse gearbeitet hatte, in die Direktion ein[23]). Diese beschloß, wieder auf die direkte Erzeugung von Aluminium zurückzugehen, wofür der Héroult-Ofen umgebaut wurde. Kiliani glaubte, daß eine gleichmäßige Tonerdezugabe für einen guten Betrieb der Elektrolyse unerläßlich sei, und entwickelte einen Ofen mit drehbarer Anode, welche das kontinuierliche Einrühren der Tonerde bewirkte[24]) (Abb. 5). Nach einem Jahr, 1888, verließ Héroult Neuhausen, um die Aluminiumgewinnung in Frankreich bei der neu gegründeten Société Electrométallurgique Française in Froges aufzunehmen. Unter Benutzung der Lizenz von Neuhausen[23]) baute er die Elektrolyse in der Weise um, daß, wie Abb. 6 zeigt, die Anode feststand und die Schmelzwanne sich darunter drehte. Bei den ersten Aluminium-Elektrolysen, sowohl in Neuhausen

[23]) M. Kiliani soll nach Angaben seines Bruders H. Kiliani bereits seit Mitte 1887 bei der AEG Rein-Aluminium in größerem Maßstabe nach einem Geheimverfahren, das ebenfalls schon der späteren technischen Al-Elektrolyse entsprach, hergestellt haben. Für die Anwendung dieser Arbeitsweise Kilianis in Frankreich zahlte Héroult (1888) eine Abgabe an die Schweizerische Metallurgische Gesellschaft!

[24]) Franz. Patent 197643.

wie in Froges, hatten die Bäder nur eine Kohle als Anode. Der eiserne Wannen-Mantel wurde vom Elektrolyt berührt. Um dessen Durchschmelzen zu vermeiden, war eine Kühlung des Mantels durch Berieseln mit Wasser vorgesehen. Später ging

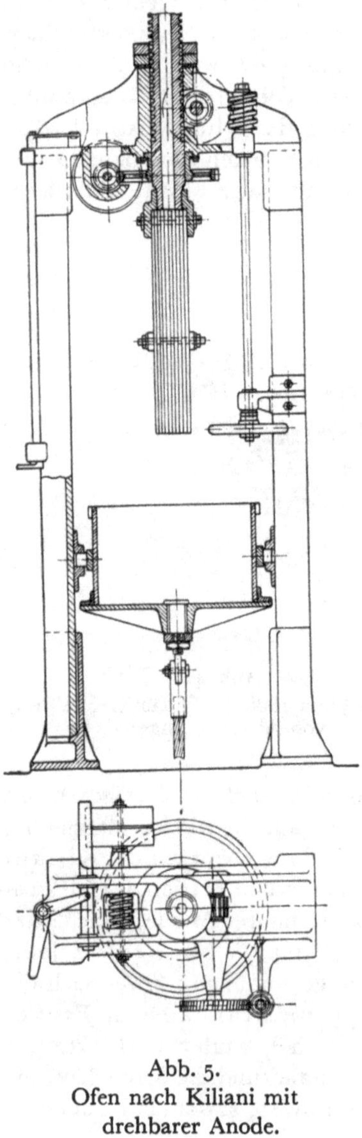

Abb. 5.
Ofen nach Kiliani mit drehbarer Anode.

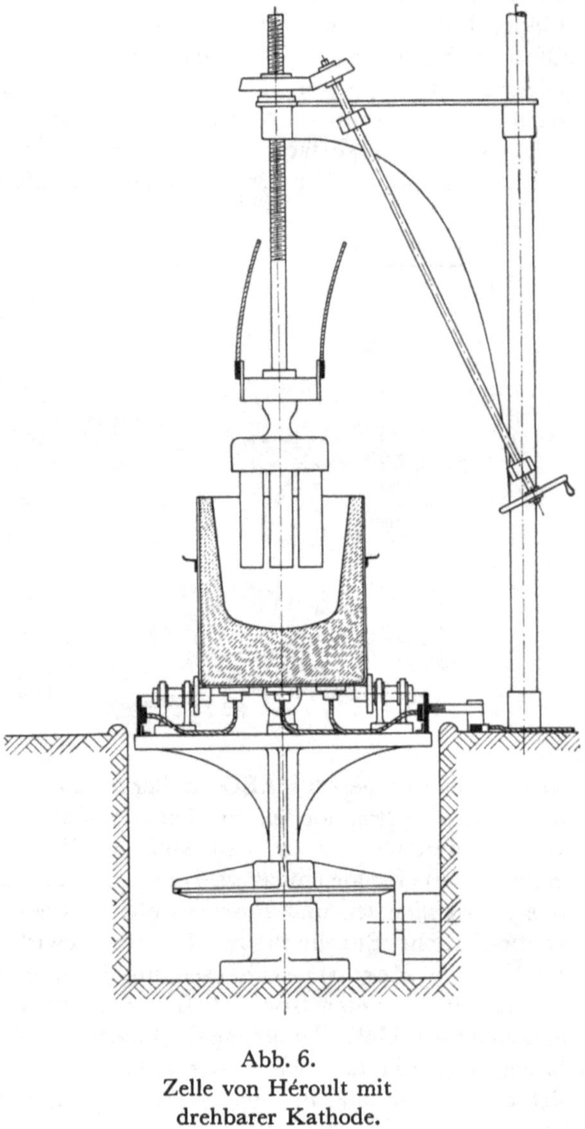

Abb. 6.
Zelle von Héroult mit drehbarer Kathode.

Héroult, wie Abb. 6 zeigt, dazu über, auch den Mantel mit einer Kohleauskleidung zu versehen. Abb. 7 zeigt die Anlage in Froges, im Vordergrund drei ältere Elektrolysen mit Wasserkühlung, während die 2. von links die neue Form mit Kohleauskleidung der Seitenwand ohne Wasserkühlung zeigt.

Es brauchte eine zufällige Störung des Antriebes zur Drehung der Bäder, um zu erkennen, daß diese ebensogut stillstehend betrieben werden können. So wurde von Héroult in Froges 1892 die erste feststehende Elektrolyse mit 4 Anoden von 25×25 cm aufgestellt.

Abb. 7. Elektrolyse-Anlage in Froges.

Lediglich von historischem Interesse ist, daß die Vereinigten Aluminium-Werke A.G., (VAW), wie Abb. 8 zeigt, 1927 erneut den Gedanken des rotierenden Ofens mit feststehenden Anoden und kontinuierlicher Tonerdezugabe patentieren ließen[25]). Gleichzeitig versuchten sie, durch Verwendung eines Ofendeckels die Wärmeverluste zu vermeiden. Diese geschlossene Elektrolyse-Anordnung war auch schon bei den ersten feststehenden Elektrolysen in Neuhausen in Gebrauch. Man hielt es damals für notwendig, die Ofengase abzusaugen und in einer großen Absorptionsanlage unschädlich zu machen. Diese Rauchgasabsorption ist heute wieder bei den Bädern mit kontinuierlicher Söderbergelektrode notwendig, um den schädlichen Einfluß der beim Brennen der grünen Anoden entweichenden Teerdämpfe zu verhindern.

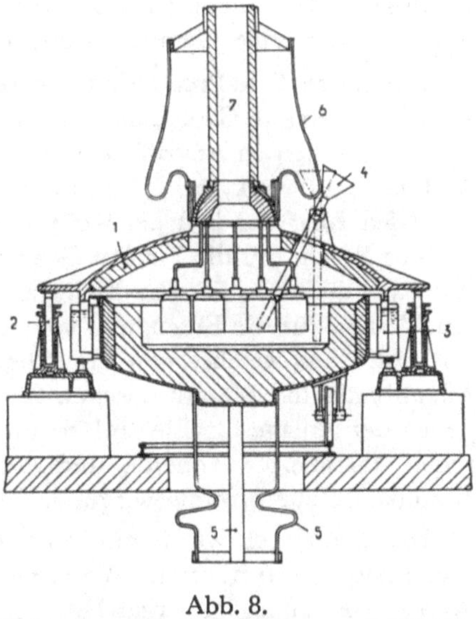

Abb. 8.
Elektrolysezelle nach DRP 445 246 (VAW).

Mit welchen Schwierigkeiten diese Entwicklung zu kämpfen hatte, beleuchtet die Tatsache, daß 1888 nur Stabelektroden von 35 mm Durchmesser erhältlich waren oder Kohleplatten von 20 mm Dicke. Aus diesen wurden die ersten größeren recht-

---

25) DRP. 445 246.

eckigen Elektroden durch Zusammenkleben mittels Melasse hergestellt. Um geeignete Aluminium-Anoden zu erhalten, mußte in Neuhausen 1894 eine eigene Elektrodenfabrik gebaut werden.

Vor dem ersten Weltkrieg gab es in Deutschland zwar schon eine beachtliche Tonerdeindustrie und auch schon zahlreiche Fabriken, die sich mit der Weiterverarbeitung von Aluminium beschäftigten. Das Metall Aluminium wurde jedoch nur in einem kleinen Werk in Rheinfelden hergestellt, das der AIAG (Schweiz) gehörte. Die geringe Jahreserzeugung dieses Werkes von rd. 1000 t machte nur einen kleinen Bruchteil des deutschen Verbrauches an Aluminium aus, so daß Deutschland in der Hauptsache auf den Bezug aus dem Ausland angewiesen war. Während des ersten Weltkrieges bestand die Gefahr, daß die Zufuhr aus dem neutralen Ausland, in der Hauptsache also aus der Schweiz, unterbunden werden könnte. Auf Veranlassung der Kriegsmetall A.G. wurden daher im Jahre 1915 von den Firmen Chemische Fabrik Griesheim-Elektron und Metallbank und Metallurgische Gesellschaft A.G., Frankfurt/Main, drei kleine Aluminiumhütten in großer Eile errichtet, und zwar in Rummelsburg bei Berlin, in Horrem bei Köln und in Bitterfeld. Schon im Dezember des genannten Jahres konnte das Werk Rummelsburg in Betrieb genommen werden. Die beiden anderen Werke folgten im Januar und im April 1916.

Die Hütten Rummelsburg und Horrem lehnten sich an vorhandene Kraftwerke an. Die Hütte in Bitterfeld wurde von dem während des Krieges neu errichteten Kraftwerk der Chemischen Fabrik Griesheim-Elektron versorgt. Die genannten Werke hatten eine Gesamtleistung bis zu 12000 t Aluminium jährlich.

Aber auch diese Produktion reichte bei dem starken Mangel an Kupfer nicht aus; es wurden weitere Großanlagen für die Erzeugung von Aluminium und seinen Vor- und Hilfsstoffen in Angriff genommen. So entstanden im Jahre 1917 das Erftwerk und das Lautawerk, beide für eine Jahreserzeugung von je 12000 t. Das Erftwerk in der Niederung der Erft bei Köln wurde von der Erftwerk A.G. errichtet, die sich auf das Reich und die Firmen Gebrüder Giulini G.m.b.H., Ludwigshafen/Rh., und das Rheinisch-Westfälische Elektrizitätswerk stützte. Hier wurde auch gleichzeitig eine Anlage für die Erzeugung von Anodenkohlen errichtet. Das Lautawerk wurde mit Hilfe des Reiches von der Chemischen Fabrik Griesheim-Elektron und der Metallbank und Metallurgischen Gesellschaft A.G. erbaut. Das Lautawerk erhielt neben der Anlage für Elektrolyse auch noch eine Großanlage zur Herstellung von reiner kalzinierter Tonerde und ein Großkraftwerk auf Basis niederschlesischer Braunkohle zur Stromversorgung.

Das Lautawerk wurde zunächst mit den oben erwähnten drei Werken zu der Vereinigte Aluminium-Werke A.G. (VAW) zusammengeschlossen. Die beiden Werke in Rummelsburg und Horrem wurden bald darauf nach Kriegsende wieder stillgelegt und abgebaut. Im darauffolgenden Jahr 1919 trennten sich die Chemische Fabrik Griesheim-Elektron und die Metallbank und Metallurgische Gesellschaft von der VAW. Diese beiden Firmen betrieben dann nur noch die Aluminiumhütte in Bitterfeld mit einer Jahresleistung von damals rd. 4500 t. In der Folgezeit kamen die Aktien der Erftwerk A.G. in den Besitz der VAW, so daß diese nunmehr die beiden Werke Lautawerk und Erftwerk umfaßte.

Am 27. April 1919 war die Innwerk, Bayerische Aluminium A.G. gegründet worden, mit dem Ziel der Stromerzeugung für industrielle Zwecke, in Sonderheit für den der Herstellung von Aluminium. Die Gründer des Unternehmens waren:

das Reichsschatzamt	mit 4 Millionen Mark
Gebrüder Giulini G.m.b.H.	mit 4 Millionen Mark
Siemens Schuckert-Werke	mit 2 Millionen Mark
Allgemeine Elektrizitäts-Gesellschaft	mit 2 Millionen Mark

Der Bayerische Staat, vertreten durch das Bayerische Finanzministerium, hatte hierzu die Konzession der bayerischen Wasserrechte mit 1,2 Millionen eingebracht.

Infolge der fortschreitenden Geldentwertung nach Ende des ersten Weltkrieges konnten die drei Firmen Gebr. Giulini, Siemens-Schuckertwerke und Allgemeine Elektrizitäts-Gesellschaft die hohen Mittel nicht mehr aufbringen und schieden im Frühjahr 1920 aus der Gesellschaft aus, so daß nur noch das Deutsche Reich und der Bayerische Staat Eigentümer des Innwerkes blieben. Für die Firma Gebr. Giulini traten am 20. September 1920 die reichseigene Vereinigte Aluminium-Werke A.G. (VAW) ein.

Im September 1923 wurde die ebenfalls dem Reich gehörende Vereinigte Industrie-Unternehmungen A.G. (Viag), die auch die VAW umfaßte, gegründet und trat anstelle des Reichsschatzamtes.

Im Jahre 1923 begann die VAW mit der Planung und dem Bau einer Aluminiumhütte in Töging am Inn für eine monatliche Leistung von rd. 1 100 t. Im Januar 1925 wurde die Aluminiumhütte in Betrieb genommen.

Um nach der allgemeinen Ausweitung der Aluminium-Produktion nach 1933 eine gesicherte und transportmäßig günstige Tonerde-Versorgung der Aluminiumhütte am Inn zu erreichen, begann die VAW im Februar 1936 mit dem Bau einer großen Tonerdefabrik an der Nab, in der Nähe von Schwandorf. Dieses Werk (Nabwerk) wurde am 15. März 1937 in Betrieb benommen und lieferte Ende April desselben Jahres die erste Tonerde nach Töging. Der erste Bauabschnitt umfaßte eine installierte Jahreskapazität von rd. 50000 t. Diese Kapazität wurde später auf 80—100000 t erweitert.

Am 15. September 1938 nahm die VAW das Lippewerk in der Nähe von Lünen in Betrieb. Es umfaßte eine Tonerdefabrik für zunächst etwa 60—80000 t Tonerde und eine Aluminium-Elektrolyse für rd. 30000 t Aluminium. Das Werk wurde in der erstaunlich kurzen Zeit von nur 9 Monaten gebaut.

d) Die Entwicklung der Aluminium-Elektrolyse in USA

Während in Europa die Aluminium-Elektrolyse eine große Mannigfaltigkeit der Entwicklung in den ersten 40 Jahren aufwies, erfolgte diese in Amerika viel einheitlicher. Die Ursache liegt darin, daß sich in Europa verschiedene Konzerne unabhängig voneinander mit der Aluminium-Elektrolyse beschäftigten, während in USA nach der Anlaufperiode nur eine einzige Gesellschaft, die Aluminium Company of America (Alcoa), welche aus der Pittsburgh Reduction Company hervorging, als alleiniger bedeutender Aluminiumproduzent auftrat. Zuerst erzeugte in Amerika die Cowles Co. in ihrem Werk in Lockport Aluminiumlegierungen. Am 18. September 1888 wurde die Pittsburgh Reduction Company mit einem Kapital von 20000 Dollar gegründet, um das von dem Amerikaner Hall erfundene Elektrolyseverfahren zu verwirklichen. Die ersten Bäder von 60 cm Länge, 40 cm Breite und 50 cm Tiefe arbeiteten mit 25 V und 1 000 A. Der Boden war mit einer 7,5 cm dicken Kohlenschicht ausgefüttert, welche gleichzeitig als Kathode diente. Die Seitenwände waren ebenfalls mit Kohle ausgekleidet. Die Anoden bestanden aus 6—10 zylindrischen Kohlenstäben mit 7,5 cm Durchmesser. 1889 unternahm Héroult einen kurzen Versuch, in Amerika die Aluminiumproduktion aufzunehmen. Da aber seine Edison-Dynamo bei den ersten Versuchen durchbrannte, konnte er erst im November von der schweizerischen Firma Oerlikon eine neue Maschine erhalten. Infolge des Überangebotes an Aluminium verzichtete er Ende 1889 auf die Weiterführung seiner Versuche.

Eine besondere Schwierigkeit erwuchs Hall durch die Electric Smelting & Aluminium Company, welche 1891 die älteren Bradley-Patente erwarb. Diese schützten die auch von Hall benutzte Erhitzung der Elektrolysezellen durch den elektrischen Stromdurchgang. Die Pittsburgh Reduction Company mußte schließlich an die Electric Smelting & Aluminium Company eine Entschädigung für die Benützung dieses Verfahrens zahlen. Nach Ablauf der Patente von Hall (1906) und Bradley (1909) war die Aluminium Company of America als Nachfolgerin der Pittsburgh Reduction Company (1. Januar 1907) die alleinige Aluminiumerzeugerin. Über die Entwicklung ihrer Aluminium-Elektrolysezellen bis 1920 waren leider keine näheren Angaben erhältlich, mit Ausnahme einer. Diese zeigt, daß die Form der Bäder offenbar in Anlehnung an die ersten Elektrolysen von Hall rechteckig blieb. Zum Unterschied des in Europa üblichen Herausschöpfens des Metalles benutzte Amerika das Abstechen, wie dies bei feststehenden Metallschmelzöfen vielfach üblich ist. In neuerer Zeit geht man auch in Amerika allgemein zum Heraussaugen des Metalles über.

e) Die Weiterentwicklung der Aluminiumelektrolysen

Betrachtet man auf Tabelle 1 die Stromverhältnisse der ersten Aluminiumelektrolysen, so sieht man, daß diese bei 4000 A eine Belastung der Anode pro cm^2 von 6,4 A aufweisen. Dementsprechend betrug die Betriebsspannung 10 V und der Stromverbrauch je kg 42 kWh. Die hohe Stromdichte war bedingt durch die verhältnismäßig kleinen Bäder und das Fehlen jeglicher Wärmeisolation. Durch die Wasserkühlung des Eisenmantels wurden die Wärmeverluste noch weiter gesteigert. Mit der neuen Konstruktion von Héroult gemäß Abb. 9 wurde der entscheidende Schritt zur Rationalisierung der Aluminium-Elektrolyse getan, indem nun die Belastung auf 1,6 A/cm^2 Anodenquerschnitt gesenkt wurde. Gleichzeitig reduzierte sich die Spannung auf 6—7 V und der Stromverbrauch auf 25 kWh je kg Aluminium.

In Neuhausen waren 1890 die ersten Gleichstrommaschinen mit 8000 A aufgestellt worden. Infolge der oben erwähnten Schwierigkeiten in der Beschaffung größerer Elektrodenkohlen mußte man die Bäder mit einer großen Zahl kleiner Elektroden ausrüsten. Nach Inbetriebsetzung der eigenen Elektrodenfabrik konnte

Tabelle 1

Werk	Jahr		Amp.	Anoden: Anzahl	Anoden: Querschnitt	Belastung A/cm²	kWh/kg	Spannung Volt	Wirkungsgrad nach Angabe Ferrand	Wirkungsgrad berechnet auf der Grundlage von 5.1 kWh/kg
Neuhausen	1888	Héroult-Verfahren	4000	1	25 × 25 cm	6,4	42	10		12 %
Froges	1889		4000	1	25 × 25 cm	6,4	42	10		
Froges	1892		4000	4	25 × 25 cm	1,6				
La Praz	1893		5000	6	25 × 25 cm	1,33	25,3	6—7	65 %	20 %
La Praz	1894		7500	8	25 × 25 cm	1,5				
La Praz	1898		8500 bis 9000	10	25 × 25 cm	1,4				
La Praz	1911		12000	12	28 × 28 cm	1,37				
St. Jean de Maurienne	1914		20000	12	43 × 43 cm	1,0	25 netto 28—30 brutto			
Argentière	1925		20000	12—14	35 × 35 cm bis 43 × 43 cm	1,3—1,1	21—22 brutto			23 %
Calypso	1895	Hall-Verf.	6000 8000 8000	32 32 44	46 cm² 80 cm² 80 cm²	4,1 3,1 2,3			45 %	

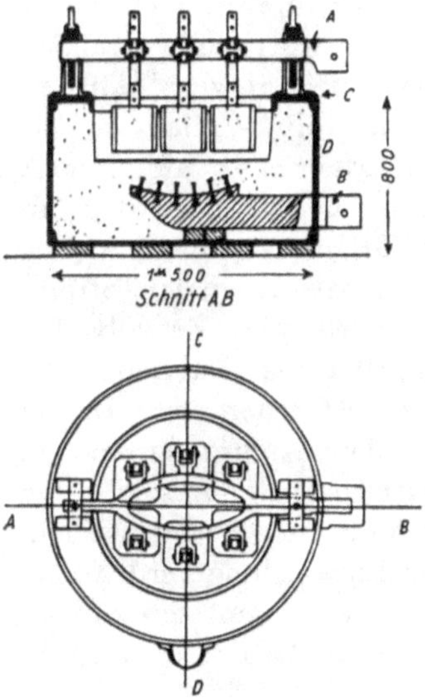

Abb. 9.
Sechs-Elektroden-Zelle
5000 A (1894).

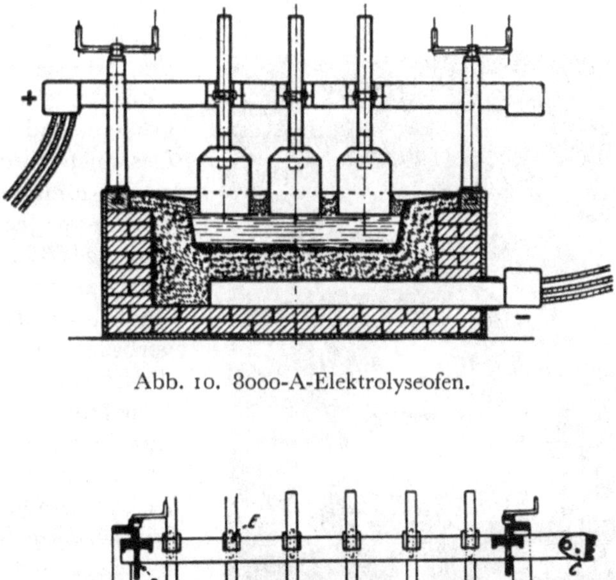

Abb. 10. 8000-A-Elektrolyseofen.

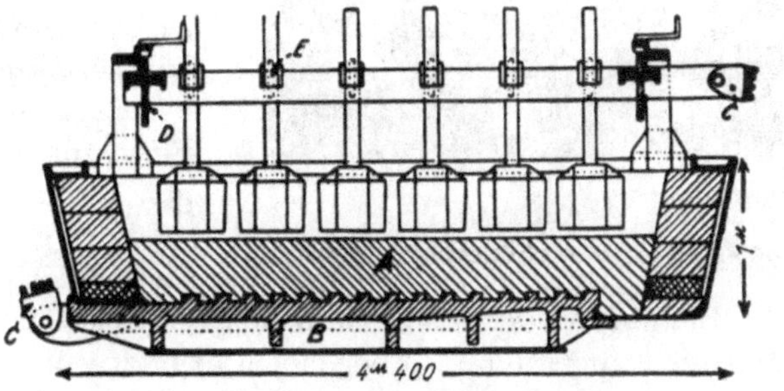

Abb. 11. 20000-A-Zelle mit 12 Elektroden.

zu den für die Aluminium-Elektrolyse bis heute typischen Blockanoden von 28×28 ×32 cm übergegangen werden, wobei die Belastung bei 8 solchen Elektroden auf 1,2 A/cm² gesenkt wurde. Abb. 10 veranschaulicht diese Standard 8000-A-Elektro-

Abb. 12. Ovale Elektrolysezelle.

Abb. 13.
8000-A-Ofen mit Söderberg-Elektrode.

lyse, wie sie bis 1910 allgemein üblich war. Von hier ab setzt das Bestreben nach immer größeren Bädern mit entsprechend steigenden Gesamtstromstärken ein. So zeigt Abb. 11 eine Aluminium-Elektrolyse-Zelle, wie sie 1914 in St. Jean de Maurienne mit 20000 A und 12 Elektroden aufgestellt wurde, mit einer anodischen Belastung von 1 A/cm². Gegenüber dem damals normalen Stromverbrauch von 25 kWh stieg derselbe bei dieser auf 28—30 kWh, was zeigt, daß die Dimensionierung dieser Bäder nicht richtig war. Gegenüber den damals normalen Anoden von 28×28 cm Querschnitt waren solche von 43×43 cm Querschnitt angewendet worden. Die schweizerische Entwicklung verdoppelte die 8000 A-Bäder, wobei von der runden Form zur ovalen gemäß Abb. 12 übergegangen wurde.

Eine grundlegende Änderung des Aufbaues der Aluminiumelektrolyse brachte die Einführung der kontinuierlichen selbstbackenden Söderberg-Elektrode. Nachdem diese zuerst für Lichtbogenöfen benutzt worden war, wurde in Vigeland (Norwegen) 1924 erstmals eine 8000 A-Aluminium-Elektrolyse mit Söderberg-Elektrode ausgerüstet. 1925 wurde dieses Verfahren versuchsweise in Neuhausen eingeführt.

Abb. 13 veranschaulicht diese Versuchs-Elektrolyse-Zelle. Zur Stromzuführung dienten damals noch Weißblechrippen, welche in das Innere der Elektrode eindrangen. Später ging man, wie Abb. 14 zeigt, zu flußeisernen Stromzuführungs-

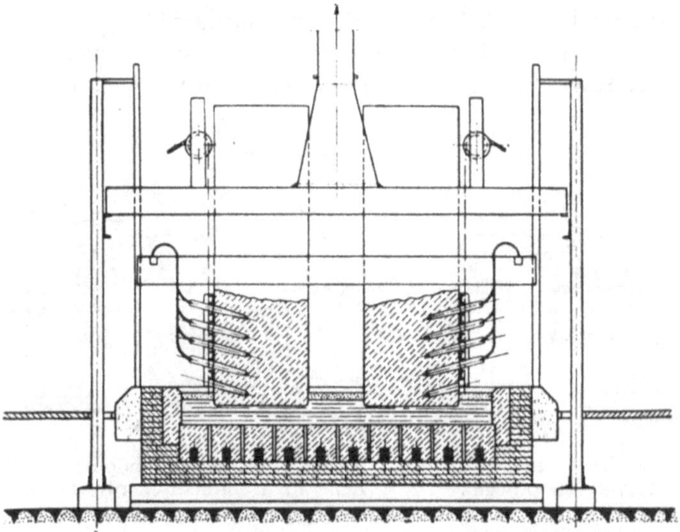

Abb. 14. Söderberg-Anode mit flußeisernen Stromzuführungsbolzen.

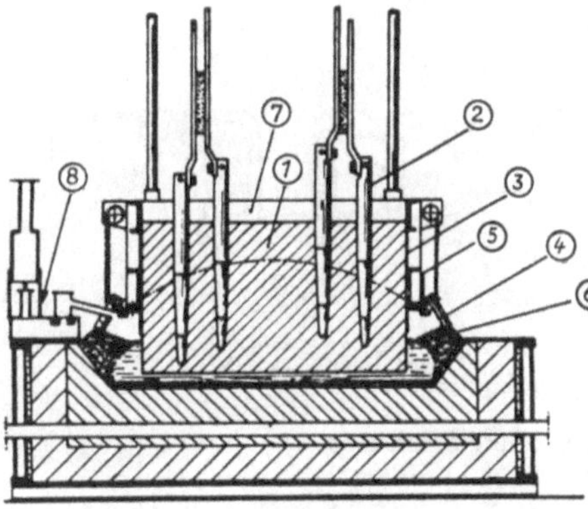

Abb. 15

Abb. 16

Abb. 15. Söderberg-Anode mit vertikalen Stromzuführungsbolzen.

Abb. 16. Söderberg-Anode mit vertikalen Stromzuführungsbolzen (gekapselt).

bolzen über. Durch periodisches Herausziehen der untersten Stromzuführungsbolzen mit dem fortschreitenden Abbrand der Elektrode wird deren Auflösung im Elektrolyt verhindert. Dadurch wurde die etwa 0,3% betragende Eisenaufnahme des Aluminiums durch das Abschmelzen der Weißblechstreifen vermieden. Der

Mantel der Söderberg-Elektrode besteht immer aus Reinaluminiumblech, welches durch eine ebenfalls abnehmbare Eisen-Armierung gestützt wird. In neuester Zeit treten anstelle der seitlich eingeführten Stromzuführungsbolzen, wie Abb. 15 veranschaulicht, die von Luzzatto eingeführten Vertikalstromzuführungsbolzen, welche entsprechend dem Abbrand periodisch hochgezogen werden.

Während ursprünglich die ganze Elektrolyse zwecks Absaugung der Gase unter eine Glocke aus Eisenblech gestellt wurde, geht man in neuerer Zeit, wie Abb. 16

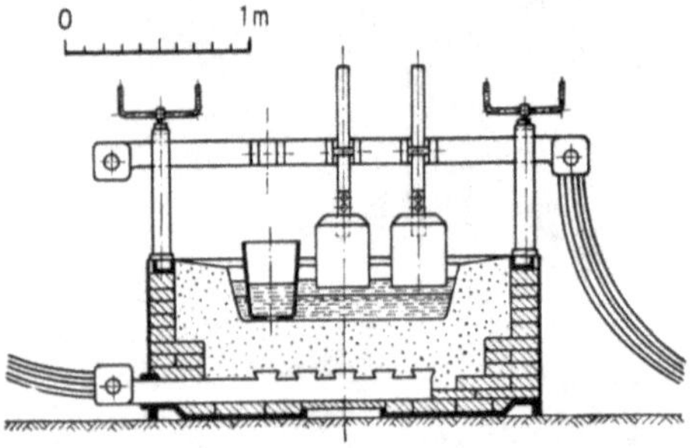

Abb. 17. Metallentnahme aus 8000-A-Zelle mit Schöpftiegel.

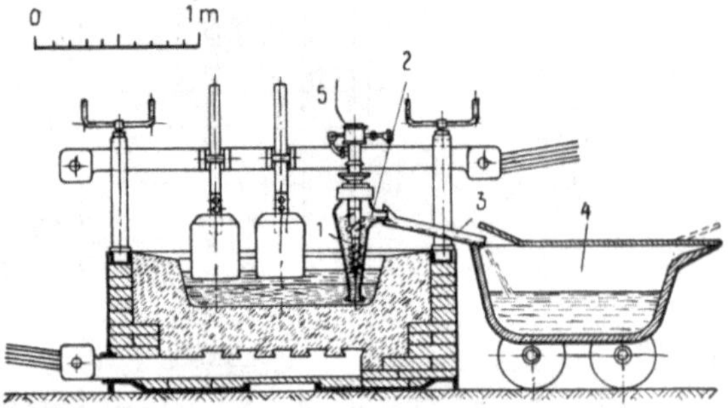

Abb. 18. Mechan. Schöpfeinrichtung in 8000-A-Zelle mit archimedischer Spirale u Preßluftmotor.

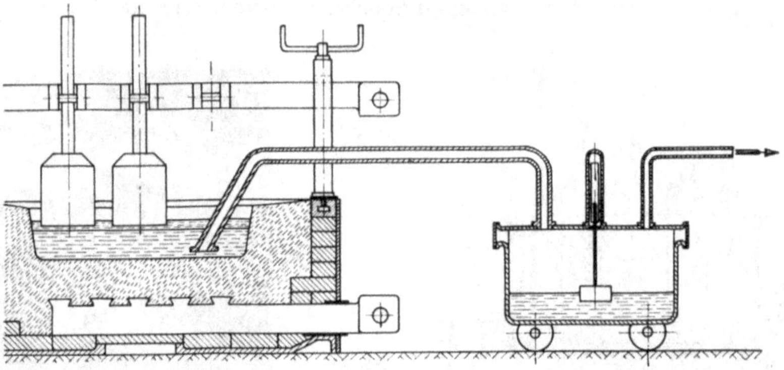

Abb. 19. Pneumatische Schöpfeinrichtung.

zeigt, dazu über, lediglich den freien Raum zwischen Badrand und Anode abzudecken, wodurch die Zugänglichkeit des Bades wesentlich verbessert wurde.

Welcher Einfluß der richtigen Dimensionierung der Badgröße, dem Anodenquerschnitt und der Wärmeisolation zukommt, zeigen die modernen Elektrolysen mit 32000 A und mehr, die heute einen Stromverbrauch von 16—18 kWh je kg Aluminium erreichen.

Die Vorteile der größeren Bäder liegen aber nicht nur in der Verringerung des Stromverbrauches, sondern auch in einer solchen des Platzbedarfes und der Bedienungsmannschaft. Ein weiterer Vorteil liegt in einem größeren Spielraum der Stromstärke, indem die großen Bäder Reduktionen der Belastung besser ertragen als kleinere Bäder.

Eine besondere Entwicklung erfuhr auch die Kathode bzw. der Anschluß des Kohlebodens an den metallischen Stromleiter. Bei den ersten kleinen Bädern war der Strom gewöhnlich an den Ofenmantel angeschlossen und ging von diesem direkt auf den eingestampften Kohleboden über. Abb. 11 zeigt, daß der gußeiserne Ofenmantel im Innern mit Rippen versehen war, um einen besseren Kontakt zu gewährleisten. Mit dem Größerwerden der Bäder und besonders mit der Verwendung einer wärmeisolierenden Steinschicht zwischen eisernem Ofenmantel und Kohleauskleidung mußte ein besonderer Stromanschluß für den Kohleboden gesucht werden. Bei der 8000 A-Standardzelle bestand dieser aus einer schweren gußeisernen Platte, welche wiederum mit Rippen einen guten Kontakt mit der Kohleauskleidung hatte.

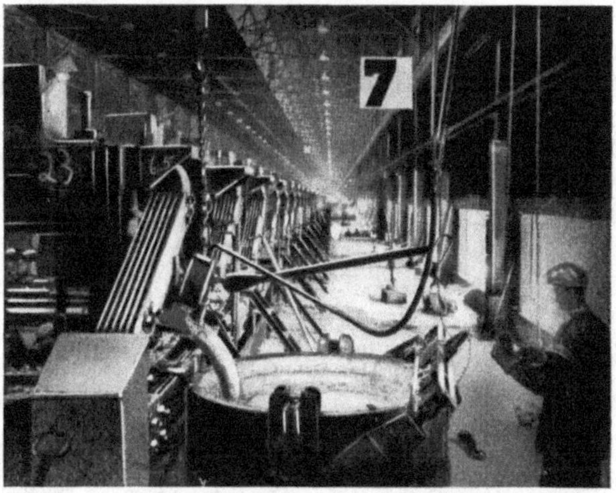

Abb. 20. Blick in eine ältere Elektrolysehalle,
in der das Metall nach dem Heberprinzip aus den Öfen entnommen wird.

Schon frühzeitig versuchte man, anstelle der gestampften Böden gepreßte Kohleblöcke als Böden zu verwenden. Teilweise wurden auch in diesen Kohleblöcken, wie bei den Anoden, Löcher vorgesehen, in welche flußeiserne Zapfen eingesetzt wurden. In neuerer Zeit erfolgt der Anschluß häufig durch Flußeisenschienen, welche entweder in Rinnen in den Bodenblöcken eingestampft werden oder aber zwischen den Blöcken ebenfalls durch Einstampfen den Kontakt gewährleisten.

Ein anderes Problem ist die Entnahme des Metalles aus der Elektrolysezelle. Der erste Ofen für die Herstellung von Aluminiumbronzen war mit einem Abstich versehen, durch welchen das auf dem Boden des Bades sich ansammelnde Metall periodisch entnommen wurde. Die darauf folgenden ersten Reinaluminium-Elektrolysen hatten keinen solchen Abstich, so daß das sich am Boden sammelnde Metall von oben herausgeschöpft werden mußte. Später wurde teilweise auch bei der Aluminium-Elektrolyse wieder zum Abstechen des Metalls übergegangen. Dieses bietet aber immer eine gewisse Betriebsgefahr, da entweder das Stichloch nicht rechtzeitig geschlossen werden kann oder aber dieses sich vorzeitig von selber öffnet, so daß nicht nur das Metall, sondern auch der Kryolith-Elektrolyt aus dem Bad ausfließt. Deshalb wurde die abstichlose Aluminium-Elektrolyse in Europa schon frühzeitig bevorzugt. Zur Entnahme des Metalles benutzte man zuerst, wie Abb. 17 veranschaulicht, das Prinzip der kommunizierenden Gefäße. Nach Herausnehmen einer Anode wurde ein gußeiserner Tiegel, welcher in seinem Boden eine Öffnung enthält, in das Bad eingesetzt. Durch etwas erstarrten Elektrolyt wurde diese Öffnung vor dem Einsetzen verschlossen. Nachdem der Tiegel auf dem Badboden ruhte, wurde der Elektrolytpfropfen im Loch durchstoßen, so daß das Aluminium im Tiegel hochsteigen konnte. Mittels einer flußeisernen Schöpfkelle wurde das Metall aus dem Tiegel herausgeschöpft.

Da diese Arbeit besonders bei den größer werdenden Bädern sehr mühsam und zeitraubend war, ging man seit 1925 zum mechanischen Schöpfen über. Dieses wird auf verschiedene Weise ausgeführt: Entweder, wie Abb. 18 zeigt, durch eine mittels Preßluft angetriebene Schöpfspirale oder durch das heute bevorzugte Heraussaugen des Metalles. Dieses erfolgt z. B. unter Verwendung eines Saugtopfes, in welchem durch geeignete Mittel ein Unterdruck erzeugt wird, der, wie Abb. 19 zeigt, das Metall aus dem Elektrolyseofen heraussaugt. In Amerika wird dafür besonders das Heberprinzip, wie es auf Abb. 20 sichtbar ist, angewendet. Bei diesem muß das Sammelgefäß tiefer als das flüssige Metall im Elektrolysebad aufgestellt sein.

---

2. Die chemisch-physikalischen Grundlagen und Erörterungen verschiedener Theorien über die Vorgänge bei der Elektrolyse

Zu den Vorgängen bei der elektrolytischen Gewinnung des Aluminiums sind verschiedene Überlegungen und Messungen angestellt worden, die noch keineswegs überzeugend eindeutig sind, sondern nur eine gewisse theoretische Wahrscheinlichkeit haben. Dies beruht vor allen Dingen darauf, daß es bei dem komplex zusammengesetzten, hochgradig aggressiven Elektrolyten, dazu bei einer Arbeitstemperatur von etwa 950^0 experimentell außerordentlich schwer zu entscheiden ist, welche Ionen in der Schmelze vorhanden sind und welche Vorgänge sich an den Elektroden während der Elektrolyse abspielen. Es soll daher an dieser Stelle auch nur in gedrängter Form über den Stand der heutigen Anschauungen auf Grund der Berichte fremder Autoren und eigener Feststellungen referiert werden.

Schon Arndt und Kalass[1]) haben festgestellt, daß die elektrische Leitfähigkeit einer Kryolith-Schmelze mit steigendem Tonerde-Gehalt abnimmt. Sie haben ferner gefunden, daß die Äquivalent-Leitfähigkeit von reinem geschmolzenem Kryolith ebenso groß ist wie die einer Schmelze von Natrium-Fluorid. Dies würde bedeuten, daß das Natrium-Fluorid im Kryolith allein für den Stromtransport in Frage kommt. K. P. Bataschew[2]) hat festgestellt, daß beim System NaF—AlF_3 bei steigendem Gehalt an AlF_3 eine proportionelle Abnahme der Leitfähigkeit erfolgt. Dies liegt in Richtung der Beobachtungen von Arndt und Kalass. I. E. Boner[3]) vermutet, daß bei der Temperatur der Schmelzfluß-Elektrolyse die Stromleitung

---

[1]) K. Arndt und W. Kalass, Z. Elektrochemie 30 (1924) 12.
[2]) K. P. Bataschew, Z. Legkije Metally 5 (1936) 48; C. (1937) I, 3449.
[3]) I. E. Boner, Helvetica Chimica Acta 33 (1950) 1137.

teilweise auch durch Elektronen erfolgt, weil selbst viele bei Raumtemperatur als gute Isolatoren bekannte Stoffe bei 1000° schon eine erhebliche elektrische Leitfähigkeit aufweisen. Dieser Verfasser versuchte auf vorliegenden Fall auch die neuen Auffassungen über Stabilität und stufenweise Dissoziation von komplexen Molekeln und Ionen anzuwenden. Bekanntlich nimmt mit steigender Temperatur die Koordinationswertigkeit von komplexen Verbindungen stufenweise ab.

Beim Einschmelzen des Kryolithes bei ca. 1000° tritt eine Dichte-Änderung von 2,98 auf 2,10 und damit eine starke Volumenzunahme ein. Diese dürfte auf eine derartige Dissoziation zurückzuführen sein, etwa gemäß folgendem:

$$\underset{\text{(fest)}}{Na_3AlF_6} \longrightarrow \underset{\text{(geschmolzen)}}{2\,NaF + NaAlF_4}$$

erst bei noch höherer Temperatur findet eine weitere Spaltung statt:

$$NaAlF_4 \longrightarrow NaF + AlF_3\,.$$

Das NaF wird vermutlich in die stromleitenden Ionen dissoziieren:

$$NaF \longrightarrow Na^+ + F^-.$$

Da nun der Zusatz von AlF_3 die elektrische Leitfähigkeit nicht nur proportional, sondern darüber hinaus vermindert, muß dieses sich zu nicht dissoziierendem $NaAlF_4$ umsetzen, indem also dadurch die Menge des Ionen bildenden Natriumfluorids vermindert wird.

Ein Zusatz von Aluminiumfluorid zum Kryolith setzt die Löslichkeit der Tonerde herab, während Natriumfluoridzusatz sie erhöht. Hiernach ist anzunehmen, daß NaF, eines der beiden Dissoziationsprodukte des Kryolithes, sich auch mit der Tonerde umsetzt, und zwar unter Bildung eines Oxyfluorids, Na $AlOF_2$, das mit dem anderen Dissoziationsprodukt Na AlF_4, strukturverwandt ist. Damit erhöht sich mengenmäßig der Anteil an diesen komplexen Fluoriden. Die begrenzte Löslichkeit des Al_2O_3 im Kryolith, die bekanntlich bei etwa 15%[4]) liegt, würde damit erklärt werden können, daß hier eine Sättigungsgrenze für das Verhältnis NaF zu den NaAlX-Komplexen erreicht wird. Damit wird auch die geringere Löslichkeit des Al_2O_3 in Kryolith erklärlich, der einen Überschuß an Aluminiumfluorid enthält. Chiolith 3 NaF · 2 AlF_3 löst z.B. nur 7,5% Al_2O_3. Umgekehrtes gilt für Kryolithschmelzen mit einem Überschuß an NaF.

Zahlreiche Autoren[5]) haben sich mit den Vorgängen an den Elektroden beschäftigt, ohne zu einem übereinstimmenden Ergebnis gekommen zu sein. Für eine primäre Abscheidung von Natrium spricht die Beobachtung, daß im technischen Elektrolysebad tatsächlich Natrium gefunden wird. Bei hoher Stromdichte und

---

[4]) Bis 15% löst sich Al_2O_3 glatt, ohne daß Trübungen der wasserklaren Schmelze zu beobachten sind. Bis etwa 20% löst es sich mit zunehmenden Trübungserscheinungen. Ab 21% bleiben Bodenrückstände.

[5]) P. Droßbach, Elektrochem. geschmolzener Salze (1938). Verlag Julius Springer. — R. Piontelli, Chimica e industria 22 (1940) 501. — G. Grube und P. Hantelmann, Z. f. Elektroch. 48 (1942) 399 u. 469. — E. Grünert, Z. f. Elektrochem. 48 (1942) 393. — P. Röntgen. — J. Fischer, Z. ang. Ch. 20 (1948) 17.

infolgedessen überhitzter Badschmelze hatten wir im Betrieb eine so starke Natriumabscheidung neben der des Aluminiums, daß metallisches Natrium hundertkiloweise als Nebenprodukt verkauft werden konnte. Schaltet man einen Ofen ein, ohne den als Kathode dienenden Kohleboden vorher mit Aluminium zu bedecken, so findet auch zunächst eine merkbare Natriumabscheidung statt. Bei einem modernen Elektrolyseofen, der bekanntlich mit geringer Stromdichte arbeitet und auch normalerweise auf sogenanntem Metallspiegel eingeschaltet wird, findet man metallisches Natrium nicht in nennenswerten Mengen. Schaltet man jedoch den Ofen aus, so treten an der Badoberfläche zahlreiche Natriumflämmchen auf. Diese rühren aber offensichtlich daher, daß sich Aluminium rückläufig mit Kryolith nach folgender Formel umsetzt:

$$Na_3AlF_6 + Al \longrightarrow 2\,AlF_3 + 3\,Na.$$

Bei einem kurz geschlossenen Ofen findet sich auf der Oberfläche der Anodenkohlen deutlich Natrium, während bei einem in Betrieb befindlichen Ofen die Anoden natriumfrei sind.

Piontelli fand, daß bei der Elektrolyse von geschmolzenem Kryolith an einer Kathode von flüssigem Blei sich Natrium zu einer Blei-Natrium-Legierung abscheidet. Diese Beobachtung, wie auch die vorerwähnte, daß sich neben Al deutlich Natrium abscheidet, solange der Boden des Elektrolyse-Behälters noch nicht mit Metall bedeckt ist, führt zu der Annahme, daß bei der technischen Aluminium-Elektrolyse deshalb kein Natrium abgeschieden wird, weil seine Überspannung am Aluminium namentlich bei nicht zu hoher Stromdichte und Temperatur zu groß ist.

In der Praxis verläuft nun trotz allem neben der Aluminium-Elektrolyse zweifellos eine geringe Natriumabscheidung. Diese ist offensichtlich die Hauptursache für Stromausbeuteverluste, die man auch oft auf Diffusionen von abgeschiedenem Aluminium zur Anode und Verbrennen dieses an der Anode zurückführte. Solche Metalldiffusionen oder „Metallnebel" des Aluminiums sind aber bisher nicht nachgewiesen. Sie sind auch sehr unwahrscheinlich bei der großen Reaktionsfähigkeit des Aluminiums gegenüber Kryolith bei den Arbeitsbedingungen des Bades.

Thermo-dynamische Berechnungen der Zersetzungsspannungen von NaCl und $AlCl_3$ belegen nun, daß Al eindeutig edler als Na ist. Messungen der Polarisationsspannungen der Natrium-Halogenide haben auch gezeigt, daß die Abscheidung des Natriums an Kohle und auch an Aluminium ohne eine Überspannung erfolgt[6]).

Auf Grund der bisherigen Erkenntnisse ist jedenfalls wahrscheinlich gemacht, daß im geschmolzenen Kryolith-Tonerde-Elektrolyt nur Na^+- und F^--Ionen als Träger des Stromes vorhanden sind, die primär entladen werden, so daß kathodisch in Sekundär-Reaktion mit (AlF_4- oder AlF_3-Aluminium zur Abscheidung kommt. Hierfür spricht auch eine deutliche Anreicherung von NaF an der Kathode, die wir feststellen konnten.

Ob an der Anode sich nach Entladen Fluor direkt mit Aluminiumoxyd oder einem Oxy-Komplex umsetzt oder erst über CF_4, bleibt noch

[6]) P. Droßbach, Grundriß der allg. techn. Elektrochemie (1952). Verlag Gebr. Bornträger.

offen. Der nach der einen oder anderen Umsetzung freiwerdende Sauerstoff reagiert mit der Anodenkohle unter Bildung von CO bzw. CO_2.

Eine depolarisierende Wirkung scheint die Kohle nicht auszuüben, obwohl eindeutig eine um etwa 0,6 Volt depolarisierte Zersetzungsspannung gemessen wird. Die gleiche depolarisierte Zersetzungsspannung wurde seinerzeit aber auch von H. Ginsberg[7]) und P. Droßbach an Platinanoden gemessen. Die Depolarisierung entspricht annähernd dem Ausbeuteverlust. Sie ist also wohl eindeutig auf Nebenreaktionen an der Anode, sehr wahrscheinlich — wie erwähnt — auf nebenläufige Natriumabscheidung zurückzuführen.

---

[7]) Nach intern. Betriebsbericht.

II. Die Herstellung von Hüttenaluminium

1. Die elektrischen Anlagen

Als zu Beginn des Jahrhunderts von der Chemie die Voraussetzungen für die technische Gewinnung des Aluminiums durch Elektrolyse im Großen geschaffen waren, erwuchs der Elektrotechnik die Aufgabe, Stromversorgungsanlagen zu bauen, die den besonderen Bedingungen dieses technologischen Prozesses entsprachen und geeignet waren, die hohe Gleichstromenergie, die für die technische Aluminiumelektrolyse erforderlich ist, zu möglichst wirtschaftlichen Bedingungen zu liefern.

Die elektrischen Einrichtungen einer Aluminiumhütte, soweit sie die Nebenanlagen außer der eigentlichen Elektrolyse betreffen, sind kaum verschieden von denen anderer Industrien. Dagegen unterscheiden sich die technologischen Bedingungen des schmelzelektrolytischen Prozesses der Aluminiumgewinnung und damit auch die elektrischen Einrichtungen zur Durchführung dieses Prozesses in mancher Hinsicht von anderen Elektrolysen. Von den Stromversorgungsanlagen für Aluminiumelektrolysen soll im Folgenden ausschließlich die Rede sein.

a) Die technologischen Bedingungen des schmelzelektrolytischen Prozesses

aa) Der Gleichstrom

Nach Faradays Gesetz ist die aus einem Elektrolyten ausgeschiedene Stoffmenge der hindurchgeleiteten Strommenge verhältnisgleich.

$$q = c \cdot J \cdot t$$

In dieser Gleichung bedeutet q die abgeschiedene Stoffmenge in g, c das elektrochemische Äquivalent, ausgedrückt durch die durch den Stromdurchgang von 1 Coulomb ausgeschiedene Stoffmenge in g, J den Strom in Ampère und t die Zeit in sec. Nun ist:

$$c = \frac{A}{n \cdot F}$$

worin A das Atomgewicht des betreffenden Stoffes, n seine Wertigkeit und F die Faradaysche Konstante, nämlich die Anzahl Coulomb, die nötig sind, um 1 Grammäquivalent abzuscheiden, bedeuten. F entspricht nach neueren Bestimmungen 96494 Coulomb. Für Aluminium gilt demnach:

$$c = \frac{26{,}97}{3 \cdot 96494} = 0{,}093164 \cdot 10^{-3}$$

Das heißt, daß 1 Coulomb $0{,}093164 \times 10^{-3}$ g und 1 Ah entsprechend 3600 Coulomb 0,093164 · 3,600 = 0,3354 g Aluminium abscheiden. Daraus bestimmt sich die Strommenge in Ah, die notwendig ist, um 1 g Aluminium abzuscheiden, zu 2,9816 Ah.

Tatsächlich ist bei der Durchführung des schmelzelektrolytischen Prozesses infolge von Sekundärvorgängen (s. S. 19), die sich im Elektrolyten abspielen, ein Stromaufwand erforderlich, der über dem nach dem Faradayschen Gesetz zu errechnenden liegt.

Das Verhältnis des theoretischen zum tatsächlichen Stromaufwand, die Stromausbeute, entspricht bei neuzeitlichen Aluminiumelektrolysen etwa dem folgenden Wert:

$$\eta = 0{,}85 \;\ldots\ldots\; 0{,}90\,.$$

In technischen Maßeinheiten ausgedrückt, ist demnach folgende Strommenge J · T in A^h erforderlich, um Q kg Aluminium zu erzeugen:

$$J \cdot T = \frac{Q \cdot 1000}{\eta \cdot 0{,}3354}\,\mathrm{Ah}\,.$$

Es geht hieraus hervor, daß zur Erzeugung des Aluminiums infolge seiner 3-Wertigkeit und seines geringen Atomgewichts ein verhältnismäßig hoher Stromaufwand erforderlich ist.

Man war daher schon zu Beginn der Entwicklung der technischen Aluminiumelektrolyse bestrebt, Aluminiumöfen verhältnismäßig hoher Stromstärken zu bauen, und die Elektrotechnik sah sich schon damals veranlaßt, Stromversorgungsanlagen für Aluminiumelektrolysen, bestehend aus Öfen von 8000 bis 13000 A, zur Verfügung zu stellen.

Es zeigte sich bald, daß die wirtschaftlichen Produktionsbedingungen auch be der Aluminiumerzeugung mit wachsendem Strom günstiger werden. Die Gründe hierfür sind unschwer einzusehen. Einerseits geht der Arbeitsaufwand je Gewichtseinheit erzeugten Metalles mit wachsender Stromstärke bedeutend zurück, da beispielsweise für einen 30000-A-Ofen kaum mehr Bedienungspersonal erforderlich ist als für einen 13000-A-Ofen. Weiterhin wird der Aufwand an Energie je Gewichtseinheit erzeugten Metalles, der zur Erzielung und Erhaltung der Temperatur des Elektrolyten erforderlich ist, entsprechend dem geringer werdenden Verhältnis der wärmeabführenden Oberfläche zum Schmelzeinhalt des Ofens und der darauf zurückzuführenden Verminderung der prozentualen Wärmeverluste bei sonst gleichen Wärmeisolierungsverhältnissen mit wachsender Ofengröße immer geringer.

In den Jahren 1920 bis 1930 etwa ging man daher über zu dem Bau von Öfen für Stromstärken von 15000 bis 30000 A.

Die weitere Entwicklung zielte auf die Konstruktion von 50000 A-Öfen. In anderen Ländern ist in den letzten Jahren der Bau von Ofensystemen mit Öfen für Stromstärken bis 100000 A Wirklichkeit geworden.

Der Weg des Aluminiumofens war demnach bisher gekennzeichnet durch die ständige Steigerung seiner Stromstärke. Bei der Verfolgung dieses Weges haben sich Aluminiumindustrie und Elektrotechnik häufig gegenseitig befruchtet. Häufig wurde die Entwicklung durch die entweder von der einen oder von der anderen Seite jeweils dargebotenen neuen Möglichkeiten entscheidend gefördert.

bb) Ofenspannung, Gesamtspannung der Ofensysteme

Im normalen Betrieb führt der Aluminiumofen an seinen Anschlüssen eine Spannung je nach Größe und Ausführung des Ofens, sowie nach Ofenführung von 4,5 ..... 5,0 Volt.

Infolge Erhöhung der Oberflächenspannung an der Grenzschicht Anode—Elektrolyt und der darauf zurückzuführenden Verminderung der Benetzbarkeit der Anoden durch den Elektrolyten, möglicherweise in Verbindung mit einer Änderung der Sekundärreaktionen an den Anoden bei Verarmung des Elektrolyten an Tonerde, erhöht sich von Zeit zu Zeit sprunghaft der Widerstand des Elektrolyten, wodurch die Ofenspannung plötzlich auf 25 bis 50 Volt, konstante Stromstärke vorausgesetzt, ansteigt.

Man nennt diesen Vorgang „Anodeneffekt" oder in der Sprache der Aluminiumhüttenleute das „Funken" der Öfen. Das Funken wird durch „Abstoßen" des Ofens, das heißt durch Einstoßen der auf der Schmelze sich jeweils bildenden Schmelzedecke mit der darauf liegenden Tonerde in die Schmelze unterdrückt. Nach Beseitigung des Anodeneffektes wird jeweils neue Tonerde auf den Ofen aufgetragen.

Tritt der Anodeneffekt gleichzeitig an 2 Öfen eines Ofensystems auf, so beträgt die dabei auftretende Spannungserhöhung 30 bis 90 Volt, bezogen auf konstante Stromstärke. Diese Spannungserhöhung ist schon erheblich und erfordert entsprechende Berücksichtigung bei der Ausführung und Bemessung der Stromversorgungsanlagen.

Die Gesamtspannung eines Ofensystems ist bestimmt durch die Zahl der in Reihe geschalteten Öfen, zuzüglich des Spannungsabfalles der Leitung, zuzüglich der für die evtl. Regelung des Ofensystems erforderlichen Spannungsreserve.

In der Frühzeit der Entwicklung kamen Systemspannungen von 250, 300 bis 400 Volt bei Gleichströmen von 8000 ... 13000 A in Anwendung (1915 bis 1924). Die Entwicklung der Quecksilberdampfgleichrichter für Elektrolysen führte zu Beginn der 30er Jahre die Gleichspannung zunächst versuchsweise auf 550 ... 600 Volt, später auf 800 ... 850 Volt bei Systemstromstärken von 30000 A (1930 bis 1944).

Die in den Jahren 1935 bis 1944 errichteten Ofensysteme bestanden durchweg aus 150 bis 160 Öfen für 30000 A. Die Systemspannung betrug 800 bis 850 Volt. In dieser Gesamtspannung war ein Ausgleich von 50 bis 75 Volt für den Mehrverbrauch funkender Öfen enthalten. Der normale Betrieb fand demnach bei Gleichspannungen von 750 bis 800 Volt statt.

cc) Die Regelung der Stromstärke oder der Leistung der Ofensysteme

Einer der wichtigsten Faktoren zur Erzielung einer hohen Stromausbeute bei der Aluminiumelektrolyse ist die Aufrechterhaltung einer möglichst konstanten niedrigen Temperatur der aus einem Gemisch von Kryolith mit Tonerde bestehenden Schmelze. Im allgemeinen wird bei Schmelzetemperaturen von 940 bis 980° gearbeitet, das heißt bei solchen, die nur wenig über dem Schmelzpunkt des Elektrolyten liegen.

Voraussetzung hierfür ist eine gute Regulierbarkeit der Gleichspannung des Ofensystems zur Konstanthaltung des Stromes oder der Leistung bei Veränderungen des Systemwiderstandes, zum Beispiel infolge des Auftretens des Anodeneffektes bei einem oder mehreren Öfen. Die Regelung der Spannung hat dabei zweckmäßigerweise selbsttätig zu erfolgen, da es bei Handregulierung nicht möglich ist, die durch das Funken der Öfen hervorgerufenen, zeitweise häufig auftretenden plötzlichen Stromschwankungen immer rechtzeitig auszugleichen.

Bei ungeregeltem System, oder allgemein ausgedrückt, bei gleichbleibender Spannung sinkt der Systemstrom beim Funken eines oder mehrerer Öfen nämlich mehr oder weniger stark ab. Dadurch wird das Wärmegleichgewicht aller übrigen nicht funkenden Öfen jeweils empfindlich gestört. Außerdem bringen die Stromabsenkungen jedesmal eine Produktionseinbuße gegenüber der gesamten Produktionskapazität des betreffenden Systems mit sich.

Nun kann man zwar die Häufigkeit der Anodeneffekte durch entsprechende Ofenführung herabsetzen. Von dieser Möglichkeit macht man auch tatsächlich weitgehend Gebrauch, um die beim Funken entstehende Verlustenergie zu vermindern und eine möglichst gleichmäßige Belastung der Gleichstrommaschinen zu erzielen. Hinzu kommt, daß beim Funken jedesmal infolge der dadurch verursachten Steigerung der Temperatur der Ofenschmelze nicht unerhebliche Verluste an den in der Schmelze enthaltenen wertvollen Fluorverbindungen auftreten. Man kann jedoch auf das Funken der Öfen als eine Art Kontrolle des Ofenganges und aus Gründen sparsamen Tonerdeverbrauchs nicht gänzlich verzichten.

Die Stromversorgungsanlagen der Aluminiumelektrolysen müssen daher zweckmäßigerweise mit Einrichtungen versehen sein, die den Gleichstrom oder die Gleichstromleistung mit größter Schnelligkeit und Genauigkeit selbsttätig konstant zu halten vermögen.

Die außergewöhnlich hohe Gleichstromstärke in Verbindung mit der Forderung nach genauer Ausregulierung des Stromes oder der Leistung haben die Entwicklung von Geräten zur genauen Messung der Stromstärke erforderlich gemacht.

Die Regelung auf konstanten Gleichstrom ist das im allgemeinen bevorzugte Regulierverfahren. Es hat den Vorteil, daß die nichtfunkenden Öfen durch die bei einzelnen Öfen auftretenden Anodeneffekte nicht gestört werden. Außerdem wird dabei die Produktionskapazität des Ofensystems voll ausgenutzt.

Das Verfahren führt jedoch infolge des Mehraufwandes an Spannung zu einem nicht unerheblichen Mehrverbrauch an Leistung. Man kann, wie erwähnt, auf die Anodeneffekte aus Gründen der Ofenführung nicht ganz verzichten. Es ist also nicht etwa der volle hierbei auftretende Mehrverbrauch an Leistung als Verlust anzusehen. Jedoch ist z. B. der Leistungsverbrauch beim Funken bei Regelung auf konstante Leistung geringer, bei ungeregeltem Betrieb noch geringer. Nun sind erfahrungsgemäß die in den letztgenannten Fällen auftretenden Funkleistungen für die Ofenführung voll ausreichend. Es ist daher mindestens ein großer Teil der bei Regelung auf konstanten Strom auftretenden besonders hohen Funkleistung als Verlustenergie zu bezeichnen.

Bei Regelung auf konstante Leistung bewegen sich Gleichstrom und Gleichspannung der Ofensysteme bei Widerstandsänderungen mit konstantem

Produkt gegenläufig. Den funkenden Öfen wird weniger Verlustenergie zugeführt und die Regelspannungsreserve kann herabgesetzt werden. Dagegen wird das Wärmegleichgewicht der nichtfunkenden Öfen bei jedem Funkvorgang gestört, wenn auch wesentlich weniger als in einem ungeregelten System.

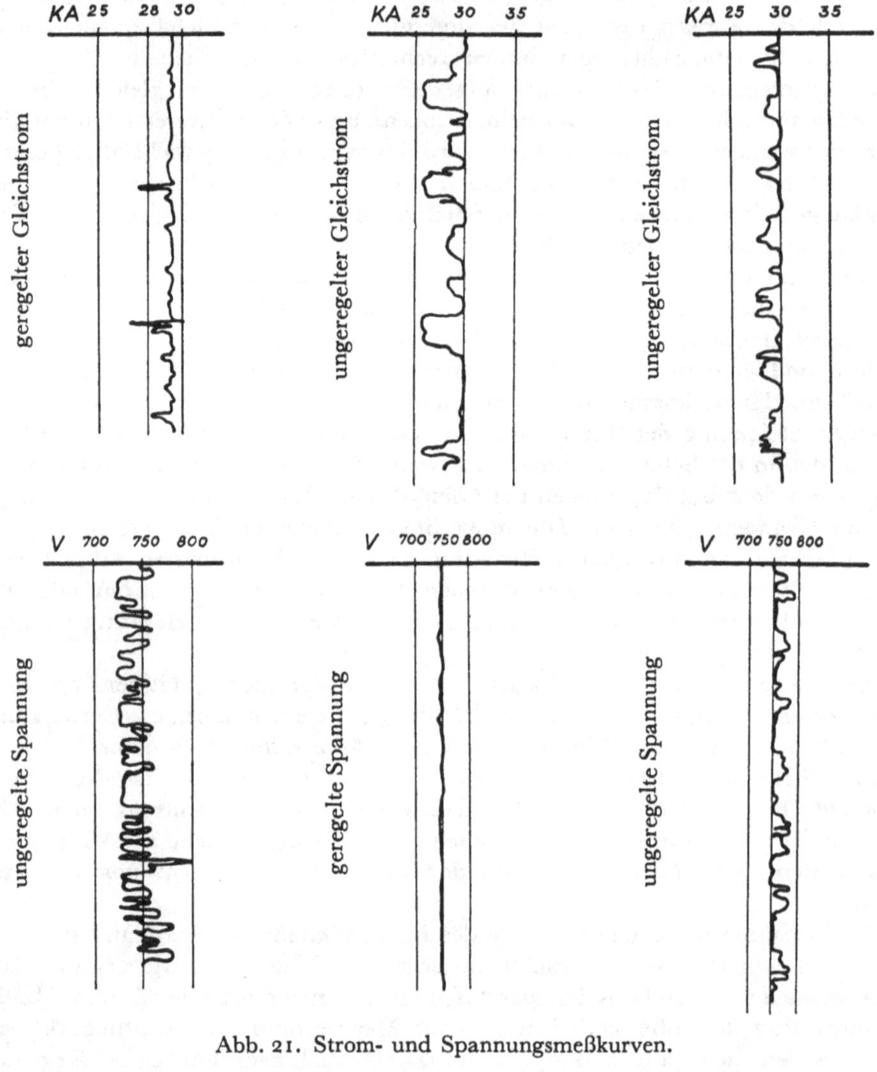

Abb. 21. Strom- und Spannungsmeßkurven.

Die Regelung auf konstanten Gleichstrom gestattet die Erzielung günstigster Stromausbeuten, die Regelung auf konstante Leistung führt zu etwas geringerer Stromausbeute. Dafür ist jedoch bei letzterer Art von Regelung der Spannungsverbrauch etwas geringer und für das Kraftwerk die Benutzungsdauer höher.

Abbildung 21 läßt die Registrierstreifen von Strom und Spannung bei Regelung auf konstanten Gleichstrom und bei Regelung auf konstante Gleichstromleistung und im Vergleich dazu die Registrierstreifen eines ungeregelten Systems erkennen.

Es hängt nun in hohem Maß von der Art der Maschinen ab, in welcher Weise und mit welchen Mitteln das Problem der Konstanthaltung der Gleichstromstärke oder der Gleichstromleistung zu lösen ist. In dieser Hinsicht sind zu unterscheiden:

a) Stromerzeugungsanlagen, die auf Grund ihrer natürlichen Charakteristik konstante Leistung abgeben, zum Beispiel Wasserturbinen, die bei gleichbleibendem Gefälle mit konstanter Öffnung der Leitapparatur arbeiten,

b) Maschinen, wie zum Beispiel Wasserturbinen, die mit Geschwindigkeitsregelung versehen sind, sowie auch Synchronmotorgeneratoren und

c) Umformer, beispielsweise Einankerumformer oder Quecksilberdampfgleichrichter, deren Gleichspannung von der aufgedrückten Wechselspannung unmittelbar abhängig ist. Hierzu gehören auch in gewisser Weise Asynchronmotorgeneratoren, die über den Schlupf dem Einfluß schwankender Hochspannung unterliegen.

Die unter a) genannte Maschinenart benötigt keinerlei Regelvorrichtung, wenn das von solchen Maschinen gespeiste Ofensystem auf konstante Leistung hin geregelt werden soll.

Die unter b) genannten Maschinen arbeiten mit konstanter Spannung an den Generatorklemmen, solange der Erregerstrom nicht geändert wird, denn die Generatorspannung U ist von dem Fluß $\varnothing$ und der Tourenzahl n der Maschine entsprechend der Gleichung

$$U = k \cdot \varnothing \cdot n$$

abhängig, und solange $\varnothing$ und n sich nicht ändern, bleibt U konstant. Die Regel- und Steuervorrichtungen zur Konstanthaltung von Strom oder Leistung bei dieser Maschinenart müssen deshalb unmittelbar auf den Erregerstrom wirken.

Bei der unter c) genannten Maschinenart müssen ebenso wie bei der unter b) genannten gewisse Spannungsreserven gegenüber der Normalspannung des nichtfunkenden Ofensystems vorgesehen werden, die im gegebenen Augenblick durch geeignete Regeleinrichtungen eingesetzt werden. Mit Rücksicht darauf, daß diese Maschinen eine mit der Spannung des Hochspannungsnetzes schwankende Gleichspannung abgeben, müssen diese Regeleinrichtungen außerdem so beschaffen sein, daß sie auch die Hochspannungsschwankungen ausregulieren.

Bei der Behandlung der verschiedenen Arten der auf Aluminiumelektrolysen arbeitenden Maschinen wird auf die Regelorgane im einzelnen noch näher eingegangen werden.

Über die Vorrichtungen zur Konstanthaltung von Strom oder Leistung hinaus erfordern die Aluminiumelektrolysen noch weitere Regelmöglichkeiten seitens der speisenden Maschinen.

So erfordert das Anfahren der Ofensysteme, das stets in mehreren aufeinanderfolgenden Abschnitten vorgenommen wird, die Einstellmöglichkeit von Zwischenstufen im gesamten Bereich der Spannung von 0 ... 100% bei normaler Stromstärke.

Bei Verwendung von Quecksilberdampfgleichrichtern ist im Interesse der Ausheizung dieser mit kleinsten Spannungen eine besondere Regelmöglichkeit vorzusehen.

dd) Die Betriebssicherheit der Stromversorgungsanlagen

An die Betriebssicherheit der Maschinen und sonstigen elektrischen Einrichtungen zur Stromversorgung der Aluminiumelektrolysen werden besonders hohe Anforderungen gestellt, da die Aluminiumöfen mit ununterbrochener Vollast Tag und Nacht durchlaufend betrieben werden müssen.

Bleibt die Elektrolyse nämlich länger als 6 bis 8 Stunden stromlos, so beginnt die Schmelze in den Öfen zu erstarren; ihr Widerstand wächst schließlich auf solche Werte an, daß die zurückkehrende Spannung nicht mehr imstande ist, das völlige Einfrieren der Öfen zu verhindern.

Der durchlaufende Betrieb der Aluminiumelektrolysen setzt das Vorhandensein einer ausreichenden Maschinenreserve voraus.

b) Der Verbrauch an elektrischer Arbeit bei der Aluminiumerzeugung

Bei einer mittleren Ofenspannung von e Volt ist der Verbrauch an elektrischer Arbeit bei der Aluminiumerzeugung

$$W = \frac{I \cdot e \cdot T}{1000} \text{ kWh},$$

wobei T in Stunden einzusetzen ist.

Aus der letzten Gleichung des Abschnittes a (S. 21) geht hervor, daß die Aluminiumerzeugung, wenn Strom, Stromausbeute und Dauer der Stromeinwirkung bekannt sind, fo gendermaßen ermittelt werden kann:

$$Q = \frac{I \cdot T \cdot \eta \cdot 0{,}3354}{1000} \text{ kg}.$$

Der Arbeitsverbrauch zur Erzeugung von 1 kg Aluminium beträgt demnach:

$$\frac{W}{Q} = \frac{e}{\eta \cdot 0{,}3354} \text{ kWh/kg}.$$

c) Die Erzeugung billiger Energie

aa) Der Strompreis

Der Anteil der Stromkosten an den Selbstkosten bei der Erzeugung des Hüttenaluminiums ist verhältnismäßig hoch, er betrug zum Beispiel in der Zeit von 1930 bis 1940 je nach Strompreis 13 bis 20% bei Dampfkrafterzeugung und 10 bis 15% bei Wasserkrafterzeugung.

Die Dauervollast der Aluminiumelektrolysen begründet eine außergewöhnlich hohe Benutzungsdauer der Stromversorgungsanlagen. Diese kommt dem theoretischen Höchstwert von 8760 Stunden sehr nahe und liegt bei etwa 8000 bis 8200 Stunden. Eine hohe Benutzungsdauer ist bei jeder Art der Stromerzeugung willkommene Grundlage für einen billigen Strompreis. Die hohen Leistungen der Aluminiumelektrolysen in Verbindung mit der hohen Benutzungsdauer haben auch immer wieder besondere Aufwendungen der Elektrotechnik zur Erzielung bestmöglicher Wirkungsgrade in Stromerzeugung und Umformung lohnend gemacht.

Der Preis für die Erzeugung einer kWh an der Kraftwerksammelschiene ist:

$$P = \frac{a \cdot p}{h} + b$$ [1]

P = Preis für 1 kWh

wobei a = Kapitalkosten für 1 kW Kraftwerksleistung,
p = Faktor der relativen Jahreskosten für Verzinsung, Tilgung und Betrieb,
h = Benutzungsdauer und
b = Brennstoffaufwand im Wärmekraftwerk für die Erzeugung einer kWh bedeuten.

Mit Preisen von 1936 ergibt sich im Steinkohlenkraftwerk bei

$$a = 250 \text{ Mk/kW}, \; p = 0{,}14, \; h = 8000 \text{ und } b = 0{,}012 \text{ Mk/kWh}$$

ein Strompreis von

$$P = 0{,}0044 + 0{,}012 = 0{,}0164 \text{ Mk/kWh}.$$

Im Tagebau geförderte Braunkohle erlaubt die Förderung der äquivalenten Wärmemenge zu einem billigeren Preis, sofern die geringwertige Kohle nicht durch Transport verteuert, vielmehr in unmittelbarer Nähe der Grube verfeuert wird.

In einem Braunkohlenkraftwerk kann der Strom erzeugt werden zu einem Preis von

$$P = 0{,}0044 + 0{,}0056 = 0{,}010 \text{ Mk/kWh}$$

In Wasserkraftwerken würde der Strom zu einem Preis von etwa 0,005 Mk/kWh erzeugt werden können, wenn sich solche Kraftwerke zum gleichen Preis oder doch mit gleichen jährlichen Kapitalkosten errichten ließen wie Wärmekraftwerke, denn im Fall der Wasserkraftwerke entfällt der Aufwand für das Triebmittel. In Wirklichkeit sind jedoch die Kapitalkosten für 1 kW Wasserkraftwerksleistung im allgemeinen höher als die für Wärmekraftwerke, wenn auch von Fall zu Fall außerordentlich verschieden.

Ausbauwürdig ist eine Wasserkraft im allgemeinen dann, wenn sie in bezug auf den Preis ihrer Energie in Wettbewerb mit Wärmekraftwerken treten kann. Der Strompreis eines Wasserkraftwerkes ist dabei entscheidend von der Gunst der Wasserdarbietung abhängig. Es sei noch erwähnt, daß wasserbauliche Anlagen wesentlich längere Zeit abgeschrieben werden können als maschinentechnische Ausrüstungen.

Obige Überlegungen machen verständlich, daß der Preis der Energie aus bereits weitgehend abgeschriebenen, älteren Wasserkraftwerken, die auch häufig nach den Gesichtspunkten der größtmöglichen Ausbauwürdigkeit errichtet werden konnten, in günstigen Fällen noch unter dem von Braunkohlekraftwerken liegen kann. Im allgemeinen liegt jedoch in Deutschland der Preis des Stromes aus Wasserkraftwerken kaum unter dem aus Wärmekraftwerken.

---

[1] Vgl. Großraumverbundwirtschaft 1948, S. 10. H. Schöller, „Technisch-wirtschaftliche Grundlagen für eine Großraumplanung". West-Verlag Essen/Kettwig.

bb) Standort der Aluminiumhütten

Der hohe Anteil der Stromkosten an den Selbstkosten bei der Erzeugung des Hüttenaluminiums macht es verständlich, daß bestimmend bei der Wahl des Standortes der Aluminiumhütten stets die Frage der Erzeugungsmöglichkeit ausreichender und billiger Energie an dem gewählten Ort gewesen ist.

Die ersten deutschen Werke (Rummelsburg, Horrem, Erftwerk, Bitterfeld, Lautawerk) (vgl. S. 8) entstanden im Krieg 1914 bis 1918 auf der Braunkohle der Kölner Bucht und Mitteldeutschlands, weil der billigere Wasserkraftstrom im Krieg dem Zeitdruck nicht gerecht werden konnte.

Nach dem Krieg verlagerte sich der Schwerpunkt der Erzeugung an die billigere Wasserkraft des Inn. Hier ging 1924 Kraftwerk und Aluminiumhütte Töging in Betrieb. In den Jahren 1940 bis 1943 entstand eine weitere Hütte bei Ranshofen am Inn (Mattigwerk). Vorher war die Aluminiumhütte Töging noch bedeutend erweitert worden. Der erhöhte Energiebedarf dieser Hütten stützte sich vornehmlich auf weiterhin ausgebaute Wasserkräfte des Inns, unter denen insbesondere die Kraftstufen hoher Leistungsfähigkeit am unteren Inn, Ering und Egglfing, zu nennen sind.

Sobald man sich an Wärmekraftwerke anlehnte, hatte die Braunkohle den Vorrang vor der Steinkohle. So entstand der spätere erweiterte Ausbau des Lautawerkes und des Erftwerkes.

Nur das Lippewerk wurde in Anlehnung an die Steinkohle errichtet (vgl. hierzu auch S. 9).

d) Primärerzeugung von Gleichstromenergie

Zunächst lag nahe, günstigste Kapitalkosten und Wirkungsgrade von Generatoren zu erwarten, die von Wasser- oder Dampfturbinen unmittelbar angetrieben werden.

Nun folgt der Bau von Gleichstromgeneratoren mit eingängiger Schleifenwicklung dem Gesetz, daß das Produkt aus Leistung und Tourenzahl eine Konstante ist, deren Größe durch die Hauptbeanspruchungen bestimmt ist, den Strombelag, die mittlere magnetische Induktion und die Umfangsgeschwindigkeit des Kommutators. Wenn man für diese Größen mit konstanten Werten rechnet, so ist die Leistung über der Tourenzahl eine gleichseitige Hyperbel, wie sie in Abb. 22 dargestellt ist.

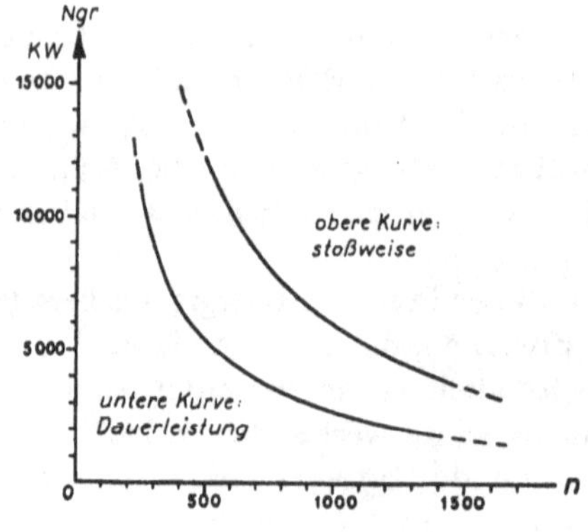

Abb. 22.
Leistung der Gleichstromgeneratoren in Abhängigkeit von der Tourenzahl.

Es folgt daraus, daß Gleichstromgeneratoren größerer Leistung mit direkter Kupplung an schnellaufende Dampfturbinen nicht gebaut werden können. An der Drehzahl dieser Turbinen ist mit Rücksicht auf ihren thermischen Wirkungsgrad nichts zu ändern. Der Zwischenbau eines Getriebes ist eine für Preis und Betrieb unerwünschte Beigabe.

Aus diesem Grunde scheidet die Primärerzeugung von Gleichstrom in Dampfkraftwerken aus.

Dagegen ist sie in Wasserkraftwerken dann möglich, wenn das Gefälle in Turbinen ausgenutzt werden kann, deren Tourenzahl auf die der Gleichstromgeneratoren abgestimmt werden kann. Weiter unten wird eine solche Primärerzeugungsanlage beschrieben, die ein Beispiel für die besonders günstige Ausnützung einer Wasserkraft für die Zwecke einer Aluminiumelektrolyse darstellt.

Im Fall einer solchen Primärerzeugung ist mit Rücksicht auf die hohen Gleichstromstärken, die bei den Aluminiumelektrolysen angewandt werden, der Stromverbraucher, also die Ofensysteme, im Interesse geringstmöglicher Leistungsverluste unmittelbar an die Stromerzeugungsanlage anzuschließen.

Es ergibt sich nämlich beispielsweise ein Verlust von etwa 0,65—0,75% der übertragenen Leistung je 100 m Aluminiumleitung bei einer Stromdichte von 0,8 Ampère/mm² in dieser, wenn die Übertragung mit 400 Volt erfolgt. Die Länge der Verbindungsleitungen zwischen Krafthaus und Ofenhaus muß daher auf das geringstmögliche Maß beschränkt werden, das heißt, das Ofenhaus muß im Fall einer Primärerzeugungsanlage möglichst unmittelbar an das Kraftwerk angebaut werden.

Die Gleichstrommaschinen des Kraftwerkes Töging als Beispiel einer Primärerzeugungsanlage[2])

Die Wasserkraftanlage Töging, die 1924 in Betrieb genommen wurde, stellt ein Kanalkraftwerk dar. Ein Oberwasserkanal von 20 km Länge, der von der Wehranlage Jettenbach ausgeht, wo der Inn um etwa 6,5 m bei Mittelwasserführung angestaut wird, führt das Nutzwasser bis zu einer natürlichen Geländestufe bei Töging, die eine Höhendifferenz von etwa 30 m darbietet. Der Kanal führt eine Wassermenge von max. 300 m³/sec. Zu seiner Entlastung bei etwaigen Betriebsstörungen sind 2 Gruppen von Saughebern eingebaut, von denen die in unmittelbarer Nähe des Kraftwerkes angeordnete Gruppe in Verbindung mit Grundablässen bis zu 150 m³/sec. entsprechend einer Energie von 50000 PS abzuleiten vermag.

Das Wasserkraftwerk oberhalb der Maschinenanlagen des Kraftwerkes Töging enthält 15 Rohrkammern, die die oberen Einflußöffnungen der 15 Druckrohre von 4 m lichtem Durchmesser und 56 m Länge darstellen, durch die das Betriebswasser den im Kraftwerk aufgestellten 15 Maschinensätzen zugeleitet wird. In den Rohrkammern sind als Abschlußorgane Schnellschluß-Fallschützen von je 15 t Eigengewicht angeordnet.

Abb. 23 zeigt einen Schnitt durch Wasserschloß, Rohrbahn und Krafthaus Töging.

Durch den 2,8 km langen Unterwasserkanal wird das Betriebswasser wieder in den Inn zurückgeführt.

Die Höchstleistung der Anlage wurde auf 100000 PS festgelegt. Die im Jahresdurchschnitt erzeugte Energiemenge liegt bei mittlerer Wasserdarbietung bei etwa 500 Millionen kWh.

Die Turbinen sind als Einrad-Stirnkesselturbinen mit Flachkrümmer für eine Normalleistung von 9630 PS bei 31,5 m mittlerem Gefälle und 28,3 m³ sekundlicher Wassermenge ausgeführt und leisten bei 34 m Gefälle je bis zu 10600 PS. Die Generatorwellen tragen die Laufräder in fliegender Anordnung, es sind also 2 Lager vorhanden, von denen das eine zwischen Turbine und Generator befindliche als normales Traglager, das außenseitige als Einscheibendrucklager zur Aufnahme des bis zu 30 t betragenden Horizontalschubs der Turbinen ausgebildet ist.

---

[2]) Vgl. Siemens-Zeitschrift Januar 1926. Ph. Grünler, „Die Wasserkraftanlage des Innwerks".

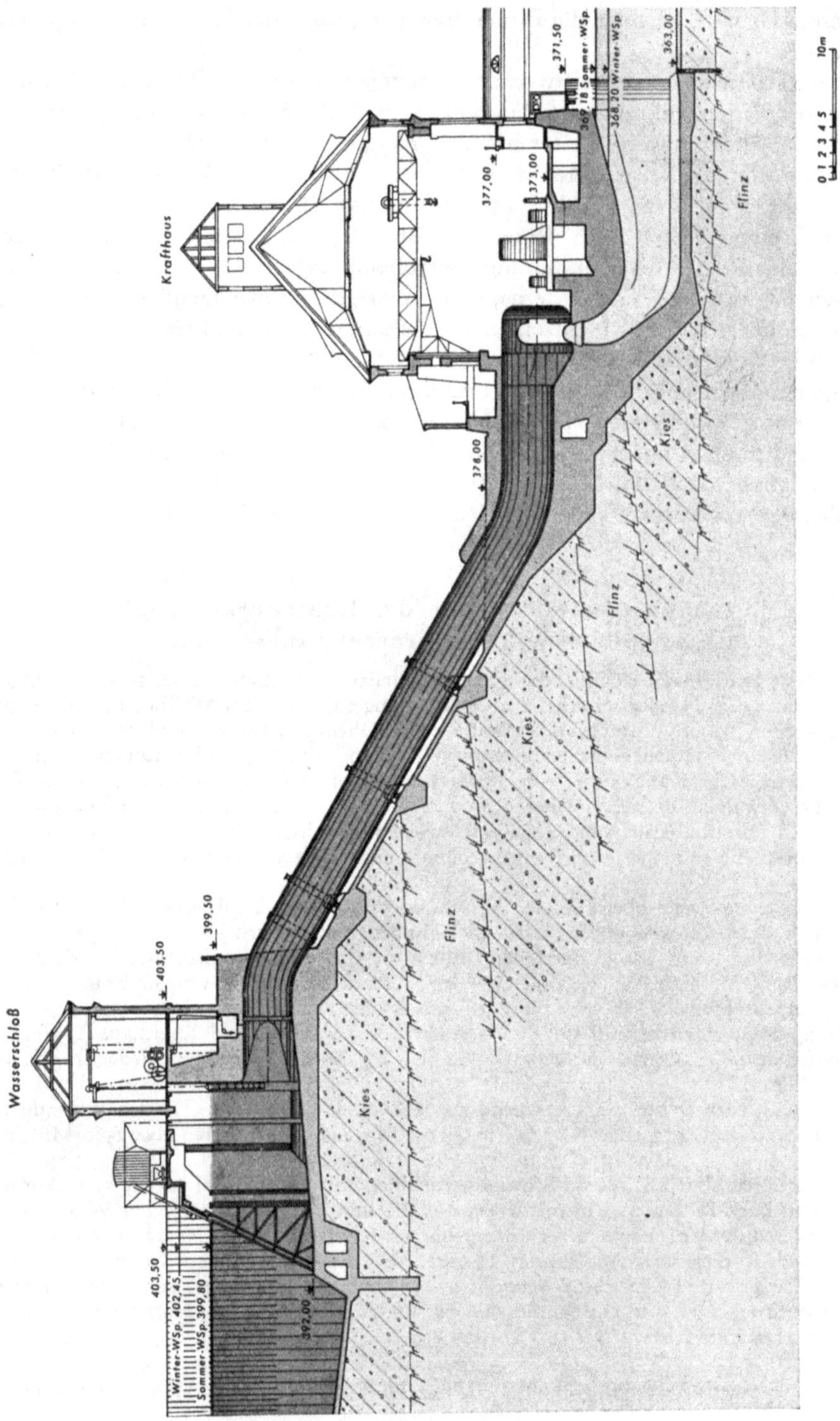

Abb. 23. Schnitt durch Wasserschloß, Rohrbahn und Krafthaus Töging.

Die Turbinen arbeiten mit hydraulischen Reglern zur Konstanthaltung der Geschwindigkeit.

Abb. 24 zeigt eine Ansicht des Krafthauses. Im Vordergrund sind die vorhandenen 7 Gleichstromsätze ersichtlich; im Hintergrund erkennt man die Drehstromsätze mit den angebauten Erregermaschinen. Entsprechend der Aufgabenstellung der vorliegenden Ausführungen soll im folgenden ausschließlich der Gleichstromteil der zu beschreibenden Kraftanlage behandelt werden.

Die Leistung der 7 Gleichstromgeneratoren beträgt je Maschine 5775/6375 kW bei 385/425 V und 15000 A. Die Maschinen laufen mit einer Drehzahl von 150 Umdrehungen/min. Die Generatoren sind 24-polig, sie sind als Doppelkollektormaschinen ausgebildet. Dementsprechend sind Anker und Kompensationswicklung in 2 Hälften unterteilt.

Von den Klemmen der Generatoren werden die beiden Pole auf 2 Brücken, die über dem Unterwasserkanal errichtet sind, in den Schaltraum und von dort in das Ofenhaus geführt, dessen eine Schmalseite zusammen mit dem Schaltraum unmittelbar an den Unter-

Abb. 24. Maschinenhaus.

wasserkanal grenzt. Jede der beiden Brücken führt die gesamten Schienen eines Pols. Die Verbindung erfolgt durch Aluminiumschienen bei einer Stromdichte von 0,815 A/mm² bei 15000 A.

Im Ofenhaus sind 6 Ofensysteme je 400 Volt und 15000 A vorhanden[3]). Die Mittelpunkte der Systeme sind jeweils über Widerstände geerdet. Jedes System wird normalerweise von der ihm zugeordneten Maschine gespeist. Durch entsprechende Umschaltung im Schalthaus ist es möglich, jeden Generator auf jedes beliebige andere System arbeiten zu lassen. Das Umschalten erfolgt durch Trennlaschen im stromlosen Zustand. Abb. 25 zeigt das Schaltschema der gesamten Kraftanlage.

Die Gleichstromgeneratoren arbeiten normalerweise mit Selbsterregung. Die im Schalthaus aufgestellten Nebenschlußregler werden von Hand bedient. Jeder Generator kann jedoch auch mit Fremderregung betrieben werden. Zu diesem Zweck ist ein Gleichstromgenerator für 400 Volt, der von einer besonderen Erregerturbine angetrieben wird, vorgesehen worden.

Den Widerstandsänderungen der Aluminiumsysteme dieser Anlage wird also soweit wie möglich durch Handregulierung nachgekommen; eine automatische Regelung ist nicht vorhanden. Um Stromabsenkungen infolge Widerstandserhöhungen der Systeme auszugleichen, muß die Systemspannung und damit auch die Leistung erhöht werden. Die ge-

[3]) Heute teils zu 30000-A-Systemen zusammengefaßt und entsprechend modernisiert!

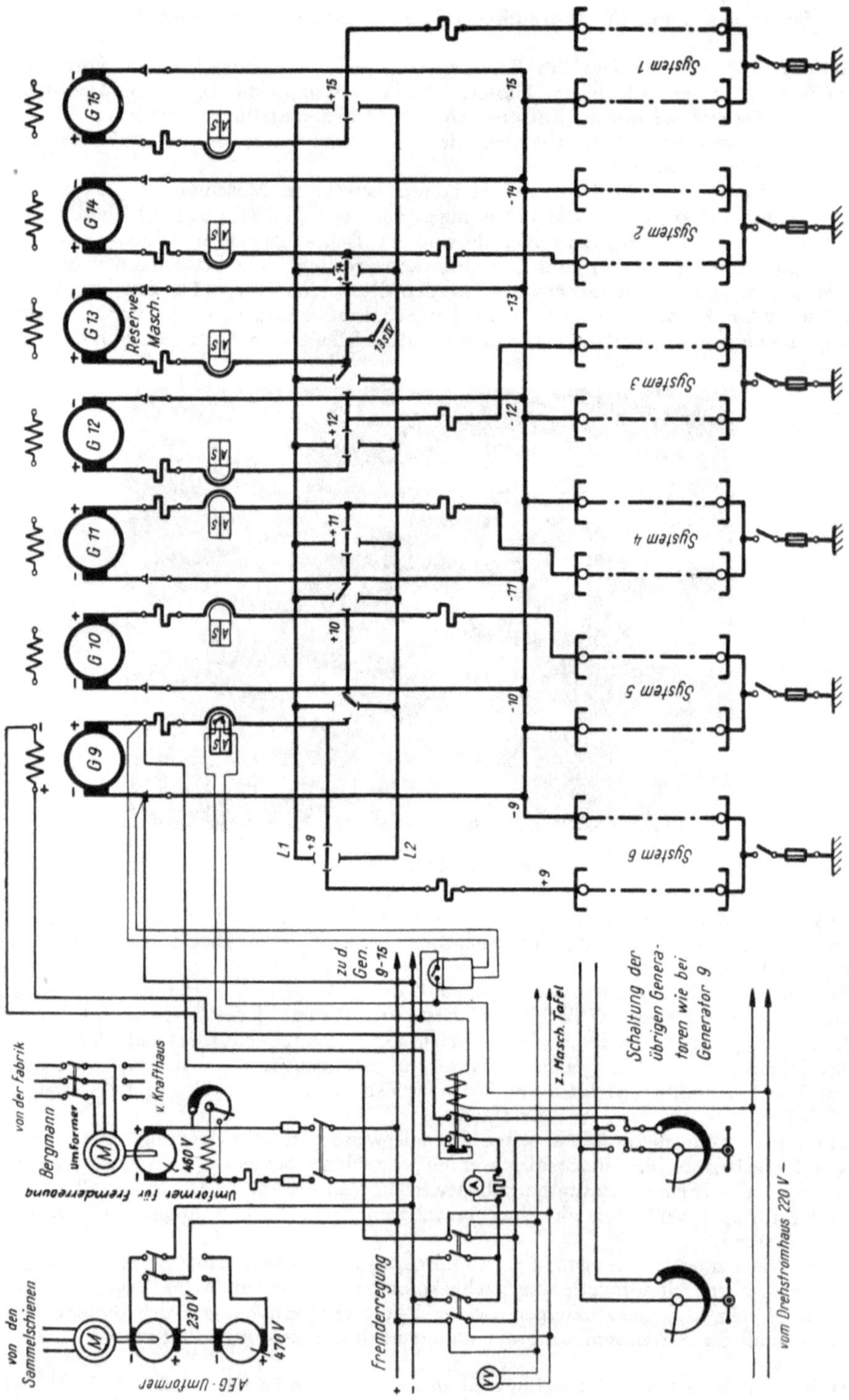

Abb. 25. Schaltbild einer Gleichstromanlage für Aluminium-Elektrolyse.

schwindigkeitsregulierte Wasserturbine gibt die erhöhte Leistung dadurch her, daß der Leitapparat stärker geöffnet wird. Dieser Vorgang erfolgt in einer durch die Trägheit der umlaufenden Massen gedämpften Form, so daß auf die Turbine keine Stöße ausgeübt werden.

Da die durch die Anodeneffekte der Öfen verursachten plötzlichen Stromabsenkungen auf diese Weise kaum ausreguliert werden können, entsprechen die Strom- und Spannungskurven der Ofensysteme Töging etwa den in Abb. 21 gezeigten für ungeregelte Systeme.

Als Überlastungsschutz sind in den positiven Leitungen der Generatoren Relais mit Schnellauslösung vorgesehen, die bei Überstrom die Erregerwicklung der Generatoren abschalten und über einen Widerstand kurzschließen. Um die Maschinen vor unzulässigem Spannungsanstieg bei plötzlichen Entlastungen zu bewahren, ist außerdem in den Feldschwächschalter ein Spannungsrelais eingebaut.

Als Wirkungsgrad der Gleichstromräder wurde 0,83 festgestellt.

Der Wirkungsgrad der Gleichstromgeneratoren beträgt bei 425 Volt und

4/4	3/4	2/4 Last
95	94,8	93,5%

Die Schienenanlage ergibt nach Obigem bei einer einfachen Länge der Aluminiumschienen von etwa 70 m, gerechnet von den Maschinenklemmen bis zum Eintritt der Leitungen in das Ofenhaus, einen Wirkungsgrad von 0,989.

Für den Gleichstromteil der Wasserkraftanlage Töging ergibt sich demnach folgender Gesamtwirkungsgrad bei Normalleistung, ausgehend von der Leistung des Gefälles bis zum Eintritt der Energie in das Ofenhaus:

Wasserturbinen	0,83
Gleichstromgeneratoren	0,95
Gleichstromzuleitungen bis zum Ofenhaus . .	0,989
Gesamtwirkungsgrad. . .	0,779

Trotz ihres hohen Wirkungsgrades und der Einfachheit und Übersichtlichkeit der Gesamtanlage einschließlich der Ofensysteme sind derartige Primärerzeugungsanlagen für Aluminiumelektrolysen in den letzten Jahrzehnten nirgends mehr gebaut worden.

Mit der Vergrößerung der Leistung der Ofensysteme und der Erweiterung der Aluminiumhütten auf mehrere große Systeme mußte von der unmittelbaren, starren Verbindung zwischen Stromerzeugung und Ofensystemen abgegangen werden.

Tatsächlich stehen die Grenzleistungen der Gleichstromgeneratoren in gar keinem Verhältnis zu der Leistung zum Beispiel der Produktionseinheitssysteme (s. Abschnitt a/bb), wie sie sich im Laufe der Zeit herausgebildet haben.

Die wachsende Auflockerung der Produktion auf dem Werksgelände hätte bei Primärerzeugungsanlagen mit Rücksicht darauf, daß das Kraftwerk stets eine in sich geschlossene Einheit bleiben muß, zu immer längeren Übertragungsleitungen und immer höheren Verlusten geführt.

Mit der Erhöhung der Leistung der Ofensysteme und der Erweiterung der Hütten auf mehrere Ofenhäuser ergab sich für die Elektrotechnik die Aufgabe, Umfang und Platzbedarf der Stromversorgungsanlagen so auf die Ofensysteme abzustimmen, daß die Bauten für die elektrischen Anlagen im richtigen Verhältnis zu denen der Ofensysteme blieben und die Zuführung der Energie von der Stromversorgungsanlage zum System sich stets ohne Umwege und in übersichtlicher, kürzester Leitungsführung ermöglichen ließ.

Aus dem Vergleich des Gesamtwirkungsgrades einer Primärerzeugungsanlage (s. Beispiel in diesem Abschnitt) mit dem einer neuzeitlichen Anlage mit Drehstromgeneratoren, von Wasserturbinen angetrieben, und Umformung vermittels Gleichrichtern unmittelbar am Ofenhaus (s. Abschnitt e/cc) ergibt sich, daß allerdings in bezug auf den Wirkungsgrad ein nicht unerheblicher Vorteil zugunsten der Primärerzeugung verbleibt. Es handelt sich bei diesem Vergleich zwar nur um das Beispiel zweier ausgeführter Anlagen, doch trifft das Ergebnis dieses Vergleiches wohl allgemein zu.

Zu den bereits angeführten Gründen, die den genannten Vorteil aufwiegen, treten noch folgende weitere Erwägungen hinzu, die unbedingt für die Stromversorgung auf der Grundlage der Drehstromerzeugung mit Umformung am Ofenhaus sprechen.

Das beispielsweise in einem Wasserkraftwerk investierte Kapital betrug vor dem letzten Weltkrieg etwa das 1,6fache des Kapitals, das für eine Aluminiumhütte gleicher Leistung aufzuwenden war.

Ein Gleichstrom-Kraftwerk großer Leistung und niedriger Spannung ist nur auf Elektrolyse einsatzfähig. Geht der Absatz an Aluminium zurück, so daß Stilllegungen notwendig werden, so liegt mit den entsprechenden Ofensystemen auch der betreffende Teil des Kraftwerkes brach. Ein Drehstromkraftwerk kann dagegen auch auf die öffentliche Versorgung, deren Bedarf sich auch bei fallender Wirtschaftskonjunktur des Rohstoffmarktes als weniger krisenempfindlich und im allgemeinen stetig ansteigend erwiesen hat, oder im Interesse anderer Industrien eingesetzt werden.

Aus diesen Gründen hat sich die Energieerzeugung bei der Aluminiumelektrolyse zum Drehstrom mit Umformung unmittelbar beim Ofenhaus hin entwickelt. Beim Ausbau der Kraftwerke mit Turbogeneratoren für Drehstrom können beliebig große, jedenfalls nicht von der Seite der Generatoren begrenzte Leistungen angewandt werden.

e) Die Umformer- und Gleichrichteranlagen

aa) Der Motorgenerator

Der Motorgenerator ist ein Zweimaschinen-Umformer mit zweimaliger Umsetzung der Energie. Für seinen Gleichstromteil gelten ebenfalls die drehzahlbedingten Grenzleistungen, doch ist die Wahl der Motordrehzahl frei, so daß man mit derartigen Umformern erhebliche Leistungen erzielen kann.

Die Aufteilung der Leistung auf 2 Kommutatoren einer Gleichstrommaschine, der Bau von Dreimaschinenumformern, die aus einem synchronen oder asynchronen Drehstrommotor und 2 Gleichstromgeneratoren bestehen, die ihrerseits nochmals je 2 Kommutatoren aufweisen können, bietet die Möglichkeit, bereits verhältnismäßig hohen Leistungsforderungen der Aluminiumelektrolyse gerecht zu werden.

Der Maschinenumformer hat einen Wirkungsgrad, der bei gegebener Leistung mit der Gleichspannung wächst und fällt. Diese Abhängigkeit des Wirkungsgrades von der Gleichspannung erklärt sich daraus, daß die Bürstenübergangs- und Bürstenreibungsverluste mit dem Gleichstrom merklich größer oder geringer werden.

Ein Gleichstromgenerator von zum Beispiel 7500 kW hat bei

einer Gleichspannung von	750	500	250 V
einen Wirkungsgrad von	95	94,7	94%

Die nach den VDE-Vorschriften zugelassenen Grenzerwärmungen der Maschinen sind aus Betrieben mit schwankender Belastung hergeleitet; sie gelten also für Maschinen mit geringerer mittlerer Temperatur. Maschinenaggregate für Dauervollast, wie sie für Aluminiumelektrolysen ausschließlich in Frage kommen, sollten daher für eine etwa 10° niedrigere Grenzerwärmung ausgelegt werden.

Bei Synchronmotorgeneratoren ist, wie bereits im Abschnitt a/cc erwähnt, die Gleichspannung unabhängig von der Drehstromspannung. Sie unterliegt bei diesen Maschinen nur dem Einfluß der im allgemeinen geringen Frequenzschwankungen. Beim Asynchronmotorgenerator unterliegt sie dem Einfluß von Frequenzschwankungen, wie auch über den Schlupf von Schwankungen der Hochspannung.

In ausgeführten Anlagen hat sich mit Motorgeneratoren ein einwandfreier Betrieb bei Parallelarbeit bis zu 30000 A-Systemstrom durchführen lassen. Auch höhere Systemstromstärken können noch mit Motorgeneratoren beherrscht werden, in anderen Ländern sind derartige Umformeranlagen ausgeführt worden.

Die Regelung der Ofensysteme auf konstanten Gleichstrom oder auch konstante Gleichstromleistung ist bei Motorgeneratoren ohne weiteres möglich, wenn auch der Regelungsvorgang bei dieser Art von Maschinen weniger schnell und weniger genau erfolgt als zum Beispiel bei gittergeregelten Gleichrichtern.

Die Regelung geschieht zweckmäßigerweise von einer gemeinsamen Erregermaschine aus, die auf die Nebenschlußwicklungen aller parallelarbeitenden Gleichstromgeneratoren wirkt. Zum Ausgleich von kleinen Unterschieden in den Kennlinien der verschiedenen Generatoren ist eine Abstimmung dieser mit Hilfe von Vor- und Nebenwiderständen in den Erregerkreisen erforderlich.

Bei Motorgeneratoren, die im Anschluß an ein Drehstromnetz arbeiten, in dem im Zusammenhang mit Netzkurzschlüssen öfter Absenkungen der Hochspannung auftreten, besteht im Fall der Synchronmotoren die Gefahr des Außertrittfallens, im Fall der Asynchronmotoren die Gefahr des Kippens. Das Kippmoment der Synchronmaschine ist je nach Einstellung der Erregung 1,4 ... 1,5mal Nennmoment und sinkt proportional der Drehstromspannung. Das Kippmoment der Asynchronmotoren ist bei voller Drehstromspannung zwar größer als das doppelte Nennmoment. Es sinkt aber mit dem Quadrat der speisenden Spannung.

Die Maschinenanlage des Erftwerkes als Beispiel einer Umformeranlage mit Motorgeneratoren

Die Maschinenanlagen des Erftwerkes sind in den Jahren 1916 bis 1918 in Betrieb genommen worden. Das Erftwerk bezieht seine Energie aus dem öffentlichen Netz, das aus Braunkohlenkraftwerken gespeist wird. Der Anschluß an dieses Netz besteht aus drei Drehstromleitungen von 110 kV.

Der ankommende Strom wird über eine 110 kV-Schaltanlage, die als Doppelsammelschienenanlage ausgebildet ist, in 3 Transformatoren je 32000 KVA geleitet und dort auf 5,25 kV umgespannt. Die Transformatoren haben umlaufende Ölkühlung. Das Öl wird durch Wasser gekühlt, das wiederum in Kühltürmen ständig rückgekühlt wird.

Von den Transformatoren führt der Stromweg über Leistungs- und Trennschalter zu einem Doppelsammelschienensystem von 5,25 kV. Von diesen Sammelschienen aus werden die Motoren der Umformeraggregate gespeist, die Spannung der Motoren ist demnach 5,25 kV.

Außer den Motorgeneratoren sind im Erftwerk in späteren Jahren noch Gleichrichtergruppen aufgestellt worden. Sie stellen die ersten Gleichrichtergruppen dar, die auf Aluminiumelektrolysen gearbeitet haben. Nachdem diese Anlage ihre Bewährungsprobe bestanden hatte, ist man dann daran gegangen, in anderen Werken Großgleichrichteranlagen aufzustellen. Die Entwicklung der Gleichrichteranlagen für Aluminiumelektrolysen hat demnach im Erftwerk ihren Ausgangspunkt genommen. Von der Beschreibung dieser Gleichrichtergruppen soll hier jedoch abgesehen werden, da die Behandlung der Gleichrichter einem späteren Abschnitt vorbehalten bleibt.

Die Höchstleistung der Maschinenanlagen des Erftwerkes betrug 96000 kVA.

Abb. 26 zeigt einen Motorgenerator der Maschinenanlagen des Erftwerkes.

Abb. 26. Motorgeneratoren des Erftwerkes.

Die Motorgeneratoren des Erftwerkes waren zum Teil Dreimaschinenumformer, zum Teil bestanden sie aus zwei Maschinen.

Die ursprünglich vorhandenen drei Dreimaschinenumformer hatten je Satz folgende technische Daten:

1 Synchronmotor 5,25 kV; 4000 kW; $\cos \varphi = 1$ $n = 500$

2 Gleichstromgeneratoren je 270/275 V; 7000/6000 A; 1890/1650 kW.

Der Motor war zwischen den beiden Generatoren angeordnet und mit diesen starr gekuppelt.

Der Gesamtwirkungsgrad der Maschinenaggregate betrug bei 270 V und

4/4	3/4	2/4 Last
90,3	90,3	88%

Die Erregermaschine jedes Umformers war an einem Gleichstromanker freitragend angeordnet. Diese Erregermaschine speiste das Polrad des Motors sowie die Erregerwicklung der Gleichstromgeneratoren.

Die Umformer liefen über Anlaßtransformatoren mit 40% der Nennspannung asynchron an. Bei Erreichung von 80 ... 90% der synchronen Drehzahl erregten sich die Erregermaschinen, worauf das Polrad des Synchronmotors unter dem Einfluß des einsetzenden Erregerstromes stoßfrei in Synchronimus schlüpfte. Anschließend wurde der Motor über eine

Zwischenstufe von 3,2 kV auf Nennspannung von 5,25 kV nm. geschaltet und mit Hilfe der Erregung auf $\cos \varphi = 1$ bei Vollast gebracht.

Ein selbsttätiger Schnellregler regelte die Umformer auf konstanten Gleichstrom. Zu dessen Einstellung wurde der Spannungsabfall an der Wendepolwicklung der Maschinen herangezogen.

Die Zweimaschinensätze hatten folgende technische Daten:

5,25 kV; 240/260 V; 7500 A; 1800/1950 kW; n = 300.

Ihre Wirkungsgrade stehen nicht mehr zur Verfügung.

Zwischen Gleichstrommaschinen und Ofensystemen befanden sich keine Leistungsschalter. Die Schaltung der Maschinen auf die Ofensysteme erfolgte durch einfache Trennlaschen.

Jede Maschine besaß einen Regelwiderstand mit Handrad, außerdem einen selbsttätigen Regler.

Bei Kurzschluß oder Überstrom auf der Gleichstromseite sprach ein Überstromrelais an, das die Unterbrechung der Erregung der Gleichstrommaschine bzw. der beiden Gleichstromgeneratoren bewirkte. Zur Vermeidung von Induktionsstößen blieb hierbei ein Schutzwiderstand eingeschaltet.

bb) Der Einankerumformer

Der Einankerumformer ist ein rotierender Synchronumformer, dessen Ankerwicklung über 6 Schleifringe Drehstrom zugeführt wird, während dem Kommutator, mit dem dieselbe Wicklung verbunden ist, Gleichstrom entnommen wird. Seine Bedeutung liegt darin, daß sich die Wirkströme der Drehstrom- und Gleichstromseite in der Ankerwicklung zu einem resultierenden Strom zusammensetzen, der kleiner ist als jede der beiden Komponenten. Daraus ergibt sich im Vergleich zum Motorgenerator eine Verbesserung des Wirkungsgrades, an dem die Elektrolyse interessiert ist. Der Vorteil wird eingeschränkt durch die dem Stande der Technik von 1920 entsprechenden Aufwendungen zur Regelung der Gleichspannung, die nur durch Änderung der den Schleifringen zugeführten Drehstromspannung möglich war und durch Drehregler erfolgte. Das Verhältnis der Schleifringspannung zur Gleichspannung ist nämlich beim Einankerumformer konstant. Da Drehstromspannung und Gleichspannung einander nie entsprechen, ist in allen Fällen ein Umspanner erforderlich, dessen Unterspannung mit Drehregler geregelt wird.

Grundsätzlich ist auch eine Spannungsregelung durch Feldregelung möglich, doch führt sie über einen Blindstrom im Wechselstromkreis und verbietet sich deshalb, weil die vorteilhafte Kompensation der Stromkomponenten nur bei Wirkstrom eintritt und die bei Feldregelung sich ändernden Blindströme den Effekt schnell ins Gegenteil verkehren.

Im Lautawerk waren insgesamt 10 Einankerumformer aufgestellt, außerdem 2 Motorgeneratoren der gleichen Leistung. Alle Umformer hatten folgende Daten:

550/500/450 V; 7250/8000/8000 A; 4000/4000/3600 kW; n = 250.

Es waren Maschinen von zwei Lieferwerken vorhanden.

Abbildung 27 zeigt einen Einankerumformer des Lautawerkes.

Der Gesamtwirkungsgrad der Umformer des einen Lieferwerkes betrug einschließlich Umspanner und Drehregler bei 500 Volt und

4/4	3/4	2/4 Last
92,5	92	90%

Von den Umformern des anderen Lieferwerkes sind Unterlagen über den Teilwirkungsgrad des Umformers ohne Umspanner und Drehregler erhalten geblieben. Sie betrugen bei

550 V	7250 A	95,7%
500 V	8000 A	95,8%
460 V	8000 A	95,6%

Es sind Rechnungswerte.

Die Einankerumformer wurden mit Hilfe der Motorgeneratoren von der Gleichstromseite aus angefahren und synchronisiert. Eine Konstanthaltung des Gleichstromes war mit Rücksicht auf die Schwerfälligkeit etwaiger Regeleinrichtungen nicht annähernd möglich und unterblieb daher. Die Strom- und Spannungskurven der Ofensysteme des Lautawerkes entsprachen daher den im Bild 21 gezeigten für

Abb. 27. Einankerumformer im Lautawerk.

ungeregelte Betriebsweise. Der Betrieb fuhr mit 450 V und 6500 A konstant, und zwar so, daß jeweil 2 Umformer auf 1 System parallel arbeiteten. Die Parallelschaltung der Umformer und deren Schaltung auf die Ofensysteme erfolgte über Gleichstromautomaten, die unter Last schaltbar waren.

Einankerumformer haben ein besonderes Kommutierungsproblem. Schon im normalen, ungestörten Betrieb wechselt das Ankerfeld in der Wendezone von 30° zu 30° seine Größe mit dem jeweiligen Wechsel vom Trapezfeld zum Trapezdreieckfeld. Schon die von diesen Schwankungen herrührenden Pulsationen des Wendeflusses stören die Kommutierung. Besonders empfindlich reagiert aber die Kommutierung auf schnelle Änderungen der Belastung. Beim Auftreten von Stoßlasten arbeitet der Maschinenanker als Generator und bildet sein Ankerfeld in voller Größe aus, während der kompensierende Wechselstrom erst nachkommt. Da die auf den Wendepolen aufgebrachten Ampèrewindungen auf die Differenz de Ankerfelder des Wechsel- und Gleichstromes abgestimmt, also verhältnismäßig gering sind, ist bei Stoßlasten das Ampèrewindungs-Gleichgewicht in der Wendezone empfindlich gestört. Das wirkt sich in häufig auftretenden Kommutatorüberschlägen aus. Einankerumformeranlagen für Aluminiumelektrolysen sind bis zu 20 Jahren betrieben worden, doch haben sie sich die Anerkennung des Betriebes nicht erwerben können.

Der Elektromaschinenbau hat dieses Problem später dadurch gelöst, daß den Wendepolen unter Vergrößerung des Wendepolluftspaltes eine größere Erregung gegeben wurde. Nach Maßgabe von deren Vergrößerung ging der relative Einfluß der schwankenden Ankerfelder zurück. Auch das Regulierproblem hätte sich mit Hilfe von Lastschaltern im Umspanner, die in den 30er Jahren vermehrt aufkamen, besser lösen lassen, wenn auch die bisher bekannten Konstruktionen den Ansprüchen an die Regelgeschwindigkeit nicht hätten entsprechen können. In den Erweiterungsbauten der Aluminiumhütten, die in den 30er Jahren in großem Maßstabe errichtet worden sind, konnten diese Fortschritte jedoch nicht mehr erprobt werden, weil in den 30er Jahren ein bis dahin für die Bahnstromversorgung und die Versorgung von Licht- und Kraftnetzen bewährter neuer Umformer für die Aluminiumelektrolysen eingesetzt werden konnte, der der Aluminiumindustrie auf Grund seiner besonderen Eigenschaften neue Möglichkeiten der Entwicklung auch auf dem Gebiet des Aluminiumofenbaues bot.

cc) Der Quecksilberdampfgleichrichter

Allgemeines

Der Quecksilberdampfgleichrichter ist ein Schaltapparat mit einem Lichtbogen als Schaltorgan. Er ist ein ruhender Apparat, der einer zugeführten Wechselspannung verhältnisgleiche Gleichspannung abgibt, also auch einen Spezialtransformator benötigt.

Abb. 28 zeigt ein Gleichrichtergefäß.

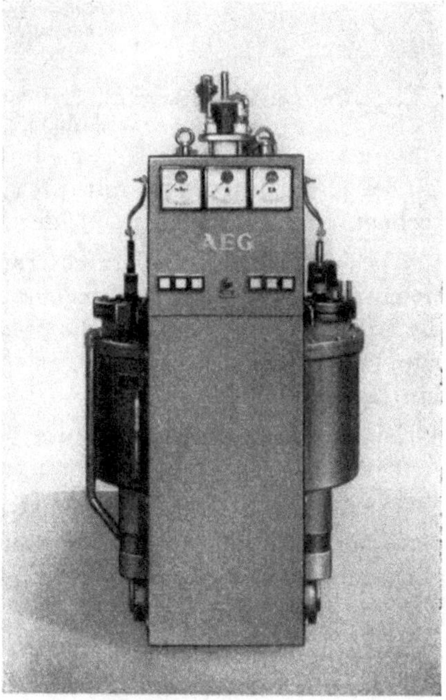

Abb. 28. Gleichrichtergefäß 4000 A.

Da er ein Schaltapparat ist, liefert der Gleichrichter bei Absenkungen der Primärspannung keinen Rückstrom ins Drehstromnetz. Er ist mit Hilfe von Steuergittern in der Bahn der Entladung mit einer Schnelligkeit und Genauigkeit regulierbar, die kein Maschinenumformer bieten kann. Er benötigt, wie der Einankerumformer, einen Regelumspanner für größere Regelbereiche, weil der Effekt der Gitterregelung mit Rücksicht auf cos φ und Anodenbeanspruchung nur in begrenztem Maße ausgenutzt werden kann.

Eine weitere Eigenschaft ist es aber, die in erster Linie dem Bau der Stromversorgung für Aluminium-Elektrolyse ein neues Gesicht gegeben hat. Das ist der mit der Gleichspannung in starkem Maße wachsende Wirkungsgrad und sinkende Preis und Platzbedarf.

Unter Zusammenfassung der Verluste in Gleichrichtergefäßen, Vakuumhaltung, Gittersteuerung und Umspannergruppe ergaben sich bei verschiedenen Gleichspannungen sowie bezogen auf einen Systemstrom von 30000 A die in der Abb. 29 vermerkten Wirkungsgrade, Preise (1936) und Raumbedarfsansprüche für drei Betriebsgruppen je 10000 A (1 Res.-Gruppe).

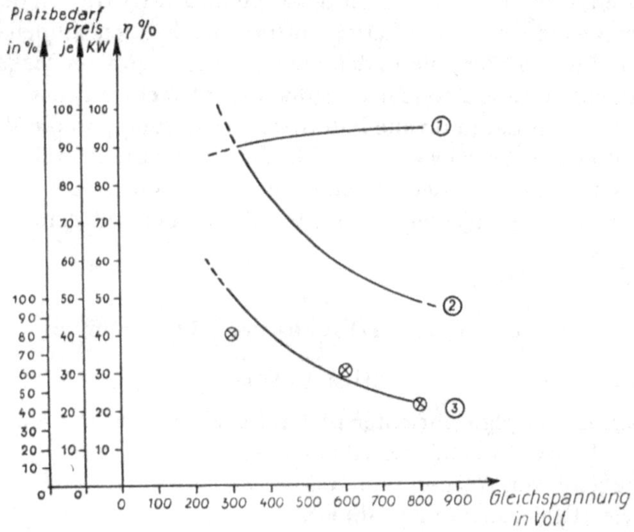

Abb. 29. Wirkungsgrad, Preis und Platzbedarf der Quecksilber-Gleichrichter in Abhängigkeit von der Spannung.

Bei 300 und 600 V ist mit 3 Regeltransformatoren, 6 Haupttransformatoren gerechnet. In allen Fällen ist $^1/_3$ der Systemleistung als Reserve vorgesehen.

Die Vorteile der Gleichrichteranlagen in Bezug auf Preis und Wirkungsgrade treten mit wachsender Gleichspannung in solchem Maße in Erscheinung, daß sich die Spannung der Ofenserie, die bis dahin die üblichen Werte 270 ... 400 ... 450 V hatte, über Versuchsausführungen 550 ... 600 V zur Systemspannung 800 ... 850 V hin entwickelte.

Im Abschnitt a/bb haben wir bereits erwähnt, daß sich ab 1935 Einheitsofensysteme für 800 bis 850 Volt und 30000 A entwickelt hatten.

Die Stromstärke dieser Einheitssysteme war von der Technologie des Aluminiumofens her bestimmt worden, die Spannung von der Entwicklung der Stromversorgungsanlagen der Aluminiumelektrolysen zum Gleichrichter hin.

Die jährliche Produktion eines solchen Einheitssystems betrug bei 8000 Benutzungsstunden 10000 ... 11000 t Aluminium.

Gruppeneinteilung der Gleichrichteranlagen

Die Einheitsanlagen wurden aufgeteilt auf 3 Gruppen 10000 A, 800 V, denen eine Reservegruppe beigegeben wurde. Jede Gruppe bestand aus einem Spezialtransformator in 12-Phasenschaltung, meist in Verbindung mit einem Reguliertransformator für Regelung unter Last. In der Mehrzahl der Anlagen wurden Vorrichtungen für die Phasenschwenkung (s. später) vorgesehen, um die Oberharmonischen im primären Netzstrom zu eliminieren. An jeden Haupttransformator wurden 2 Gleichrichter je 5000 A mit je 18 Hauptanoden angeschlossen. 2 Rückstromschnellschalter 5000 A, 2 Glättungsspulen je Gruppe und die Einrichtungen zur Kühlung, zum Schutz, zur Messung und Steuerung vervollständigten die Ausrüstung.

Die Gruppeneinteilung hätte 2 Betriebs- und 1 Reservegruppe 15000 A, 800 V, gegebenenfalls unter Zusammenfassung zweier Produktionseinheiten mit gemeinsamer Reserve vorsehen können, weil Gleichrichtergefäße mit 24 Anoden für 8000 A, 800 V entwickelt waren. Daß dies nicht so gemacht wurde, hat seinen Grund in einer physikalischen Besonderheit der Gleichrichter, in der sich diese von Maschinen unterscheiden. Maschinen werden mit wachsender Einheitsleistung wenigstens je Einheit billiger und im Wirkungsgrad günstiger. Der Lichtbogenabfall der Gleichrichter dagegen wird umso größer, der Wirkungsgrad bei gegebener Gleichspannung umso kleiner, je größer das Gefäß ist. Die Inkaufnahme gesteigerter technischer Risiken hatte daher keinen rechten Sinn, wenn dem erhöhten Risiko der größeren Gefäße keine bessere Wirtschaftlichkeit entsprach.

Rückzündungen

Rückzündungen sind Elektronenausbrüche aus den Ventilelektroden der Gleichrichter, den Anoden, die gelegentlich und unvorhersehbar eintreten. Sie stellen einen Kurzschluß des speisenden Transformators über die Anoden des rückzündenden Gleichrichters quer durch das Gefäß dar und bilden zugleich einen Kurzschluß anderer Gleichrichter, Umformer oder Generatoren, sofern diese mit dem rückzündenden Gleichrichter gleichstromseitig parallel arbeiten. Sie können begründet sein in Konstruktionen, Vakuum, Anodenmaterial, Belastung und Betriebsführung. Bei der Größe der Nennströme bringen sie dem Strompfad beträchtliche Beanspruchungen und verlangen zum Schutz der Anlagen, da sie bisher nicht voll vermeidbar waren, zuverlässige und sehr schnell wirkende Schutzeinrichtungen. Diese sind Rückstromschnellschalter und Gitterschnellabschaltung.

Der Rückstromschnellschalter hat die Aufgabe, den Kurzschluß der auf die Gleichstromsammelschienen parallel arbeitenden Einrichtungen auf den rückzündenden Gleichrichter im Gleichstromkreis des gestörten Gleichrichters zu unterbrechen. Im Rückzündungsfalle tritt in letzterem ein hoher Rückstrom auf, der im gesunden Betrieb nicht möglich ist.

Der Rückstromschnellschalter schaltet daher den gestörten Gleichrichter selektiv ab. Die Höhe der Kurzschlußströme solcher Anlagen macht Schnellabschaltung notwendig. Die Eigenzeit der Schnellschalter liegt zwischen 4 und 6 ms. Die Lichtbogenzeit ist ebenfalls durch eine kräftige Lichtbogenblasung abgekürzt.

Es gibt verschiedene Schnellschalterkonstruktionen. Eine dieser Konstruktionen hat einen aus einer besonderen Gleichstromquelle erregten Haltemagneten, der, sobald er erregt wird, einen beweglichen Kontakthebel entgegen der Zugkraft einer starken Feder in Einschaltstellung hält. Ein Teil des überwachten Gleichstroms drängt, sobald er seine Richtung ändert und über einen Grenzwert hinaus ansteigt, den Fluß des Haltemagneten auf einen magnetischen Nebenschluß ab, so daß die immer angespannten Federn den beweglichen Kontakthebel in die Ausschaltstellung reißen können. Die sehr kurze Eigenzeit des Schalters kommt auch dadurch zustande, daß der erwähnte Anteil des überwachten Stromes im Nebenschluß zu einer Induktivität liegt, die bei sehr schnellem Stromanstieg den Gleichstrom in den Nebenschluß drängt. Der Schalter wird hierdurch stoßempfindlich, d. h. seine relative Auslösezeit wird umso kürzer, je größer die Anstiegsgeschwindigkeit des Gleichstromes ist.

Der 2. Kurzschluß, den eine Rückzündung verursacht, wird durch die Gitter gelöscht. Der Schutz besteht aus einem Schnellrelais, das gleichstromseitig oder primärseitig angebracht werden kann und die Aufgabe hat, im Falle eines Kurzschlusses ein gegenüber der Kathode negatives Potential an die Gitter des gestörten Gleichrichters zu legen. Die im Augenblick des Auftretens dieses Potentials auf dem Gitter gerade brennenden Anoden brennen zu Ende, zünden jedoch nicht neu. Die negative Gitterspannung liegt i. a. auch im Betrieb ständig am Gitter, doch ist ihr die Gitterwechselspannung überlagert. Man kann daher die Gitterschnellabschaltung dadurch zur Wirkung bringen, daß man das Schnellrelais die Gitterwechselspannung kurzschließen läßt, so daß die Gittergleichspannung allein übrig bleibt.

Das Problem liegt aber nicht nur darin, die Zerstörungen durch den hohen Kurzschlußstrom an der rückzündenden Gruppe zu vermeiden, sondern auch das Herausfallen des ganzen Systems zu verhindern. Da jede Rückzündung einen Kurzschluß auch für die das System speisenden Parallelläufer darstellt, besteht die Möglichkeit des Herausfallens des ganzen Systems. Hierdurch kann bei der Größe der Leistung der Dampfhaushalt des Wärmekraftwerks oder die Tourenregelung der Turbinen im Wasserkraftwerk durcheinander kommen. Es ist also eine schwere Störung, die nicht öfter auftreten darf.

Eine Schaltung, die den Selektivschutz des rückzündenden Gleichrichters vorbildlich löst, ist in Abb. 30 gezeigt. Hier sind an die Sammelschiene 1 die Gruppen 2, 3 und folgenden der Elektrolyse-Stromversorgung angeschlossen. 4, 5 sind demnach die Gefäße einer Gruppe. 6 ist der Rückstromschnellschalter eines Gefäßes, 7 das vorhin erwähnte Gitterschnellrelais für Rückstrom. Der Summendrehregler 8 wird gespeist von der Sammelschiene 1 über den Hilfstransformator 9. Der Summendrehregler speist über den Widerstand 10 die Gittersammelschiene 11, welche nun die Einzeldrehregler 12 aller Gleichrichter mit phasengeregelter Gitterspannung versorgen. Die Gittervorspannung 13 wird zusammen mit der phasengeregelten Gitterspannung über das Gittersteuergerät 14 auf die Gitter des Gleichrichters gelegt.

Spricht das Gitterschnellrelais 7 bei Rückstrom (d. h. Rückzündung) an, so schließt es die Gitterwechselspannung der ganzen Gittersammelschiene kurz, so daß sämtliche parallel arbeitenden Gleichrichter sperren. Ein „Aus"-Kontakt des Gitterschnellrelais öffnet jedoch das Gitterschütz 15 der gestörten Gruppe, so daß der

Kurzschluß der Gittersammelschiene aufgehoben wird. Dies geschieht etwa $^1/_{10}$ sec nach Eintritt der Störung. Sofort arbeiten alle gesunden Gleichrichter weiter, und der gestörte Gleichrichter kann nach Belieben mit einer Verzögerung von 1 ... 2 sec wieder selbsttätig eingeschaltet werden, was ein Einschaltkommando an seinen Schnellschalter, das Gitterschnellrelais und das Gitterschütz voraussetzt. Im Falle einer Wiederholung der Rückzündung sperrt man die Wiedereinschaltung der gestörten Einheit. Diese Rückzündungsfortschaltung nimmt dem Ereignis jeden den Betrieb störenden Effekt.

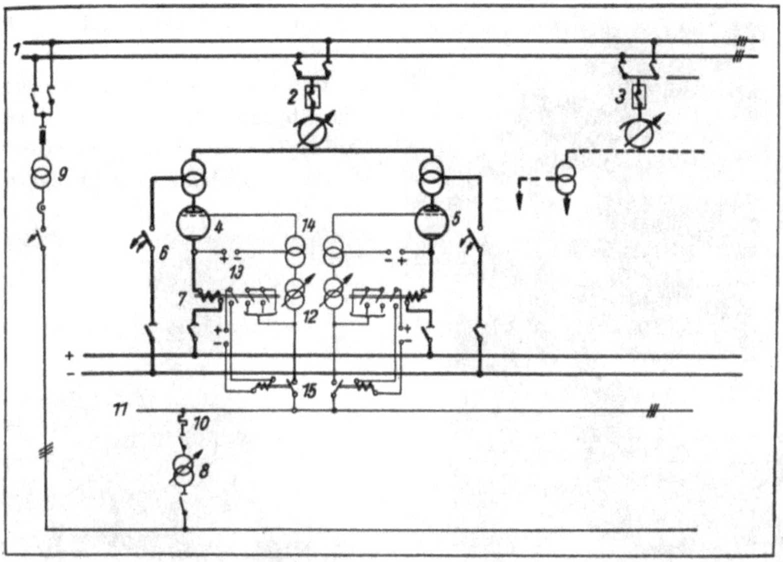

Abb. 30. Schaltung für den Selektivschutz rückzündender Gleichrichter.

Aus folgender Statistik gehen Angaben über die Häufigkeit solcher Störungen hervor. In den mit mehranodigen Gleichrichtern des Innwerkes Töging sowie des Mattigwerks ausgerüsteten Elektrolysesystemen trat durchschnittlich alle 3 ... 5 Wochen eine Rückzündung je System ein. Bei dieser Zahl handelt es sich um einen Mittelwert gerechnet über mehrere Jahre. Die Rückzündungen verteilen sich nicht gleichmäßig auf die Gefäße. Es gibt vielmehr Gleichrichter, die keine Rückzündung erlebt haben, während andere Gleichrichter über $40^0/_0$ aller Rückzündungen unter 8 parallelen Gleichrichtern verursacht haben.

Regulierung

Außer den bereits bei der Beschreibung der Anforderungen des technologischen Prozesses erwähnten Anforderungen an die Regulierung ist für Gleichrichteranlagen hinzuzufügen, daß die Herstellung des Vakuums bei Inbetriebsetzung der Gleichrichter deren Ausheizung mit kleinsten Spannungen verlangt. Hierfür muß eine Einstellmöglichkeit vorgesehen werden. Das Schaltbild 30 läßt folgende Einrichtungen für die Regulierung der Gleichrichteranlagen erkennen.

Für jede Gruppe 10000 A ist ein Regelumspanner vorgesehen, der als Spartransformator geschaltet ist und einen Regelbereich von 450 ... 800 V in ca. 24 Stufen unter Last zu bestreichen gestattet. Vertauscht man Nullpunkt und Netzanschluß des sterngeschalteten Reglertransformators, so können dieselben Anzapfungen zur Stufenlastregelung von 0 ... 480 V ausgenutzt werden.

Für jedes Gleichrichtergefäß ist ein Einzeldrehregler (Abb. 31) vorgesehen, der die Phase der Gitterspannung stetig zu verändern und die Spannung des Gefäßes stetig zu regeln erlaubt. Außerdem ist für die 8 Gleichrichter einer Ofenserie ein gemeinsanmer Summendrehregler (Abbildung 32) vorgesehen, der die Phase der Gitterspannung aller von einer Gitterspannungssammelschiene versorgten Einzeldrehregler stetig zu verändern und damit die Gesamtleistung oder den Gesamtstrom einer Elektrolyse zu regeln erlaubt.

Abb. 31. Einzeldrehregler mit Handantrieb, eingebaut hinter der Betätigungstafel.

Abb. 32. Summendrehregler mit selbsttätigem Öldruck-Schnellregler.

Die Bilder lassen erkennen, wie klein der Aufwand ist, den die Vorrichtungen zur Gitterregelung erfordern. Die in der Phase geregelte Gitterspannung muß noch eine Umbildung in eine spitze Wellenform erfahren, um eine präzise Zündung sicherzustellen. Dies besorgt der Gittertransformator, der mit der Gittervorspannung zusammengeschaltet ist.

Folgende Erfahrung ist über das Zusammenwirken von Stufen- und Gitterregelung bei der Ausregulierung des Anodeneffektes gemacht worden:

Die Gleichspannung sah 75 ... 100 V für die Konstanthaltung des Gleichstromes vor. Das sind 12 ... 15% der vollen Spannung einer Ofenserie. Die Schnellregelung muß mit dem Gitter erfolgen, weil Stufenregelung hierfür zu langsam ist.

Ein Gitterregelbereich von 12 ... 15% ist jedoch im Dauerbetrieb für Elektrolyseanlagen aus zwei Gründen unerwünscht.

Der cos φ der Belastung des Drehstromnetzes ändert sich proportional mit der Gitterregelung. Bei offenem Gitter hat er etwa den Wert 0,95 ... 0,96 und sinkt mit der gittergeregelten Spannung, würde also 0,82 ... 0,85 erreichen.

Wesentlicher noch als dieser wirtschaftliche Effekt ist ein technischer. Je mehr die Gleichspannung von ihrem höchsten Wert mit dem Gitter abwärts geregelt wird, desto größer ist die „Sprungspannung" beim Anodenwechsel. Diese wachsende Beanspruchung vergrößert die Rückzündungszahlen in störendem Maß. Darum ist erwünscht, den Gitterregelbereich durch zusätzlichen Einsatz der Stufenschalter zu begrenzen. Aber auch letzterer hat eine Begrenzung in der Abnutzung der Kontakte durch die Schalthäufigkeit.

In allen ausgeführten Anlagen war daher eine kombinierte Regelung mit Gitter und Stufenschalter eingeführt worden. Der Summendrehregler mit selbsttätigem Öldruckschnellregler hielt die Gesamtstromstärke konstant. Überschritt der Gitterregelbereich 5 ... 6%, was am cos φ-Zeiger auf der Warte erkennbar war, so wurde der Stufenschalter von Hand nachgeregelt. Die Schalthäufigkeit der Regulierschalter betrug etwa 40 Schaltungen pro Tag und System.

Transformatorenschaltung und Phasenzahl

Stromrichteranlagen haben die Eigenschaft, mit wachsender Phasenzahl eine vollkommenere Gleichspannung zu liefern und dem primären Netz einen der Sinusform immer mehr angenäherten Primärstrom zu entnehmen.

Mit Rücksicht auf den Gleichstrom würde die in der Masse der kleineren Gleichrichteranlagen übliche Sechsphasenschaltung vollkommen ausreichen, zumal die Induktivität der Badschleife den Gleichstrom vollkommen glättet.

Die Belastung des primären Netzes mit oberharmonischen Strömen kann jedoch in Anbetracht der Größe der Leistung der Elektrolyse-Anlagen Resonanz mit den Eigenschwingungen der speisenden Netze zur Folge haben. Es besteht daher die Forderung, die Entnahme oberharmonischer Ströme solcher Frequenzen, die den Speisenetzen lästig werden können, zu vermeiden oder doch einzuschränken. Andererseits besteht das Bestreben, dem Gleichrichtertransformator den einfachen Aufbau als Sechsphasentransformator im Interesse seiner Betriebssicherheit zu lassen. Beiden Forderungen kann man dadurch gerecht werden, daß man durch Phasendrehung der Gleichrichtertransformatoren und der Gruppen gegeneinander die störenden Oberharmonischen sich zu Null addieren läßt, so daß sie durch das Speisenetz nicht aufgebracht werden müssen.

Die Aufgabe ist dadurch gelöst worden, daß man den Transformator bereits als Zwölfphasen-Transformator baute. In der Mehrzahl der Anlagen wurde der Transformator mit einem Magnetsystem ausgeführt, der ein Zwischenjoch enthielt. Beiderseits des Zwischenjochs ist die Transformatorwicklung für je einen Sechsphasen-Umspanner aufgebracht. Ein Teiltransformator hat primäre Stern-, der andere primäre Dreieckschaltung. Beide Sekundärseiten haben Sechsphasenschaltung mit zweiphasiger Saugdrosselspule. Letztere sind im Kessel neben den Teiltransformatoren mit untergebracht. Die Differenz der Flüsse beider Teilumspanner schließt sich über das Zwischenjoch. Alle Transformatoren sind gleichartig. Durch diese Schaltung fallen bei gleicher Belastung und gleicher Gitteraussteuerung der beiden angeschlossenen Gefäße 5000 A die 5., 7., 17., 19. Harmonischen aus dem Primärstrom heraus. Es bleibt ein Netzstrom von 12-Phasenwelligkeit mit ausgeprägten 11., 13., 23., 25. Harmonischen bestehen.

Da auch die 11. und 13. Harmonischen gelegentlich Schwierigkeiten im Netz verursacht haben, konnte man sie dadurch beseitigen, daß man 2, 3 oder 4 solcher Gruppen durch Phasenschwenkung um 15, 10, 7,5° gegeneinander zu solchem Parallelbetrieb brachte, daß ein praktisch vollkommener Sinusstrom für das Netz übrig-

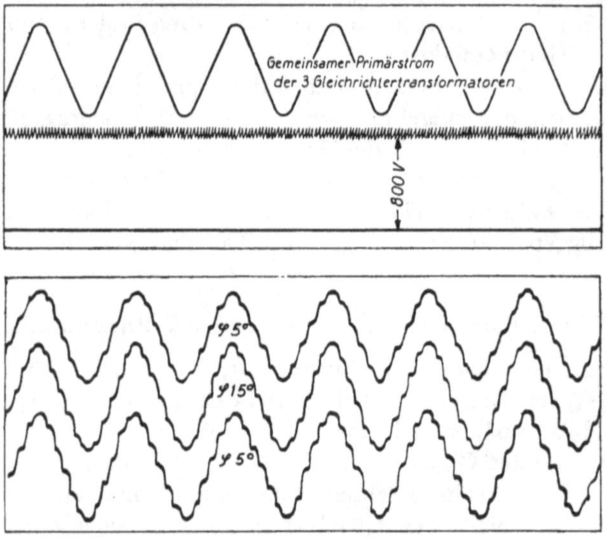

Abb. 33. Einzelprimärströme, Gesamtnetzstrom und Gleichspannung im Oszillogramm einer 36phasigen Gleichrichteranlage.

blieb. Dieser Zweck konnte mit besonderen Phasenschwenktransformatoren und auch mit besonderen Phasenschwenkzipfeln im Reguliertransformator erreicht werden.

Abb. 33 zeigt das Ergebnis einer so erreichten Sechsunddreißigphasenwelligkeit.

Rückkühlanlagen

In allen ausgeführten Anlagen wurde das Kühlwasser der Gleichrichter in geschlossenem Umlauf umgewälzt. Die Wärme wurde in Wärmeaustauschern an Frischwasser abgegeben. Es kamen 2 Typen von Anlagen vor.

Entweder erhielt jede Gleichrichtergruppe ihre besondere Kühlanlage (Gruppenkühler). Als Vorteil dieser Lösung kann man die konsequente Trennung der Gleichrichtergruppen ansehen, als Nachteil die Tatsache, daß die Zeit bis zur Übernahme des vollen Belastungsstromes durch einen Gleichrichter etwas länger dauert, wenn zur Anwärmung des Gleichrichters nicht das warme Umlaufwasser einer zentralen Kühlanlage zur Verfügung steht. Ein Vorteil der Gruppenkühlung bestand noch darin, daß bei der Außerbetriebnahme eines Gleichrichters sein Umlaufwasser auf die Temperatur des Frischwassers heruntergekühlt werden konnte. Es gelingt damit, den Quecksilberdampf im Gefäß niederzuschlagen, während die Anoden noch warm sind, und die Bildung von Kondensat über und an den Anoden zu verhindern. Quecksilbertropfen auf und über den Anoden können bei der nächsten Inbetriebsetzung zu Rückzündungen führen.

Vor- und Nachteile der zentralen Kühlanlage sind im Vorstehenden schon umschrieben.

Zur Rückführung des Kühlwassers der Hochvakuumpumpen wurden besondere Kühler vorgesehen, weil diese Pumpen wenig, aber kühleres Kühlwasser brauchen als die Gleichrichter.

Im Lautawerk, wo das Frischwasser nicht in ausreichender Menge zur Verfügung stand, wurde das Frischwasser der Rückkühlanlage in einem besonderen Kühlturm je Produktionseinheit rückgekühlt.

Das Kraftwerk Ering und die Gleichrichtersysteme des Mattigwerkes als Beispiel einer Stromversorgungsanlage mit Drehstromgeneratoren und Umformung unmittelbar bei den Ofensystemen

Mit dem Bau des Aluminiumwerkes Mattigwerk, dessen Inbetriebnahme beginnend mit dem Jahr 1940 erfolgte, wurde gleichzeitig der Bau des Flußkraftwerkes Ering und etwas später auch der Bau des Kraftwerkes Obernberg am unteren Inn in Angriff genommen. Die Energieerzeugung dieser Kraftwerke, zu denen noch weitere Kraftstufen am unteren Inn hinzukommen sollten, war ursprünglich in der Hauptsache dazu bestimmt, die Stromversorgung des Mattigwerkes sicherzustellen.

In der folgenden Beschreibung wird nur auf das Kraftwerk Ering eingegangen, das als erstes im Jahr 1942 in Betrieb kam und als charakteristisch für die Ausbaugröße und Art der Ausführung auch der weiteren Stufen am unteren Inn betrachtet werden kann.

Der Strom des Kraftwerkes Ering wird durch eine eigene 110 kV Freileitung von 22 km Länge in das Umspannwerk Ranshofen geleitet, in das außerdem noch eine Reihe anderer Speise- und Übertragungsleitungen 110 kV einmünden.

Im Umspannwerk Ranshofen sind 2 Doppelsammelschienensysteme eingebaut, die miteinander durch Reguliertransformatoren verbunden sind. An das geregelte Doppelsammelschienensystem sind Umspanner 32 MVA 110 kV/6, 15 kV angeschlossen, die sekundärseitig wiederum auf ein Doppelsammelschienensystem geschaltet sind, von dem unterirdische Schienenanlagen zu den 6 Gleichrichtersystemen des Mattigwerkes führen.

Das Krafthaus besteht im wesentlichen aus den Betonbauten für Einlauf und Auslauf sowie der äußeren Umfassung von 3 Kaplanturbinen mit Synchrongeneratoren je 30000 kVA mit gemeinsamer senkrechter Welle und einer Hausturbine je 1800 PS gleicher Bauart. Die maximale Gesamtleistung der Kraftanlage, gemessen an den Generatorklemmen, beträgt 72500 kW.

Die vertikalen Drehstrom-Synchrongeneratoren sind Erstausführungen und stellen eine bemerkenswerte Stufe in der Entwicklung von Wasserkraftgeneratoren dar. Sie wurden ungeachtet ihrer im Vergleich zur Drehzahl 68,2 UPM und Durchgangsdrehzahl 160 UPM großen Leistung von 30 MVA als reine Schirmtype gebaut, d. h. oberhalb des Generators ist kein besonderes Führungslager vorgesehen. Das Gewicht der rotierenden Teile und der Wasserlast wird von einem auf dem Turbinendeckel sitzenden gemeinsamen Traglager aufgenommen. Seitlich wird die Welle durch ein dicht unterhalb des Generators angeordnetes Führungslager geführt.

Zur Tieferlegung des Schwerpunktes ist das Polrad glockenförmig herabgezogen. Es sitzt auf dem als Servomotor ausgebildeten oberen Wellenende der Kaplanturbine. Mit Hilfe von Zwischenringen sind die Polarme ohne besondere Nabe am Servomotorkopf angeschraubt. Der Polradstern besteht aus geschweißten I-Profil-Stahlträgern. Das Polrad ist als Schichtpolrad ausgeführt, d. h. der Kranz besteht nicht aus massivem Stahlguß, sondern er ist aus gestanzten 4 mm starken Stahlblechsegmenten aufgebaut, die um je eine Polteilung überlappt zu einem vollen Kranz geschichtet werden.

Die Verkettung der einzelnen Blechsegmente erfolgt durch Preßbolzen. Diese Radkonstruktion benutzt nur schnell lieferbares normales Walzmaterial und ermöglicht es, das Rad in kleinsten Teilen zum Versand zu bringen. Das Schichten erfolgt an Ort und Stelle. Die Homogenität des Werkstoffes erscheint so gesichert, daß eine Schleuderung des Polrades im Werk nicht erforderlich ist. Die aus 1,5 mm starken Blechen aufgebauten Pole sind durch Hammerköpfe im Polrad befestigt.

Aus den folgenden Zahlentafeln gehen Einzelheiten über Ausbau und Betriebsdaten der Kraftstufe hervor:

Innstufe Ering

Baujahr		1939—1942
Einzugsgebiet in qkm		23390
Staulänge in km		11
Stauziel in m über NN		336,20
Wasserinhalt des Stauraumes Mio m³		35,78
Künstliche Dämme in km		15
Ausbaugröße in m³/sec.		1020/82
Wasserführung in m³/sec.	bei NNQ	184
	bei MQ	715
	bei HHQ	6000
Gefälle in m mit Einstau im Unterwasser	bei NNQ	10,22
	bei MQ	9,65
	bei HHQ	4,10
Zahl der Wehröffnungen		6
Gesamte Wehrbreite in m		132
Breite der Wehröffnungen in m		18
Pfeilerbreite in m		4,80
Schützenabmessungen in m		18 × 12,30
Durchfluß berechnet für m³/sec.		6000

Turbinen und Generatoren Ering

Leistung je Turbine in PS	34000
bei dem Konstruktionsgefälle in m	10,18
und der Wassermenge in m³/sec.	291
Drehzahl U/min.	68,2
Laufraddurchmesser in mm	7000
Anzahl der Laufradflügel	5
Leitapparatanordnung	zylindrisch
Generatorleistung in kVA	30000
in kW	24000
bei cos $\varphi = 0{,}8$	
Generatorspannung	10,5 kV ± 5%
Schlenderdrehzahl U/min.	160
GD² des Polrades t m²	12500

Die Volleistung der Kraftstufe Ering im Sommer reicht aus, um 2½ Aluminiumofensysteme des Mattigwerkes zu speisen. In den Wintermonaten genügt die Energiedarbietung dieser Kraftstufe nur für etwa ein Ofensystem. Zwecks Weiterbetriebes der übrigen Ofensysteme muß daher im Winter Fremdenergie bezogen werden.

Regulierung, Transformatorenschaltung und Phasenzahl sowie die Art der Rückkühlung dieser Anlagen entspricht der oben beschriebenen Ausführungsart der in den Jahren 1935 bis 1944 aufgestellten Gleichrichtersysteme.

In einem Gleichrichterhaus sind jeweils zwei Systeme untergebracht. Die Schaltung der Sammelschienen der Gleichstromseite ist derart, daß die Reservegruppe des einen Systems jeweils auf das andere System hinübergeschaltet werden kann, wobei beide Systeme unabhängig voneinander weiterbetrieben werden können.

Die Gleichrichtertransformatoren sind als Zwölfphasentransformatoren gebaut worden. Durch Anordnung besonderer Phasenschwenktransformatoren oder auch durch Anordnung von Phasenschwenkzipfeln in den Reguliertransformatoren ist die Phasenzahl der Anlage auf 36 gebracht worden.

Vermittels Stufenschaltern werden sowohl die Schwankungen der Hochspannung ausreguliert, wie auch die Gleichspannung den länger dauernden Veränderungen des Systemwiderstandes angepaßt. Als unterster Leistungsfaktor, bis zu dem Stromabsenkungen noch durch Gitterreglung ausreguliert werden können, ist vom Betrieb 0,9 festgesetzt worden. Wird dieser Leistungsfaktor unterschritten, so wird der Stufenschalter von Hand nachgeregelt (vgl. auch S. 45).

Der Wirkungsgrad der Kaplanturbinen ist für gegebenes Gefälle und gegebene Wassermenge aus den Muschelkurven der Turbinen rechnerisch zu ermitteln. Er ist demnach abhängig von der Wasserführung und dem dazugehörigen Gefälle und kann nur als jahresdurchschnittlicher Wert angegeben werden. Für ein Jahr etwa mittlerer Wasserdarbietung kann für die Ering-Turbinen mit einem mittleren Wirkungsgrad von etwa 0,87 gerechnet werden.

Der Wirkungsgrad der Generatoren beträgt unter Berücksichtigung der Verluste der Erregermaschine bei $^4/_4$ Last und $\cos \varphi = 0{,}8$ 0,962.

Die Umspannverluste und die Übertragungsverluste auf der 22 km langen Freileitung Ering-Ranshofen bei Übertragung der Leistung von 3 Generatoren können mit 2% veranschlagt werden; die Verluste im Umspannwerk Ranshofen und in den 6 kV-Zuleitungen zu den Gleichrichtersystemen mit etwa 3%.

Der Gleichrichterwirkungsgrad bei Normalbelastung und Normalspannung ist zu 0,94 ermittelt worden. Als Verlust in den Gleichstromzuleitungen zu den Ofensystemen kann mit 0,7% der übertragenen Leistung gerechnet werden.

Es ergibt sich demnach folgender Gesamtwirkungsgrad bei Volleistung des Kraftwerkes Ering, ausgehend von der Leistung des Gefälles bis zum Eingang der Ofensysteme im Mattigwerk:

Kaplanturbinen	0,87
Generatoren Ering	0,962
Umspannung in Ering und Übertragungsleistung Ering-Ranshofen	0,98
Umspannung Ranshofen und 6 kV-Zuleitungen in Ranshofen	0,97
Gleichrichter	0,94
Gleichstromzuleitung	0,993
Gesamtwirkungsgrad	0,742

Es verbleibt demnach ein Vorteil im Wirkungsgrad zugunsten der Primärerzeugung in den beiden hier betrachteten Fällen.

Neue Ausführungsformen von Gleichrichtern

Im Abschnitt S. 41 waren die Gründe dafür festgestellt worden, warum die Entwicklung der Gleichrichter für Aluminiumelektrolysen bei Gefäßen von 5000 A stehen geblieben und nicht in der Richtung wachsender Einheitsleistung gegangen war. Als hauptsächlicher Grund war angegeben worden, daß der Wirkungsgrad der Gleichrichter umso geringer wird, je größer das Gefäß.

Hier stellt sich nun die Frage, ob unter diesen Umständen den Wirkungsgradinteressen der Gleichrichteranlagen nicht noch mehr mit kleineren Gefäßen gedient werden könnte. Tatsächlich hat die Entwicklung der Gleichrichtertechnik im Laufe des Krieges erlaubt, auch diesem Gedanken näherzutreten. Es boten sich 2 Möglichkeiten:

Die erste Möglichkeit stellten die Einanodengleichrichter dar. Einanodengleichrichter sind extreme Verwirklichungen des Gedankens, durch kürzesteLichtbogenlängen zu besten Wirkungsgraden zu kommen und im Preisinteresse die Vorteile der Serien- und Massenfertigung weitergehend auszunutzen, als es mit mehranodigen Gleichrichtern möglich ist. Jeweils 12 solcher Einanoden-Gleichrichter bildeten zusammen einen 5000 A-Block, der sich in die sonst nicht anders gegliederte Anlage einfügte. Diese Gefäße wurden wie die mehranodigen Gefäße mit emissionsbereiter Kathode gebaut, konnten aber auch als Zündstiftgefäße gebaut werden, die in jeder Brennperiode neu gezündet wurden. Letztere Ausführung wurde in USA viel angewandt. Über sie berichtete J. W. Ward, Oktober 1947 in Electrical Engineering, daß Einanodenanlagen sich durch besseren Wirkungsgrad auszeichneten. Sein Zahlenwert erscheint freilich zu hoch. Er berichtet aber auch, daß ihr Rückzündungsverhalten wesentlich ungünstiger gewesen sei als das der mehranodigen Gleichrichter.

Auf Grund der in einem System des Mattigwerkes gemachten Erfahrungen kann bestätigt werden, daß ein gewisser Wirkungsgradvorteil für die Einanodengleichrichter sprach, das Rückzündungsverhalten aber ebenso gegen sie. Man kann den Wirkungsgrad eines Gleichrichters nur im Zusammenhang mit einer Rückzündungsstatistik sehen. Die Abschirmung der Anoden gegen den Quecksilberdampf kostet auch beim Einanodengleichrichter Lichtbogenabfall, geht also auf Kosten des Wirkungsgrades. Was von dem Wirkungsgradvorteil der Einanodengleichrichter übrig bleibt, bzw. ob überhaupt ein solcher bleibt, wenn sie bei Dauervollast auf Elektrolyse gleiche Rückzündungszahlen haben wie die Mehranodengleichrichter, diese Frage bleibt in Deutschland für die Zukunft gestellt.

Der andere Weg bestand in der Verwendung sechsanodiger Gleichrichter 2000 A, von denen mehrere parallelgeschaltet wurden, so daß drei solcher Gefäße mit je 1667 A belastet an die Stelle eines achtzehnanodigen Gleichrichters 5000 A traten. Mehrere solche Gefäße konnten an eine gemeinsame Vakuumhaltung angeschlossen werden.

Diese kleinen Gefäße verbesserten die früher genannten Wirkungsgrade bei 5000 A-Gefäßen um

0,4...0,5% bezogen auf 800 V
mehr als 0,6% bezogen auf 600 V.

Das Gewicht von drei dieser kleinen Gefäße betrug zusammen weniger als 40% vom Gewicht eines 5000 A-Gefäßes. Der wirtschaftliche Vorteil ist also nicht auf den Wirkungsgrad beschränkt, sondern wirkt sich auch auf der Bauseite aus, weil das kleinere Gewicht besser verteilt und der Verzicht auf einen Laufkran erleichtert wird. Die feinere Unterteilung kommt auch den Interessen der Reservehaltung zugute.

Ein Versuch, diese Gefäße zu erproben, war im Lautawerk eingeleitet, kam jedoch aus kriegsbedingten Gründen nicht mehr zum Abschluß.

Auf dem Wege zu dieser Entwicklung wurde aber 1941/42 im Lautawerk eine Gleichrichteranlage bestehend aus 4 Gruppen gebaut, deren jede 14400 A bei 700 V zu leisten hatte. Aus den vorstehenden Erwägungen ist die Leistung jeder Gruppe auf 4 Gefäße je 3650 A aufgeteilt worden.

Im übrigen zeichnet sich in der Entwicklung der Gleichrichtertechnik das Bestreben ab, den Aufbau und die Schaltung zu vereinfachen und Apparaturen zu vermeiden.

f) Messung starker Gleichströme

Während die Messung starker Wechselströme mit Hilfe des Stromwandlers verhältnismäßig einfach ist, wird die Gleichstrommessung mit wachsender Stromstärke immer schwieriger. Die klassische Messung des Gleichstromes erfolgt mit Nebenwiderständen. Messungen, die einigermaßen Anspruch auf Genauigkeit machen, setzen einen Spannungsabfall im Nebenwiderstand von 200 . . . 300 mV voraus.

Abb. 34. Gleichstrommessung mit Gleichstrom-Meßwandler von Koch und Sterzel.

Will man z. B. einen Gleichstrom von 30000 A messen, so wird in dem Nebenwiderstand eine Leistung von 6...9 kW umgesetzt. Die Messung ist nicht nur infolge der Temperaturabhängigkeit der Meßanordnung wenig befriedigend, der Einbau des Nebenwiderstandes begegnet auch der Schwierigkeit, daß die sehr kleine Meßspannung die Eineichung der Zuleitungen notwendig macht. Die Leitungen müssen einen sehr großen Querschnitt haben.

In den Jahren 1936—1938 ist daher erstmalig ein von O. E. Nölke angegebener und von Koch & Sterzel, Dresden, gebauter Gleichstromwandler verwendet worden, der als erster echte Wandler-Eigenschaften besitzt. Der Wandler besteht aus einem Eisenumschluß um den Hauptleiter. Der Eisenumschluß endet in 2 Polschuhen, in denen sich ein ständig angetriebener Gleichstromanker bewegt. Der Strom dieses Ankers ist zugleich der Meßstrom. Er ist einer Kompensationswicklung zugeführt, die auf dem Eisenumschluß angebracht ist, so daß der Meßstrom das Feld des Hauptleiters kompensiert. Der Wandler leistet 15 W in Klasse 0,2 und 40 W in Klasse 0,5. Abb. 34 zeigt einen solchen Wandler, eingebaut in eine Gleichstromschiene 30000 A. Der 2. Wandler ist als Reservewandler vorgesehen.

Später wurde ein statischer Meßwandler eingeführt, der von W. Krämer angegeben und von der AEG gebaut wurde. Er hat keine beweglichen Teile und arbeitet wartungsfrei wie der Wechselstromwandler. Er benötigt einen Anschluß an ein Wechselstromnetz, welches geringe Kompensationsströme zu liefern hat. Er leistet 15 W bei einer Klassengenauigkeit von 0,5%. Die Genauigkeit kann durch Mehraufwand an Eisen gesteigert werden, hat aber im allgemeinen keinen Sinn, da die größere Klassengenauigkeit zu der möglichen Genauigkeit des Gleichstromzählers dann in keinem Verhältnis steht. Die Genauigkeit von 0,5% wird gehalten, wenn die Spannung des kompensierenden Wechselstromnetzes ± 10% schwankt.

g) Ausblick

Ein Ausblick in die künftige Entwicklung ist bei Erörterung der Gleichrichtergruppeneinteilung bereits gegeben worden. Zu einer Frage kann noch Stellung genommen werden. Wenn die Ofengröße auf 50...80000 A wächst, würde eine Belassung der eingeführten Spannung bei 800 V die Leistung einer Produktionseinheit über das optimale Maß hinaus vergrößern. Es würde dann eine Steigerung der Gleichstromstärke über 30000 A hinaus eine entsprechende Verminderung der Gleichstromspannung der Produktionseinheit notwendig machen. Damit verliert aber der Gleichrichter viel von seinen an hohe Spannung gebundenen Vorteilen in Bezug auf Preis und Wirkungsgrad. Wie weit die Entwicklung der Gleichrichtertechnik diesen Vorteil ausgleichen kann, wie weit z. B. die Verminderung der Gewichte durch Entwicklung kleinerer Gleichrichter auch eine Verminderung der Preise zur Folge haben wird, ist z. Zt. nicht zu übersehen.

Die Aluminium-Industrie blickt darum auf einen Gleichrichter, der auch bei 400 V gute Wirkungsgrade bereitstellt, den Kontaktgleichrichter. Dieser ist das jüngste Erzeugnis der Stromrichtertechnik. Er ist ein mechanischer Gleichrichter, der die Schaltfunktion des Quecksilberdampflichtbogens durch mechanisch gesteuerte Kontakte ersetzt. Die Kommutierung beim Übergang des Gleichstromes auf neu zündende Anoden ist mit einem vorübergehenden Kurzschluß der ablösenden und neu zündenden Transformatorphase verbunden. Beim Quecksilberdampfgleichrichter findet dieser Vorgang infolge Ventilwirkung sein natürliches Ende, sobald der Strom der erlöschenden Phase Null ist. Der Kontaktgleichrichter muß die fehlenden Ventileigenschaften durch einen Schaltvorgang ersetzen, der bei 50-periodigem Drehstrom und 6phasigem Betrieb sekundlich 300 mal vor sich geht. Die Beherrschung dieses Schaltvorganges mit erträglichem Kontaktverschleiß macht einigen Aufwand an Schaltdrosseln und anderen Vorkehrungen notwendig.

Während beim Quecksilberdampfgleichrichter der vom Verhältnis des Lichtbogenabfalles zur Gleichspannung bestimmte Gefäßwirkungsgrad eine wirtschaftliche Grenze für seine Anwendung mit sich bringt, hat der Kontaktgleichrichter auch bei kleinen Gleichspannungen sehr hohe Wirkungsgrade, weil bei ihm anstelle des Lichtbogenabfalles nur vergleichsweise kleine andere Einzelverluste treten.

Der Kontaktgleichrichter hat die ersten Bewährungsproben in anderen Betrieben bestanden. Elektrolysebetriebe sind für seinen Einsatz vorteilhaft, weil sie im allgemeinen an starke Netze angeschlossen werden und mit einem festen Strom arbeiten.

Beide Bedingungen erleichtern die Beherrschung des besonders schwierigen Kommutierungsproblems der Kontaktgleichrichter. Die Frage der Beherrschung des Verhaltens der Kontaktgleichrichter bei Kurzschlüssen im Hochspannungsnetz bedarf noch der Klärung[4]).

2. Ofentypen

Im Sprachgebrauch der deutschen Aluminiumhüttenleute sind die Bezeichnungen „offene Öfen" und „geschlossene Öfen" üblich. „Offene Öfen" sind danach solche Elektrolyseöfen, bei denen alle Außenteile und Aufbauten offen zu Tage liegen, wogegen „geschlossene" Öfen in ein Gehäuse eingebaut, d. h. von einem Blechmantel umgeben sind. Dieses Einschließen bezweckt, die Abgase aus dem Ofen zu sammeln und geschlossen abzuführen. Die Unterscheidung zwischen „offenen" und „geschlossenen" Öfen nach der äußeren Form ist also kein wesentliches Merkmal. Entscheidend ist, daß in den geschlossenen Öfen durch das Verkoken der selbstbackenden Söderberganode Abgase entstehen, die, frei in die Ofenhalle entlassen, das Arbeiten an den Öfen unerträglich machen würden. Als Kurzformen mögen die Ausdrücke „offen" und „geschlossen" für diese Ofenarten bestehen bleiben.

Bevor die Söderberganode eingeführt wurde — in den deutschen Hütten der VAW 1938 — hat es nur offene Öfen gegeben. In Angleichung an die wässerige Elektrolyse hat man die Aluminiumelektrolyseöfen gelegentlich auch „Zellen" oder „Bäder" genannt. Alle Ofenarten bestehen aus einem kathodischen Teil in waagerechter Lage, der, als Wanne ausgebildet, das Schmelzbad — den Elektrolyten — aufnimmt, und einem anodischen Aufbau, von dem herab die Anoden senkrecht in das Schmelzbad eintauchen. Wegen des chemischen Angriffs des Fluorverbindungen enthaltenden Elektrolyten auf praktisch alle Baustoffe außer Kohle bei den Betriebstemperaturen über 900° C können sowohl die Schmelzbadwanne — das Ofenfutter — wie auch die Anoden nur aus Kohlesubstanz geformt werden, die gut elektrisch leitet und den Einflüssen des Fluors bzw. den hier in Frage kommenden Fluorverbindungen genügend widersteht. Die Anode verzehrt sich im Betrieb infolge der Abscheidung des Sauerstoffs an ihr unter Bildung von Kohlendioxyd und Kohlenmonoxyd.

a) Offene Öfen mit gebrannten Elektroden

Die Anoden, schlechthin als Elektroden bezeichnet, werden bei offenen Öfen in gebranntem Zustand in das Schmelzbad eingehängt. Sie sind in der Elektrodenfabrik aus einem durchgekneteten Gemisch von gekörntem Koks (Petrolkoks, Pechkoks) von großer Reinheit — auch wohl mit Anteilen von sehr reiner Magerkohle (Anthrazit) — und Pech als Bindemittel unter hohem Druck geformt und in Brennöfen (Tunnelöfen, Ringöfen) gebrannt. Das Pech ist dabei verkokt und hat ein

[4]) Zum Schluß unserer Ausführungen über die Stromversorgungsanlagen der Aluminiumhütten soll nicht versäumt werden, Herrn Professor Dr. L. Lebrecht, Technische Hochschule Darmstadt, für seine Mitarbeit an diesem Abschnitt, insbesondere für die Beistellung eines Teiles der elektrotechnischen Unterlagen, unseren verbindlichsten Dank auszusprechen.

festes Gerüst für die eingelagerten Kokskörner ergeben. (Gelegentlich sind auch Graphitelektroden erprobt worden, aber ohne allen Erfolg.)

Während in der Frühzeit der Aluminiumelektrolyse Rundstangen oder walzenförmige Körper als Elektroden verwendet wurden, gibt man ihnen jetzt nur noch der Würfelform oder dem Parallelepiped angenäherte Gestalt mit einem Querschnitt von ursprünglich 280 mal 280 mm und einer Höhe von 320 mm; später wurde in der Regel ein Querschnitt von 320 mal 250 mm bevorzugt und die Höhe im Laufe der Jahre bis auf 480 mm gesteigert, entsprechend einem Gewicht von 53—54 kg. Auch größere Elektroden von 420 mal 280 mm Querschnitt sind zeitweise laufend verwendet worden.

Am oberen Ende, dem „Kopf", ist schon beim Formen der Anode ein zylindrisches oder schwach verjüngtes Loch ausgespart, das einen eisernen „Nippel" als Vermittler des zugeführten Stroms aufzunehmen hat. Deshalb kann die Anodenkohle nicht völlig aufgebraucht werden, so daß bei ihrem Abbrand der Kopf einen für die Elektrolyse unverwertbaren „Rest" darstellt. Um diesen so klein wie möglich zu halten, wird der Kopf von vornherein abgerundet oder abgeschrägt.

Der Nippel muß im Kopf der Anode einen festen Halt haben und die Kohle möglichst innig berühren. Verschiedene Verfahren sind dafür vorgeschlagen und durchgeführt worden. Schraubennippel haben sich besonders gut bewährt. Das sind dicke Rundbolzen mit einem Durchmesser von 90 bis 100 mm bei der üblichen Belastung von etwa 800 Ampère für jede Elektrode. In den unteren Teil wird auf eine Länge von etwa 90 mm ein Gewinde schwach verjüngt mit einer Ganghöhe von 2 bis 3 mm geschnitten. Der obere Teil mündet nach einem Übergang in einen flachen Ansatz (Lappen) mit zwei Querlöchern zur Aufnahme von Verbindungsschrauben oder -bolzen. Der Nippel wird gut eingepaßt, in das glattwandige Nippelloch im Anodenkopf bis zu einer Tiefe von 70—80 mm eingedreht, so daß im Nippelloch stets ein Raum von 10 mm Höhe zur Aufnahme des beim Eindrehen abrieselnden Kohlenstaubes bleibt. Die Elektrode wird beim Eindrehen auf den drehbaren Tisch einer eigens dafür ausgebildeten Bohrmaschine gestellt und der versenkbare Nippel am Ansatz festgehalten.

Nach jedem Durchsatz im Elektrolyseofen wird der Kohlerest vom Nippel entfernt und dessen Gewinde für den nächsten Einsatz neu geschnitten. So läßt sich ein Nippel, falls er nicht vom Schmelzbad angegriffen — „verschmort" — ist, wohl zehn- bis fünfzehnmal verwenden. Mit der Verringerung des Querschnitts durch das Gewindeschneiden pflegt man nicht unter 73 mm zu gehen, da sonst die Berührungsfläche gegen die Kohle zu klein und der Übergangswiderstand für den Strom zu groß werden würde. Dafür hält man immer einen Vorrat an Elektroden mit verschieden weiten Nippellöchern von 70—100 mm. Wenn die Nippeldicke von etwa 73 mm unterschritten wurde, ist der Nippel früher als unbrauchbar zum Schrott geworfen worden. Bei schmiedeeisernen Nippeln schneidet man seit etlichen Jahren zur Ersparnis von Eisen den unverwendbaren Gewindeteil ab und setzt an den Nippelkopf ein neues Bolzenstück durch elektrische Druckschweißung an. Die dafür gebauten Schweißmaschinen haben sich bestens bewährt.

Nicht immer sind schmiedeeiserne Nippel bevorzugt worden. In einzelnen Hütten wurde jahrelang mit Nippeln aus Gußeisen gearbeitet. Sie werden vom Schmelzbad weniger stark oder langsamer angegriffen, haben dafür etwas geringere Leitfähigkeit. Es muß aber vermieden werden, daß die Nippel in das Schmelzbad eintauchen.

Der Wunsch, die Vorbereitung der Elektroden weiter zu verbilligen, hat zeitweise dazu geführt, von Schraubnippeln abzugehen und — zunächst in groß angelegten Versuchen — die Nippel in das Nippelloch einzugießen. Zum Festhaften mußte jetzt das Nippelloch selbst von vornherein mit Gewinde ausgebildet sein. Ein Flacheisenstück wurde in das Nippelloch gestellt und mit Eisen aus einem Schachtofen (Kupolofen) umgossen. Es konnte nicht ausbleiben, daß sich das Gußeisen beim Erstarren und Abkühlen von der Wandung der vordem kalten Kohle ein wenig zurückzog. Um dieses Schwinden tunlichst einzuschränken, wurden verschiedene Sorten Gußeisen erprobt. Besonders der Zusatz von Hämatiteisen ergab Vorteile. Trotzdem war in ausgedehnten Versuchsreihen bei den so hergerichteten Anoden an der Wand des Nippellochs ein höherer Übergangswiderstand nachzuweisen als bei eingedrehten schmiedeeisernen Nippeln. Der Spannungsabfall verringerte sich allerdings, wenn der eingegossene Nippel nach dem Erkalten um mehrere Winkelgrade noch festgedreht wurde. Mit eingegossenen Nippeln wurde jahrelang gearbeitet. Jedoch hat eine genaue Vergleichsrechnung ergeben, daß der — wenn auch geringe — Spannungsverlust das billigere Verfahren des Eingießens kaum aufwiegt. So ist man von dieser Arbeitsweise wieder abgekommen.

Neuerdings wird auch das in Schweizer Hütten übliche Umstampfen eines Flacheisenstückes mit „Kohle-Stampfmasse" im Nippelloch mit Erfolg angewandt. Die „Stampfmasse" ersetzt das eingegossene Eisen.

Mehrfache Versuche, die Anoden statt mit Nippeln mit anderen Vorrichtungen zum Zuleiten des Stromes zu versehen, sind ergebnislos verlaufen.

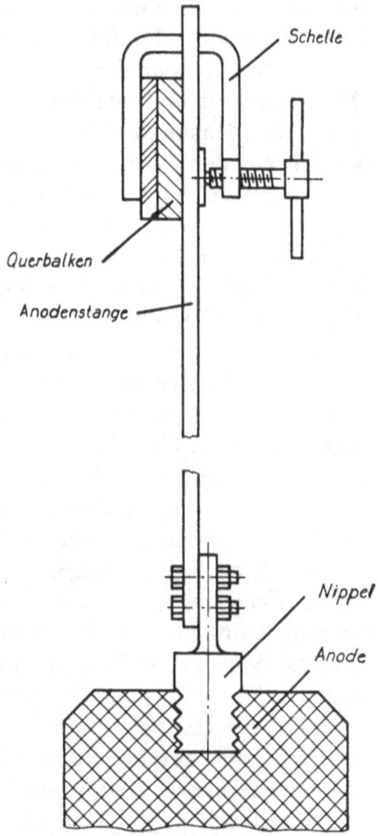

Abb. 35.
Aufhängung einer einzelnen Anode.

Die Elektroden hängen an senkrechten Stangen, deren unteres Ende durchlöchert und mit dem Ansatz des Nippelkopfes durch Maschinenschrauben verbunden ist (Abb. 35).

Anstelle der Schrauben können auch mit bestem Erfolge Bolzen treten, die an einem Ende mit Schlitz versehen sind, in den ein Keil getrieben wird. Stange und Nippel müssen sich innigst berühren, um den Stromübergang zu erleichtern. Die Anodenstangen sind teils aus Flacheisen, zumeist aber aus Kupfer mit einem Querschnitt von etwa 60 mal 20—25 mm und einer Länge von über einem Meter (z. B. 130 cm). Sie werden an einem kupfernen Querbalken, der durch einen fest anliegenden Eisenbalken oder -träger versteift ist, mit einer Schelle festgeklemmt. Die Berührung zwischen Anodenstange und Kupferbalken ist eine empfindliche Stelle, weil dort beim Anklammern und Ablösen während des Betriebes unvermeidlich Funken überschlagen, die das Metall verschmoren und oxydieren. Eiserne Stangen sind zu besserem Stromschluß an dieser Stelle mit Kupferblättchen belegt worden. Stangen aus Aluminium wurden zwangsweise bei Kupfermangel erprobt, indessen haben sie sich bei uns nicht eingeführt; abgesehen von ihrer geringeren Leitfähigkeit verschmoren sie stärker, und die Oxydbildung behindert den Stromdurchgang. Querbalken aus Aluminium sind auch viele Jahre lang verwendet worden.

Jede Anode kann für sich mit einem Flaschenzug gehoben und gesenkt, in den Ofen eingesetzt und aus ihm entfernt werden, indem eine Öse am oberen Stangenende in den Haken des Flaschenzuges eingehängt wird. Aber auch der ganze Aufbau, der die Anoden trägt, ist durch Winden heb- und senkbar eingerichtet, die an Eisensäulen zu beiden Seiten außerhalb des Ofens angebracht sind, so daß alle Elektroden auf einmal auf- oder abwärts bewegt werden können.

Dazu sind an einem Ende der Querbalken biegsame Aluminiumbänder angeschlossen, die von unten her den Strom zuführen und unten und oben durch Verschweißen gebündelt sind.

Die Anzahl der Einzelanoden im Ofen richtet sich zwangsläufig nach der angewandten Stromstärke und dem verfügbaren Raum. Setzt man voraus, daß eine Anode mit 1000 Ampère (800—1200 Ampère) belastet werden kann, dann mögen in einem Ofen für 12000 Ampère zwölf Anoden mit Abständen von einigen Zentimetern untergebracht sein. So waren die 12 Elektroden in den alten Rundöfen des Erftwerks in drei Reihen angeordnet. In den meist üblichen Öfen von rechteckig gestrecktem oder auch quadratischem Grundriß sind die Anoden in der Regel in zwei Reihen eingesetzt. Bei 12000 bis 12500 Ampère können, der Größe solcher Öfen angepaßt, wohl auch zehn Elektroden genügen (bei alten „kleinen" Öfen in Rummelsburg, Bitterfeld und Lautawerk). Später, als man die Öfen vergrößerte, wurden auch da zwölf Anoden gebraucht, erst recht bei Erhöhung der Stromstärke auf 14000 bis 15000 Ampère (Töging).

Sollte die lästige Handhabung mit so vielen Einzelanoden, die wegen des Abbrandes häufig ausgewechselt werden müssen, vermieden und die Kosten der Vorarbeiten gesenkt werden, so mußte man zu Elektroden größerer Abmessungen übergehen, zu Blöcken, wie schon oben erwähnt. Doch auch dieser Entschluß zog Schwierigkeiten nach sich. Die Anregung zu dem heute noch geltenden Verfahren kam 1932 aus Norwegen (Glomfjord), wo in Großöfen zu 30000 Ampère die Anoden in Würfeln von 30 cm Kantenlänge, zu sieben Stück dichtaneinander gekoppelt, an einer Anodenstange hingen. Bei diesem Koppeln eng zusammenstoßender Elektroden werden die Nippel durch eine Querschiene aus Kupfer oder Aluminium verbunden (Abb. 36).

Derart zusammengefügte Elektroden — schlechthin Paketkohlen genannt — verhalten sich, als ob sie aus einem Stück beständen. In den deutschen Hütten werden sie gewöhnlich in Paketen zu zwei oder drei, ausnahmsweise mehr, in die Öfen eingesetzt, meist in zwei Reihen wie vordem die Einzelanoden, die nun nicht mehr in Gebrauch sind. Auf diese Weise lassen sich in einem Ofen, der sonst zwölf einzelne Anoden trug, leicht achtzehn oder zwanzig unterbringen.

Das Koppeln der Elektroden hat sich Jahre hindurch vortrefflich bewährt. Es lag nahe, nun einen Schritt weiter zu gehen und statt mehrerer so zusammengeschlossener Anoden ein einziges Stück von annähernd den gleichen Abmessungen wie das Paket zu formen und zwar mit der selben Zahl von Nippellöchern wie dieses. Solche waagerecht langgestreckten Anodenblöcke mit beispielsweise fünf oder sechs Nippeln (DRP V 38071 VI 40c) sind (seit 1940 in Töging und dann im Mattigwerk) mit bestem Erfolg in Gebrauch gekommen. Sie werden ihrerseits zu zweien mit den Längsseiten aneinanderliegend in einem Paket zusammengefaßt (Abb. 37).

Vier solche Blockpakete, die 48 Einzelanoden entsprechen würden, kann ein Großofen zu 30000 Ampère gut vertragen. So weit aber läßt es sich nicht treiben, daß etwa ein Blockpaket allein in einen kleinen Ofen eingesetzt würde, weil dann bei dem unvermeidlichen Auswechseln nach dem Abbrand das Temperaturgleichgewicht des Ofens allzusehr gestört werden müßte.

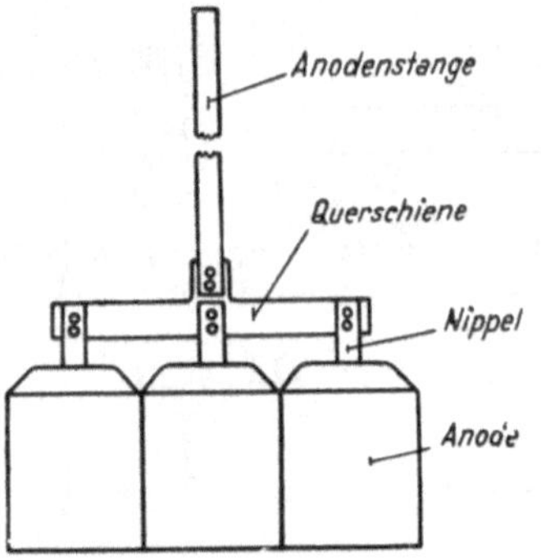

Abb. 36. Gekoppelte Anoden.

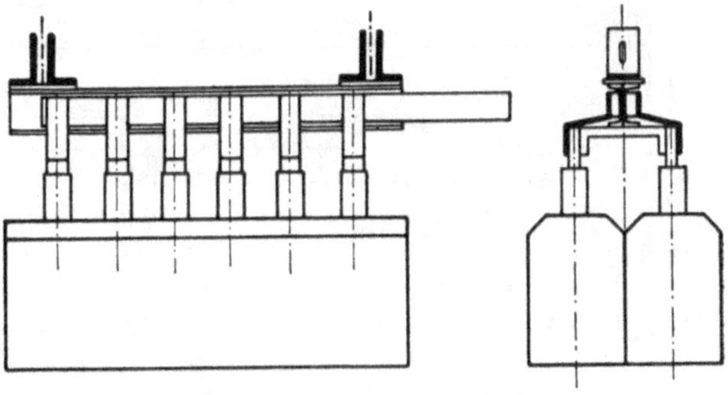
Abb. 37. Blockanoden, gekoppelt.

Um diese Störung und lästige Handhabung des Herausnehmens von Elektroden und Einsetzens neuer zu vermeiden, ist schon früher (1928 in Lautawerk) versucht worden, mit vorgebrannten Großanoden, die in einzelnen Stücken aufeinandergestockt wurden, durchlaufend zu arbeiten. Es war eine schwierige Aufgabe, die gleichartigen, walzenförmigen Teile dicker Rundelektroden von 800 oder 1 200 mm Durchmesser lückenlos übereinanderzufügen und dazu einen sicheren Stromanschluß zu gewährleisten. Anfänglich hat man den Strom durch Backen zugeführt, die auf der Rundung der Anode fest aufgepreßt lagen. In weiteren Versuchen wurden an ihrer Stelle seitlich Nippel eingedreht, die mit dem Abbrennen und Senken der Kohle wieder entfernt werden mußten. Solche Rundelektroden sind auch mit Aussparungen in der Achse von 100 bis 200 mm Durchmesser verwendet worden, in die die Tonerde eingefüllt werden konnte. Die Versuche haben sich über zwei Jahre ausgedehnt. In einem Falle ist ein Ofen mit einer dieser Großanoden 16 Monate in Betrieb gewesen. Dennoch sind weitere Bemühungen aufgegeben worden. Ein wirtschaftlicher Vorteil konnte nicht erzielt werden: das Annippeln führte häufig zu Störungen, wenn die Kohlenippel abbrachen, vor allem aber waren die Spannungsabfälle an den Stoßstellen zu hoch.

b) Öfen mit Söderberganoden

Die Störung des Temperaturgleichgewichtes im Elektrolyseofen und das lästige Auswechseln von Einzelanoden werden vollkommen durch die Söderbergelektrode vermieden, die ohne Unterbrechung arbeitet und sich durch die Ofenwärme aus der rohen Anodenmasse selbst verkokt.

In den ersten Ausführungsformen des Erfindungsgedankens verwendete man runde Eisenblechmäntel mit nach innen strahlenförmig ragenden senkrechten Blechrippen oder -speichen zur Aufnahme der Elektrodenmasse, die oben eingestampft wurde und im unteren Teil zu einem harten Block verkokte. Diese „selbstbrennende" oder „selbstbackende" Elektrode des norwegischen Ingenieurs Söderberg war ursprünglich in Zusammenarbeit mit „Det Norske Aktieselskap

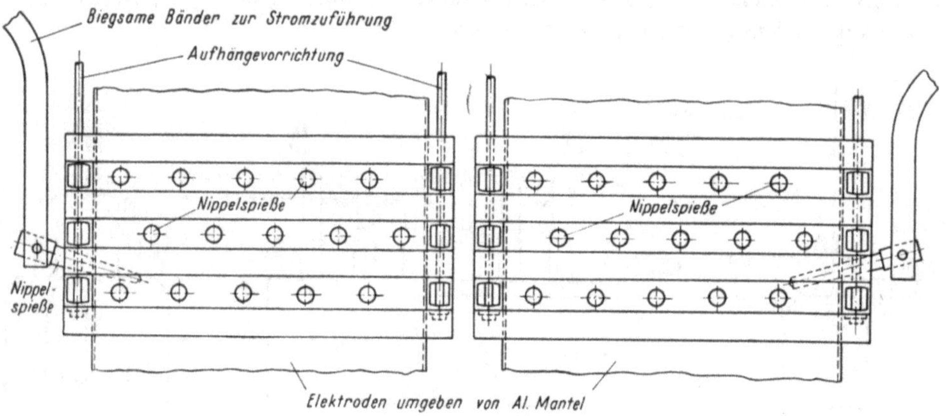

Abb. 38. Anodenrahmen einer Söderberg-Elektrode (Spießanordnung für Zwei-Anoden-Öfen).

for Elektrokemisk Industri" in Oslo um 1916 für elektrothermische Erzeugnisse — Karbid, Ferrolegierungen und andere — durchgebildet worden. Aber schon vor 1920 hatte Söderberg erkannt, daß bei der Aluminiumherstellung der Eisenblechmantel schädlich ist, da er in das Aluminium hineinschmilzt und es mit ungefähr 0,2% Eisen verunreinigt. Er strebte danach, einen Mantel aus Aluminiumblech anzuwenden, der aber in der Bauart des Eisenmantels dem seitlichen Druck der Elektrodenmasse nicht genügend standhielt und auch für die Stromzuführung bei den anders gearteten Verhältnissen der Aluminiumelektrolyse gegenüber elektrothermischen Öfen Schwierigkeiten bot. Von 1925 ab nahmen die Vereinigten Aluminium-Werke Fühlung mit den Lizenzgebern für die Söderbergelektrode, konnten sich aber zur Einführung dieser Anode nicht entschließen. In dem nun folgenden Jahrzehnt wurde sie von der Elektrokemisk, Oslo, und in den südfranzösischen Hütten betriebsfähig entwickelt. 1936/37 hat auch das Lautawerk zwei Versuchsöfen mit Söderbergelektroden mit gutem Erfolg betrieben. Daraufhin wurden 1938 die neuen Ofenhallen in Lünen (Westfalen), 1939 das dritte Ofenhaus in Töging und 1940 die Hütte des Mattigwerkes bei Ranshofen (Österreich) nur mit „Söderbergöfen" ausgerüstet.

Die hier übliche Söderberganode stellt im wesentlichen einen mit Masse gefüllten hochgestreckten Mantel von rechteckigem Querschnitt aus Aluminiumblech dar, das außen durch ein eisernes Rahmengerüst versteift ist und innen der Elektrodenmasse die Form gibt. Das Gerüst aus U-Eisenträgern, die waagerecht den Mantel — wie ein Rahmen das Bild — umgürten, ist verschieden abgewandelt worden. An ihnen ist auch die Vorrichtung zum Aufhängen, Heben und Senken der Anode angebracht. Die U-Profile haben Löcher zur Aufnahme der Nippelspieße, die bei Zweianodenöfen von einer Längsseite und zwei Schmalseiten her (Abb. 38), bei Einanodenöfen meist nur von den beiden Längsseiten aus (Abb. 39) durch den Aluminiummantel in die noch weiche Elektrodenmasse schräg nach unten eingestoßen werden. Diese Nippelspieße sind 650 mm lang, von 70 auf 50 mm im Durchmesser verjüngt, am Ende zugespitzt und außen verflacht mit einem Loch für den Bolzen zur Verbindung mit der Stromleitung aus einem Kupferzwischenstück und biegsamen Aluminiumbändern. Nur die beiden untersten

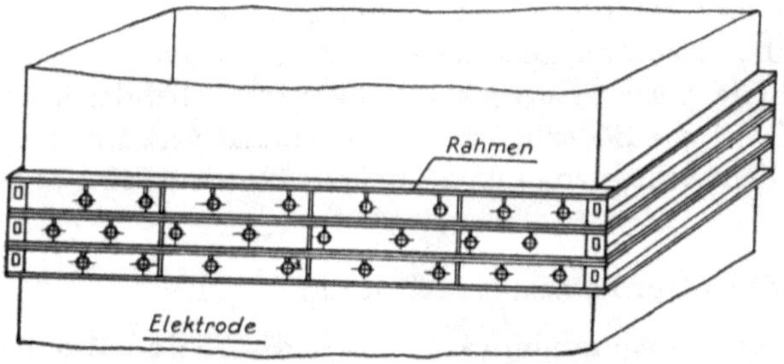

Abb. 39. Anodenrahmen für Ein-Anoden-Ofen.

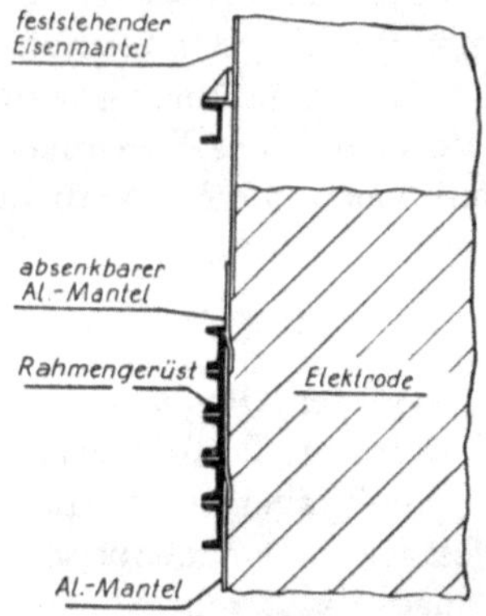

Abb. 40. Anordnung von Eisen- und Aluminium-Mantel zur Führung der Elektroden-Masse.

Reihen der auswechselbaren Nippel sind an die Stromleitung angeschlossen, die beiden darüberliegenden Reihen nicht. Mit dem Abbrennen der Elektrode im Schmelzbad und ihrem Absenken werden jeweils die unteren Nippel von der Stromverbindung gelöst, aus der Anode gezogen und in einer Reihe weiter oben wieder eingeschlagen; die unteren Rahmen werden entfernt und oben auf das Gerüst aufgelegt; die nächste, bisher freie Nippelreihe wird mit dem Strom verbunden. Der Elektrodenmantel aus Aluminiumblech ist in mehrere breite — z. B. drei 650 mm hohe — Gürtel gegliedert, die miteinander verschweißt oder besser durch Laschen verlappt sind. Sie können auch nach innen gebördelt sein. Sowie der unterste im Bad abschmilzt, wird ein neuer aufgestockt. Zur Führung des Aluminiummantels ist oben in die Arbeitsbühne zum Einfüllen der Masse ein feststehender Mantel aus Eisenblech eingesenkt (Abb. 40).

Die ganze Höhe der Mäntel beträgt etwa drei Meter. Der Aluminiummantel kann außen oder innen am Eisenmantel heruntergleiten. Die Elektrodenmasse wird teigig oder breiig oder in Form erstarrter Brote, die wieder aufweichen, in den Mantel gefüllt. Der in das Schmelzbad ragende Anteil ist etwa 60 cm hoch verkokt, darüber noch weich.

Die Söderberganode wird nur in Öfen großer Leistung (z. B. bei 30000 Ampère und darüber) angewandt. Entsprechend dem rechteckigen Grundriß dieser Öfen hat die Anode z. B. einen Querschnitt von 320 mal 120 cm. Bei 30000 A wird mit einer anodischen Stromdichte von etwa 0,8 A/cm² gearbeitet.

Der ganze Söderbergofen mit Einschluß des kathodischen Teils ist in seiner ursprünglichen Ausführung bis herauf zur Einfüllbühne in ein Blechgehäuse eingebaut, aus dem die Verkokungsgase durch Blechröhren in eine Waschanlage geführt werden. Dort werden die teerigen Bestandteile und der Staub niedergeschlagen, die Fluoranteile aber herausgelöst. In neueren Hütten in Ungarn ist das Gehäuse zum Aufklappen auf den Rand der Ofenkathode aufgesetzt und damit der Raum um die Anode eingeengt, so daß weniger Falschluft mit den Gasen angesaugt wird.

Nach einer italienischen Erfindung (DRP 638096) wird in der Aluminiumhütte der zum Montecatini-Konzern gehörenden Industria Nazionale Alluminio (INA) in Bozen seit etlichen Jahren der Strom durch die Nippelspieße nicht von den Seiten her, sondern senkrecht von oben in die Anode eingeführt (s. Abb. 15 S. 13).

Auf diese Weise schränkt sich das Gehäuse zu einer Haube ein, die nur noch den unteren Teil der Kathode bis zum Ofenrand umschließt (s. Abb. 16 S. 13).

Diese Ausführung wird durch die neueste Entwicklung übertroffen, bei der nach Versuchen der Elektrokemisk (Oslo) die Söderberganode bedeutend verkürzt und mit einem die Anode dicht über dem Schmelzbad umgebenden Gassammelring ausgestattet wird.

c) Aufbau der Ofenböden (Kathoden)

An den Ofenböden scheidet sich das Aluminium kathodisch ab. Sie sind also die Träger des Reaktionsraumes — des Schmelzebades mit den eingehängten Anoden — und haben die Form einer Wanne aus Kohlesubstanz, die den Strom leitet und feststehend eingebaut sein muß. Diese Wanne kann rund oder oval, rechteckig oder quadratisch sein.

In den Anfängen der Aluminiumindustrie in Deutschland ruhte die Kohlewanne unmittelbar auf einer gußeisernen Platte zur Aufnahme des Stromes. So lag bei den alten Rundöfen des Erftwerks eine runde Platte von etwa 165 cm Durchmesser und mehreren Zentimetern Dicke mit schwalbenschwanzförmigen Rippen auf der Oberfläche in einem runden Eisenkessel von 265 cm Durchmesser mit 86 cm hohen senkrechten Wänden. An einer Stelle ihres Umfangs trug die Platte einen angegossenen schmalen Fortsatz, der durch eine Öffnung in der Kesselwand herausragte, um als Anschlußfläche den Strom zum nächsten Ofen zu leiten. Innen auf den Boden des Eisenkessels wurde eine Lage Backsteine und darüber zu besserer Isolierung eine Schicht dünner Schamotteplättchen gelegt, auf die die Kathodenplatte gebettet wurde. Der Eisenkessel saß auf dem Hüttenflur auf. Das Kohlefutter setzte sich aus gemahlenem Petrolkoks und Weichpech — also der gleichen Masse, aus der die Anodenformlinge gepreßt sind — zusammen und wurde eingestampft, wobei mit Hilfe einer Schablone (Stampfzarge) ein rechteckiger Raum vom Grundriß 138 mal 157 cm mit leicht abgerundeten Ecken und 32 cm tief für das Schmelzbad freiblieb (Abb. 41).

Legt man, wie üblich, der Berechnung der kathodischen Stromdichte die Fläche des Bodens ohne den Rand zugrunde, so ergibt sich bei einem Stromdurchgang von

12000 A in diesem Ofen eine Stromdichte von 0,55 A/cm². Die zwölf Anoden mit quadratischem Querschnitt von 280 mm Kantenlänge und 320 mm Höhe gaben eine Stromdichte von 1,28 A/cm². Später wurde der Anodenquerschnitt dem in den anderen Werken gebräuchlichen von 320 mal 250 mm angeglichen, wodurch sich die Stromdichte nur unwesentlich, auf 1,25, verringert.

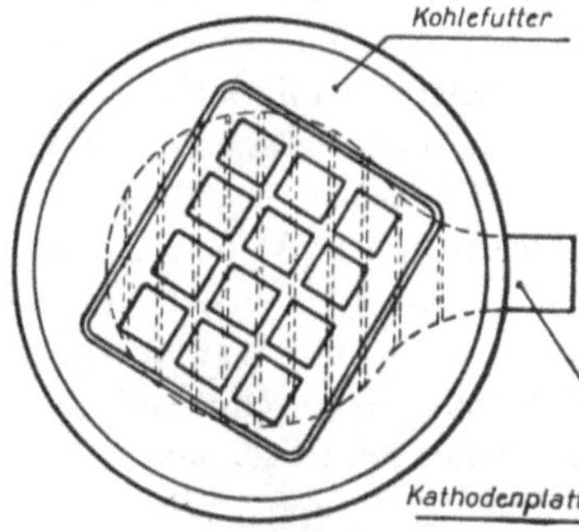

Abb. 41.
Kathode mit gußeiserner Platte.

Dieser ziemlich gut wärmegeschützte Rundofen des Erftwerks war so fest gefügt, daß Ausbesserungen am Eisenkessel kaum nötig wurden.

Im Gegensatz zur runden Form verwendeten die anderen Hütten (Rummelsburg bei Berlin, Horrem bei Köln, Bitterfeld und Lautawerk) von vornherein Öfen von rechteckigem Grundriß. Die rechteckige, an den Ecken abgerundete gußeiserne Kathodenplatte von 7 cm Dicke war in verschiedenen Formen ausgeführt. Es gab Platten,

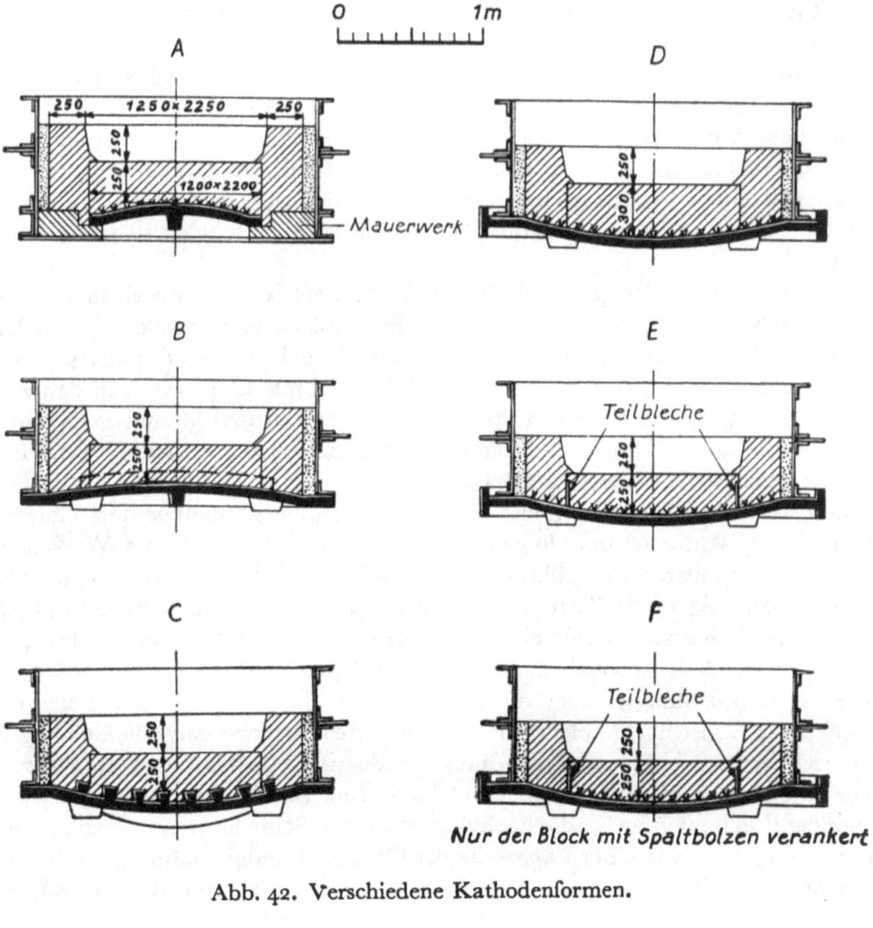

Abb. 42. Verschiedene Kathodenformen.

die in der Mitte nach unten oder nach oben schwach gewölbt, am Rande eben waren und zur Verankerung mit dem Kohlefutter an der Oberfläche der Wölbung eingegossene Nocken oder eingeschraubte Spaltbolzen oder Schwalbenschwanzrippen quer oder längs trugen (Abb. 42 A—F).

Die Stromleitung wurde von unten her durch sechs an der Unterseite der Platte angegossene Stummelfüße (B, C) oder an einer Schmalseite durch zwei herausragende dicke Zungen (A—C) oder schließlich durch Randwülste an beiden Längsseiten (D—F) angeschlossen. Auf den Rand eines in der Mitte ausgeschnittenen Muldenbleches (A) oder auf den Rand der Platte selbst (B—F) wurde die „Zarge" — ein schmiedeeiserner, versteifter senkrechter Mantel von 90 cm Höhe — aufgeschraubt. Auf der Kathodenplatte war ein Kohleblock mit einer Grundfläche etwas größer als die zu schaffende Badmulde aus einer bei 80—90° C knetbaren Mischung von gekörntem Steinkohlenkoks (Brechkoks), Magerkohle und Pech 25 bis 30 cm hoch aufgestampft. Rings um diesen Kohleblock, der beim Abkühlen erstarrte, wurde danach von der Platte herauf ein etwa 25 cm breiter Rand aus derselben Masse hochgestampft, der den Block 25 bis 30 cm in steiler Böschung überragte und wenig auf ihn übergriff. Ein zwischen dem Kohlerand und der Zarge übrig gebliebener Raum von etwa 5 cm Breite wurde mit „Kehricht" (zusammengekehrtem Tonerdestaub) oder Kokspulver oder auch mit Schamottesteinen ausgefüllt (Abb. 43).

Die gußeisernen Kathodenplatten haben sich schlecht bewährt. Häufig rissen sie auf oder sprangen ganz auseinander, wodurch auch der Kohleboden Risse und Löcher bekam und Metall sowie Badschmelze ausflossen. Auch der Zusammenhalt zwischen den Platten und dem Kohlefutter und damit der Stromübergang war bei der verschiedenen Wärmeausdehnung nicht genügend gesichert; vor allem aber strahlten diese Eisenmassen zu stark die Wärme ab und führten so zu Spannungsverlusten.

Von 1925 ab wurden (zuerst in Töging) Öfen gebaut, die auf Kathodenplatten ganz verzichteten. An ihre Stelle trat ein Bodenblech von 15 oder 20 mm Dicke, auf das eine Schicht Schamottesteine (65 mm hoch) gelagert wurde; auf diese wurde der Kohleboden und der Rand gestampft. Zur Stromleitung waren in den Kohleboden schmiedeeiserne Schienen vom Querschnitt 130 mal 30 mm hochkant eingebettet, von beiden Längsseiten her sechs oder sieben, die bis nahe an die Längsachse des Bodens reichten (Abb. 44).

Diese Bauart ließ beträchtliche Spannungsgewinne gegenüber den Plattenöfen erzielen. Sie wurde in den folgenden Jahren auch von anderen Werken übernommen. Öfen mit Kathodenplatten werden seitdem nicht mehr gebaut; für höhere Leistung (30000 A) wären Platten überhaupt nicht mehr möglich gewesen. Das Erftwerk hat auch Rundöfen mit eingelegten Stromschienen betrieben (Abb. 45).

Bei einigen Öfen ist versucht worden, die Schienen flach statt hochkant in die Kohleböden einzuführen; aber die Böden rissen ab, da die Schienen beim Einstampfen des Kohleblocks gefedert hätten. Andere Versuche, anstelle flachliegender schmiedeeiserner Schienen mehrere dünne quadratische gußeiserne Platten unter den Kohleboden zu legen, sind einige Jahre lang ohne Ergebnis durchgeführt worden. Es empfiehlt sich auch nicht, die hochkant gestellten Schienen 130 mal 30 cm in eingestampften Böden von einer Längsseite des Ofens zur anderen ohne Unterbrechung in der Mitte durchgehen zu lassen, da sie sich, wenn sie fest eingespannt sind, durch die Wärme nach oben durchbiegen und den Boden zerreißen. Auch verschieden gestaltete Schienen, z. B. gegabelte, sowie Vierkantstäbe statt der Schienen und dergl. sind ohne bemerkenswerten Erfolg erprobt worden. Schienen aus Aluminium statt der schmiedeeisernen haben sich nicht bewährt. Etliche Male ist auch vergeblich versucht worden, einen Kohleboden statt aus Stampfmasse aus fertiggebrannten Anodenblöcken zusammenzufügen, bei denen die von unten her eingedrehten Nippel den Strom leiteten.

Mit Vorteil aber ist man dazu übergegangen, bei langgestreckten vorgebrannten Kohleblöcken — wie sie in Glomfjord verwendet wurden — beispielsweise 50 cm

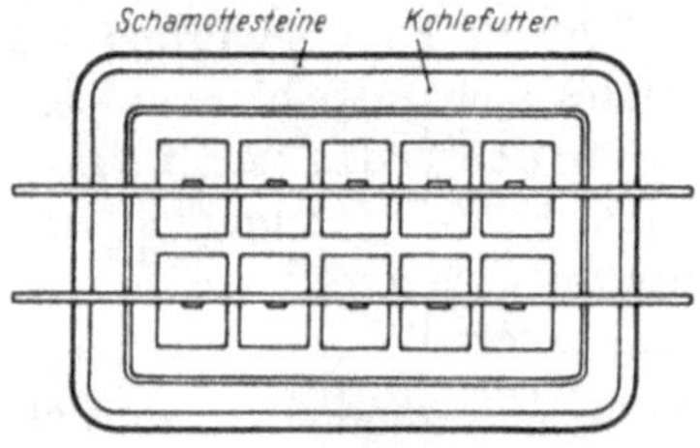

Abb. 43. „Bitterfelder" Ofenform.

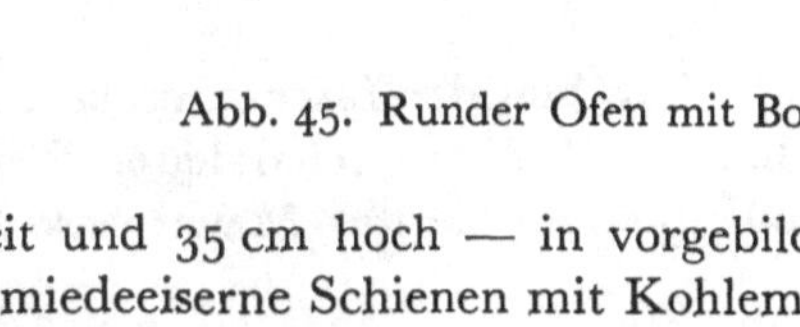

Abb. 44. Sogenannter Schienenofen.

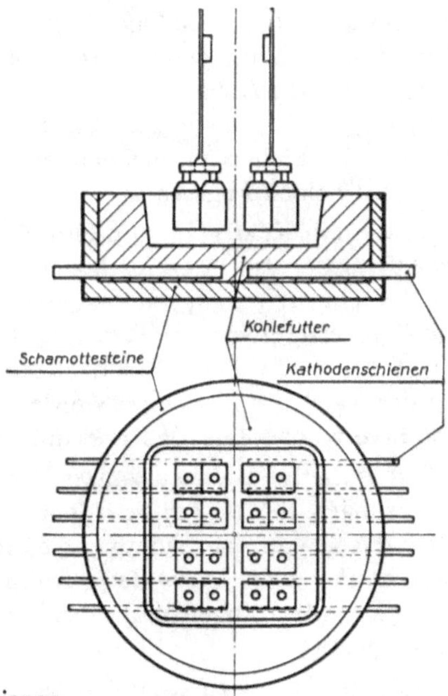

Abb. 45. Runder Ofen mit Bodenschienen.

breit und 35 cm hoch — in vorgebildete Rillen oder Nuten auf der Unterfläche schmiedeeiserne Schienen mit Kohlemasse einzustampfen, diese Kohleblöcke längsseitig dicht aneinanderzukitten und so als geschlossenen Kohleboden über keramischen Steinen auf die Blechmulde zu lagern. Dieses bewährte Verfahren wird besonders bei Großöfen für 30000 A und mehr, vor allem bei Söderbergöfen, angewandt. Aus Ersparnisgründen wird gelegentlich nicht der ganze Boden mit solchen Kohleblöcken (Bodenelektroden) ausgelegt, sondern der Raum zwischen einigen Blöcken mit roher („grüner") Bodenmasse aufgefüllt.

Mit vorher gebrannten Kohleböden die Öfen zu betreiben war nicht neu. Vom Beginn der Entwicklung an unterschied man zwischen „grünen" und „gebrannten" Böden, je nachdem, ob die Öfen mit der rohen oder der vorher durch „Brennen" verkokten Bodenmasse unter Strom gesetzt („eingeschaltet") wurden. So waren die alten Rundöfen stets „grün" eingeschaltet worden, die kleinen Öfen der ältesten Hütten der VAW hingegen mit gebrannten Böden.

In einer heizbaren Mischmaschine (von Werner & Pfleiderer) wurden z. B. feingekörnter Koks und Magerkohle (Anthrazit) etwa 20 Minuten lang innig trocken vermischt und nach Zugabe von 150° heißem Weichpech bei 85 bis 100° C 20 bis 30 Minuten lang durcheinandergeknetet. Die Verunreinigungen des Brechkokses und Anthrazits, die oft recht hoch sind, kann man in Kauf nehmen, da sie bei der Elektrolyse aus dem Ofenfutter — im Gegensatz zur Anode — kaum herausgelöst werden.

Zum Formen eines Kohlebodens wurde die heiße Masse in aufeinanderfolgenden Schichten auf die Kathodenplatte aufgetragen und Schicht für Schicht mit Spitzstampfern gut durchgeknetet. Als noch von Hand gestampft wurde, wählte man Schichten von 3 cm Höhe; mit der Einführung von Preßluftstampfern ging man auf 5 bis 6 cm über. Die Oberfläche des so hergerichteten Bodens wurde mit Flachstampfern geglättet. Beim Aufstampfen des Randes wurden Schichten nicht eingehalten. In den Anfangszeiten hat man vorgezogen, den Boden durch einige senkrecht eingefügte dünne Eisenbleche — „Trennbleche" — aufzuteilen, um beim Brennen des Bodens unregelmäßige Schwindrisse zu verhüten, oder man hat ihn zuvor mit heißen Messern in würfelförmige Blöcke unterteilt.

In die mit Koks geheizten Brennkammern eines „Vorbrandofens" wurden mehrere Ofenböden auf ihren Kathodenplatten — ursprünglich mit dem Rand in einem Stück — eingesetzt, gut mit Magerkohle zugedeckt und in 6—8 Tagen langsam auf 900° C geheizt, etwa zwei Tage lang auf dieser Temperatur gehalten und vorsichtig in 5—6 Tagen abgekühlt. Erst nach diesem Brennvorgang ist die Zarge aufgeschraubt und der Rand hochgestampft worden. Eine Zeitlang hat man auch geformte, fertig gebrannte Kohlesteine als Rand um den Bodenblock gesetzt.

Das vorherige Brennen ganzer Böden ist auch noch bei den Öfen der größeren Abmessungen für 12500 bis 13000 Ampère durchgeführt worden, doch ist man später davon ganz abgekommen: es ergab sich im Betrieb der Öfen, daß Bodenstücke häufig in der Dicke der gestampften Schichten abrissen. Dann sind die Öfen nur noch „grün" eingeschaltet worden. Doch auch dabei hoben sich oftmals Bodenschichten ab.

Statt die Böden zu stampfen, ist nach dem Vorgehen der Eisenindustrie auch versucht worden, Böden zu rütteln, indessen haben sich die so behandelten Rundöfen sehr schlecht verhalten, da die Kathodenplatten wie das Mauerwerk losgerüttelt wurden.

Ein Vorschlag, die Stampfmasse nach dem Torkretier-Verfahren durch Schleudern zu verdichten, scheiterte an den Schwierigkeiten der Handhabung mit warmen Massen.

Ein bedeutender Fortschritt gegenüber dem Stampfen wurde erzielt, als im Erftwerk — zum erstenmal 1927 — versuchsweise Ofenböden mit einer der Söderbergmasse ähnlichen Bodenmasse hergestellt wurden, die mit den gleichen Trockenstoffen wie die Stampfmasse einen höheren Zusatz von Weichpech, etwa 30%, enthielt. Diese Masse war so weich, daß sie nicht mehr gestampft werden konnte; sie wurde in die Öfen „geschüttet". Schwierigkeiten beim Einschalten solcher „Schüttöfen" konnten bald überwunden werden. Im Erftwerk wurden 1928 und 1929 weitere Versuche damit angestellt. Ihre günstigen Ergebnisse konnten 1930 im Innwerk bestätigt werden. Das gefürchtete Abblättern von Schichten wie bei gestampften Böden kam nicht mehr vor; die Haltbarkeit erhöhte sich. Es kam zunächst vor, daß Schüttöfen beim Einschalten den Strom nicht oder sehr schwer aufnahmen. Man hat sich damit geholfen, daß man Bogenlampenkohlen (oder Schweißkohlenstifte) von der Länge wie die Höhe des Schüttbodens senkrecht in die weiche Masse bis auf die eingelegten Schienen eindrückte und die Anoden auf das obere Ende aufsetzte, so daß der Strom kurzgeschlossen wurde. Dieses Verfahren hat sich sehr bewährt.

Der elektrische Widerstand des Bodens wird durch die Bodenspannung gemessen, die sich aus dem Spannungsabfall zwischen einer — während des Betriebs — auf die Oberfläche des Bodens aufgestoßenen Eisenstange und der nächsten, außen am Ofen freiliegenden Stelle der Bodenplatte oder einer Schiene ergibt. Sie umfaßt demnach nicht nur den Kohleboden selbst, sondern auch den Widerstand der Eisenstange und der Bodenplatte oder Schiene mit allen dazwischen liegenden Berührungsstellen. Diese Bodenspannung beträgt nach dem Einschalten des Ofens im günstigsten Falle 0,3 Volt, in der Regel um 0,5 Volt bei guten Böden, und steigt mit dem natürlichen Altern des Bodens auf über 1 Volt und mehr an, sei es, daß der von Natur porige Kohleboden Badschmelze wie ein Schwamm aufsaugt, sei es, daß er rissig wird oder sich mit Aluminium zu Aluminiumkarbid umsetzt oder von dem stromleitenden Eisen abhebt. An einer Gesamtspannung des Ofens von 5 bis 6 Volt trägt also die Bodenspannung einen hohen Anteil.

Es ist deshalb schon früh versucht worden (um 1925), diesen Spannungsverlust zu umgehen und den Strom aus dem kathodisch abgeschiedenen flüssigen Aluminium durch metallische Leitung unmittelbar nach außen abzuführen. Auf das Kohlefutter konnte zwar nicht verzichtet werden wegen des chemischen Angriffs durch die Badschmelze auf die Ofenwandung, aber man konnte das Aluminium durch einen Leitungskanal von außen her metallisch oder durch Graphitstäbe oder -blöcke verbinden. Die Versuche sind bisher gescheitert. Im Leitungskanal traten durch erstarrendes Aluminium Verkrustungen auf; die Spannung steigerte sich sprunghaft. In allen Fällen war der Wärmeabfluß nach außen kaum zu beherrschen.

Ähnlich wurden Bleikathoden erprobt, wobei die im Kohlefutter vorhandenen Poren und Kanälchen mit Blei ausgefüllt waren, das Aluminium sich auf dem flüssigen Blei abschied und die flüssige Bleikathode den Strom nach außen leitete. Es war unvermeidlich, daß das Aluminium Blei, wenn auch in geringer Menge, aufnahm.

Von hoher Bedeutung ist ein geeigneter Wärmeschutz der Öfen durch eingebautes Mauerwerk. Er hat die Aufgabe, Energieverluste auf das geringste zulässige Maß herabzusetzen, aber auch Überhitzung zu verhüten. Eine feste Regel über den dafür günstigsten Aufbau läßt sich nicht geben, ebensowenig wie über die besten Abmessungen der Öfen für eine vorgeschriebene Stromstärke. Wichtig ist, daß der Wärmeschutz mit den Betriebsbedingungen für die Öfen genau abgestimmt wird. Das aber läßt sich erst in jahrelangem Erproben einigermaßen ermitteln. Bei der Schilderung des laufenden Betriebs wird darauf näher einzugehen sein. Hier sei nur vorweggenommen, daß im allgemeinen kühler Ofengang (geringer Wärmeschutz) zu höheren Spannungen aber auch höherer Stromausbeute, heißer Ofengang (hoher Wärmeschutz) zu niedrigerer Spannung und geringerer Stromausbeute führt.

Da der Gleichstrom bei der Schmelzflußelektrolyse nicht nur zum Zersetzen— hier der Tonerde —, sondern auch zum Warmhalten der Bäder dient, ist gelegentlich erwogen worden, dem Gleichstrom nur die erste Aufgabe zuzuweisen und einem überlagernden Wechselstrom das Heizen zu überlassen. Dies hat nicht weiter geführt.

d) Anordnung der Öfen in der Halle

Die Öfen sind in einem Stromkreis in parallelen Reihen (meistens Doppelreihen) hintereinander geschaltet. Der aus der Kathodenplatte oder den Kathodenschienen austretende Strom wird — in der Regel durch Aluminiumschienen — dem Nachbarofen zugeführt und bei diesem an die biegsamen Aluminiumbänder angeschlossen, die ihn bei offenen Öfen zum Anodenquerbalken (Abb. 17), bei Söderbergöfen zu den Nippelspießen leiten (Abb. 14). Der Aluminiumelektrolyseofen hat je nach Größe und Stromdichte Klemmenspannungen von etwa 4,2—6,5 Volt. Die normale Ofenspannung eines 30000 Ampère-Ofens liegt bei etwa 4,5—5,0 Volt. Nach der Spannung der Stromquelle richtet sich die Anzahl der in einem Stromkreis untergebrachten Öfen. Das Erftwerk und Bitterfeld haben anfangs mit 260—270 Volt, das Lautawerk mit 525 Volt gearbeitet. Die alte Ofenhalle in Töging wird aus Gleichstrommaschinen mit 425 Volt gespeist. In den neueren Hallen wird aus Gleichrichtern Strom von 800 Volt geliefert.

Normalerweise sind nicht alle Öfen eines Stromkreises (System, Serie) gleichzeitig in Betrieb, da die Summe ihrer wechselnden Spannungen die Maschinenspannung nicht überschreiten darf.

Der Raumbedarf für die Systeme ist nicht allein von der Spannung der Stromquelle abhängig, sondern auch von den durch die Leistung (Stromstärke) bedingten Abmessungen der Öfen, die z. B. bei offenen Öfen zu 30000 A in der Zarge 400 mal 190 oder 280 mal 280 cm, bei Söderbergöfen samt dem Gehäuse 600 mal 370 cm betragen. Trotz der Notwendigkeit, Spannungsverluste möglichst zu beschränken, wird Wert darauf gelegt, die Öfen nicht knapp aneinanderstoßen zu lassen, sondern einen schmalen Zwischenraum als Durchgang offen zu halten. Damit würden sich aber bei 800 Volt Gesamtspannung sehr unzweckmäßige Längen der Ofenhallen ergeben, wenn die großen Öfen nur in zwei Reihen angeordnet würden. In diesem Falle wählt man eine Gliederung des Stromkreises in vier oder acht parallele Reihen bei beispielsweise 140 oder 160 Öfen. Zwischen benachbarten Reihen sind Arbeitsgänge nötig, die breit genug sein müssen, für den Verkehr beim Auswechseln von Öfen, die als Ganzes in die Werkstatt genommen werden, für die Zufuhr der Rohstoffe, für die Metallentnahme und nicht zuletzt für die Ofenbedienung.

Im Erftwerk waren alle Öfen auf Steinboden zu ebener Erde gestellt. Im Lautawerk standen in allen Ofenhallen die Öfen auf Eisengerüsten frei über einem mehr als 3 m hohen Kellerraum, so daß sie zu einem Drittel in die Arbeitsbühne versenkt waren. Die Wärme der Kathodenplatten konnte hier zum Teil in den Keller abstrahlen. Der Keller hat darüber hinaus den Vorzug, daß die Öfen von unten her beobachtet und die Temperaturen der Unterfläche bequem gemessen werden können. Auch lassen sich die verbrauchten Öfen zum Auswechseln in den Keller absenken. Beim Bau der ältesten Ofenhalle in Töging glaubte man, auf eine Unterkellerung verzichten zu dürfen, und stellte die Öfen in einen niedrigen betonierten, oben offenen Kanal auf eiserne Stützen und Porzellanteller. Söderbergöfen baut man im allgemeinen nicht über einem Keller, wohl aber über geschlossene etwa 125 cm tiefe

Gruben, in denen sie auf 50 cm hohen Mauerwänden ruhen, die zwischen sich Luft oder Sandfüllung als Wärmeschutz einschließen; den Erdboden überragen die Öfen noch 30—35 cm.

Die Antwort auf die Frage, ob man die Öfen zu ebener Erde oder über einen Keller, in einem Kanal oder einer Grube anordnen soll, hängt, abgesehen von den Kosten, wesentlich von der Beurteilung ab, die man dem Wärmestau unter den Öfen zumißt. So haben einigermaßen vergleichbare Temperaturmessungen an der Unterfläche gleichartiger gußeiserner Kathodenplatten ergeben, daß ein Keller die Platten um 50 bis 100° C stärker kühlt als nur eine Betonrinne. Von der Zeit ab, wo man von Plattenöfen zu Schienenöfen überging, die zwischen Eisenblechmulde und Ofenfutter eine wärmeschützende Steinschicht tragen, hat der Keller seine Bewährung als Kühlraum für die Öfen verloren. Seine übrigen Vorzüge — etwa für den Ofenwechsel — bleiben davon unberührt. Vor allem aber wirkt der Keller als Regler für die Luft der Ofenhalle: der Auftrieb der Warmluft und der Ofengase vom Keller her an den Ofenseiten vorbei hinauf über das Dach der Ofenhalle ist so beträchtlich, daß Unterschiede der Lufttemperatur eines unterkellerten und eines nicht unterkellerten Ofenbaues offener Öfen von 10° C bestehen, eine bemerkenswerte Erleichterung für die Ofenbedienung. Andere Bemühungen, den Leuten am Ofen Frischluft zuzuführen — abgesehen natürlich von einer guten Durchlüftung der Halle durch viele hohe Fenster und Dachaufbauten — sind entweder an der schwierigen Ausführung gescheitert, oder sie haben sich — z. B. das Einblasen von Luft durch Rohrleitungen — nicht bewährt.

e) Vergleich zwischen offenen und geschlossenen Öfen

Beide Ofenarten lassen sich nur unter allem Vorbehalt, sowohl technisch wie kostenmäßig vergleichen. Der Stromverbrauch hängt wie der Rohstoffverbrauch in hohem Maße von der Güte der Rohstoffe ab. So kann die physikalische Beschaffenheit der Tonerde und der Anoden die Ofenspannung bedeutend beeinflussen. Aber auch das Altern der Ofenböden steigert die Spannung und setzt häufig die Stromausbeute herab.

Nicht weniger fragwürdig ist der Vergleich der Kosten, da die Preise für den Strom und die Rohstoffe von vornherein verschieden sind, aber auch stark schwanken können, und obendrein die Frachten bei weit voneinander abliegenden Werken sich beträchtlich unterscheiden.

Es bietet heute keinen Reiz mehr, unter den offenen Öfen die kleinen Einheiten zu 15000 A mit den großen zu 30000 A kostenmäßig zu vergleichen; von den kleinen kann also abgesehen werden. Sie sind natürlich billiger herzustellen, dafür weniger haltbar und teurer zu betreiben, besonders wegen der höheren Stromkosten.

aa) Herstellungskosten

Im Jahre 1938 sind bei einer Anlage von 240 fertigen offenen quadratischen Öfen zu 30000 A mit Bodenblöcken und Grundbau für einen Ofen 9032 Mk. bezahlt worden.

Zur gleichen Zeit kostete ein Söderbergofen zu 30000 A mit Ofenfutter aus Bodenblöcken samt dem Sockel aber ohne Gasabsaugung 20640 Mk. bei einem

Ausbau von 160 Öfen. Die Einrichtung zum Absaugen der Gase kann hier unberücksichtigt bleiben. Sie läßt sich in verschiedener Weise ausführen und ist unter Umständen entbehrlich.

Legt man eine Dauer von 15 Jahren bis zur Überalterung der Anlagen zu Grunde, so ergibt der Unterschied der Kosten von 11 608 Mk. auf ein Jahr berechnet 774 Mk. Gutgehende Öfen zu 30000 A erzeugen im Jahre durchschnittlich je 74,5 Tonnen Rohaluminium. Die Anlagekosten für Söderbergöfen waren also damals 1,04 Pfg. je kg Aluminium höher als für offene Öfen.

Sowohl die Haltbarkeit der offenen Öfen wie die Herrichtungskosten sind geringer als bei Söderbergöfen. So kostete 1941 der Austausch eines verbrauchten offenen 30000-A-Ofens gegen einen neuen 1490 Mk. beim Söderbergofen 2880 Mk. Dafür hält der offene Ofen durchschnittlich 2—2½ Jahre, der Söderbergofen etwa 3—4 Jahre. Ein Ofen liefert

in 24 Monaten 149 t Aluminium
in 42 Monaten 261 t Aluminium

1941 betrug demnach der Ersatz eines offenen Ofens je 1 kg Al = 1,00 Pfg.
eines Söderbergofens für 1 kg Al = 1,10 Pfg.

Der Wechsel eines Söderbergofens war also 0,10 Pfg. teurer als beim offenen Ofen.

bb) Verbrauch an Strom und Rohstoffen

Der Gleichstromverbrauch kann nicht nur bei verschiedenen Ofenarten, sondern auch unter verschiedenen Betriebsbedingungen recht unterschiedlich sein, in kWh für 100 kg Al:

Tabelle 2

Jahr	bei kleinen offenen Öfen zu 15000 A	bei großen offenen Öfen zu 30000 A	bei Söderbergöfen zu 30000 A
1937	2087	—	—
1938	2015	—	—
1939	2081	1858	2041
1940	2151	1881	1837
1941	2186	1880	1905
1942	2269	1956	1882
1943	2256	1950	1801
1944	2222	1953	1768

Zunächst zeigt sich, daß die Öfen größerer Leistung weniger Energie verbrauchen [1]). Sie haben zwangsläufig geringere Abstrahlungsverluste. Alle vorstehend berücksichtigten Öfen hatten Schienenanschlüsse; stark abstrahlende Plattenöfen benötigten weit mehr Strom (bei 13000 bis 14000 A etwa 2300 bis 2500 kWh).

Die Verschlechterung im Stromverbrauch der offenen Öfen während der Kriegsjahre ist überwiegend der Zufuhr von physikalisch ungünstiger Tonerde und mangelhaften Anoden zuzuschreiben, zum Teil auch ungenügenden Arbeitskräften.

---

[1]) Das ist auch einer der Gründe, weshalb man heute auf 80—100000-A-Öfen geht, wobei zwar spezielle Probleme elektrochemischer und elektrotechnischer Art auftreten, auf die wir schon frühzeitig aufmerksam gemacht haben (vgl. DBP 817529 u. s. a. S. 14).

Wenn demgegenüber die Söderbergöfen sich dauernd gebessert haben, so liegt das an immer besserer Anodenmasse, die planmäßig überwacht und geeigneter zusammengesetzt worden ist, während sie anfänglich schlecht verkokte, so daß die Anoden manchmal brachen, oft aber schlecht abbrannten und einschnürten. Infolgedessen konnten die Öfen anfangs auch nicht mit 30000 A betrieben werden. Erst allmählich wurden sie von 26600 A bis auf 30000 A belastet. Zudem vertragen die Söderbergöfen eine viel stärkere Wärmedämmung im Boden als die offenen 30000-A-Öfen, und da der Anodenwechsel wegfällt, wird ihr Wärmegleichgewicht weit weniger gestört.

Der Verbrauch an Tonerde müßte theoretisch 189 kg für die Erzeugung von 100 kg Aluminium betragen. Wenn er in Wirklichkeit etwa 192 kg bis 193 kg beträgt, so liegt das daran, daß zum Teil die in der Badschmelze (dem Elektrolyten) gelöste Tonerde in das Kohlefutter des Ofens einsickert, zum Teil auch als Staub von seiner Oberfläche weggeblasen wird. Gewisse Tonerdesorten sind so feinstaubig, daß dadurch der Verbrauch bis auf etwa 195 kg ansteigen kann. Die Tonerderverluste sind bei allen Ofenarten die gleichen; zwischen diesen gibt es also keinen „typischen" Unterschied.

Der Verbrauch an Schmelzmitteln kann je nach dem Ofengang sehr verschieden sein und richtet sich auch danach, ob die verlangte Güte des Metalls die Verwendung der aus verbrauchten Ofenböden wiedergewonnenen Badschmelze erlaubt. Als Schmelzemittel wird Kryolith — seltener Chiolith — angewandt, der die Aufgabe hat, Tonerde bis etwa 15 % aufzulösen. Aus dem Schmelzbad verdampft in geringer Menge Aluminiumfluorid, das sich mit Luftfeuchtigkeit zu Fluorwasserstoff umsetzt. Unter bestimmten Verhältnissen zersetzt sich der Kryolith auch elektrolytisch, wobei an der Kathode metallisches Natrium, besonders bei zu hoher Stromdichte, manchmal in beträchtlichen Mengen abgeschieden und vom Kohlefutter aufgesogen wird. An der Anode beobachtet man besonders beim Anodeneffekt die Abscheidung von Fluorverbindungen, so auch CF_4, Kohlenstofftetrafluorid (vgl. S. 18). Diese Verluste werden durch Zusätze von Aluminiumfluorid oder Soda (zuweilen Natriumfluorid) ergänzt, um das Schmelzbad möglichst annähernd neutral zu halten.

Wie verschieden aus all diesen Umständen der Bedarf an diesen Schmelzmitteln sein kann, zeigt ein Überblick einer Jahresfolge bei 14000-A-Öfen, in kg für 100 kg Aluminium berechnet:

Tabelle 3

	Kryolith	Al-Fluorid	Soda		Kryolith	Al-Fluorid	Soda
1932	2,87	0,38	0,53	1939	2,75	1,28	0,33
1933	0,94	1,88	0,32	1940	2,61	1,24	0,47
1934	2,53	1,14	0,22	1941	4,39	0,48	0,91
1935	2,31	0,58	0,70	1942	3,95	2,01	0,59
1936	2,95	0,71	0,74	1943	2,31	0,51	0,19
1937	3,77	1,11	0,86	1944	3,43	0,70	0,31
im Durchschnitt:	3,24	1,037	0,467		2,56	0,967	0,562

Will man den Gesamtverbrauch an Schmelzmitteln, ausgedrückt als Kryolith, feststellen, so pflegt man ihrem Werte nach vom Aluminiumfluorid das 1,2fache und von Soda den fünften Teil zu rechnen. Man erhält dann

in dem einen Falle	im anderen Falle
4,60	3,83

Der Verbrauch an Anoden ist kostenmäßig von weit stärkerem Einfluß als der an Schmelzmitteln. Für die Erzeugung von 100 kg Aluminium wurden verbraucht (in kg):

Tabelle 4

	gebrannte Anoden in offenen 30000-A-Öfen	Söderbergmasse in 30000-A-Öfen
1939	52,07	—
1940	51,9	58,6
1941	52,5	58,0
1942	54,3	55,8
1943	54,0	57,1
1944	53,2	54,4

Es wäre unbillig, dem Vergleich nur die Ergebnisse der schlechteren Anoden der Kriegsjahre zugrunde zu legen. In den Jahren 1932 bis 1937 lag der Verbrauch zwischen 51,4 und 52,3 kg. Mit besonders guten Elektroden lassen sich aber auch Verbrauchsmengen zwischen 47 und 51 kg erzielen.

Die Verbesserung der Söderbergmasse bis 1944 drückt sich im Verbrauch deutlich aus. Sie ist inzwischen noch besser geworden.

Von der selbst hergestellten Söderbergmasse kostete seinerzeit die Tonne 157 Mk. oder bei einem Verbrauch von 0,544 für 1 kg Al 8,54 Pfg.

Vorgebrannte Anoden hatten zur selben Zeit einen Einkaufswert von 248 Mk. für 1 Tonne. Das sind 12,90 Pfg. für 1 kg Aluminium, wenn ein Verbrauch von 0,52 kg angenommen wird.

Somit sind die Anoden bei Söderbergöfen 4,36 Pfg. billiger als bei offenen Öfen.

Auch die Kosten für die Elektrodenvorbereitung sind bei Söderbergöfen geringer, nämlich 0,80 Pfg., während bei offenen Öfen 1,10 Pfg. bezahlt werden, also 0,30 Pfg. zugunsten der Söderbergöfen

cc) Personalbedarf

Für die Bedienung von achtzehn 15000-A-Öfen wurden in der Regel 3 Mann benötigt. Bei offenen 30000-A-Öfen rechnete man 3 Mann für zwölf Öfen. Die gleiche Zahl Ofenleute arbeitete an fünfzehn oder mehr Söderbergöfen. Rechnet man aber die Aufsichtsführung und etliche Hilfsarbeiter hinzu, so mag wohl der Bedarf an Arbeitskräften bei Söderbergöfen etwas geringer sein als bei offenen Öfen, spielt aber für den Kostenvergleich keine wesentliche Rolle, zumal in modernen Hütten bei allen Ofentypen heute weitgehend mechanisierte Bedienungswerkzeuge eingesetzt werden.

dd) Abschließender Vergleich

Zusammengefaßt ergeben sich hiernach für Söderbergöfen

	Mehrkosten Pfg.	Minderkosten Pfg.
für die Anlage	1,04	—
für Ofenwechsel	0,10	—
für Anoden	—	4,66
für die Lizenz	0,40	—
für Strom	—	1,65
	1,54	6,31

Söderbergöfen waren also damals um 4,77 Pfg. billiger zu betreiben als offene Öfen. Allerdings ist hier die Gasabsaugung nicht berücksichtigt, die das Ersparte noch fühlbar verringert!

Es ist ohne weiteres verständlich, daß bei den heute erhöhten Kosten aller Betriebsmittel das Verhältnis sich nicht zugunsten der Söderbergöfen wesentlich verschoben hat. Wohl aber kann erwartet werden, daß beide Ofentypen weitere Verbesserungen erfahren.

---

3. Technische Einrichtungen einer Hüttenanlage und eines Ofenbetriebes

a) Einschalten einzelner Öfen oder ganzer Systeme

Die Wahl des Einschaltvorganges bei Inbetriebnahme von Einzelzellen oder ganzen Systemen hängt wesentlich davon ab, ob es sich um Öfen mit Böden, bestehend aus vorgebrannten Blöcken oder aus unverkokter Masse in geschüttetem oder gestampftem Zustand handelt, ferner davon, ob die Öfen mit vorgebrannten Anoden oder mit Söderbergelektroden ausgestattet sind.

Man unterscheidet demnach bei Inbetriebnahme einzelner Öfen oder ganzer Systeme nach folgenden Gesichtspunkten:

aa) Öfen mit Ofenwannen verschiedenen Aufbaues,
bb) Öfen mit gebrannten Anoden,
cc) Öfen mit Söderbergelektroden.

Obige Unterscheidungen müssen in gleicher Weise sowohl bei der Einschaltung ganzer Systeme als auch von Einzelzellen gemacht werden.

aa) Öfen mit Ofenwannen verschiedenen Aufbaues

Die Einschaltung von ganzen Systemen unterscheidet sich von der einzelner Öfen dadurch, daß im ersteren Falle gleichzeitig eine größere Anzahl von Öfen ohne Zuhilfenahme eines zusätzlichen Widerstandes vom stromlosen Zustand durch Steigerung der Maschinenbelastung oder entsprechende Regulierung der Gleichrichter auf die gewünschte Betriebsstromstärke gebracht wird. Die Zeiteinheit, in der ganze Ofengruppen zugeschaltet und auf Vollast gefahren werden können, richtet sich wiederum danach, welcher Ofentyp sowohl in bezug auf die Kathoden als auch auf die Anoden eingeschaltet werden soll.

Die Einschaltung von Einzelzellen, die im Rahmen des normalen Ofenwechsels zwischen defekten und neu ausgekleideten Wannen vorgenommen wird, geschieht fast allgemein unter Verwendung von Parallelwiderständen. Diese Widerstände gestatten es, mit Hilfe von Trennschaltern stufenweise den einzuschaltenden Ofen mit der gewünschten Stromstärke zu belasten (Abb. 46).

Wie oben erwähnt, ist die Frage, welcher Ofenbodentyp für die Elektrolysezelle gewählt wird, ausschlaggebend für die Ausführung des Einschaltvorganges. Es können hierbei unterschieden werden:

1. Öfen mit gestampften Ofenböden bestehend aus einer verhältnismäßig trockenen Mischung von Koks und Pech,
2. Öfen mit geschütteten Ofenböden aus einer bindemittelreichen Koks-Pechmischung,
3. Öfen mit vorgebrannten Bodenkohlen.

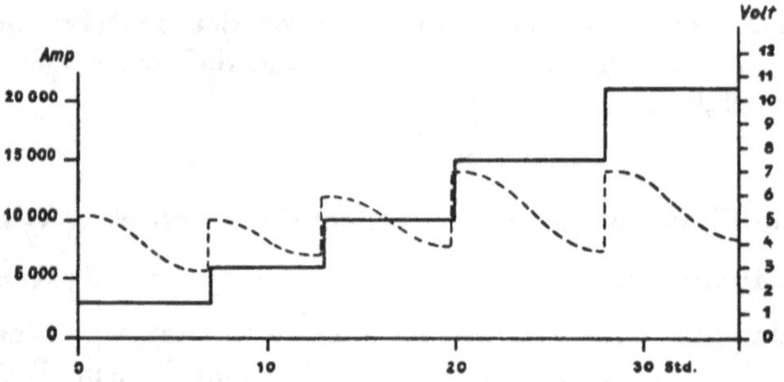

Abb. 46. Stromstärke und Spannungsverlauf je Zelle beim Einschalten.

Die Ränder der beschriebenen Öfen bestehen meist aus einer trockenen bindemittelarmen Stampfmasse. In vereinzelten Fällen sind die Ränder aus vorgebrannten Randkohlen aufgebaut.

Bei der Einschaltung jeder der oben genannten Ofenbodenarten wird man die Strombelastung nicht übermäßig forcieren, um ein Reißen des Ofenbodens bei zu starker oder ungleichmäßiger Stromaufnahme zu verhindern. Für sogenannte „grüne" Ofenböden (siehe S. 63) trifft dies um so mehr zu, als man beim Brennen mit dem Entweichen von Verkokungsgasen rechnen muß, die bei zu stürmischer Entwicklung eine Rißbildung im Ofenboden verursachen und zusätzlich eine erhebliche Belästigung der Belegschaft bewirken können.

Früher wurden die grünen Ofenböden in besonderen Brennöfen durch Außenbeheizung verkokt. Diese Arbeitsweise des getrennten Brennvorganges hatte den Vorteil, daß die Verkokung in Brennöfen ein Auffangen der Rauchgase gestattete und eine ziemlich gleichmäßige Verkokung der Böden erreicht wurde. Der Hauptnachteil dieser Arbeitsweise lag darin begründet, daß bei dem Verkokungsvorgang eine starke Verzunderung und ein Verwerfen der Ofenmulden und -zargen auftrat, sowie daß bei zunehmender Vergrößerung der Ofeneinheiten Bau und Betrieb von derartigen Brennkammern erhebliche technische Schwierigkeiten mit sich brachten und hohe Anlagekosten erforderten.

Heute brennt man die grünen Ofenböden im allgemeinen dadurch, daß man die Anodenkohlen fest auf die Ofenböden aufsetzt und die Böden bis zu einer möglichst vollkommenen Verkokung dem Stromdurchgang überläßt.

Die Böden werden vor Durchführung des Brennvorganges mit einer 1—2 cm hohen Schicht von Koks- oder Anthrazitpulver bedeckt und hierauf die Anoden gestellt. Die Koksschicht soll in erster Linie Unebenheiten zwischen Böden und Anodenunterflächen ausgleichen, sowie ferner ein Festkleben der Anoden an den zu brennenden Ofenböden durch austretendes Bindemittel nach Möglichkeit verhindern. Häufig werden in die Ofenböden sogenannte „Einschaltkohlestifte" (etwa 20—30 mm ∅) eingebaut, welche die Unterseite der Anoden mit den in die Böden eingelegten Stromschienen verbinden sollen, um somit eine bessere und gleichmäßigere Stromaufnahme bei dem Einschaltvorgang zu bewirken. Die von den Anodenkohlen nicht bedeckten Zwischenräume der Ofenböden werden knapp bis zum Rand mit Magerkohle eingedeckt, um ein Verbrennen des Ofenbodens und der Anoden zu vermeiden bzw. weitgehendst zu unterdrücken.

Gut verkokte Ofenböden müssen beim Anstoßen mit einer Eisenstange einen metallisch klingenden Ton abgeben.

Für das Brennen von grünen Ofenböden rechnet man z. B. bei 30000 Ampère-Öfen etwa 2—3 Tage.

Die Einschaltung von Öfen mit vorgebrannten Bodenblöcken (s. S. 63) gestaltet sich wesentlich einfacher, da die Ofenböden bis auf die Fugen und Ränder bereits aus verkoktem Material bestehen und ohne vorgeschalteten Brennvorgang direkt in Betrieb genommen werden können. (Siehe Schaubild und Beispiel für die Einschaltung von 100 Söderbergöfen mit vorgebrannten Böden, Abb. 47.)

bb) und cc) Einschaltung von Öfen mit gebrannten Anoden und mit Söderberganoden

Sowohl bei der Einschaltung von Öfen mit gebrannten Anoden als auch bei solchen mit Söderbergelektroden muß man sorgfältig darauf achten, daß der Stromdurchgang möglichst gleichmäßig erfolgt. Bei vorgebrannten Anoden ist dies im allgemeinen leichter zu erreichen als bei Söderbergelektroden. In beiden Fällen kann man die Stromverteilung beeinflussen, indem man diejenigen vorgebrannten Kohlen, die zuviel Strom aufnehmen, vorübergehend durch Abklemmen zugunsten der übrigen Kohlen entlastet. Derselbe Vorgang läßt sich zwecks gleichmäßiger Verkokung an Söderbergelektroden durch Umklemmen und Ausgleichen der stromführenden und wenig Strom aufnehmenden oder stromlosen Kontaktnippel vornehmen.

Bei Söderbergöfen mit 30 kA Belastung wird unter Berücksichtigung der oben skizzierten Arbeitsweise nach 4—6 Tagen eine genügende Verkokung der Söderbergmasse durchgeführt sein, die ein Anheben der Anoden nach Erzeugung des Schmelzestandes ohne Gefahr des Abreißens der Kohlen gestattet.

Nachfolgend sei als Beispiel für eine vollständige Einschaltung in großen Zügen diejenige eines 30000-Ampère-Söderbergofensystems für 100 Söderbergöfen mit seitlichen Nippelspießen und Blockböden wiedergegeben:

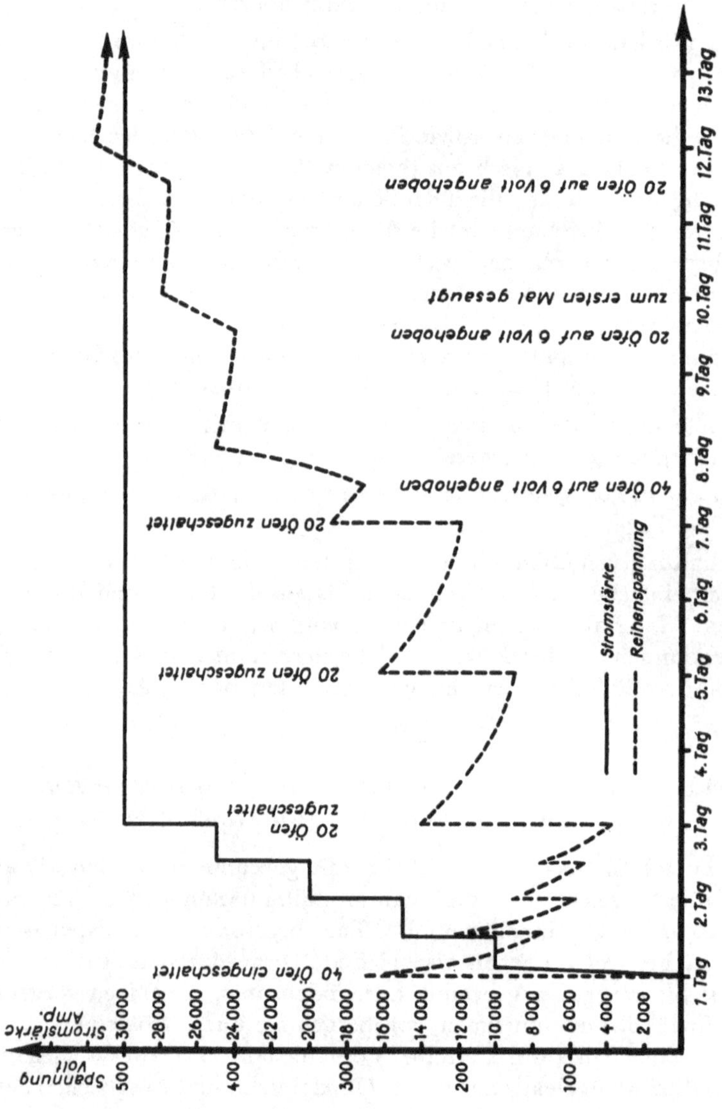

Abb. 47. Einschaltung von 100 Söderbergöfen für 30000 Ampère.

Vor dem Beschicken der Öfen mit Söderbergmasse ruht ein am Boden geschlossener Aluminiumkasten (2 mm starkes Blech) auf einer Ausgleichsschicht von Kokspulver. Um den Aluminiumblechkasten herum wird man zur Einschaltung unabhängig von der Anodenkonstruktion einen Rahmenverband legen, der ein Austreten der zu verkokenden Masse verhindern soll.

Nach diesen Vorbereitungen werden die Aluminiumkästen mit flüssiger Söderbergmasse gefüllt, bis ein Massestand von etwa 120—130 cm erreicht ist. Anschließend werden die Anoden von außen knapp bis zum Ofenrand mit Magerkohle eingedeckt.

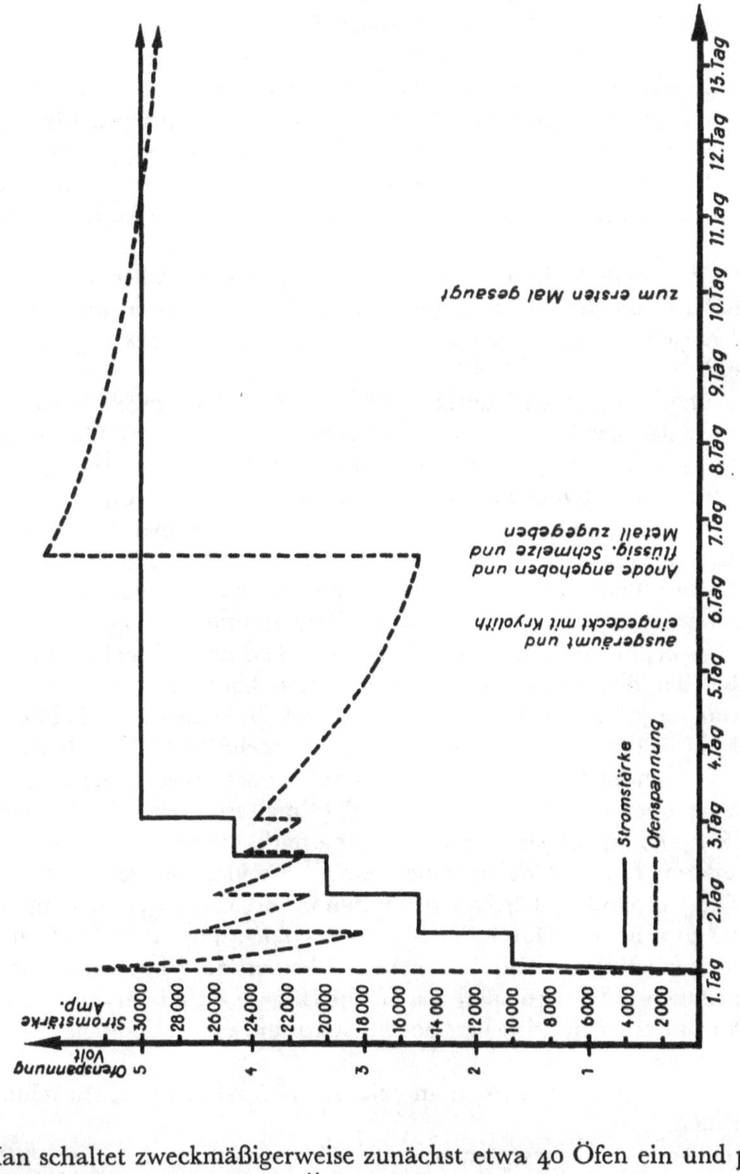

Abb. 48. Einschaltung eines 30000 Ampère-Söderbergofens mit Blockkohlenboden und grüner Anode.

Man schaltet zweckmäßigerweise zunächst etwa 40 Öfen ein und prüft anfangs bei 1000 Ampère, ob sämtliche Öfen Strom aufnehmen und keinerlei Kurzschlüsse auftreten.

Häufig hat man den weiteren Einschaltvorgang so geführt, daß bereits einige Stunden nach vollzogener Einschaltung die volle Betriebsstromstärke erreicht war.

Bei dieser forcierten Art der Inbetriebnahme scheint jedoch die Haltbarkeit der Ofenböden ungünstig beeinflußt zu werden. Aus diesem Grunde ist auch in dem angeführten Beispiel die Einschaltperiode bis zur Erreichung der gewünschten Stromstärke bis zu 48 Stunden ausgedehnt worden.

Die anfänglich auftretende Spannung von etwa 5,0 Volt/Ofen und höher sinkt nach kurzer Zeit auf 2—2,5 Volt ab. Die Stromaufnahme der einzelnen Nippel muß laufend kontrolliert werden, um, wie bereits vorher erwähnt, durch Umklemmen eine gute Stromverteilung zu erreichen. Wird es unterlassen, einen Nippel, der zuviel Strom aufnimmt, rechtzeitig abzuklemmen, so kann in wenigen Minuten ein Abschmoren des Nippels eintreten. Bei dem Abklemmen der Nippel muß darauf geachtet werden, daß eine bestimmte Zahl stromführender Nippel nicht unterschritten wird, um die Strombelastung pro Flächeneinheit nicht zu stark absinken zu lassen.

Der Grad der Stromaufnahme des einzelnen Nippels kann mit einem einfachen eisernen Zeiger, der an die Anodenstangen oder Nippel gehalten und durch das magnetische Feld je nach Stromaufnahme mehr oder weniger stark abgelenkt wird, festgestellt werden.

Der Verkokungsvorgang wird durch Einführen von Meßstangen in die teigige Masse und Feststellen des Verlaufes der Verkokungszonen ständig überwacht. Ist die Verkokung — gemessen von der Unterkante der Anoden — etwa 50—60 cm hoch fortgeschritten (im allgemeinen 4—6 Tage nach Einschaltung), so können die Ofenböden nach Abnehmen der Einschaltrahmen und Ausräumen der Magerkohle durch sorgfältiges Reinigen für den Einschaltvorgang vorbereitet werden.

Um die auf dem Boden gut aufsitzende Anode herum wird das Schmelzmittel in Form von festem Kryolith oder aus alten Öfen stammender grauer Schmelze aufgegeben. Man beläßt die Öfen nach dem Eindecken mit Schmelze etwa 12 bis 24 Stunden bei der Spannung von 2—2,5 Volt und kontrolliert während dieser Periode weiterhin sorgfältig die Stromaufnahme. Bildet die Schmelze allmählich einen Fluß, so wird bei weiterer Zugabe von Kryolith nunmehr auch Tonerde zugesetzt.

Nach der oben angegebenen Zeit von 12—24 Stunden werden die Anoden im allgemeinen angehoben (im Schaubild 7.—8. Tag) und auf etwa 6 Volt eingestellt. Zeigen die Öfen eine gut flüssige Schmelze, erhalten dieselben, nachdem man sie vorher zur besseren Erwärmung nochmals einige Stunden in der Spannung gesteigert hat, falls vorhanden, flüssiges Aluminium, und man beginnt langsam die Tonerdezugabe zu erhöhen. Durch die Menge des Tonerdezusatzes kann man die Funkhäufigkeit beeinflussen. Während man in den ersten Tagen die Öfen alle 1—2 Stunden funken läßt, wird man später auf längere Funkintervalle von 4 bis 6 Stunden oder auf ein Unterdrücken des Funkens und ein periodisches Bedienen der Öfen übergehen.

Nach etwa 10—12 Tagen kann man mit der normalen Metallentnahme aus den Öfen rechnen.

Während in dem Vorhergesagten nur die Inbetriebnahme der ersten 40 Öfen verfolgt wurde, sei hier erwähnt, daß die weitere Zuschaltung von Zellen weitgehendst von der zur Verfügung stehenden freien Systemspannung und der Stromquelle abhängig ist. Häufig ist es erforderlich, um den Wirkungsgrad des Gleichrichters zu verbessern und Rückzündungen zu vermeiden, möglichst kurz hintereinander neue Öfen folgen zu lassen. Aus dem angegebenen Schaubild, das als Beispiel den Verlauf der Stromstärke und Spannung bei Einschaltung von 100 Södergöfen wiedergibt, ist ersichtlich, daß in Zeitabständen von etwa 48 Stunden je weitere 20 Öfen eingeschaltet werden (Abb. 47).

Die Einschaltung von Einzelzellen, die, wie bereits erwähnt, mit Parallelwiderständen durchgeführt wird, unterscheidet sich nicht wesentlich von der ganzer Systeme. In der Abb. 48 ist der Einschaltverlauf eines 30000-Ampère-Söderbergofens mit Blockboden und grüner Anode dargestellt.

b) Wiedereinschalten von alten Öfen

Aluminiumhütten, die keine jahresdurchgängige, gleichmäßige Energiezufuhr besitzen, sehen sich häufig veranlaßt, Ofeneinheiten vorübergehend stillzulegen. Andererseits können Betriebsstörungen eine Unterbrechung des Elektrolysevorganges und vorübergehende Stillegung von Öfen hervorrufen.

In beiden Fällen handelt es sich darum, diese vorübergehend erkalteten Ofenzellen wieder in Betrieb zu nehmen, ohne das Ofenfutter zu erneuern.

Man muß zunächst bei Stillegung solcher betroffener Ofeneinheiten darauf achten, daß die Anoden aus der noch flüssigen Schmelze herausgezogen werden und die Schmelze den in den Zellen teilweise verbleibenden Metallspiegel gut bedeckt. Auf diese Weise wird ein Verwittern der Ofenböden bis zur Wiedereinschaltung zurückgedrängt.

Für die Inbetriebnahme der vorübergehend ausgeschalteten Öfen wird zunächst der Metallspiegel durch Herausmeißeln der Schmelze freigelegt, und alsdann werden die Anoden auf die Metallplatten aufgesetzt. Unebenheiten der Metallplatten werden mittels Koksstaub oder durch Aluminiumspäne ausgeglichen. Um die Anoden herum wird wie bei einer Neueinschaltung Kryolith oder gebrochene alte Ofenschmelze geschüttet. Man schaltet anschließend bei Einzelzellen mit Parallelwiderstand, bei größeren Einheiten mit direkter Systembelastung ein. Nach gründlicher Durchwärmung der Ofenböden gibt man, wenn in der Nähe bereits im Betrieb befindliche Öfen sind, aus diesen einige Tiegel flüssige Schmelze in die wieder einzuschaltenden Öfen, wobei gleichzeitig mit dem Eingießen das Anheben der Anoden vorzunehmen ist. Muß die flüssige Schmelze aus festem Kryolith und gebrochener Ofenschmelze restlos erzeugt werden, so ist in der gleichen Weise zu verfahren wie bei der Einschaltung neuer Ofenzellen. Ebenso gleicht die Arbeitsweise an den wieder eingeschalteten Öfen nach Erreichen des normalen Schmelzestandes völlig der Einschaltmethode von neuen Öfen.

c) Der laufende Betrieb

Jede gute Betriebsführung hat zwei Aufgaben zu erfüllen: die menschliche Arbeitskraft möglichst zu schonen und möglichst billig zu arbeiten.

Bei der Aluminiumerzeugung sind besondere Arbeitsgruppen geschaffen worden, die den Rohstoff an die Öfen heranschaffen (Tonerde, Kryolith, Anoden usw.), die das fertige Rohmetall zur Gießerei oder zum Metallager befördern, und vor allem die Gruppe der Ofenarbeiter, die die Öfen bedienen. Zum Bedienen der Öfen gehört auch die Metallentnahme, doch ist sie meist einer besonderen Mannschaft zugeteilt. Für gewisse Verrichtungen werden noch Hilfsarbeiter eingesetzt.

Die richtige Bedienung der Öfen will erlernt werden. Eine eigentliche „Lehre" oder Lehrzeit, wie für Handwerker, gibt es dabei noch nicht. Die Arbeit im Betrieb selbst führt den Mann dazu, je nach Geschick und Achtsamkeit sich die beste Handhabung nach Wochen oder Monaten anzueignen. Als in Deutschland die Aluminiumindustrie begann — um 1917 — konnte einem Ofenarbeiter das „Bedienen" von nur drei Öfen zugemutet werden. Übung, Gewöhnung und Kräftigung der Leute haben es nach Jahren — um 1926 — erlaubt, einer Gruppe von erst vier und dann drei Mann achtzehn Öfen zu 12000—15000 A anzuvertrauen. Seit der Einführung von offenen 30000-A-Öfen bedienen drei Mann zwölf Öfen. Jetzt werden zwanzig Söderbergöfen zu 30000 A von vier Mann bearbeitet. Die Ofenarbeit wird aber nicht ununterbrochen geleistet. Nach genauen Beobachtungen kann angenommen werden, daß in einer Schicht von acht Stunden etwa 50—60% der Arbeitszeit an den Öfen zu tun ist; während der übrigen Zeit hat der Ofenarbeiter nur Aufsicht auszuüben und stets dienstbereit zu sein. Bei Einsatz von modernen Abstoßmaschinen verringert sich der Bedarf an Arbeitskräften.

Die Arbeit besteht im wesentlichen in der Zugabe von Tonerde und anderen Rohstoffen zum Schmelzbad, wobei vorher die Kruste durchstoßen und dieselbe gut durchgearbeitet wird, bei offenen Öfen im Auswechseln verbrauchter Anoden gegen neue, und eventuell auch in der Entnahme des Metalls aus dem Ofen. Darüber hinaus wird der Ofenmann beim Ein- und Ausschalten von Öfen und bei Ofenstörungen herangezogen.

Gutes Durchlüften der Ofenhalle macht das Arbeiten erträglich. Zum Schutz gegen die lästigen Einwirkungen erhalten die Leute kleine Masken aus Schwammgummi, die vor Mund und Nase gebunden werden. Viele bevorzugen statt dessen feuchte Tücher. Wichtig ist der Schutz der Augen, da es vorkommen kann, daß Badschmelze oder flüssiges Metall hochspritzen. Alles, was an Schutzbrillen angeboten wird, ist durchgeprobt worden. Brillen mit flachen oder gewölbten Gläsern beschlagen oft durch Atem und den Schweiß um die Augen, so daß die Sicht verwaschen wird; seitlich geschlossene Augengläser in der Art der Motorfahrerbrillen sind dabei besonders unangenehm zu tragen, da das Auge nicht belüftet wird. Brillen mit Drahtnetz an Stelle der Gläser lassen das Bild manchmal verschwimmen und bieten keine Gewähr gegen Verletzungen durch Metallspritzer. Es ist bisher noch nicht gelungen, einen sicheren Augenschutz aufzufinden, der das Tragen angenehm macht. Als bester Schutz wird heute eine einfache normale Lesebrille mit großen Gläsern aus Sicherheitsglas angesehen. Sie wird gern getragen. — Gegen die Hitzeeinwirkung auf Kleidung und Haut werden den Ofenarbeitern Schürzen und Gamaschen — meist aus Jutegewebe (Kapzüchen) — gegeben, die, um Entflammen zu verhindern, mit einer Lösung von Ammoniumsulfat getränkt werden. Für die Hände erhalten sie Fäustlinge aus Jute, zuweilen aus Leder. An den Füßen tragen sie Holzpantoffeln mit Lederkappen. Asbestbekleidung hat sich nicht einführen lassen, da sie zu steif und zu schwer ist. — Für Waschgelegenheit und Bäder ist natürlich ausgiebig gesorgt.

Zu den tariflichen Entlohnungen werden Schmutz- und Kleidergeld, abgestufte Hitzezulagen und Prämien gewährt.

Um die Öfen wirtschaftlich zu betreiben, muß mit Strom und Rohstoffen möglichst gespart werden. Nur zum Teil liegt das in den Händen der Ofenleute und der Aufsichtführenden. Einen überwiegenden Anteil macht die Beschaffenheit der Rohstoffe aus.

Der Zusammenhang zwischen Strombelastung, Spannung und Ofentemperatur ist kaum anderswo so verwickelt wie bei der Schmelzflußelektrolyse. Schon geringe Änderungen der Stromzufuhr können das Wärmegleichgewicht und damit den Ofengang entscheidend beeinflussen. Nur die Aufrechterhaltung eines durch Erfahrung erkannten geeigneten Wärmegleichgewichts kann ein gutes Arbeiten der Öfen verbürgen — beste Rohstoffe vorausgesetzt. Zwar kann der Energieverbrauch tunlichst eingeschränkt werden, aber es ist nicht so, daß man die Wärmeabstrahlung durch gewisse Maßnahmen unterbinden dürfte; sie ist nicht etwa nur unvermeidlich, sondern unter gegebenen Verhältnissen notwendig. Es ist Sache des Ofenbaues und der Ofenbedienung, daß sie geordnete Grenzen nicht überschreitet.

Gewöhnlich wird das wirtschaftliche Betriebsergebnis für eine bestimmte Zeit (Monat, Jahr) durch den Verbrauch an Strom in kWh, an Rohstoffen in kg, an Löhnen in Geldwert für die Erzeugung von 1 kg oder 100 kg oder 1000 kg Aluminium gekennzeichnet. Man kann, wie es zuweilen geschieht, auch umgekehrt fragen, wieviel kg Aluminium aus 1000 kWh, 1000 kg Tonerde usw. gewonnen wurden. Die technische Überwachung begnügt sich mit diesen Angaben nicht. Sie verlangt Auskunft über Stromstärke, Spannung, Stromausbeute, Güte des Metalls u. dgl. Unter der „Stromausbeute" versteht man den Bruchteil der wirklich erzielten Erzeugungsmenge gegenüber den theoretisch erzielbaren. Dieser theoretische Wert ist abhängig von den verbrauchten Ampèrestunden und dem elektrochemischen Äquivalent. Das Äquivalent ist 0,3355 (für das Atomgewicht des Aluminiums = 27). Die Stromausbeute errechnet sich also aus $\frac{\text{Erzeugung}}{\text{Ampèrestunden mal } 0{,}3355}$. Für die Ampèrestunden setzt man die am Zähler abgelesenen Kilowattstunden dividiert durch die Spannung des einzelnen Ofens (oder die Durchschnittsspannung mehrerer oder aller Öfen) ein und erhält nach Umformen die Stromausbeute $= \frac{\text{Spannung}}{\text{kWh (für 100 kg) mal } 0{,}3355}$. Die Stromausbeuten können in weiten Grenzen schwanken. Vereinzelt hat man als Monatsdurchschnitt 0,92 oder 92% erzielt. Als Regel gelten Stromausbeuten um 85%. Bei schlechtem Ofengang kommt man herunter bis auf 70% und weniger. Klemmenspannungen an gutgehenden Öfen (Söderbergöfen zu 30000 A) von 4,8 Volt und darunter sind keine Seltenheit. Kommen Leitungsverluste und Anodeneffekte (das „Funken" oder „Steigen", wovon noch zu sprechen sein wird) hinzu, so erreicht man bei diesen Öfen leicht 5,00—5,20 Volt in Jahresdurchschnitten. Die Spannung der offenen Öfen großer Leistung lag viele Jahre lang bei 5,1—5,6 Volt, während kleine Öfen zu 12000 bis 15000 A im Durchschnitt längerer Zeiträume kaum unter 5,5—6,5 Volt zu halten sind.

Hier ist immer von Durchschnitten die Rede. Es liegt im Wesen jedes mit Kohlefutter ausgekleideten Elektrolyseofens, daß er „altert". Als junger Ofen kann er wohl Spannungen von 4,2—4,5 Volt aufweisen; alsbald steigt die Spannung auch bei gleichmäßigem Ofengang an, nach Wochen zeigt sie vielleicht 5,0 Volt, nach Monaten und Jahren 6—7 Volt. Öfen, die längere Zeit mit über 7 Volt arbeiten, weiter in Betrieb zu halten, lohnt nicht; selbst wenn sie noch unversehrt zu sein scheinen, werden sie gegen neue ausgetauscht. Es gibt Ausnahmen. Gelegentlich sind Öfen zu 14000—15000 A ununterbrochen in Betrieb gewesen, deren Spannung nach drei bis vier Jahren allmählich von 6,9 Volt zurückging und zuletzt nach über fünf Jahren unter 6 Volt gesunken war. Bei ihnen hatte sich das Kohlefutter wie ein Schwamm völlig mit metallischem Natrium vollgesaugt.

Das Natrium stammt aus dem Kryolith. Es scheidet sich kathodisch ab, wenn die Stromdichte zu hoch und der Boden des Ofens verhältnismäßig kühl ist. Es kann leicht durch die Aluminumschicht diffundieren und dank seiner geringen Oberflächenspannung vom porigen Kohlefutter aufgesogen werden. Es dringt in immer tiefere Schichten des Bodens ein, ja es ist sogar imstande, die mehrere Zentimeter dicke gußeiserne Kathodenplatte zu durchsetzen und auf ihrer Unterseite ins Freie auszutreten. Dort oxydiert es sofort oberflächlich zu Natriumperoxyd (Na_2O_2) und hängt, von diesem überzogen, oft in dicken Trauben unter dem Boden. So kann es kiloweise gesammelt werden und ist in sehr reinem Zustand verkäuflich. Bei Schienenöfen mit gutem Wärmeschutz tritt metallisches Natrium nicht auf. Der für die Abscheidung des Natriums verbrauchte Strom geht der Erzeugung von Aluminium verloren. Das ist eine der Ursachen verminderter Stromausbeute (vgl. auch S. 17/19).

Die Stromausbeute muß auch dann geringer werden, wenn sich das bereits abgeschiedene Aluminium im Schmelzbad unter irgendwelchen Umständen wieder zu Tonerde oxydiert (Reoxydation). Als Richard Lorenz[1]) bei der Elektrolyse geschmolzener Salze (Halogenide) des Cadmiums, Bleis usw. in durchsichtigen Gefäßen festgestellt hatte, daß sich über der Kathodenschicht des Metalls dunkle Wolken im klaren Elektrolyten bildeten, die er „Metallnebel" nannte, weil er annahm, daß es sich um kolloid verteiltes Metall handele, griffen einige Aluminiumfachleute diesen Gedanken auf und zogen den Schluß, daß im Aluminiumschmelzbad sich ähnliche Wolkenschichten kolloiden Aluminiums über dem flüssigen Aluminium lagerten, die leicht aufgewirbelt an die Anoden dringen können und sich dort reoxydieren. Ganz abgesehen davon, daß Eitel[2]) später die Annahme kolloiden Metalls im Elektrolyten widerrufen hat, als er nachwies, daß die Wolken von Lorenz Subhalogenide sind, ist es fraglich, ob die Erscheinung auch für Aluminium zutrifft. Aluminiumnebel hat noch niemand gesehen. Es bedarf auch der Metallnebelhypothese gar nicht, um verminderte Stromausbeute zu deuten. Bei dem ständigen Brodeln des Schmelzbades durch die an den Anoden abgeschiedenen Gase, ist es nur natürlich, daß von der Oberfläche des flüssigen Metalls feinste Tröpfchen abgerissen werden, die im Bad umherwirbeln und an die Anoden oder die Badoberfläche gelangen, wo sie oxydieren. Häufig kann man bei dem Bloßlegen der flüssigen Schmelze solche oxydierenden Tröpfchen aufblitzen sehen (vgl. hierzu „Die Grundlagen zur Al-Elektrolyse" S. 16).

Diese Reoxydation wird um so weniger vor sich gehen, je weiter die Anoden vom flüssigen Aluminium entfernt sind. Mit anderen Worten: je größer die Ent-

[1]) R. Lorenz und W. Eitel: Pyrosole, Leipzig 1926.
[2]) W. Eitel und Br. Lange: Z. f. anorg. Ch. 171, 168 (1928).

fernung von Anode und Kathode, um so mehr kann die Stromausbeute ansteigen, und umgekehrt. Mit der Entfernung wächst aber auch der Widerstand des Elektrolyten und damit die Spannung. Diese Überlegung deckt sich mit der Erfahrung: unter sonst gleichbleibenden Bedingungen ist die Stromausbeute um so höher, je höher die Spannung. Das trifft nicht immer zu, da auf die Spannung noch manch andere Einflüsse einwirken, die Bedingungen also eben nicht immer gleich bleiben. Im großen ganzen indessen laufen die Schaulinien von Spannung und Stromausbeute gleichsinnig — selbst in Jahresdurchschnitten (Abb. 49).

Hier aber ist dieser Gleichlauf auch dann vorhanden, wenn die Entfernung zwischen Kathode und Anode unverändert bestehen bleibt. Eine eindeutige Erklärung dafür gibt es noch nicht.

Wie man sieht, ist es keineswegs immer möglich, dem Bestreben zu genügen, die Spannung niedrig, die Stromausbeute aber hoch zu halten. Wichtiger ist, daß

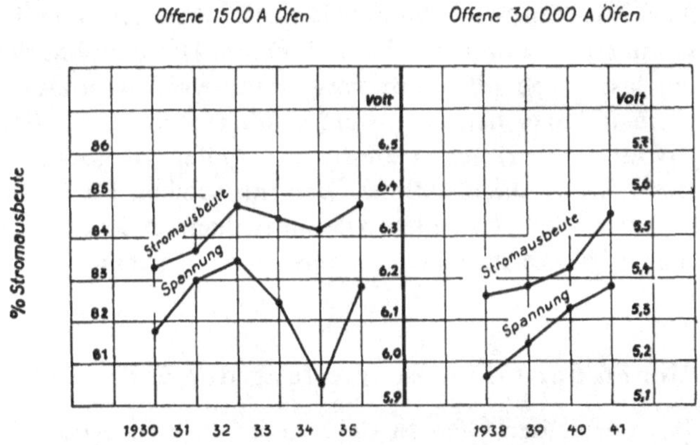

Abb. 49. Verlauf von Spannung und Stromausbeute.

möglichst wenig Strom verbraucht wird. Die Spannung schwankt vergleichsweise in weiteren Grenzen als die Stromausbeute, hat also stärkeren Einfluß auf den Stromaufwand. Wägt man jedoch beide gegeneinander ab, so kann man unter Umständen der Stromausbeute den Vorzug geben, da eine erhöhte Erzeugungsmenge die Gesamtkosten erniedrigt. Das wird dort von Bedeutung sein, wo der Strom aus Wasserkraft wesentlich billiger ist als aus Kohle.

Das Altern der Öfen kann verschiedene Ursachen haben. Sieht man von besonderen Fällen, wie dem Zerplatzen von gußeisernen Bodenplatten, dem Abreißen von Schienen im Boden usw. ab, so erleidet doch jeder Kohleboden mit der Zeit mehr oder weniger feine Risse und Sprünge, in die Metall oder Schmelzbad, zunächst in noch so kleinen Mengen, eindringen. Diese Sprünge können sich erweitern; sie können dem Metall Zugang bis zu den Bodenschienen (oder Platten) verschaffen, deren Eisen sich leicht mit Aluminium legiert und den ganzen Metallinhalt des Ofens verunreinigt. Sie können auch den Boden soweit spalten, daß Metall und Schmelze aus dem Ofen auslaufen. Der Kohleboden weist aber auch kleine oder größere Poren auf, die sich allmählich mit dem Badinhalt füllen. Vor allem setzt sich die Kohlesubstanz bevorzugt mit dem Aluminium zu Aluminiumkarbid (Al_4C_3) um, das sich nicht nur auf der Oberseite des Bodens in dicker Schicht ausbildet, sondern auch die feinsten Risse ausfüllt. Zerschlagene Ofenböden sind oft mit einem dichten Netz des gelben Aluminiumkarbids durchzogen. Außerdem legen sich häufig Krusten von Badschmelze, die unter das flüssige Aluminium geraten und erstarrt ist, auf dem Kohleboden fest. Alle diese Erscheinungen erhöhen den Leitungswiderstand und damit die Spannung des Ofens.

Die Öfen können sehr verschieden lange halten. Man darf annehmen, daß im allgemeinen Öfen, die einmal längere Zeit stillgelegen haben und dann wieder eingeschaltet wurden, eine kürzere Lebensdauer haben als die Öfen, die ohne solche Unterbrechung weiterlaufen. Aber es ist auch vorgekommen, daß Öfen, die einmal oder sogar mehrmals monatelang außer Betrieb waren, dennoch jahrelang betrieben werden konnten; in einem Falle bei dreimaliger Unterbrechung sogar sechs Jahre lang, die Unterbrechungszeit natürlich nicht eingerechnet. Diese sechs Jahre sind das höchste Alter, das bisher erreicht wurde. Durch weitgehende Vergleiche hat sich erwiesen, daß „Schüttöfen" viele Monate länger halten als Öfen mit gestampften Böden, bei denen häufig die Stampfschichten abreißen. Dagegen hat sich noch nicht bestimmt erkennen lassen, ob Öfen mit vorgebrannten Bodenblöcken unter vergleichbaren Umständen länger betrieben werden können als die aus Bodenmasse geschütteten Öfen. Wohl aber erreichen die Söderbergöfen zu 30000 A mit Bodenblöcken ein höheres Lebensalter als offene Öfen mit solchen Böden, nämlich 3 bis 4 Jahre im Durchschnitt, wogegen andere Öfen im allgemeinen 2 bis 3 Jahre halten. Ihre Bauart ist allerdings wie ihre Betriebsweise etwas verschieden.

aa) Bedienen der Öfen, Beurteilung der Schmelze usw.

Unter dem „Bedienen" der Öfen ist die regelmäßig wiederholte Tätigkeit zur Aufrechterhaltung des störungsfreien Dauerbetriebs zu verstehen. Diese regelmäßige Wiederholung wird in erster Linie durch die Ergänzung der verbrauchten Rohstoffe, besonders der Tonerde, hervorgerufen. Die im Schmelzbad (im Elektrolyten) gelöste Tonerde (Al_2O_3) wird durch den Strom zersetzt; Aluminium scheidet sich kathodisch ab, der Sauerstoff an der Anode, die er verbrennt. Die Lösefähigkeit der Badschmelze für Tonerde ist begrenzt, da sich höchstens 20% lösen. Wenn die Tonerde verbraucht ist, muß neue zugesetzt werden. Die zuzufügende Menge richtet sich also nach der Menge der Schmelze, d. h. nach der Größe des Ofens. Aber es wird nicht die der Löslichkeit entsprechende Höchstmenge zugegeben, da die Schmelzmenge auch bei Öfen derselben Art und Leistung verschieden und nicht genau bestimmbar sondern nur zu schätzen ist. Man hütet sich vor zu großen Gaben, die schwere Störungen veranlassen. Die Tonerde, die auch sehr verschieden im „Schütt"-Gewicht sein kann, wird nicht jedesmal abgewogen, sondern abgemessen. Der Ofenmann schaufelt aus einem Vorratsbehälter (Kastenwagen) einen Kübel voll und schüttet ihn auf der Oberfläche des Schmelzbades aus. Ein Ofen zu 12000 bis 15000 A bekommt beispielsweise von Fall zu Fall zwei Kübel zu je 25—30 kg, ein Söderbergofen zu 30000 A etwa sechs Kübel. Die Tonerde kann auch mittels fahrbarer Aufgabewagen automatisch den Öfen zugeführt werden. Der Ofen kleinerer Leistung faßt schätzungsweise 1000 kg Schmelzbad, der Söderbergofen vielleicht 3000 kg. Das Schmelzbad wird dann weit unter der Sättigungsgrenze ungefähr 5% Tonerde, in der Regel wohl etwa 7% enthalten.

Es gibt zwei Verfahren: entweder wird dem Ofen die Tonerde nach wohlabgemessenen gleichbleibenden Zeiträumen zugesetzt oder jedesmal erst dann, wenn der Ofen durch den „Anodeneffekt" anzeigt, daß seine Tonerde verbraucht — genauer gesagt: das Schmelzbad daran bis unter 1% verarmt — ist. Der „Anodeneffekt" drückt sich in einem mehr oder weniger jähen Ansteigen der Ofenspannung aus, die auf über 25 Volt hochschnellt. An jedem Ofen ist ein Voltmeter mit einer Glühlampe angebracht, deren Faden bei niedriger Spannung kaum sichtbar glüht, beim Anodeneffekt hell aufleuchtet — das Signal für die Ofenleute! Ohne das Aufleuchten der Glühlampe wäre der Anodeneffekt noch an anderen Erscheinungen kenntlich: statt der ruhig aus dem Bad herausbrennenden schwach gelblichen Flamme der Anodengase tritt eine zischende lange Flamme von lilarötlicher Färbung und der Geruch nach Phosphor- oder Fluorverbindungen auf; an den von Schmelzkrusten freigelegten Anoden spielen zahllose Fünkchen. Wegen dieser Fünkchen oder wegen des Aufleuchtens der Lampe sagen die Ofenleute gemeinhin: „der Ofen funkt"; sie sagen andernorts: „der Ofen steigt", weil die Spannung hochgeht. Der Anodeneffekt wird wohl zutreffend von Arndt[3]) gedeutet: Ist nicht mehr genügend Tonerde vorhanden, so findet an der Anode nur unzureichend die Abscheidung von Sauerstoff und Bildung von Kohlenmonoxyd und -dioxyd statt; statt dessen wird Kryolith zersetzt und gasförmige Fluorverbindungen anodisch freigemacht; dieses Gas (oder Gasgemisch) bildet eine Hülle um die Anode, die der Elektrolyt nicht mehr ausreichend benetzt; der erhöhte Widerstand wird durch viele kleine Lichtbögen — die Fünkchen — überwunden und vom Voltmeter als Spannungserhöhung angezeigt. Diese Erscheinungen gehen schlagartig zurück, sobald das Schmelzbad wieder Tonerde erhält, die sich schnell auflöst.

Wenn auch die starke Spannungssteigerung nur ein kurz dauernder Vorgang von wenigen Minuten ist, der alle vier bis neun Stunden je nach Ofengröße auftritt, so wird davon doch die durchschnittliche Spannung eines Ofens um 0,2—0,3 Volt erhöht. Der entsprechende Energieverlust wird bei dem erstgenannten Verfahren vermieden, wo in genau beobachteten Abständen einem Ofen Tonerde zugeführt wird, ehe der Anodeneffekt eintritt. Nur bei sehr sorgfältiger Ofenarbeit läßt sich eine Überfütterung mit Tonerde hintanhalten. Sie würde zu sehr unangenehmen Anständen führen. Bei Öfen kleiner Leistung hat sich das mehrfach durchgeprobte Verfahren auf die Dauer nicht bewährt. Lieber läßt man den Ofen „funken" und hat so die Beruhigung, daß er nicht überfüttert ist. Es gibt viele Fälle, wo man ihn absichtlich recht gut „durchfunken" läßt. Bei Öfen größerer Leistung hingegen, besonders bei Söderbergöfen — bei denen aber der Spannungsverlust ohnehin geringer ist — läßt sich das Verfahren eher mit Vorteil anwenden.

Der ruhig arbeitende Ofen liegt äußerlich still da. Auf der Oberfläche des Schmelzbades hat sich infolge der Wärmeabstrahlung nach oben eine zusammenhängende Kruste des Elektrolyten ausgebildet, auf der um die Anoden herum eine mehr oder weniger dicke Schicht des Tonerdepulvers ruht. Das trifft für Öfen jeder

[3]) K. Arndt und H. Probst, Z. f. Elektroch. 29, 323—334 (1923); H. v. Wartenberg, Z. f. Elektroch. 32, 335 (1926) und 33, 526 (1927).

Art zu. Die Anodengase suchen, wenn sie nicht aus kleinen Löchern in der Schicht unbemerkt entweichen, einen Auspuff unter Entflammen. Ist das Bad an Tonerde verarmt — mit oder ohne Anodeneffekt —, so stoßen die Ofenleute mit langen Eisenstangen oder Abstoßmaschinen schnell die Schmelzkrusten um die Anodenform durch, lassen bei offenen Öfen eine Anode oder ein Anodenpaket auf den Ofenboden herunter, so daß bei diesem Kurzschluß sofort der Anodeneffekt aufhört, rühren die aufgelagerte Tonerde ins Bad ein, ziehen die Anode wieder auf die alte Höhe herauf und schütten frische Tonerde auf die schnell sich bildende neue Schmelzkruste auf. Dann arbeitet der Ofen wieder wie zuvor stundenlang.

Mit dem Aufreißen der Schmelzdecke, dem Einrühren der zwar auf der Oberfläche des Ofens vorgewärmten, aber doch im Vergleich zum Schmelzbad kalten Tonerde und dem noch so kurzfristigen Herablassen der Anode (nicht bei Söderbergöfen!) kühlt die Schmelze etwas ab. Wegen dieses Rückgehens der Temperatur und wegen der Spannungssteigerung während des Anodeneffekts ist es wichtig, daß die Ofenarbeit möglichst geschwind verrichtet wird. Kann zwar der Anodeneffekt unterdrückt werden, so ist doch das Abkühlen des Ofens, mag es auch gering sein, bei jeder Ofenart unvermeidlich. Bisher ist noch kein Weg gefunden worden, die Tonerde ohne Abkühlen in das Schmelzbad einzutragen. — Die auf die Schmelzdecke aufgelagerte Tonerdeschicht bildet natürlich einen guten Wärmeschutz für das Bad.

Das Wärmegleichgewicht der Öfen möglichst genau einzuhalten, ist eine der wichtigsten Aufgaben der Ofenbedienung. Durch die kathodische Abscheidung des Aluminiums wächst seine flüssige Schicht allmählich höher; der Abbrand der Anodenkohle wirkt sich in entgegengesetzter Richtung aus. Beides ändert sich nicht in gleichem Maße. Der Abstand der Anodenunterfläche von der Oberfläche des Metalls (dem Metallspiegel) würde also ohne Eingreifen in gewissen Grenzen schwanken, und damit der Badwiderstand, der für die Temperatur des Bades maßgebend ist. Um diesen Abstand — den „Richtabstand" oder „Regelabstand" — gleichbleibend zu erhalten, müssen die Anoden von Zeit zu Zeit gehoben oder gesenkt, also neu „ausgerichtet" werden. Das ist besonders nötig, wenn bei der Metallentnahme der Metallspiegel um mehrere Zentimeter sinkt. Die Höhe der Metallschicht, der Schmelzeschicht und der Richtabstand werden auf einfache Weise geprüft: eine runde Eisenstange von etwa 2 cm Durchmesser wird senkrecht bis auf den Ofenboden gestoßen, etwa 10—20 Sekunden ruhig im Bad gehalten, während man mit einem Kreidestrich die Oberkante des Querbalkens auf der Stange markiert, und dann schnell wieder herausgezogen. An der vordem kalten Stange hat sich nun eine dünne Schicht erstarrter Schmelze auf eine Länge angesetzt, die der Höhe der Schmelze im Bad entspricht. Am Ende der Stange, die in das Metall eingetaucht war, ist diese Schicht ausgeblieben. So bildet sich auf der Stange die scharfe Grenze zwischen Metall und Badschmelze ab, so daß die Höhe von beiden leicht abgemessen werden kann. Nun greift man mit einem Winkelhaken nach Art einer Schublehre die Unterseite der Anode und mit dem verschiebbaren zugespitzten Zeiger, der die Anodenstange anritzen kann, die obere Kante des Tragbalkens der Anoden ab. Die Länge, von dem Abstand zwischen dem Kreidestrich auf der Meßstange und der Grenze Metall—Badschmelze abgezogen, ergibt den Richtabstand (Abb. 50).

Der Richtabstand kann sich noch aus anderer Ursache ändern. Von Einfluß ist oftmals die Außentemperatur. Kühlt der Ofen ab, so kristallisiert an den Rändern mehr Badschmelze aus, die Krusten drängen das Metall zurück und durch die Verengung des Badraums hebt sich der Metallspiegel. Umgekehrt können durch zu starkes Erhitzen des Ofens die an und für sich vorhandenen Randkrusten aufschmelzen, das Bad erweitern, und die Metalloberfläche senken. Es kann soweit kommen, daß auch der Kohlerand angegriffen und sogar die etwa an der Zarge aufgebaute Steinschicht vom Bad aufgelöst wird; dann besteht die Gefahr, daß die Zarge glüht und Metall und Schmelze durchbrechen, mindestens aber wird das Metall durch Eisen und Kieselsäure unrein.

Ähnlich dem Richtabstand ist auch die Höhe des Metallstandes für die Ofentemperatur von Bedeutung. Wird der Metallstand erhöht, so geht der Ofen kühler. Je nach der Ofenart wird gewöhnlich eine Metallhöhe von 4—10 cm eingehalten.

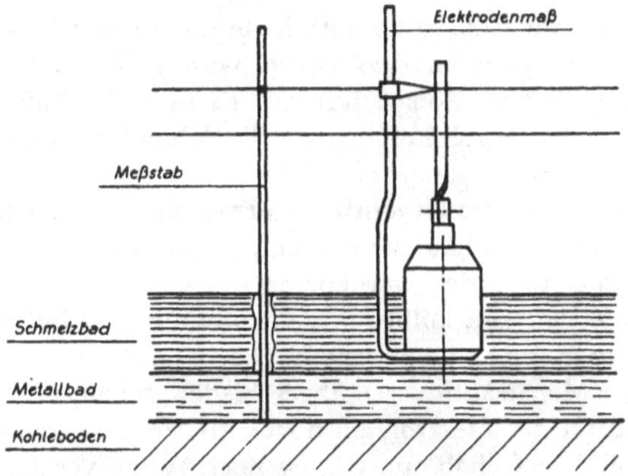

Abb. 50. Festlegung des Elektrodenabstandes.

Das ist der vorgeschriebene Stand nach der Metallentnahme. Durch die fortlaufende Erzeugung erhöht er sich jeweils um 3—4 cm, die allein dem Ofen entnommen werden. Für die flüssige Badschmelze rechnet man nicht weniger als 18 cm. Bei Öfen mit vorgebrannten Anoden kann man nicht wesentlich darüber hinausgehen, weil sonst die Nippel eintauchen; dagegen vertragen die Söderbergöfen höheren Schmelzestand. Ein Richtabstand unter 3 cm kann selten auf die Dauer gehalten werden. Das manchmal wallende Metall berührt dann leicht die Unterseite der Anode, die durch solchen Kurzschluß weißglühende Spitzen bildet. Für einen gleichmäßigen Ofengang ist es also wichtig, Metallhöhe, Schmelzhöhe und Richtabstand untereinander und mit dem Wärmeschutz des Ofens und der Außentemperatur laufend abzustimmen.

Doch das genügt noch nicht. Auch auf die Zusammensetzung des Elektrolyten kommt viel an. Seine Grundlage ist Kryolith (Na_3AlF_6). Es ist vielfach beobachtet worden, daß der in chemischen Fabriken hergestellte künstliche Kryolith sich von dem in der Natur abgelagerten dadurch unterscheidet, daß er leichter verdampfendes Aluminiumfluorid enthält. Wenn im Elektrolyten das Verhältnis des Natriumfluorids zum Aluminiumfluorid der Formel des Kryoliths entspricht, gilt das Bad als neutral, bei Überwiegen von NaF als alkalisch und von AlF_3 als sauer. Der Befund der analytischen (titrimetrischen) Untersuchung solcher Schmelzen deckt sich mit dem Augenschein: aus dem Bad entnommene Proben in Form von Blöckchen von etwa 8—10 cm Länge und 2½—3½ cm Dicke sind alkalisch, wenn sie außen und im Bruch grau, wellig-glatt, speckig glänzend und porzellanähnlich muschelig erscheinen, zuweilen sehen sie außen auch dunkelziegelrot aus; sie gelten dagegen als „sauer", wenn sie außen mehr wolkig-rauh, leicht bröckelig durchzubrechen und innen weiß und körnig-grießig sind; zeigen sie dabei im Innern einen gelben Kern, so werden sie als schwach sauer, fast neutral angesprochen. Dieses neutrale Aussehen wird im allgemeinen bevorzugt. Indessen hat die Erfahrung ergeben, daß saure Schmelzen etwas höhere Spannungen als alkalische zeigen, leichter zu Verkrustungen der Böden führen, aber reineres Metall liefern. Alkalische Schmelzen lösen mehr Tonerde (und andere Oxyde) auf, auch Bodenkrusten, und geben dafür weniger reines Metall. Je höher die Temperatur des Schmelzbades, um so leichter wird es alkalisch, da mehr AlF_3 verdampft. Es braucht mehr Aluminiumfluorid, wie schon beim Vergleich der Ofenarten gesagt wurde. Bei sauren Öfen wird zum Ausgleich NaF oder häufiger Soda zugesetzt. Es ist nicht Aufgabe der Ofenleute, sondern der Meister oder Betriebsassistenten, die Schmelzeproben zu beurteilen und die erforderlichen Zugaben anzuordnen.

Um den Schmelzpunkt des Kryoliths zu erniedrigen — das tut schon die Tonerde —, sind gelegentlich andere Zusätze empfohlen worden. Chloride (Kochsalz) sind nicht als geeignet befunden worden, da das Chlor zu Schwierigkeiten führt. Aber man hat zuweilen mit billigem Kalziumfluorid (Flußspat) den Kryolith gestreckt, nur darf man über eine gewisse Grenze nicht hinausgehen. Kalzium wird nur in ganz geringer Menge kathodisch abgeschieden, reichert sich also im Schmelzbad an. Ist der Gehalt des Elektrolyten höher als 10%, so treten in der Schmelze dicke Schlieren auf. Ein Gehalt um 6% ist noch gut zu vertragen.

Die Dichten des flüssigen Metalls und der Badschmelze sind bei der Arbeitstemperatur nur wenig verschieden. Die Temperatur muß zwischen 900 und 1000^0 gehalten werden. Bei zu geringer Temperatur fangen die Schichten an sich zu vermischen. Schließlich steigt gar das Metall in die Höhe und reoxydiert, die Schmelze aber sinkt unter die Metallschicht und verkrustet den Ofenboden.

Die Temperatur der Badschmelze genau zu messen, ist eine heikle Angelegenheit; sie läßt sich nur angenähert ermitteln. Die Anzeige elektrischer Geräte — Pyrometer — wird durch die starken magnetischen Felder mehr oder weniger beeinflußt. Innerhalb des Bades ist der Wärmegrad allerorts verschieden: höher in der Nähe der Anoden als weiter davon entfernt, größer in tieferen Lagen.

Um vergleichbare Werte zu erhalten, muß man also immer am gleichen Ort messen. Mißt man mit Thermoelementen, so müssen diese durch eine Hülse geschützt sein: mit einem einseitig geschlossenen Quarzrohr dauert die Einstellung des Pyrometerzeigers über Gebühr lange; inzwischen wird das Quarzrohr vom Elektrolyten stark angegriffen; mit einem Eisenrohr geht es rascher, doch verbürgt seine Wärmeableitung keine sicheren Angaben. Verschiedene optische Geräte — Strahlungspyrometer — erlauben nur die Messung der Oberflächentemperatur des Bades oder einer ins Bad getauchten Sonde — etwa eines am eintauchenden Ende geschlossenen Blechrohres; doch auch dieser Eingriff gibt unsichere Werte. So erhält man mit diesen Verfahren unterschiedliche Temperaturen. Nur bei sorgfältigem Einhalten bestimmter Maßnahmen lassen sich wenigstens der Größenordnung nach von einem Ofen zum anderen Unterschiede von zehn oder zwanzig Grad oder mehr feststellen. So konnte ermittelt werden, daß — unter örtlichen Bedingungen — das Bad des offenen Ofens von 12000—15000 A etwa 925—930°, des Ofens mit 30000 A ungefähr 940—950° und des Söderbergofens von 30000 A vielleicht 960—970° C mißt. Abweichungen von diesen Temperaturen um etliche zehn Grade werden von einem unruhigen Ofengang angezeigt. Das geübte Auge des erfahrenen Fachmanns erkennt ohne die Messung, ob der Ofen in Ordnung ist oder überhitzt oder zu kalt geht.

bb) Anodendienst

Die Anoden in offenen Öfen werden etwas anders behandelt als Söderberganoden, doch ist beiden Arten manches gemeinsam.

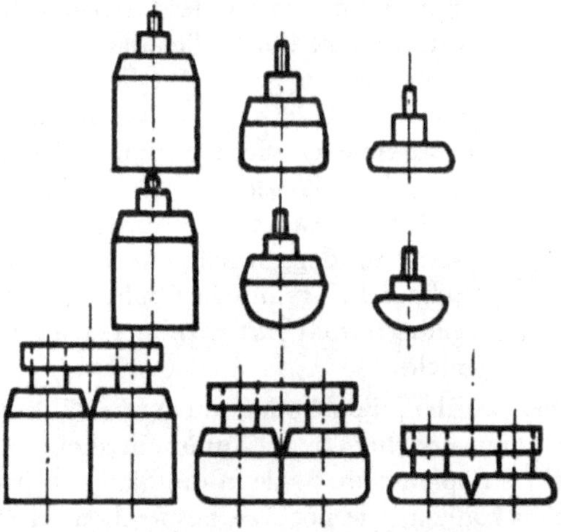

Abb. 51. Abbrand der Anoden.

Vorgebrannte Anoden, die zu „Paketen" zusammengefaßt sind, brennen miteinander in der Regel so ab, als beständen sie aus einem Stück. Aber der Abbrand kann je nach der Güte der Kohle verschieden sein. Gute Anoden verbrennen flach zu kissenförmigen Gebilden, weniger gute jedoch halbkugelig (Abb. 51).

Die Unterfläche einer aus guter Masse hergestellten Söderberganode ist trotz ihrer großen Abmessungen immer nahezu eben.

In einem offenen Ofen müssen die Unterflächen der Anoden natürlich stets gleich hoch ausgerichtet sein. Das Ausrichten ist auf Seite 84 beschrieben. Sobald die Gefahr besteht, daß der Nippel in die Badschmelze eintauchen könnte, wenn die Anode so klein geworden ist, daß das Nippelloch im Bad freiliegen würde, oder bei hohem Schmelzestand das Bad am Anodenkopf an den Nippel herantritt, muß die Anode (oder das Paket) gegen eine neue ausgetauscht werden. Diese ist vergleichsweise kalt, auch wenn sie auf dem Ofenrand stehend leicht vorgewärmt wurde. Beim Eintauchen ins Bad überzieht sie sich sofort mit Schmelzkrusten; sie muß deshalb einige Zeit lang mehrere Zentimeter über dem Richtabstand eingehängt werden, um Kurzschluß zu verhindern. Bei diesem Austausch von Anoden wird das Wärmegleichgewicht des Ofens natürlich wieder empfindlich gestört. Es ist einer der großen Vorzüge der Söderberganode, die entsprechend ihrem Abbrand allmählich weiter heruntergelassen wird, aber dauernd im Bad verbleibt, daß sie diese Störung zu vermeiden erlaubt. Wie bei ihr der Austausch der Nippel vorgenommen wird, ist unter 2b) (Seite 59) berichtet worden. Dazu ist eine besondere Gruppe von Leuten eingesetzt, die auch die Rahmen wechselt und die Aluminiummäntel aufstockt.

Es ergibt sich im Betrieb von selbst, daß in einem offenen Ofen große neben klein gewordenen Anoden hängen. Die Ofenbedienung sorgt dafür, daß dieses Verhältnis aufrechterhalten wird, und hütet sich, etwa zwei neue Anoden zugleich einzusetzen. Müssen zwei kleine auf einmal ausgewechselt werden, so wird jedenfalls eine große warme Kohle einem anderen Ofen zum Austausch entnommen.

Die empfindlichste Stelle bei allen Anoden ist die Grenzzone an der Oberfläche des Bades. Hier herrscht an der Anode eine Temperatur von 600—700° C, hoch genug, um die Kohle durch den Sauerstoff der Luft zu verbrennen. Auch die besten Anoden mit der größten Beständigkeit gegen Oxydation durch die Luft pflegen an dieser Glühzone ein wenig einzuschnüren (Abb. 52). Man hat sich viel darum bemüht, diesen Vorgang auszuschließen. Wesentlich ist die Güte der Anoden. Das einfachste Verfahren, die Einschnürungen zu mindern, besteht in dem Anhäufeln von Tonerde mit der Handschaufel rings um die Glühzone, um sie zuzudecken. Das gelingt wohl mit mehliger Tonerde, mit sandiger aber nicht.

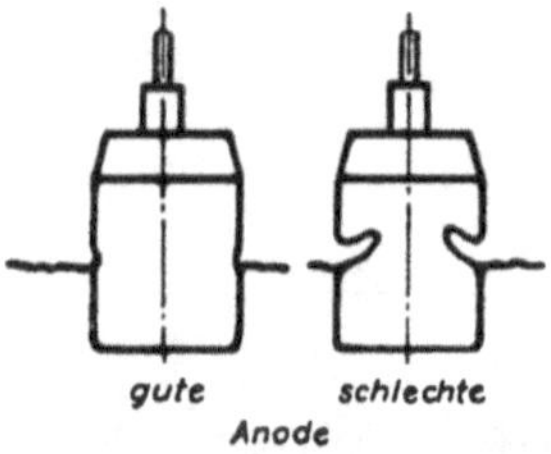

Abb. 52.
„Einschnüren der Anoden".

Es ist vorgeschlagen worden, die Anoden mit starken Lösungen von Phosphaten (Trinatriumphosphat) anzustreichen. In der Tat ist ein solcher Anstrich sehr wirksam, doch scheut man sich, phosphorsaure Salze in die Bäder zu bringen, da sie schwere Störungen verursachen können, wie noch zu besprechen sein wird, und obendrein ist das Verfahren wirtschaftlich nicht zu vertreten.

Ungeeignet sind Hauben aus Eisenblech, die, auf der Tonerdeschicht stehend, die Anodenstangen umschließen. Der Luftzwischenraum erhitzt sich und heizt die Anodenköpfe erst recht auf.

Macht man die Hauben kleiner und aus Aluminiumblech und füllt den Raum zwischen Anode und Haube mit Tonerde aus, so kann der Abbrand der Kohle an der Luft gut verhindert werden.

Es ist auch versucht worden, die Anoden vor dem Einsetzen ins Bad in einer Eisenform mit flüssigem Aluminium etwa 1 cm dick zu umgießen. Auch dieser Schutz ist technisch recht vorteilhaft, aber teuer.

Endlich hat man vorübergehend die Anoden mit gut anliegendem Aluminiumblech ummantelt. Bei Einzelanoden ist das nicht wirtschaftlich, doch bewährt sich dieses Verfahren vorzüglich bei den gekoppelten Blockanoden nach Abb. 36 auf Seite 57. Die Luft wird von dem dicht umschließenden, verschweißten Mantel völlig abgehalten, und die Anodengase können dennoch frei austreten.

Bei der Söderberganode ist das sorgfältige Nachfüllen frischer Masse besonders wichtig. Sie muß sich mit der oberhalb des verkokten Teils der Anode vorhandenen noch teigigen alten Masse innig verbinden. Deren Oberfläche, etwa 120⁰ warm, hat eine zähe Haut und womöglich einen Belag von Staub. Es ist nötig, sie gründlich von Staub zu befreien; nur so kann sie sich gut mit neuer Masse verbinden, die entweder warm und breiig von der Mischmaschine aus Kübeln zugeschüttet oder als Brote, die in Kästen geformt, erkaltet und erstarrt sind, nachgefüllt wird. Wurde die innige Bindung versäumt, so brechen die verkokten Teile ab.

cc) Metallentnahme

Ursprünglich ist das Metall aus den Bädern geschöpft worden. Da über dem flüssigen Aluminium die Badschmelze schwimmt, ist es nicht ohne weiteres zugänglich. Nachdem aus dem offenen Ofen eine Anode oder ein Paket herausgehoben worden ist, um Platz zu schaffen, wird bis auf den Ofenboden ein gußeiserner Schöpftiegel eingesenkt, der an der untersten Stelle ein Loch hat, das vorher mit einer Stange verstopft wurde. Sobald die Stange entfernt ist, tritt das Aluminium durch das Loch in den Tiegel ein, ohne daß Badschmelze nachlaufen kann. Aus dem Tiegel wird das Metall mit Schöpfkellen in Masselformen ausgegossen, die 15 kg fassen, Abb. 53 (vgl. auch Abb. 17). Tiegel, Kellen und Formen müssen vorher gut trocken gewärmt sein; aus feuchten Geräten spritzt das Metall leicht hoch. Mit dem geschöpften Metall wird zugleich eine kleine Blöckchenform gefüllt; das Blöckchen wird im Laboratorium auf den Gehalt an Eisen und Silizium laufend geprüft. Die Metallbarren und das Blöckchen werden mit der Ofennummer gestempelt.

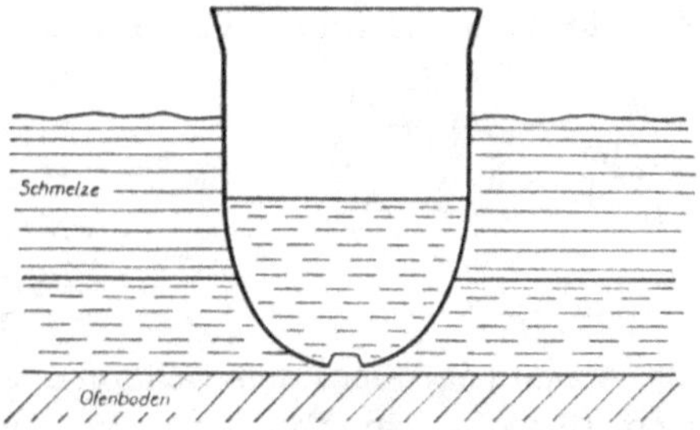

Abb. 53. Schöpftiegel.

Bei den kleinen Einheiten wurde jeder Ofen täglich geschöpft. Nur die tägliche Erzeugung wird dem Bad entnommen. Die Metallschicht von vorgeschriebener Höhe bleibt im Ofen zurück. Die tägliche Erzeugung beträgt bei 15000 A etwa 100 kg, bei 30000 A rund 200 kg aus jedem Ofen. Später hat man die Öfen nicht mehr täglich, sondern alle zwei oder alle drei Tage geschöpft.

Das Schöpfen beansprucht die Arbeitskraft sehr. Es wurde bald versucht, anders zu verfahren. Nach dem Vorbild bei Eisen und anderen Metallen sollten sich auch Aluminiumöfen „abstechen" lassen. Das ist jahrelang erprobt worden. Im Ofenrand und in der Zarge wurde beim Aufbau ein Abstichloch ausgespart und mit einem Kohle- oder Schamottestopfen oder einem Lehmbrocken während des Betriebs verschlossen. Für die Metallentnahme wurde das Loch — manchmal mit einer Hilfselektrode wie bei Karbidöfen — geöffnet; das Metall lief über eine kurze Rinne in die Barrenformen, die auf einem niedrigen Wagen lagerten, der bei jeder Füllung ein Stück weitergeschoben wurde. — Bei jungen Öfen läßt sich das Abstechen in der Regel gut durchführen. Doch auch da läuft zuweilen etwas Badschmelze mit und verunreinigt die Metallbarren. Nach einigen Wochen oder Monaten wird das Öffnen des Abstichloches schwierig. Entweder lagern sich harte Schmelzekrusten im Bad vor das Loch, die kaum durchzustoßen sind — die Hilfselektrode versagt oft, und lange Bohrer brechen gern ab und bleiben stecken — oder der Ofenboden ist inzwischen so hoch gewachsen, daß er das Loch verlegt. Unter solchen Umständen wird das Abstechen mühevoller als das Schöpfen oder gar unmöglich. Es ist dann nur bei neuen Öfen angewandt und endlich ganz aufgegeben worden.

Inzwischen war eine andere Art der Metallentnahme mit bestem Erfolg entwickelt worden, die nun laufend angewendet wird: das Absaugen. In den vorhin beschriebenen Schöpftiegel taucht ein gußeiserner Rüssel ein, der in einen liegenden, walzenförmigen drehbaren Saugtiegel mündet (Abb. 54). Dieser ist mit Schamottesteinen ausgefüttert und mit einem Stutzen für eine Unterdruckleitung versehen, die zu einer Absaugpumpe führt. An einer Seite trägt der Saugtiegel eine Auslaufrinne. Er ist auf einem Elektrohubwagen gelagert. Die Saugleitung und der Rüssel sind in Stücke unterteilt. Der Schöpftiegel kann entbehrt werden, wenn der Rüssel vorn mit einem Pfropfen Aluminiumfolie zugestopft wird, der beim Einsenken in das Ofenmetall wegschmilzt und diesem damit den Zugang in den Rüssel freimacht. Sobald die Saugleitung, die natürlich gegen Erdschlüsse gesichert ist, an den Saugtiegel angeschlossen wird, tritt das Metall in einem Strahl in den Tiegel ein, der ungefähr bis zur Hälfte (rund 600 kg) gefüllt wird. Die einfüllbare Metallmenge läßt sich recht gut durch ein Schauloch schätzen.

Abb. 54. Absaugeinrichtung.

Dieses Absaugen erleichtert den Ofenleuten die Arbeit gegenüber dem Schöpfen und auch gegenüber dem Abstechen beträchtlich. Der An- und Abbau der Saugeinrichtung dauert wenige Minuten.

Nach ihrem Abbau wird der Saugtiegel entweder zu den Tischen mit den Masselformen gefahren und in diese unter langsamem Drehen entleert oder mit dem flüssigen Metall unmittelbar zur Gießerei gebracht und dort in den Gießofen ausgegossen.

Das in den Schweizer Werken gebräuchliche Herausspindeln des Metalls aus dem Elektrolyseofen ist in den Hütten der VAW nicht nachgeahmt worden (vgl. S. 14). Das Absaugen geht so glatt vonstatten, daß kein Bedürfnis mehr nach einem anderen Verfahren besteht.

dd) Störungen und ihre Beseitigung

Das Ärgste, was einem Elektrolyseofen geschehen kann, ist das Durchbrechen des Ofenbodens und völlige Auslaufen von Metall und Badschmelze. Ein Heilmittel gibt es nicht; der Ofen ist erledigt. An seine Stelle muß ein neuer gesetzt werden. Ist nur der Rand durchgebrochen, so kann der Ofen in einzelnen Fällen gerettet werden, wenn ihm nach Abschalten und Abkühlen ein neuer Rand aufgesetzt wird. Der Ofen wird wieder eingeschaltet und von neuem betrieben. Es ist fraglich, wie lange er dann noch hält. Durchgelaufenes Metall und Schmelze werden gesammelt und dem Betrieb wieder eingefügt.

Kommt es nicht zu einem Durchbruch, so sind doch die meistens auch in gebrannten Bodenblöcken vorhandenen feinen Risse und Sprünge unvermeidliche

Gefahrenstellen. Etwas Metall tritt häufig bis an die in den Boden eingelegten Eisenschienen oder die Kathodenplatten, löst das Eisen auf und verdirbt den ganzen Metallinhalt des Ofens. Manchmal geht die Eisenaufnahme nach einigen Tagen von selber zurück. Vereinzelt ist es gelungen, abfühlbare Löcher an der Bodenoberfläche nach Stillegen und Ausräumen des Ofens mit frischer Bodenmasse auszubessern und den Ofen hernach weiter zu betreiben. In der Regel aber muß der Ofen, wenn das Metall „Eisen zeigt", was ja die täglichen Analysen aussagen, endgültig aus dem Betrieb gezogen werden. Ungefähr die Hälfte aller Öfen erliegen diesem Befund.

Bei Öfen mit gestampften Böden ist es vorgekommen, daß plötzlich ein Teil des Metalls oder der Badschmelze oder beider scheinbar verschwanden, nämlich in den Ofenboden versanken, der sich dann, aber nicht immer, gehoben hat. Zwischen den Stampfschichten sich ausbildende Hohlräume, die über den ganzen Boden hinweg sich ausdehnen können, nehmen den Ofeninhalt auf und lassen ihn nach dem Erkalten und Auseinanderschlagen eines solchen Bodens wiederfinden — die Schmelze oft in dicker Schicht von prächtig ausgebildeten Stengelkristallen.

Die Bodenschichten können sich stückweise losreißen, schwimmen unter den Anoden und geben zu Kurzschlüssen Anlaß. Einseitig überhitzt sich der Ofen, die Spannung schwankt anhaltend in weiten Grenzen, womöglich glühen einzelne Elektroden bis zu den Nippeln durch. Der Schaden wird entdeckt, die beanspruchten Kohlen werden herausgezogen und die Bodenstücke aus dem Bade gefischt.

Alle solche Erscheinungen werden durch Ungleichheiten im Wärmehaushalt der Öfen gefördert oder gar durch sie hervorgerufen. Aber auch wenn es nicht dazu kommt, altert der Ofen natürlich durch Veränderungen des Bodens, insbesondere durch Karbidbildung. Die im Laufe seines Betriebes langsam immer höher steigende Spannung hat schließlich die zulässige Grenze erreicht, so daß der Ofen stillgelegt werden muß.

Jeder Ausfall eines Ofens — und das kommt fast täglich vor — gehört zu den Störungen des regelmäßigen Betriebs. Das Metall des Ofens wird so weit wie möglich ausgeschöpft oder gesaugt, der Ofen durch Überbrückung der Stromleitung zu den Nachbaröfen stromlos gemacht; die Anoden werden möglichst sofort an andere Öfen verteilt, manchmal auch die ausgeschöpfte Badschmelze oder ein Teil davon. Häufig aber läßt man sie erstarren, um sie später zu weiterer Verwendung auszumeißeln. Bei Söderbergöfen wird die Anode nur aus dem Bad hochgezogen und tunlichst dem Ersatzofen wieder zugeteilt.

Wenn bei Söderbergöfen aus dem verkokten Unterteil der Anode ein Stück ausbricht, unter Umständen auf der ganzen Länge, weil vielleicht beim Einfüllen der Masse die Bindung mit der vorhandenen ungenügend gewesen war, ist es meistens unvermeidlich, den Ofen — wenigstens vorübergehend — außer Betrieb zu setzen. Es ist eine mühevolle Arbeit, ein großes Anodenstück aus dem Schmelzbad zu entfernen und die angebrochene Anode wieder betriebsfähig herzurichten. Zweckmäßiger ist das Einsetzen einer neuen oder einer gebrauchten unverletzten Anode.

Wie das „Einschnüren" schlechter vorgebrannter Anoden aussieht, ist in Abb. 52 rechts angedeutet. Es kann noch weitergehen und den Kopf der Anode dachförmig bis an den Nippel unterhöhlen. Das Bindemittel der Anodenmasse widersteht dem Angriff des Luftsauerstoffs nicht genügend, und die Kohleteilchen rieseln ins Bad ab. Sie überziehen es mit einer „pelzigen" Decke, verbrennen zum Teil und heizen den Ofen über die Maßen auf. Mit durchlöcherten Schaumlöffeln oder Schaufeln wird dieser „Ofenschaum" von der Badoberfläche abgezogen. Es bleibt nichts übrig, als solche Anoden zu entfernen. Eine Maßnahme, die natürlich den Betrieb — abgesehen von der starken Beanspruchung der Leute — außerordentlich schädigt, da ja auch die Stromausbeute erheblich absinkt.

Solches Einschnüren ist im Anfang auch bei Söderberganoden vorgekommen. Inzwischen hat man das Herrichten der Anodenmasse, wenn sie in der eigenen Hütte bereitet wird, so zu beherrschen gelernt, daß dieses Einschnüren kaum noch auftritt.

Die Nippel vorgebrannter Elektroden können mitunter zu locker eingedreht sein, besonders wenn die Kohle von vornherein mürbe ist. Im Bade oder schon beim Einsetzen fallen solche Anoden vom Nippel ab und verursachen Betriebsunfälle. Haften sie ausreichend fest, so wird doch durch zu hohen Übergangswiderstand der Kopf der Kohle um den Nippel herum ausgebrannt und abgerieselt. Das sind zumeist Anoden, die auch stark einschnüren.

Tonerde von mehliger Beschaffenheit löst sich beim Eintragen in den richtig zusammengesetzten Elektrolyten rasch auf, ohne daß das Bad lange durchgerührt werden muß, weil sie in der Badschmelze schwebt. Sandig rieselnde Tonerde hingegen oder gar die grobkristalline „Haglund"-Tonerde fällt durch das Bad, ehe sie sich löst, und lagert sich unter dem Aluminium ab. Sie muß eifrig vom Boden mit Stoßstangen abgekratzt und hochgerührt werden. Das beeinträchtigt natürlich die Stromausbeute. Es kann auch höchstens der Teil zwischen den Anoden dabei erfaßt werden, nicht das, was unter ihnen abgelagert ist. Die durchgefallene Tonerde hat auch Schmelzeteile mitgerissen, die auf dem Boden infolge Übersättigung an Tonerde verkrusten. Auf jeden Fall treibt solche Tonerde die Spannung hoch. Gibt man diesen Bädern wieder mehlige Tonerde, so kann vielleicht weiteres Unheil verhütet und die Erscheinung sogar rückläufig gemacht werden. Bei hohem Schmelzestand oder größerer Badmenge ist die beschriebene Gefahr geringer, aber nicht auszuschließen.

Verunreinigungen der Tonerde — und überhaupt des Elektrolyten — an Schwermetallen gehen in das Aluminium über. Chrom und Vanadium, auch das unvermeidliche Titan vermindern besonders seine Leitfähigkeit. Gehalte an Phosphor- und Vanadinverbindungen, auch wenn sie gering sind, stören die Elektrolyse ungemein. Auf dem Boden setzt sich schwarzer Schlamm an, der an eingesenkten Stangen in Ballen festklebt und hochgezogen werden kann. Die Stromausbeute geht übermäßig zurück. Eine eindeutige Erklärung für diese Erscheinung konnte noch nicht gefunden werden. In sauren Bädern sammelt sich anodisch abgeschiedener Phosphor in öligen Tropfen und Inseln auf der Badoberfläche unter der Schmelzdecke und kann unter geeigneten Maßnahmen aus aufgefangenen Anodengasen in vorgelegten Waschflaschen zurückgehalten werden, oder er färbt die verbrennenden Anodengase mit kennzeichnender weißer Phosphorflamme unter Ausstoßen eines blauweißen Rauches. Das ist besonders gut zu beobachten, wenn die Öfen — etwa bei Maschinenwechsel — ein paar Minuten stromlos gelegen haben, so daß die Bäder sich beruhigen konnten, und nun wieder eingeschaltet werden.

Wird der Elektrolyt mit Tonerde überfüttert, wobei seine Dichte, Zähigkeit und Temperatur sich erhöhen, so wird er alsbald schmierig („Schwammofen"). Metall und Schmelze geraten durcheinander. Der Ofen „funkt" nicht mehr. Die Stromausbeute sinkt, die Spannung steigt. Mitunter können solche Bäder gerettet werden, wenn es gelingt, dem Fassungsvermögen des Badraums entsprechend tonerdearmes Bad aus anderen Öfen und viel frischen Kryolith — auch Soda — zuzufügen, wodurch die überschüssige Tonerde sich löst. Versagt aber dieses Mittel, so bleibt nur übrig, das Bad — aber ohne Metall — auszuräumen, das bedeutet, es auszulöffeln — bei äußerster Überhitzung eine höchst unangenehme Maßnahme. Zumeist werden überdies die Anoden in solchen Bädern verdorben. Auch der Boden wird stark beansprucht. Die ausgeschöpfte Schmelze wird sogleich auf andere Öfen verteilt oder kaltgestellt, der Ofen — noch heiß — mit frischem Schmelzgut wieder eingeschaltet.

Es muß Wert darauf gelegt werden, die Stromzufuhr dauernd gleich hoch zu halten, damit das Wärmegleichgewicht ungestört bleibt. Schwankungen um mehrere hundert Ampère oder minutenlanger Ausfall des Stroms beim Umwechseln von Gleichstrommaschinen können den Ofengang bereits schädigen. Bleibt der Strom längere Zeit gänzlich aus oder ist er stark herabgemindert durch Störungen an der Stromquelle oder den Leitungen (Blitzschlag, Überschlag an Freiluftleitungen und dergleichen), so kühlen die Öfen je nach ihrer Größe und ihrem Wärmeschutz zu sehr ab und sind oft schwer wieder in Gang zu bringen, meistens nur unter Verzicht auf einige Öfen, um dadurch eine gewisse Spannungsreserve zu gewinnen!

III. Die Herstellung von Al-Legierungen im Elektrolyseofen

1. Siliziumhaltige Legierungen

Eine der wichtigsten Aluminiumlegierungen ist das Silumin, das 1920 von A. Pacz aufgefunden wurde, mit einem Gehalt von 12,75—13,25% Silizium. Für diesen Gehalt und einige andere Bedingungen, die bei seiner Herstellung zu erfüllen sind, ist der Name geschützt. Andere Aluminium-Silizium-Legierungen mit Anteilen dieser Größenordnung nennt man schlechthin Sial. Silumin darf einen gewissen Gehalt an Eisen und Kalzium nicht überschreiten. Für die Erzeugung im Elektrolyseofen ist deshalb auf die Reinheit der Rohstoffe Wert zu legen. Anfänglich (1921) wurde Kaolin als Zumischung zum Schmelzbad verwendet. Aus ihm läßt sich Silizium in das Aluminium gut abscheiden, doch war damals der Gehalt an Eisen noch zu hoch. An Stelle von Kaolin nahm man dann reinen Quarzsand. Dieser läßt aber aus dem Kryolith so große Mengen an flüchtigem Siliziumtetrafluorid (SiF_4) entstehen, daß die Luft am (offenen) Ofen unerträglich und der Verlust an Silizium und Fluor nicht zu vertreten ist. Obendrein wird die Badschmelze schmierig und verschlammt, so daß häufig die Bäder ausgeräumt werden mußten. Dieses Verfahren, Sial herzustellen, wurde 1922 wieder aufgegeben. Dafür wurde nun den Öfen Reinsilizium zugesetzt, das möglichst arm an Eisen sein mußte. Solange eine Legierung mit etwa 13% Si auf diese Weise erzeugt wurde, traten technische Schwierigkeiten nicht auf. Als man jedoch höhere Gehalte bis über 20% zu erreichen versuchte, zeigte sich, daß das Silizium nicht schnell genug gelöst wurde. In den nun schlecht gehenden Öfen mit schlammiger Schmelze, ähnlich wie beim Quarzsand, fanden sich stets Stücke von unverändertem Silizium. Auch durch stärkeres Zerkleinern und langsameres Auftragen konnten diese Übelstände nicht behoben werden. Erst als wieder auf Sial mit 13% — der eutektischen Legierung — zurückgegangen wurde, besserten sich die Öfen sofort. Trotzdem ist der Stromverbrauch bei Sialöfen stets höher als bei Aluminiumöfen.

Eine billigere Herstellung sollte erzielt werden, als statt des Siliziums eine Vorlegierung eingeführt wurde, die elektrothermisch aus Kaolin, Quarz, Tonerde und Kohle in Zweiphasen- oder Dreiphasenöfen (zuerst in Horrem bei Köln, später auch im Lautawerk) gewonnen wurde[1]). Sie enthielt anfangs (Mitte 1927) etwa 40% Si und 55% Al, später (Ende 1927) nur noch 34% Si und schloß an Verunreinigungen 3—5%, überwiegend Siliziumkarbid und Korund neben Siliziden und wenig Eisen und Titan, ein. Von dieser Vorlegierung wurden den offenen Elektrolyseöfen von 14000 A für die Herstellung eines Sials mit 13—14% Si anfangs täglich je 38—42 kg, später 52 kg in faustgroßen Brocken zugeführt. Sie lösten sich im Aluminium gut auf mit Ausnahme der Karbide und Silizide, die sich auf dem Boden der Ofenwanne festsetzten und sich nicht entfernen ließen. Aber eine so große Menge kalter Legierung

[1]) Vgl. hierzu V. Engelhardt, Handbuch der Elektrochemie 1953.

stört den Ofengang beträchtlich und führt zu Verlusten. Seit August 1935 wurde die elektrothermisch hergestellte Vorlegierung in Elektrolyseöfen nicht mehr verwendet.

Wenn Sialöfen wieder auf die Erzeugung von Aluminium umgestellt werden, also keinerlei siliziumhaltige Verbindungen mehr bekommen, so geht der Gehalt an Silizium in dem aus den Öfen entnommenen Metall keineswegs in dem Maße zurück, wie nach dem Fehlen der Zugabe errechnet werden kann, vielmehr bleibt er noch viele Wochen lang höher, gleichgültig ob die Öfen mit Kaolin oder Quarz oder Reinsilizium oder elektrothermischer Vorlegierung beschickt worden waren. Natürlich versucht man ohne Rücksicht auf den Metallstand, den Öfen jedesmal das Metall so weit wie möglich zu entziehen, um die Reinigung zu beschleunigen. Aber die auf den Boden der Ofenwanne geratenen Siliziumverbindungen früherer Zusätze werden nur allmählich aufgerührt und gelöst.

Ursprünglich ist angenommen worden, daß gutes Silumin nur aus dem Sial der Elektrolyseöfen gewonnen werden könne, weil das elektrolytisch zugleich mit abgeschiedene Natrium veredelnd auf die Endlegierung wirkt. Nachdem man gelernt hatte, das Silumin auch ohne Zwischenschaltung der Elektrolyseöfen mit Natrium zu veredeln und Reinsilizium bezogen werden konnte, hat man es unmittelbar in der Gießerei hergestellt.

In jüngster Zeit ist wieder versucht worden, Sial auf dem alten Wege aus Quarzsand und aus Kaolin, nun aber in großen, geschlossenen Öfen, elektrolytisch zu erzeugen. Die Ergebnisse sind keine anderen als vor dreißig Jahren.

2. Manganhaltige Legierungen

In einer Reihe von technisch verwertbaren Legierungen des Aluminiums ist Mangan als wesentlicher Bestandteil enthalten. Zu ihrer Herstellung wird eine Vorlegierung verwendet, die im Gießereiofen durch Einschmelzen von 8—10% Mangan in Aluminium gewonnen wird.

Gelegentlich ist eine Vorlegierung im Aluminium-Elektrolyseofen aus Braunstein erzeugt worden, ohne daß dabei Schwierigkeiten, außer einem Rückgang an Stromausbeute, aufgetreten waren. Diese Legierung wies Gehalte von 3—5% Mangan auf. Beim Eintragen von Braunstein in Kryolith wird MnO_2 unter Gasentwicklung zu Mn_2O_3 umgesetzt[2]). Bei der Zugabe von Braunstein darf man nach v. Zeerleder[3]) nicht weiter gehen, als einem Gehalt von 6—8% Mangan entspricht, da die Vorlegierung stark zum Seigern neigt.

3. Titanhaltige Legierungen

Titanhaltige Vorlegierungen sind wohl die einzigen, die heute noch laufend im Elektrolyseofen hergestellt werden. Der Ausgangsstoff dafür — TiO_2 — ist Titanweiß oder feingemahlener Rutil. Als Legierungsbestandteil hat Titan die erwünschte Eigenschaft, das Aluminium besonders feinkörnig auskristallisieren zu lassen. Dazu

[2]) Joachim W. Fischer, Über das Verhalten einiger Fremdoxyde in der technischen Aluminium-Elektrolyse (Dissertation 1947, Aachen).

[3]) v. Zeerleder im „Handbuch der technischen Elektrochemie von V. Engelhardt, Band III, 316 (1934).

genügen schon recht kleine Mengen. Bei der Bildung der Vorlegierung im Elektrolyseofen geht man darum selten über 1% Ti, kann aber leicht höhere Gehalte (2—3%) erreichen. Von Zeerleder[3]) gibt an, daß bei laufender Zugabe von TiO_2-haltiger Tonerde der Gehalt an TiO_2 2% nicht überschreiten dürfe, da sonst die Löslichkeitsgrenze des Elektrolyten für TiO_2 überschritten und dieser dickflüssig wird. Indessen hat Joachim W. Fischer[2]) die Löslichkeit von TiO_2 in einer Kryolithschmelze mit 10% Tonerde bei 1050° zu 4,5% und in Betriebsschmelze mit 7,3—12% Tonerde zu 5,50—5,60% bestimmt. Hier war ein Überschuß an AlF_3 vorhanden. Wie die Löslichkeitsverhältnisse in „alkalischer" Schmelze, also bei Überschuß von NaF liegen, scheint nicht untersucht worden zu sein.

Im Betrieb erreicht der Gehalt des Aluminiums an Titan im großen und ganzen nie die Höhe, die nach der Zugabe an Titandioxyd erwartet werden sollte, und schwankt obendrein stark. Es treten Verluste auf. Dazu kommt, daß „Titanöfen", denen kein TiO_2 mehr zugesetzt wird, noch viele Wochen lang Titan in wechselnden, aber manchmal bedeutenden Mengen in das Aluminium abgeben — ähnlich wie es die „Sialöfen" zeigen. Man vermutet, daß Titan durch Verflüchtigung — als TiF_4 — verlorengehen kann, hält aber diese Verluste für gering. Offenbar wurde überwiegend mit sauren Bädern gearbeitet. In alkalischen Bädern dürften andere Verhältnisse auftreten. Ginsberg und Holder[4]) haben beim Erhitzen von Gemischen aus TiO_2 und Natriumfluorid erhebliche Verluste durch Verdampfen von Titantetrafluorid (Siedepunkt 284° nach Ruff: Die Chemie des Fluors) festgestellt. Bei alkalischen Bädern sind solche Verluste also oft keineswegs zu vernachlässigen. Fischer[5]) deutet die Verluste in Titanöfen vor allem aus der Bildung von Al_3Ti, das unter dem Aluminium auf der Oberfläche des Kohlebodens ausseigert und dort auch in Spalten und Risse eindringt, wo er es beim Zerschlagen verbrauchter Öfen wiederfindet. Dieser „Schwereseigerung" schreibt er auch das Schwanken im Titangehalt und das monatelange Nachhinken bei Unterbrechung der Zugabe von TiO_2 zu. Das ist sicher eine zutreffende Erklärung, aber nicht die einzig mögliche. Man wird sich vorzustellen haben, daß Titandioxyd, ähnlich der (sandigen) Tonerde und dem Quarzsand und Silizium bei der Sial-Erzeugung, beim Eintragen in die Bäder nicht sofort völlig gelöst wird, sondern zum Teil mit Schmelze durch das Bad und die Metallschicht auf den Boden der Wanne fällt und sich in Krusten ansetzt. Das läßt sich immer wieder beobachten. Es ist naheliegend anzunehmen, daß das durchgefallene TiO_2 oder die Krusten beim Aufrühren von der Bodenoberfläche nach und nach, mal mehr mal weniger, wieder ins Bad gelangen und alle die unerwarteten Erscheinungen verursachen, die an Titanöfen beobachtet werden.

---

[4]) H. Ginsberg u. G. Holder, Z. f. anorg. u. allgem. Ch. 201, 203 (1931).

[5]) J. Fischer, Angewandte Chemie, Ausgabe B, 20. Jahrgang, 1948, Seite 21.

IV. Die Herstellung von Reinstaluminium durch Elektrolyse

Durch elektrolytische Raffination kann aus Hüttenaluminium und Aluminiumlegierungen ein Raffinadealuminium mit über 99,99% Al gewonnen werden.

Wie aus der Tabelle 5 über die Reihe der Abscheidungspotentiale[1]) zu ersehen ist, ist Aluminium, abgesehen von Magnesium, die unedelste Komponente aller praktisch zur Anwendung kommenden Legierungen.

Tabelle 5

Metall	Kathoden-Potential V	Wasserstoff-Überspannung V	Metall	Kathoden-Potential V	Wasserstoff-Überspannung V
K	+ 2,61		H	± 0,00	
Na	+ 2,45		Sb	— 0,1	0,233
Be	+ 1,69		Cu	— 0,34	0,19
Mg	+ 1,42		Ag	— 0,80	0,097
Al	+ 1,28	0,296	Pt	— 0,88	0,00
Zn	+ 0,76	0,482	(plat)		
		0,70	Pt	0,73	0,09
Fe	+ 0,43	0,17	(blank)		
Ni	+ 0,22	0,14	Au	— 1,18	0,02
Pb	+ 0,12	0,402			
Sn	+ 0,10	0,401			

Aus einer Anode, die bei Abwesenheit von Magnesium alle übrigen Legierungselemente enthält, wird daher praktisch nur das Aluminium in die entsprechende Verbindung überführt und vom Elektrolyten aufgenommen. Die Legierungskomponenten und Verunreinigungen werden bei genügender Diffusionsgeschwindigkeit in der Anode nicht ionisiert. Diese Voraussetzung ist bei der Verwendung einer flüssigen Anode in idealer Weise gegeben. Die in der Technik bisher angewendeten Verfahren zur elektrolytischen Raffination arbeiten daher alle mit flüssiger Anode und einem aus Fluoriden bzw. Chloriden der Erdalkali- und Alkalimetalle bestehenden Elektrolyten. Die Raffination mit fester Anode und Kathode bzw. mit fester Anode und flüssiger Kathode hat aus den genannten und später zu besprechenden Gründen keinen Eingang in die Technik gefunden. Bei allen Verfahren wird durch Entladung von Chlor- und Fluorionen anodisch Aluminium in Lösung gebracht.

An der Kathode soll sich nach einer Annahme Gadeaus[2]), der mit einem bariumchloridhaltigen Elektrolyten arbeitete, primär Barium bilden, das dann nach der Gleichung:

$$3\,Ba + 2\,AlF_3 = 3\,BaF_2 + Al_2$$

aus dem Aluminiumfluorid Aluminium freimacht. Diese Theorie stützt sich auf die

[1]) Paul Röntgen, Ztschr. Aluminium (1941) Nr. 3.
[2]) R. Gadeau, Chim. et Ind. 34, 1021 (1935).

Beobachtung, daß in einem an Aluminiumchlorid verarmten Bade, in dem sich außerdem das Verhältnis

$$AlF_3 \text{ zu } NaF \text{ von } AlF_3 \cdot 1{,}5\, NaF_3 \text{ zu } AlF_3 \cdot 3\, NaF$$

verschoben hat, bis zu 3% Barium im Kathodenaluminium gefunden wurde, ferner auf den nach der Thomsenregel berechneten Zersetzungsspannungen

$$\begin{aligned} BaCl_2 &= 4{,}4\ V \\ AlF_3 &= 4{,}8\ V \\ NaF &= 5{,}9\ V. \end{aligned}$$

Grube und Hantelmann[3]) kommen auf Grund eigener Überlegungen und Versuche zu der Auffassung, daß aus den Werten der Zersetzungsspannungen von Bariumchlorid und Aluminiumfluorid nicht auf die Abscheidungsfolge an der Kathode rückgeschlossen werden kann, da die Zersetzungsspannung des Aluminiumfluorids deswegen größer ist, weil das Fluor an der Anode bei einem höheren Potential abgeschieden wird als das Chlor. Sie nehmen auf Grund der Beobachtung, daß bei normalem Ablauf der Elektrolyse nur Aluminium abgeschieden wird, an, daß dieses auch primär nach

$$Al^{+++} + 3\ominus \rightleftharpoons Al$$

entsteht, während derselbe Vorgang an der Anode von rechts nach links verläuft. Die Mitabscheidung nennenswerter Mengen von Barium ist in der Raffination der VAW, Grevenbroich, in der mit reinen Fluoridelektrolyten gearbeitet wird, nie beobachtet worden; sie ist offenbar nur dann möglich, wenn der Elektrolyt durch partielle Verdampfung von Aluminiumchlorid oder Aluminiumfluorid sehr stark an Aluminiumsalzen verarmt. In diesen Fällen ist eine Mitabscheidung sowohl von Barium als auch von Natrium zu erwarten.

Über die Auflösungsvorgänge an der Anode haben die obengenannten Forscher[3]) eine bemerkenswerte Arbeit veröffentlicht. Sie stellten durch Messung der Pontentialdifferenz zwischen einer Anode aus edlerem Metall und einer stromlosen Aluminium-Elektrode fest, daß die für wässerige Elektrolyte und Raumtemperatur aufgestellte Spannungsreihe mit einer kleinen Einschränkung auch für die Verhältnisse bei der Dreischichten-Elektrolyse mit einem bariumchloridhaltigen Elektrolyten Gültigkeit hat.

Bei der Messung der anodischen Auflösung von Legierungen fanden sie, daß sich das Aluminium praktisch restlos herauslösen läßt, ehe die edleren Metalle mit gelöst werden. Tritt aber dieser Fall ein, so ändert sich die Anodenspannung sprunghaft auf die des nächstedleren Metalls.

Über die EMK des sich bei der Raffinationselektrolyse bildenden Polarisationselementes wurden eingehende Untersuchungen von Grube und Hantelmann durchgeführt. Die Gesamtpolarisation setzt sich zusammen aus der elektromotorischen Kraft des galvanischen Elementes:

$$Al_{fl} \,/\, \text{Salzschmelze } (Al^{+++}) \,/\, \text{Al-Cu-Legierung}_{fl}$$

---

[3]) G. Grube und P. Hantelmann, Ztschr. Elektrochemie, Bd. 48, Nr. 8 (1942), 56 (1952) 1.

und der Überspannung Ü, die sich aus einem anodischen Anteil $Ü_A$ und einem kathodischen $Ü_K$ zusammensetzt,

$$P = E + Ü$$

Die Polarisationsspannung wurde nach der Unterbrechermethode von Drossbach[4]) bestimmt und der Einfluß von Stromdichte, Temperatur, Legierungs-

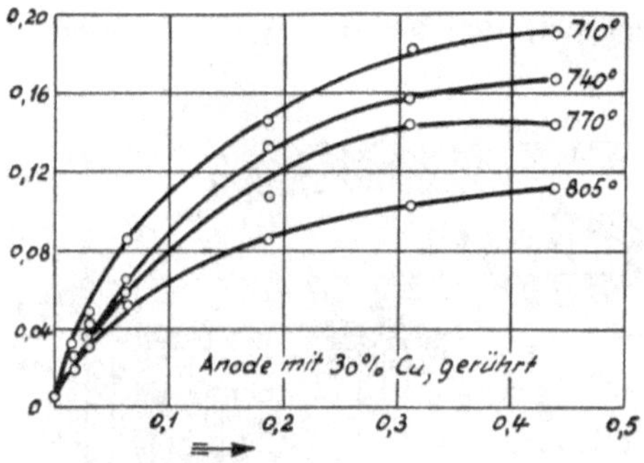

Abb. 55. Abhängigkeit der Polarisationsspannung von der Temperatur und Stromdichte bei bewegtem Elektrolyten.

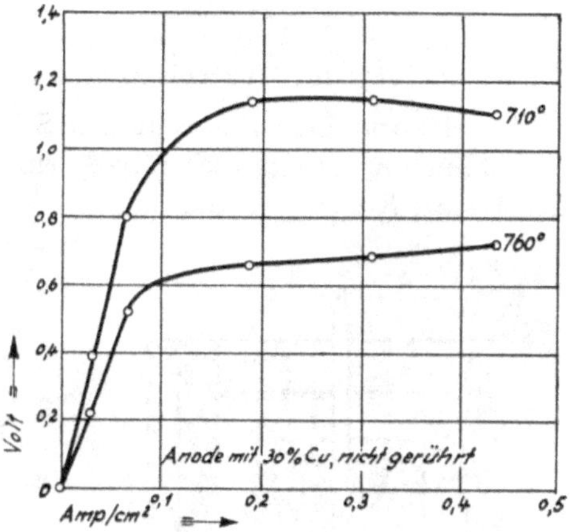

Abb. 56. Abhängigkeit der Polarisationsspannung von der Temperatur und Stromdichte bei unbewegtem Elektrolyten.

zusammensetzung und Bewegung der Schmelze untersucht. Wie die aus dieser Arbeit entnommenen Schaubilder zeigen (Abb. 55—57), wird die Polarisation durch Temperaturerhöhung und durch Bewegung des Bades merklich herabgesetzt. Der Einfluß der Kupferkonzentration der Anode ist gering. Bis zu einer Stromdichte von 0,2 A/cm² steigt die Polarisationsspannung schnell an; bei weiterer Erhöhung der Stromdichte ändert sie sich nur wenig. Die Messungen wurden unter Verwendung eines Elektrolyten, bestehend aus 23% AlF_3, 17% NaF und 60% $BaCl_2$ durchgeführt. Die gefundenen Gesetzmäßigkeiten sind aber ohne Bedenken auch auf die Elektrolyse mit reinem Fluoridelektrolyten zu übertragen. Betriebsmessungen nach der Stromspannungsmethode ergaben bei einer Stromdichte von 0,5 A/cm² und 750° C eine Polarisationsspannung von 0,3 Volt.

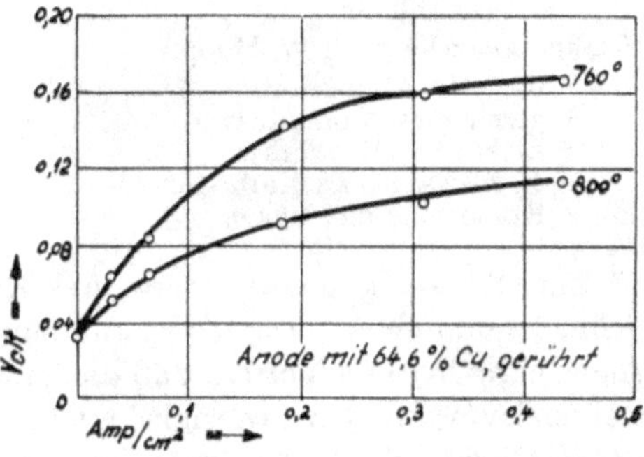

Abb. 57. Abhängigkeit der Polarisationsspannung von der Temperatur bei bewegtem Elektrolyten.

[4]) P. Droßbach, Ztschr. Elektrochemie, Bd. 40, S. 606 (1934), Elektrochemie geschmolzener Salze.

Über den Einfluß der anodischen und kathodischen Stromdichte auf die Qualität des Reinstaluminiums liegen bisher keine Untersuchungen vor. Aus Gründen der Diffusion in der Anode wäre es zweckmäßig, die anodische Stromdichte möglichst klein zu halten. Eine zu hohe Stromdichte könnte dazu führen, daß auch die edleren Komponenten in Lösung gebracht werden, dagegen sollte die kathodische Stromdichte mit Rücksicht auf die später zu besprechenden Zusammenhänge zwischen Stromausbeute und Stromdichte möglichst groß sein.

1. Entwicklung der elektrolytischen Raffination mit flüssiger Anode und Kathode

Die elektrolytische Raffination im Schmelzfluß wurde zunächst im Zweischichten-Verfahren mit einem Elektrolyten durchgeführt, der bei der Arbeitstemperatur leichter als Reinaluminium ist.

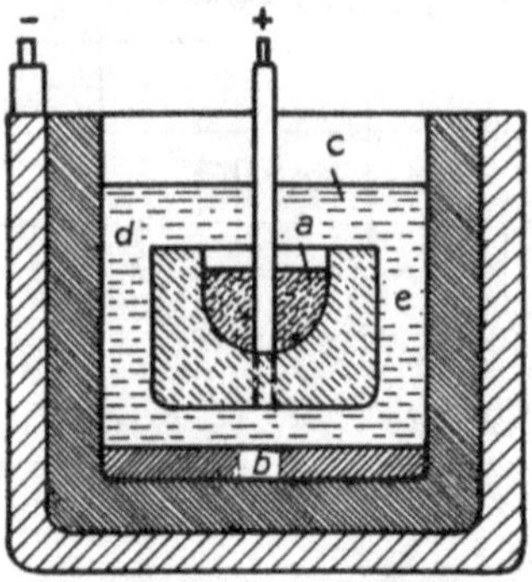

Abb. 58.
Raffinationszelle nach W. Hoopes.
a unreines Aluminium,
b gereinigtes Aluminium,
c Elektrolyt (Kryolith),
d Kohlewanne als Kathode,
e Kohletiegel als Anode.

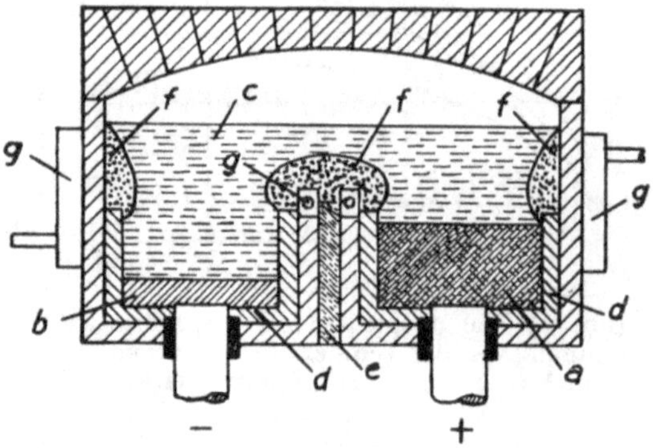

Abb. 59.
Raffinationszelle nach S. A. Tucker.
a—d siehe Abb. 58,
e isolierende Trennwand,
f erstarrter Elektrolyt,
g Wasserkühlmantel.

Zur Trennung des Anoden- und Kathodenmetalles setzte Hoopes[5]) in den Schmelzraum einen Tiegel zur Aufnahme des Anodenmetalles ein (Abb. 58). Diese Anordnung hat den Vorteil, daß die ganze Innenwand aus Kohlenmasse aufgebaut werden kann; große Schwierigkeiten dürfte hingegen die Stromzuleitung zum Tiegel bereitet haben, da bei den angewendeten Temperaturen ein starker Verschleiß aller in Frage kommenden Werkstoffe auftritt. Tucker[6]) (Abb. 59) ordnete Anoden- und Kathodenraum nebeneinander an und trennte die Räume durch eine in ihrem oberen Teil wassergekühlte, aus Kohle bzw. feuerfestem Material bestehende Wand. Durch diese Wasserkühlung kommt es zur Ausbildung eines Schmelzeansatzes. Wahrscheinlich konnte nur durch diese Maßnahme ein unerträglich hoher Verschleiß des oberen Brückenteiles und eine Vermischung des Metalles beider Räume durch Risse und Poren in der Brücke vermieden werden. Vorteilhaft ist, daß die

[5]) H. Ginsberg, Ztschr. Aluminium, Nr. 3 (1941), DRP 133909.
[6]) USA. P. 1384499.

Zelle vollkommen gekapselt werden kann. Bei beiden Konstruktionen sind die Stromwege sehr groß. Man müßte zur Senkung des Ohmschen Widerstandes bei festliegendem Abstand Anode—Kathode den leitenden Querschnitt vervielfachen, um die Zellenspannung nicht zu sehr ansteigen zu lassen. Dadurch würde die Produktion je m³ Ofenraum aber sehr gering werden.

Eine Weiterentwicklung war daher erst möglich, als Betts[7]) vorschlug, als Anode und Elektrolyt Legierungen und Schmelzen zu verwenden, die infolge abgestufter spezifischer Gewichte eine schichtenförmige Anordnung zulassen. Das Anodenmetall soll mit Kupfer oder anderen Schwermetallen legiert und der Elektrolyt durch Barium oder Strontiumsalze auf das erforderliche spezifische Gewicht eingestellt werden. Die von Betts vorgeschlagene Zelle ist in Abb. 60 dargestellt. Dieser im Jahre 1905 gemachte Vorschlag wurde 1922 durch Hoopes in Zusammenarbeit mit der Aluminium Companie/America, aufgegriffen und mit abgeänderter Zelle und einem verbesserten Elektrolyten erstmalig ein Metall von 99,9% Reingehalt erzeugt. Die Arbeitstemperatur lag mit 950° C sehr hoch. Es wurde ein Elektrolyt folgender Zusammensetzung verwendet:

$$BaF_2\ 33-38\%,\ NaF\ 25-30\%,\ AlF_3\ 30-35\%.$$

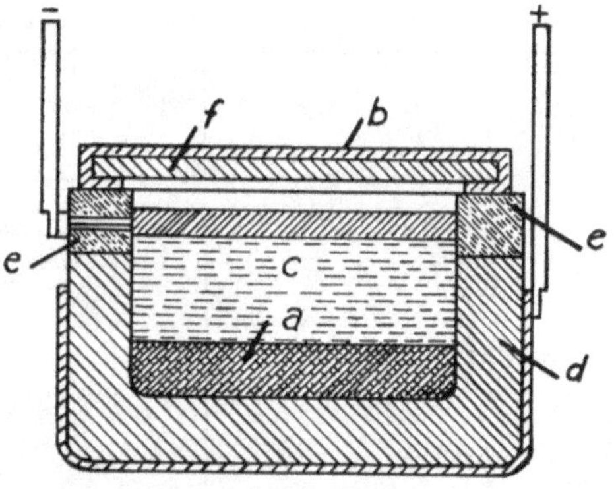

Abb. 60. Raffinationszelle nach A. G. Betts.
a—c siehe Abb. 58,
d Kohlewanne als Anode,
e isolierender Aufsatz,
f Deckel gegen Strahlungsverluste.

Das spezifische Gewicht dieses Elektrolyten lag bei der Arbeitstemperatur etwa bei 2,5—2,7. Reinaluminium hat bei dieser Temperatur ein spezifisches Gewicht von rd. 2,3. Bei der Wahl dieses Elektrolyten wurde große Rücksicht auf seine Oxydlöslichkeit genommen. Diese, sich eng an die Erfahrung bei der Tonerdeelektrolyse anlehnende Überlegung, sowie einige Betriebsschwierigkeiten mit zwischen den Schichten auftretenden Schlacken, mögen zur Verwendung hochschmelzender Salzgemische geführt haben.

Wie sich sehr bald herausstellte, ist ein Betrieb der Raffinationszellen bei diesen Temperaturen nicht wirtschaftlich. Da auch Magnesit angegriffen wird, mußte Kohlenstoff zur Innenauskleidung verwendet und die zwischen Anode und Kathode liegende Isolationsschicht wassergekühlt werden. Dadurch wird der Betrieb sehr kompliziert und der Wärmehaushalt der Zellen ungünstig beeinflußt. Außerdem ist es sehr schwierig, den Luftzutritt zu der aus Kohlenmasse bestehenden Kathode zu verhindern und den dadurch bedingten starken Luftabbrand zu vermeiden. Wie aus der Abb. 60 entnommen werden kann, kann allein dadurch die Wirtschaftlichkeit der Dreischichten-Elektrolyse in Frage gestellt werden.

Aus diesen Gründen bemühten sich Gadeau und Mitarbeiter[8]) darum, einen tiefschmelzenden Elektrolyten zu finden. Sie schlugen ein Gemisch von Barium-

[7]) DRP 186182.
[8]) DRP 489869 (1930) und 600555 (1934).

chlorid, Aluminiumfluorid und Natriumfluorid mit einem Schmelzpunkt von unter 750° vor, so daß die Raffinationszelle mit etwa 800° C betrieben werden konnte. Bei dieser Arbeitstemperatur ist es möglich, Magnesit als Baustoff für die Innenwand der Zelle zu verwenden und die Stromzuleitung über Graphitelektroden in der Mitte der Kathodenschicht anzuordnen. Durch diese Anordnung bleiben die Wandungen an der Berührungsebene, Schmelze—Kathode verhältnismäßig kalt. Es kommt zur Bildung von Schlacken. Dadurch wird die Vermischung von Anoden- und Kathodenmetall vermieden.

Bei der Raffination mit einem bariumchloridhaltenden Elektrolyten bildet sich Aluminiumchlorid. Wegen des tiefen Siedepunktes dieser Verbindung kommt es zu einer partiellen Verdampfung. Dadurch wird die laufende Einstellung des Elektrolyten und vor allem die Einschaltung der Zellen erschwert.

Tabelle 6

	Schmelzpunkt °C	Siedepunkt °C	Dampfdruck 760 Torr °C
$BaCl_2 \cdot 2H_2O$ . . .	960	1560	—
BaF_2	1287	~ 2260	—
NaF	992	1740 (1704)	—
AlF_3	—	Subl. 1260	—
$AlCl_3$	(192,5)? 190	182,7 0,99 atm	177,8
$AlNa_3F_6$	1100	—	—
CaF_2	1392	2500	—

Tabelle 7

Dichten geschmolzener Salze[4])

$$dt = a - b \cdot 10^{-4} (t - t_1)$$

Salz	a	b	t, °C
NaF	1,942	5,6	1000
NaCl . . .	1,505	6,0	850
$BaCl_2$ . . .	3,12	6,0	1000
$AlCl_3$ . .	1,33	25	190
Na_3AlF_6 . .	2,04	8,0	1035
$CaCl_2$ . . .	2,03	4,0	850

Außerdem beeinträchtigt ein relativ hoher Elektrolytverbrauch die Wirtschaftlichkeit des Verfahrens. Vorteilhaft ist hingegen die im Vergleich zum reinen Fluoridelektrolyten geringe Aggressivität gegenüber Magnesit. Wegen der geschilderten Nachteile und aus dem Bestreben heraus, die Arbeitstemperatur der Zelle noch weiter zu senken, entwickelte die Schweizer Aluminium-Industrie einen Elektrolyten[9]), der nur aus Fluoriden besteht und einen Schmelzpunkt von 680° C aufweist; eine geeignete Zusammensetzung ist die folgende:

[9]) Ztschr. Aluminium 20 (1938) Nr. 6.

$36\%\ AlF_3$
$30\%\ AlF_3 \cdot 3\,NaF$
$18\%\ BaF_2$
$16\%\ CaF_2$

Das spezifische Gewicht dieser Schmelze beträgt 2,8 bei 750° C.

Wie langjährige Erfahrungen gezeigt haben, tritt keine partielle Verdampfung der einzelnen Komponenten auf. Dadurch wird die laufende Ergänzung des Elektrolyten und vor allem das Anfahren der Zellen sehr einfach. Die durch das Zufüllmetall eingeschleppten Oxydhäute scheiden sich in Form oxydreicher Schlacken an den Zellenwandungen und auf der Oberfläche des Kathodenmetalles ab.

Bei allen bis dahin vorgeschlagenen Zellenbauweisen für die Dreischichten-Elektrolyse mußte das zu raffinierende Metall über einen durch Kathode und

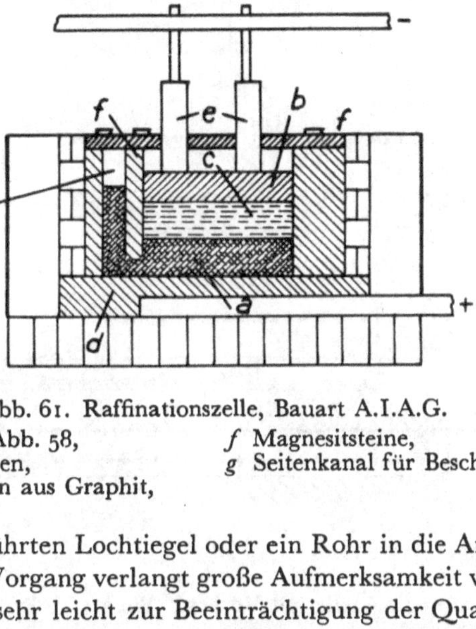

Abb. 61. Raffinationszelle, Bauart A.I.A.G.

a—c siehe Abb. 58,
d Kohleboden,
e Elektroden aus Graphit,
f Magnesitsteine,
g Seitenkanal für Beschickung.

Schmelze hindurch geführten Lochtiegel oder ein Rohr in die Anodenlegierung eingefüllt werden. Dieser Vorgang verlangt große Aufmerksamkeit von der Bedienungsmannschaft und führt sehr leicht zur Beeinträchtigung der Qualität des Raffinadealuminiums. Aus diesen Gründen entwickelten von Zeerleder und Hurter[10]) eine Zelle mit einem Seitenkanal zum Einbringen des Rohmetalles. In Abb. 61 ist eine derartige Zelle dargestellt.

Während der Raffination reichern sich die Schwermetalle im Anodenmetall an. Setzt man beispielsweise täglich 100 kg Hüttenaluminium mit 0,25% Fe und 0,25% Si einer Anodenlegierung zu, die beim Einschalten aus 30% Cu, 1% Fe, 1% Si, Rest Al besteht und ein Gewicht von 4 t aufweist, so reichert sich nach 16 Monaten die Anodenlegierung wie folgt an: 30% Cu, 4,5% Si, 4,5% Fe. In diesem Stadium ist ein Weiterbetrieb infolge Verstopfung der Zufüll-Löcher und Erhöhung des Schmelzpunktes der Anodenlegierung nicht mehr möglich. Die Zelle muß ausgeräumt, neu beschickt und wieder zugeschaltet werden. Da erst nach etwa 3 Monaten Betrieb ein Aluminium mit 99,99% Reinheit anfällt, der Verbrauch an allen Rohstoffen

[10]) Ztschr. Erzmetall Nr. 2 (1949).

beim Anfahren besonders hoch ist und das Mauerwerk außerordentlich in Mitleidenschaft gezogen wird, wird die Wirtschaftlichkeit des Verfahrens durch diesen Vorgang sehr beeinträchtigt.

Völlig unmöglich war aus diesen Gründen ein Einsatz von Aluminiumschrotten. Die geringen Preise für minderwertige Schrotte ließen jedoch gerade die Raffination dieses Abfallproduktes als besonders interessant erscheinen. Es wurden daher bei der

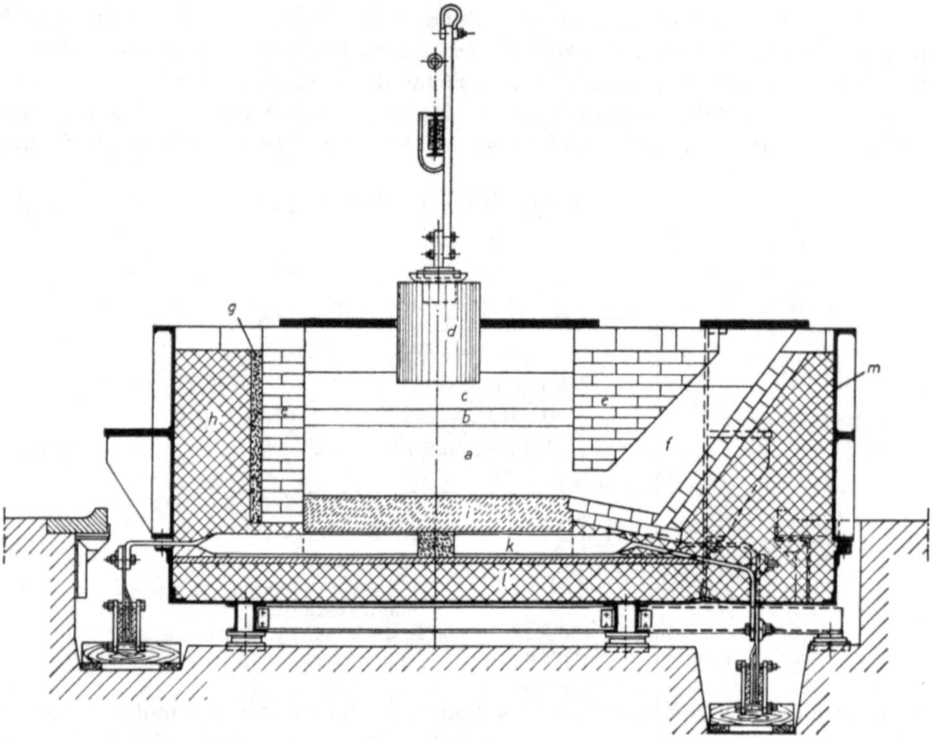

Abb. 62. Raffinationszelle mit Vorherd (Bauart VAW Grevenbroich).

a Mutterlegierung, *b* Fluorid-Elektrolyt, *c* raffiniertes Metall, *d* Kathode aus Graphit, *e* Magnesitmauerwerk, *f* Vorherd, *g* Isolationsschicht, *h* Seitenisolation, *i* Kohleboden, *k* Anodenschiene, *l* Bodenisolation, *m* eiserne Zarge.

VAW Grevenbroich im Jahre 1938 Versuche zur Schrottraffination aufgenommen. Bei diesen Versuchen zeigte sich, daß unter bestimmten Bedingungen schwermetallreiche Schmelzen aus dem Anodenmetall ausseigern. Es wurde eine Zelle entwickelt, die die laufende Entfernung dieser Seigerprodukte und damit einen kontinuierlichen Betrieb gestattete. Eine derartige Raffinationszelle mit Vorherd ist in Abb. 62 dargestellt. Damit ist die Entwicklung der Dreischichten-Elektrolyse grundsätzlich als abgeschlossen zu betrachten. Alle weiteren Forschungen werden sich in erster Linie mit einer Verringerung des Rohstoffverbrauchs, einer Verbesserung der Zellenhaltbarkeit und der Auffindung von Elektrolyten mit höherer Leitfähigkeit befassen.

2. Raffination mit fester Anode und fester Kathode, sowie mit fester Anode und flüssiger Kathode

Der AIAG Neuhausen ist ein Raffinationsverfahren geschützt, das mit festen Elektroden arbeitet. Als Elektrolyt dient ein Gemisch aus Aluminium-(III-)chlorid und Alkalichloriden mit einem Schmelzpunkt von etwa 150° C. Die Arbeitstemperatur liegt bei 200° C. Bei den ersten Versuchen gelang es nicht, an der Kathode dichte, festhaftende Niederschläge zu erhalten. Erst durch einen Zusatz von einigen Prozenten Bleichlorid zum Elektrolyten konnten diese Schwierigkeiten behoben werden. Diese, sich an die Erfahrungen mit Kolloidzusätzen bei der Kupferelektrolyse anlehnende Arbeitsweise hat jedoch den Nachteil, daß das Kathodenaluminium 1—2% Blei aufweist. Eine ausreichende Abtrennung des Bleis durch Seigerung ist nicht möglich; da ein bleihaltiges Aluminium nur für einige Spezialzwecke, z. B. Automatenlegierungen, interessant ist, ist das Verfahren in dieser Form nicht anwendbar.

In der chemotechnischen Versuchsanstalt des Lautawerkes wurde daher seinerzeit der Versuch gemacht, die Abscheidungsform des Kathodenmetalls durch andere Mittel als durch Bleichlorid zu beeinflussen. Es wurden versuchsweise die verschiedensten Metalle zugesetzt, sowie der Einfluß der Überlagerung mit nieder- und hochfrequentem Wechselstrom und von Gleich- bzw. Wechselstromfeldern verschiedener Frequenz, sowie der beider Mittel gleichzeitig studiert.

Es gelang jedoch in keinem Falle, kompakte Schichten von mehr als 0,4 mm Dicke zu erhalten. Da die Elektrolyse mit fester Kathode danach als aussichtslos erschien, wurden im Lautawerk und an der Bergakademie Clausthal durch H. Grothe Versuche mit fester Anode und flüssiger Kathode aufgenommen. An beiden Stellen wurde als Kathode eine Aluminium-Magnesium-Legierung mit einem Schmelzpunkt von etwa 450° C gewählt. Diese Legierung hat neben ihrem tiefen Schmelzpunkt den Vorteil, daß sie durch Destillation in ihre Komponenten getrennt werden kann. Im Lautawerk wurde als Elektrolyt ein Gemisch von Natriumchlorid und Magnesiumchlorid gewählt. Die Arbeitstemperatur lag bei 500° C. Es war beabsichtigt, mit einer Kathodenmetallzusammensetzung von 70% Magnesium und 30% Aluminium zu beginnen, nach einer Verarmung auf etwa 40% Magnesium einen Teil des Kathodenmetalls zu entnehmen, zu destillieren und das Magnesium wieder zuzusetzen.

Die Versuche zeigten, daß auch bei hohen Stromdichten ein guter Reinigungseffekt erzielt wird. Es traten dagegen durch starke Verdampfung des sich anodisch bildenden Aluminium-(III)-chlorids unüberwindliche Schwierigkeiten auf. Auf die gleichen Schwierigkeiten stieß bei seinen Versuchen H. Grothe. Er stellte daraufhin eingehende Untersuchungen über den Einfluß der verschiedenen Elektrolytzusammensetzungen auf die Verflüchtigung des Aluminium-(III)-chlorids an. Dabei stellte er fest, daß sich unter bestimmten Bedingungen Komplexsalze, wie z. B. $KAlCl_4$ bilden, deren Dampfdruck auch bei hohen Temperaturen sehr niedrig ist. Da von allen Komplexverbindungen des Aluminium-(III)-chlorids das $KAlCl_4$ den geringsten Dampfdruck aufweist, wird vorgeschlagen, Kaliumchlorid als wesentlichen Bestandteil des Elektrolyten zu verwenden.

Die binären Gemische haben den Nachteil, daß bei einer partiellen Verdampfung der tiefschmelzenden Komponente der Schmelzpunkt des Gemisches sehr schnell ansteigt und es schwierig ist, den Elektrolyten flüssig zu halten. Bei einigen untersuchten ternären Gemischen, wie z. B.

$$KCl—AlCl_3 — NaCl$$
$$KCl—AlCl_3 — LiCl$$
$$KCl—AlCl_3 — MgCl_2$$

wurden Mischungslücken festgestellt, die sich erst bei Temperaturen über 800° C schließen. Durch Zusatz einer weiteren Komponente kann diese Mischungslücke zu tieferen Temperaturen verschoben werden. H. Grothe gibt dafür einige Beispiele an:

Tabelle 8

$AlCl_3$	KCl	LiCl	NaCl	$MgCl_2$	Entmischung °C
47,77	28,97	23,26	—	—	775
46,3	33,33	12,97	—	7,4	610
37,2	14,88	22,32	—	25,6	590

Zur Verbesserung der Leitfähigkeit soll den Schmelzen LiCl zugesetzt werden. Da Mg-Ionen die Mitabscheidung der Alkalimetalle verhindern, wird der Elektrolyt zweckmäßig aus den Salzen: Aluminium-(III)-chlorid, Kaliumchlorid, Lithiumchlorid und Magnesiumchlorid aufgebaut. Bei einer Schmelze mit 46,3% $AlCl_3$, 33,33% KCl, 12,97% LiCl, 7,4% $MgCl_2$, einer kathodischen Stromdichte von 1 A/cm² und einer Temperatur von 700° C wurde eine Polarisationsspannung von 2,33 V ermittelt. Das Verfahren hat bisher noch keine Anwendung in der Technik gefunden.

3. Die Raffination von Aluminiumschrott in der Dreischichten-Elektrolyse

Die große Zahl der Umschmelzgußlegierungen bietet einem gut eingerichteten Schmelzwerk die Möglichkeit, die Masse des anfallenden Schrottes in einem oder mehreren Schmelzvorgängen auf sogenannte Standardlegierungen zu verarbeiten. Wie die Jahresdurchschnittsanalyse des Schrottvorschmolzes eines größeren Schmelzwerkes zeigt (siehe S. 107), fällt jedoch immer ein Teil minderer Qualität an, der nicht oder nur über einen Verschnitt mit sehr viel gutem Material auf Gußlegierungen aufzuarbeiten ist. Dieses Metall kann zum Teil zur Desoxydation von Stählen Verwendung finden. Liegen die Kupfer- bzw. Bleigehalte jedoch höher als die in der folgenden Analyse angegebenen Werte

Nr.	Cu	Zn	Pb	Sn	Weitere Bestandteile	Al %
411	4,5	1,0	0,3	~	Zn + Pb + Sn — 1,2%	Al + Mg mind. 92%
413	5,5	3,0	1,0	0,5	Zn + Pb + Sn — 4,0%	88%

so ist auch diese Absatzmöglichkeit nicht mehr gegeben. Man kann je nach Schrottsituation und Aufbereitungstechnik des Schmelzwerkes damit rechnen, daß 5—10% des Schrottvorschmolzes nur noch für den Einsatz in einer Raffination geeignet ist.

Die durchschnittliche Zusammensetzung der im Jahre 1947 in die Raffinalanlage der VAW Grevenbroich gespeisten Schrotte war folgende:

6,03% Cu, 2,05% Zn, 1,54% Si, 1,56% Fe, 0,7% Mn,
0,4% Ni + Pb + Sn, Rest Al.

Die Schrottaufbereitung eines Schmelzwerkes mit angeschlossener Raffination erfolgt damit nach folgendem Schema: Abb. 63.

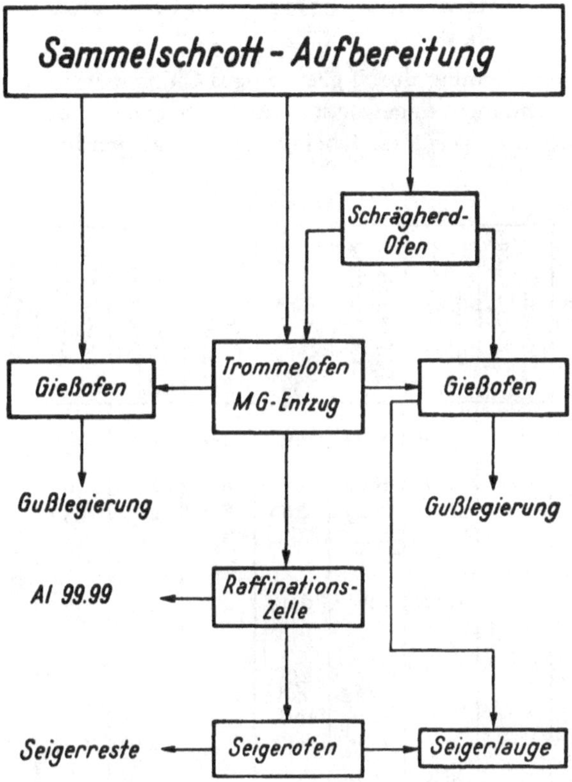

Abb. 63. Schema einer Schrottaufbereitung.

4. Der Magnesium-Entzug

Außer Aluminium geht Magnesium anodisch in Lösung. Es war daher zu befürchten, daß sich Magnesium kathodisch mitabscheidet. Im Laufe der letzten Jahre wurden versuchsweise in die Raffination Grevenbroich große Mengen einer Schrottlegierung mit 0,1—0,2% Magnesium eingesetzt. Bei diesem Betrieb konnte im Anoden- und Kathodenmetall analytisch kein Magnesium gefunden werden, dagegen kam es zur Bildung von Schlacken an den Wänden und auf dem Kathodenmetall, die neben Tonerde größere Mengen Magnesiumfluorid enthielten. Dadurch stieg der Verbrauch an Schmelzemitteln an. Bei höheren Magnesiumgehalten im Anodenmetall würde die Schlackenbildung kaum noch zu beherrschen sein und der erhöhte Schmelzemittelverbrauch die Wirtschaftlichkeit sehr beeinträchtigen. Es ist daher notwendig, hochmagnesiumhaltigen Schrotten das Magnesium durch einen vorgeschalteten Prozeß zu entziehen. Dieser Entzug erfolgt mit Hilfe von Fluoriden und Chloriden oder aber durch gasförmiges Chlor nach folgenden Reaktionen:

$$3\,Mg + 2\,AlF_3 \rightleftarrows 3\,MgF_2 + 2\,Al$$
$$Mg + 2\,NaF \rightleftarrows MgF_2 + 2\,Na$$
$$Mg + 2\,NaCl \rightleftarrows MgCl_2 + 2\,Na$$
$$Mg + 2\,KCl \rightleftarrows MgCl_2 + 2\,K$$
$$Mg + Cl_2 \rightleftarrows MgCl_2$$

Die Magnesiumentfernung durch gasförmiges Chlor wird in der Technik bereits in beachtlichem Umfange angewendet. Aus einer nach dem Chlor-Stickstoff-Verfahren von Röntgen-Haas arbeitenden Anlage werden folgende Daten angegeben[11]):

Tabelle 9

Legierung	Einsatz kg	Mg vor Chlorierung %	Zn vor Chlorierung %	Mg nach Chlorierung %	Zn nach Chlorierung %	Gesamtabbrand %	Einschm.- u. Gießverlust %	Mg Zn-Abbr. durch Chlor %	Al-Abbrand durch Chlor %	Theor. Cl_2-Bedarf f. Mg kg/t	prakt. Cl-Verbrauch kg/t
G AlSi 12 < 0,2% Cu	105783	0,51	0,09	0,02	0,07	3,9	1,5	0,51	1,9	14,8	17,1
225...	19809	2,0	0,86	0,12	0,75	6,3	2,2	1,99	2,1	58,0	63,2
ähnlich 413	15060	1,23	4,20	0,29	2,80	8,0	2,1	2,34	3,5	27,4	36,1
Kolbenlegierung AlSi 13 1% Ni	1 Charge 2792	0,60	0,10	0,09	0,09	4,8	2,3	0,51	2,0	14,9	18,4
Guß-Legierung Knet-Legierung Desox.-Legierung	t etwa 1500			% Mg entf. 0,85	% Zn entf. 0,51	7,1	3,0a	1,26	2,8	23,3	32,2
Davon AlSi 13	etwa 200	0,50	0,10								

Für den Magnesiumentzug durch ein Gemisch von Chloriden und Fluoriden wurde ein Ofentyp entwickelt, der speziell für den Durchsatz von Schrotten mit großem Verhältnis von Oberfläche zum Volumen geeignet ist. Darin werden die Abfälle unter einer Salzdecke eingeschmolzen, die gleichzeitig als Widerstand in einen Stromkreis eingeschaltet ist. Dadurch bleibt die Salzschicht heiß und damit reaktionsfähig. Dünnwandige Abfälle, wie Späne, Geschirre und dünne Bleche, schmelzen beim Durchgang durch die Salzschicht und reagieren unter Bildung von Magnesiumsalzen. Die an Oxyd angereicherte Schmelze setzt sich am Boden der Zelle ab und kann von dort durch Lochkellen entfernt werden. Diese Abtrennung der verbrauchten von der gesunden Schmelze wirkt sich günstig auf den Verbrauch

[11]) W. Dautzenberg, Ztschr. Metall Nr. 7/8 (1950).

von Salzen aus. Der Schmelzverlust ist relativ gering, da die Abfälle sehr schnell von flüssigem Salz umhüllt und dadurch vor weiterer Oxydation geschützt werden; folgende Zahlen veranschaulichen das:

Feuchtigkeits- und Schmelzverlust	9,1%
Salzverbrauch	18,5%
Stromverbrauch	2,4 kWh/kg
Elektrodenverbrauch	2,5%

Schwere Metallabfälle fallen zu schnell durch die Salzschicht hindurch, dadurch wird die Reaktion erschwert und der Metallsumpf abgekühlt. Für den Durchsatz dieser Schrotte ist daher der Trommelofen bekannter Bauart besser geeignet.

5. Aufbau und Kennzahlen einer Raffinationszelle

Abb. 62 zeigt eine mit Vorherd versehene Raffinationszelle, wie sie zum laufenden Durchsatz von Schrotten der obengenannten Zusammensetzung betrieben wird. Die Innenwand besteht aus einer 25 cm starken Magnesitschicht. Die Isolationsschicht ist 40—50 cm dick und besteht aus Sterchamolstein mit einem spezifischen Gewicht von 0,7. Der etwa 8 cm breite Zwischenraum zwischen diesen beiden Schichten ist mit Sintermagnesit ausgefüllt. Der Boden besteht aus amorpher Kohle, in die Eisenschienen für die Stromzuleitung eingestampft sind. Die Stromzuleitung zur Kathodenschicht erfolgt über zylindrische Grafitelektroden. Zum Schutz gegen Luftabbrand sind die Grafitelektroden mit einem 4 cm starken Mantel aus Raffinadealuminium umgeben. Der Kopf der Elektrode muß besonders am Nippel gegen Luftabbrand geschützt werden; das geschieht mit Hilfe einer am oberen Nippelende sitzenden Kontermutter, durch die eine Dichtungsscheibe an den Aluminiummantel bzw. an die Elektrode angepreßt wird. In neuerer Zeit werden die Elektroden mit Ammonphosphat-Boraxlösungen imprägniert (schw. Patent-Anmeldung Nr. 259597). Dadurch wird ihre Haltbarkeit wesentlich gesteigert. Eine imprägnierte Grafitelektrode mit 200 mm ∅ und 500 mm Länge hält 1½—2 Jahre.

An der Zelle ist ein geräumiger Vorherd angebracht. Er mündet in einem 25 cm breiten und 20 cm hohen Kanal in die Anodenschicht ein. Der schräg verlaufende Teil des Vorherdes ist so ausgebildet, daß der Durchgang zur Zelle und auch ein Teil des Bodens von außen bearbeitet werden kann und die Entfernung der Seigerprodukte einfach ist. Zur Erhöhung ihrer Verschleißfestigkeit besteht die Rückwand des Vorherdes ebenfalls aus Magnesitsteinen. Die Zelle ist mit Sicromalblechen abgedeckt.

Die wichtigsten Kennzahlen einer Raffinationszelle mit einer Belastung von 14000 A und einer Tageserzeugung von etwa 100 kg Aluminimum 99,99% sind aus folgender Zusammenstellung zu entnehmen.

Querschnitt der Zelle	2,5 × 1,5 m²
Strombelastung	14000 A
Stromdichte (anod. u. kath.)	0,36 A/cm²
Gesamtspannung der Zelle	6,5 V
Tägliche Erzeugung einer Zelle	100 kg
Stromausbeute	~ 95%
Gleichstromverbrauch je kg Raff.-Al	20—22 kWh
Grafitelektrodenverbrauch	5—8%

Elektrolytverbrauch	10%
Metalleinsatz je 100 kg Raff.-Al	120—130 kg
Ausseigerungen je 100 kg Raff.-Al	20—30 kg
Temperatur im Kathodenmetall	740—760° C
Temperatur im Vorherd	700—720° C
Schichthöhe des Anodenmetalls	35—40 cm
Schichthöhe des Kathodenmetalls	20—25 cm
Schichthöhe des Elektrolyten	10 cm
Gesamttiefe der Zelle	95 cm
Stärke der Magnesitwand	25 cm
Stärke der Isolierschicht	40 cm

Die zu raffinierende Legierung wird flüssig in den Vorherd eingesetzt, dabei tritt eine Verdünnung der Anodenlegierung an dieser Stelle ein. Es besteht die Gefahr, daß die verdünnte und damit leichtere Legierung an der Einmündung in die Zelle aufschwimmt und das Kathodenmetall verunreinigt. Darauf muß sowohl beim Zufüllen als auch bei der Bemessung der Dicke der Anodenschicht Rücksicht genommen werden. Bei einem 20 cm hohen Vorherdkanal soll die Höhe der Anodenschicht 20—40 cm betragen.

Dicke und Querschnitt der Elektrolytschicht sind von ausschlaggebender Bedeutung für die Stabilität und Rentabilität der Raffination. Die durch den Ohmschen Widerstand der Elektrolytschicht verbrauchte Arbeit erscheint als Wärme und dient zur Aufrechterhaltung der Zellentemperatur. Bei gegebener Stromstärke wird der Widerstand bestimmt durch Querschnitthöhe und den spezifischen Widerstand der Schmelze. Aus Gründen des Energieverbrauchs ist es bedeutsam, den Ohmschen Widerstand klein zu halten, d. h. bei gegebenem spezifischen Widerstand und gegebener Stärke der Elektrolytschicht soll der Querschnitt möglichst groß sein. Die ersten in der Raffination der VAW Grevenbroich betriebenen Raffinationszellen hatten eine Stromdichte von 0,52 A/cm² für Anode und Kathode. Bei dieser Stromdichte, der erforderlichen Temperatur von 750° max. und der gegebenen Zellenisolation mußte die Elektrolytschicht auf eine Stärke von 5 cm eingestellt werden. Ein störungsfreier Betrieb dieser Zelle war trotz aufmerksamster Bedienung nicht möglich. Es kam sehr häufig zur Vermischung von Anoden- und Kathodenmetall. Die Metallqualität konnte nur zeitweise auf 99,99% Aluminium gebracht werden. Die Stromausbeute lag bei etwa 75%. Aus diesen Gründen wurde 1940 eine Zelle mit vergrößertem Querschnitt und verbesserter Isolation in Betrieb genommen. Die Daten dieser beiden Zellentypen sind aus der Tabelle 10 zu entnehmen.

Tabelle 10

	Zelle 1 (alte Zelle)	Zelle 2 (neuere Zelle)
Badquerschnitt . . . . m²	2,70	3,84
Strombelastung . . . . A	13948	13948
Stromdichte . . . . A/cm²	0,52	0,36
Dicke der Elektrolytschicht . . . . cm	5	10
Zellenspannung V	5,9	6,3
Stromausbeute . . . . %	73	92
Stromverbrauch / 100 kg erzeugte Raff.-Al kWh	2417	2061
tägliche Erzeugung an Raff.-Al . . . . . . kg	82	103

Wie daraus zu ersehen ist, konnte der kWh-Verbrauch infolge einer Steigerung der Stromausbeute um etwa 4 kWh gesenkt werden. Die theoretischen Beziehungen zwischen Stromdichte, Dicke der Elektrolytschicht und der Stromausbeute ist näherungsweise durch folgende Formel darstellbar:

$$\eta = K^{\frac{1}{D \cdot l}}$$

darin ist η die Stromausbeute, K eine Konstante, die empirisch zu ermitteln ist, D die Stromdichte in A/cm² und l der Elektrodenabstand in Zentimeter. Danach hängt die Ausbeute exponentiell von der mittleren Stromdichte und Schichthöhe ab; sie nimmt mit wachsendem Abstand und mit der Stromdichte zu. Die Konstante K wurde für alte und neue Zelle empirisch aus den Betriebswerten ermittelt:

Alte Zelle:

$$\eta = 75\%, \; D = 0{,}52, \; 1 = 5 \text{ cm} : K_1 = 0{,}47.$$

Neue Zelle:

$$\eta = 95\%, \; D = 0{,}36, \; 1 = 10 \text{ cm} : K_2 = 0{,}83.$$

Die errechneten Abhängigkeiten sind in den Abb. 64 und 65 graphisch dargestellt. Die Werte, auf denen die Kurven aufgebaut sind, hängen sehr stark von der Größe der Konstanten ab. Die Ermittlung der Konstanten über die betriebliche gefundene Stromausbeute dürfte relativ genau sein. Der außerordentlich große Einfluß der Schichtstärke auf die Stromausbeute kann nur dadurch erklärt werden, daß das an der Kathode abgeschiedene Metall teilweise in der Schmelze wieder gelöst, durch Bewegung des Elektrolyten zur Anode gelangt und dort mit dem Fluor wieder Aluminiumfluorid bildet. Die Bewegung in der Schmelze wird zweifellos durch die starke Stromlinienanhäufungen zwischen den in der Schmelze schwimmenden Krusten begünstigt. Über das Lösungsvermögen der Fluoridschmelze für Aluminium wissen wir relativ wenig (vgl. S. 18).

Ähnliche Abhängigkeiten wurden von Droßbach bei der Untersuchung der Bleichloridelektrolyse gefunden:

Stromstärke 1 A, t = 600° C. Dauer der Elektrolyse 40 Min.

Elektrodenabstand in mm	2,5	5,0	10	25	35	60
Stromausbeute in %	77,5	79,2	81,3	85,4	87,6	87,5

Temperatur 600° C, Elektrodenabstand 34 mm

Stromstärke	2,0	1,0	0,5	0,3	0,1	0,05	0,03	0,01
Stromausbeute	95,3	92,6	89,7	84,1	72,8	44,7	19,7	0,01

Aus den Zahlen der Aufstellung und aus den geschilderten Betriebserfahrungen ist abzuleiten, daß eine Mindeststärke der Elektrolytschicht von 8—10 cm erforderlich ist. Bei diesem Elektrodenabstand kann man die Stromdichte auf Werte von unter 0,4 A/cm² senken, ohne eine unerträgliche Verringerung der Stromausbeute in Kauf nehmen zu müssen.

Da bei gegebener spezifischer Leitfähigkeit und Dicke des Elektrolyten der Ohmsche Widerstand, wie oben gesagt, nur durch seinen Querschnitt zu beeinflussen ist, d. h. die wünschenswerte Verringerung des Energieverbrauches nur durch eine Senkung der Stromdichte möglich ist. Ist der Verlauf der in den Abb. 64 und 65 dargestellten Abhängigkeiten für die Verbesserung des kWh-Verbrauchs sehr bedeutsam.

Die Höhe des Kathodenmetalls sollte 20—25 cm nicht unterschreiten. Von der Oberfläche dieser Schicht und den Graphitelektroden gehen etwa 80% der ge-

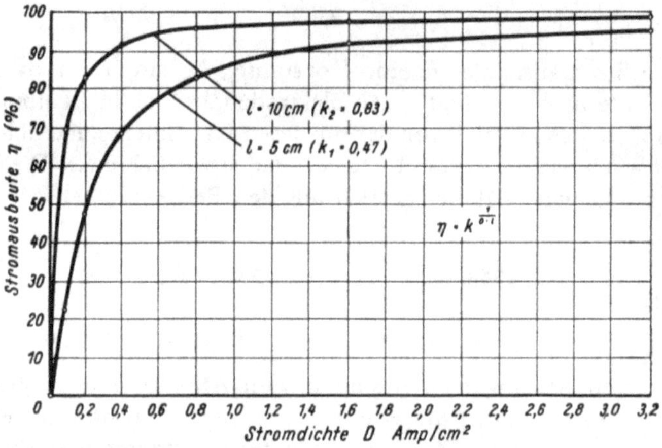

Abb. 64. Abhängigkeit der Stromausbeute η von der Stromdichte D bei konstantem Elektrodenabstand.

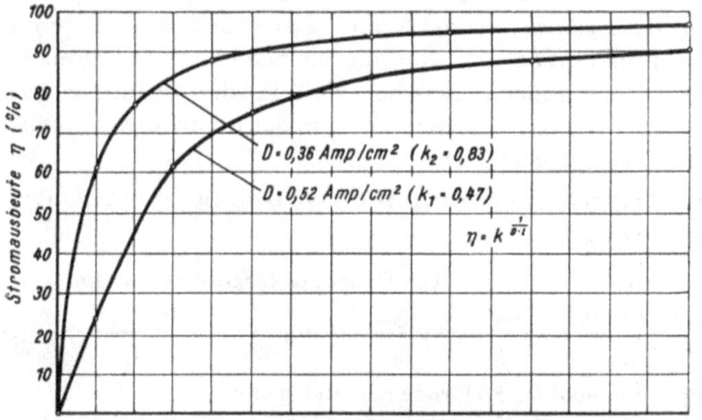

Abb. 65. Abhängigkeit der Stromausbeute η vom Elektrodenabstand l bei konstanter Stromdichte.

samten Wärme durch Konvektion und Strahlung verloren. Wenn das Volumen der Kathodenschicht gering ist, so kann es beim Einsetzen neuer Graphitelektroden und bei der Entnahme von Metall zu starken Temperatursenkungen kommen, und es besteht die Gefahr, daß der Schmelzpunkt des Elektrolyten erreicht wird. Es ist daher wichtig, daß der Wärmeinhalt des Kathodenmetalls eine kritische Grenze nicht unterschreitet. Da die Temperatur aus bekannten Gründen nicht über 750° C gesteigert werden sollte, kann die erwähnte Stabilität nur durch ein möglichst großes

Volumen erreicht werden. Die Höhe der Kathodenschicht wird weiterhin durch die Notwendigkeit bestimmt, die Verdampfung des Elektrolyten gering zu halten.

Aus den Darlegungen über die Höhe der einzelnen Schichten und den Querschnitt des Elektrolyten ist zu ersehen, daß die Abmessung der Raffinationszelle sich nach dem Einsatzmaterial, der Strombelastung und den Eigenschaften des Elektrolyten richtet.

6. Die Ausseigerung schwermetallreicher Schmelzen

Die Möglichkeiten, Schwermetalle oder schwermetallreiche Schmelzen im flüssigen Zustande oder durch fraktionierte Kristallisation von den aluminiumreichen Schmelzen zu trennen, hängt außer von den Verhältnissen im flüssigen Zustand von der Lage des Eutektikums und dem Neigungswinkel der Liquiduslinien ab. Die wichtigsten Beziehungen sind in den einer Arbeit von Röntgen entnommenen Abb. 66

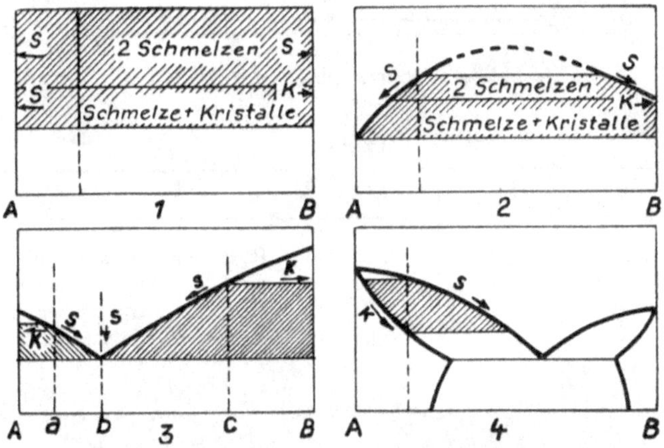

Abb. 66. Seigerungsgebiete.

und 67 dargestellt. Im Anodenmetall haben wir es mit einer aus 7—8 Komponenten bestehenden Legierung zu tun. Aus dem ternären Diagramm Al-Cu-Fe (Abb. 68) können wir entnehmen, daß der Eisengehalt der auftretenden Eutektika mit wachsendem Kupfergehalt abnimmt. Das ternäre Eutektikum, das bei 542° C schmilzt, enthält 32,2% Kupfer und 0,3% Eisen. Demgegenüber liegt das binäre Eutektikum AlFe bei 1,9% Eisen. Die Einflüsse der anderen Legierungselemente können nur empirisch ermittelt werden. In einer Versuchsreihe, bei der die Seigerung im Tiegel vorgenommen und die Kristallite mit einer Lochkelle

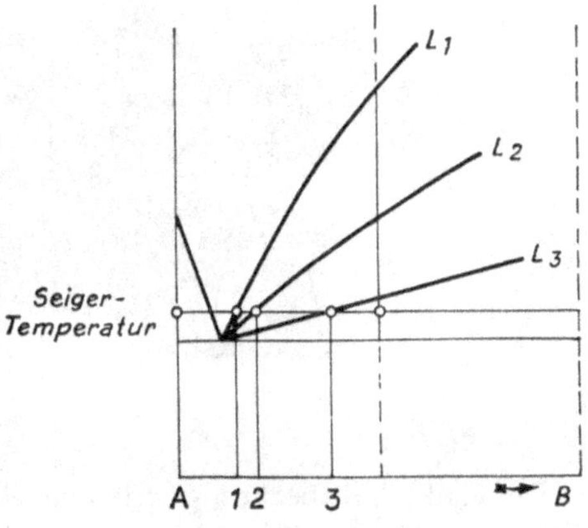

Abb. 67. Beziehung zwischen Neigung der Liquiduslinie und Zusammensetzung der Mutterlauge nach P. Röntgen.

entnommen wurden, wurde festgestellt, daß Mangan die Trennung begünstigt, d. h. es entstehen Mutterlaugen mit weniger Eisen als bei der Seigerung von manganarmen Legierungen.

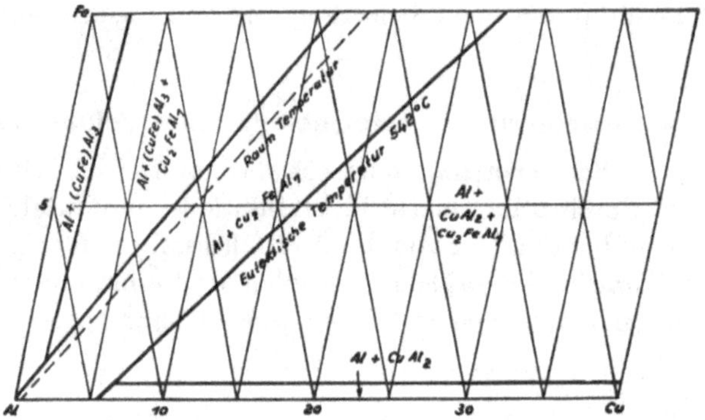

Abb. 68. Ternäres Diagramm Al-Fe-Cu.

Tabelle 11

Fe	Cu	Si	Mn	Al	
5,3	22,0	3,7	0,12	Rest	Ausgangslegierung
1,1	28,2	3,5	0,12	Rest	Analyse der Mutterlauge
4,7	17,5	3,0	1,8	Rest	Ausgangslegierung
0,7	22,8	2,5	0,4	Rest	Analyse der Mutterlauge

Abb. 69. Seigerrückstand.

Der Zinkgehalt begünstigt offenbar ebenfalls die Seigerung. Über die Rolle des Siliziums wissen wir bisher wenig. Die im laufenden Betrieb anfallenden Seigerrückstände sind sehr mannigfaltig. Abb. 69 zeigt ein typisches im Vorherd anfallendes Seigerprodukt.

7. Wärmebilanz einer Raffinationszelle

Zur Erfassung der Wärmeverluste werden die Konvektions- und Strahlungsverluste der Zellen unter Zuhilfenahme folgender Formeln und Konstanten ermittelt:

$$Q = \varphi\,(t_1 - t_2)\ \text{kcal/m}^2\,\text{h}$$

Davon ist t_1 die Temperatur der gemessenen Fläche und t_2 die des umgebenden Mediums.

φ ist für ruhende Luft und waagr. Wand $= 2{,}8 \cdot t_1 - t_2\ \text{kcal/m}^2\,\text{h}^0\,\text{C}$
für ruhende Luft und senkr. Wand $= 2{,}2 \cdot t_1 - t_2\ \text{kcal/m}^2\,\text{h}^0\,\text{C}$

Die Verluste durch Strahlung:

$$Q = C\frac{(T\,1)^4}{100} + -\frac{(T\,2)^4}{100}\ \text{kcal/m}^2\,\text{h}$$

Für die Konstante C wurden folgende Werte angenommen:

Magnesitsteine	3,76
Eisenbleche	3,80
Kupferstangen (schwarz oxydiert)	3,86
Raum zwischen Elektrode und Abdeckung . .	4,76
Aluminiumteile	1,49

Für die Strahlung des Bodens und der Außenverkleidung der Mulde kann die Konstante nach folgender Formel (für parallele gleich große Flächen) errechnet werden

$$C = \frac{1}{\frac{1}{C_1} + \frac{1}{C_2} - \frac{1}{4{,}96}}$$

Nach Schack und Rummel genügt als Anhaltspunkt die um 10% verringerte kleinere Konstante (C_1 oder C_2).

Im vorliegenden Fall wird C mit 3,39 eingesetzt.

Am unsichersten ist die Festlegung der Konstante für Aluminium. Die Bleche sind im Laufe der Zeit aufgerauht und leicht verschmutzt. Sie haben das Aussehen von Siluminguß. Es wird daher eine an diesem Werkstoff bestimmte Konstante eingesetzt. Die Verluste durch reine Wärmeleitung werden nicht ermittelt. Es wird vielmehr angenommen, daß praktisch die gesamte aus Anschlußeisen und Spindeln abgeleitete Wärmemenge durch Konvektion und Strahlung an diesen Teilen selbst und in den anschließenden Schienen bzw. in der Traverse verloren geht. Auf jeden Fall sind die durch diese Annahme entstehenden Fehler so gering, daß man sie vernachlässigen kann.

Aus der Tabelle 12 ist zu ersehen, daß der weitaus größte Teil der Wärme an der Oberfläche der Zellen verloren geht.

Verluste am oberen Teil des Ofens	52,5%
Verluste in den Elektroden und Spindeln .	26,3%
Verluste im Boden	7,5%
Verluste in den Verkleidungen	11,2%
Sonstige Verluste	2,8%

Für den Bau von Raffinationszellen folgt daraus, daß man die Wärmeverluste der Raffinationszellen vor allem durch eine Verbesserung der Ofenabdeckung wesentlich verringern kann.

Tabelle 12

Fläche	Verlust durch Konv. in kcal/m²/h	Verlust durch Strahlung in kcal/m²/h
Magnesitmauerwerk	1200	1000
obere Eisenabdeckung	2479	1642
Deckel für die Zufüll-Löcher	250	64
Alum.-Außenverkleidung bis		
Flurhöhe Breitseiten	1740	506
Schmalseiten	530	
Zargenverstrebungen		
horizontale Bleche	630	535
vertikale Bleche	197	
Badabdeckungen	3030	1080
Mittlere Stützbalken für Baddeckel		
Auflage	318	264
Stege	1280	1170
Innenfläche	450	253
Offene Zwischenräume zwischen		
Elektroden und Baddeckeln	810	1170
zur Wärmeregulierg. aufgelassene Deckel	2240	4180
Elektrodenmäntel	6190	3890
Kupferspindeln	737	613
Ofenboden	2060	1220
Äußere Muldenverkleidung	430	350
Anschlußeisen	70	48
Zuleitungsschienen und Seite	210	89
Traverse		
Kupferplatten	151	126
Aluminium-Teil	210	68
Aluminium-Bänder bis Flurhöhe	190	57
	25402	18325

8. Aufbau und Betrieb einer Raffinationsanlage

In der Raffinationsanlage der VAW Grevenbroich sind 42 Zellen in einem 30 m breiten und 110 m langen Gebäude untergebracht, die Mittelgänge sind 4,20 m breit. Von dieser Seite aus erfolgt die Beschickung mit dem vom Schmelzwerk kommenden Zufüllmetall, das Auswechseln der Elektroden und das Bedienen der Vorherde. Die Entnahme des Kathodenmetalls erfolgt meist von der dem Vorherd gegenüberliegenden Seite. Die Zellen werden mit 13000—14000 A belastet. Die Produktion liegt bei etwa 100 kg pro Tag und Zelle. Die Menge der einzufüllenden Umschmelzlegierung hängt von ihrer Analyse ab. Das Einfüllen dieser Legierung, die Entnahme des raffinierten Metalls und der Schmelzezusatz erfolgt in der Tagesschicht, der Wechsel der Elektroden und das Entfernen der Seigerprodukte während aller Schichten.

Die Wahl des Umformeraggregates hängt von der Spannung und daher von der Zahl der Zellen ab. Bis zu einer Spannung von 250 V werden Motorgeneratoren, bei höheren Spannungen Gleichrichter eingesetzt. Von besonderem Interesse für Anlagen mit kleiner und mittlerer Produktion ist die Entwicklung der Kontaktgleichrichter. Diese Umformer haben bei kleinen und mittleren Spannungen Wirkungsgrade von etwa 97%.

Das sogenannte Zufüllmetall wird im Schmelzwerk erschmolzen, von Magnesium befreit und flüssig in die Vorherde eingesetzt. Die Temperatur des Metalls liegt bei etwa 750° C. Vor dem Einsatz wird es sorgfältig von Oxydhäuten gereinigt. Das Einfüllen muß möglichst vorsichtig geschehen, damit die Umschmelzlegierung nicht auftreibt. Trotz der Dicke der Anodenschicht von etwa 40 cm ist das Einkippen im starken Strahl nicht ratsam.

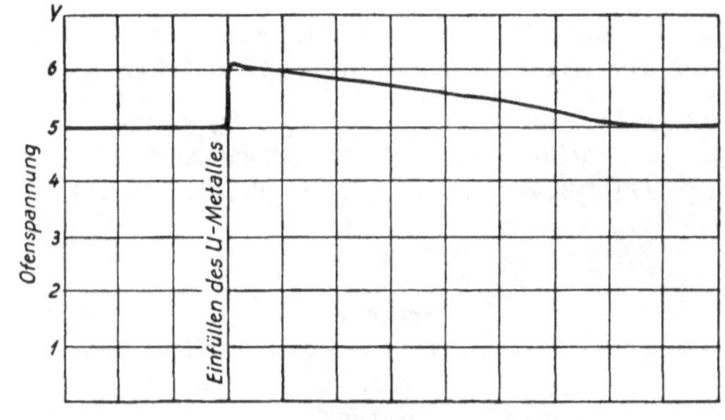

Abb. 70. Beeinflussung der Spannung durch Zugabe von frischem zu raffinierendem Metall.

Durch das Zufüllen verschieben sich die Schichten nach oben. Der Elektrolyt kommt in seinem oberen Teil in den Bereich der das Kathodenmetall umgebenden Randkruste. Dadurch wird sein Querschnitt verringert und die Ofenspannung steigt an. Durch die Elektrolyse und durch die Entnahme von Seigerprodukten sinkt das Anodenmetall und der Schmelzespiegel und auch entsprechend die Spannung wieder ab.

In Abb. 70 ist der durch diese Vorgänge bedingte, ungefähre Spannungsverlauf dargestellt. Ein ähnlicher Verlauf ist zu beobachten, wenn aus besonderen Gründen größere Mengen Elektrolyt zugesetzt werden müssen. Durch Verdampfung und Verkrustung gehen etwa 3—5% Elektrolyt verloren. Dieser Elektrolyt wird aus dem Rohstoff erschmolzen und vorgereinigt. Seine einzelnen Komponenten enthalten die untenstehenden Verunreinigungen an Kieselsäure und Eisenoxyd:

Tabelle 13

	SiO_2 %	FeO_3 %
Kalziumfluorid	1,58	0,26
Kryolith künstlich	0,68	0,08
Aluminiumfluorid	1,13	0,06
Bariumfluorid	0,02	0,06

Die Aufbereitung der Fluoride erfolgt zweckmäßig durch Einschmelzen in einem Magnesit- oder Kohletiegel und Reinigen in einer Raffinationszelle. Aus dieser Zelle kann die gereinigte Schmelze nach Bedarf mit Hilfe eines Lochtiegels entnommen werden. Sie enthält nur noch Spuren von Verunreinigungen. Die Zugabe kann flüssig oder fest erfolgen. Aus den Vorherden werden die Seigerprodukte mit Hilfe von Lochkellen entfernt. Sie fallen in ihrer Masse im unteren Teil des Kanals und an der Vorherdrückwand an. Der Zeitpunkt der Ausfällung hängt von der z. T. recht unterschiedlichen Zusammensetzung des Anodenmetalls (siehe Tab. 14), der Zellentemperatur und der Einstellung des zugefüllten Metalles auf die „seigerfreudigere“ Anodenmetallzusammensetzung ab.

Aufarbeitung von Rückständen aus der Dreischichtenschmelzflußelektrolyse

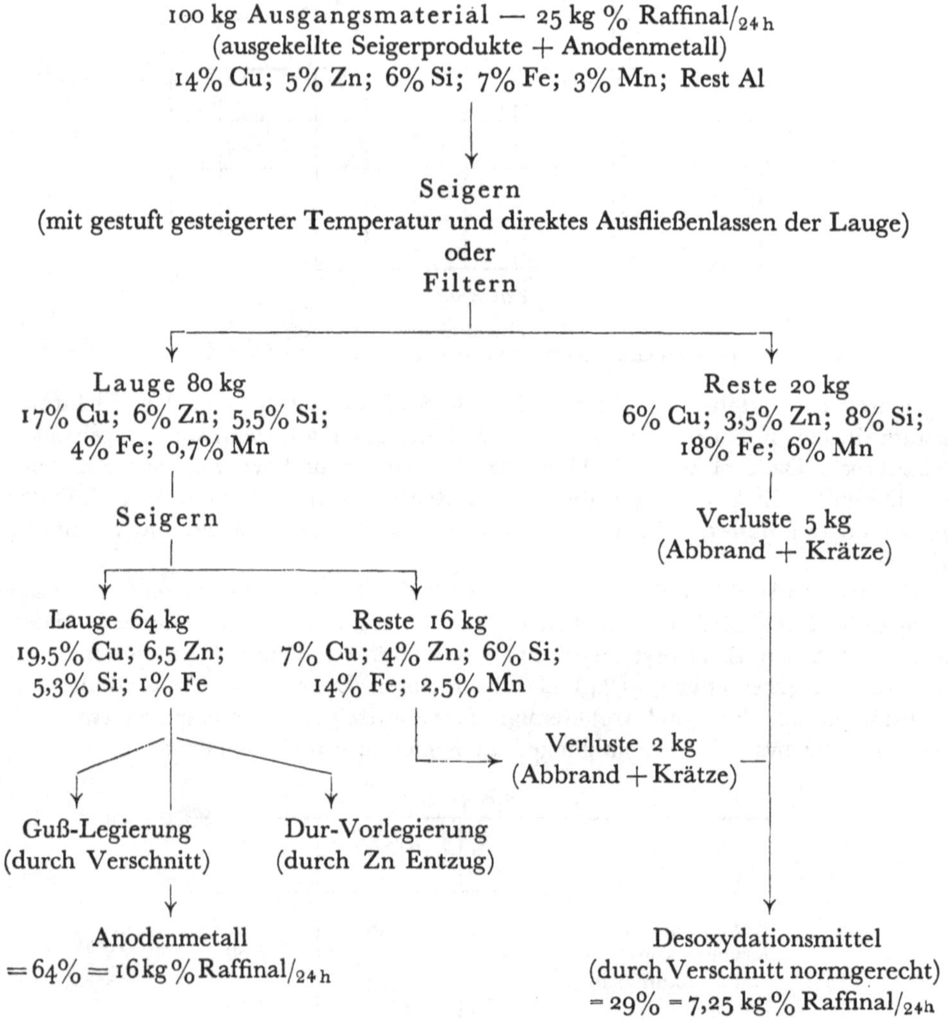

Tabelle 14. Analyse von Anodenmetallen

	Wichte	Cu	Zn	Si	Fe	Ni	Mn	Mg	Pb	Ni+Mg +Pb+Sn gesch.	Summe Beimengung	% Al
B 8	3,91	28,96	12,24	7,56	1,66	0,47	0,70	Sp.	0,41	0,5	22,5	47,5
C 5		36,80	11,16	8,40	2,08		1,26			1,5	61	39
C 9		20,00	8,14	5,20	1,98		0,75			1,5	37,5	62,5
D 4	4,16	30,12	14,56	8,56	3,65	0,31	1,59	0,22	0,59	0,5	50,00	50
D 5	4,25	32,08	6,22	7,62	3,10	0,70	1,50	0,07	0,96	0,5	53	47
D 6	4,33	33,32	5,88	7,40	2,94	0,50	1,50	0,07	0,77	0,5	53	47
D 7	4,07	28,14	5,12	7,50	3,74	0,56	1,56	0,18	0,42	0,5	48	52

Die Bedienungsmannschaft läßt die mitgenommene Lauge möglichst vollständig abtropfen. Trotzdem lohnt sich eine weitere Trennung durch einen Seigerprozeß, dessen Endprodukte eine eisen- und manganarme Seigerlauge und ein eisen- und manganreicher Seigerrest sind. Nach unveröffentlichten Untersuchungen von Wilhelm von Reis kann der Kupfergehalt der Reste durch verfeinerte Seigermethode und mehrstufiges Arbeiten auf 6—8% Cu gesenkt werden, so daß die Verwendung dieser Produkte für Desoxydationszwecke möglich erscheint (Abb. 71). Der geringe Eisen-, Mangan- und Magnesiumgehalt der Seigerlauge bietet die Möglichkeit, dieses Produkt auf Umschmelzgußlegierungen etwa folgender Zusammensetzung zu verschneiden:

Cu 6—8%, Zn 0,2—2,5%,
Mn 0,3—0,5%, Mg 0,05—0,1%
Si 1—4%, Ti 0,2%, Rest Al.

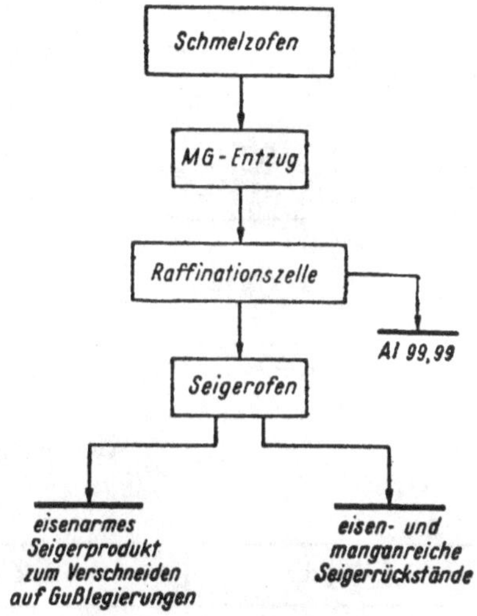

Abb. 71. Aufarbeitung von Rückständen aus der Dreischichtenschmelzfluß-Elektrolyse.

Bemerkenswert ist, daß der zulässige Mg-Gehalt der Legierungen sehr klein ist. Wie eigene Untersuchungen ergaben, wirken sich tatsächlich schon geringe Magnesiumgehalte außerordentlich versprödend aus.

Die Graphitelektroden werden von Zeit zu Zeit auf ihre Strombelastung geprüft. Sinkt die Soll-Belastung auf unter 50% ab, so wird die Elektrode gereinigt bzw. an der Einschnürungsstelle abgeschlagen und wieder eingesetzt.

Das Raffinadealuminium wird täglich durch visuellen Vergleich der Probeblöckchen und alle zwei Tage analytisch auf die Elemente Eisen, Silizium, Kupfer und Zink untersucht. Je reiner das Metall ist, um so gröber sind die Primärkristalle und um so höher ist der Glanz. Mit einiger Übung kann man daran Qualitätsschwankungen von einigen tausendstel Prozent erkennen. Bei eingelaufenem Betrieb liegen die oben genannten Verunreinigungen in der Größenordnung von 0,0005 bis 0,002%. Die Magnesiumbestimmung ist schwierig und ungenau, bisher konnten nur Spuren Magnesium gefunden werden. Nach amerikanischen Untersuchungen enthält das Raffinadealuminium auch Spuren von Gallium. Größere Verunreinigungen des Kathodenmetalls können nur durch mechanische Störungen infolge grober Unachtsamkeit der Bedienungsmannschaft beim Schöpfen und beim Kohlewechsel verursacht werden. Eine besondere Stellung nimmt wegen seines relativ hohen Dampfdruckes das Zink ein. Bei der Arbeitstemperatur von 750° C wird der unten angegebene Zinkwert von 0,0005—0,002% nicht überschritten. Werden größere Anteile festgestellt, so findet man gleichzeitig ein Ansteigen aller anderen Beimengungen.

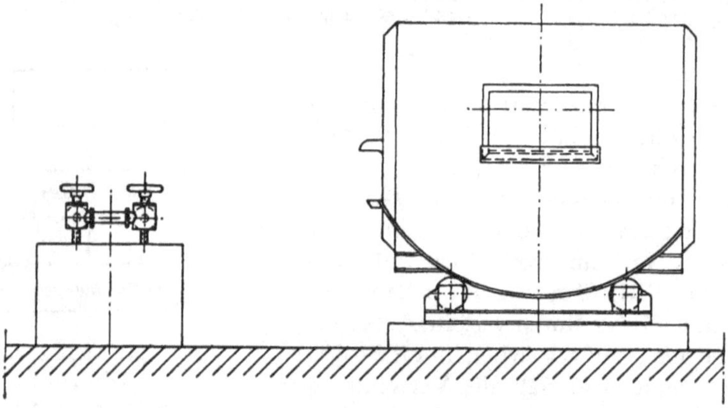

Abb. 72. Schema einer Gießanlage.

Tabelle 15

Kupfer	Zink	Silizium	Eisen
0,0020%	0,0005%	0,0020%	0,0015%
0,0120%	0,0032%	0,0070%	0,0060%
0,1700%	0,0490%	0,0390%	0,0230%

Das raffinierte Aluminium wird täglich mit Hilfe von Graphitkellen entnommen. Wie eine von K. Steinhäuser durchgeführte Gasanalyse zeigt, ist der Wasserstoffgehalt des Kathodenmetalls geringer als der des Hüttenaluminiums:

Wasserstoffgehalt im Hüttenaluminium . . . 0,35 cm³/100 g Al.
Wasserstoffgehalt im Raffinalaluminium . . 0,20 cm³/100 g Al.

Laufende Betriebsbeobachtungen zeigten, daß der Gasgehalt des Kathodenmetalls nahezu ausschließlich von der eingefüllten Legierung abhängig ist. Zur Produktion einwandfreier Barren muß das Metall durch Abstehen in einem Elektroofen entgast werden. Der in der Abb. 72 gezeigte Gießofen ist auf flüssigen und festen Einsatz eingerichtet und mit einer Stranggußanlage versehen. Beim Vergießen muß auf die außerordentliche Neigung des Reinstaluminiums zur Brückenbildung Rücksicht genommen werden. Trotz aller Bemühungen ist es bisher nicht gelungen, beim Strangguß ein feines Primärkorn zu erzielen. Der ganze Barren ist oftmals aus nur 3—4 Kristalliten aufgebaut. Es besteht beim Querwalzen die Gefahr einer Rißbildung an den Korngrenzen. Kornverfeinernde Zusätze sind meist unerwünscht. Man wird daher bei Formaten, bei denen ein Querwalzen im ersten Stich nicht vermeidbar ist, versuchen müssen, durch entsprechende Gießtechnik Einkristalle zu züchten, oder aber nach dem Durville-Guß zu arbeiten. Beim Walzen

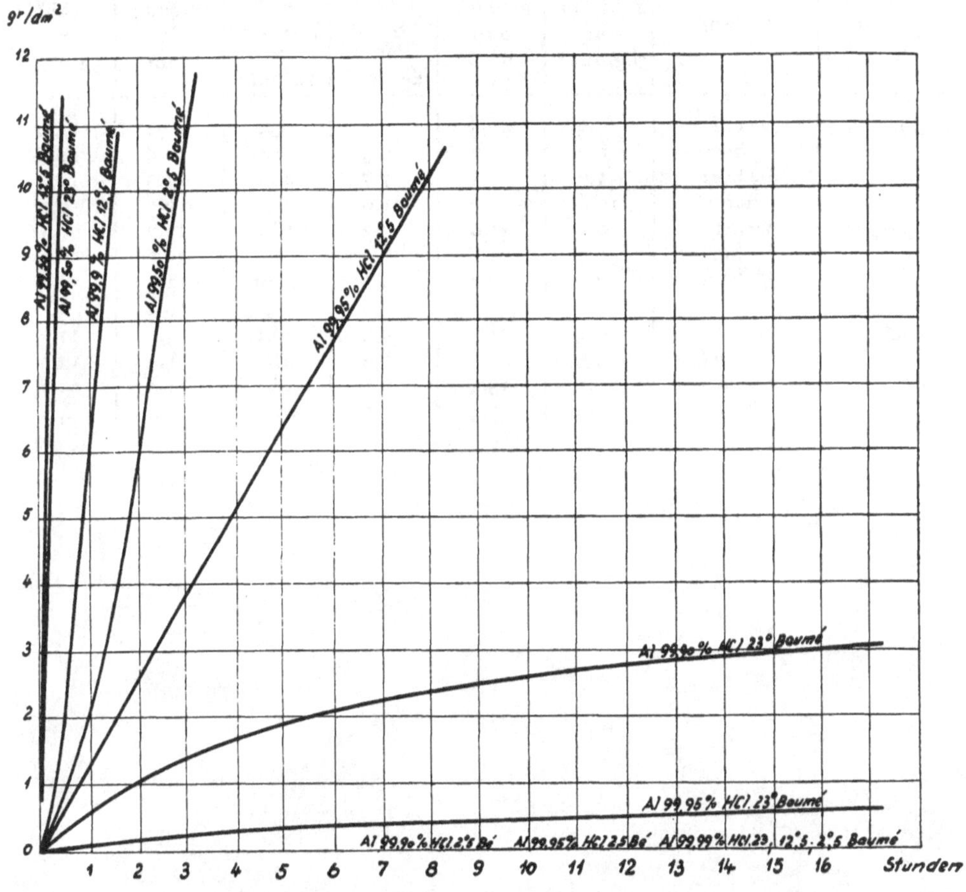

Abb. 73. Korrosionsbeständigkeit von Aluminium gegen Salzsäure. Gewichtsverluste in g/dm² abhängig von der Dauer des Angriffs.

soll das Primärgefüge durch möglichst hohe Vorblocktemperaturen oder durch Pressen und Zwischenglühungen vollständig zerstört werden, da es sich sonst bei der Verformung und Eloxierung abzeichnet. Einige wesentliche Eigenschaften des Raffinadealuminiums sind in folgender Tabelle und der Abb. 73 dargestellt.

Wegen unzureichender Verfahren zur Erzielung hochglänzender Eloxalschichten war der Einsatz des Raffinals und Reflektals bis zum Jahre 1949 im wesentlichen auf die Elektrolytkondensatorenindustrie beschränkt. Dort wird das Metall wegen der sich bei der Anodisierung bildenden Dichten und homogenen Oxydschicht und der daraus resultierenden Eigenschaften mehr und mehr angewendet. Durch Einführung einfacher Glänzverfahren ist es gelungen, das hochreine Aluminium für Reflektoren, Geschirre und Beschlagteile einzusetzen.

Tabelle 16

Reinheitsgrad in % Al	Zustand	Zugfestigkeit in kg/mm²	Bruchdehnung δ 10 in %	Streckgrenze (0,2%) in kg/mm²	Brinellhärte 5/62,5/30 in kg/mm²	Erichsentiefung in mm	Biegezahl (r = 10 mm)
99,9975	weich	4,9	46,5	2,6	14,2	14,2	24,0
	1/4 hart	6,8	12,2	6,3	21,0	11,8	19,6
	1/2 hart	7,9	9,3	7,7	24,1	11,5	14,0
	hart	12,6	5,7	11,8	31,0	10,3	9,0
99,94	weich	6,5	41,0	3,3	16,6	13,7	20,4
	1/4 hart	7,4	22,9	6,3	22,5	12,2	16,4
	1/2 hart	8,5	10,2	8,6	26,0	11,9	12,6
	hart	14,4	6,1	13,8	38,1	10,4	5,9
99,5	weich	8,1	41,7	4,3	20,1	13,1	17,0
	1/4 hart	9,5	21,1	8,3	27,4	11,9	12,5
	1/2 hart	10,8	13,7	9,7	28,8	11,8	10,7
	hart	17,3	5,4	16,5	47,0	9,4	4,2

B. Herstellung von Aluminium unter Umgehung der Elektrolyse

Bereits vor der Einführung des technischen Elektrolyse-Verfahrens hat man versucht, das Aluminium durch einfache thermische Reduktion mit Kohlenstoff aus seinen Verbindungen, in der Hauptsache aus dem Oxyd, herzustellen. Eine großtechnische Anwendung haben jedoch diese Versuche in ihrem Ergebnis nicht erlangt[1]. Aber trotzdem sich das elektrolytische Verfahren in der ganzen Welt durchgesetzt und bis zum heutigen Tage behauptet hat, sind die Versuche, die Elektrolyse durch ein thermisches Verfahren abzulösen, nicht zur Ruhe gekommen. Dies ist nicht zuletzt darauf zurückzuführen, daß die Elektrolyse eine recht umfangreiche Apparatur und ferner der Prozeß selbst einen sehr hohen Verbrauch an elektrischer Energie und hochwertigen Elektroden erfordert.

Obwohl die Zersetzungsspannung verhältnismäßig niedrig ist — die theoretische liegt bei etwa 2,1 Volt, die praktische infolge depolarisierender Nebenreaktionen bei etwa 1,6 Volt —, beträgt die Gesamtspannung infolge Ohmscher Widerstände im Bad 4—5 Volt und damit der Energieaufwand 16—19 kWh je kg Aluminium. Dieser hohe Energiebetrag ist bei freien Marktverhältnissen und in friedlichen Zeiten als das größte Hindernis für eine Produktionssteigerung in ganz großem Maße in allen den Ländern anzusehen, die über keine billigen Stromquellen verfügen. Daher bleibt es zweifellos reizvoll, sich mit dem Problem der Herstellung von Aluminium unter Umgehung der Elektrolyse zu beschäftigen.

Der erwähnten Reduktion von Al_2O_3 durch Kohlenstoff zu Metall und Kohlenoxyd läuft die Bildung von Aluminium-Karbid, Al_4C_3, parallel. Eine merkliche Reaktion zwischen Tonerde und Kohlenstoff tritt erst bei Temperaturen über 2200^0 T abs. ein. In diesem Temperaturgebiet besteht aber gleichzeitig eine starke Tendenz der Metalldämpfe, sich mit CO zu Karbid und Oxyd umzusetzen. Das Aluminium-Karbid ist ein außerordentlich beständiger Körper, der sich erst oberhalb 2600^0 T abs. unter Freigabe von Aluminium-Dämpfen zersetzt. Alle diese Angaben sind unterbaut durch thermo-dynamische Berechnungen, die im großen und ganzen mit entsprechenden Versuchsbeobachtungen gut übereinstimmen[2].

Es ist hiernach leicht verständlich, daß alle Vorschläge, reines Metall durch die direkte Reduktion von Aluminium-Oxyd mit Kohlenstoff zu gewinnen, zum Scheitern verurteilt waren. Zu erwarten sind nur Reaktions-Produkte, die aus Mischungen von Aluminium-Metall, Aluminium-Karbid und Aluminium-Oxyd bestehen.

Um der Schwierigkeit der Karbid-Bildung zu entgehen, wurde — um nur einige Beispiele zu nennen — vorgeschlagen, absichtlich Karbid bei etwa 1500^0 in einem

---

[1]) S. u. Geschichtl. Entwicklung der Aluminium-Elektrolysezellen, S. 1, ferner S. 124.

[2]) S. ausführliche Darlegung von H. Ginsberg u. P. Weiss im Engelhardt, Handbuch der Elektrochemie, das demnächst neu erscheint!

Karborundum-Ofen zu erzeugen und dieses in einem zweiten Arbeitsgang gemäß der folgenden Gleichung mit Barium-Oxyd umzusetzen:

$$2\,Al_4C_3 + 3\,BaO = 6\,Al + Al_2O_3 + 3\,BaC_2 \,.$$

Metallisches Aluminium soll dabei flüssig erhalten werden, während sich Barium-Karbid am Boden des Ofens sammelt. Aus dem Barium-Karbid soll Barium-Oxyd wieder zurückgewonnen werden[3]).

Der Franzose H. L. Gentil[4]) reduziert Aluminium-Oxyd mit Schwefeleisen in einem elektrischen Ofen bei einer Temperatur von etwa 1600° C und bei einem Unterdruck von 10—12 mm Quecksilber. Metallisches Aluminium destilliert dabei unter einer Atmosphäre von SO_2 und kondensiert angeblich mit einem Reinheitsgrad von etwa 99,5% bei einer Ausbeute von 90%.

Diese beiden Vorschläge geben nach unseren Erfahrungen nur sehr unvollkommene Ausbeuten und führen zu großen apparativen Schwierigkeiten. Sie werden im vorliegenden Stadium nicht als wirtschaftlich realisierbar angesehen.

Einen bemerkenswerten Schritt voran kam E. J. Kohlmeyer[5]) dadurch, daß er reines Al_2O_3 zu Briketts preßte und diese in einen Kohletiegel fallen ließ, der auf etwa 2200° C erhitzt war. Die Reduktionskohle gab hierbei die Tiegelwand ab. Erreicht wurde ein gewissermaßen gesteuerter Reaktionsablauf und weitgehendste Verhinderung der Karbidbildung. Kohlmeyer erhielt auf diese Weise Schmelzen, die neben einem beachtlichen Gehalt (etwa 70%) an freiem Aluminium nur noch etwa 15% Oxyd und 10% Al_4C_3 enthielten. Auf Grund der Beobachtung, daß sich zunächst kein metallisches Aluminium abscheidet, bis etwa das Verhältnis Al-O erreicht ist, wird angenommen, daß die Metallabscheidung unter den gegebenen Versuchsbedingungen über das Suboxyd verläuft:

$$3\,AlO \longrightarrow Al + Al_2O_3 \,,$$

oder

$$3\,Al_2O \longrightarrow 4\,Al + Al_2O_3 \,.$$

Bei weiter fortschreitender Reduktion nahm die Schmelze unter Karbidbildung Kohlenstoff auf.

Von größerem Erfolg waren die Bemühungen, auf elektrothermischem Wege Aluminium-Legierungen zu gewinnen. Es zeigte sich nämlich, daß bei Gegenwart von Metallen, die sich mit Aluminium legieren und deren Affinität zu Kohlenstoff und Sauerstoff geringer ist als diejenige des Aluminiums, eine vollständige Reduktion der Tonerde und eine Vermeidung der Aluminium-Karbidbildung erreicht werden kann. Es genügt offenbar die Mischungsenthalpie der beiden Metalle allein, das chemische Gleichgewicht der ablaufenden Reaktionen stark nach der Metallseite hin zu verschieben.

Der erste Vorschlag, aluminiumoxydhaltiges Ausgangsgut mit Kohle im elektrischen Ofen umzusetzen, kam bereits 1862 von E. H. C. Monckton[6]). Es wurde hier auch schon der später wiederholt geäußerte Gedanke ausgesprochen, dem

---

[3]) A. Gaschler, D.R.P. Nr. 679 (1939).
[4]) H. L. Gentil, Schweizer Patent Nr. 204161.
[5]) E. J. Kohlmeyer u. S. Lundquist, Z. a. u. allg. Ch. 260 (1949) 208.
[6]) E. H. C. Monckton, E. P. 264 (1862).

oxydischen Ausgangsmaterial Zusatzstoffe beizugeben. Dabei ist allerdings nicht bei allen Vorschlägen klar ersichtlich, ob die Tonerde sich in dem Zusatzstoff lösen und die Reduktion in einer Salzschmelze vonstatten gehen soll, ob sich intermediär Verbindungen bilden sollen oder ob, wie in dem Vorschlag von T. R. Haglund[7]), der bekanntlich eine Sulfidschmelze erzeugt, erreicht werden soll, daß das metallische Aluminium von einer schmelzflüssigen Schlackenschicht überdeckt und so vor dem Verdampfen und der Rückoxydation geschützt wird. Um die Verdampfung des Aluminiums möglichst gering zu halten, soll nach der Meinung anderer Forscher das Metall aus der Reduktionszone herausdestilliert und in besonderen Kammern niedergeschlagen werden. Auch sehen verschiedene Vorschläge vor, das Reaktionsgut nur kurze Zeit auf hoher Temperatur zu belassen und dann schnell abzukühlen. Vorschläge dieser Art sind in letzter Zeit erneut vorgebracht worden und lehnen sich z. T. stark an den sich bei der carbothermischen Gewinnung von Magnesium als gangbar erwiesenen Weg der Abschreckung der Reduktionsprodukte mittels eines inerten Gases zwecks Vermeidung einer Rückoxydation an.

Einer der zahlreichen älteren Vorschläge, Aluminium auf thermischem Wege über eine Legierung zu gewinnen, ist derjenige der Gebr. Cowles[8]). Die Gebr. Cowles setzen dem Aluminium-Ausgangsstoff Kupfer und Eisen zu. Hierdurch erreichen sie eine praktisch vollständige Verhinderung der Karbid-Bildung. Das Verfahren der Gebr. Cowles wurde einige Jahre mit Erfolg in England und in den USA durchgeführt. Die erzeugte Aluminium-Bronze enthielt bis 67% Al, das Ferro-Aluminium bis 10% Al. Der Energieaufwand war noch sehr hoch, er lag im Mittel bei etwa 35 kWh je kg Legierung. Das Verfahren wurde später durch die Aluminium-Schmelzfluß-Elektrolyse verdrängt (siehe S. 10).

In jüngster Zeit haben diese Verfahren wieder erneut Beachtung gefunden, insbesondere diejenigen, die über eine an Silizium reiche Legierung gehen, sei es die sogenannte Silumin-Vorlegierung oder auch die mehrstoffigen Legierungen, wie Al-Si-Fe. Das Silizium verdient den anderen Metallen gegenüber sowohl aus technischen als auch aus wirtschaftlichen Gründen den Vorzug, weil es ein steter Begleiter des Aluminiums in seinen Erzen ist. Da diese außerdem stets noch Eisen, Titan u. a. als Beimengungen enthalten, steht man vor der Aufgabe, das Aluminium von diesen Metallen abzutrennen.

Die Abtrennung kann durch Destillation erfolgen. Man bekommt dann zunächst einen Destillationsvorlauf mit den Metallen, die leichter sieden als Aluminium, schließlich einen Rückstand, der in der Hauptsache aus den schwer siedenden Metallen Kupfer, Silizium, Eisen, Titan usw. besteht. Diese Verhältnisse werden selbstverständlich durch den Druck, bei dem die Destillation erfolgt, beeinflußt. Im allgemeinen versucht man unter starkem Unterdruck zu arbeiten, um technisch leicht zu beherrschende Arbeitstemperaturen zu haben. Leider ist die Verdampfungswärme des Aluminiums sehr hoch. Sie beträgt rd. 70 Kcal je Mol, was theoretisch einem Energiebetrag von rd. 3 kWh pro kg Aluminium entspricht. Der praktische Betrag unter Berücksichtigung des Ofenwirkungsgrades und einer immer erforderlichen mehrfachen Destillation liegt wesentlich höher, bei etwa 6—8 kWh. Wenn

---

[7]) S. Teil I, S. 159ff.
[8]) USA-P. 319 795 (1884).

man dazu den Stromaufwand zur Erzeugung der Legierung hinzurechnet, kommt man auf Beträge, die nicht wesentlich von gut geführten Schmelzfluß-Elektrolysen abweichen. Dies ist einer der Hauptgründe, weshalb sich diese Art Verfahren technisch nicht weiter entwickeln konnten.

Ein anderer Weg zur Abtrennung des Aluminiums aus Aluminium-Legierungen ist dadurch gegeben, daß gewisse Metalle ein bevorzugtes Lösungsvermögen gegenüber Aluminium haben, so daß die Möglichkeit besteht, Aluminium aus der thermisch gewonnenen Legierung zu extrahieren. Als derartige Extraktions-Metalle sind bisher Quecksilber, Blei, Magnesium und Zink in Vorschlag gebracht und experimentell auch schon in großem Maßstabe versucht worden.

Schließlich besteht noch eine dritte Möglichkeit, aus den Legierungen Aluminium zu gewinnen, nämlich über die sogenannten Subverbindungen. Das Aluminium-Suboxyd wurde bereits schon erwähnt (siehe S. 124). Am interessantesten und aussichtsreichsten erscheint das Verfahren über Subchlorid. Die Reaktion verläuft nach folgendem Schema:

$$2\,Al + AlCl_3 \longleftrightarrow 3\,AlCl$$

Da Aluminium-Chlorid schon bei 192° C sublimiert, wird es gasförmig angewandt. Das hat den Vorteil, daß das Reaktionsmittel sich leicht im Kreisprozeß führen läßt und als Kondensat nur Aluminium anfällt. Als Arbeitstemperatur kommt etwa 1200° C in Frage. Bei tieferen Temperaturen verläuft die Reaktion von rechts nach links. Man wählt praktischerweise den Schmelzpunkt des Aluminiums, um das Metall flüssig aus der Reaktions-Apparatur kontinuierlich abziehen zu können.

Die Leistungsfähigkeit dieses Verfahrens geht aus folgender Übersicht hervor:

Tkbelle 17

	% Beimengungen in: Ausgangslegierung	% Beimengungen in: Aluminium-Kondensat
Fe	2,0 [a])	0,005
	46,5 [b])	0,08
Si	2,1	0,02
	28,0	0,08
Mn	1,0	0,001
	17,0	0,009
Ni	1,74	0,002
	5,02	0,008
Cu	2,0	0,0005
	5,75	0,0007
Zn	2,0	0,03
	11,62	0,06

[a]) mit niedrigem Gehalt! [b]) mit hohem Gehalt!

Über alle diese Prozesse haben wir, wie erwähnt, ausführlicher an anderer Stelle berichtet und einige Betrachtungen theoretischer Art hinzugefügt (s. Fußnote 2).

C. Nebenbetriebe

I. Fabrik für feste Elektroden und Anlage für Söderbergmasse

1. Rohstoffe und an sie gestellte Anforderungen

Bei der Auswahl der Koksrohstoffe für die Herstellung der Anoden ist ihre Reinheit bestimmend. Der in großem Maßstab hergestellte Zechenkoks sowie der Gaswerkkoks scheiden wegen ihres hohen Aschegehaltes — etwa 8% — für die Anodenfabrikation aus. Bis etwa 1930 wurde hauptsächlich amerikanischer Petrolkoks als Rohstoff gebraucht. Dieser stammte aus den Raffinerien der Golfküste und war ein Rückstand bei der Destillation von rohem Erdöl in eisernen Blasen. Daneben wurden erhebliche Mengen von Braunkohlenpechkoks als Rohstoff benutzt. Dieser in den mitteldeutschen Braunkohlenrevieren erzeugte Koks glich dem amerikanischen Petrolkoks sehr und wurde auch in gleicher Weise bei der Destillation des Braunkohlenschwelteeres in eisernen Blasen gewonnen. Neben etwa 0,6—0,8% Asche enthielten beide Kokssorten noch etwa 8—10% flüchtige Bestandteile. Sie mußten vor ihrer Verwendung als Anodenrohstoff kalziniert werden.

Um das Jahr 1930 herum trat eine Wandlung in der Rohstoffversorgung der Anodenfabrikation ein. Diese hatte verschiedene Ursachen.

Die wachsende Motorisierung ließ den Bedarf an Benzin als Motorentreibstoff stark anwachsen, während die zunehmende Elektrifizierung die Bedeutung des Erdöls als Brennstoff für Lampen stark zurückdrängte.

Infolgedessen wurden die einfachen Destillationsverfahren für rohes Erdöl ersetzt durch die sog. Crackverfahren. Während im Rohöl von Natur aus nur etwa 5% Benzin enthalten sind, werden durch die Crackung, eine thermische Spaltung, aus dem Rohöl etwa 50% Benzin gewonnen. Bei der Crackung entsteht auch Koks. Dieser ist jedoch weicher als der nach dem alten Verfahren in eisernen Blasen er zeugte Koks und neigt infolgedessen sehr zur Grusbildung.

Unabhängig davon traten Bestrebungen auf, Kokse zu erzeugen, die praktisch keine flüchtigen Bestandteile mehr enthalten. Diese haben den Vorteil, daß die teure Kalzinierung nicht nötig ist. Schon seit etwa 1920 wurden Steinkohlenteerpechkokse aus Amerika in kleinen Mengen für die Anodenfabrikation eingeführt, die verhältnismäßig wenig flüchtige Bestandteile enthielten.

Im Jahre 1928 begann man in Deutschland in einer Anlage der Steinkohlenbergbau A.G., Zeche Lothringen in Gerthe bei Bochum, einen Koks aus Steinkohlenteerpech zu erzeugen, der praktisch keine flüchtigen Bestandteile enthält und als geeigneter Rohstoff für Anoden gilt.

Die nach 1933 einsetzenden wirtschaftlichen Bestrebungen begünstigten diese Entwicklung in Deutschland. Auf der zum Röchling-Konzern gehörenden Zeche Carl Alexander in Baesweiler wurde im Jahre 1935 mit der Herstellung eines Kokses aus gereinigter Kokskohle begonnen, der ebenfalls praktisch frei von flüchtigen

Bestandteilen ist und bis zum Kriegsende 1945 in großem Maßstab für Anoden verwendet wurde.

Während des zweiten Weltkrieges wurde noch eine zweite derartige Anlage zur Verkokung von gereinigter Kokskohle auf der Zeche Ewald in Betrieb gesetzt.

Eine geringere Bedeutung als Rohstoff für Anoden hat der Anthrazit, der wegen seines Aschegehaltes von 2—4% nur in kleinen Mengen als Beimischung zu aschereinen Rohstoffen verarbeitet worden ist, wenn der Mangel an geeigneteren Rohstoffen dazu zwang.

Dagegen sind die bei der Fabrikation anfallenden Ausschußanoden und die verbleibenden Anodenreste regelmäßig wieder als Anodenrohstoff verwendet worden, wenn sie auch mengenmäßig keine große Rolle spielen.

Das außer den Koksrohstoffen bei der Anodenfabrikation benötigte Bindemittel wird seit jeher aus Steinkohlenteer gewonnen. Seine durch das Gewinnungsverfahren bedingte hohe Reinheit an Aschebestandteilen macht ihn hierfür besonders geeignet. Entsprechend seiner Aufgabe, den gemahlenen Koks in der Anode beim Brennen zu einem festen Körper zu verkitten, wird bei dem Bindemittel auf einen möglichst hohen Koksrückstand großer Wert gelegt.

a) Kokssorten

Petrolkoks.

Der heute verwendete Petrolkoks stammt aus Raffinerien, die das Rohöl in Crackanlagen nach dem Dubbs-Verfahren verarbeiten. Eine solche Anlage bei der Deutschen Erdöl-Raffinerie in Misburg bei Hannover versorgt z. B. seit ihrer Errichtung im Jahre 1930 den deutschen Markt. Der anfallende Petrolkoks ist ein Nebenprodukt bei der Rohöl-Spaltung zum Zweck der Benzingewinnung. Das vorher „getoppte", d. h. von seinem geringen natürlichen Benzingehalt befreite Rohöl wird unter Druck von 25 at in Röhrenöfen auf 500° C erhitzt und in große senkrecht stehende eiserne Reaktionsgefäße gespritzt. Dabei werden die Ölmoleküle gespalten und es entsteht neben leichten flüchtigen Verbindungen wie Butan, Propan, Hexan, Heptan, Oktan usw. auch ein kohlenstoffreicher Rückstand, der Petrolkoks, der nach und nach das Reaktionsgefäß füllt. Ein solcher „Run" dauert etwa 30 Std. Danach wird der Petrolkoks mit Wasser abgekühlt und aus dem Reaktionsgefäß entfernt. Der Petrolkoks fällt in Stücken aller Größe von etwa 40 cm Durchmesser bis zu Grus an. Seine Zusammensetzung ist im trockenen Zustand:

Flüchtige Bestandteile	9—12%
Asche	0,12—0,25%
Silizium	0,02%
Eisen	0,03%

Da ein hoher Gehalt an Grus bei der Kalzinierung störend wirkt, wird der Grus von 0—10 mm bereits vor Versand auf der Raffinerie abgesiebt. Der Koks ist jedoch nicht sehr hart und deshalb entstehen durch die Fördereinrichtungen in der Raffinerie sowie in der Anodenfabrik wieder neue Mengen Grus, die aus dem oben erwähnten Grund unerwünscht sind. Der Petrolkoks ist der reinste Rohstoff für die Herstellung der Anoden. Lediglich der aus den Rohölen stammende Vanadingehalt ist oft unerwünscht hoch. Das Vanadin setzt die Beständigkeit der Anoden gegen Oxydation herab und gelangt als schädliches Spurenelement in das erzeugte Aluminium.

Pechkoks.

Dieser Koks wird durch Verkoken von Steinkohlenteerpech erzeugt. Das hierfür benutzte Pech hat einen hohen Schmelzpunkt von 150° C und die Form von kleinen Plättchen, die durch Abkühlen des flüssigen Peches auf einem Kühlband entstehen. Die benutzten Verkokungsöfen gleichen äußerlich den normalen Koksofenbatterien. Auch die Bedienung — Füllen mit Füllwagen, Ausdrücken mittels Ausdrückmaschine und Löschen mit Wasserstrahl — gleicht den entsprechenden Arbeiten einer normalen Kokerei. Lediglich die Form der Ofenkammern ist von den üblichen Koksofenbatterien abweichend, sie sind breiter und niedriger, und nach oben durch ein Gewölbe abgeschlossen. Jedoch sind auf neueren Anlagen die Abmessungen der Kammern auch schon den üblichen Maßen der Kokskammern angeglichen. Das Pech wird dort flüssig in die Kammern gefüllt.

Zur Unterdrückung des Schäumens während der Verkokung des Peches werden diesem bis zu 25% Petrolkoksgrus zugesetzt. Infolge der hohen Reinheit dieses Gruses wird hierbei auch die Qualität des erzeugten Pechkokses günstig beeinflußt. Der heute erhältliche Pechkoks hat folgende Zusammensetzung in trockenem Zustand:

Flüchtige Bestandteile	0,80%
Asche	0,45%
Silizium	0,02—0,05%
Eisen	0,05—0,06%

Die flüchtigen Bestandteile sind so niedrig, daß der Koks ohne vorheriges Kalzinieren zu Anoden verarbeitet werden kann. Allerdings muß er vorher noch getrocknet werden; sein Wassergehalt im Anlieferungszustand beträgt etwa 2%. Der Pechkoks ist ein harter Koks, der beim Transport mit den üblichen Förderanlagen wenig Grus bildet und einen günstigen Einfluß auf die Festigkeit der Anoden ausübt.

Koks aus gereinigter Kokskohle.

Die Knappheit an Anoden-Koksrohstoffen vor und während des zweiten Weltkrieges in Deutschland war die Veranlassung, daß man einen aschereinen Koks herstellte durch Verkoken von aschereiner Kokskohle. Diese wurde aus von Natur aus aschearmen Flözen ausgesucht und im gemahlenen Zustand weiter gereinigt. Nach dem Verfahren der Zeche Carl Alexander in Baesweiler wird die Kokskohle flotiert und anschließend einem chemischen Reinigungsverfahren unterworfen, wodurch der Aschegehalt auf bis 0,40% gesenkt werden kann. Die Verkokung selbst gleicht völlig der bekannten Herstellung von Zechenkoks.

Die Zusammensetzung im trockenen Zustand war:

Flüchtige Bestandteile	0,75%
Asche	0,70%
Silizium	0,06%
Eisen	0,10%

Der Koks enthält im Anlieferungszustand etwa 1—2% Wasser und muß vor der Verarbeitung getrocknet werden. Im Gegensatz zu allen anderen für die Anodenfabrikation verwendeten Koksen ist dieser Koks sehr feinporig. Er ist hart und widerstandsfähig gegen Abrieb beim Transport. Seine Struktur ist mit der des Bimssteins zu vergleichen. Nach der Vermahlung zu den üblichen Kornklassen zeigen die Körner über 0,2 mm noch eine schwammartige Struktur, was für die Anodenherstellung nicht günstig ist, weil einerseits ein höherer Bindemittelzusatz erforderlich ist und andererseits die gepreßten Körper infolge der in den Mikroporen eingeschlossenen Luft die Neigung haben, sich nach dem Pressen auszudehnen und die ebenen Flächen zu krümmen (sog. Bauchbildung). In den Kornklassen unter 0,2 mm ist dieser Koks jedoch sehr gut für die Anodenherstellung geeignet.

Braunkohlenpechkoks.

Dieser Koks gleicht in der Struktur und seiner Reinheit sehr dem früher in Amerika erzeugten Petrolkoks, der als „Still run"-Koks als Rückstand bei der einfachen Destillation des Rohöls in eisernen Blasen gewonnen wurde. Er fällt in Mitteldeutschland bei der Destillation von Braunkohlenschwelteer in eisernen Blasen als Rückstand an und hat im trockenen Zustand folgende Zusammensetzung:

Flüchtige Bestandteile	8,60%
Asche	0,75%
Silizium	0,08%
Eisen	0,04%

Wegen seines Gehaltes an flüchtigen Bestandteilen muß er vor der Verarbeitung kalziniert werden.

Mischkokse.

Diese Kokse werden durch Verkoken einer Mischung von Pech, Anthrazit, Kokskohle oder Esskohle hergestellt. Die einzelnen Kokse enthalten meist zwei oder drei dieser Komponenten. Natürlich werden die Komponenten, soweit erforderlich, vorher durch ein Reinigungsverfahren weitgehend von ihren Verunreinigungen befreit. Die Herstellung ist bisher über das Versuchsstadium noch nicht hinausgekommen.

Nachstehend die Analyse eines Mischkokses aus Anthrazit und Pech:

Flüchtige Bestandteile	0,75%
Asche	1,30%
Silizium	0,26%
Eisen	0,15%

Anthrazit.

Die ascheärmsten Sorten, die durch die normale Kohlenaufbereitung durch Setzmaschinen erhalten werden, liegen in ihrem Aschegehalt bei 4%. Durch besondere Aufbereitungsverfahren läßt sich der Aschegehalt auf 2% verringern. Er wird meist in der Körnung Nuß IV = 8—15 mm bezogen. Er muß wegen seiner flüchtigen Bestandteile vor der Verarbeitung kalziniert werden. Wegen seines hohen Aschegehaltes kann er nur in kleinen Mengen zusammen mit anderen Koksen verarbeitet werden; sein glattes dichtes Korn übt auf die Struktur und Härte der Anode jedoch einen großen Einfluß aus.

Analyse von Anthrazit:

Flüchtige Bestandteile	9,00%
Asche	3,20%
Silizium	0,46%
Eisen	0,75%

b) Bindemittel

Früher, um 1920, wurde das Bindemittel aus Gasanstaltsteer gewonnen, wobei die Teere aus Gasanstalten mit den sog. „Münchener Öfen" besonders geschätzt waren. Diese kleinen, mit Horizontalretorten versehenen Öfen waren auch damals nur noch in kleineren Gasanstalten zu finden. Der Grund für die Bevorzugung dieser Gasteere war ihr hoher Gehalt an sogenanntem „fixen Kohlenstoff", der den Teeren einen hohen Koksrückstand verlieh. Im Laufe der Zeit waren die erhältlichen Mengen dieser Teere viel zu klein geworden. Die immer mehr eingeführten größeren Gasanstaltsöfen ergaben Teere mit weniger guten Eigenschaften, und da auch der Bedarf für die Anodenfabrikation größer wurde, ging man zu der Verwendung normaler Zechenrohteere über.

Diese Teere werden durch Destillation von den leicht siedenden Anteilen befreit, so daß der Rückstand einen Erweichungspunkt nach Krämer-Sarnow von 45 bis 55° C besitzt. Vielfach wird der Rohteer auch soweit abdestilliert, daß ein Pech mit 65—75° Erweichung verbleibt, und dieses Pech mit soviel hochsiedenden Teerölen vermischt, daß das Bindemittel wieder 45—55° C Erweichung hat. Das Pech mit 65—75° Erweichungspunkt läßt sich in Güterwagen versenden und lagern, ohne zu zerfließen, während das fertige Bindemittel beim Lagern oder Versand in Stücken zusammenbackt und langsam zerfließt. Es kann nur in heißem Zustand in Kesselwagen befördert und in Behältern gelagert werden. Es wird daher meist erst kurz vor Gebrauch aus Pech und Teeröl in geheizten Mischeinrichtungen hergestellt. Es wird nach seinem Koksrückstand sowie nach dem Gehalt an Teerharzen beurteilt. Der Koksrückstand soll möglichst hoch sein und liegt über 36%. Die Teerharze werden aus der Differenz zwischen den benzolunlöslichen und den pyridinunlöslichen Anteilen des Bindemittels errechnet und sollen über 10% liegen. Den Teerharzen wird eine besondere Rolle zugeschrieben, die sollen die Klebfähigkeit des Bindemittels verursachen und daher eine günstige Wirkung bei der Formgebung der Anoden haben.

Nachstehend die Analyse eines normalen Bindemittels:

Erweichungspunkt nach K. S.	58° C
Verkokungsrückstand	33%
Benzolunlösliches	26%
Pyridinunlösliches	11%
Teerharze	15%

In Abb. 74 ist eine Anlage zur Herstellung des Bindemittels schematisch dargestellt.

Das in Kesselwagen *A* ankommende Teeröl wird mittels Pumpe *B* in den heizbaren Vorratsbehälter *C* gepumpt und dort durch Erhitzen auf 150° C entwässert. Die dabei entweichenden Dämpfe werden im Kühler *D* kondensiert und abgeführt. Das in offenen Waggons ankommende Stückpech wird im Pechlager *E* gelagert.

Zur Bereitung des Bindemittels wird Stückpech in der Größe von 0—100 mm mittels des Elektrozuges *F* und Transportgefäßen *G* mit Bodenentleerung durch den Fülltrichter *H* in den heizbaren Mischer *I* eingebracht. Mit der Pumpe *K* wird die erforderliche Menge Teeröl aus dem Vorratsbehälter *C* ebenfalls in den Mischer gefüllt und der Mischer langsam angeheizt. Nach dem Schmelzen des Peches wird der Inhalt des Mischers durch das Rührwerk *L* innig gemischt und die Temperatur auf 200° C gesteigert. Das fertige gemischte Bindemittel wird mit Pumpe *M* in den in der Anodenfabrik befindlichen Hochbehälter gepumpt.

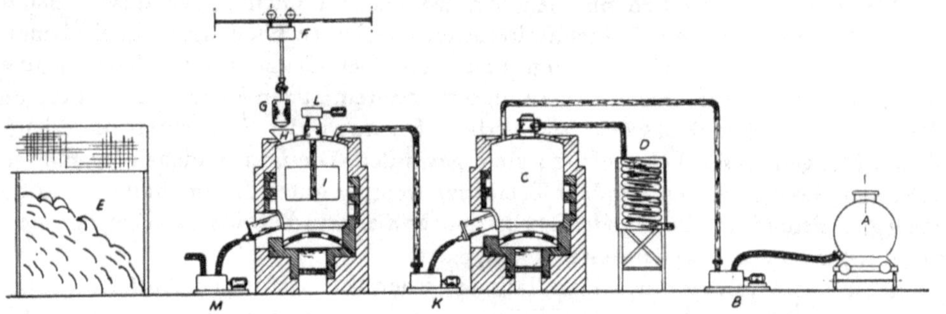

Abb. 74. Anlage zur Bindemittelherstellung.

c) Lagerung der Rohstoffe

Die einzelnen Kokssorten werden im Kokslager getrennt gelagert. Das Lager besteht aus geräumigen, geschlossenen Hallen und ist mit den nötigen Fördereinrichtungen versehen zum Ein- und Auslagern und besitzt selbstverständlich auch Gleisanschluß. Außerdem befinden sich dort Brechanlagen für den Koks, der entweder vor dem Einlagern oder bei Ausgang aus dem Lager auf eine Größe von

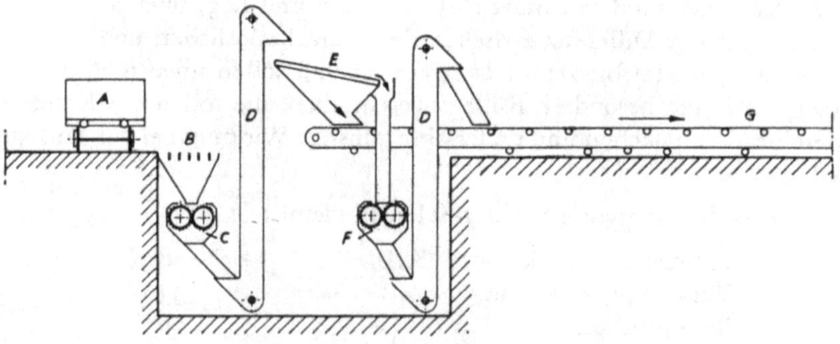

Abb. 75. Schema einer Brechanlage.

A Kokswaggon, *B* Einwurftrichter, *C* Grobwalzenbrecher, 80 mm Stückgröße, *D* Elevator, *E* Vibrationssieb, 40 mm Maschenweite, *F* Feinwalzenbrecher, 30 mm Stückgröße, *G* Muldenband.

30—40 mm vorgebrochen wird, da die Kalzinierungs- und Trockeneinrichtungen für die Verarbeitung dieser Stückgröße eingerichtet sind.

Als Brecher dienen Backenbrecher oder Walzenbrecher. In Abb. 75 ist eine solche Brechanlage schematisch dargestellt.

2. Herstellung von gebrannten Elektroden

a) Kalzinieren, Trocknen

Es gilt als Regel, daß die Kokse für die Herstellung der Anoden nicht mehr als 0,6% flüchtige Bestandteile enthalten sollen. Kokse mit höheren flüchtigen Bestandteilen müssen kalziniert werden. Sie werden zu diesem Zweck in Öfen unter Luftausschluß auf etwa 1200° C erhitzt, wobei die flüchtigen Bestandteile gasförmig entweichen.

Die hierfür benutzten Öfen sind meist gasgeheizte Vertikalretorten- oder Vertikalkammeröfen. Die bei der Kalzinierung entweichenden Gase haben einen hohen Heizwert und werden in der Regel zum Beheizen des Kalzinierungsofens benutzt.

Es sind auch noch andere Öfen für die Kalzinierung in Anwendung, z. B. elektrisch beheizte Öfen und Drehrohröfen, in denen der Koks mit den Heizgasen in Berührung kommt.

Die der Kalzinierung unterworfenen Kokse, wie Petrolkoks, Braunkohlenpechkoks und Anthrazit verändern ihre Gestalt während der Kalzinierung nicht, sie backen nicht zusammen wie z. B. Kokskohle bei der Verkokung. Die Kalzinierungsöfen lassen sich deshalb in einfacher Weise kontinuierlich betreiben, indem der Koks oben in die Retorten oder Kammern ständig nachfließt und unten durch geeignete Austragevorrichtungen dauernd ausgetragen wird, nachdem er eine Kühlzone passiert hat.

Es folgt eine Beschreibung einer Vertikalkammerofenanlage, Bauart Koppers, zum Kalzinieren von Anodenkoks.

Eine solche Anlage gleicht sehr den in Gaswerken benutzten Öfen. Der Ofen ist in Abteilungen zu je drei Kammern eingeteilt. Jede Kammer ist 9 m hoch und hat einen Querschnitt von $0{,}25 \times 3$ m. Beiderseits der Kammer befindet sich eine Heizwand, die vertikale Heizzüge enthält, die oben und unten in Querkanäle münden (siehe Abb. 76). Die Querkanäle sind doppelt vorhanden, sie liegen paarweise nebeneinander, je einer für Heizgas und einer für Verbrennungsluft. Sowohl alle oberen, als auch alle unteren Querkanäle münden in je einem Satz Regeneratoren, die als Wärmespeicher fungieren. Die Beheizung in den Heizwänden wird alle 30 Minuten in ihrer Richtung gewechselt, einmal von unten nach oben, wobei Gas und Luft in den unteren Regeneratoren Wärme aufnehmen und mit etwa 800° C Vorwärmung in die Heizwände gelangen, während die Abgase durch die oberen Regeneratoren abziehen und diese aufheizen. Nach dem Wechseln der Heizrichtung wird von oben nach unten in den Heizwänden geheizt; jetzt geben die oberen Regeneratoren ihre Speicherwärme an Gas und Luft ab und die unteren Regeneratoren werden durch die Abhitze aufgeheizt. Die Temperatur der Heizwände wird auf 1325° C gehalten, in der Koksfüllung der Kammern beträgt die Temperatur 1250° C. Eine Kammer faßt 6 Tonnen Koks. Durch eine mechanische Vorrichtung wird der kalzinierte Koks kontinuierlich ausgetragen, nachdem er eine Kühlzone passiert hat, in der er durch Wasser indirekt abgekühlt wird. Über dem oberen

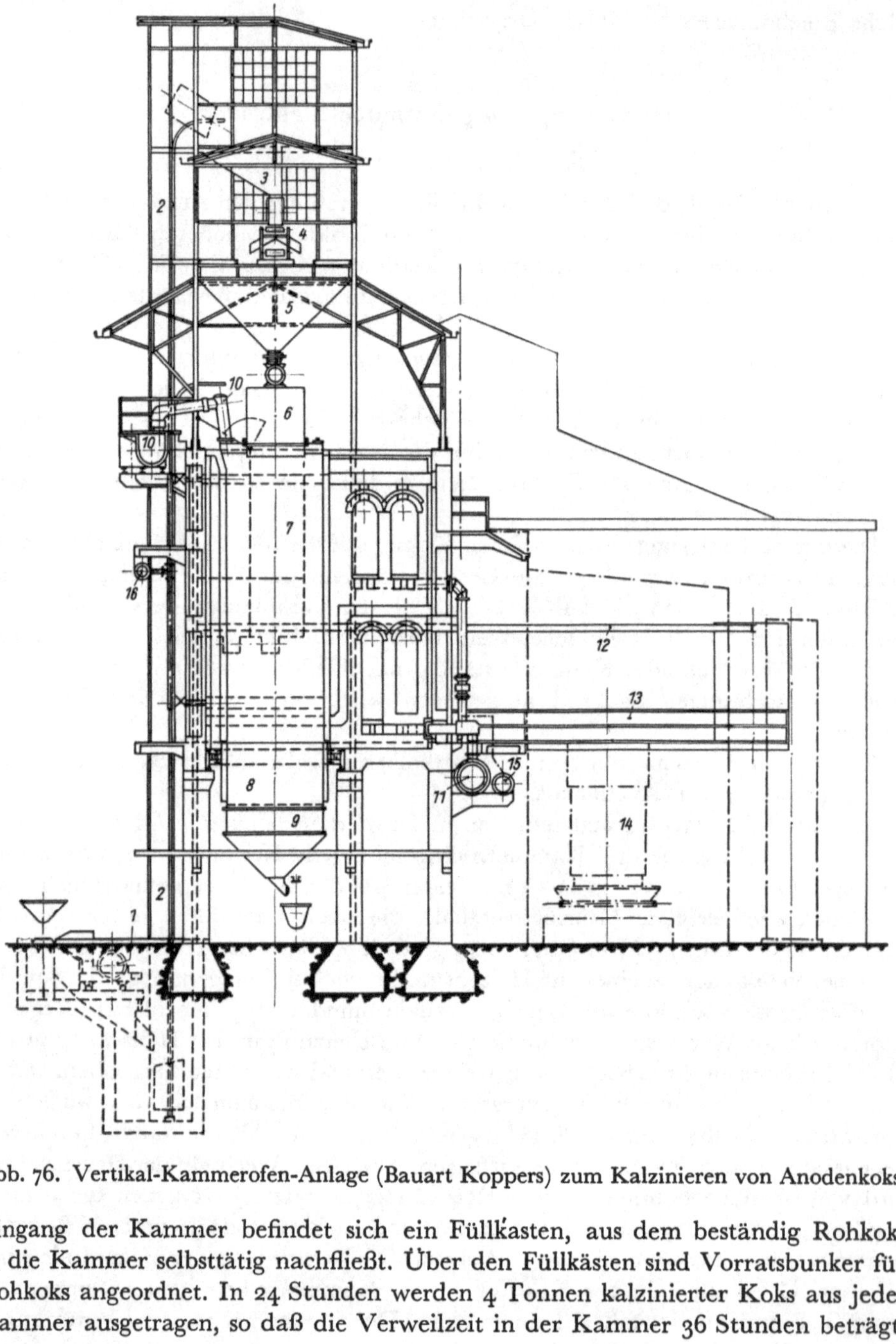

Abb. 76. Vertikal-Kammerofen-Anlage (Bauart Koppers) zum Kalzinieren von Anodenkoks.

Eingang der Kammer befindet sich ein Füllkasten, aus dem beständig Rohkoks in die Kammer selbsttätig nachfließt. Über den Füllkästen sind Vorratsbunker für Rohkoks angeordnet. In 24 Stunden werden 4 Tonnen kalzinierter Koks aus jeder Kammer ausgetragen, so daß die Verweilzeit in der Kammer 36 Stunden beträgt.

Die in der Kammer aus dem Koks entweichenden Gase und Teerdämpfe verlassen die Kammer durch ein Steigrohr und gelangen durch eine Vorlage und Gassammelleitung in einen Wascher, in dem Teer und Alkalien aus dem Gas entfernt werden. Daran anschließend ist ein Gassauger angeordnet, der das gereinigte Gas dem Ofen zur Beheizung zuführt. In der Regel ist noch eine zusätzliche Heizung mittels Generatorgas nötig, weil das Destillationsgas nur bei Koksen mit sehr viel flüchtigen Bestandteilen zur Beheizung des Ofens ausreicht.

Die Kokssorten, die nicht kalziniert zu werden brauchen, wie Pechkoks, Koks aus Reinstkohle usw., müssen meist vor der Verarbeitung getrocknet werden. Dies geschieht in Trockentrommeln, die im Gleichstrom arbeiten und mit Zechenkoks oder Gas beheizt werden.

b) Mahlen und Klassieren

Zum Vermahlen der Koksrohstoffe benutzt man Walzenmühlen, Siebkugelmühlen und Rohrmühlen. Bei den Walzenmühlen wird der Koks durch den fest eingestellten Spalt zwischen zwei rotierenden Walzen geleitet und schonend zerkleinert, d. h. es entsteht hierbei verhältnismäßig wenig Feinstoff, sondern mehr Körner. Da die ursprünglich 30—40 mm großen Koksstücke von eng gestellten Walzen nicht erfaßt werden, sind meist je ein Grob- und eine Feinwalzenmühle hintereinander geschaltet.

Die Siebkugelmühle gestattet durch Wahl der aufgespannten Siebe eine weitgehende Anpassung an eine gewünschte Kornzusammensetzung (Abb. 77).

Die Rohrmühle wird zur Feinmahlung benutzt, sie liefert ein Mahlgut von praktisch unter 0,2 mm Korngröße. Sie besteht im wesentlichen aus einem langen und weiten umlaufenden Stahlrohr, das innen mit Panzerplatten ausgelegt und durch Zwischenwände in zwei oder drei Abteilungen unterteilt ist. An einem Ende befindet sich die Eintragsvorrichtung für den Koks, am anderen Ende der Austrag. Die einzelnen Abteilungen sind mit einer bestimmten Menge Stahlkugeln beschickt, deren Größe von 90 mm ∅ in der ersten Abteilung, bei der folgenden Abteilung geringer ist; in der letzten Abteilung befinden sich nur kleine zylindrische Mahlkörper, sog. Cylpebs. Die Trennwände zwischen den Abteilungen haben schlitzförmige Durchlässe, durch die der gemahlene Koks, nicht aber die Stahlkugeln zur nächsten Abteilung gelangen kann.

Der für die Herstellung der Anoden erforderliche Trockenstoff muß in einer bestimmten Körnung vorliegen, um mit dem Bindemittel eine brauchbare Mischung zu ergeben, die sich ohne Fehler pressen und brennen läßt und die in der fertigen Anode zu optimalen Eigenschaften führt. Eine solche Körnungsvorschrift sieht wie folgt aus:

0—0,075 mm	25%
0,075—0,2 mm	15%
0,2—0,5 mm	20%
0,5—1,0 mm	15%
1,0—2,0 mm	15%
2,0—3,0 mm	10%
Summe:	100%

Mit einer Siebkugelmühle läßt sich durch Auswahl der Siebbespannung, Änderung des Gewichtes der Kugelfüllung und Auswahl der Kugelgrößen die Zusammensetzung der Körnung des Mahlgutes so beeinflussen, daß sie weitgehend der oben angegebenen Vorschrift entspricht. Jedoch treten im Betrieb auch bei Verwendung bester Speiseapparate zur Beschickung der Mühlen stets Schwankungen in ihrem Füllungsgrad auf, die sich auf die Kornzusammensetzung des Mahlgutes auswirken.

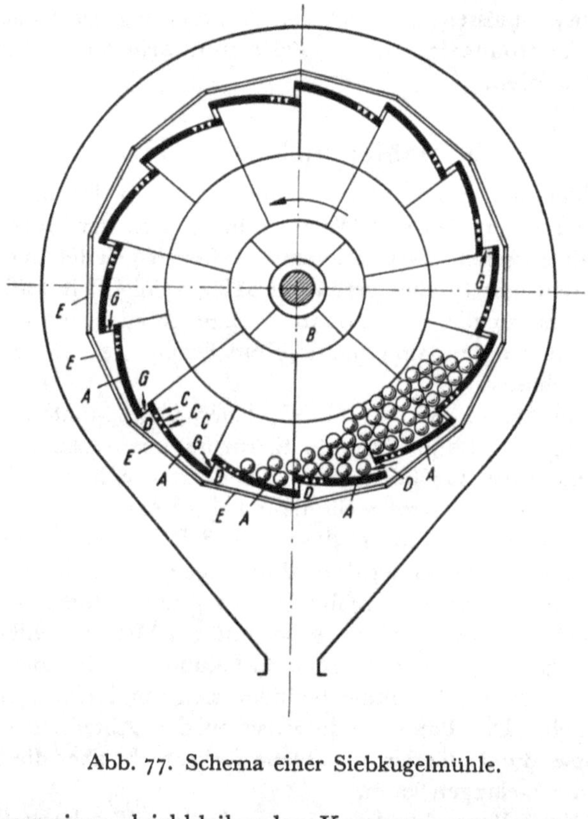

Abb. 77. Schema einer Siebkugelmühle.

Zur Erreichung einer gleichbleibenden Kornzusammensetzung muß daher das Mahlgut klassiert werden. Es wird hierbei in Kornklassen getrennt. In der Praxis beschränkt man sich dabei auf drei oder vier Klassen. Beispielsweise trennt man wie folgt:

Feinstoff	0—0,2 mm
Mittelkorn	0,2—1 mm
Grieß	1—3 mm

In diesem Falle wird das aus der Kugelmühle kommende Mahlgut zunächst mit einem Windsichter in zwei Fraktionen getrennt:

1. Fraktion	0—0,2 mm
2. Fraktion	0,2—3 mm

Die zweite Fraktion wird über ein Vibrationssieb geleitet, das zwei Bespannungen hat von 0,2 und 1 mm Maschenweite, dieses Sieb liefert folgende Fraktionen:

1. . . . . 0—0,2 mm 2. . . . . 0,2—1 mm
3. . . . . 1—3 mm

Die erste Fraktion, 0—0,2 mm, stammt aus der zweiten Fraktion 0,2—3 mm des Sichters und wird mit der ersten Fraktion 0—0,2 mm des Sichters vereinigt.

Es ist eine Eigenart des Sichters, daß zwar der abgetrennte Feinstoff sehr wenig Überkorn über 0,2 mm enthält, im groben Anteil 0,2—3 mm jedoch noch 12—20% Unterkorn 0—0,2 mm enthalten sind. Würde man an Stelle des Sichters ein Sieb zur

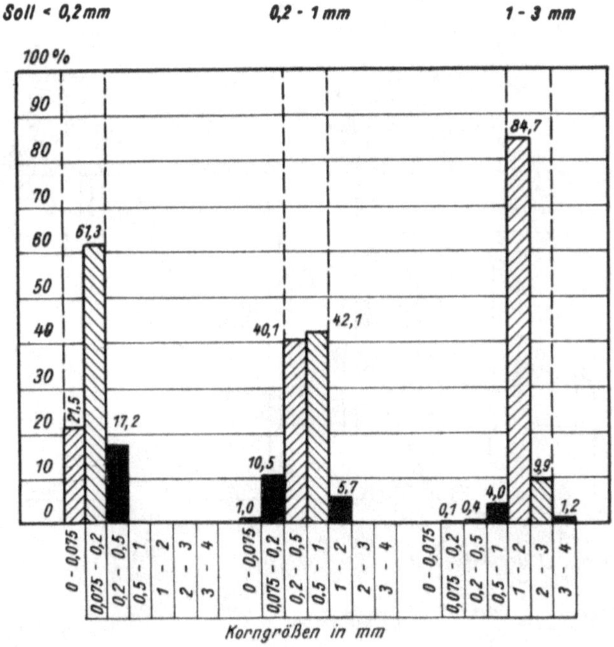

Abb. 78. Diagramm der Kornfraktionen einer Klassieranlage.

Abtrennung der gesamten Fraktion 0—0,2 mm aus dem ursprünglichen Mahlgut benutzen, so müßte dieses eine sehr große Siebfläche haben, da Körnungen solcher Feinheiten sehr schwierig abzusieben sind. Übrigens ist auch die Trennung bei Sieben nicht absolut genau, sondern in den abgesiebten Fraktionen muß man immer mit einem Prozentsatz an Über- und Unterkorn rechnen, der bei guten Siebanlagen nicht unter 8% beträgt.

Infolgedessen sind die aus der Klassieranlage erhaltenen Kornfraktionen nicht 100% der Sollkörnung entsprechend, sondern enthalten noch gewisse Mengen Über- und Unterkorn, die durch Siebanalysen festgelegt und bei der Berechnung einer Mischung berücksichtigt werden müssen.

In Abb. 78 ist ein Diagramm dargestellt, das aus der laufenden Betriebskontrolle einer Klassieranlage stammt und die praktisch erreichbare Genauigkeit der Trennung in Fraktionen zeigt.

Die Klassieranlage ist mit den notwendigen Fördereinrichtungen und mit Bunkern versehen, um die Kornfraktionen zu bevorraten.

Zur Ergänzung etwa fehlender Mengen Feinstoff 0—0,2 mm ist eine Rohrmühle vorhanden.

Man führt die Klassierung so, daß das von der Kugelmühle kommende Mahlgut mehr Mittelkorn 0,2—1 mm und Grieß 1—3 mm enthält als man für die Anodenmischung benötigt. Der dann anfallende Überschuß dieser Körnungen wird auf der Rohrmühle auf 0—0,2 mm feingemahlen.

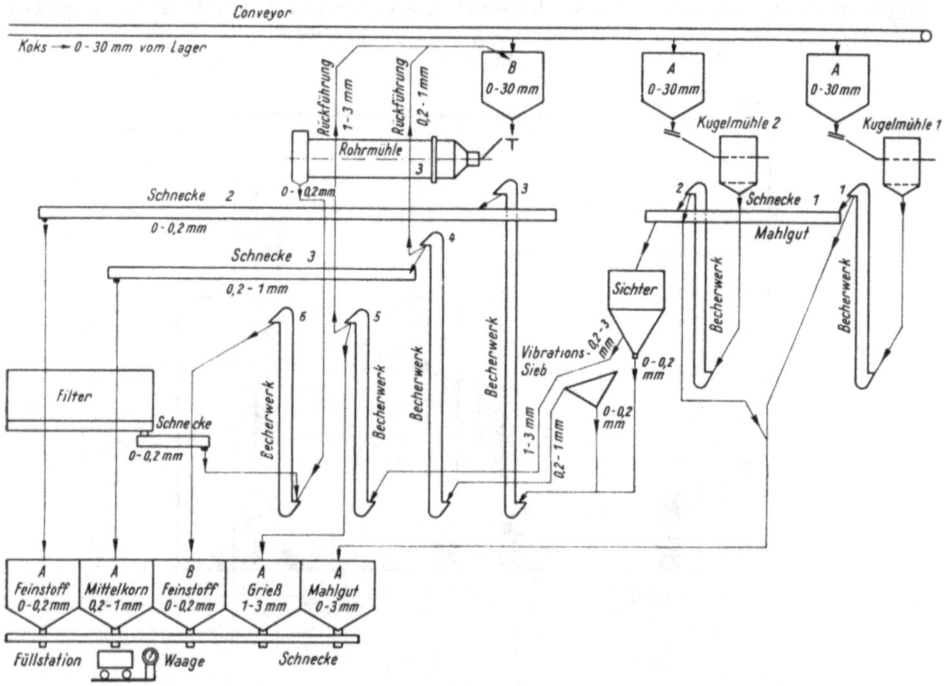

Abb. 79. Mahl- und Klassieranlage für Anoden-Trockenstoff.

Im umgekehrten Fall, wenn das von der Kugelmühle kommende Mahlgut mehr Feinstoff 0—0,2 mm enthält als für die Anodenmischung verbraucht wird, bleiben Feinstoffmengen übrig, für die keine Verwendung besteht.

Alle in der Mahl- und Klassieranlage im Betrieb befindlichen Apparate wie Mühlen, Sichter, Siebe, Elevatoren, Förder, Schnecken usw. lassen sich nicht so dicht halten, daß kein Staub austritt. Deshalb ist eine zentrale Staubabsauganlage notwendig, an die alle Apparate angeschlossen sind, so daß sie unter Unterdruck stehen. Es kann dann nur noch Luft durch die Undichtigkeiten in die Apparate eindringen, aber kein Staub mehr austreten. Die abgesaugten Luftmengen werden in einem Filter vom mitgeführten Staub befreit. Der so anfallende Filterstaub wird entweder in den Bunker der Fraktion 0—0,2 mm befördert oder getrennt gebunkert und bei der Zusammenstellung der Anodenmischung mitverwendet.

In Abb. 79 ist ein Schema einer Mahl- und Klassieranlage dargestellt.

c) Mischen

Zum Mischen des Trockenstoffes mit dem Bindemittel benutzt man kräftig gebaute, heizbare Knet- und Mischmaschinen. Eine solche Maschine besteht im wesentlichen aus einem Trog, in dem sich zwei Sigma-Schaufeln gegenläufig be-

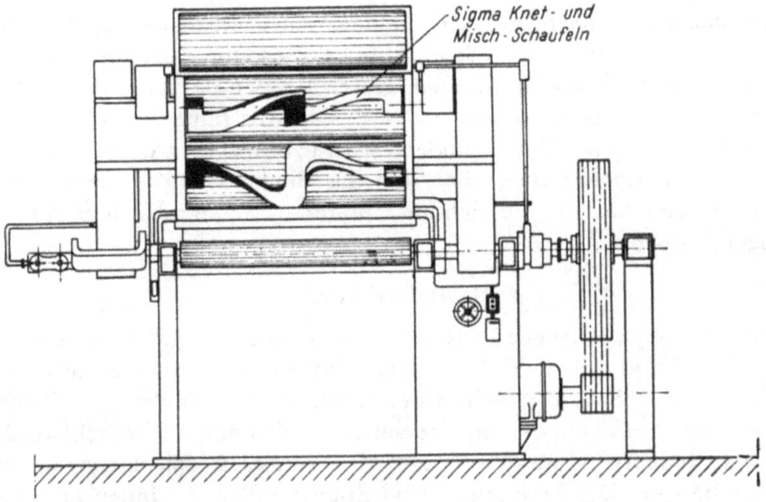

Abb. 80. Mischmaschine in Kippstellung mit geöffnetem Deckel.

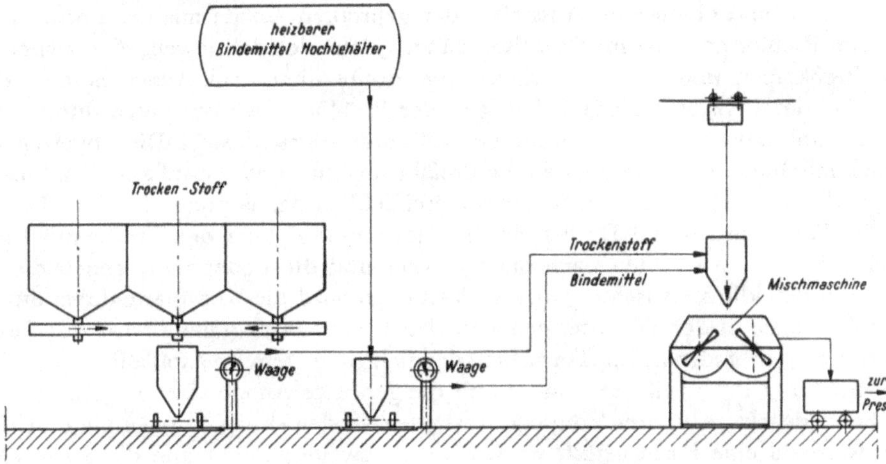

Abb. 81. Schema einer Mischanlage.

wegen (siehe Abb. 80). Der Trog ist mit einem aufklappbaren Deckel verschlossen, von außen mittels Dampfmantel oder elektrisch beheizt und zum Kippen eingerichtet. Sein Fassungsraum beträgt je nach Größe der Maschine 800—2000 l. Er kann dementsprechend 900—2250 kg Mischung aufnehmen. Trockenstoff und Bindemittel werden zunächst in fahrbaren Behältern abgewogen. Das Bindemittel wird aus hochgelegenen Vorratsbehältern entnommen, die heizbar sind und die

Temperatur auf 140—160° C halten. Dampfgeheizte Rohrleitungen führen zu der Zapfstelle über der Bindemittelwaage. Der Trockenstoffbehälter wird auf der Trockenstoffwaage stehend aus den Vorratsbunkern für die klassierten Kornfraktionen genau nach der erforderlichen Kornzusammensetzung gefüllt. Trockenstoff- und Bindemittelbehälter sind mit Bodenentleerung versehen und werden in die Mischmaschine entleert unter Benutzung eines Elektrozuges, der über jeder Mischmaschine angeordnet ist (siehe Abb. 81, Schema einer Mischanlage). Der Mischvorgang dauert etwa 30 Minuten. Durch Kippen des Troges wird die Mischmaschine in Mischtransportwagen entleert. Die Mischung hat eine Temperatur von 80—90° C, ist nicht flüssig, sondern schwarzglänzend trocken, mit der Hand läßt sie sich zusammenpressen, ohne daß das Bindemittel die Hand beschmutzt. Erfahrene Mischer können die richtige Zusammensetzung an dem Aussehen der Mischung erkennen.

d) Pressen

Die Formgebung der Anoden aus der fertigen Mischung geschieht durch hydraulische Pressen. Da es sich hierbei um eine Massenerzeugung gleichartig geformter Körper handelt, bedient man sich in der Regel der Drehtischpresse. Diese enthält einen großen runden Tisch, der um eine aufrecht stehende Säule gedreht werden kann. Der Tisch enthält im Abstand von 120° drei runde Aussparungen, in denen die Preßformen hängen. Die Preßformen sind Stahlzylinder, die innen mit einer Gußbüchse ausgelegt sind. In der Gußbüchse ist eine durchgehende Öffnung, die den Querschnitt der zu pressenden Anode hat. Die Presse hat zwei Druckkolben, einen zum Pressen und einen zum Ausstoßen der gepreßten Anode aus der Form. Von den drei Preßformen, die im Drehtisch hängen, befindet sich jeweils eine zwischen dem Preßkolben und dem Widerlager, die zweite über dem Ausstoßkolben, die dritte bei der Füllstation. Die Öffnung in der Preßform ist nach unten durch eine ebene Stahlplatte vom Querschnitt der Öffnung abgeschlossen. Die abgewogene Anodenmischung wird von oben in die Preßform gefüllt und darauf eine Kopfplatte gelegt, die die Form des Anodenkopfes einschließlich des Nippelloches hat. Die so gefüllte Form wird durch Drehen des Tisches um 120° über den Preßstempel gebracht, der sich von unten nach oben bewegt und die Bodenplatte gegen die in der Form befindliche Mischung drückt. Von oben wird die Kopfplatte dabei durch das Widerlager in der Form festgehalten. Nach dem Preßvorgang wird der Tisch weiter um 120° gedreht, die Form befindet sich über dem Ausstoßkolben, der die Bodenplatte weiter nach oben und damit die gepreßte Anode samt Kopfplatte aus der Form drückt. Alle drei Vorgänge verlaufen an den drei Stationen gleichzeitig, d. h. während eine Form gefüllt wird, wird die zweite gepreßt und die dritte ausgestoßen.

Der durch den Preßstempel ausgeübte Druck beträgt 800000 kg; bei einem Anodenquerschnitt von 250×320 mm = 800 qcm ist der spezifische Druck demnach 1000 kg/qcm.

Die Pressen werden durch Druckwasser von 300 atü betrieben, das von Kolbenpumpen — meist schnellaufenden Drillingspumpen — geliefert wird. Das von den Pumpen gleichmäßig gelieferte Druckwasser wird in zwischen Pumpe und Presse angeordneten hydraulischen Akkumulatoren gespeichert, um die durch den Preßvorgang bedingte periodische Entnahme von Druckwasser zu ermöglichen. Die fertig gepreßte sog. „grüne“ Anode ist, obwohl sie noch eine Temperatur von etwa 75—80° C hat, bemerkenswert fest und läßt sich ohne Schaden transportieren. Man läßt sie mindestens einen Tag auskühlen, wobei die Festigkeit noch zunimmt, ehe man sie dem Brennprozeß unterwirft.

e) Fehler beim Pressen

So einfach der Vorgang des Pressens scheinbar ist, so können doch eine Reihe lästiger Fehler auftreten. In der Mischung bleibt während des Preßvorganges noch eine gewisse Menge Luft fein verteilt eingeschlossen, die, während des Pressens auf 1000 atü komprimiert, sich nach dem Ausstoßen wieder ausdehnt und öfters schwache Aufbauchung der ebenen Flächen an der Anode bewirkt. Die Verwendung besonders feinporiger Kokse begünstigt diese Erscheinung. Hoher Bindemittelgehalt bewirkt die gleiche Erscheinung; die nach dem Ausstoßen dann noch zu weiche Anode deformiert sich unter Einwirkung ihres eigenen Gewichtes. Zu heiße Mischung oder Bindemittel geringer Klebkraft haben feine senkrechte Risse in der Mitte der Anodenflächen zur Folge, öfters lösen sich dann auch flache Schichten am Boden oder im Nippelloch ab. Fehlerhaft zusammengesetzte Mischungen verursachen zahllose feine Querrisse an der Anode; die Ursache ist meist ein zu hoher Anteil an Feinstoff oder ein zu geringer Bindemittelzusatz.

f) Brennen

Die gepreßten, sog. „grünen“ Anoden müssen einem Brennprozeß unterworfen werden. Das geschieht in großen Öfen, die nach dem Prinzip des Ringofens arbeiten, wie er in einfacher Ausführung aus der Ziegeleiindustrie bekannt ist.

Die fertig gebrannten Anoden sind mehr oder weniger mit dem als Einbettungsmaterial benutzten Koksgrus behaftet, der durch Putzen mittels Stahlschabern entfernt werden muß, eine Arbeit, die von Hand ausgeführt wird, obgleich gerade hier der Einsatz von Maschinen sich zu lohnen scheint.

Die gebrannte Anode hat eine silbergraue Farbe, hellen Klang und ist beständig gegen hohe Temperatur und chemische Agenzien, nur von Sauerstoff wird sie angegriffen. Durch Anwendung geeigneter Rohstoffe und hoher Brenntemperaturen wird angestrebt, die Beständigkeit gegen Sauerstoff zu erhöhen.

g) Fehler beim Brennen

Der Brennvorgang ist die schwierigste Operation bei der Anodenherstellung, es treten hierbei sehr oft Fehler auf, in der Hauptsache Risse. Diese entstehen während der Austreibung der Bindemitteldämpfe und der darauf folgenden Schrumpfung der Anoden im Brennofen. Zur Vermeidung von Brennrissen stehen zwei Wege zur Verfügung: Herabsetzung der Brennempfindlichkeit der grünen Anoden einerseits und Herabsetzung der Brenngeschwindigkeit andererseits.

Die Brennempfindlichkeit der grünen Anoden verringert sich mit steigendem Gehalt an Bindemittel und steigendem Gehalt an großen Körnern in der Mischung.

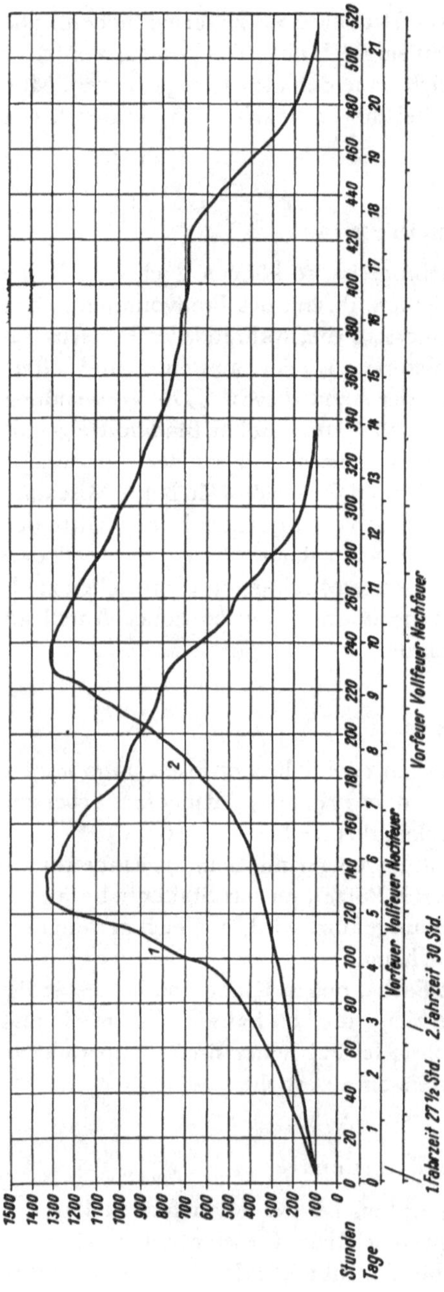

Abb. 82. Brennkurven, gemessen im Brennofen für Anoden.

Aus Rücksicht auf die zu erreichende Dichte, Festigkeit und Porösität sind hierbei gewisse Grenzen nicht zu überschreiten. Die Herabsetzung der Brenngeschwindigkeit läßt sich erreichen durch Verlangsamung des Feuerfortschrittes im Brennofen, was allerdings eine Verringerung der Produktion nach sich zieht, und durch Senkung der Höchsttemperatur in der Vollfeuerkammer. In beiden Fällen wird die Brennkurve flacher, d. h. der Temperaturanstieg je Zeiteinheit im Brennofen wird geringer. Dies ist das Entscheidende. In Abb. 82 sind zwei Kurven des Temperaturverlaufs im Brennofen angegeben, die sich durch ihre Brenngeschwindigkeit unterscheiden. Die Kurve 2 entspricht gegenüber Kurve 1 einer geringeren Brenngeschwindigkeit und damit einem schonenderen Verlauf des Brandes.

Sehr hinderlich für die Korrekturmaßnahmen zur Vermeidung von Brennfehlern ist die Tatsache, daß sich stets gleichzeitig über 500 t Brenngut im Ofen befinden und alle Maßnahmen sich erst nach dem Durchsatz dieser Menge auswirken.

h) Betriebskontrollen

Für die laufende Überwachung der Fabrikation in einer Anodenfabrik sind täglich eine sehr große Zahl von Messungen und Analysen durchzuführen, für die geeignetes Personal, Instrumente und ein gut eingerichtetes Laboratorium erforderlich sind. Da die genaueste Analyse wertlos ist, wenn bei der Probenahme sich Fehler einschleichen, ist auf letztere ganz besonderes Augenmerk zu richten. Z. B. ist es nicht einfach, aus einem Behälter oder Bunker, der mit gemahlenem Koks gefüllt ist, eine genaue Durchschnittsprobe für die Siebanalyse zu entnehmen oder während der Entladung eines Waggons Petrolkoks eine 30-kg-Probe auszusondern, die in ihrer Zusammensetzung in bezug auf

Feuchtigkeit, Grusgehalt, Asche usw. genau dem Durchschnitt der Ladung entspricht.

Es ist daher im Betrieb eine besondere Probenahmestation eingerichtet, die dem Laboratorium unterstellt und mit geschulten Probenehmern besetzt ist, die die Proben für alle Kontrollen nehmen und analysenfertig aufbereitet an das Laboratorium abgeben.

i) Die Einrichtung eines Brennofens

Ein Brennofen für Anoden — dies gilt für alle größeren Kohlenelektroden — ist eine umfangreiche Anlage und beansprucht eine Werkhalle von etwa 24 × 100 m Größe. Zur Bedienung des Ofens ist ein Laufkran erforderlich, der die gesamte Halle bestreicht und je ein Hubwerk für 15 und 3 t Tragfähigkeit besitzt. Der Ofen selbst ist in Bild 83 im Grundriß schematisch dargestellt, wobei zum besseren Verständnis unwesentliche Einzelheiten stark vereinfacht oder weggelassen worden sind.

Man sieht zwei nebeneinander liegende Reihen von je 10 Kammern, bezeichnet 1—20. Diese Kammern haben eine Grundfläche von etwa 4 × 4 m, ebenfalls eine Tiefe von etwa 4 m und sind in die Erde eingebaut, so daß ihr oberer Rand auf Flurhöhe liegt (siehe auch Bild 84). Die Zwischenwände *d* zwischen den Kammern enthalten am Boden Kanäle *l*, *m*, *n* (siehe Bild 84, Aufriß), die eine Verbindung zwischen den einzelnen Kammern herstellen. An beiden Kopfenden des Ofens sind die beiden Kammernreihen durch Übergangskanäle *a* miteinander verbunden, so daß alle 20 Kammern des Ofens einen zusammenhängenden Ring darstellen (daher der Name „Kammer-Ringofen").

An einer Seite der Kammern befinden sich vier Feuerschächte *p* (Bild 84), die bis zum Boden reichen und dort durch die Öffnungen *n* mit dem Querkanal *l* in der Zwischenwand in Verbindung stehen. Der übrige Teil der Kammer ist mit einem Zwischenboden *q* versehen. Auf diesen Zwischenboden sind die Kassettenwände *r* aufgebaut, die in der Kammer die Kassetten bilden, das sind geschlossene, nur nach oben offene Räume zur Aufnahme des Brenngutes. Die Kassettenwände sind aus Hohlsteinen gebaut und enthalten zahlreiche senkrechte Züge, die alle nach oben offen sind und unten in den Raum unter dem Zwischenboden münden. Dieser Raum hat seinerseits wieder Verbindung mit dem Querkanal *l* in der Zwischenwand durch die Öffnungen *m*.

Im Betrieb ist die Kammer oben durch den 12 t schweren Kammerdeckel *s* dicht verschlossen.

Die Querkanäle *l* in den Zwischenwänden haben seitlich eine Fortsetzung in die Blindkanäle *O*, die auf Flurhöhe mit den Deckeln *e* abgeschlossen sind (Bild 84 und 85). Um den gesamten Ofen verläuft unterirdisch der Rauchkanal *c*, der zahlreiche Schlote nach oben trägt, die in Flurhöhe mit den Deckeln *f* abgeschlossen sind. Je ein Deckel *e* und *f* liegen dicht beieinander. Durch Aufsetzen einer dicht schließenden Blechhaube *g* (sog. „Elefant") über beide Deckelöffnungen kann jede beliebige Kammer mit dem Rauchkanal verbunden werden. Der Rauchkanal mündet in den Schornstein. Beiderseits jeder Kammerreihe verlaufen noch die Heizgasleitungen *b*, die für jede Kammer mit Deckeln *h* ausgerüstet sind. Dicht neben den Gaskanaldeckeln *h* liegen die Brenndeckel *i*, die durch Kanäle mit den Gasbrennern *t* Verbindung haben, die sich in den Feuerschächten *p* befinden. Durch Aufsetzen

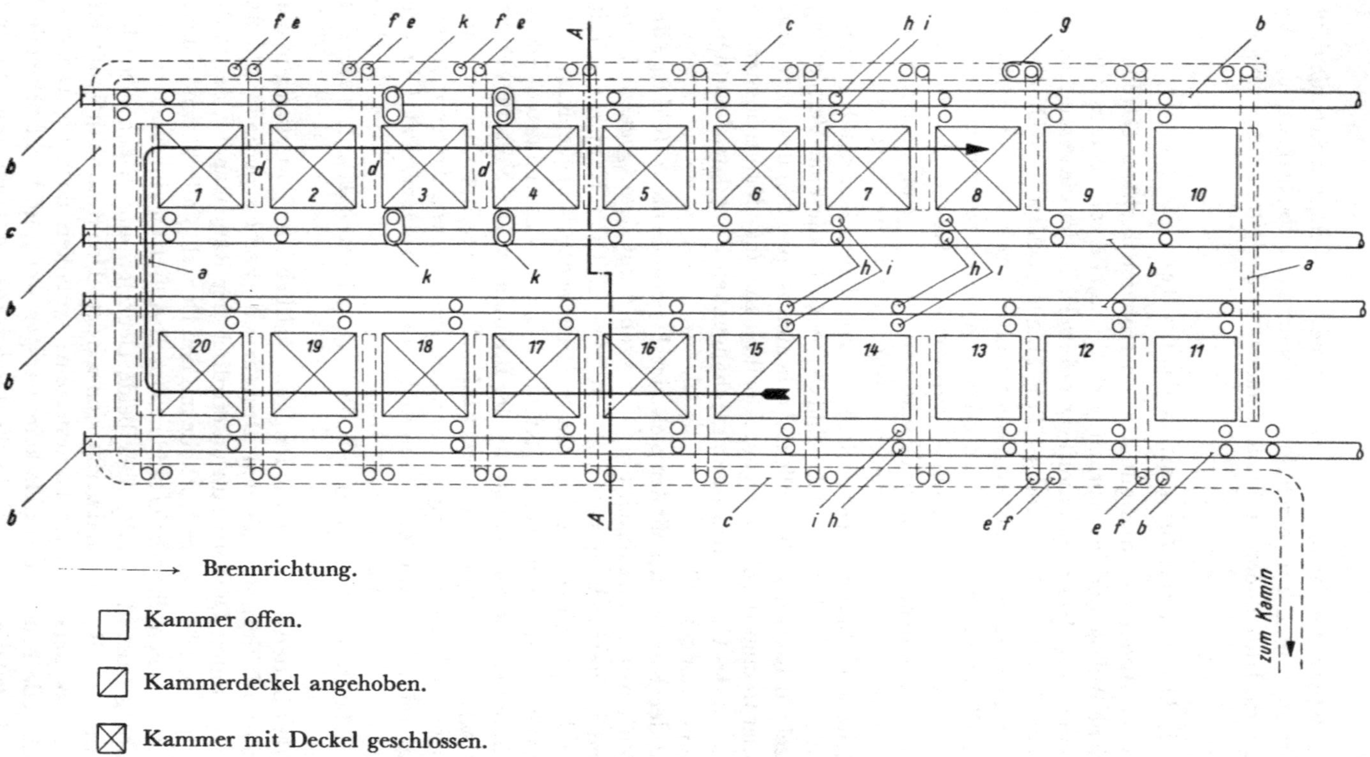

Abb. 83. Schema eines Brennofens — Grundriß.

1—20 Kammern,
a Übergang,
b Heizgasleitung,
c Rauchgaskanal,
d Zwischenwände,
e Deckel von Blindkanal,
f Deckel zum Rauchgaskanal,
g Elefant,
h Deckel von Gasleitung,
i Deckel zum Gasbrenner,
k Stiefel.

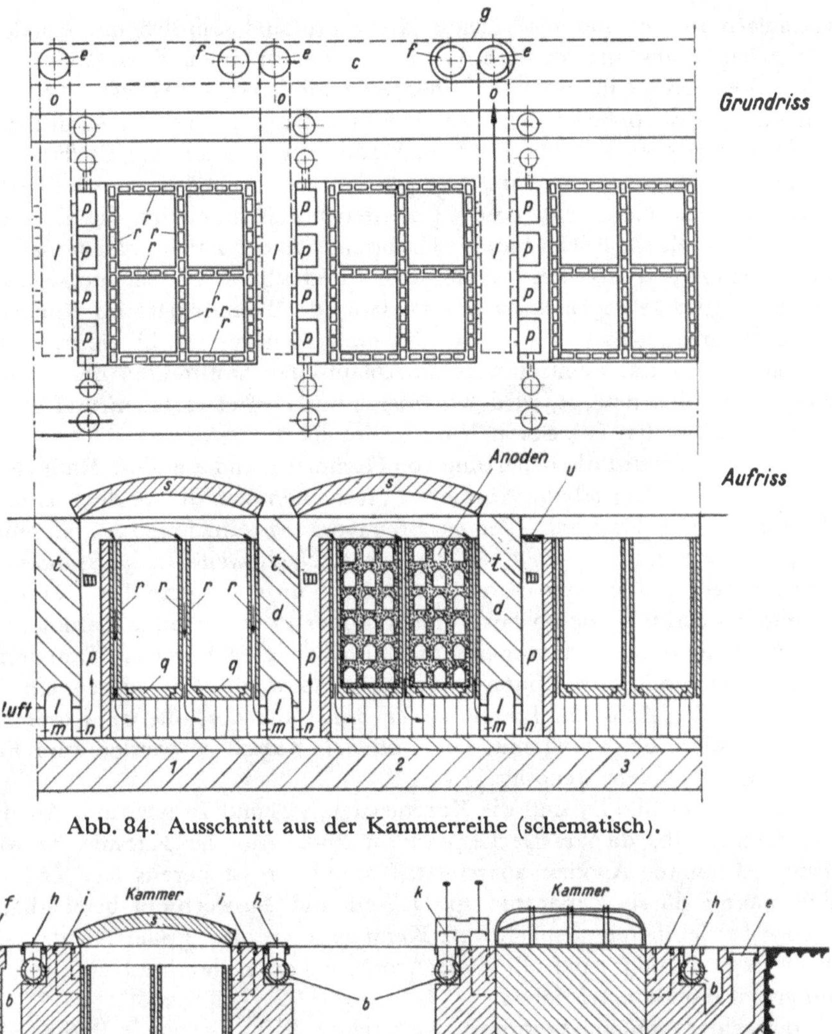

Abb. 84. Ausschnitt aus der Kammerreihe (schematisch).

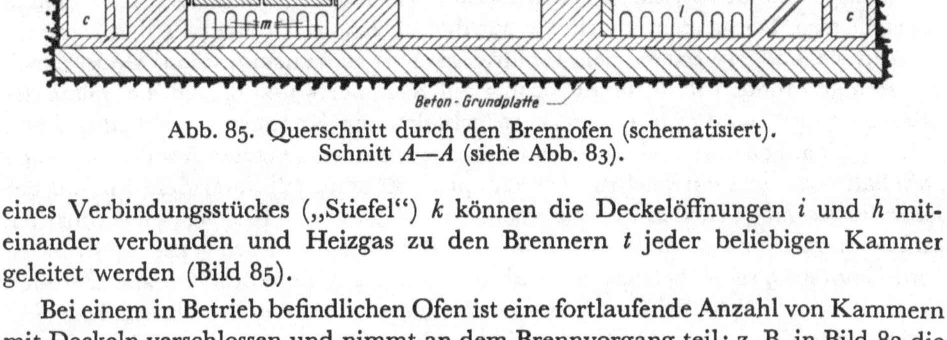

Abb. 85. Querschnitt durch den Brennofen (schematisiert).
Schnitt *A—A* (siehe Abb. 83).

eines Verbindungsstückes („Stiefel") *k* können die Deckelöffnungen *i* und *h* miteinander verbunden und Heizgas zu den Brennern *t* jeder beliebigen Kammer geleitet werden (Bild 85).

Bei einem in Betrieb befindlichen Ofen ist eine fortlaufende Anzahl von Kammern mit Deckeln verschlossen und nimmt an dem Brennvorgang teil; z. B. in Bild 83 die

Kammern 15—20 und 1—8. Diese Kammern sind sämtlich mit Anoden besetzt. Die in den Brennvorgang eingeschalteten Kammern bilden, da sie über die Zwischenwände Verbindung miteinander haben, eine durchgehende Heizstrecke, vergleichbar mit einem Eisenbahn-D-Zug. An der Spitze des „Zuges" befindet sich augenblicklich Kammer 8 (Bild 83); diese Kammer ist mittels des Elefanten *g* an den Rauchkanal angeschlossen und hier werden die Rauchgase durch den Kaminzug abgesaugt. Die Kammern 3 und 4 werden mit Gas geheizt, die Heizgaskanäle *b* sind hier mittels der Stiefel *k* an die Gasbrenner in den Feuerschächten angeschlossen und in den Feuerschächten von Kammer 3 und 4 brennen demzufolge Gasflammen. Die Feuergase gelangen unter der Wirkung des Kaminzuges im Rauchkanal, der an Kammer 8 angeschaltet ist, von Kammer zu Kammer, bis sie nach Kammer 8 in den Rauchkanal *c* eintreten. Nach Ablauf einer bestimmten Zeit (Fahrzeit), die z. B. 30 Stunden beträgt, wird Kammer 9 mit Deckel versehen und an Stelle von Kammer 8 an den Rauchkanal angeschlossen.

Gleichzeitig wird die Beheizung von Kammer 3 und 4 auf die Kammern 4 und 5 verlegt, und der Deckel von Kammer 15 fortgenommen (dieser dient zum Schließen der Kammer 9). Man sieht, der am Brennvorgang teilnehmende „Kammerzug" ist jetzt um eine Kammerlänge weitergerückt. Nach weiteren 30 Stunden wird der Vorgang wiederholt, jetzt ist die Kammer 10 an der Spitze des „Kammerzuges", Kammer 5 und 6 werden beheizt und Kammer 17 ist die letzte Kammer im „Zug". So rückt der am Brennvorgang teilnehmende geschlossene „Kammerzug" von 14 Kammern alle 30 Stunden weiter vor und wandert sozusagen um den Ofen. Die Reihe der sechs am Brennvorgang teilnehmenden offenen Kammern macht natürlich diese Bewegung mit. Diese offenen Kammern werden zum Füllen und Entleeren des Ofens benötigt.

In unserem Bild 83 sind die Kammern 14, 13 und 12 noch mit Anoden gefüllt und kühlen ab, da die Deckel entfernt sind. Aus der Kammer 11 werden die fertig gebrannten Anoden ausgesetzt, Kammer 10 ist bereits leer und wird vom Ofenmaurer durch Reparatur von Rissen und Auswechseln beschädigter Steine wieder betriebsbereit gemacht. In Kammer 9 werden grüne Anoden eingesetzt. Nach je 30 Stunden sind alle diese Arbeitsplätze um je eine Kammer weiter vorverlegt, wie oben beschrieben.

Betrachtet man eine bestimmte Kammer, z. B. Kammer 9 in Bild 83, die augenblicklich mit grünen Anoden gefüllt wird, so macht sie folgenden Prozeß durch:

Nach 30 Stunden ist sie mit dem Deckel verschlossen und an den Rauchkanal angeschlossen. Die heißen Rauchgase aus den beheizten Kammern 4 und 5 durchströmen sie und erwärmen den Inhalt (Anoden) in zunehmendem Maße. Nach weiteren 30 Stunden steht die Beheizung auf Kammer 5 und 6, und die Spitze des „Kammerzugs" wird von Kammer 10 gebildet, die Kammer 9 steht also schon näher an dem Feuer und wird stärker erhitzt. Aus den eingesetzten Anoden beginnen Destillationsgase zu entweichen (Teerdämpfe, von dem sich unter dem Einfluß der Hitze zersetzendem Bindemittel stammend), die sich mit den Rauchgasen vermischen und zusammen mit diesen in den Rauchkanal *c* gelangen. Nach 5 mal 30 Stunden wird Kammer 9 selbst beheizt und während dieser 2 mal 30 Stunden andauernden Feuerperiode erreicht ihr Inhalt die Höchsttemperatur; die Destillationsgase sind restlos ausgetrieben und die Anoden sind fertig gebrannt.

Hierzu ist folgendes zu bemerken:

Die Kammer, die die höchste Temperatur hat, nennt man „Vollfeuerkammer". Die Kammern vor und nach dieser werden dementsprechend „Vorfeuerkammer" und „Nachfeuerkammer" genannt. Diese drei Kammern werden mit Gas beheizt, und zwar immer zwei gleichzeitig, entweder die Vorfeuer- und Vollfeuerkammer oder die Vollfeuer- und Nachfeuerkammer. Das „Vollfeuer" wird während der gesamten Fahrzeit, z. B. 30 Stunden, brennen gelassen; das Nachfeuer dann gewöhnlich in der ersten Hälfte und das Vorfeuer in der zweiten Hälfte der Fahrzeit, also je 15 Stunden.

Nach weiteren 30 Stunden befindet sich Kammer 9 bereits hinter dem Feuer und wird mehr und mehr abgekühlt, je weiter ihr Standort sich von der Feuerzone entfernt. Der Kaminzug erzeugt eine Bewegung der Feuergase durch den „Kammerzug", entsprechend dem Pfeil in Bild 83. Demzufolge tritt Luft unter den angehobenen Deckel der letzten Kammer am Schwanz des „Kammerzuges" ein und gelangt von Kammer zu Kammer in Richtung des Pfeiles bis zur Feuerstelle. Da die von ihr durchströmten Kammern bereits fertig gebrannt sind und eine hohe Temperatur besitzen, wird die Luft aufgeheizt und die Kammern abgekühlt. Die stark aufgeheizte Luft gelangt in die Feuerschächte der beheizten Kammer und trifft mit dem aus den Brennern austretenden Gas zusammen und ermöglicht die Verbrennung desselben. Die dabei gebildeten heißen Rauchgase wandern von Kammer zu Kammer weiter, wobei sie diese aufheizen und gelangen an der Spitze des „Kammerzuges", wie oben beschrieben, in den Rauchkanal.

Nach dieser Zwischenbemerkung wenden wir uns wieder der betrachteten Kammer 9 zu. Nach insgesamt 14 mal 30 Stunden nimmt sie die Stellung der letzten Kammer im Schwanz des „Kammerzuges" ein und ist von der durchströmenden Luft merklich abgekühlt. Nach weiteren 30 Stunden wird der Kammerdeckel abgehoben und die Kammer bleibt 3 mal 30 Stunden offen liegen. Zur Unterstützung der weiteren Abkühlung werden bereits die Abdecksteine von den Kassetten entfernt, die man während des Brennvorganges auf das Einbettungsmaterial (Koksgrus) der Anoden gelegt hat, um dieses vor dem Verbrennen zu schützen. Mittels eines kräftigen transportablen Ventilators werden die Heizzüge der Kassetten außerdem energisch abgekühlt, so daß bei dem jetzt stattfindenden Aussetzen der Anoden die Arbeiter in den Kassetten arbeiten können. Nach weiteren 30 Stunden wird die Kammer 9 vom Ofenmaurer instandgesetzt, endlich nach 30 Stunden wieder mit grünen Anoden besetzt. Der Kammerdeckel wird aufgelegt und nach 30 Stunden bildet die Kammer 9 wieder die Spitze des „Kammerzuges", ein neuer „Umbrand" beginnt.

Der Umbrand hat $20 \times 30 = 600$ Stunden $= \frac{600}{24} = 25$ Tage gedauert, entsprechend der Zahl von 20 Kammern des Ofens und der Fahrzeit von 30 Stunden.

Da in jedem Fahrzeitintervall von 30 Stunden eine Kammer fertige Elektroden ausgesetzt wird, ist es einleuchtend, daß die Produktion eines Ofens von der Fahrzeit abhängig ist. Aus bestimmten Gründen, die später dargelegt werden, kann man die Fahrzeit nicht beliebig verkürzen. 24 Stunden ist die kürzeste Fahrzeit, mit der ein Ofen betrieben werden kann, wobei sich bereits außerordentliche Schwierigkeiten für den Betrieb ergeben.

Vorstehende Beschreibung der Wirkungsweise des Brennofens bedarf noch kleiner Ergänzungen, die zur Wahrung der Übersicht bisher unerwähnt geblieben sind. Es wurde gesagt, die Kammern haben ihre Zwischenwände über Verbindung miteinander und bilden eine zusammenhängende Heizstrecke (Vergleich mit D-Zug).

Der genaue Weg der Feuergase von Kammer zu Kammer ist noch zu beschreiben. Im Bild 84 (Aufriß) ist dieser mit Pfeilen angedeutet. Die Kammer 1 soll beheizt sein. Die heiße Luft vom Ende des „Kammerzuges" gelangt von links über *m*, *l*, *n* in die Feuerschächte *p*, steigt nach oben und unterhält mit dem aus den Brennern *t* strömenden Heizgas eine Flamme, die oben aus den Feuerschächten herausschlägt und unter dem Kammerdeckel ihre Richtung ändert, indem sie in die vielen senkrechten Heizzüge in den Kassettenwänden *r* eindringt und nach unten in den Raum unter dem Zwischenboden *q* zieht. Durch die Öffnungen *m* gelangt sie in den in der Zwischenwand liegenden Querkanal *l*. Die heißen Feuergase — die Flamme selbst hat natürlich nur eine begrenzte Länge — gelangen weiter durch die Öffnungen *n* in die Feuerschächte der nächsten Kammer (2), steigen dort auf und ziehen so von Kammer zu Kammer, bis sie die Spitze des „Kammerzuges" erreichen. Von dort werden sie bekanntlich in den Rauchkanal abgezogen. Dies soll beispielsweise bei der Kammer 2 geschehen.

Die Feuergase, die nunmehr ziemlich abgekühlt sind und jetzt als Rauchgas bezeichnet werden, verlassen den Querkanal nicht durch die Öffnungen *n*, sondern durch den Blindkanal *o* (Bild 84, Grundriß). Der Blindkanaldeckel *e* ist durch Aufsetzen eines „Elefanten" *g* mit der Öffnung *f* des Rauchkanals verbunden. Die folgende Kammer (3) ist ohne Deckel und gehört noch nicht zum „Kammerzug", sondern wird zu diesem Zeitpunkt mit grünen Anoden besetzt. Damit nun durch die offenen Feuerschächte der Kammer 3 keine falsche Luft nach unten in den Querkanal *l* und weiter in den angeschlossenen Rauchkanal eindringt, sind die Feuerschächte in der ersten Kammer vor der Spitze des Kammerzuges jeweils mit den Deckeln *u* luftdicht abgeschlossen (siehe Bild 84, Aufriß). In demselben Bild sind übrigens auch die Kassetten der Kammer 2 mit Anoden besetzt dargestellt; die Einbettung im Koksgrus ist unschwer daraus zu ersehen.

Die an beiden Kopfenden des Ofens angeordneten Übergangskanäle *a*, die die beiden Kammerreihen 1—10 und 11—20 miteinander verbinden (Bild 83), sind im Prinzip genau so eingerichtet wie die Querkanäle *l* in den Zwischenwänden *d* (Bild 84), nur sind sie ihrer Bestimmung gemäß viel länger und außerdem mit einem Gasbrenner ausgerüstet, damit beim Übergang von Kammer 10 auf 11 bzw. von 20 auf 1 der stetige Temperaturverlauf durch die kühlende Wirkung des verhältnismäßig langen Übergangskanals nicht beeinträchtigt wird.

Wie oben schon erwähnt, sind die den Ofen verlassenden Rauchgase mit den Destillationsgasen (Teerdämpfen) aus den Anoden vermischt. Diese Gase sind brennbar, und es kommt öfters vor, daß sie sich entzünden und dabei Veranlassung zu unangenehmen Rauchkanal- und Kaminbränden geben. Diese Destillationsgase müssen aus dem Rauchgas mittels Desintegrator-Wäscher entfernt werden, bevor man das Rauchgas in den Kamin leitet, da sonst landwirtschaftlicher Flurschaden verursacht wird. Die Gasheizung sowie der Kaminzug des Brennofens lassen sich regulieren; die dafür vorhandenen Einrichtungen sind in obiger Beschreibung der Einfachheit halber ebenso übergangen worden, wie die vorhandenen Einrichtungen zur Zuführung von Sekundärluft zu den Gasbrennern *t* sowie die genauere Konstruktion derselben.

Der mit der Ofenführung betraute Ofenwärter muß die Beheizung durch Regulierung von Heizgas, Verbrennungsluft und Kaminzug nach einem vorgeschriebenen Programm durchführen und bedient sich zu diesem Zweck einer Reihe von Kontrollinstrumenten, wie Temperaturmeßgeräte, Zugmesser, Segerkegel usw.

j) Die fertige Anode

Abb. 86 zeigt das Ausführungsbeispiel einer fertigen Anode. Der Querschnitt ist hierbei rechteckig 250×320 mm. Die Höhe ist 460 mm. Diese Form ist schon sehr bald nach Errichtung der ersten Aluminiumgewinnungsanlagen entstanden und entspricht den Anforderungen an ein Gewicht von etwa 50 kg, das für die Handhabung durch einen Mann eben noch zulässig ist und an eine nicht allzugroße Länge.

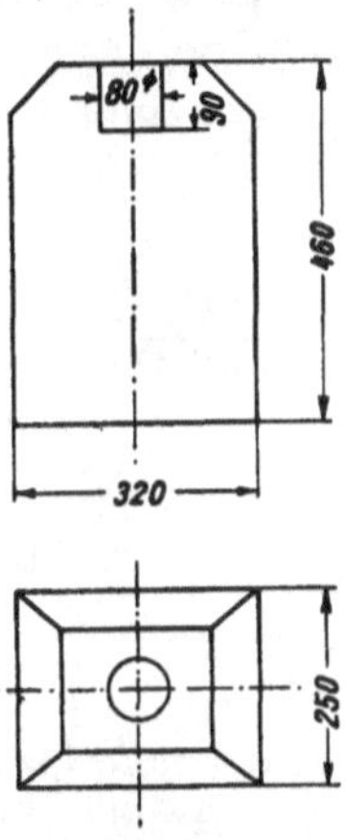

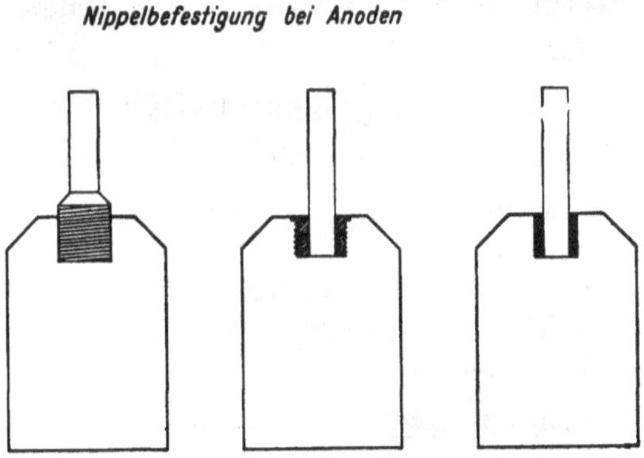

Abb. 86. Abb. 87. Abb. 88. Abb. 89.

Der Kopf der Anode ist in der Regel mit einem Nippelloch versehen zum Befestigen des Nippels, durch den der Strom zugeführt wird.

Der Kopf ist dachförmig abgeschrägt, um den verbleibenden Rest möglichst klein zu halten. Der Querschnitt ist stets rechteckig, oft quadratisch, aber nie rund. Da die Anoden in größerer Anzahl (12—20) im Elektrolyseofen angeordnet sind, entspricht der eckige Querschnitt einer besseren Platzausnutzung.

Für die Befestigung der Nippel in der Anode werden verschiedene Techniken angewandt:

aa) Einschrauben

Die Anode erhält in diesem Fall ein glattes Loch von 70—100 mm ∅ und 90—100 mm Tiefe, das sich nach unten um etwa 2 mm konisch verjüngt. Der schmiedeeiserne Nippel ist ebenfalls schwach konisch und erhält ein Gewinde (5 Gang auf 1 Zoll). Dieser Nippel wird maschinell in das Nippelloch eingedreht, wobei sich das Gewinde in das glatte Loch der Anode selbst einschneidet. Man dreht den Nippel so tief ein, daß am Boden des Nippelloches noch ein freier Raum von 5—10 mm verbleibt, in dem sich das beim Eindrehen abfallende Pulver sammeln kann (Abb. 87) (siehe S. 149).

bb) Eingießen

Zum Eingießen der Nippel verwendet man Gußeisen.

Der Nippel selbst besteht aus Schmiedeeisen von rechteckigem Querschnitt, das Nippelloch in der Anode wird mit einem groben Gewinde hergestellt (Abb. 88). Durch die Schwindung des Gußeisens beim Erstarren werden sowohl der Nippel als auch die groben Gewindegänge des Nippelloches gepreßt und ein guter Kontakt hergestellt (siehe S. 149).

cc) Einstampfen

Runde oder rechteckige Nippel aus Schmiedeeisen oder Gußeisen werden in runde oder rechteckige Nippellöcher der Anoden mit einer Stampfmasse eingestampft (Abb. 89). Die Stampfmasse erhält erst nach dem Einsetzen der Anode in den Elektrolyseofen durch die Einwirkung der Temperatur ihre endgültige Festigkeit (siehe S. 149).

k) Eigenschaften der Anoden

Von einer guten Anode werden folgende Eigenschaften verlangt:

1. große Beständigkeit gegen Oxydation,
2. Reinheit,
3. gute elektrische Leitfähigkeit,
4. ausreichende Festigkeit,
5. Maßhaltigkeit.

1. Im Elektrolyseofen unterliegt die Anode zwei verschiedenen Oxydationseinwirkungen: Der in den Elektrolyten eintauchende Teil der Anode wird durch den elektrolytisch abgeschiedenen Sauerstoff zu Kohlendioxyd verbrannt. Er unterliegt daher einer dauernden Abnutzung. In den entweichenden Gasen findet man nicht nur Kohlendioxyd, sondern auch erhebliche Mengen Kohlenoxyd. Dieses entsteht durch sekundäre Reaktion des Kohlendioxyds mit der Anode und ist unerwünscht, da es den Anodenverbrauch stark erhöht.

Verläuft der Vorgang nach der Gleichung

$$C + O_2 = CO_2\,,$$

so entspricht der hiervon abhängige Anodenverbrauch 0,332 kg je 1 kg elektrolytisch abgeschiedenem Aluminium.

Bildet sich jedoch sekundär Kohlenoxyd nach der Gleichung:

$$CO_2 + C = 2\,CO,$$

so ist ein Anodenverbrauch von 0,664 kg je 1 kg Aluminium zu erwarten. In der Praxis verläuft der Prozeß so, daß weder Kohlendioxyd noch Kohlenoxyd allein entstehen, sondern es entweichen stets Gemische beider Gase, z.B. $CO_2 : CO = 70:30$ (Volumenverhältnis) (Abb. 90).

In diesem Fall wäre der hierdurch entstehende Anodenverbrauch

$$x = 0{,}664 \cdot \frac{100}{70 + 100} = 0{,}392 \text{ kg je } 1 \text{ kg Al}.$$

Der Gehalt an Kohlendioxyd und Kohlenoxyd in den an der Anode entweichenden Gasen ist nun u. a. von der Oxydationsbeständigkeit der Anode abhängig; je höher diese, desto höher der Gehalt an Kohlendioxyd und damit desto niedriger der Anodenverbrauch.

Während der Elektrolyse taucht die Anode in den etwa 950° heißen Elektrolyten ein. Der über der Schmelze herausragende Teil ist der Einwirkung des Luftsauerstoffs ausgesetzt. Dieser oxydiert die Anode um so stärker, je höher ihre Temperatur

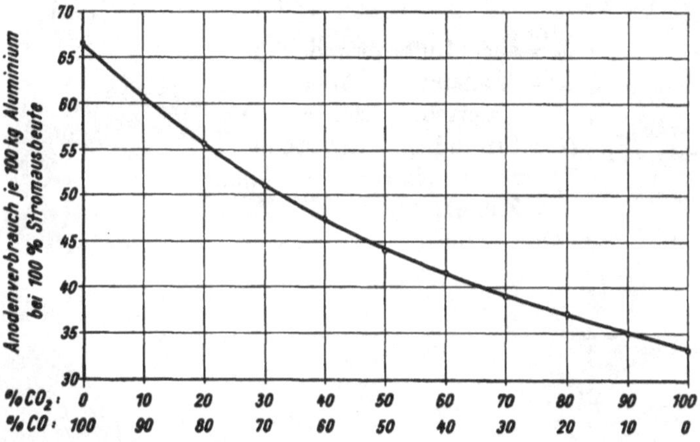

Abb. 90. Anodenverbrauch in Abhängigkeit vom Volumenverhältnis $CO_2 : CO$ im Abgas der Zelle.

ist. Unmittelbar über dem Bad, wo die Temperatur am höchsten ist, bildet sich eine Angriffszone, in welcher die Anodenoberfläche durch Verbrennung abgetragen wird. Weiter oben von der Badoberfläche entfernt, ist die Temperatur der Anode, solange diese noch lang genug ist, bereits so niedrig, daß noch kein Abbrand stattfindet.

Entsprechend ihrem Verbrauch im Bad durch den anodischen Angriff muß die Anode ständig nachreguliert (gesenkt) werden, so daß die dem Luftabbrand ausgesetzten Oberflächenpunkte nach einer bestimmten Zeit in die Schmelze untertauchen und dem Luftangriff entzogen werden.

Der spezifische Luftabbrand, bezogen auf 1 kg der Anode, ist von folgenden Faktoren abhängig:

1. von der Oxydationsbeständigkeit der Anodensubstanz gegen Luftsauerstoff. Die Breite b und die Tiefe t der Angriffszone sind von ihr abhängig.
2. von dem Verhältnis des Umfangs zum Querschnitt der Anode $\frac{u}{F}$. Je größer dieses Verhältnis, desto größer der Abbrand.

3. von der Verweilzeit T eines Oberflächenpunktes in der Abbrandzone. Je größer T, desto größer die Tiefe t der Angriffszone. Diese Verweilzeit T ist abhängig von der Senkgeschwindigkeit v = mm/h und letztere wieder von der anodischen Stromdichte $D = \mathrm{A/cm^2}$.

Läßt man zunächst einmal Punkt 1 außer acht, d. h. nimmt man die Verbrennbarkeit und Porosität der Anode als gegeben und unveränderlich an, so stehen die übrigen Faktoren zum Luftabbrand in folgendem Verhältnis:

$$L = k \cdot \frac{U}{F \cdot D}$$

ersetzt man $D = \frac{J}{F}$, so ist $L = k \cdot \frac{U}{J}$

L = spez. Luftabbrand,
U = Umfang der Anode,
F = Querschnitt der Anode,
D = Stromdichte der Anode,
J = Strombelastung der Anode,
k = Zahlenfaktor.

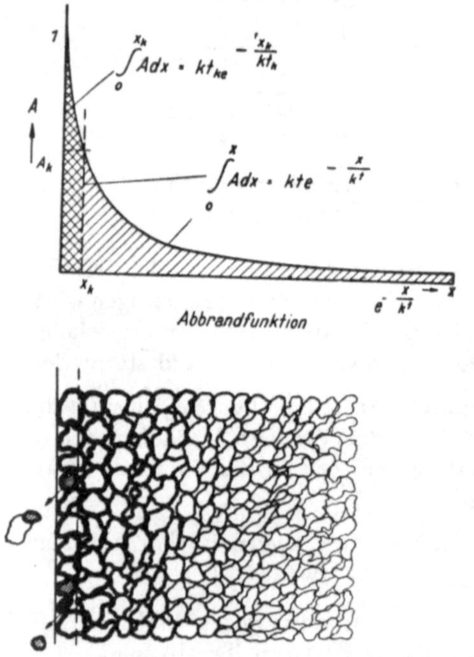

Abb. 91. Diffusionsabbrand (schematisiert). Die Strichdicke der Kornbegrenzung stellt den abgebrannten Teil des Korns dar.

Abb. 92. Anodenreste.

Tabelle 18. Daten einiger Elektrolyseöfen

Ofen	J Ampère	Kathode: Abmessungen mm / Grundfläche qcm	Kathode: D A/qcm	Anode: Abmessungen mm / Grundfläche qcm	Anode: D A/qcm	Anode: U cm	Anode: F qcm	Anode: $\frac{U}{F}$	Anode: $\frac{U}{J}$
Erftwerk Serie 12 offener Ofen	28000	3250 × 1400 / 45500	0,615	32 × 320 × 250 / 25600	1094	3648	25600	0,141	0,130
Innwerk Söderbergofen	30000	2330 × 3350 / 78055	0,384	2 × 1100 × 1700 / 37400	0,802	1120	37400	0,030	0,038
Innwerk Söderbergofen	30000 (28000)	3840 × 1740 / 66816	0,449 (0,419)	1 × 3150 × 1140 / 35910	0,835 (0,780)	858	35910	0,024	0,029 (0,031)
Mattigwerk Söderbergofen	28000	2330 × 3350 / 78055	0,359	2 × 1100 × 1700 / 37400	0,749	1120	37400	0,030	0,040
Mattigwerk Söderbergofen	30000 (28000)	2330 × 3350 / 78055	0,384 (0,359)	1 × 2650 × 1500 / 39750	0,760 (0,704)	830	39750	0,021	0,028 (0,030)

In der vorstehenden Tabelle sind $\frac{U}{F}$, $\frac{U}{J}$ und D sowie einige andere Daten von fünf Elektrolyseöfen dargestellt. Daraus ist zu entnehmen, daß die Söderbergöfen einen sehr geringen Wert für $\frac{U}{J}$ haben, nämlich etwa 0,032 im Mittel, dagegen hat der offene Ofen $\frac{U}{J} = 0{,}130$, also den vierfachen Wert. Der Luftabbrand an den Anoden ist daher bei offenen Öfen viermal so groß wie bei Söderbergöfen bei sonst gleichen Bedingungen.

Die anodische Stromdichte D ist bei den offenen Öfen größer als bei den Söderbergöfen; dadurch ist die Absenkgeschwindigkeit der Elektroden höher und die Verweilzeit in der Luftabbrandzone kleiner. Das primär gebildete CO_2 hat einen kürzeren Weg. Es ist anzunehmen, daß dadurch weniger Kohlenmonoxyd entsteht.

Der Angriff des Sauerstoffs auf die Anode erfolgt nicht nur auf der äußersten Oberfläche im Sinne einer schichtförmigen Abtragung, er dringt vielmehr auch in den porösen Kohlekörper ein und lockert durch bevorzugten Angriff an den Stellen höherer Porosität das Gefüge auf. Dieser Angriff führt schließlich zur Herauslösung von Kokskörnern, der sog. Abrieselung. In der Abb. 91 ist dieser Vorgang schematisch dargestellt, bei schlechten Elektroden kann diese Abrieselung einen beachtlichen Umfang annehmen, zu hohen Schmelzverlusten führen und die Stromausbeute wesentlich vermindern. Bei Anoden schlechter Beschaffenheit findet dieser differenzielle Angriff auch auf den im Elektrolyten befindlichen Teil der Anode statt. Die Abb. 92 zeigt rechts einen Anodenrest mit mürber Oberfläche. Die Schmelzereste splittern beim Anritzen ab. Die linke Elektrode ist hart, die Schmelze haftet gut auf der Oberfläche.

Der am Nippel verbleibende Rest

Bei den vorgebrannten Anoden verbleibt am Nippel ein Rest, der nicht aufgebraucht werden kann, da sonst das Nippeleisen bloßgelegt würde. Das Gewicht dieses Restes beträgt z. Z. etwa 6—8% des Anodengewichtes und hat daher großen Einfluß auf den Anodenverbrauch. Eine Vergrößerung der Anodenlänge würde den Restanteil verkleinern, demgegenüber steht bei größerer Anodenlänge eine Vergrößerung der elektr. Verluste durch den elektr. Widerstand der Anode.

Nachstehend eine Übersicht der Eigenschaften längerer Anoden:

Tabelle 19

	normale Anode	längere Anode	
Länge cm	46	60	70
Gewicht grün kg	58	75	88
Gewicht gebrannt kg	53	69	81
Restgewicht kg	3,7	3,7	3,7
Restanteil der Anode %	7,0	5,4	4,56
Widerstand vom Nippel bis Boden (60 spez. Widerst.)	$2{,}78 \cdot 10^{-4}$	$3{,}83 \cdot 10^{-4}$	$4{,}56 \cdot 10^{-4}$
Stromverbrauch in Watt infolge Ohmschen Widerst. $^1/_2$ Länge v. Nippel bis Boden gerechnet; je Anode Watt bei 1000 A Belastung	139	192	228

Die Forderung nach Reinheit der Anode ergibt sich aus der Tatsache, daß bei der Elektrolyse zwangsläufig alle Verunreinigungen der Anode in das erzeugte Aluminium gelangen. Im Gegensatz zu anderen Metallen ist eine nachträgliche Reinigung des Aluminiums mit außerordentlich hohen Kosten verknüpft, da es unedler als die auftretenden Verunreinigungen ist.

Die schädlichen Verunreinigungen einer guten Anode liegen unter folgenden Werten:

Si	0,03 %	Pb	0,001%
Fe	0,06 %	Zn	0,001%
V	0,006%	Cr	0,001%
Ni	0,008%	Ti	0,003%
Cu	0,001%		

Die in den Anoden enthaltenen Elemente Al, Ca, Mg, Alkalien und S sind in den normalerweise auftretenden Mengen nicht schädlich. Der Aschegehalt guter Anoden liegt unter 0,5%.

Die elektrische Leitfähigkeit der Anoden ist eine wesentliche Forderung; bei einer normalen Belastung von 1,2 A/qcm, einem mittleren Stromweg von 0,30 m in den Anoden und einem Widerstand von $\varrho = 60\ \Omega$/qmm/m werden in einer 25000 A-Elektrolysezelle allein durch den Anodenwiderstand 5,4 kW verbraucht.

Der Widerstand der üblichen Anoden schwankt zwischen 60 und 90 Ω/qmm/m.

Durch das Einschrauben des Stromzuführungsnippels wird die Anode mechanisch beansprucht, sie muß deshalb eine gewisse Festigkeit aufweisen. Bei sehr weichen Anoden läßt sich der Gewindenippel nicht fest einschrauben, sehr harte Anoden neigen zu Kopfrissen während ihrer Verwendung im Elektrolyseofen.

Als günstigste Festigkeit für Anoden gilt eine Druckfestigkeit von 180—280 kg/qcm.

Die Nippellöcher der Anoden dürfen in ihren Abmessungen nur wenig von den Sollwerten abweichen, die zulässige Toleranz der Maße ist ± 1%.

3. Herstellung der Masse für die Söderberganoden

Für den Betrieb der Söderberganode (siehe S. 58) werden zum Nachfüllen der Anode sog. Söderbergmassen verwendet, deren Zusammensetzung nur wenig von den grünen Mischungen für die zu brennenden Anoden abweicht. Da die Söderbergmasse in Form von Broten oder auch flüssig mittels geeigneter Transportkübel auf die Oberfläche der Söderberganoden der Elektrolyseöfen nachgefüllt wird, muß sie bei der an der Oberfläche der Anode herrschenden Temperatur von etwa 150° C zerfließen und dabei sich innig mit der bereits im Schacht befindlichen Masse verbinden. Die Oberfläche der Söderberganode soll weder zu trocken sein noch größere Bindemittelabsonderungen aufweisen. Eine gute Masse zeigt an der Oberfläche der Anode nicht zu ausgedehnte Bindemittelabsonderungen. Um diesen Fließvorgang zu ermöglichen, werden die Söderbergmassen mit einem wesentlich höheren Gehalt an Bindemittel hergestellt als die Massen für die gebrannten Anoden. Während bei vorgebrannten Anoden das Verhältnis von Trockenstoff zu Bindemittel etwa 100:25 gewählt wird, ist das Verhältnis bei Söderbergmasse etwa 100:40.

Die Herstellung der Söderbergmasse erfolgt prinzipiell in der gleichen Weise wie die Herstellung der Massen für feste Anoden. Auch die Rohstoffe und die Ansprüche an die Reinheit derselben sind die gleichen. Es werden daher Petrolkoks, Pechkoks und Koks aus Reinstkohle verwendet. Als Bindemittel benutzt man Steinkohlenteerpech von etwa 80° Erweichungspunkt, das nicht, wie bei der Herstellung von gebrannten Anoden, durch Zumischen von Anthrazenöl auf eine niedrigere Erweichung gebracht wird. Bei letzteren ist ein Erweichungspunkt des Bindemittels von 55—60° C notwendig, um den Massen eine für die Formgebung mittels hydraulischer Pressen günstige Beschaffenheit zu verleihen.

In der Kornzusammensetzung des Trockenstoffes verfährt man bei der Söderbergmasse etwas abweichend, weil man hier auf die Preßfähigkeit keine Rücksicht zu nehmen braucht. Die Kornzusammensetzung wird hier allein nach dem Gesichtspunkt der dichtesten Packung gewählt, die eine Masse ergibt, die im Elektrolyseofen sich zu einem Körper verhältnismäßig hoher Dichte verfestigt. Da die Söderbergmassen infolge ihres hohen Bindemittelgehaltes in bezug auf Dichte des fertig gebrannten Körpers sowieso den vorgebrannten Anoden nachstehen, ist dieser Umstand besonders wichtig. Die Aufbereitungsanlagen für die Herstellung des Trockenstoffes sind aus diesem Grunde meist noch besser ausgerüstet als die der Anodenfabriken für vorgebrannte Anoden.

Eine Anlage zur Herstellung von Söderbergmasse umfaßt:

1. Kokslager mit Koksbrecher und Fördereinrichtungen zur Füllung und Entleerung,
2. Kokstrockenanlage,
3. Pechlager und Einrichtung zum Schmelzen des Peches,
4. Mahl- und Klassieranlage,
5. Mischanlage.

Die Kokssorten werden in der Regel bereits in kalziniertem Zustand bezogen, so daß eine besondere Kalzinierungsanlage entfällt.

Nähere Einzelheiten sind in dem Abschnitt über gebrannte Anoden beschrieben (S. 133).

Die Zusammensetzung von Söderbergmassen ist z. B. wie folgt:

Trockenstoff-Körnung:	0—0,075 mm	26%
	0,075—0,2 mm	22%
	0,2 —1,0 mm	30%
	1 —2 mm	13%
	2 —5 mm	9%

Eine andere Vorschrift benutzt folgende

Trockenstoff-Körnung:	0—0,075 mm	26%
	0,075—0,12 mm	11%
	0,12 —0,5 mm	31%
	0,5 —1 mm	11%
	1 —5 mm	21%

Diesem Trockenstoff wird flüssiges Pech von 80° Erweichungspunkt im Gewichtsverhältnis etwa 100 : 40 zugemischt.

Die Mischtemperatur wird auf 140° C gehalten. Die fertig gemischte Masse wird in eiserne Kästen ausgegossen und nach dem Erstarren daraus entfernt. Die so erhaltenen Brote von etwa 50 kg Einzelgewicht können bis zur Verwendung im Söderberg-Elektrolyseofen beliebig lange gelagert werden. Eine laufende Untersuchung der erzeugten Söderbergmasse auf die Fließfähigkeit ist besonders wichtig.

Diese Fließprobe wird folgendermaßen ausgeführt: Aus der Masse werden Zylinder von 25 mm ∅ und 50 mm Länge mittels einer eisernen Form hergestellt. Diese Zylinder werden auf einem Blech von 8° Neigungswinkel zwei Stunden einer Temperatur von 220° C ausgesetzt. Dabei deformiert sich der Massezylinder und verlängert sich in Form einer Zunge. Aussehen der deformierten Masse und Länge der Fließzunge gestatten sehr genaue Rückschlüsse auf ihre Verwendbarkeit. Die Deformation ist sowohl von dem Bindemittelgehalt als auch von der Kornzusammensetzung abhängig. Abb. 93 zeigt einige Fließproben.

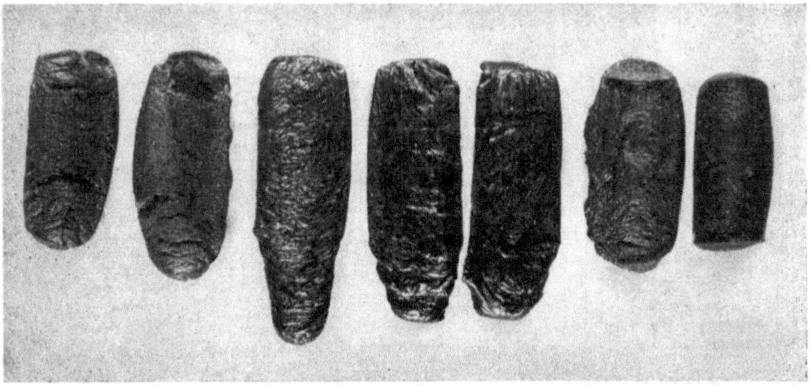

Abb. 93. Söderbergmasse, Fließproben.

Die maschinelle Ausrüstung einer Mahl- und Klassieranlage für Söderbergmasse ist in Abb. 94 dargestellt.

Die vorgetrockneten Kokssorten werden der Anlage in einer Stückgröße von 0—30 mm zugeführt und in 1—3 gebunkert. Von den Bunkern 1—3 gelangt der Koks über Aufgabeapparate zu den Vorwalzenmühlen 1—3, die eine Körnung von 0—8 mm ergeben. Diese Körnung wird in 7 gebunkert und von dort auf ein System von drei untereinander angeordneten Vibratorsieben geschickt. Diese Siebe liefern ihrer Bespannung entsprechend folgende Fraktionen:

3—8 mm
2—5 mm
1—2 mm
0,2—1 mm
0—0,2 mm

Die erste Fraktion 3—8 mm wird in Bunker 4 und 5 zurückgefördert und von dort aus über die Feinwalzenmühlen 4 und 5 geschickt, die eine Körnung von 0—3 mm ergeben, diese wird wieder nach Bunker 7 gefördert und passiert nochmals die Siebanlage. Die Fraktionen 2—5, 1—2, 0,2—1 und 0—0,2 mm werden von der Siebanlage in die Korn-Vorratsbunker 8—11 gefördert. Als Förderorgane dienen Elevatoren für vertikale und Redler-Förderer oder Vibratorförderer für waagerechte oder schräg ansteigende Förderung.

Bei der schonenden Arbeitsweise der Walzenmühlen wird zu wenig Korn 0—0,2 mm erhalten. Die erforderliche Menge Feinstoff 0—0,2 mm wird in der Rohrmühle erzeugt, die über einen Tellerspeiser aus Bunker 6 versorgt wird. Dieser Bunker wird je nach Bedarf mit einer oder beiden Fraktionen des ersten Siebes gefüllt.

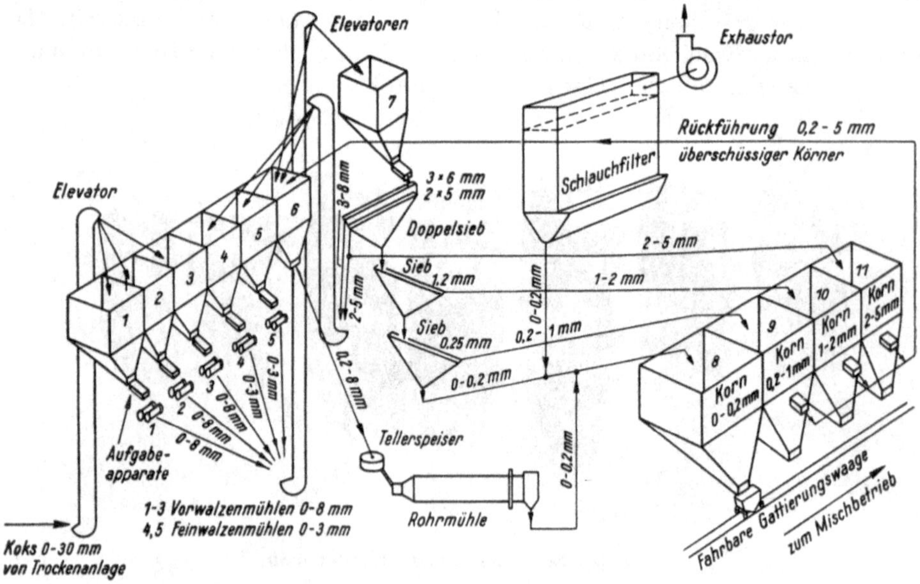

Abb. 94. Schema einer Mahl- und Klassieranlage für Söderbergmasse.

Auch die überschüssigen Kornmengen aus den Vorratsbunkern 9—11 können durch eine Rückführungseinrichtung in den Bunker 6 geleitet werden.

Da der Koks zunächst nur schonend auf den Walzenmühlen zerkleinert wird, erzielt man immer einen Überschuß an grober Körnung, die man nachträglich noch in der Rohrmühle feinmahlen kann, so daß bei Innehaltung eines gleichbleibenden Körnungsrezeptes für den Trockenstoff niemals Kornmengen übrig bleiben, für die keine Verwendung besteht.

Oft wird eine Kokssorte ausschließlich als Feinstoff 0—0,2 mm verwendet. In diesem Fall wird dieser Koks z. B. in 1 gebunkert, auf der Vorwalzenmühle 1 gemahlen, direkt vom Elevator in Bunker 6 gebracht und von da aus durch die Rohrmühle geschickt.

Alle Apparate sind zur Vermeidung von Staubentwicklung an ein Schlauchfilter angeschlossen. In dem Schema sind die Verbindungsrohre zum Filter weggelassen, um das Bild nicht unübersichtlich zu machen. Der abgeschiedene Filterstaub gelangt ebenfalls in den Vorratsbunker 8 für Korn 0—0,2 mm.

II. Ausnutzung der Abgase der Elektrolyse

1. Absaug- und Auffangapparatur

Solange die Al-Elektrolyse mit vorgebrannten Elektroden arbeitete, war ein Absaugen der bei diesem Prozeß auftretenden Gase (CO, CO_2, F-Verbindungen) und des aus feinsten Tonerdeteilchen bestehenden Staubes wirtschaftlich nicht gerechtfertigt und führte, da man die Elektrolysesysteme meist in weiten, hohen Hallen unterbrachte, auch kaum zu starker Belästigung der Bedienungsleute. Auch die Belästigung der Umgebung war verhältnismäßig gering und gab kaum zu größeren Schadensansprüchen der in der Nähe der Hütten liegenden land- oder forstwirtschaftlichen Betriebe Anlaß.

Mit der Einführung der selbstbrennenden Söderberganode trat jedoch ein Faktor hinzu, der sowohl für den Schutz der Bedienung wie den der Umgebung ein Auffangen und ein Reinigen der Gase notwendig machte: das Auftreten von Teerdämpfen und Rußteilchen, die bei der Verkokung und dem Brennen der Elektrodenmasse am Ofen selbst entstehen.

Das Abfangen der Gase geschah zunächst so, daß man um den Elektrolyseofen ein Gehäuse anbrachte, das man durch Anschluß an Exhaustoren unter geringem Unterdruck hielt. Das Gehäuse wurde so groß gewählt, daß man von allen Seiten zur Bedienung an das Bad herankam, wobei die Längsseiten durch große, sich nach oben bewegende Schiebetüren oder Jalousien zugänglich gemacht wurden.

Die Durchführung und Abdichtung des oben aus dem Gehäuse herausragenden um die Elektrode gelegten Mantels aus dünnem Al-Blech und die gesonderte Abdeckung der Elektrode zur Verhinderung von Staubansammlung auf der Elektrodenoberfläche bereitete zunächst einige Schwierigkeiten, die aber durch Einbau eines stabilen Mantels aus Eisenblech behoben wurden. Dieser Eisenmantel muß gegebenenfalls der Bewegung der Anode nach oben folgen können und liegt deshalb auf dem Ofengehäuse nur auf. Die Abdichtung erfolgt durch aus U-Eisen gebildeten, mit Tonerde gefüllten „Tassen".

Trotz sorgfältiger Abdichtung dieses so ausgeführten Gehäuses gelingt es im Betrieb kaum, bei Absaugen von etwa 0,5—0,6 m^3 je Sekunde und 30000-A-Ofen sämtliche Öfen so unter Unterdruck zu halten, daß alle Gase erfaßt werden.

Bei neueren Ofentypen wurde deshalb das Ofengehäuse dadurch verkleinert, daß man die Wandungen und Türen auf den Rand der Elektrolysezelle selbst aufsetzt, dabei allerdings in Kauf nehmen muß, daß beim Auswechseln des kathodischen Teiles das Gehäuse weitgehend abgebaut werden muß. Durch Schrägstellung der Türen (in diesem Falle Jalousietüren) gelingt es, den Ofenraum noch weiter zu verkleinern.

Die bisher beschriebenen Abzugsgehäuse sind in ihrer Form bedingt durch die seitliche Anbringung der Kontaktbolzen in der Anode. Viel bessere konstruktive Möglichkeiten ergeben sich, wenn man die Stromzuführung durch von oben in die Anode eingeführte Kontaktbolzen vornimmt. Es ist dann leicht möglich, durch Anbringung einer „Schürze" um die Anode, einen so kleinen Raum zu schaffen, daß man mit einer Absaugung von 2,5 l/sec für einen 30000-Amp.-Ofen auskommt, also mit etwa 0,5% der früher nötigen Menge, sofern man das Gas unverbrannt absaugt oder etwa 10 l/sec = 2% der bisherigen Menge, falls man das Gas direkt am Ofen verbrennt (vgl. S. 13).

Die Abgasleitungen der Öfen einer Reihe werden in stetig weiter werdenden Rohren zusammengeführt, diese Rohre der einzelnen Reihen münden in Hauptsammelrohre, die ihr Abgas an eine kurz vor den Exhaustoren befindliche Sammelkammer abgeben, aus der dann die Exhaustoren ziehen. Als Exhaustoren werden meistens Radialgebläse verwendet.

Für ein Ofensystem sind beträchtliche Mengen von Abgas abzusaugen. Bei den bisher im großen ausgeführten Ofentypen mit seitlichen Kontaktbolzen muß man, wie erwähnt, mit etwa 0,6 m^3/sec/Ofen rechnen. Bei einem System von 160 Öfen ergeben sich etwa 350000 m^3/h, eine Leistung, die man zweckmäßig auf drei Exhaustoren aufteilt und einen vierten als Reserve vorsieht. Eine solche Absauganlage hat einschließlich des Pumpenstromes für die angeschlossene Waschanlage einen Kraftbedarf von 600—700 kW (d. s. etwa 2,5% des Stromverbrauches für die zugehörige Elektrolyseeinheit).

Die Abgase enthalten infolge der großen Menge Falschluft, die mit abgezogen wird, nur etwa 0,5% $CO + CO_2$. An Verunreinigungen werden bei den oben angeführten Verhältnissen etwa gefunden:

200—300 mg/m^3 Staub, davon 30—50% kohlenstoffhaltige Bestandteile
30— 40 mg/m^3 F
20— 30 mg/m^3 SO_3

Die Reinigung der Abgase kann entweder durch eine Naßwäsche oder durch elektrische Reinigung erfolgen, wobei letzterer eine Waschung zur Entfernung von F und SO_3 angeschlossen werden muß.

a) Naßwäsche

Im Bestreben, die Auswaschung vor allem des teerhaltigen Staubes möglichst weit zu treiben, wurden die zunächst kleinen Anlagen, bestehend aus je einem eisernen Turm von etwa 10 m Höhe und einem hölzernen Turm (in Form eines Kaminkühlers) von 12 m Höhe je 80 Öfen, bei Neubauten durch wesentlich größere Anlagen ersetzt. Eine solche Anlage besteht, wie das Schema (Abb. 95 und 96) zeigt, aus vier hintereinander geschalteten Türmen von 16,5 m Höhe, von denen drei 4,5 m, der vierte 6 m Durchmesser haben.

Für 150 Öfen sind zwei solcher Turmreihen in Betrieb, während eine dritte als Reserve während der Reinigung dient. In den ersten beiden Türmen wird das Gas durch Berieseln mit Sodalauge fast restlos von F und SO_3 und der Hauptmenge des Staubes befreit. Der dritte Turm dient hauptsächlich zur Reinigung des Gases von mitgerissener Waschlauge, während im vierten Turm durch eingebaute Horden, die mit Raschig-Ringen beschickt werden können, weitere Mengen teerhaltigen Staubes entfernt werden. Nach Verlassen der Turmreihen geht das ge-

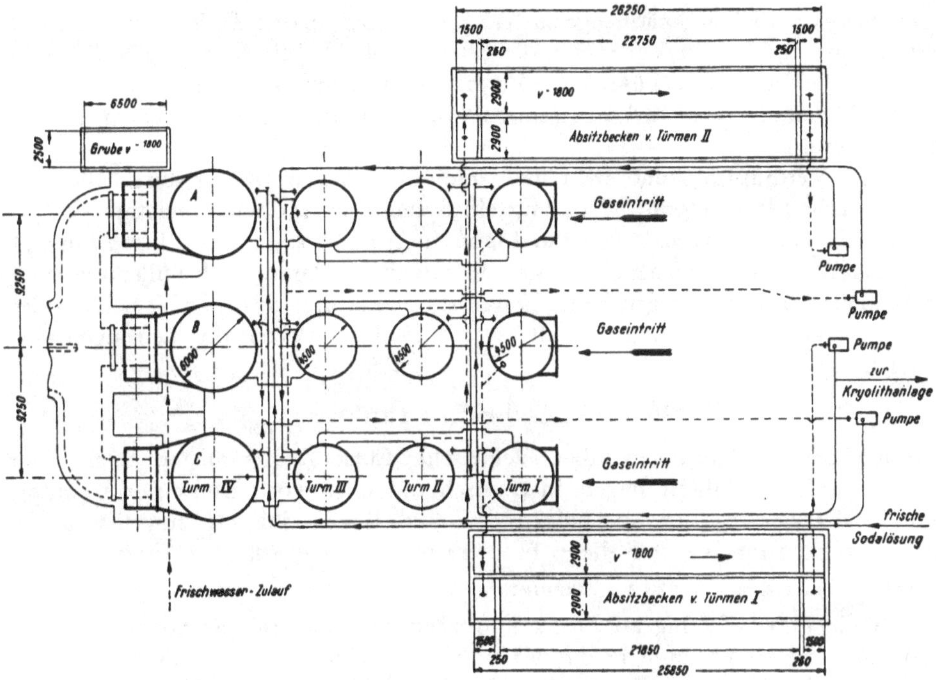

Abb. 95. Ausnutzung der Gase der Elektrolyse unter Rückgewinnung von Kryolith.

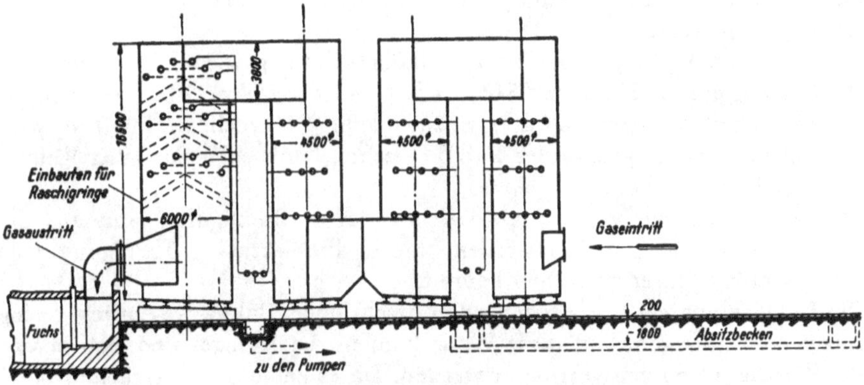

Abb. 96. Waschtürme für die Ofengase.

reinigte Gas durch einen Fuchs zum Kamin (80—90 m hoch), der das Restgas auf weite Flächen verteilt.

Die Türme I—III sind mit je 56 Düsen von 44 l/min Durchlauf bestückt, die in drei Stockwerken angeordnet sind. Der vierte Turm ist über den drei Horden ebenfalls mit Düsen versehen, die zur Reinigung der Raschig-Ringe in gewissen Zeitabständen dienen. Die Waschmittelkreisläufe der Turmquerreihen sind getrennt und werden von je einer Pumpe bedient. Die Waschlauge der Turmreihe II wird jeweils durch Sodalösung auf einen Gehalt von 40—50 g Na_2CO_3/l gebracht und nach Umsetzen etwa der halben Sodamenge zu NaF und Na_2SO_4 in den Kreislauf von Turm I gespeist, wo sie bis zum Verbrauch der Soda verbleibt. Mit etwa 35 g NaF/l wird die noch eben alkalische Lösung zur Kryolithrückgewinnung gedrückt.

Die Turmreihe III wird mit reinem Wasser berieselt, das im Turm IV zugespeist wird.

Durch Verdunstung und Mitreißen von Flüssigkeitströpfchen durch das Gas werden täglich etwa 100 m^3 Wasser für ein System von 150 Öfen benötigt.

Zur Klärung der Waschlaugen durchläuft die Waschflüssigkeit von Turm I und II jeweils Absitzbecken, aus denen der sich absetzende Schlamm nach Stillegung einer Beckenhälfte entfernt werden kann. Durch diese Klärung wird der Verschleiß der Pumpen und der Düsen stark herabgesetzt und das Zusetzen der Leitungen verhindert.

b) Elektrische Entstaubung

Eingehende Erfahrungen über elektrische Entstaubungsanlagen nach dem Cottrell-Möller-Verfahren liegen in Deutschland nicht vor. Es ist nur bekannt, daß die Verklebung der Sprühelektroden und ihre Reinigung zunächst große Schwierigkeiten machte, daß dieses Problem wohl aber gelöst worden ist.

Die Arbeitsweise ist etwa folgende:

Um die Gase leitfähig zu machen, werden sie zunächst mit Sodalösung angefeuchtet. Sie treten dann in die wie üblich aufgebaute Reinigungskammer ein, in der die Staubbestandteile durch elektrische Entladungen weitgehend niedergeschlagen und als feuchte, eben krümelige Masse entfernt werden. Nach dieser Reinigung wird in Waschtürmen durch Berieselung mit Soda- oder Ätznatronlauge F und SO_3 ausgewaschen.

Die Analyse der Restgase sowohl bei Naßentstaubung wie auch bei elektrischer Entstaubung ergab für Fluor und SO_3 etwa 0,5—1,5 mg/Nm^3. Für teerfreien Staub kann man bei beiden Systemen mit etwa 10—30 mg/Nm^3 rechnen. Für Teer wurden bei Naßentstaubung im günstigsten Fall 60—70 mg/Nm^3, bei elektrischer Reinigung 25—45 mg/Nm^3 gefunden.

Eine klare Entscheidung für elektrische oder Naßreinigung kann aus diesen Ergebnissen wohl kaum gefällt werden, zumal die elektrische Reinigung anlagemäßig wesentlich teurer zu stehen kommt.

Die Entwicklung geht, wie schon oben beschrieben, dahin, wesentlich geringere Gasmengen abzusaugen. Auf diese Weise können die Anlage- und Betriebskosten für die Wäsche wesentlich verringert werden. Da es keine Schwierigkeiten bereiten wird, die kleinere — wenn auch stärker verunreinigte — Gasmenge auf den gleichen Endreinigungsgrad wie bisher zu bringen, werden sich die insgesamt noch ins Freie gehenden Verunreinigungen auf wenige Prozent der bisherigen vermindern lassen.

2. Kryolithrückgewinnung

Bei der Wäsche der Ofenabgase in den im vorigen Abschnitt beschriebenen Waschanlagen finden sich etwa $^2/_3$ des ausgewaschenen Fluors als NaF in den Waschlaugen gelöst, das restliche Drittel wird als Festsubstanz mit Tonerde und Spaltprodukten des Pechs als Waschschlamm wiedergefunden.

Die Anreicherung von NaF in den Waschlaugen erfolgt bis zu etwa 30—35 g NaF/l (Löslichkeit von NaF in Wasser bei 15° C 38,5 g/l).

a) Aufarbeiten der Laugen

Durch Umsatz mit Aluminiumfluorid kann aus den Waschlaugen nach folgender Gleichung Kryolith gewonnen werden:

$$3NaF + AlF_3 = Na_3AlF_6\,.$$

Als Aluminiumfluorid wird ein wasserhaltiges Produkt mit etwa 30% H_2O verwendet, das in fein vermahlenem Zustand den auf 60—70° erhitzten NaF-Laugen unter Rühren zugesetzt wird. Reaktionsdauer etwa $^1/_2$ Stunde, Fluorausbeute: etwa 85%. Nach Konzentrierung der Kryolithtrübe durch Absitzen in Behältern mit Spitzboden oder durch Eindicken erfolgt Filtration über Nutschen, Filterpressen oder Saugzellenfilter. Durch Trocknen bei etwa 300° erhält man einen in der Elektrolyse wieder einsatzfähigen Kryolith mit etwa folgender Zusammensetzung:

84,0% Na_3AlF_6	0,2% Fe_2O_3
10,0% AlF_3	0,4% SiO_2
5,0% Na_2SO_4	0,4% CaO

Ein weiteres Verfahren zur Umsetzung des NaF der Waschlaugen zu Kryolith basiert auf folgender Gleichung:

$$12NaF + Al_2O_3 + 6CO_2 + 3H_2O = Na_3AlF_6 + 6NaHCO_3\,.$$

Als Al_2O_3 kann ein besonders aktives Tonerdehydrat verwendet werden. In Ermangelung eines solchen kann man mit Aluminatlauge mit einem möglichst hohen Gehalt an Al_2O_3 arbeiten, die jedoch noch hinreichend stabil sein muß, damit kein Al-Hydrat ausfällt. Als CO_2 kann man ein gereinigtes Abgas vom Kesselhaus oder von einer Verbrauchsstelle von Generatorgas verwenden, das aber möglichst nicht unter 10% CO_2 haben sollte. Das Einleiten des Gases in das Waschlauge-Aluminatlauge-Gemisch erfolgt bei Raumtemperatur, wobei der Gasstrom gleichzeitig Rührwirkung ausübt. Die Reaktion braucht nicht bis zur vollständigen Umsetzung auf $NaHCO_3$ getrieben zu werden. Eine Fluorausbeute von 90—95% wird bereits erreicht, wenn die Lösung je zur Hälfte Na_2CO_3 und $NaHCO_3$ enthält. Beim weiteren Einleiten tritt keine Abscheidung mehr von Kryolith ein. Weitere Arbeitsweise wie oben. Das Na_2CO_3- und $NaHCO_3$-haltige Filtrat läuft zur Waschanlage zurück. Ein Teil muß allerdings aus dem Kreislauf ausgeschieden werden, da sonst eine zu starke Anreicherung an Na_2SO_4 in der Waschanlage eintreten würde. Der nach diesem Verfahren erzeugte Kryolith hat etwa folgende Zusammensetzung:

83,0% Na_2AlF_6	0,2% Fe_2O_3
2,0% Al_2O_3	0,4% SiO_2
10,0% Na_2SO_4	0,8% CaO.

Störend ist der hohe Na_2SO_4-Gehalt dieses Kryoliths, dessen Mitfällung sich nicht verhindern und der sich auch nicht auswaschen läßt.

Neuerdings wird die NaF-Lauge mit Tonerdehydrat und Na-Bicarbonat im Autoklaven bei etwa 170° behandelt, wobei sich ein fast sulfatfreier Kryolith bildet Ausbeute 95% (DBP. 833952).

b) Aufarbeiten des Waschschlammes

Die Wiederverwendung des Kryoliths und der Tonerde im Waschschlamm. kann an und für sich so erfolgen, daß der Schlamm getrocknet, der teerige Bestandteil abgeröstet und der Röstrückstand der Elektrolyse wieder zugegeben wird. Bei Arbeit auf hohe Al-Qualität stört dabei allerdings der hohe Fe_2O_3-Gehalt des Waschschlammes.

Zur Gewinnung des wertvollsten Bestandteils des Waschschlammes, des Kryoliths, kann man durch Behandlung mit 5%iger Natronlauge diesen in Lösung bringen und nach Abtrennung von den Rückständen aus dem Filtrat mit CO_2 den Kryolith wieder fällen. Es fällt dabei ein Kryolith mit 20—30% Tonerdehydrat an, da die Natronlauge immer gewisse Mengen Al_2O_3 mit auflöst. Dieses Kryolith-Tonerde-Gemisch läßt sich schlecht trocknen, da über 360° der Kryolith bereits Fluor abgibt, während das Al-Hydrat erst bei 1300° restlos sein Kristallwasser verliert. Vermischt man das obige Filtrat jedoch mit einer dem überschüssigen Tonerdegehalt entsprechenden Menge NaF-haltiger Waschlauge und leitet in das Gemisch CO_2 ein, so gelangt man zu einem Al_2O_3-freien Kryolith.

Auch ist vorgeschlagen worden, den Waschschlamm elektrothermisch einzuschmelzen, Fe_2O_3 dabei zu Fe zu reduzieren und als Metall getrennt von der Kryolith-Tonerde-Schmelze zu gewinnen, wobei letztere mit weniger als 0,1% Fe_2O_3 in der Elektrolyse wieder zum Einsatz kommt.

D. Gießen

von Aluminium und Aluminium-Legierungen in der Hütte

I. Gießöfen und ihre Befeuerung

1. Anforderungen an die Öfen im Rahmen der verschiedenen Arbeitsgänge

Das in der Elektrolyse gewonnene „Hüttenaluminium" führt man, sofern man es nicht in diesem Zustande weiterverwendet, durch eine raffinierende Behandlung in „Reinaluminium" über. Dieses wird, entweder als solches oder in Form von Legierungen, teils zu Blöcken, teils zu Masseln vergossen. Erstere dienen als Vormaterial für Halbzeuge, letztere werden in Formgießereien oder in Halbzeugwerken unter Mitverwendung des dort anfallenden Schrottes verarbeitet.

Die einzelnen Vorgänge dieser Arbeiten, das Schmelzen, Raffinieren, Legieren, Warmhalten und Gießen, stellen an die dazu verwendeten Öfen besondere Anforderungen[1]). Ein zum Schmelzen dienender Ofen hat die Aufgabe, möglichst viel flüssiges Metall bzw. flüssige Legierung in der Zeiteinheit zu liefern, d. h. er muß eine hohe Schmelzleistung besitzen. Dabei sollen der Abbrand gering und der wärmetechnische Wirkungsgrad hoch sein. Außerdem ist eine bequeme Beschickungs- und Reinigungsmöglichkeit und eine gute Durchmischung der Schmelze erforderlich. Zum Raffinieren muß das Bad für Rühr- und Begasungsgeräte gut zugänglich sein, das Ofeninnere widerstandsfähig gegen die Raffiniermittel und ihre Umsetzungsprodukte. Bei Behandlung mit Gasen ist ein Bad mit kleiner Oberfläche günstig. Die Badtiefe kann dabei bis zu 1 m betragen. Größere Tiefen behindern die Entgasung. Beim Abstehenlassen und Warmhalten soll das Bad vollkommen in Ruhe sein, damit Verunreinigungen aufsteigen bzw. sich absetzen können. Zur Vermeidung eines hohen Abbrandes ist eine kleine Badoberfläche günstig. Der Leerwert, d. h. der Energieverbrauch zum Warmhalten, sollte möglichst niedrig sein. Auch ist eine gute Badtemperaturregelung erforderlich.

Das Gießen erfolgt heute in den meisten Fällen aus dem Ofen unmittelbar in die Gießform und zieht sich über Stunden hin. Daher gelten die an einen Warmhalteofen gestellten Ansprüche auch für den Gießofen. Daneben muß ein Ofen, aus welchem Formate gegossen werden sollen, langsam, mit gut regelbarer Geschwindigkeit und ohne Höhenänderung der Ausflußöffnung entleerbar sein.

2. Beheizungsarten

Zum Beheizen der Öfen können feste, flüssige und gasförmige Brennstoffe sowie elektrische Energie dienen[2]). Die Wahl des Heizmittels hängt in der Regel von wirtschaftlichen Erwägungen und von den örtlichen Gegebenheiten ab. Dabei sind

[1]) W. Roth, Aluminium 25 (1943) S. 418—421.
[2]) A. v. Zeerleder, Technologie des Aluminiums, 4. Auflage (1943) S. 136—161.

die Ansprüche an die Qualität des zu vergießenden Metalles zu berücksichtigen. Feste Brennstoffe lassen, abgesehen von Kohlenstaub, nur eine sehr grobe Temperaturregelung zu. Sie sind also in Fällen, wo es auf genaue Temperatureinhaltung ankommt, nicht zu empfehlen. Ferner beeinträchtigen sie die Sauberkeit des Betriebes und ergeben einen hohen Abbrand. Flüssige Brennstoffe sind den festen in dieser Hinsicht etwas überlegen. Noch günstiger sind gasförmige Heizmittel. Zu beachten ist, daß bei Verwendung feuchter und wasserstoffhaltiger Brennstoffe die Schmelze bei Temperaturen von über 750° aus den Feuergasen Wasserstoff aufnimmt und daher vor dem Gießen entgast werden muß. Eine vollkommen ruhige, neutrale Ofenatmosphäre kann nur in elektrisch beheizten Öfen erreicht werden. Dieselben werden auch hinsichtlich des wärmetechnischen Wirkungsgrades, der Temperaturregelbarkeit, Sauberkeit und Bequemlichkeit von keinem anderen Ofen erreicht.

3. Die wichtigsten Ofenarten und ihr Anwendungsbereich

a) Tiegelöfen

Tiegelöfen werden nur bis zu Inhalten von einigen 100 kg gebaut. Man braucht sie heute, abgesehen von ihrer Verwendung in Formgießereien und kleineren Betrieben, nur noch für Sonderaufträge und Versuchsgüsse. Sie lassen sich rasch aufheizen und sind daher für unterbrochenen Betrieb besonders geeignet. Die Wärme wird dem Metall durch die Tiegelwand hindurch zugeführt, die daher gut wärmedurchlässig sein muß. Als Tiegelmaterialien dienen Graphit und Gußeisen. Gußeiserne Tiegel gestatten wegen ihrer höheren Wärmeleitfähigkeit ein rascheres Schmelzen als Graphittiegel und haben eine wesentlich längere Lebensdauer. Sie sind daher im Betrieb billiger. Allerdings müssen sie täglich sorgfältig gereinigt und mit einem keramischen Schutzanstrich versehen werden, da die Schmelze sonst das Tiegelmaterial angreift und Eisen aufnimmt [2]). Für hochreine Aluminiumschmelzen, bei denen es auf einen möglichst niedrigen Eisengehalt ankommt, sind sie nicht empfehlenswert. Tiegelöfen können feststehend und kippbar sein. Als Heiz-

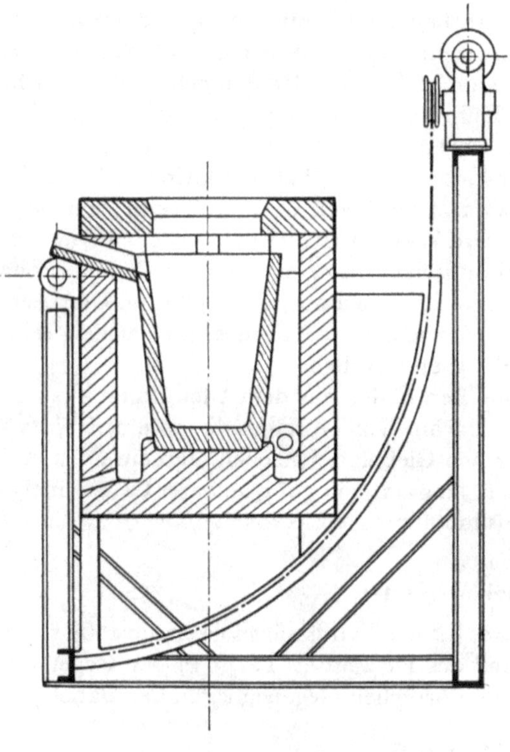

Abb. 97. Gasbeheizter Tiegelschmelzofen.

mittel können alle Brennstoffe sowie elektrische Energie[3]) verwendet werden, doch findet man Koksbeheizung heute kaum noch. Am vorteilhaftesten dürfte Gasfeuerung sein (Abb. 97). Der wärmetechnische Wirkungsgrad der Tiegelöfen ist geringer als der anderer Schmelzöfen.

b) Herdöfen

Es gibt satzweise und fortlaufend betriebene Herdschmelzöfen[2]). Die ersteren werden jedesmal vollständig entleert, während man bei letzteren in regelmäßigen Abständen Metall nachsetzt und so stets ein geschmolzenes Bad aufrecht hält. Damit beim fortlaufenden Schmelzen das Bad durch das nachgesetzte Metall nicht abgekühlt wird, sind Öfen dieser Art mit einer Schmelzbrücke ausgerüstet, von welcher das Metall niedergeschmolzen wird (Abb. 98). Die satzweise arbeitenden Öfen benötigen keine Schmelzbrücke und haben dabei bei gleichen Außenabmessungen ein größeres Fassungsvermögen (Abb. 99).

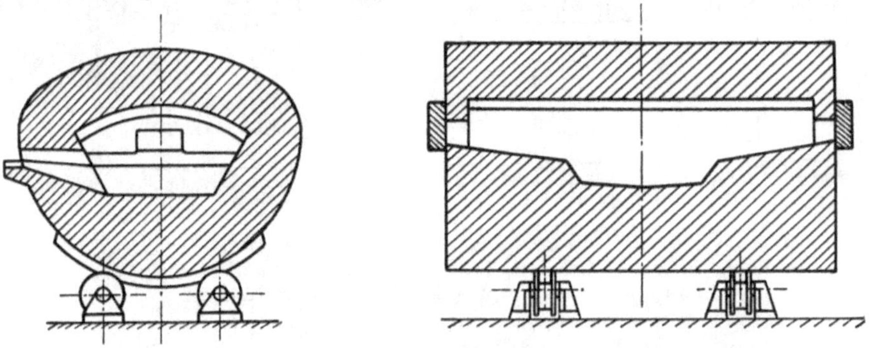

Abb. 98. Elektrisch beheizter Herdschmelzofen mit Schmelzbrücke; um den Schwerpunkt kippbar (Bauart A.I.A.G.).

In Herdöfen wird die Wärme fast ausschließlich durch Strahlung auf das Metall übertragen. Ihre Leistung richtet sich also nach der Größe der Herdfläche und nach der Gewölbe- bzw. Flammentemperatur. Während man kohle- bzw. koksbeheizte Aluminiumherdschmelzöfen (Abb. 100) in Deutschland nur noch selten antrifft, bedient man sich ihrer in den angelsächsischen Ländern in hohem Maße. Sehr beliebt sind dort große Einheiten bis zu etwa 20 t Inhalt. Mit zunehmender Ofengröße verringert sich der Brennstoffbedarf je t Schmelzgut und der Abbrand, jedoch wird das Umrühren erschwert, weshalb zum Erschmelzen von Legierungen vorgesehene Öfen zweckmäßig kleiner ausgeführt werden. Die mit festen Brennstoffen beheizten Öfen sind größtenteils feststehend und werden durch Abstechen in Pfannen oder Vorherde entleert. Um die Flammengase nicht unnötig mit Wasserdampf anzureichern, trocknet man die festen Brennstoffe[4]) vor dem Verfeuern. Der Hauptanreiz zum Schmelzen mit Koks und Kohle sind die sehr niedrigen Brennstoffkosten je t Schmelzgut. Der schlechte Leerwert und die ungenügende Temperaturregelbarkeit lassen jedoch die Verwendung fester Brennstoffe beim Warmhalten und Gießen als nicht ratsam erscheinen. Der Abbrand ist größer als bei anderen Öfen, da der sich

[3]) O. Gengenbach, Elektrowärme 9 (1939), Heft 11.
[4]) N. F. Budgen, Aluminium and its alloys, 2. Auflage (1947), S. 168.

auf dem Bad absetzende Flugstaub beim Abziehen zusätzlichen Metallverlust mit sich bringt. Die Abbrandkosten übersteigen die Brennstoffkosten häufig um ein Mehrfaches, und spielen daher bei der Wirtschaftlichkeitsberechnung eine ausschlaggebende Rolle. Neuerdings sind mit der wesentlich besser regelbaren Kohlenstaubfeuerung gute Erfahrungen gemacht worden. Als eine verbesserte Koksfeuerung,

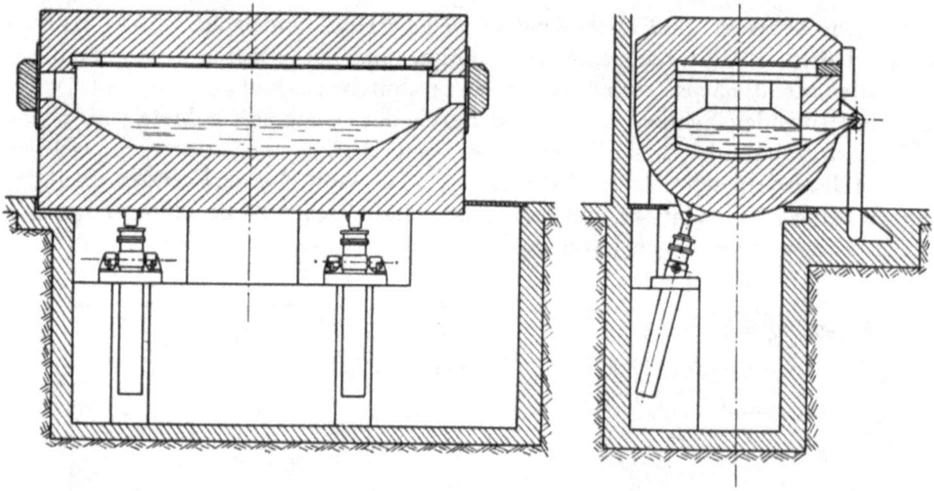

Abb. 99. Elektrisch beheizter Herdschmelzofen; ohne Schmelzbrücke; um die Schnauzenspitze kippbar (Bauart Junker).

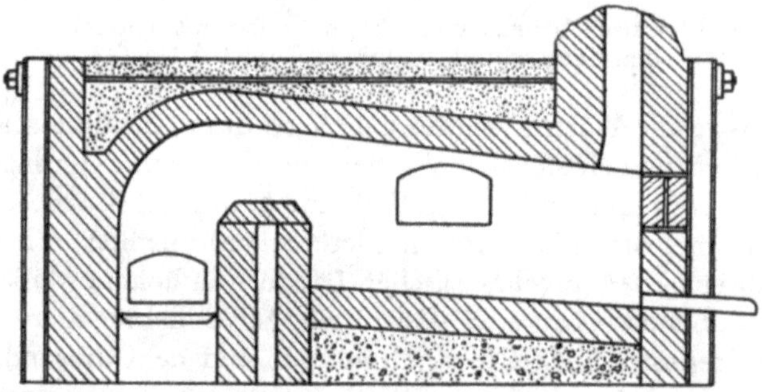

Abb. 100. Koksgefeuerter Herdschmelzofen (nach Budgen).

besonders hinsichtlich Sauberkeit und Regelbarkeit der Flamme, verdient auch die Beheizung mit einem neben dem Ofen befindlichen Trockenkoksgenerator, die gewissermaßen als Halbgasfeuerung anzusehen ist, noch besonderer Erwähnung. Die beiden letzteren Ofenarten werden außer zum Schmelzen auch zum Warmhalten und Gießen verwendet.

Als in den dreißiger Jahren die Gasherdschmelzöfen in größerem Umfange in Aluminiumgießereien eingeführt wurden, galt es als sehr wichtig, Wasserstoff und Wasserdampf enthaltende Gase vom Schmelzbad unbedingt fernzuhalten. Man arbeitete entweder mit praktisch wasserstoff- und wasserdampffreien Generatorgasen oder führte eine völlige Trennung des Schmelzraumes vom Verbrennungsraum unter Zwischenschaltung eines keramischen Gewölbes oder metallischer Heizrohre [5]), in denen die Verbrennung stattfand, durch. Eine solche Trennung der Heizflamme vom Schmelzraum verringerte aber den Wirkungsgrad und war außerdem schwierig aufrechtzuhalten. Die Zwischengewölbe wurden leicht undicht, und die Heizrohre, die zum Schutz noch von besonderen Strahlrohren umgeben waren, hatten ebenfalls nur eine begrenzte Lebensdauer. Man verzichtete deshalb bald auf eine Trennung des Heizraumes vom Schmelzraum. Es stellten sich keine besonderen Nachteile ein. Auch bei unmittelbarer Beheizung mit Ferngas bleibt die Gasaufnahme der üblichen Aluminiumlegierungen in zulässigen Grenzen, wenn man die Schmelze stets unter 750° vergießt, was in neuzeitlichen Gießereien auch allgemein der Fall ist. Energiewirtschaftlich gesehen, stehen die Gasherdöfen zwischen den koksgefeuerten und den elektrisch beheizten Herdöfen.

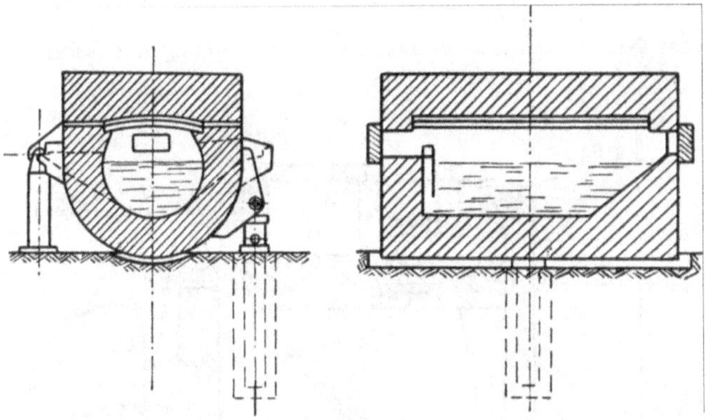

Abb. 101. Elektrisch beheizter Warmhalte- und Gießofen; um die Schnauzenspitze kippbar (Bauart VLW).

Der elektrische Herdschmelzofen für Aluminium und seine Legierungen (Abb. 99) hat durch sorgfältige Isolierung und Erhöhung des Fassungsvermögens heute einen beachtlich hohen wärmetechnischen Wirkungsgrad und niedrigen Leerwert erreicht [6]) [7]). Nachteilig, weil den Abbrand begünstigend, wirkt die große Badoberfläche, die bei großen Einheiten auch die Beschickung mit festem Schmelzgut und die Zugänglichkeit mit Rühr- und Reinigungswerkzeugen erschwert. Ein weiterer Nachteil ist in dem Verschleiß der hochwertigen Heizwiderstände zu sehen. Als reiner Schmelzofen ist daher der elektrische Herdofen von dem Niederfrequenz-Induktionsofen, der die genannten Nachteile nicht aufweist, überflügelt worden. Die völlige Ruhe des Bades und der Ofenatmosphäre in Verbindung mit dem günstigen Leerwert und der genauen Temperaturregelbarkeit machen aber den elektrischen Herdofen vorzüglich zum Warmhalten und Gießen geeignet, zumal hierbei seine Badoberfläche klein und die Gewölbetemperatur verhältnismäßig niedrig gehalten werden kann (Abb. 101).

[5]) W. Heiligenstaedt, Z. f. Metallkunde 31 (1939) S. 209—212.
[6]) H. Dicks, Metallwirtschaft 19 (1940) S. 46—53.
[7]) E. Bertram, Aluminium 25 (1943) S. 57.

c) Niederfrequenz-Induktionsöfen

Während die Entwicklung des elektrischen Herdschmelzofens im großen und ganzen als abgeschlossen bezeichnet werden kann, ist die des Niederfrequenz-Induktionsofens noch im Fluß. Sie ist aber schon so weit vorgeschritten, daß dieser

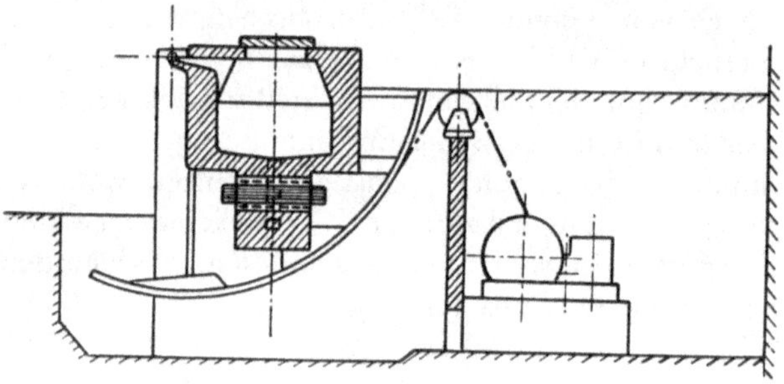

Abb. 102. Niederfrequenz-Induktionsofen, mit gebogener Schmelzrinne (Bauart Russ).

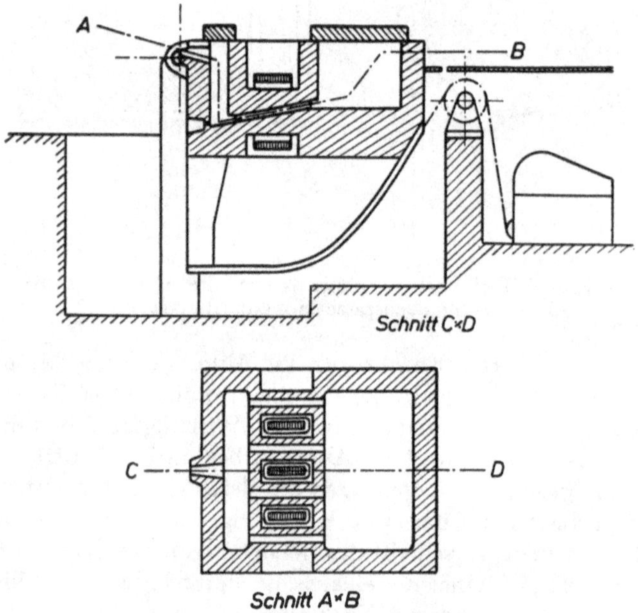

Abb. 103. Niederfrequenz-Induktionsofen mit geraden Schmelzrinnen (Siemens & Halske).

Ofen heute der für Aluminium und seine Legierungen am besten geeignete Schmelzofen ist. Wenn er auch umständliche elektrische Anlagen benötigt, so besitzt er doch dem elektrischen Herdschmelzofen gegenüber die Vorteile, daß er keinen Verschleiß an elektrischen Widerstandswerkstoffen hat, daß der Abbrand infolge der kleinen Badoberfläche gering ist, daß die Schmelze ohne Anwendung von Rührgeräten vollkommen gleichmäßig zusammengesetzt ist und daß er sich wesentlich bequemer beschicken läßt. Der wärmetechnische Wirkungsgrad beim Schmelzen ist gut. Der Leerwert ist etwas ungünstiger als bei den elektrischen Herdschmelzöfen. Daher und wegen seiner dauernden Badbewegung kommt er als Warmhalteofen und Gießofen für Aluminium und seine Legierungen weniger in Frage. Zur Durchführung einer Raffinationsbehandlung, insbesondere mit Gas, dürfte er gut geeignet sein.

Die Ausführungsarten mit gebogenen Rinnen[8])[9]) (z.B. Bauart Russ, Abb. 102) und mit geraden Rinnen[9])[10]) (Bauart Siemens & Halske, Abb. 103) behaupten sich beide im Wettbewerb miteinander und sorgen so dafür, daß die Entwicklung nicht stehen bleibt.

Von den Öfen, welche bisher noch wenig zum Schmelzen von Aluminium und seinen Legierungen angewendet wurden, aber doch einmal an Bedeutung gewinnen können, verdienen der Graphitstabofen[6])[11]), der Hochfrequenzofen und der kernlose Niederfrequenz-Induktionsofen[11])[12]) besonderer Erwähnung.

---

[8]) H. Hug, Aluminium 23 (1941) S. 217.
[9]) Ph. Schneider, Aluminium 25 (1943) S. 62—66.
[10]) H. Capitaine, Aluminium 24 (1942) S. 69.
[11]) F. Knops, Metall 3 (1949) S. 76—80.
[12]) G. Hennicke und Ph. Schneider, Die Neue Gießerei 2 (1949) S. 172.

II. Masselguß

Ein großer Teil des auf der Hütte erzeugten Aluminiums wird als „Masseln“ verkauft, das sind kleine, liegend gegossene Metallblöcke im Gewicht von 1—25 kg, die als Ausgangsmaterial in Formgießereien und in den Blockgießereien der Halbzeugwerke dienen. Da sie dort wieder umgeschmolzen werden, ist ihre Gefügeausbildung ohne Bedeutung, und eine sorgfältige Einhaltung besonderer Gießbedingungen ist nicht erforderlich. Erwünscht ist lediglich eine glatte und saubere Oberfläche. Man bildet die Masseln so aus, daß sie einfach zu gießen sind, sich gut aus der Form lösen und leicht gestapelt werden können. Abb. 104 zeigt die Gestalt einiger üblicher Masselarten.

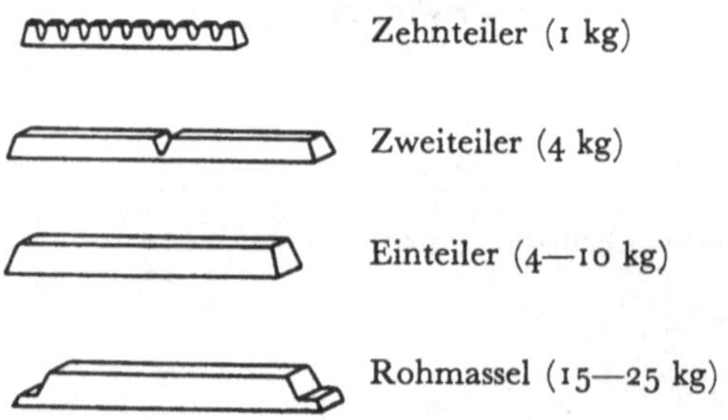

Abb. 104. Masselarten.

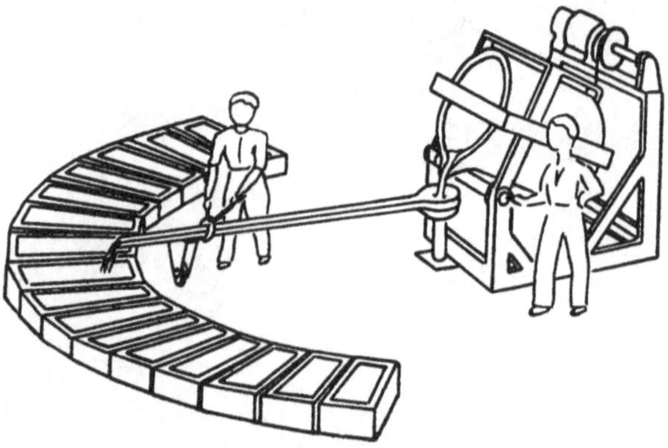

Abb. 105. Masselguß mit schwenkbarer Rinne.

Masseln können von Hand und mechanisch gegossen werden. Beim Gießen von Hand schöpft man das Metall entweder mit einige Kilogramm fassenden Handkellen aus dem Schmelzgefäß bzw. der Pfanne und gießt es in die davor aufgestellten Gießformen, oder man bedient sich größerer Gießkellen, die mit Ketten oder Seilen an Fahrkatzen aufgehängt sind. Bequemer ist es, das flüssige Metall in einer Pfanne zu einem Gießstand zu bringen, von wo es durch eine lange schwenkbare Rinne in die im Halbkreis aufgestellten Formen gegossen wird (Abb. 105).

Die Masselformen werden zur Erhöhung der Wärmewechselbeständigkeit zweckmäßig aus perlitischem Gußeisen hergestellt[1]). Sie sind etwa sechsmal so schwer wie die darin zu gießenden Masseln. Häufig werden eine Anzahl Formen zu einer Gießbank vereinigt, die auf einem kippbaren Gestell ruht. Dasselbe kann auch fahrbar ausgebildet werden, so daß es unter dem Ausguß des Gießofens oder der Gießpfanne vorbeigeführt und dabei gefüllt werden kann.

Das Masselgießen von Hand ist eine umständliche und mühevolle Arbeit. Wo laufend größere Mengen von Masseln zu erzeugen sind, bedient man sich daher

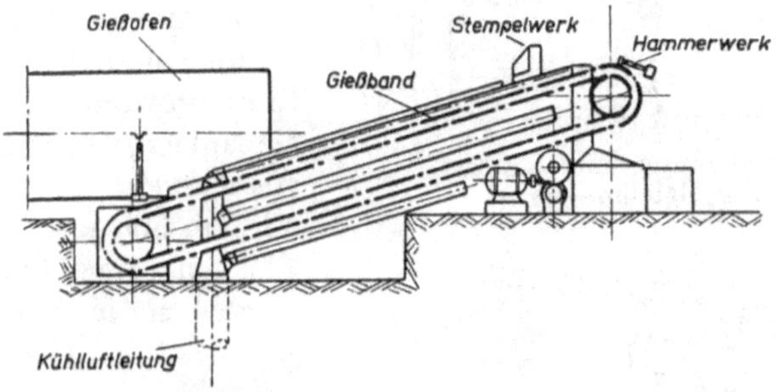

Abb. 106. Schema einer Masselgießmaschine mit schräg laufendem Band (Bernsdorfer Eisenwerk).

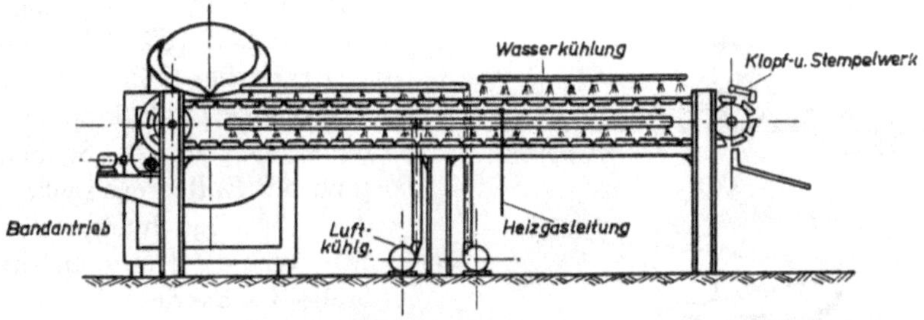

Abb. 107. Schema einer Masselgießmaschine mit waagerechtem Band (Ardelt-Werke GmbH.).

besser selbsttätig arbeitender Masselgießmaschinen. Bei diesen sind die Masselformen in der Regel auf einem endlosen Band angeordnet.

Bei Anschaffung einer Masselgießmaschine hat man sich zu entscheiden, ob man aus dem Ofen unmittelbar in die Maschine gießen (Abb. 106) oder das Metall über eine Pfanne an die Maschine heranbringen will (Abb. 107)[2]). Im ersteren Falle ist die Maschine vor dem Gießofen aufzustellen. Da jedoch eine Gießmaschine das Mehrfache einer Schmelzofenleistung verarbeiten kann, ordnet man sie zur besseren Ausnutzung entweder zwischen zwei Öfen so an, daß beide nacheinander auf die Maschine arbeiten können, oder man läßt ein verhältnismäßig langes Gießband an zwei nebeneinander stehenden Öfen entlanglaufen. Schließlich kann man auch eine fahrbare Maschine wählen und diese vor die einzelnen zu entleerenden Öfen fahren.

---

[1]) A. v. Zeerleder, Technologie des Aluminiums, 5. Auflage (1947) S. 188.
[2]) K. Siedentopf, Aluminium (1944) S. 88—93.

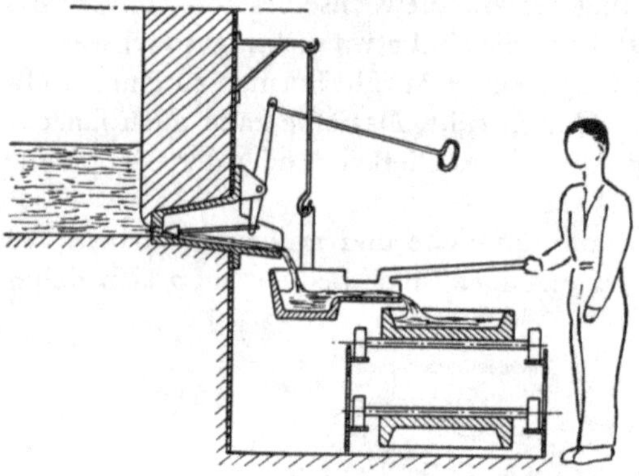

Abb. 108. Handbedienung eines Kippgefäßes an einer Masselgießmaschine.

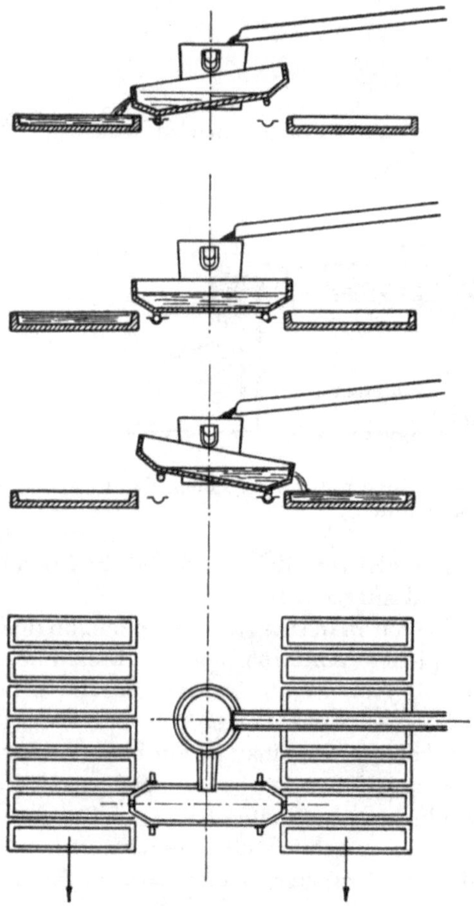

Abb. 109. Mechanische Bewegung der Kippwanne einer zweireihigen Masselgießmaschine.

Das Gießen aus dem Ofen unmittelbar in die Maschine besitzt den Nachteil, daß die mehrere Stunden dauernde Gießzeit dem Ofen zum Schmelzen verloren geht. Beim Gießen aus der Pfanne ist das nicht der Fall, außerdem kann man dabei die Maschine unabhängig von der Lage der Öfen dort aufstellen, wo sie am wenigsten stört, und den Raum vor dem Ofen mit anderen Einrichtungen, z. B. einer Stranggießanlage, versehen. Die Gießtiegel aus Stahlguß fassen bis zu 3 t Aluminium und werden in besonderen Tieföfen vorgewärmt. Zum Gießen werden sie in den vor der Masselgießmaschine angebrachten, kippbaren „Gießstuhl" gesetzt, der ebenfalls heizbar ist.

Das Gießband kann waagerecht sein (Abb. 107) oder schräg aufwärts führen (Abb. 106). Die letztere Bauweise ist bei Öfen üblich, die um den Schwerpunkt kippbar sind, bei denen sich also die Schnauze während des Entleerens senkt. Man hat dann die Möglichkeit, mit sinkender Schnauze die Rinne an eine tiefere Stelle des Bandes zu führen. Weiter haben schräg liegende Gießbänder den waagerechten gegenüber den Vorteil einer höheren Abwurfstelle, die das unmittelbare Verladen erleichtert. Bei waagerechten Bändern ist zu diesem Zwecke u. U. ein besonderer Schrägaufzug hinter der Maschine nötig.

Das flüssige Metall gelangt aus dem Gießgefäß über eine Rinne oder eine Kippwanne in die Masselformen. Nach Vollaufen einer Form wird entweder, ohne den Gießstrahl zu unterbrechen, eine neue Form unter den Gießtrichter gefahren (dies ist bei der Maschine der Abbildung 107 der Fall), oder aber die Kippwanne wird beim Übergang zur nächsten Form von Hand (Abb. 108) oder selbsttätig (Abb. 109) gehoben und gesenkt.

Damit die Formen und die Maschine nicht zu heiß werden, was zu mancherlei Betriebsstörungen Anlaß gibt, wird fast immer künstlich gekühlt, und zwar im allgemeinen durch Anblasen mit Luft. Im Dauerbetrieb genügt dies häufig noch nicht. Man hilft sich dann, indem man wasserdurchflossene Kühlplatten dicht über und unter dem Band einbaut, oder Wasser auf die eben erstarrten Masseln spritzt. Letzteres wirkt sich allerdings nachteilig auf die Haltbarkeit der gußeisernen Formen aus.

Eine der Hauptstörungsquellen ist das Hängenbleiben der Masseln in den Formen. Bei den meisten Masselgießmaschinen sind daher Klopfwerke an der Umkehrstelle des Bandes eingebaut, die das Herausfallen der erstarrten Masseln erleichtern sollen. Unter dem Klopfen leidet aber die Haltbarkeit der Formen. Das beste Mittel gegen Hängenbleiben ist, die Massel so zu gestalten, daß sie beim Schrumpfen nicht festklemmen kann.

Die Leistung der Masselgießmaschine ist durch die Erwärmung begrenzt. Bei unterbrochenem Betrieb, wenn sich also die Maschine in bestimmten Zeitabständen wieder abkühlen kann, lassen sich bis zu etwa 4 t Masseln in der Stunde gießen. Um bei fortlaufendem Betrieb diese Leistung zu erreichen, müßte das Band verlängert oder die Kühlung verstärkt werden.

Die Bandgeschwindigkeit ist gewöhnlich zwischen 0,5 und 5 m/Min. regelbar. Der Kraftbedarf zum Antreiben des Bandes kann mit etwa 5 kW veranschlagt werden, die Kühlung mit etwa 10 kW und der Gießstuhlantrieb mit rund 15 kW. Der Achsenabstand der heutigen Maschinen schwankt zwischen 10 und 20 m, das Gewicht zwischen 10 und 30 t. Die Zahl der Masselformen zwischen etwa 80 und 200. Zur Bedienung einer Masselgießmaschine sind 2—4 Mann nötig.

Außer den beschriebenen Masselgießmaschinen, bei denen die Masseln auf einem endlosen Band angeordnet sind, gibt es auch Bauarten mit auf Schienen laufenden Gießbänken, auf denen die Formen aneinandergereiht liegen oder mit einem kreisförmigen Gießtisch, der sich wie ein Karussel dreht[3]). Das Entleeren der Formen erfolgt in diesen Fällen durch Kippen von Hand oder auf mechanischem Wege.

Die Gießgeschwindigkeit ist zur Gewährleistung eines ruhigen Fließens begrenzt. Aus dem Ausguß einer Kippwanne kann man sekundlich bis zu etwa 1 kg Aluminium gießen. Größere Leistungen werden erreicht, indem man die Kippwanne mit mehreren Ausgußrinnen versieht. Man kann diese sowohl zusammen in eine Form leiten, oder auch mehrere Masseln gleichzeitig gießen.

Eine große Entwicklungsmöglichkeit liegt noch in der Verbesserung der künstlichen Kühlung. Durch Beschleunigung der Erstarrung würde man das Band und damit die Maschine erheblich verkürzen, vereinfachen und verbilligen können. Es hat nicht an Versuchen gefehlt, die Kühlung zu verstärken. Eine direkte Wasserbespritzung der gußeisernen Formen wirkt sich jedoch nachteilig auf ihre Haltbarkeit aus. Auch kann eine direkte Abkühlung durch Wasser Feuchtigkeit in den Poren und feinen Rissen der Formen hinterlassen und dann beim nächsten Eingießen des Aluminiums zu gefährlichen Explosionen führen. Wegen dieser Erscheinungen hielt man eine stärkere Wasserkühlung bei Masselgießmaschinen für undurchführbar.

---

[3]) K. Hoffmann, Z. f. Metallkunde 36 (1944) S. 46—48.

Erneute Versuche an einer kleineren Anlage unter Verwendung wassergekühlter Hohlformen aus 5 mm dickem Stahlblech waren jedoch recht erfolgreich [4]). Die Gießleistung stieg auf mehr als das Doppelte an und das Arbeiten wurde angenehmer. In jahrelangem Betrieb bewährte sich die Einrichtung und wurde noch vervollkommnet.

Nach den Erfahrungen mit der Wasserkühlung beim Strangguß erscheint es für die erfolgreiche Weiterentwicklung wassergekühlter Masselgießmaschinen wichtig, als Werkstoff für die Masselformen Knetmetalle mit guter Wärmeleitfähigkeit, z. B. Kupfer- oder Aluminiumknetlegierungen, zu wählen. Sie sind porenfrei und bekommen keine Risse, in denen sich Feuchtigkeit ansammeln kann. Bei nicht allzu raschem Gießen dürfte sich daher keine Explosions- bzw. Spritzgefahr einstellen. Es ist anzunehmen, daß die wassergekühlten Masselgießmaschinen der Zukunft bei erhöhter Leistung wesentlich leichter, raumsparender und anpassungsfähiger sein werden als die heutigen.

---

[4]) H. A. J. Stelljes, Aluminium (1944) S. 94—95.

III. Blockguß

1. Schmelztechnik und Blockgußbeschaffenheit bei Al und Al-Legierungen

Der Leichtmetallblockguß ist nur ein kleines Teilgebiet des Leichtmetallformgusses im allgemeinen. Kennzeichnend für den Blockguß ist zunächst die einfache geometrische Form der Abgüsse. Sie sind in der Regel annähernd prismatisch oder zylindrisch, je nachdem sie für Walz- oder Schmiede- oder Preßzwecke abgegossen worden sind. Die Blöcke sind also Körper mit praktisch gleichem Querschnitt über die ganze Länge. Damit fallen alle die vom Formguß her bekannten besonderen Schwierigkeiten weg, die sich aus verschiedener Wandstärke, schroffen Querschnittsübergängen, Unterschneidungen und dergleichen ergeben.

Leichtmetallblockguß wird stets in verhältnismäßig großen Einheiten hergestellt. Die untere Grenze des Stückgewichtes liegt bei 30—50 kg. Bei den schwersten Walzbarren für die Apparate-Blechherstellung werden Stückgewichte bis zu mehreren Tonnen erreicht.

Weiter ist für den Blockguß die große Zahl gleichartiger Abgüsse kennzeichnend. Die einmal in einer Blockgießerei eingeführten und bewährten Formen unterliegen keinerlei Veränderungen und werden beibehalten.

Endlich wird der Blockguß im Gegensatz zum normalen Formguß bei der Weiterverarbeitung stets starker spanloser Verformung unterworfen.

Die drei erstgenannten Merkmale führen zu einer Anpassung der Schmelz- und Gießeinrichtungen an den durchlaufenden Massenbetrieb, während die Forderung nach einer guten spanlosen Verformbarkeit eine sorgfältige Beachtung der Gefügeausbildung bedingt, besonders hinsichtlich der Korngröße und der -ausrichtung. Auch der Frage der Gußdichte kommt aus dem gleichen Grunde beim Blockguß eine noch größere Bedeutung zu als beim normalen Formguß.

Dementsprechend verlief auch die Entwicklung, die der Leichtmetall-Blockguß in den letzten Jahrzehnten durchlief. Während sie anfangs von dem Gedanken der Wirtschaftlichkeit getragen und nach dem Ziel der Verarbeitung größerer Metallmengen ausgerichtet war, setzte in den letzten 15 Jahren eine Entwicklung ein, bei der neben den Gesichtspunkten der wirtschaftlichen Massenerzeugung vor allem die Gütesteigerung in den Vordergrund trat, nachdem erkannt worden war, welchen entscheidenden Einfluß der Erstarrungsverlauf innerhalb des Gußblockes auf die metallurgisch und mechanisch-technologischen Eigenschaften der Halbzeuge besitzt (siehe die nächsten Kapitel).

Während also die Vorgänge, die sich beim Gießen und im Verlaufe der Erstarrung im Gußblock abspielen, so weitgehend bekannt sind, daß bei diesen Prozessen keine Materialfehler mehr aufzutreten brauchen, bereitet doch das Schmelzen und die Schmelzbehandlung von Aluminium und Aluminium im Überschuß enthaltender Legierungen auch heute noch gewisse Schwierigkeiten, wie sie bei der Verarbeitung anderer Gußwerkstoffe weniger zu beobachten sind. Dieses hat seinen

Grund darin, daß Aluminium und seine Legierungen im schmelzflüssigen Zustand eine große Neigung zur Gasaufnahme haben[1]) und eine starke Affinität zum Sauerstoff besitzen, die ihren Ausdruck in der hohen Bildungswärme von 7200 Kcal je kg Aluminium findet.

Unter den Gasen, die auf flüssiges Aluminium einwirken können, spielt der Wasserstoff die Hauptrolle. Alle bisher bekannt gewordenen gasanalytischen Bestimmungen haben ergeben, daß etwa 70—80% des Gasgehaltes aus Wasserstoff besteht[2]). Der Rest verteilt sich auf Kohlenoxyd, Kohlendioxyd, Stickstoff, Methan, Schwefeldioxyd und Sauerstoff. Sauerstoff und Stickstoff wurden nur in Spuren gefunden, was bezüglich des Sauerstoffs nicht verwunderlich ist, da die Bindung des Sauerstoffs in Form von Oxyd den überragenden Vorgang darstellt. Größenordnungsmäßig bewegt sich der Gasgehalt von Reinaluminium zwischen 0,5 und 2 cm^3/100 g Aluminium, in Aluminiumlegierungen kann er unter Umständen auch höher sein.

Bei der Erstarrung scheiden sich aus der Schmelze zunächst Kristalle mit einem geringeren, der Löslichkeit im festen Zustand entsprechenden Gehalt an Gasen ab, wobei sich die Restschmelze bis zur Übersättigung mit Gas anreichert. Bei der nunmehr einsetzenden Gasabscheidung wandern die Gase vor dem erstarrenden Metall her bzw. werden vor ihm hergeschoben und setzen sich an den Dendritenästchen und zwischen ihnen ab. Die Folge davon ist eine Auflockerung des Korngrenzenverbandes[3]) mit all seinen nachteiligen Folgen sowohl für die Dichtigkeit, Korrosionsbeständigkeit, Eloxierfähigkeit als auch für die Festigkeitseigenschaften der Gußteile. Auch das Auftreten von Warmrissen, die stets an den Korngrenzen entlang verlaufen, ist zum Teil eine Folge der Korngrenzenlunker und Risse, da der aufgelockerte Korngrenzenverband nicht mehr in der Lage ist, die von den Schwindungskräften herrührenden Beanspruchungen aufzunehmen.

Eine besondere Stellung nehmen die nichtmetallischen Verunreinigungen ein, die Phosphide, Karbide, Hydride, Oxyde usw. von Aluminium und seinen Verunreinigungen wie Natrium, Kalzium usw., die durch Reaktion zwischen Gas und Metall während der Elektrolyse entstanden sind. Obwohl diese Reaktionsprodukte vielfach nicht mehr im gasförmigen Zustand vorliegen, ist man doch berechtigt, auch hier von Gasen zu sprechen, da eine Dissoziation dieser Stoffe bei der weiteren Verarbeitung eintreten kann. Sie treten im Rohaluminium in sehr feiner kolloidaler Verteilung auf und sind besonders deshalb gefürchtet, weil man annimmt, daß sie die Ursache für die an den weichgeglühten Blechen häufig zu beobachtenden Kern- bzw. Oberflächenblasen sind.

Die Blasenbildung soll dabei zum Teil ohne Mitwirkung der Glühatmosphäre durch Abgabe von an den Verunreinigungen adsorbierten Gasen oder durch Zersetzen und Verdampfen von Korngrenzensubstanzen erfolgen, zum Teil aber auch mit Einwirkung der Glühatmosphäre, wobei vermutet wird, daß Gase aus der Glühatmosphäre in das Blechinnere diffundieren und dort mit den örtlich angereicherten Verunreinigungen reagieren.

---

[1]) Z. B. L. W. Eastwood, Gas in Light Alloys, New York (1946); Nikuradse-Ulbrich, Das Zweistoffsystem Gas—Metall, München 1950.

[2]) P. E. Chrétien, H. A. Nipper u. E. Piwowarsky, Aluminium-Archiv Bd. 23 (1939).

[3]) H. Röhrig, Gießerei, Heft 17 (1942) S. 285—291.

Die weitaus größte Bedeutung unter den nichtmetallischen Verunreinigungen des Aluminiums hat das Aluminiumoxyd.

Da jedes Aluminiumteil von einer mehr oder minder dicken Oxydhaut umgeben ist, gelangen schon beim Einschmelzen in jedem Falle Oxydhäute in die Schmelze. Aber auch bei nur flüssigem Einsatz bildet sich auf der Schmelze eine mit der Temperatur und dem Wasserdampfgehalt der Ofenatmosphäre wachsende Oxydschicht, die bei den verschiedenen Bearbeitungsgängen — Rühren, Schäumen, Feinschäumen — zerstört wird. Die Oxyde falten sich zusammen, schieben sich übereinander und werden bei unvorsichtiger Handhabung in die Schmelze eingeschwemmt. Durch Kapillarwirkung kann Metall in die Falten der Oxydhaut eindringen und auf diese Weise eine im Verhältnis zum Volumen große Oberfläche erzeugen. Durch Oxydation dieser Metallteilchen treten örtlich starke Überhitzungen auf, die das Aluminiumoxyd von der Gamma-Form in die Alpha-Form, evtl. in Korund, überführen.

Die Überführung des Oxyds in die stabile Korundform wird besonders begünstigt durch die Anwesenheit von Magnesium, da das Magnesiumoxyd eine noch höhere Bildungswärme besitzt und deshalb aus der Schmelze unter Erzeugung hoher Hitzegrade selektiv herausbrennt. Sie kann aber auch durch die Anwesenheit von Fremdoxyden hervorgerufen werden, z. B. durch Kieselsäure, die aus der Ofenausmauerung aufgenommen wird oder durch Eisenoxyd, das über die Rührwerkzeuge in die Schmelze hineingelangt ist. Solche Verunreinigungen werden unter bestimmten Voraussetzungen reduziert, wobei sich gleichzeitig eine aluminothermische Reaktion abspielt, bei der die für die Umwandlung in α-Al_2O_3 notwendigen Temperaturen von über 950^0 entstehen.

Dieselbe Erscheinung ist auch zu beobachten, wenn die von der Schmelze abgezogene Krätze mit oxydlösenden Flußmitteln kräftig durchgerührt und das von den Oxydhäutchen eingeschlossene Aluminium zum Zusammenfließen gebracht wird. Bei diesem Vorgang findet ebenfalls eine teilweise Oxydation des in der Krätze fein verteilten Aluminiums statt, bei der, wie die Weißglut und das helle Aufleuchten erkennen lassen, außerordentlich hohe Temperaturen errreicht werden. Es ist daher nicht ratsam, das auf diese Weise der Krätze entzogene Metall wiederum der Schmelze unmittelbar zuzugeben, da die Gefahr besteht, daß hartkörnige Oxyde der Schmelze aufs neue zugeführt werden.

Oxydeinschlüsse können also im Gußblock in zweierlei Form auftreten, einmal als weiche, meist zusammengeballte Häutchen, zum andern als harte Körner. Die ersteren sind deshalb gefürchtet, weil sie die Eigenschaft besitzen, ausgeschiedenes Gas festzuhalten. Die letzteren deshalb, weil sie bei der Bearbeitung die Schneidwerkzeuge schnell stumpf machen. Sie neigen auch zum Ausbröckeln, eine Erscheinung, die z. B. bei der Folienherstellung beobachtet werden kann, wenn die Dickenabmessung des der Verformung unterworfenen Bandes sich dem Durchmesser der Körner nähert.

Diese wenigen Hinweise mögen genügen, um zu zeigen, daß Oxydeinschlüsse und Gase die hauptsächlichsten Störenfriede einer hochwertigen Fertigung darstellen. Zu ihrer Bekämpfung sind eine Reihe wertvolle Vorschläge ausgearbeitet worden, die ihren Niederschlag in mehreren hundert Veröffentlichungen und Patentschriften gefunden haben. Diese Verfahren in allen Einzelheiten zu beschreiben würde zu weit führen, wenn auch eine große Zahl von ihnen immer wieder verdient, hervorgehoben zu werden. Es soll vielmehr nur eine Charakterisierung ihrer Wirkungsweise gegeben werden, wie sie sich aus der Kenntnis der physikalisch-chemischen Gesetzmäßigkeit der Gasaufnahme und -abgabe ableiten läßt.

Schon die Zusammensetzungen des im Metall enthaltenen Gases deutet auf seine Herkunft hin. Neben der Feuchtigkeit, die bei Einsatz von festem Material aus der Zersetzung des durch Korrosion entstandenen Aluminium-Hydroxyds in der Hitze entsteht, spielen bei gasbeheizten Öfen die Feuchtigkeit der Heizgase und der durch Verbrennung von Wasserstoff entstehende Wasserdampf die Hauptrolle. Aber auch der Feuchtigkeit der Luft muß eine gewisse Rolle zugeschrieben werden. Jedenfalls deutet die immer wieder gemachte Beobachtung, daß im Sommer die Vergasung stärker ist als im Winter, darauf hin.

Während trockener Wasserstoff verhältnismäßig schwer vom Aluminium aufgenommen wird, kann der atomare Wasserstoff, wie er durch Zersetzung der auf verschiedene Weise zugeführten Feuchtigkeit durch die flüssige Aluminium-Schmelze entsteht, seines kleinen Atomradius und seiner hohen Reaktionsfähigkeit in statu nascendi wegen sehr leicht in das flüssige Metall hineindiffundieren.

Nach den Untersuchungen von C. J. Smithells[4]) reagiert aber der Wasserstoff mit dem Aluminium nicht unter Bildung eines Hydrids. Die wenigen noch nicht gefestigten Beobachtungen, wonach eine, wenn auch sehr lose Bindung Al—H im Bereich der Möglichkeit liegt[5]), dürfte jedenfalls nicht ausreichen, eine Hydridbildung zu bejahen[6]). Der Wasserstoff wird vielmehr in Form einer „einfachen Lösung“ vom Aluminium aufgenommen, wobei seine Atome in das Metallgitter eingelagert werden.

Da dieser Typus der Lösung endotherm verläuft, ist die Menge des gelösten Wasserstoffs einmal von der Temperatur abhängig[7]), zum andern aber auch von seinem Partialdruck, da auf ihn auch das Sievertsche[8]) Gesetz Anwendung finden kann, wonach die gelöste Gasmenge dem Partialdruck des Gases proportional ist. Die Temperatur-Druck-Abhängigkeit der Wasserstoffaufnahme und -abgabe zeigt nun in großen Zügen die Wege auf, die eingeschlagen werden können, die Gasaufnahme zu unterdrücken und einmal von der Schmelze aufgenommenes Gas wieder in Freiheit zu setzen.

Temperatursteigerungen begünstigen die Gasaufnahme in starkem Maße, deshalb sollten Überhitzungen der Schmelze im allgemeinen vermieden werden. Arbeitstemperaturen dicht über der Liquiduslinie sind technisch zweckmäßig[9]). Bei höherer Temperatur aufgenommenes Gas kann durch Senkung der Temperatur wieder in Freiheit gesetzt werden, wobei allerdings zu berücksichtigen ist, daß die Einstellung des dem Gaspartialdruck zukommenden Gleichgewichtes längere Zeit

[4]) C. J. Smithells, Gases and Metals, London 1938.

[5]) L. W. Eastwood a. a. O.; P. Röntgen, W. Koch, J. Inst. Met. 26 (1934) S. 9; H. Winterhager, Aluminiumarchiv Bd. 19.

[6]) E. Schmid u. H. v. Schweinitz, Aluminium 21 (1939) S. 772.

[7]) Röntgen u. Müller, Metallwirtschaft 13, 81 (1934); C. Baukloh u. M. Redjali, Metallwirtschaft 32, 45/46, 683 (1942).

[8]) A. Sieverts, Z. f. Metallkunde 21 (1929) S. 37/46.

[9]) W. Claus, S. Briesemeister u. E. Kalaehne, Z. f. Metallkunde 21 (1929) S. 268; W. Claus u. E. Kalaehne, Gießerei 15 (1928) S. 996.

erfordert, da bei diesem Vorgang eine Diffusion des Gases erfolgt und Phasengrenzflächen überwunden werden müssen. Der Schmelze muß also genügend Zeit zum Abstehen gelassen werden. Dabei hat sich herausgestellt, daß das Abstehenlassen bei ruhender Ofenatmosphäre, z. B. in einem elektrisch beheizten Ofen, nicht so wirksam ist wie in einem von Heizgasen durchströmten Ofen, offenbar deshalb, weil im letzteren Fall das Wasserstoffgleichgewicht über der Schmelze dauernd gestört wird.

Der Partialdruck des gelösten Gases kann durch Einleiten von inerten Gasen in die Schmelze geändert und dadurch der Gasgehalt auf beliebig kleine Werte herabgedrückt werden[10]). Am wirksamsten sind Edelgase, deren Verwendung aber aus wirtschaftlichen Gründen nicht geboten ist. Unter den übrigen Gasen liegen Chlor[11]) und Stickstoff[12]) im Wettbewerb. Während die Wirkung des Stickstoffs vorwiegend physikalisch ist — feinste Gaspartikel, deren Auftrieb nicht ausreicht, die Reibung zu überwinden, werden durch Stickstoff vergrößert —, tritt beim Chlor noch eine chemische Wirkung hinzu in der Weise, daß gleichzeitig eine Verflüchtigung von Verunreinigungen, wie Magnesium, Natrium usw. in Form von Chloriden eintritt. Das neuerdings in den Vordergrund getretene Chlor-Stickstoff-Verfahren[13]) stellt eine Kombination der Chlor- und Stickstoff-Behandlung dar und wird heute bereits im größeren Maßstab durchgeführt, nachdem die technischen Schwierigkeiten, die mit den auf Partialdruckänderungen beruhenden Verfahren verbunden sind, als behoben angesehen werden können.

Gegenüber der Behandlung der Schmelze mit elementarem Chlor tritt die Schmelzereinigung mit chlorabspaltenden Salzen zurück. Die Erfahrung hat gelehrt, daß keine der im Handel befindlichen Schmelzsalze einen der Chlorbehandlung vergleichbaren Effekt hervorruft. Abgesehen davon, daß bei der Umsetzung der Salze die Begleitelemente von der Schmelze aufgenommen werden können — bei zinkempfindlichen Legierungen z. B. darf aus diesem Grunde nicht mit Zinkchlorid gearbeitet werden —, setzt die Anwendung von chlorabspaltenden Mitteln gewisse Erfahrungen voraus, um eine wirksame Begasung der gesamten Schmelze zu erreichen und kann zudem noch mit beträchtlichen Kosten verbunden sein.

Die physikalisch-chemischen Raffinationsverfahren werden vorwiegend da angewendet, wo stark verunreinigtes Altaluminium eingesetzt wird. In der Hütte bedient man sich fast ausschließlich nur rein physikalischer Reinigungsmethoden.

Daß diese in ihrer Wirkung weniger intensiven Verfahren trotzdem zu einer gas- und oxydfreien Schmelze führen, die den Anforderungen für die Weiterverarbeitung zu stark verfeinerten Halbzeugen vollauf gerecht wird, hat in erster Linie seinen Grund in der Art des in den Hüttengießereien zum Einsatz gelahgenden Schmelzgutes.

Während vor etwas mehr als 20 Jahren das der Elektrolyse entnommene Aluminium erst in Rohmasseln von 14—15 kg Gewicht vergossen wurde und diese Roh-

---

[10]) C. R. Draper, Light Metals, London 4 (1941) 40, S. 98—105.

[11]) D. R. Tullis, J. Inst. Met. 40 (1928) II 55; D. R. Tullis, Zeitschrift f. Metallkunde 21 (1929)S. 100; W. Rosenhain, J. D. Grogan u. T. H. Schofield, I. Inst. Met. 44 (1930) II 305.

[12]) D. Hanson u. J. G. Slater, J. Inst. Met. 46 (1931) II 187; W. Koch, Metallwirtschaft 10 (1931) S. 69; W. Koch, Z. Metallkunde 23 (1931) S. 95.

[13]) W. Dautzenberg, Metall 4 (1950) S. 125—129.

masseln in der Gießerei nochmals umgeschmolzen werden mußten, um die infolge der Verschiedenheit der Badzusammensetzungen unterschiedlichen Gehalte an Verunreinigungen, vorwiegend Fe und Si, auszugleichen, wird heute das aus der Elektrolysezelle durch Absaugen gewonnene Metall im flüssigen Zustand dem Gießofen unmittelbar zugeführt und in dieser Form auch gattiert.

Das Einsatzgut enthält also von vornherein weit weniger Oxydeinschlüsse als ein aus Gußmasseln oder Altaluminium bestehender fester Einsatz, wobei hinzukommt, daß dem Hüttenaluminium, wie es der Elektrolyse entnommen wird, noch geringe, aber für die Beseitigung von Oxydeinschlüssen ausreichende Mengen von Flußmitteln anhaften.

Das bekannteste und in den Hüttengießereien allgemein angewendete Mittel zur Entgasung und Reinigung einer Aluminiumschmelze besteht nun darin, daß man das mit etwa 850° in den Gieß- bzw. Warteofen eingefüllte flüssige Aluminium auf eine Temperatur in der Nähe des Schmelzpunktes hinuntertemperiert und es bei dieser Temperatur längere Zeit abstehen läßt, um die Schmelze dann nach erfolgter Klärung langsam auf Gießtemperatur wieder aufzuheizen. Dabei hat sich herausgestellt, daß die Beheizungsart der Öfen, ob elektrisch oder gasgefeuert, auf die Güte der Schmelze bei sachgemäßer Schmelzführung keinen maßgebenden Einfluß besitzt. Auch die Verwendung von hoch wasserstoffhaltigen Heizgasen ist ohne Nachteil möglich, wenn dafür gesorgt wird, daß während des Füllens die Flamme zurückgenommen und die auf der Oberfläche der Schmelze sich bildende Oxydhaut, die ein für den Wasserstoff schwer zu überwindendes Hindernis darstellt, nicht verletzt wird.

Die bisher beim Abstehenlassen der Schmelze dicht oberhalb der Liquiduslinie gemachten Beobachtungen gehen dahin, daß die für eine vollständige Klärung der Schmelze angewendeten Wartezeiten häufig großen Schwankungen unterworfen sind. Die Erklärung für diese Erscheinung kann einmal darin gesucht werden, daß die in der Schmelze vorhandenen Schwebeteilchen aus nicht metallischen Verunreinigungen sowohl eine unterschiedliche Größe als auch einen verschiedenen Verteilungsgrad aufweisen können, zum anderen aber auch darin, daß der Gehalt an reversibel aufgenommenen Gasen verschieden hoch und der Übergang in die Gasphase längs der Löslichkeitskurve je nach der Schmelzführung sich mit verschiedener Geschwindigkeit vollziehen kann. Diese Vermutung stützt sich auf die allgemeine Erfahrung der Entstehung einer Gasphase aus Lösungen, daß der Übertritt in die Gasphase bevorzugt an festen Phasengrenzflächen, also an den in der Schmelze befindlichen Schwebeteilchen, erfolgt.

Eine weitere Ursache für die Unterschiede in der Abstehdauer bei den einzelnen Schmelzen kann auch in der Anwesenheit von Verunreinigungen erblickt werden, die als Wasserstoffüberträger fungieren. So nimmt beispielsweise die Neigung zur Oxydation und zur — vorzugsweise durch Aufspaltung des Wasserdampfes herbeigeführten — Aufnahme von Wasserstoff mit dem Gehalt an Natrium zu, das im Hüttenaluminium in der Größenordnung von hundertstel Prozenten auftreten kann. Da die Mehrzahl der bisher durchgeführten Untersuchungen es wahrscheinlich macht, daß der Natriumgehalt des Hüttenmetalls mit dem Alter der Elektrolyseöfen wächst, wird die Zeit, die das Metall benötigt, ehe es zur Weiterverarbeitung gar geworden ist, auch davon abhängen, wie hoch bei der einzelnen Charge der Metallanteil aus älteren Elektrolyseöfen gewesen ist. Um diesen Unsicherheitsfaktor auszuschließen, ist man neuerdings verschiedentlich dazu übergegangen, die Schmelzen bei schwach oxydierender Atmosphäre auf über 850⁰ zu überhitzen, um so eine Verminderung des Gehaltes an Natrium und anderen Beimengungen anzustreben, die die Übertragung des Wasserstoffs auf das Aluminium unter Umständen fördern können. Ein derartig behandeltes Metall ist weit weniger empfindlich und klärt sich rascher, wahrscheinlich auch deswegen, weil durch die Erhöhung der Temperatur die Viskosität der Schmelze herabgesetzt und dadurch der Koagulation fein verteilter Schwebekörper Vorschub geleistet wird.

Die Überwachung des Gasgehaltes der laufenden Erzeugung wird gern mit dem Vakuumgerät nach Straube-Pfeiffer vorgenommen[14]). Die Straube-Pfeiffer-Probe besteht darin, daß man eine bestimmte, möglichst immer gleiche Metallmenge (etwa 150 g) direkt aus dem Gießofen in ein gleichzeitig auf Rotglut erhitztes Tiegelchen einfüllt und durch ein am Vakuumgefäß angebrachtes Schauglas die Vorgänge während der Erstarrung unter Vakuum beobachtet. Die an der Oberfläche des Tiegelinhaltes austretende Gasmenge, das Aussehen des erstarrten Metallspiegels und die Beschaffenheit der nach beendeter Erstarrung in Längsrichtung durchgesägten Metallkörper ermöglichen eine wenn auch nicht quantitative, so doch genügend genaue Beurteilung der Gashaltigkeit des Metalls. Ein anderes brauchbares Verfahren, die „Ausgießprobe" nach Gürtler[15]) auf eine Kohleform, ermöglicht ebenfalls eine übersichtsmäßige qualitative Beurteilung der Gashaltigkeit. Zur Ausführung entnimmt man der zu prüfenden Charge eine Schmelzmenge von etwa 100 g und gießt sie in eine auf 100—200⁰ erwärmte Form aus Elektrodenkohle. Während der Erstarrung tritt das in der Schmelze vorhandene Gas in Form von kleinen Bläschen aus. An Hand der Menge der an der Oberfläche auftretenden Bläschen läßt sich der Gasgehalt der Schmelze abschätzen. Gürtler hat dazu eine Einteilung in fünf Klassen je nach Gasgehalt vorgenommen. Eine andere technologische Prüfung auf Gashaltigkeit stellt die sogenannte „Bolzenprobe[16])" nach Scheuer dar. Aus einem waagerecht gegossenen zylindrischen Bolzen wird eine Scheibe von 2 mm Dicke herausgearbeitet und geröntgt. Die auf dem Röntgenbild in Form von Schwärzungsstellen sichtbaren Hohlräume der Proben lassen auf einen mehr oder weniger hohen Gasgehalt der Schmelze schließen. Zieht man zahlenmäßige Angaben vor, so läßt sich der Gasgehalt auch durch die Ermittlung des spezifischen Gewichtes feststellen. Bewährt haben sich hierbei „Wichteproben"[17]), die in Sand abgegossen etwa ein Gewicht von 1,3 kg haben. Ihre Form entspricht einem Zylinder mit einem aufgesetzten Kegel. Die Abmessungen sind:

Höhe eines Zylinderteiles	80 mm
Durchmesser des zylindrischen Teiles . . .	80 mm
Höhe des Kegels	90 mm

---

[14]) E. Scheuer, Schweiz. Arch. Wsch. Techn. 1936 Heft 4 u. 6; M. Boßhard, H. Hug u. E. Hänsler, Zt. Aluminium 19 (1939) 699.

[15]) G. Gürtler, Gießerei 25 (1938) S. 88.

[16]) E. Scheuer a. a. O.

[17]) A. v. Zeerleder, Technologie des Aluminiums, 4. Auflage (1943) S. 137.

Auf einer guten Handwaage läßt sich das spezifische Gewicht ohne Schwierigkeiten auf die dritte Dezimale bestimmen. Die Durchführung der Probe erfordert nicht mehr Zeit, als beispielsweise die Vakuumprobe im Pfeiffer-Gerät, sie liefert aber zahlenmäßige Unterlagen, die eine Überwachung des Schmelzbetriebes erleichtern. Wenn die technischen Prüfverfahren aus diesem Grund für die Beurteilung einer Schmelze auch von problematischem Wert sind, so haben sie doch psychologisch eine Bedeutung insofern, als von den Gießern eine gewisse Mindest-Abstehdauer eingehalten und das Metall nicht zu früh vergossen wird. Alle hier angegebenen Verfahren geben wohl Aufschluß über jene Gasmengen, die bei der Erstarrung als Gasblasen oder Poren erscheinen, sie geben aber keinen Einblick in die vom Metall im festen Zustand noch gelösten Gase und sagen nichts aus über die irreversiblen Gasmengen, die in Form von Hydriden, Carbonylen usw. vorliegen und die vielleicht bei der weiteren Verarbeitung zur Ausscheidung kommen können.

Ausschlaggebend für die Güte einer Schmelze und der aus ihr hergestellten Gußblöcke werden letzten Endes immer die in der Weiterverarbeitung auftretenden Fehlererscheinungen bleiben, die sich in einer mehr oder weniger hohen Ausschußzahl zu erkennen geben.

2. Allgemeine Richtlinien für das Gießen von Blöcken

Zur Herstellung von Walz-, Preß- und Schmiedeerzeugnissen wird das flüssige Metall zunächst zu Barren vergossen. Damit diese den starken Beanspruchungen, die sie bei der Weiterverarbeitung erfahren, gewachsen sind und ein hochwertiges Halbzeug ergeben, müssen sie neben einer sauberen Oberfläche ein feinkörniges Gefüge besitzen und frei von Seigerungen, Lunkern und nichtmetallischen Einschlüssen sein. Die wichtigsten Voraussetzungen für die wirtschaftliche Herstellung hochwertiger Leichtmetallgußblöcke sind im wesentlichen folgende[18]):

1. Die Gießtemperatur ist zweckmäßig möglichst niedrig zu wählen, d. h. sie soll die Temperatur der beginnenden Erstarrung nur um so viel überschreiten, als zu einem störungsfreien Fließen und zu einem guten Formausfüllungsvermögen erforderlich ist. Zu hohe Temperatur ist ungünstig, einmal, weil dabei eine erhöhte Löslichkeit für Gase besteht, welche während der Erstarrung größtenteils wieder frei werden und dann blasigen Guß erzeugen können, zum anderen, weil eine hohe Gießtemperatur zur Bildung von grobem Primärkorn, vor allem von Stengelkristallen neigt. Schließlich vermehrt eine hohe Temperatur auch den Abbrand. (Beim Abstehenlassen der Schmelze vor dem Gießen kann es allerdings vorteilhaft sein, zur Beschleunigung des Aufsteigens der Oxydeinschlüsse zunächst eine höhere Badtemperatur zu haben. Zum Gießbeginn muß diese dann wieder heruntergeregelt sein.)

2. Das flüssige Metall soll möglichst langsam und ruhig in die Form fließen. Ein Stürzen und ein größerer freier Gießstrahl sind sorgfältig zu vermeiden, damit die die Metalloberfläche bedeckende und vor weiterer Oxydation schützende Oxydhaut nicht abreißt und nicht in das Metall hineingewirbelt wird.

---

[18]) P. Brenner und W. Roth, Metallwirtschaft 21 (1942).

3. Zur Ausbildung eines feinkörnigen und dichten Gefüges ist möglichst rasche Erstarrung des in die Form gelangten Metalles anzustreben, denn langsame Erstarrung erhöht sowohl die Grobkörnigkeit des Gußgefüges und damit die Nachteile der Kristallseigerung, als auch die Porosität.

4. Die Erstarrung soll möglichst in der Richtung von unten nach oben vor sich gehen, so daß eine flache Erstarrungsfront geschaffen wird. Dieses hat den Vorteil, daß etwaige, während der Erstarrung freiwerdende Gase unbehindert nach oben steigen können, daß sich kein Lunker im Kern bilden kann, und daß die umgekehrte Blockseigerung so gering wie möglich gehalten wird.

5. Die verwendete Gießvorrichtung soll in ihrem Aufbau und ihrer Bedienung möglichst einfach sein, eine hohe Betriebssicherheit gewährleisten und wirtschaftlich arbeiten.

Die unter 1 genannte Forderung einer niedrigen Gießtemperatur läßt sich am besten erfüllen, wenn man unmittelbar aus dem Ofen (durch eine möglichst kurze Gießrinne) in die Kokille gießt. Das Umfüllen in einen Gießtiegel oder eine Pfanne ist, abgesehen von sonstigen Nachteilen, stets mit einem Temperaturverlust des Metalles verbunden. Außerdem muß man, sofern der Tiegel während des Gießens nicht beheizbar bzw. nicht gut wärmeisoliert ist, mit einer erhöhten Temperatur zu gießen beginnen, damit das Metall nicht gegen Ende des Gießens im Tiegel einfriert. Das Gießen unter Zwischenschaltung eines Tiegels besitzt also die Nachteile einer hohen Badtemperatur im Ofen und eines Temperaturabfalles während des Gießens, und hat somit ungünstige und ungleiche Erstarrungsbedingungen zur Folge, demgegenüber ist man durch unmittelbares Gießen aus dem Ofen in die Kokille in der Lage, die Gießtemperatur während des ganzen Gießens völlig gleichmäßig und auf der geeigneten Höhe zu halten.

Ein großer Ofen kann jedoch auf diese Weise nur dann in hinreichend kurzer Zeit entleert werden, wenn man eine Anzahl Barren gleichzeitig gießt. Diese Möglichkeit des Mehrfachgießens aus dem Ofen ist aber bei älteren Gießverfahren sehr begrenzt und wird bei den neuen Verfahren meist noch nicht voll ausgenutzt. Darum gießt man heute teilweise noch auf dem Umwege über die Pfanne, besonders im Auslande.

3. Gießverfahren mit die Kokillenhöhe nicht übersteigender Blocklänge

Die ersten Leichtmetallblöcke wurden in Anlehnung an die bei Schwermetallen übliche Arbeitsweise in fallendem Guß hergestellt (Abb. 110). Sie wiesen unter anderen Nachteilen viele Oxydeinschlüsse auf, was zur Aufstellung der genannten Forderung 2 führte. Dieselbe suchte man zunächst durch liegenden Guß zu erreichen[19]) (Abb. 111). Die Oxydnester wurden dadurch verringert; doch befriedigte diese Gießart auf die Dauer nicht. Man konnte damit nur Walzbarren herstellen und auch diese nur in beschränkten Abmessungen. Die obere, an der Luft erstarrte Fläche war uneben und erforderte beim Abfräsen einen großen Späneanfall. Das Gefüge war häufig grobkörnig und porös. Bei Legierungen traten einseitige Entmischungen auf. In späteren Jahren verbesserte Erichsen die liegende Kokille, in-

[19]) A. v. Zeerleder, Technologie des Aluminiums, 4. Auflage (1943) S. 191.

dem er sie schwenkbar ausführte und außerdem die Grundplatte mit Wasser kühlte und die Seitenleisten beheizte[20]) (Abb. 112), ohne jedoch ihr Verschwinden aus den Leichtmetallwerken damit aufhalten zu können.

Einer größeren Beliebtheit erfreute sich der auch zum Herstellen von Rundbarren brauchbare Schwenkguß oder Schrägguß[19]) (Abb. 113). Hierbei wird die Kokille zu Beginn des Gießens stark geneigt und das flüssige Metall langsam und gleichmäßig eingegossen, wobei die Schnauze des Tiegels oder Gießofens dicht an die Kokille herangebracht wird, so daß kein freier Gießstrahl entsteht. Wenn der Metallspiegel in der Kokille die obere Kante erreicht hat, wird die Gießform unter gleichmäßiger Fortsetzung des Gießens langsam aufgerichtet, wobei der Metallspiegel stets bis an die Eingußkante reicht. Zur bequemen Durchführung dieser Gießweise

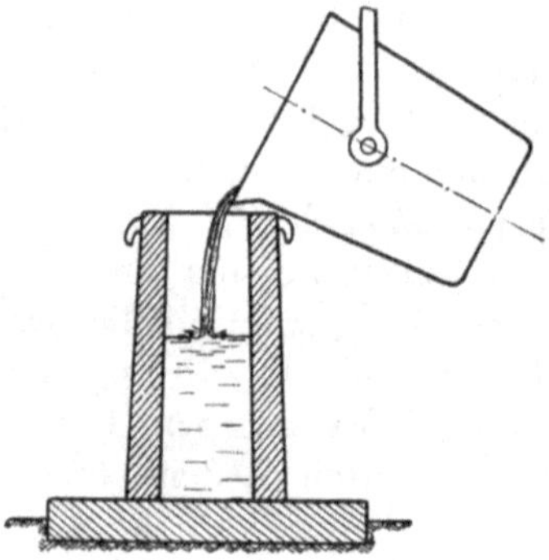

Abb. 110. Fallender Guß.

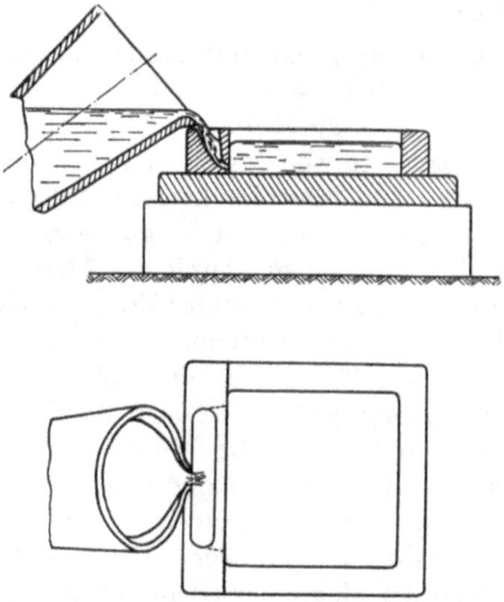

Abb. 111. Liegender Guß (nur für Walzbarren).

sind besondere Vorrichtungen entwickelt worden. Nachdem die Kokille senkrecht steht und gefüllt ist, wird zur Vermeidung des Lunkers langsam „nachgegossen", d. h. in dem Maße, wie das erstarrende Metall schwindet, wird aus einem Löffel heißes Metall in dünnem, zusammenhängendem Gießstrahl, um den sich ein schützender Oxydschlauch bildet, vorsichtig nachgegossen, und so eine Lunkerbildung verhindert. Je nach der Größe des Blockquerschnittes dauert das Nachgießen, das bis zur Beendigung der Erstarrung fortgesetzt wird, etwa 2—20 Minuten.

Die gußeiserne Kokille wird so bemessen, daß sie sich bei Aufnahme der Schmelzwärme um nicht mehr als etwa 100° erwärmt. Gewöhnlich beträgt ihr Gewicht das 8—10fache des Barrens. Zur Vermeidung von Rissen, Lunkern und Kaltschweißstellen in den Barren werden die Kokillen vorgewärmt, und zwar um so höher, je reiner das Metall ist.

Infolge des einseitigen Einfließens und des Aufrichtens der Kokille während des Gießens treten beim Schwenkguß Störungen in der Erstarrung auf, die sich nach-

[20]) P. F. Erichsen, Metallwirtschaft 21 (1942) S. 91—102.

teilig auswirken. Diese Nachteile wurden durch das aus der Bronzegießerei übernommene „Durville-Gießverfahren"[21]) zu bekämpfen versucht, welches als eine Weiterentwicklung des Schwenkgusses anzusehen ist. Gießtiegel und Kokille sind hierbei fest miteinander verbunden und können um eine Achse gedreht werden. Der in der Anfangsstellung (Abb. 114a) unten befindliche vorgewärmte Tiegel wird mit der Schmelze gefüllt und langsam hochgedreht (Abb. 114b), wobei der flüssige

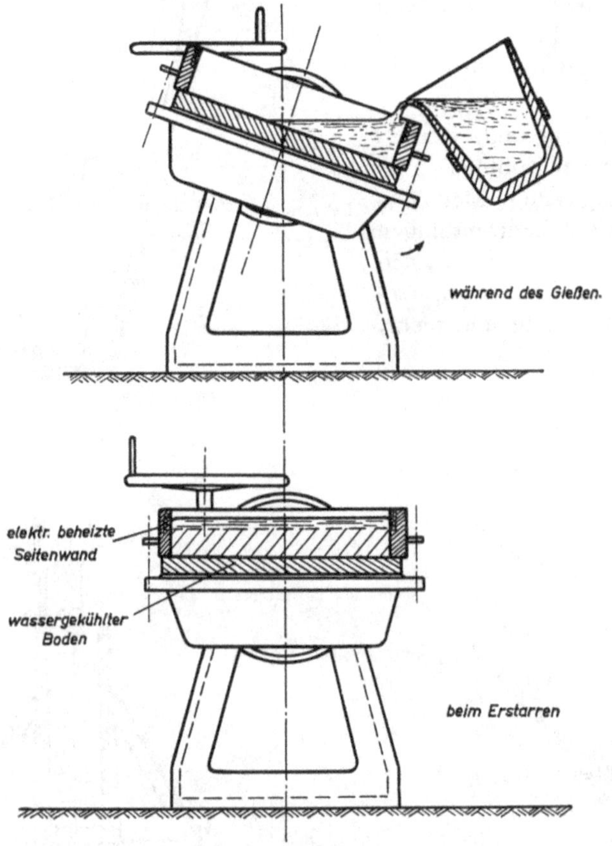

Abb. 112. Liegender Guß (nach Erichsen), DRGM 1 525 261.

Inhalt ohne Stürzen in die nach unten wandernde Kokille gelangt und dann in Ruhe erstarren kann. Von diesem in der Handhabung etwas umständlichen Verfahren wurde nicht viel Gebrauch gemacht.

Eine beträchtliche Verbesserung brachte die Gießart nach Züblin[22]) und Kötteritzsch[23]). Hier bleibt die Kokille stets aufrecht. Die Gießrinne wird durch einen in der Kokille befindlichen senkrechten Schlitz in den unteren Teil derselben eingeführt, und der Schlitz unter der Rinne in dem Maße, wie sich die Gießform mit

[21]) A. v. Zeerleder, Technologie des Aluminiums, 4. Auflage (1943) S. 194.
[22]) DRP. 489385.
[23]) DRP. 468829.

dem flüssigen Metall füllt und die Rinne sich hebt bzw. die Gießform absinkt, mit eisernen Segmenten oder anderen Abdeckmitteln verschlossen. Das flüssige Metall gelangt so ohne Gefälle in die stets aufrecht bleibende Kokille. Es sind zahlreiche Mittel zum Verschließen des Schlitzes angewandt worden, von denen einige in den Abb. 115 und 116 dargestellt sind.

Eine Abart der Züblin-Kokille ist die „Aufbaukokille", die während des Gießens aus einer Reihe von Ringhälften aufgebaut wird (Abbildung 117).

Die Forderungen 3 und 4 werden jedoch auch von der Züblin-Kokille nur unvollständig erfüllt. Der Wärmeabfluß in die Kokillenwandungen ist anfangs recht gut, verringert sich aber mit fortschreitender Erwärmung der Kokille mehr und mehr,

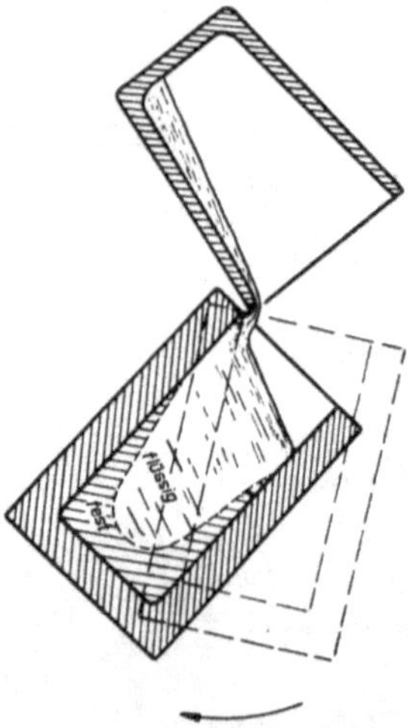

Abb. 113. Schwenkguß.

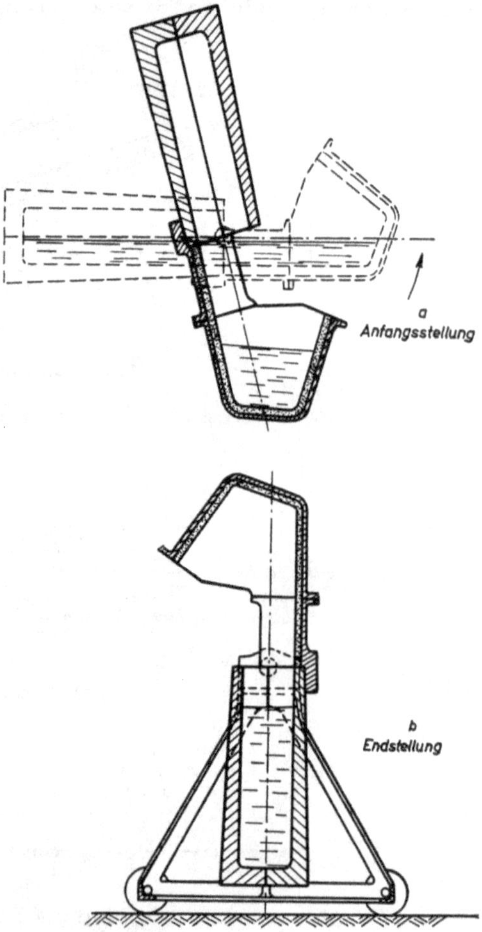

Abb. 114. Durville-Guß.

so daß zwar die Randzone des Blockes noch hinreichend rasch erstarrt, nicht aber der Kern. Dazu kommt noch, daß der kurz nach der Erstarrung der Blockkruste sich bildende Schrumpfspalt ebenfalls stark verzögernd auf die weitere Wärmeableitung wirkt. Aus letzterem Grunde bringt auch eine wassergekühlte Züblin-Kokille keine entscheidende Verbesserung, besonders dann nicht, wenn es sich um größere Blockquerschnitte handelt. Trotz langsamen Gießens kann die Erstarrungsgeschwindigkeit des Kernes mit der Gießgeschwindigkeit nicht völlig Schritt halten, so daß der flüssige Sumpf im entstehenden Block mit zunehmender Blocklänge wächst, und die Erstarrung mehr von den Seiten zur Mitte, als von unten nach oben vor sich geht.

Man kann die Forderung 4 durch das sogenannte Tauch- oder Tütengießverfahren hinreichend verwirklichen. Dieses besteht darin, daß man das flüssige Metall in eine dünnwandige Blechkokille gießt, welche man danach sehr langsam in ein Wasserbad eintaucht, wobei gleichzeitig der noch über dem Wasser befindliche

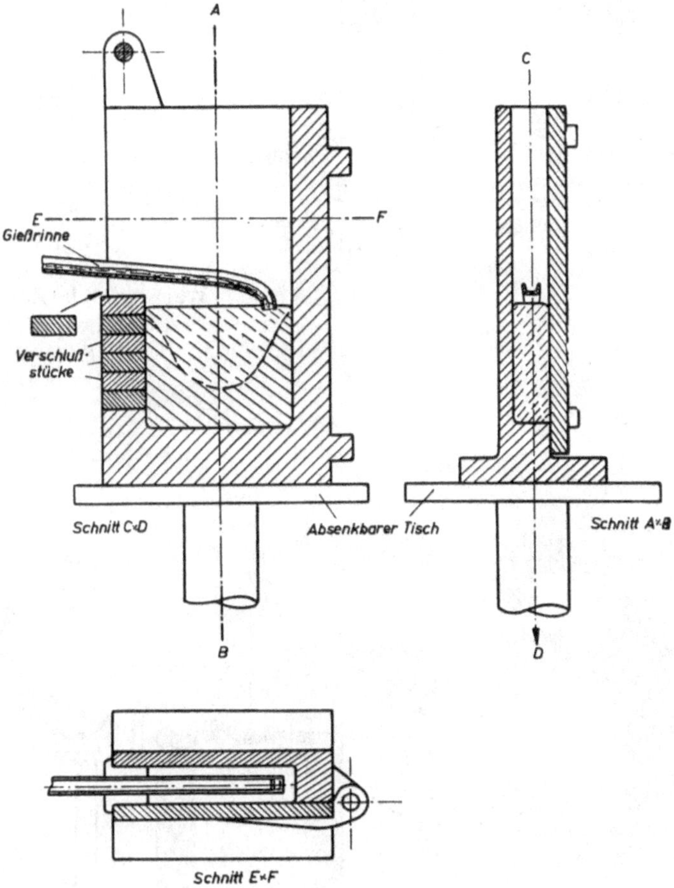

Abb. 115. Züblinguß.

Teil der Kokille beheizt wird [24]). Auf diese Weise gelingt es, bei sehr langsamem Absenken (z. B. mit einer Geschwindigkeit von etwa 20 mm/Min. bei 300 mm dicken Rundbarren) [25]) eine recht flache, in Richtung von unten nach oben fortschreitende Erstarrungsfront zu erhalten (Abb. 118). Die umgekehrte Blockseigerung wird dadurch erfolgreich bekämpft. Doch entsteht infolge der Nichterfüllung der Forderung 3 meist ein recht grobkörniges Gußgefüge mit allen seinen Nachteilen.

[24]) USA.-Pat. 1777657.
[25]) Gießart der I. G. Farben.

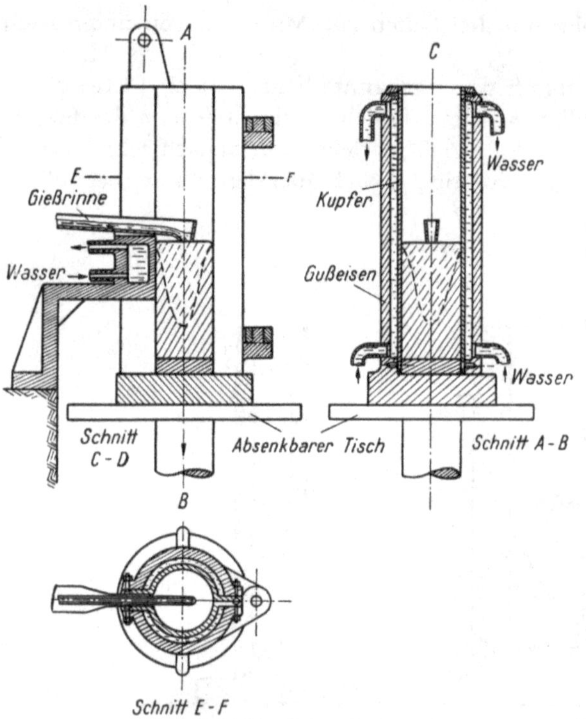

Abb. 116.
Wassergekühlte Züblinkokille mit feststehendem Schlitzverschluß (DRP 66976. DM).

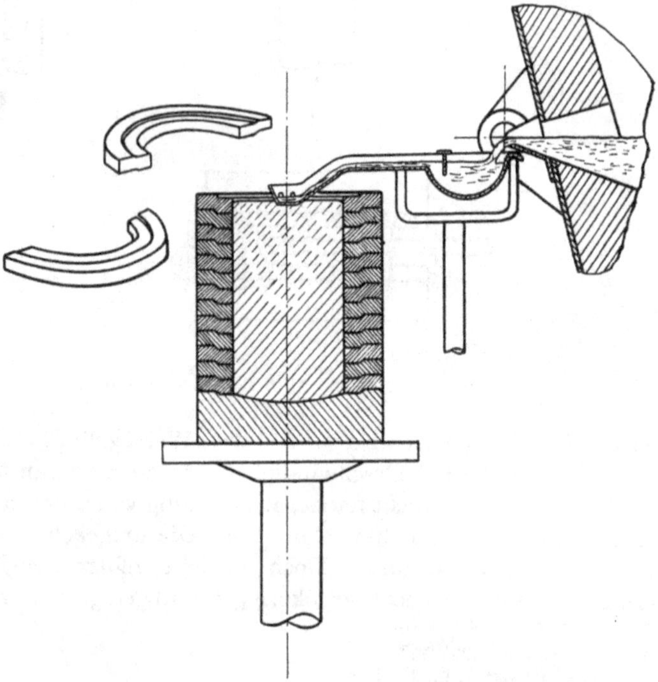

Abb. 117.
Aufbaukokillenguß (DRP 686763. DMW).

Häufig wurde zur Erhöhung der Leistung auf die geringe Absenkgeschwindigkeit verzichtet und eine gewisse Seigerung in Kauf genommen.

In England wurde der Tütenguß wie in Abbildung 119 dargestellt, ausgeübt. Das Metall wurde bewußt rasch in die senkrecht stehende Tüte gegossen. Der sich dabei bildende Schaum hatte die Aufgabe, beim Aufsteigen die eingewirbelten Oxydhäute mit nach oben zu reißen. Damit das Metall die dazu nötige Dünnflüssigkeit besaß, wurde eine Gießtemperatur von 760° nicht unterschritten. Einige Minuten nach dem Gießen, bei einer Metalltemperatur von etwa 700°, wurde in den Behälter, in welchem sich die Tüte befand, langsam Wasser eingelassen. Die Steiggeschwindigkeit des Wassers richtete sich nach dem Blockdurchmesser.

Einige deutsche Werke hielten es für zweckmäßig, die Tüte bereits während des Gießens in das Wasserbad abzusenken. Sie führten das Metall durch ein Trichterrohr (Abb. 120) oder eine Wendelrinne (Abb. 121) vorsichtig in die senkrecht stehende Kokille, die gleichzeitig abwärts bewegt wurde, und zwar so, daß der Metallspiegel immer einige Zentimeter über dem Wasserspiegel stand.

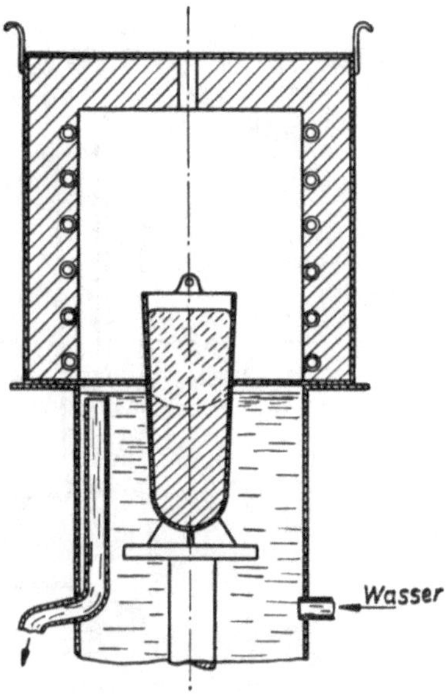

Abb. 118.
Tütenguß (nach I.G.-Farben).
(Sehr langsames Absenken der vorher gefüllten Tüte in Wasser und Beheizen des noch über Wasser befindlichen Teiles der Tüte.)

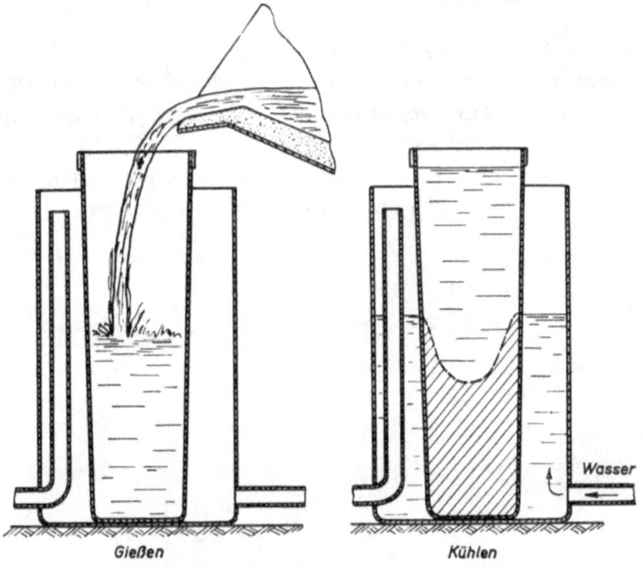

Abb. 119. Tütenguß (High Duty Alloys).
(Rasches Füllen der Tüte mit Metall und darauffolgendes Steigenlassen des Kühlwassers.)

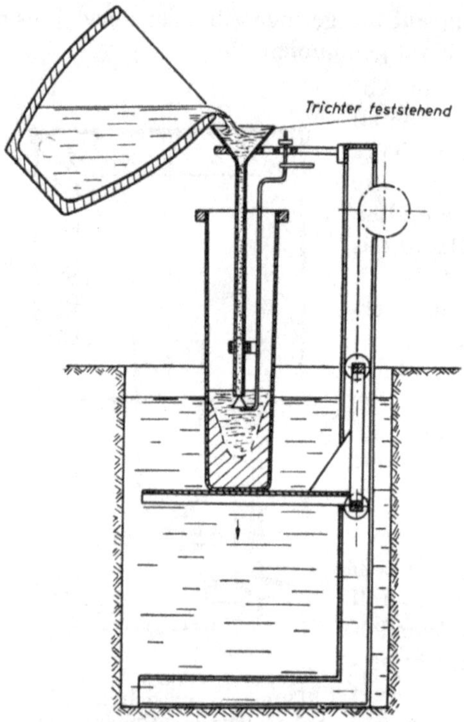

Abb. 120. Tütenguß. (Metallzuführung durch Trichterrohr unter gleichzeitigem Absenken der Tüte in Wasser.)

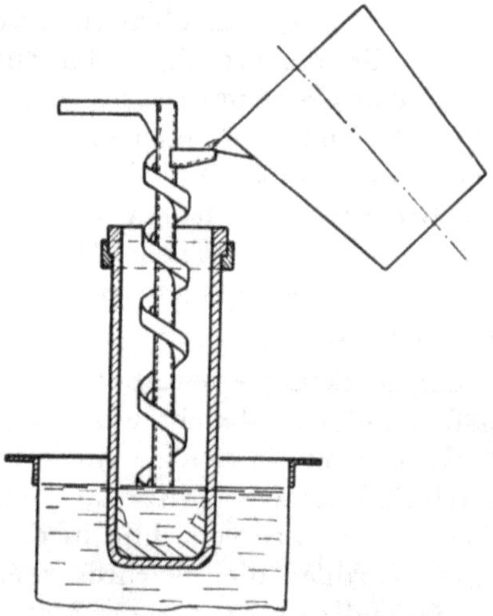

Abb. 121. Tütenguß. (Metallzuführung durch Wendelrinne unter gleichzeitigem Absenken der Tüte in Wasser.) (Nach Lurgi Thermie GmbH.).

Ein Nachteil des Tütengusses ist seine Unwirtschaftlichkeit. Das Verfahren ist in der Handhabung recht umständlich. Der Verschleiß an Tüten ist hoch. Damit der Block sich gut aus der Tüte herausnehmen läßt, muß diese bei 1 m Länge oben etwa 50 mm weiter sein als unten. Das bedingt einen hohen Späneanfall beim Abdrehen. In vielen Fällen muß ein Teil des Blockkopfes verworfen werden.

Walzbarren können im Tütenguß nicht hergestellt werden.

IV. Strangguß

(Aufbau und Ausrüstung einer neuzeitlichen Gießerei)

1. Geschichtliches

Die starke Steigerung der Leichtmetallproduktion in den dreißiger Jahren, sowie die hohen Anforderungen, insbesondere der Luftfahrt, an die Halbzeuge stellte auch die Blockgießerei vor neue Aufgaben. Die Gießereileistung mußte erhöht und die Blockgüte bei gleichzeitiger Vergrößerung der Abmessungen gesteigert werden. Diese Anforderungen konnten die bisherigen Gießarten nur unvollkommen erfüllen. Man suchte daher nach neuen Verfahren. Die dabei einzuhaltenden Richtlinien, nämlich langsames, störungsfreies Überführen des Metalles in die Gießform bei tiefer Temperatur und Erstarrung in Richtung von unten nach oben, waren, wenn auch noch teilweise umstritten, bereits im wesentlichen bekannt[1][2]). Sie führten zwangsläufig zum kontinuierlichen Gießen. Zwar war, wie aus dem Patentschrifttum[3]) hervorgeht, der Gedanke des Stranggießens nicht neu, doch waren die Durchführungsschwierigkeiten bisher nicht überwunden worden.

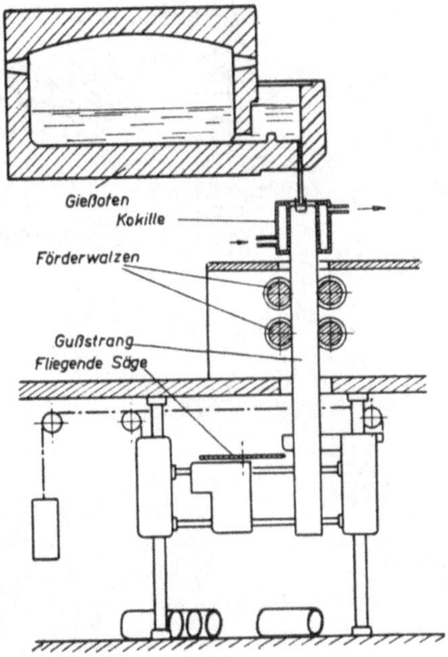

Abb. 122.
Vollkontinuierliche Stranggußanlage (Junghans).

Siegfried Junghans gelang es als erstem, ein Stranggießverfahren betriebsreif zu entwickeln. Er meldete 1933 ein Patent[4]) zum Gießen von Metallsträngen unter Verwendung einer oben und unten offenen Gießform an (Abb. 122), „dadurch gekennzeichnet, daß das Gießgut unter gleichbleibender Temperatur, Menge und Geschwindigkeit in die Form gegossen wird und die Kühlung des Gießgutes derart erfolgt, daß es möglichst vollkommen, d. h. bis dicht unterhalb des Metallspiegels, erstarrt". Die 600—900 mm lange Kokille bewegt sich mit dem im Guß

[1]) Über die Erstarrung von unten nach oben . . . siehe J. Czochralski, Moderne Metallkunde, 1. Auflage (1924) S. 92—96.

[2]) Über die kornverfeinernde Wirkung einer tiefen Gießtemperatur . . . siehe Prearley-Rapatz, Blöcke und Kokillen, 1. Auflage (1926) S. 28.

[3]) Stranggießen und verwandte Verfahren, E. Herrmann, Aluminiumarchiv, Bd. 16 (1940) u. 16a (1941).

[4]) DRP. 750301, angemeldet 1933, bekanntgemacht 1938, erteilt 1944.

befindlichen Strang einige Zentimeter abwärts, um dann mit erhöhter Geschwindigkeit in ihre ursprüngliche Lage zurückzukehren. Im übrigen besteht das Wesentliche bei der Junghansgießanlage in einer Maschine, die es erlaubt, vollkontinuierlich, d. h. wochenlang ohne Unterbrechung, zu gießen. Das Metall wird aus dem Gießofen, welcher immer wieder nachgefüllt wird, bevor er leer ist, durch ein senkrechtes, beheiztes Rohr der Kokille zugeführt. Unterhalb der Kokille ist ein Förderwalzen-

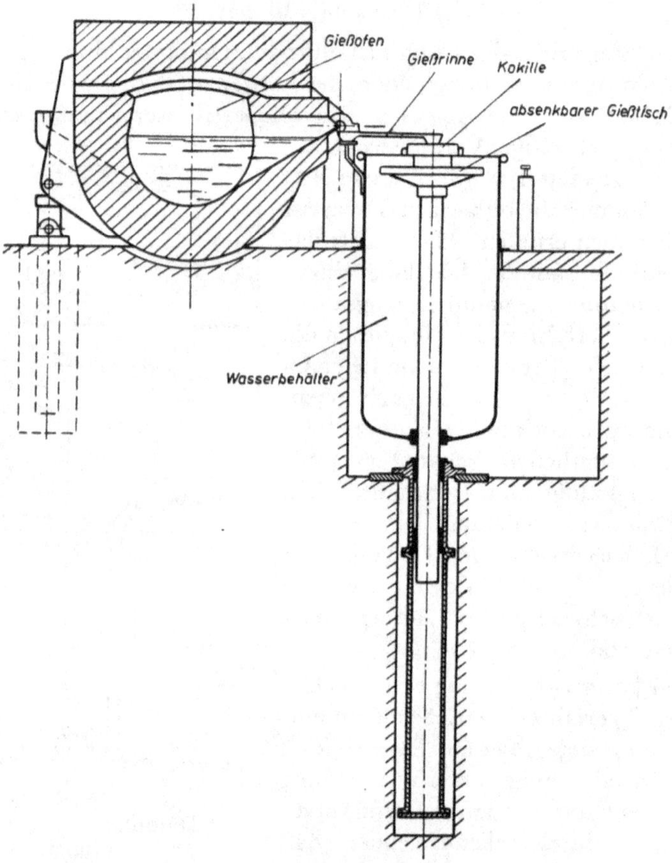

Abb. 123. Halbkontinuierliche Stranggußanlage (VLW).

paar angeordnet, das den aus der Kokille austretenden erstarrten Strang mit gleichbleibender Geschwindigkeit absenkt und einer „fliegenden“ Säge zuführt, die ihn in die gewünschten Längen zerteilt.

1935 ließ sich Berthold Zunckel eine Gießvorrichtung zum ununterbrochenen Gießen von Blöcken schützen[5]), die „aus einer kurzen Kokille in Form eines Kühlringes besteht, an den sich die Zone des Hauptwärmeentzuges durch direkte Kühlung unmittelbar anschließt“, ohne indessen erfolgreiche Versuche durchgeführt zu haben.

[5]) DRP. 678534, angemeldet 1935, bekanntgemacht 1937, erteilt 1939.

Ohne Kenntnis dieser Patentanmeldungen entwickelte W. Roth[6]) bei den Vereinigten Leichtmetallwerken (VLW) 1936 ein Stranggießverfahren unter Verwendung einer wassergekühlten Gießform, die „so kurz ist, daß der an ihrem unteren Ende austretende Block lediglich in einer für die Erhaltung der Form des Blockes ausreichenden Randzone erstarrt ist und nun durch unmittelbare Berührung mit flüssigen Kühlmitteln völlig zur Erstarrung gebracht wird"[7]). Angestrebt wurde dabei in erster Linie eine Verbesserung der Blockgüte, die durch besondere Gestaltung der Kokille und Auswahl der Gieß- und Kühlbedingungen erzielt wurde. Die Kokille war anfangs 200 mm hoch. Es zeigte sich jedoch bald, daß mit abnehmender Kokillenhöhe das Gießen erleichtert und die Blockgüte bedeutend verbessert wurde. Als günstigste Höhe wurde für die meisten Fälle etwa 80 mm gefunden (Abb. 123). Daneben erwies sich die schroffe Abschreckung des die Kokille verlassenden Blockes als sehr qualitätsverbessernd. Das Verfahren ist daher unter dem Namen „Wasserguß" bekannt geworden. Zur Abwärtsbewegung des im Guß befindlichen Blockes dient ein hydraulisch oder mechanisch absenkbarer Tisch, wobei die Blocklänge durch die Senktiefe des Tisches begrenzt ist. Die Reibung in der kurzen Kokille ist nur gering. Der entstehende Block braucht daher nicht herausgezogen zu werden, sondern folgt durch sein Eigengewicht der Abwärtsbewegung des Tisches, auf dem er steht. Man kann das Wassergießverfahren auch in der vollkontinuierlichen Junghansmaschine durchführen.

Die der Patentanmeldung der VLW sehr ähnliche Anmeldung von Zunckel wurde später von den Vereinigten Leichtmetallwerken erworben, die den „Wasserguß" zuerst im eigenen Betrieb mit großem Erfolg anwandten und ihn dann während des Krieges in fast allen Leichtmetallgießereien des europäischen Kontinents einführten. Im Jahre 1943 gründeten die drei über Stranggießpatente verfügenden Firmen Junghans, Wieland und Vereinigte Leichtmetallwerke die „Stranggießgemeinschaft", deren Zweck die gemeinsame Weiterentwicklung und Auswertung des Stranggusses in der gesamten Metallindustrie ist.

Erwähnenswert ist, daß der „Wasserguß" etwa zu der gleichen Zeit, in der er von den VLW entwickelt wurde, auch bei der Aluminium Comp. of America (Alcoa)[8]) entstand und dort den gleichen Entwicklungsgang nahm wie hier. Unabhängig voneinander gelangte man in beiden Werken zu der Erkenntnis, daß die günstigsten Vorbedingungen zur Erzielung eines guten Blockes neben einer tiefen Gießtemperatur und einer geringen Gießgeschwindigkeit eine sehr kurze Kokille und unmittelbare schroffe Wasserkühlung des aus ihr austretenden Blockes sind.

2. Apparative Einrichtung

Stranggußanlagen können recht verschieden ausgeführt werden. Die Vorrichtungen werden der Größe des Betriebes, dem Produktionsprogramm, den bereits vorhandenen Einrichtungen, den zur Verfügung stehenden Hilfsmitteln usw. angepaßt. Im folgenden seien einige allgemeine Richtlinien und Beispiele angegeben.

---

[6]) W. Roth, Z. für Metallkunde (1949) S. 445—460.

[7]) Deutsche Patentanmeldung V 33102 (1936), jetzt V 309.

[8]) Amerikanische Patentanmeldung 217200 div. 3 (1938).

a) Gießöfen

Da das Vergießen einer Leichtmetallschmelze zu Blöcken oder Strängen langsam und bei gleichbleibender Temperatur zu erfolgen hat, gießt man am besten unmittelbar aus dem Warmhalteofen durch eine kurze Rinne in die Kokille. Nur in besonderen Fällen, z. B. bei kleinen Einheiten, bedient man sich mitunter noch einer Gießpfanne, welche zweckmäßig gut isoliert bzw. beheizt wird (Abb. 124).

Den Erfordernissen des Gießens entspricht am besten der elektrische Widerstandsofen, der zu diesem Zweck in besonderer Weise durchzubilden ist. Bei möglichst

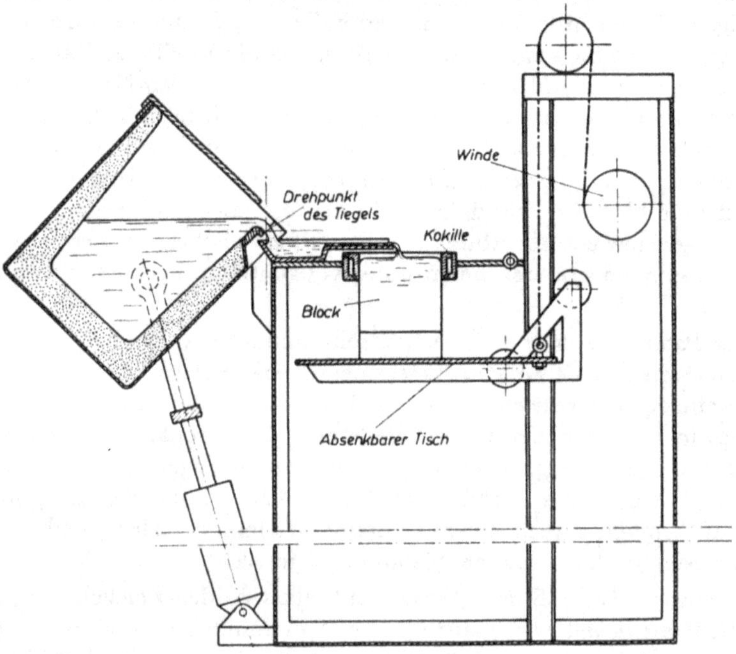

Abb. 124. Kleinere, transportable Gießanlage.

geringer Badoberfläche kann seine Badtiefe bis zu 1 m betragen. Da er keine Schmelzarbeit leisten, sondern nur warmhalten soll, benötigt er nur eine geringe Heizleistung. Die Gewölbetemperatur hält sich daher in mäßigen Grenzen, und der Verschleiß an Heizwiderständen bleibt gering. Sehr wichtig für das Stranggießen ist, daß der Gießofen ohne Höhenänderung der Ausgußöffnung mit genau geregelter Geschwindigkeit entleert werden kann. Gut bewährt und daher allgemein eingeführt haben sich dabei hydraulisch um die Schnauzenspitze kippbare Öfen (siehe Abb. 123 und 125). Beim „vollkontinuierlichen" Gießen hat man sich mit Erfolg eines nicht kippbaren Ofens bedient, wobei das Metall vom Boden des Ofens durch ein beheiztes Rohr ausfließt, an dessen Ende die Ausflußmenge durch einen kegelförmigen Stopfen geregelt wird[9]) (Abb. 122).

[9]) H. Kästner, Stahl und Eisen 66/67 (1947) S. 10.

b) Absenkvorrichtungen

Als Absenkvorrichtung ist jede Einrichtung geeignet, die den entstehenden Block mit regelbarer Geschwindigkeit aus der Kokille nach unten herausgleiten läßt, sei es ein hydraulisch (Abb. 123) oder mechanisch (Abb. 124) angetriebener Tisch, auf dem der abzusenkende Block steht, oder ein Rollenpaar, welches ihn erfaßt und nach unten befördert (Abb. 122).

Bei Anwendung eines Absenktisches kann man die Barrenlänge entweder so wählen, wie sie benötigt wird, oder man gießt ein Vielfaches davon und unterteilt dann später auf der Säge. Gewöhnlich geht man den letzteren Weg. Es sind Barrenlängen von etwa 2—6 m üblich. Meist wird jedoch der besseren Handhabung wegen eine Gießlänge von 3 m nicht überschritten. Die Barrenköpfe und Füße brauchen nicht verworfen zu werden, so daß der Anfall an Blockschrott gering ist.

Wird der Strang durch ein Rollenpaar unten aus der Kokille herausgezogen, so ist entweder die bereits erwähnte „fliegende" Säge unterhalb der Kokille angeordnet (Junghans-Maschine, siehe Abb. 122), oder der Guß wird von Blocklänge zu Blocklänge unterbrochen, wobei an der Unterbrechungsstelle ein Haken eingegossen wird, der die Blöcke bis zum Verlassen des Rollenpaares zusammenhält (Abb. 125).

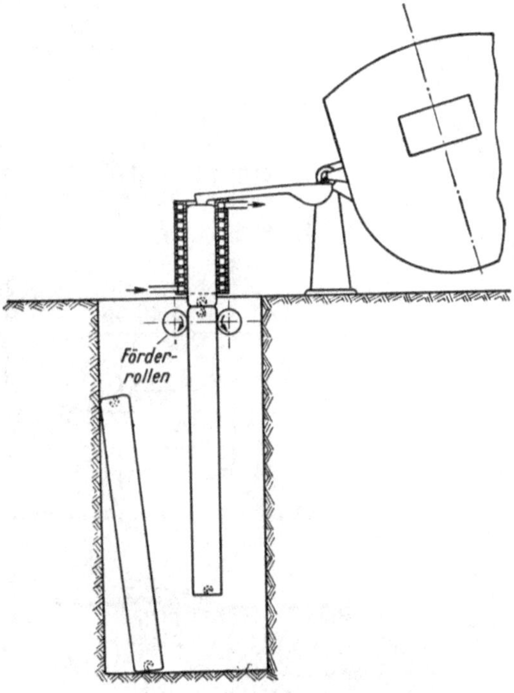

Abb. 125.
Unterbrochener Strangguß (nach VDM).
Bei der Unterbrechung wird ein Haken eingegossen, der den nächsten Block mit herunterzieht und nach Passieren der Förderrollen unter dem Eigengewicht des Blockes reißt.

Welche der verschiedenen Vorrichtungen man wählt, hängt von den jeweils vorliegenden Verhältnissen und Bedürfnissen ab. Sollen z.B. der Blockquerschnitt oder die Legierung häufig gewechselt werden, so ist ein Absenktisch angebracht, während dort, wo längere Zeit hindurch stets eine und dieselbe Legierung und eine einzige Blockabmessung gebraucht wird, das „vollkontinuierliche" Gießen mit dem Rollenpaar und der sich daran anschließenden fliegenden Säge in Betracht gezogen werden kann. In den allermeisten Fällen hat man sich bisher des hydraulisch betriebenen Absenktisches bedient, welcher wesentlich billiger und raumsparender ist als die vollkontinuierliche Gießvorrichtung. Neuerdings werden auch kleinere, mechanisch angetriebene Absenktische gern gewählt, die in der eigenen Werkstatt leicht herstellbar sind (Abb. 124). Man kann sie auch fahrbar ausbilden. Das unterbrochene Gießen mit dem Rollenpaar (Abb. 125) ist nur sehr wenig angewandt worden.

c) Gießrinnen

Um beim Gießen ein Einwirbeln von Oxydhäuten oder eine Schaumbildung zu verhüten, muß ein frei fallender Gießstrahl möglichst vermieden werden. Beim „vollkontinuierlichen“ Gießen aus feststehendem Ofen hat es sich als vorteilhaft erwiesen, das Metall vom Boden des Gießofens durch das bereits erwähnte senkrechte Ausflußrohr entweder unmittelbar in den in der Kokille hängenden Auffangbecher oder in eine kurze, offene Gießrinne ausfließen zu lassen, durch welche es in die Kokille geleitet wird. Beim „halbkontinuierlichen“ Gießen aus um die Schnauzenspitze kippbarem Ofen fällt das beheizte Gießrohr weg. Die Schmelze gelangt unmittelbar aus der Gießofenschnauze in die offene Gießrinne. Diese wird zweckmäßig so an das Ausgußende herangebracht, daß das Metall ohne großen freien Fall einfließt (Abb. 123). Sie kann beheizbar ausgeführt oder mit einer feuerfesten Masse ausgekleidet sein. Zur Gewährleistung eines ruhigen Fließens ist die Rinnenneigung möglichst gering (etwa 1 : 50) zu wählen. Absenkvorrichtung und Kokille sollten sich so nahe wie möglich am Gießofen befinden. Die Rinne ist dann kurz, und das Gießen wird sehr erleichtert.

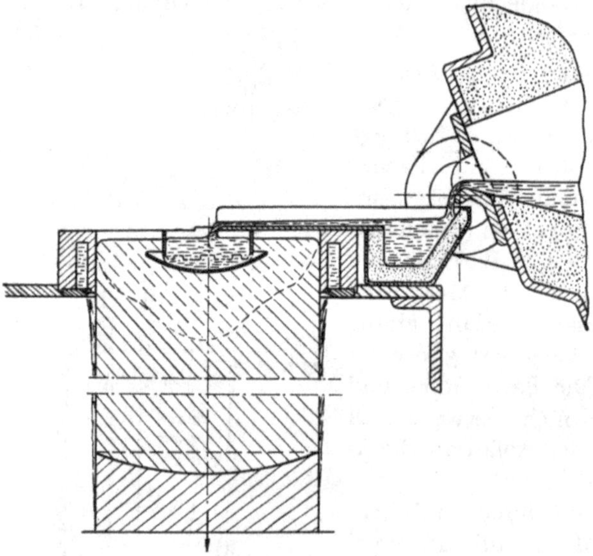

Abb. 126a. Rundbarrenguß.

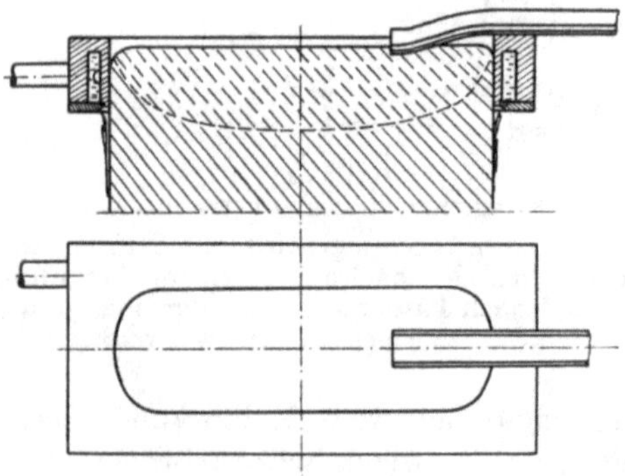

Abb. 126b. Walzbarrenguß.

Der Ausbildung des in die Kokille mündenden Endes der Gießrinne ist besondere Aufmerksamkeit zu schenken. Auch hier ist jedes Stürzen des Gießgutes tunlichst zu vermeiden. Weiter ist anzustreben, das Metall gleichmäßig über die Außenzone des entstehenden Blockes zu verteilen. Ein senkrechtes Einfließen des Metalles in die Blockmitte vergrößert die Tiefe des flüssigen Sumpfes, was nachteilig ist. Zu nahe am Blockrande einfließendes Metall stört ebenfalls die gleichmäßige Erstarrung und verschlechtert die Blockoberfläche. Von den vielen möglichen Ausführungsarten der Metalleinführung in die Kokille ist in Abb. 126a ein (gut bewährtes) Beispiel für Preßbarren, in Abb. 126b ein solches für Walzbarren gezeigt. Ersteres enthält einen von der Gießrinne unabhängigen „Verteilungsteller", der in der Kokille hängt. Kleinere Barren kann man auch ohne diesen Teller gießen.

d) Kokillen

Als Kokillenbaustoffe sind metallische Werkstoffe mit guter Wärmeleitfähigkeit geeignet, z.B. Kupfer, Aluminium und Aluminiumlegierungen. Letztere sind wegen ihres geringen spezifischen Gewichtes und wegen ihrer leichten Beschaffung besonders beliebt, und zwar ziehen einige Werke die Gattung Al-Mg-Mn vor, andere Reinaluminium. Man kann jedoch auch andere Aluminiumlegierungen wählen.

Die „kurzen" Kokillen sind fast alle so eingerichtet, daß das Kühlwasser, nachdem es die Kokille durchströmt und so den Block indirekt gekühlt hat, noch zur direkten Kühlung verwandt wird, indem man es gegen den die Kokille verlassenden Strang ausströmen läßt. Die Bauweise ist einfach. Mehrere Ausführungsarten haben sich bewährt. Der Abstand der etwa 2 mm weiten Spritzbohrungen voneinander beträgt meist 5—10 mm. Ihre Richtung bildet mit der Horizontalen einen Winkel von mindestens 60°. Statt des Spritzlochkranzes findet man mitunter auch einen ununterbrochenen Schlitz. Zu achten ist darauf, daß die Kokille überall gleichmäßig gekühlt wird. Dies wird durch tangentiale Wassereinführung mittels eines Leitbleches, durch genügend hohe Strömungsgeschwindigkeit in der Kokille, durch Anbringung einer Entlüftungsbohrung an der höchsten Stelle des Wasserraumes, und durch hinreichenden Wasserdruck (mehrere Atmosphären) erzielt.

Die Blockgüte nimmt allgemein mit kürzer werdender Kokille zu. Doch ist dieser Gesetzmäßigkeit eine Grenze gezogen durch die bei zu geringer Kokillenhöhe leichter eintretenden „Kaltlaufbildung", welche es nicht gestattet, sehr geringe Gießgeschwindigkeiten anzuwenden. Man wählt daher z. Z. die Kokillenhöhe gewöhnlich etwa 80 mm.

Längere Kokillen besitzen außer der schwächeren Kühlwirkung auch den Nachteil, daß sie unhandlicher und einem größeren Verschleiß ausgesetzt sind als kurze.

Zu Gießbeginn wird ein Bodenstück von unten in die Kokille hineingefahren, auf welchem der Block angegossen wird. Es kann aus Leichtmetall oder aus Kupfer bestehen. Die eben erstarrte aber noch weiche Blockkruste wird durch den hydrostatischen Druck des noch flüssigen Blockinnern gegen die Kokillenwand gedrückt und verursacht dort beim Abwärtsgleiten eine Reibung, die mit der Kokillenlänge stark ansteigt. Daher muß das Bodenstück bei längeren Kokillen mit einer Gewindebohrung, einem Schwalbenschwanz oder mit einem anderen Mittel versehen sein, das ein Festgießen und Herunterziehen des Blockes zu Gießbeginn und später ein leichtes Lösen desselben vom Bodenstück ermöglicht. Diese Maßnahme ist bei Kokillen von 80 mm Höhe gewöhnlich nicht nötig, wird jedoch auch hier zuweilen angewandt, um ein Steckenbleiben bei Gießbeginn mit Sicherheit zu vermeiden, besonders wenn drei und mehr Barren gleichzeitig gegossen werden.

Die Kühlwand der Kokille wird auf einer Seite von fließendem Wasser bespült, auf der anderen steht sie mit dem erstarrenden Metallblock in Verbindung. Um sie

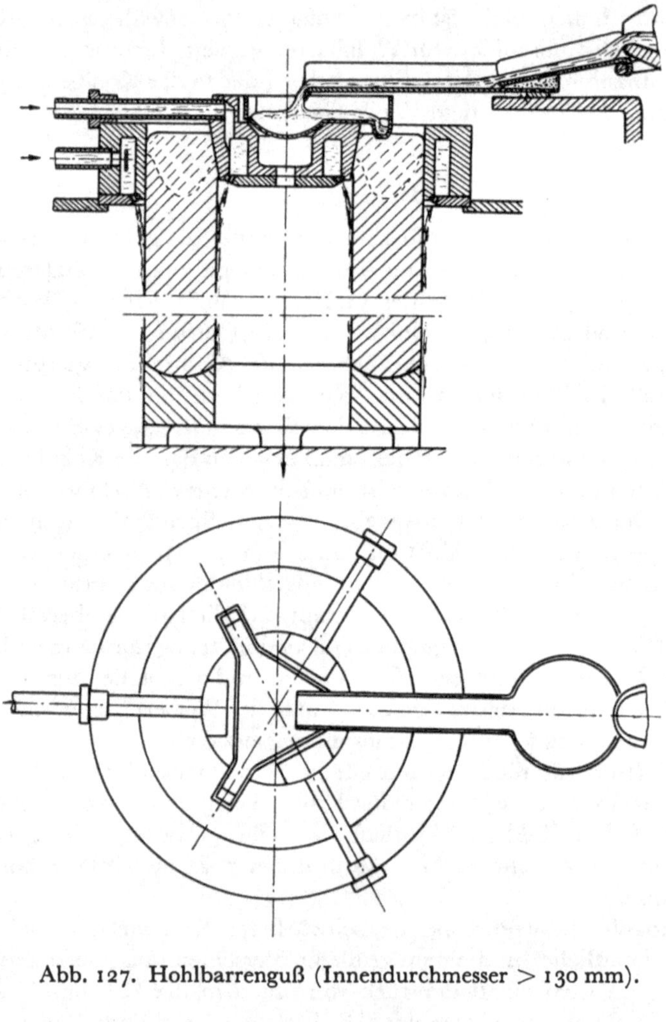

Abb. 127. Hohlbarrenguß (Innendurchmesser > 130 mm).

möglichst kühl zu halten, was zur Schonung der Kokille sowie zur Erleichterung des Gleitens notwendig ist, erhöht man den Wärmeübergang auf der Wasserseite durch Wahl einer hohen Strömungsgeschwindigkeit und erniedrigt den Wärmeübergang auf der Blockseite durch eine geeignete Schmierung. Auf diese Weise gelingt es, die Kühlwandtemperatur unter 100^0 zu halten.

e) Hohlbarrengießvorrichtungen

Auch die zum Pressen von Rohren und zu anderen Zwecken benötigten Hohlbarren lassen sich als Strangguß herstellen. Man bringt dazu in der üblichen Preßbarrenkokille einen wassergekühlten konischen Dorn an, der gewöhnlich die gleiche Höhe wie die Kokille besitzt oder etwas kürzer ist. Der Dorn muß konisch sein, um einem Festschrumpfen des erstarrenden Blockes auf ihm entgegenzuwirken, und zwar wächst die notwendige Konizität mit dem Durchmesser des Dornes. An seinem unteren Ende ist, genau wie an der Kokille selbst, ein Kranz von Bohrungen oder

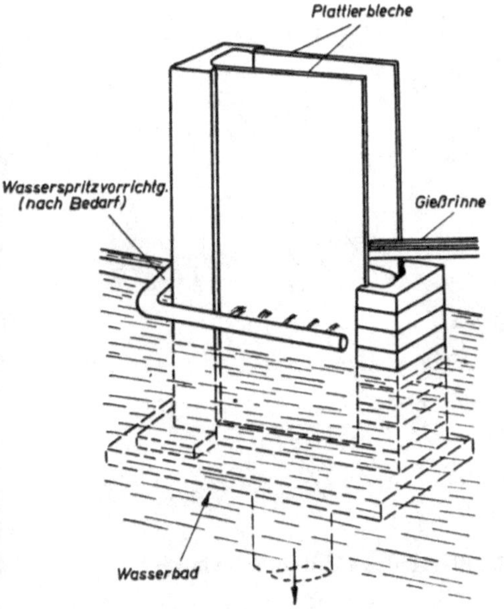

Abb. 128a.

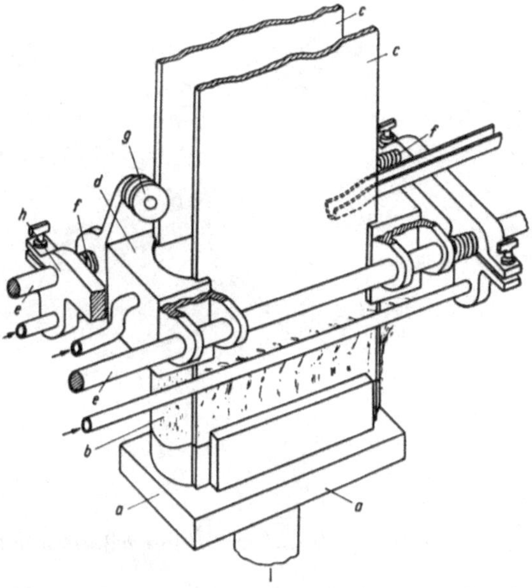

Abb. 128b.

Abb. 128a. Plattierguß unter Verwendung der Züblin-Gießart.

Abb. 128b. Plattierguß unter Anwendung des Stranggießprinzips. *a* absenkbarer Gießtisch, *b* im Guß befindlicher Plattiergußbarren, *c* Plattierbleche, *d* wassergekühlte Schmalseitenformstücke, die an den Tragstangen *e* verschiebbar angebracht und mittels der Federn *f* gegen die Plattierbleche *c* gedrückt werden, *g* Führungsrollen, *h* Traverse.

ein Schlitz angebracht, aus welchem das Kühlwasser gegen die Innenwandung des entstehenden Hohlbarrens spritzt. Abb. 127 zeigt ein Ausführungsbeispiel. Wichtig ist eine gute Verteilung des Metalles über den lichten Kokillenquerschnitt, was zweckmäßig erreicht wird durch einen geeigneten Verteilerbecher, den man auf den Dorn setzt.

f) Plattiergießvorrichtungen

Beim Gießen plattierter Leichtmetallblöcke soll eine gute Verschweißung des Kernwerkstoffes mit den Plattierblechen stattfinden. Gleichzeitig soll aber auch auf die günstige rasche Erstarrung in Richtung von unten nach oben nicht verzichtet werden. Diese Forderungen lassen sich am besten verwirklichen, wenn man den

Block in eine rechteckige Form gießt, deren Längsseiten durch die Plattierbleche selbst gebildet und in Anlehnung an das Wassergießverfahren der direkten Wasserkühlung unterworfen werden. Die Schmalseiten der Gießform wurden anfangs nach Art der Züblinkokille ausgebildet (Abb. 128); später wählte man wassergekühlte Segmente, an denen die Plattierbleche mit dem entstehenden Block entlanggleiten. Durch Regeln der Höhe des Wasserbades, in das der im Guß befindliche Block abgesenkt wird, oder der Höhe der Anspritzebene (falls die Kühlung der plattierten Breitseiten durch Anspritzen geschieht) kann man die gewünschte Kühlwirkung erzielen.

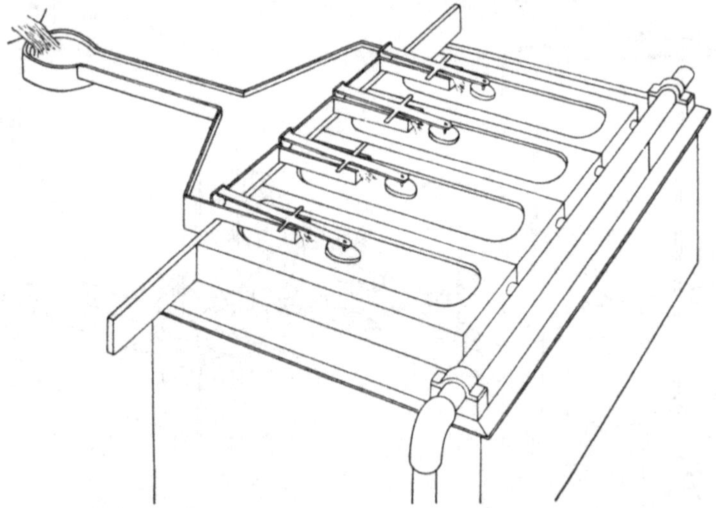

Abb. 129. Mehrfachguß mit selbsttätiger Metallverteilung durch Schwimmer.

Die etwa 150 mm langen wassergekühlten Schmalseitenformstücke werden in ihrer Höhenlage festgehalten, sind aber in waagerechter Richtung verschiebbar und legen sich durch einen geringen Federdruck an die senkrechten Plattierblechkanten an, für welche sie gleichzeitig als Führung dienen. An ihrer unteren, dem Block zugekehrten Kante besitzen die Formstücke, ähnlich wie die beschriebenen Kokillen, eine Reihe von etwa 2 mm weiten Bohrungen, aus welchen Kühlwasser gegen die nicht plattierten Seiten des absinkenden Blockes gespritzt wird.

g) Mehrfachgießeinrichtungen

Das Stranggießverfahren gestattet ohne große Umstände mehrere Blöcke gleichzeitig zu gießen und so die Gießleistung einer Einheit stark zu erhöhen. So ist es z.B. üblich, die 200 mm dicken Rundbarren sechsfach, die 300 mm dicken vierfach und die 400 mm dicken dreifach zu gießen. Auch Walzbarren und gießplattierte Walzbarren werden zu mehreren hergestellt. Zur Entlastung des Gießers und zur weiteren Erhöhung der Anzahl der gleichzeitig zu gießenden Barren sind selbsttätig arbeitende Metallverteiler entwickelt worden, die größtenteils auf dem Schwimmerprinzip beruhen (Abb. 129).

Durch das Mehrfachgießen kann die Leistung einer Gießeinrichtung je nach Legierung und Blockabmessung auf 30—60 t je Tag gesteigert werden, so daß die Leistungsfähigkeit einer Blockgießerei heute weniger von der Anzahl der Gießeinheiten, als vielmehr von der Schmelzkapazität abhängig ist.

3. Betriebserfahrungen

a) Wasserverbrauch

Beim „Wassergießen" von Aluminiumlegierungen sind etwa 240 kcal Wärme je kg Leichtmetall durch Kühlwasser abzuführen. Daraus errechnet sich bei einem Wasserverbrauch von 5—10—15 m^3/t eine Temperaturerhöhung des Wassers von 50—25—17°. Gewöhnlich kommt man bei Anwendung von Kokillen mit Anspritzbohrungen von 2 mm Durchmesser und 6—10 mm Abstand voneinander mit einem Wasserverbrauch von 10 m^3 je t Blöcke aus. Die Kokillen benötigen dabei rund 100 l Wasser je m Blockumfang und Minute. Während des Fließens müssen vor der Kokille mehrere Atmosphären Wasserdruck zur Verfügung stehen. Ein größerer Wasserverbrauch als der angegebene ist im allgemeinen nicht nachteilig. Dagegen kann zu wenig Wasser sowohl zu Betriebsstörungen als auch zur Verringerung der Blockgüte führen.

Das gebrauchte Kühlwasser wird zweckmäßig in einem Kühlteich oder Kühlturm abgekühlt und nach Filtration wieder verwendet. Es sollte beim Eintritt in die Kokille nicht wärmer als 30° sein, da sonst die Kühlwirkung infolge einer die Benetzung verhindernden „Dampffilmbildung" auf der Blockoberfläche stark beeinträchtigt werden kann. Kühlwasser unter 10°, in reichlicher Menge angewandt, erhöht u. U. die Gefahr der Spannungsrißbildung, doch kann man dieser dann durch Verringerung der Wassermenge oder durch langsameres Gießen leicht begegnen.

b) Gießtemperatur

Zur Bekämpfung der Gasaufnahme und des Abbrandes sollte man die Metalltemperatur im Ofen nicht unnötig hoch halten. Dies gilt besonders dann, wenn die Ofenatmosphäre wasserdampf- und wasserstoffhaltig ist. (Wenn zur Beschleunigung des Aufsteigens bzw. Absinkens der Oxydeinschlüsse oder sonstiger nichtmetallischer Verunreinigungen eine erhöhte Abstehtemperatur gewählt wird, so muß diese bei Gießbeginn wieder erniedrigt sein.) Die beim Gießen erforderliche Übertemperatur über dem Liquiduspunkt der Legierung richtet sich nach dem Temperaturabfall, den das flüssige Metall auf dem Wege vom Ofen zur Kokille erfährt, also nach dem Bau der Ofenschnauze, der Größe des etwaigen Vortiegels, der Länge, dem Querschnitt, der Isolierung und der etwaigen Beheizung der Gießrinne, der Gestalt des Verteilers und schließlich nach der in der Zeiteinheit durchfließenden Metallmenge, kann also recht verschieden sein.

Unter mittleren Verhältnissen reicht eine Badtemperatur von rund 50° über der Temperatur des Erstarrungsbeginnes aus. Es ergeben sich daraus für die verschiedenen Legierungen die in Tabelle 20 enthaltenen Werte.

Tabelle 20
Liquidus- und Badtemperatur für verschiedene Aluminiumlegierungen

Legierungsgattung	Liquidus-temperatur in °C	Badtemperatur im Ofen in °C
Al, AlMn	660	710
AlMgMn, AlMgSi, MgMn	650	700
AlCuMg, AlMg 3, AlZnMg	640	690
AlMg 5	630	680
AlMg 7, MgAl 6	620	670
AlSi	580	630

Diese Zahlen sind lediglich als Anhaltswerte zu betrachten. Die günstigste Gießtemperatur ist im Verein mit der geeignetsten Gießgeschwindigkeit von Fall zu Fall durch Versuche zu ermitteln.

Die Eintrittstemperatur des Metalles in die Kokille darf nur wenig über seinem oberen Schmelzpunkt liegen. Gelangt das Metall zu heiß in die Kokille, so sind Grobkörnigkeit und vor allem Stengelkristallbildung die Folge. In besonderen Fällen kann jedoch eine etwas höhere Gießtemperatur von Vorteil sein, so z.B. bei den manganreichen Legierungen der Gattungen AlCuMg und AlMgMn, da hier bei zu tiefer Gießtemperatur das Entstehen der groben Al_6Mn-Nadelkristalle begünstigt werden kann.

c) Beziehung zwischen der Blockdicke und Absenkgeschwindigkeit

Die Vorteile der nach dem „Wassergießverfahren" hergestellten Blöcke gegenüber anderen sind hauptsächlich ihre hohe Feinkörnigkeit und Dichtigkeit und ihre nur sehr geringe Blockseigerung. Erfahrungsgemäß treten diese Eigenschaften um so stärker hervor, je kleiner beim Gießen das Verhältnis von Sumpftiefe zu Blockdicke ($l : d$) ist. Zur Erzielung einer einwandfreien und bei allen Blockdicken möglichst gleichbleibenden Blockgüte sollte daher danach getrachtet werden, dies Verhältnis $l : d$ stets klein und konstant zu halten. Nun wächst die Sumpftiefe l etwa stetig mit der Absenkgeschwindigkeit a und mit dem Quadrat der Blockdicke d[10]).

$$l = a \cdot d^2 \cdot k_0 \,.$$

Darin ist k_0 eine von dem spezifischen Gewicht, der spezifischen Wärme, der Schmelzwärme, der Erstarrungstemperatur und der Oberflächentemperatur des Blockes unterhalb der Kokille abhängige Größe.

Soll $l : d$ konstant bleiben, so wird auch $a \cdot d$ konstant, d. h. die Absenkgeschwindigkeit ist nach theoretischen Erwägungen etwa umgekehrt proportional der Blockdicke.

Die im Betrieb praktisch durchführbaren Absenkgeschwindigkeiten sind an gewisse Grenzen gebunden. Wird zu rasch gegossen, so kann sich keine genügend starke Blockkruste innerhalb der Kokille bilden, und das Metall tritt noch flüssig unten aus der Kokille aus. Bei zu langsamem Absenken andererseits bilden sich am Blockumfang die sogenannten Kaltläufe oder Kaltschweißstellen, die dadurch bedingt

[10]) W. Roth, Aluminium 25 (1943) S. 418.

sind, daß der Meniskus am Rande der jeweiligen flüssigen Blockoberfläche bereits von der Erstarrung erfaßt wird, bevor weiteres Metall nachfließt. Nach dem Gesagten wird man, wenn keine besonderen Umstände zu anderen Maßnahmen anregen, die Absenkgeschwindigkeit im Betrieb aus Qualitätsgründen innerhalb der Grenzen der Gießbarkeit so wählen, daß Kaltläufe gerade noch mit Sicherheit vermieden werden. Reinaluminium und eutektische Legierungen kann man auch rascher gießen. Als Anhaltswerte mögen die in Abb. 130 und 131 enthaltenen Geschwindigkeiten dienen, die das Ergebnis jahrelanger Erfahrungen sind.

Hohlbarren gestatten aus naheliegenden Gründen eine etwa 30% höhere Absenkgeschwindigkeit als Vollbarren.

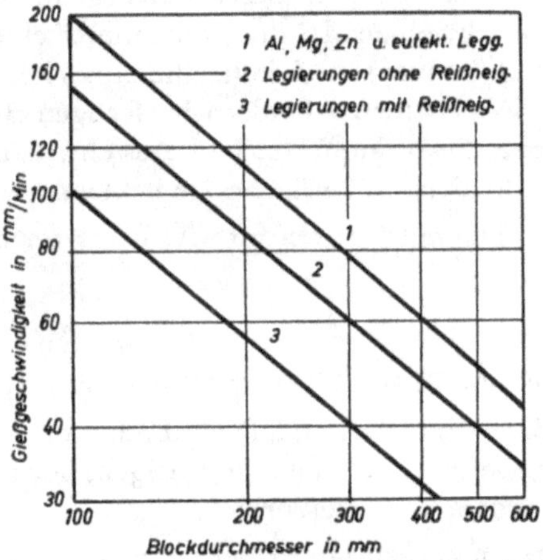

Abb. 130.

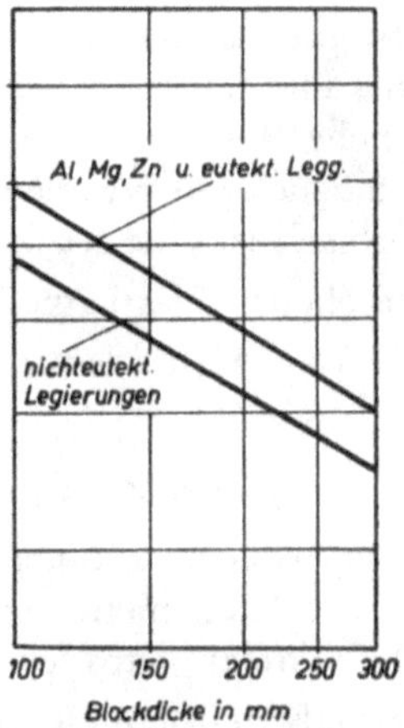

Abb. 131.

Abb. 130. Gießgeschwindigkeit von Wassergußrundbarren verschiedener Legierungen in Abhängigkeit vom Blockdurchmesser.

Abb. 131. Gießgeschwindigkeit von Wassergußflachbarren in Abhängigkeit von der Blockdicke.

d) Gießbedingungen für Plattierguß

Beim Plattierguß ist eine besonders sorgfältige Einhaltung der Gießvorschriften notwendig. Vor allem müssen die Plattierbleche auf der zu verschweißenden Seite völlig fettfrei sein. Um dies zu erreichen, werden sie sorgfältig gebeizt und gebürstet und in Papier eingeschlagen, welches erst nach dem Einsetzen in die Gießvorrichtung wieder entfernt wird. Auf diese Weise wird ein unmittelbares Berühren der zu verschweißenden Flächen mit der Hand vermieden. Die Gießtemperatur soll, um eine gute Verschweißung der Plattierbleche zu erzielen, etwa 10^0 höher sein als beim Gießen unplattierter Blöcke. Der einfließende Metallstrom darf den Plattierblechen nicht zu nahe kommen, da sie sonst durchschmelzen können. Die günstigste Gießgeschwindigkeit und der einzuhaltende Höhenunterschied zwischen Metall- und Wasserspiegel sind aus Tabelle 21 zu ersehen.

Bei Verwendung von Plattierblechen aus besonders reinem Aluminium (Al 99,8 und höher) empfiehlt es sich, den Höhenunterschied zwischen Metall- und Wasserspiegel um etwa 40 mm größer zu wählen als vorstehend angegeben.

Tabelle 21. Gießbedingungen für Plattierguß

Gesamte Blockdicke in mm	Plattierblechquerschnitt in mm²	Absenkgeschwindigkeit in mm/Min.	Höhenunterschied zwischen Metall- und Wasserspiegel in mm
120	7 × 450	100	120
140	8 × 450	90	130
160	9 × 450	80	140
200	10 × 550	70	150

Ist der Höhenunterschied zwischen Metall- und Wasserspiegel zu gering, so neigen die Plattierbleche dazu, sich konkav einzubeulen, außerdem liegt die Gefahr vor, daß sie nicht gut mit dem Block verschweißen. Ist der Höhenunterschied zu groß, so werden die Plattierbleche bauchig (konvex), und unter ihnen reichert sich leicht die kupferreiche Restschmelze an, was später zu Fehlern im fertigen Blech führen kann. Zur möglichsten Vermeidung dieser kupferreichen Ausschwitzungen unter dem Plattierblech ist eine schwach konkave Oberfläche empfehlenswert.

Die angegebenen Plattiergießbedingungen gelten für alle Legierungen der Gattung AlCuMg.

e) Die Reißneigung und ihre Bekämpfung

Einige Legierungen können die beim Wassergießverfahren angewandte sehr schroffe Abschreckung nicht ohne weiteres ertragen und neigen, sofern keine besonderen Maßnahmen getroffen werden, zum Reißen.

Um keine falsche Meinung aufkommen zu lassen, sei vorausgeschickt, daß sich alle bisher praktisch verwendeten Legierungen bei Anwendung der jeweils geeigneten Gießbedingungen rißfrei haben gießen lassen. Der Weg zur Spannungsrißbekämpfung ist also praktisch im wesentlichen gefunden.

Die Reißneigung wirkt sich auf die einzelnen davon betroffenen Legierungen in verschiedener Weise aus. Insbesondere kann man in dieser Hinsicht einen deutlichen Unterschied zwischen dem Verhalten der hochfesten und der weicheren Legierungen beobachten, ferner einen gewissen Unterschied zwischen Rundbarren und Flachbarren.

Zunächst seien die Rundbarren der hochfesten Legierungen betrachtet. Hier bilden sich im Kern unter ungünstigen Umständen leicht klaffende Längsrisse, oder die Barren spalten sich sogar der Länge nach in zwei Teile auf. Vereinzelt findet man bei bestimmten Legierungen auch innere Querrisse. Die Reißgefahr wächst mit dem Durchmesser. Es handelt sich teils um Kalt-, teils um Warmrisse. Meistens reißen die Blöcke während des Gießens. Der Riß folgt der fortschreitenden Erstarrungsfront in einem gewissen Abstande nach. Es kommt aber auch vor, daß die Blöcke nach bereits beendetem Gießen plötzlich mit einem lauten Knall „platzen", oder daß dies nach längerer Lagerung beim Besägen eintritt. In besonderen Fällen findet man im Kern von Durblöcken mitunter „kupferreiche Adern", d. s. feine Risse, welche bei einer oberhalb des Soliduspunktes liegenden Temperatur entstanden sind und sich mit der bei dieser Temperatur noch flüssigen Restschmelze angefüllt haben.

Zu den hochfesten Legierungen mit Reißneigung gehören die Legierungen AlCuMg 3 (Cu 30) und AlZnMgCu. Bei der Legierung Cu 30 ist es nicht nur der gegenüber der Legierung Cu 40 erhöhte Magnesiumzusatz, der die Reißneigung mit sich bringt, sondern vor allem der erniedrigte Kupfergehalt. Setzt man z.B. bei einer mittleren Durlegierung den Kupfergehalt von 4% auf 1—3% herab, so wird dadurch schon eine sehr deutliche Rißanfälligkeit hervorgerufen. Ein höherer Siliziumgehalt wirkt der Reißneigung der Legierung Cu 30 bis zu einem gewissen Grade entgegen. Manche Legierungen, die gewöhnlich keine Schwierigkeiten beim Gießen bereiten, können durch kleine Änderungen in der Zusammensetzung empfindlich gegen Wärmespannungen werden. Hochfestes Dur z.B. neigt zum Reißen, wenn sein Magnesium- und Mangangehalt eine gewisse Grenze überschreiten. Eigentümlicherweise wächst die Reißgefahr von Durblöcken auch beträchtlich bei höherem Neumetalleinsatz und noch mehr bei Verwendung von Reinstaluminium zur Herstellung der Legierung. Ein hoher Gasgehalt der Schmelze vermindert die Reißneigung. Im Jahre 1941 durchgeführte Gießversuche mit 63 verschiedenen Legierungen der Aluminiumecke des Dreistoffsystems Aluminium-Kupfer-Magnesium, die aus Hüttenaluminium 99,5 hergestellt waren und alle 1% Mn enthielten, ergaben unter gleichen Gießbedingungen (lichter Kokillendurchmesser 150 mm, Kokillenhöhe 40 mm, Gießtemperatur 700°, Gießgeschwindigkeit 100 mm/Min.) ein reißempfindliches Gebiet im Zustandsdiagramm, welches etwa durch die Gleichung

$$\% \text{ Cu} + \% \text{ Mg} \leqq 5$$

gekennzeichnet ist, mit der Einschränkung, daß die reinen Aluminium-Magnesium-Legierungen nicht und die reinen Aluminium-Kupfer-Legierungen zum größten Teil nicht rissen (Abb. 135). Diese Beispiele mögen genügen, um zu zeigen, daß die Erscheinung der Reißneigung ziemlich verwickelt ist.

Die Rißanfälligkeit überrascht keineswegs, wenn man sich einmal durch eine Überschlagrechnung die Größe der Gußspannungen klar macht, die bei der beim Wassergießen herrschenden Temperaturverteilung im Block nach dessen Abkühlung auftreten können[11]). Der Blockkern, welcher, nachdem die zugehörige Blockoberfläche durch Anspritzung auf eine Temperatur von unter 100° abgeschreckt worden ist, noch eine um Δ t höhere Temperatur besitzen möge, sucht bei der darauf folgenden Angleichung an die Randtemperatur je Längeneinheit eine Verkürzung um $\alpha \cdot \Delta$ t zu erreichen, wobei α den linearen Ausdehnungskoeffizienten bedeutet. Diese Verkürzung würde, falls die Blockrandzone eine radiale Längenänderung des Kernes nicht zuließe, einer elastischen Formänderung von σ/E entsprechen (σ = hervorgerufene Spannung, elastische Formänderung vorausgesetzt, E = Elastizitätsmodul). Da man jedoch annehmen kann, daß die Randzone ihrerseits durch elastische Formänderung dem Zug des Kernes etwa zur Hälfte nachgibt, so dürfte sich im Kern nach dem Temperaturausgleich eine Zugspannung einstellen, welche aus

$$\frac{\alpha \cdot \Delta t}{2} = \frac{\sigma}{E}$$

zu berechnen ist. Für Leichtmetall mit $\alpha = 0{,}000025/^0$ C und $E = 7000\,\text{kg/mm}^2$ ergibt sich daraus für je 100° anfänglicher Temperaturdifferenz zwischen Rand und

11) E. Pywowarsky, Allgemeine Metallkunde (1934) S. 91.

Kern eine nach dem Temperaturausgleich eintretende Zugspannung im Kern von 9 kg/mm². Diese Berechnung ist zwar nur grob und überschlägig, zeigt jedoch, welche großen Spannungen in den sich abkühlenden Wassergußblöcken unter Umständen zu erwarten sind. Gleichzeitig führen derartige Überlegungen auch zu der Bedingung, welche geeignet ist, die Reißgefahr zu beseitigen, nämlich, den Temperaturunterschied zwischen Rand und Kern des Blockquerschnittes möglichst gering zu halten. Dies kann auf verschiedene Weise erfolgen. Man kann bei Rundbarren z.B. eine längere Kokille wählen, man kann ein schwächer wirkendes Kühlmittel anwenden, oder man kann langsamer gießen. Alle diese Maßnahmen wurden versucht. Dabei wurde festgestellt, daß eine längere Kokille, d. h. eine solche, die länger als 60—100 mm ist, zwar die Reißgefahr des Blockes unter bestimmten Umständen verringert, jedoch gleichzeitig auch die Blockgüte herabsetzt, den Kokillenverschleiß erhöht und das Gießen erschwert. Die gleichen Ergebnisse hatte die Anwendung eines schwächeren Kühlmittels (es wurde eine auch in Härtereien Verwendung

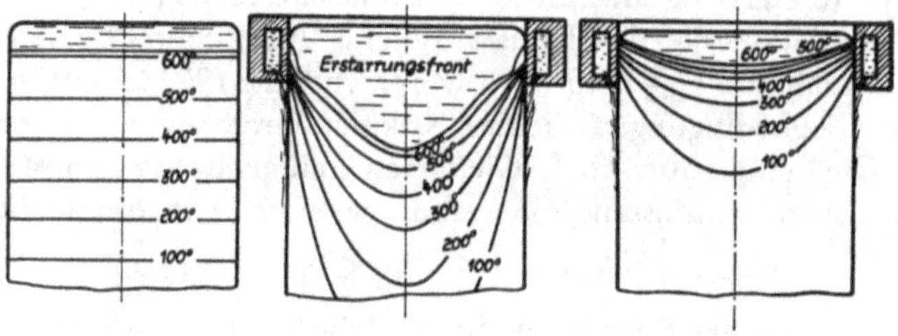

Abb. 132a. Abb. 132b. Abb. 132c.

Abb. 132a. Zur Verringerung von Spannungen theoretisch günstigste Temperaturverteilung beim Blockguß (schematisch).

Abb. 132b. Ungefähre Temperaturverteilung im Leichtmetallblock beim Wassergießen mit mittlerer Geschwindigkeit.

Abb. 132c. Temperaturverteilung im Leichtmetallblock beim „langsamen Wassergießen"

findende wässerige Lösung eines organischen Kolloids, und zwar eines Apfelsaftes, für die Versuche gewählt). Das einzige Mittel, welches einen vollen Erfolg brachte, war sehr langsames Gießen.

Der Zweck des „langsamen Gießens" ist, wie bereits erwähnt, den Temperaturunterschied zwischen Kern und Rand des Querschnittes so klein zu halten, daß die sich beim nachfolgenden Temperaturausgleich einstellenden Spannungen nicht die Höhe der Zerreißfestigkeit erreichen.

Um einen nahezu spannungsfreien Block zu erhalten, müßte man die Wärme ausschließlich nach unten abführen und auf diese Weise im Block völlig horizontale Isothermen schaffen (Abb. 132a). Dies ist beim Strangguß jedoch nicht möglich. Die Temperatur ist daselbst gewöhnlich etwa, wie in Abb. 132b dargestellt, verteilt. Man kann sich jedoch dem in Bild 132a wiedergegebenen idealen Temperaturverlauf durch sehr langsames Gießen bis zu einem gewissen Grade nähern (Abb. 132c). Das Gießen hat so langsam zu erfolgen, daß die Erstarrungsfront vollkommen in die Kokille hineinwächst, und der unten austretende Block in der Höhe, wo auf der Oberfläche die Wasseranspritzung einsetzt, im Kern die Solidustemperatur bereits um ein gewisses Maß unterschritten hat. Dies zu erreichen, war anfangs nicht leicht.

Insbesondere galt es, durch äußerst gleichmäßiges Gießen und gute Metallverteilung die Gefahr der „Kaltlaufbildung“ zu bannen, die dann entsteht, wenn die Erstarrung am Rande rascher aufwärts schreitet als das Gießen und daher den Meniskus erfaßt. Die Durchführungsschwierigkeiten wurden jedoch erfolgreich behoben und dabei nicht nur die Reißgefahr beseitigt, sondern auch eine besonders hohe Blockgüte erzielt. Nur in seltenen Fällen ist es nicht möglich, mit der kurzen, etwa 80 mm hohen Kokille zum Ziele zu gelangen. Man muß dann außer dem „langsamen Gießen“ noch eine etwas längere Kokille anwenden, um die Erstarrungsfront genügend hoch in die Kokille verlegen zu können.

Die bei den Legierungen mit Reißneigung erprobten Gießgeschwindigkeiten von Rundbarren werden durch die Kurve 3 in Abb. 130 wiedergegeben, welche nach dem heutigen Stand der Technik auch ungefähr die untere Grenze des kaltlauffreien Gießens bildet.

Die Walzbarren hochfester Legierungen reißen auf eigenartige Weise, und zwar spalten sie sich von unten nach oben bis in die Nähe des Kopfes in zwei Teile, die sich durch Verziehen unten auseinanderspreizen. Auch hier erfolgt das Spalten entweder allmählich während des Gießens, oder plötzlich mit einem lauten Knall, wenn der Block etwa dreiviertel Meter lang ist, oder auch nach längerer Lagerung erst beim Besägen. Der Spalt geht entweder vom Fuß aus, oder er entsteht an einer fehlerhaft gegossenen Stelle einer Schmalseite, um dann in die Längsrichtung nach oben umzubiegen. Bei sehr empfindlichen Legierungen kommt zuweilen auch ein Längsspalten in drei Teile vor. Bei im Verhältnis zur Dicke sehr breiten Walzbarren ist der Riß schlangenförmig gewunden.

Im Gegensatz zu Rundbarren, bei welchen zur Vermeidung des Reißens möglichst langsam gegossen werden muß, ist beim Gießen von Flachbarren hochfester Legierungen zur Bekämpfung der Reißneigung nicht die geringstmögliche, sondern eine höhere Gießgeschwindigkeit die optimale. Man muß also, wenn bei Durwalzbarren ein Ausschuß durch Spalten eintritt, rascher gießen. Nur bei sehr empfindlichen Werkstoffen bzw. bei Querschnitten, deren Verhältnis Breite : Dicke wesentlich größer als drei ist, hat es sich als notwendig erwiesen, noch schärfer wirkende Mittel anzuwenden, die im wesentlichen darauf hinauslaufen, die Wärmeabführung an den Schmalseiten des Barrens zu begünstigen und gegebenenfalls an den Breitseiten abzuschwächen.

Die bisherigen Ausführungen über das Reißen bezogen sich alle auf hochfeste Legierungen: Die mittleren und weicheren Legierungen verhalten sich wesentlich anders. Die bei ihnen auftretenden Risse sind stets Warmrisse, die sich manchmal am Kern des Blockes befinden, manchmal in der Oberflächenzone. Im Gegensatz zu den Rissen bei den festen Legierungen ist ihr Auftreten nicht so sehr vom Blockdurchmesser oder Querschnitt abhängig, auch spalten sie den Block nie. Sie sind oft nur schwer zu erkennen.

Meist tritt diese „Feinrissigkeit“, wie man sie vielleicht bezeichnen kann, bei Legierungen mit kleinem Erstarrungsintervall auf, z.B. können verunreinigtes Reinaluminium sowie die Gattungen AlMn, AlMgMn und AlMgSi von ihr betroffen werden. Mitunter ist die Feinrissigkeit durch kleine, unerwünschte metallische Verunreinigungen, z.B. 0,1—0,2% Cu, bedingt. Nicht selten läßt sie sich durch kleine Änderungen in der Zusammensetzung beheben. Manchmal sind auch gießtechnische

Fehler, wie verstopfte Spritzlöcher oder ungünstige Metalleinführung in die Kokille, die Ursache der Feinrisse. Liegen in dieser Hinsicht keine Mängel vor, so bekämpft man die Feinrissigkeit allgemein durch langsameres Gießen, und zwar sowohl bei Walzbarren als auch bei Preßbarren. Als besondere Regel gilt also, daß die Walzbarrenspaltrisse der hochfesten Legierungen durch rascheres Gießen, die Walzbarren-

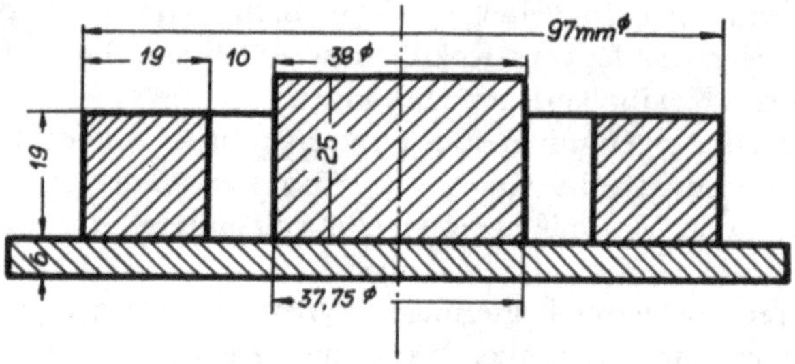

Abb. 133. Dreiteilige gußeiserne Form für Ringgußproben zur Prüfung von Al-Legierungen auf Warmbrüchigkeit.

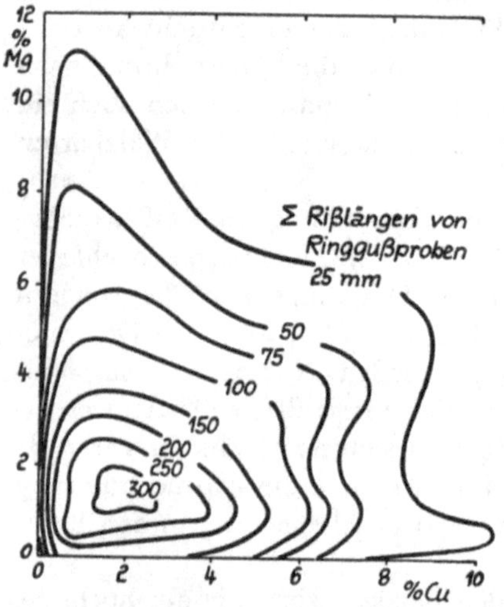

Abb. 134. Warmbrüchigkeit von AlCuMg-Legierungen hoher Reinheit (nach Pumphrey und Moore).

feinrisse der weicheren Legierungen dagegen durch langsameres Gießen vermieden werden. Es ist bis jetzt, abgesehen von Ausnahmefällen, nur eine Legierung bekannt, bei welcher beide Rißtypen vorkommen können, nämlich die Legierung AlZnMgCu. Bei zu raschem Gießen dieser Legierung zu Walzbarren können Feinrisse entstehen, bei zu langsamem Gießen Spaltrisse.

In den letzten Jahren sind eine Anzahl Forschungsarbeiten über Warmbrüchigkeit durchgeführt worden. Obwohl sie in erster Linie zur Klärung von schweißtechnischen Fragen dienen sollen, hat es sich gezeigt, daß die Ergebnisse auch auf Reißerscheinungen beim Leichtmetallformguß und sogar beim Strangguß anwendbar sind. Es seien z. B. die sehr interessanten Arbeiten von A. R. E. Singer, P. H. Jennings, W. J. Pumphrey, S. A. Cotterell usw. angeführt. Diese englischen Forscher gossen die zu untersuchenden Legierungen (unter gleichen Gießbedingungen) in eine kleine gußeiserne Ringform (Abb. 133). Nach dem Erkalten stellten sie die Summe der Längen aller in dem gegossenen Ring vorhandenen Oberflächenrisse fest und benutzten diese Größe als Maß für die Warmbrüchigkeit. Abb. 134 zeigt das Ergebnis, welches W. J. Pumphrey und D. C. Moore[12]) bei der Untersuchung der Aluminiumecke des Dreistoffsystems Aluminium-Kupfer-Magnesium erhielten. Es deckt sich sehr gut mit den Erfahrungen beim Wasserguß (vgl. Abb. 135), wo, wie be-

[12]) Pumphrey und Moore, J. Inst. Mat. (1948) S. 425.

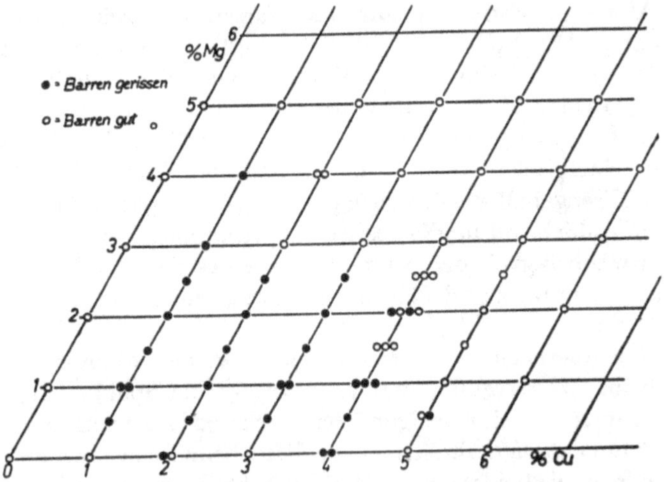

Abb. 135. Lage untersuchter Legierungen aus Aluminium(99,5)-Kupfer-Magnesium-Mangan mit 1% Mn im System AlCuMg und Ergebnisse von Gießversuchen.

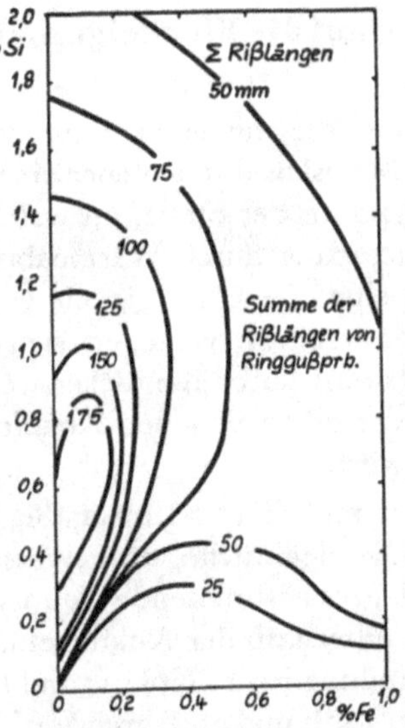

Abb. 136. Warmbrüchigkeit von AlFeSi-Legierungen hoher Reinheit (nach A. R. E. Singer und P. H. Jennings).

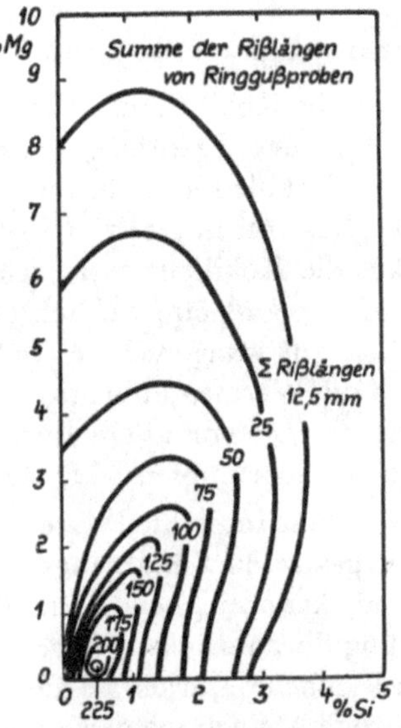

Abb. 137. Warmbrüchigkeit von AlMgSi-Legierungen hoher Reinheit (nach P. H. Jennings, A. R. E. Singer und Pumphrey).

reits ausgeführt, die reinen Aluminium-Magnesium-Legierungen (bis 9% Mg) ebenfalls nicht zum Reißen neigen, die reinen Aluminium-Kupfer-Legierungen zwischen 2 und 4% Cu eine gewisse Reißempfindlichkeit besitzen und die Aluminium-Kupfer-Magnesium-Legierungen bei etwa 2% Cu und 1½% Mg einen Höchstwert der Reißempfindlichkeit aufweisen. Die erhöhten Gießschwierigkeiten der Legierung Cu 30 gegenüber Cu 40 sind der Abb. 134 deutlich zu entnehmen. — Die Untersuchung des Systems Aluminium-Eisen-Silizium auf Warmbrüchigkeit ergab für die Aluminiumecke das in Abb. 136 dargestellte Schaubild[13]). Danach sollte man zur Vermeidung von Warmrissen beim Reinaluminiumguß den Eisengehalt nicht zu niedrig halten. Beim „Wassergießen" von Walzbarren der Gattung Al-Mn mit etwa 1,25% Mn, 0,14% Si und 0,18% Fe z.B. bestanden größere Schwierigkeiten durch Feinrißbildung. Nach Bekanntwerden der in Abb. 136 dargestellten Ergebnisse erhöhte man den Eisengehalt der Legierung von 0,18 auf 0,30%, und die Schwierigkeiten waren auf Anhieb vollständig beseitigt. — In ähnlicher Weise konnte Abb. 137, welche die Warmbrüchigkeit der Aluminiumecke des Systems Aluminium-Magnesium-Silizium wiedergibt, zur Erklärung und Beseitigung von Gießschwierigkeiten herangezogen werden.

Diese Beispiele, die noch um weitere vermehrt werden könnten, zeigen, daß die Reißneigung beim „Wasserguß", und zwar sowohl die Spaltneigung der festeren Legierungen als auch die Feinrißneigung der weicheren Legierungen, mit der Warmbrüchigkeit zusammenhängt, ähnlich wie die Risse beim Schweißen und beim Formgießen, und daß man die bei letzteren gefundenen Erkenntnisse auch beim Strangguß verwerten kann.

f) Erstarrungsverlauf und seine Einwirkung auf die Blockeigenschaften

Das in die Kokille einfließende Metall wird durch den Verteilungsbecher gleichmäßig über den Kokillenquerschnitt verteilt. Da es die mit einer Schmierschicht versehene Kokille nicht „benetzt", bildet sich ein Meniskus aus, welcher einen mittleren Radius von ungefähr 10—20 mm besitzt. Etwa an der Stelle, an welcher der Meniskus die Kokillenwand berührt, setzt die Erstarrung durch Wärmeabgabe an die Kokillenwand ein. Sie schreitet anfangs mit einer Geschwindigkeit von etwa 1 mm/Sek. (in waagerechter Richtung) ins Blockinnere vor, verzögert sich jedoch bald, da die Wärmeabführung von der Erstarrungsfront durch die dicker werdende Blockkruste und vor allem durch das Abheben derselben von der Kokillenwand (infolge des Schrumpfens) beträchtlich gehemmt wird.

Durch diese indirekte Wasserkühlung wird jedoch nur ein verhältnismäßig kleiner Teil der gesamten Erstarrungswärme abgeführt. Die eigentliche, das „Wassergießverfahren" kennzeichnende und die Qualität des Blockes bestimmende Hauptwärmeabführung durch direkte Wasserkühlung setzt erst unterhalb der Kokille ein. Sie ist um ein Vielfaches stärker als die indirekte Wasserkühlung in der Kokille und bewirkt eine schroffe Abflachung der Erstarrungsfront (Abb. 132b und c). Durch Verkürzung der Kokille sowie durch Verringerung der Gießgeschwindigkeit läßt sich die „Randkruste" verkleinern oder gar vermeiden. Mit höher werdender Kokille hingegen nimmt der Anteil der direkten Wasserkühlung an der Erstarrung ab und damit auch die Blockgüte. Bei Legierungen mit einem Erstarrungsintervall bildet sich eine „Erstarrungszone", innerhalb welcher der Block breiig ist, d. h. aus einem Gemisch von Schmelze und Kristallen besteht (Abb. 138a und b). Diese Zone wird an beiden Seiten von der Kokillenwand, oben von der Liquidusisotherme und unten von der Solidusisotherme begrenzt. Die Mengenverteilung und Zusammensetzung der Pri-

[13]) A. R. E. Singer und P. H. Jennings, I. Inst. Mat. (1947) S. 273.

märkristalle und der sie umgebenden Restschmelze an den verschiedenen Stellen ist aus dem Zustandsschaubild der Legierung zu entnehmen, wobei die Gleichgewichtsverschiebung infolge sehr rascher Abkühlung zu berücksichtigen ist.

Während der Erstarrung erfährt das Gießgut eine Volumenverminderung. Diese beträgt bei Reinaluminium etwa 6,3%, was einer linearen Längenänderung von etwa 2% entspricht. Bei Aluminiumlegierungen ist sie gewöhnlich etwas kleiner als bei Reinaluminium. Die seitliche Begrenzung der Erstarrungsfront, d. h. der Blockdurchmesser, nimmt jedoch an dieser Längenänderung nur etwa zur Hälfte teil, und zwar aus folgenden Gründen: der obere Rand der soeben erstarrten Kruste wird, da er noch keine nennenswerte Festigkeit besitzt, durch den hydrostatischen Druck des von ihm

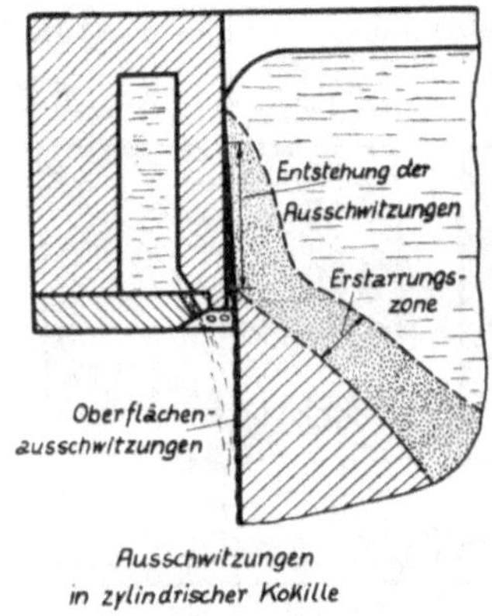

Abb. 138a.

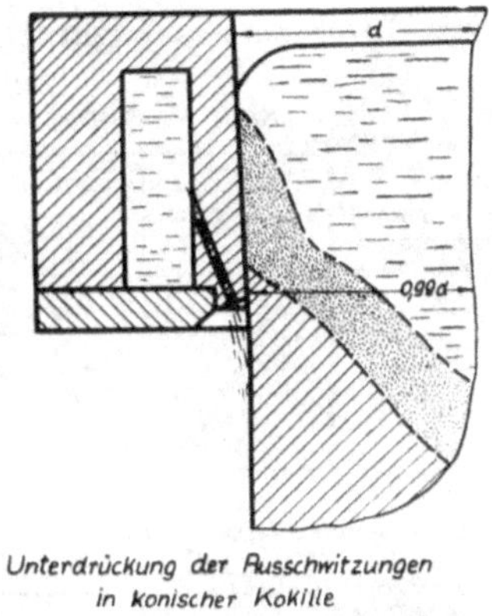

Abb. 138b.

Abb. 138a. Entstehung des Schrumpfspaltes und der Oberflächenausschwitzungen.
Abb. 138b. Vermeidung der Oberflächenausschwitzungen durch eine sich nach unten konisch verengende Kokille.

eingeschlossenen, noch flüssigen Blockkopfes gegen die Kokillenwand gedrückt und auf diese Weise gezwungen, den durch die Kokille gegebenen Durchmesser beizubehalten. Der übrige Bereich der Erstarrungszone wird durch den bereits vollständig erstarrten Teil des Blockes gewissermaßen eingespannt gehalten, wodurch eine seitliche Verkürzung nur in beschränktem Maße möglich ist. Die Volumenverringerung während der Erstarrung wirkt sich daher nur teilweise in einer Verminderung des Blockdurchmessers aus. Der restliche Teil bewirkt, daß zwischen den wachsenden Kristallen Raum frei wird. In diesen Raum dringt die benachbarte Schmelze nach. Innerhalb der Erstarrungszone findet somit eine Strömung der Restschmelze in der Richtung der abfließenden Wärme, also senkrecht zur Liquidus- und Solidusbegrenzung, statt. Da nun die zwischen den Primärkristallen befindliche Restschmelze gemäß den Aussagen des Zustandsschaubildes an einer Reihe von Legierungsbestandteilen angereichert ist, so tritt durch ihre Verschiebung eine gewisse Entmischung, die „umgekehrte Blockseigerung", ein.

Diese Erklärung der umgekehrten Blockseigerung ist die bekannte, von G. Masing aufgestellte, Kristallvolumenschwindungstheorie. Auf weitere Vorgänge, die ebenfalls zur Seigerung des Blockes beitragen können, sei hier nicht eingegangen. Es läßt sich leicht einsehen, daß die umgekehrte Blockseigerung durch rascheres Gießen verstärkt wird, denn dadurch wird der flüssige Sumpf tiefer, und die Wärmeabführung erfolgt mehr in seitlicher Richtung. Umgekehrt wirkt sich langsameres Gießen in einer Verminderung der umgekehrten Blockseigerung aus. Bei Blöcken der Gattung AlCuMg, welche nach älteren Gießverfahren (mit tiefem Sumpf) hergestellt wurden, findet man nicht selten, daß der Kupfergehalt der Randzone den des Kernes um etwa 1% Cu übersteigt. Bei „Wassergußblöcken" beträgt dieser Unterschied nur einige Zehntel Prozent.

Die gegossenen Leichtmetallblöcke besitzen nach dem Erkalten einen um 2% kleineren Durchmesser als die lichte Kokillenweite. Nur etwa die Hälfte dieser Dickenabnahme ist auf die Schrumpfung im festen Zustande zurückzuführen. Die Verringerung des Durchmessers beginnt also bereits in der Kokille oberhalb der

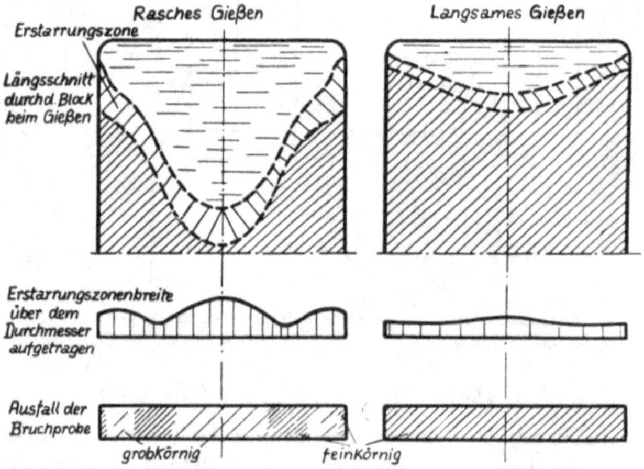

Abb. 139a u. b. Einwirkung von raschem und langsamem Gießen auf die Erstarrungsbreite und das Bruchgefüge von AlCuNi.

Solidustemperatur, so daß sich der Block dort von der Kokillenwand abhebt und ein „Schrumpfspalt" entsteht (Abb. 138a u. b). In diesen Spalt kann die sich in der Erstarrungszone aufhaltende, noch flüssige Restschmelze aus der Blockoberfläche austreten, soweit der hydrostatische Druck, unter dem sie steht, dazu ausreicht, der Strömungswiderstand und die Kapillarwirkung der Poren sowie die Festigkeit der die Blockoberfläche umhüllenden Oxydhaut es zulassen und schließlich Zeit zur Verfügung steht. Die so entstehenden, sogenannten Ausschwitzungen findet man an den Blöcken aller Leichtmetallegierungen, die ein Erstarrungsintervall aufweisen, und zwar treten sie um so stärker auf, je größer das Erstarrungsintervall ist. Die Frage, ob bei der Bildung dieser Ausschwitzungen außer den genannten Kräften noch weitere beteiligt sind, ist noch umstritten.

Zur Verringerung der Dreh- und Fräsarbeit ist es erwünscht, die Oberflächenausschwitzungen so gering wie möglich zu halten. Es gibt mehrere Möglichkeiten, sie zu bekämpfen. Eine von ihnen besteht darin, die Entstehung des Schrumpfspaltes, der eine Voraussetzung zu ihrer Bildung ist, zu verhindern. Beim Rundbarrenguß kann man dies, wenigstens teilweise, dadurch erreichen, daß man die lichte Weite der Kokillen nach unten (um etwa 1%) verringert (Bild 138b). Dies wird besonders bei Magnesiumlegierungen angewandt, und es hat sich dort als sehr zweckmäßig erwiesen. Beim Walzbarrenguß versuchte man, den Schrumpfspalt dadurch auszuschalten, daß man die Kokillenseiten beweglich ausbildete und beim Gießen schwach gegen den Block preßte. Wegen einiger konstruktiver Schwierigkeiten hat jedoch dieses Verfahren, obwohl es sich als durchführbar erwiesen hat, das Versuchsstadium noch nicht überschritten.

Etwas längere Kokillen erzeugen gewöhnlich eine etwas bessere Blockoberfläche als die nur 80 mm hohen, was wahrscheinlich darauf zurückzuführen ist, daß sich in ihnen die Blockkruste später von der Kokillenwand abhebt, also dann schon dicker ist und einen größeren Strömungswiderstand in ihren Poren besitzt. Die auf diese Weise erzielte Oberflächenverbesserung geht jedoch auf Kosten der Blockgüte und

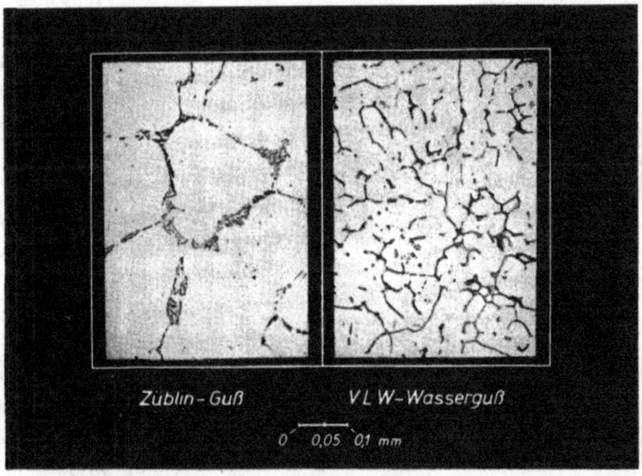

Abb. 140a u. b. Schliffbild aus der Mitte eines 300 mm dicken Rundbarrens aus AlCuMg.

ist daher nicht zu empfehlen. Sehr kurze, nur 30 oder 40 mm hohe Kokillen tragen ebenfalls zur Unterdrückung der Ausschwitzungen bei, da in ihnen die Blockoberflächentemperatur sehr bald den Soliduspunkt unterschreitet und das Eutektikum dann nicht mehr herausquellen kann. Allerdings sind solche Kokillen im Betriebe nicht beliebt, weil sie zum sehr gleichmäßigen Gießen (d. h. zu hoher Aufmerksamkeit) zwingen und die Gefahr der Kaltlaufbildung erhöhen.

Auch eine glatte Kokillenwand und eine gute Kokillenschmiere mit hoher Verdampfungs- bzw. Zersetzungstemperatur tragen wesentlich zur Bekämpfung der Oberflächenausschwitzungen bei, indem sie dem Haftenbleiben der den Block einhüllenden Oxydhaut an der Kokillenwand entgegenwirken.

Schließlich ist noch zu erwähnen, daß eine der Kokille erteilte Schwingungsbewegung von sehr kleiner Amplitude und hoher Frequenz in vielen Fällen eine Verbesserung der Blockoberfläche ergibt.

Es wurde bereits erörtert, daß zur Erzielung einer hohen Blockgüte allgemein möglichst langsam gegossen werden soll, daß die Gießgeschwindigkeit jedoch nach unten begrenzt ist durch die Bildung von Falten am Blockumfang, den sogenannten

Kaltschweißstellen oder Kaltläufen. Dieselben entstehen dadurch, daß die Erstarrung am Blockrande schneller fortschreitet als das Gießen und daher den Meniskus erfaßt. Reinaluminium und eutektische Legierungen neigen leichter zur Kaltlaufbildung als Legierungen mit großem Erstarrungsintervall und müssen daher rascher gegossen werden als diese. Das raschere Gießen ist in diesem Falle jedoch nicht nachteilig, denn bei Reinaluminium und eutektischen Legierungen liegen gewöhnlich weder Seigerungsgefahr noch Spannungsreißneigung vor. Bemerkenswert ist, daß stark gashaltige eutektische Schmelzen beim Gießen weit weniger zur Kaltlaufbildung neigen als gasarme.

Der Einfluß der dem „Wassergießverfahren" eigenen sehr hohen Erstarrungsgeschwindigkeit auf die Korngröße ist bekannt: das Gefüge eines Wassergußbarrens ist meist um ein Vielfaches feiner als das eines gleichgroßen, nach irgendeinem anderen Verfahren gegossenen Barrens (Bild 140a und b). Je kürzer die Kokille, um so mehr tritt diese günstige Eigenschaft hervor, da dann der Anteil der durch direkte Wasserkühlung abgeführten Wärme größer wird.

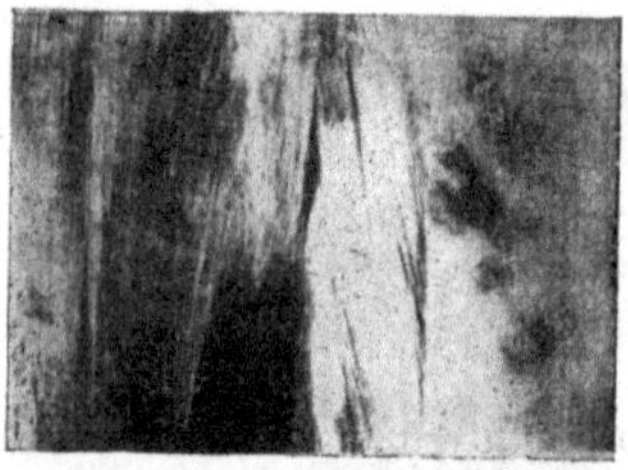

Hohe Gießtemperatur

Tiefe Gießtemperatur

Abb. 141a u. b. Längsschliff eines Abschnittes aus einem stranggegossenen Rundbarren von 150 mm ∅ aus Rein-Al.

Was die Wirkung der Gießgeschwindigkeit beim „Wassergießverfahren" auf die Blockstruktur anbelangt, so ist allgemein zu sagen, daß langsames Gießen ein feineres Korn ergibt als rasches Gießen. Dies mag manchen Fachmann überraschen, da vielfach die Meinung vertreten ist, daß langsames Gießen auch eine entsprechend langsame Erstarrung zur Folge habe und daher zu groberem Korn führen müsse als rasches Gießen.

Nun besteht aber das wesentliche Ergebnis des langsamen Gießens darin, daß dadurch die Isothermen im Block zusammengedrängt werden, also die Erstarrungszone verschmälert wird, wie aus Abb. 132b und c ersichtlich ist; und gerade auf eine schmale Erstarrungszone scheint es zur Erreichung eines feinen Kornes in erster Linie anzukommen. Dies wird z.B. bei der Sonderlegierung RR 58 der Gattung AlCuNi deutlich. Sie neigt sehr zur Grobkörnigkeit, die sich dann in Warmverarbeitungsschwierigkeiten auswirkt, und ist nach keinem anderen Verfahren als dem Wassergießverfahren zufriedenstellend herstellbar. Bei zu raschem Gießen (besonders in einer etwas längeren Kokille) tritt auch hier grobes Korn auf, und zwar im Kern und in der Nähe der Oberfläche. Wie aus Abb. 139a zu erkennen ist, fallen diese groben Gebiete mit den breiteren Stellen der Erstarrungszone zusammen. Langsames Gießen (und Verkürzung der Kokille) beseitigt jedoch diese breiten Stellen der Erstarrungszone und die Grobkörnigkeit (Abb. 139b).

Die Neigung zur Grobkörnigkeit ist im übrigen sehr von der Zusammensetzung der Legierung abhängig. Die Sonderlegierung RR 59, welche sich von der oben genannten nur dadurch unterscheidet, daß der Siliziumgehalt statt maximal 0,25 etwa 0,85% beträgt, zeigt stets ein verhältnismäßig sehr feines Korn. Sie besitzt aber bei rascherem Gießen zu dicken Blöcken eine gewisse Spannungsreißneigung, die der erstgenannten Legierung nicht eigen ist.

Mehr als von der Gießgeschwindigkeit wird jedoch im allgemeinen die Korngröße der Wassergußbarren von der Gießtemperatur beeinflußt. Dies ist am besten bei Reinaluminiumbarren zu erkennen, welche an sich leicht äußerst grobkörnig und transkristallin ausfallen, aber durch Annäherung der Gießtemperatur an den Schmelzpunkt sehr feinkörnig hergestellt werden können (Abb. 141a und b), wie dies ja auch bei Schwermetallen und ihren Legierungen allgemein der Fall ist.

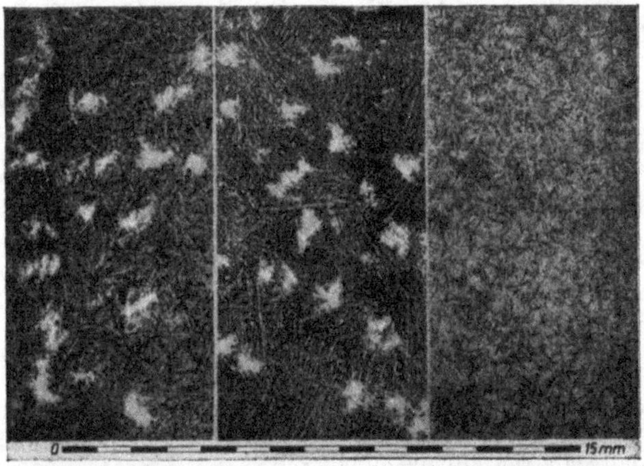

VLW-Strangguß Tütenguß Kokillenguß

Abb. 142. Mikroröntgenschattenbilder aus der Mitte von AlCuMg-Gußbarren von 300 mm ∅.

Nicht nur das makroskopische Gefüge der Wassergußbarren unterscheidet sich wesentlich von demjenigen anderer Barren, sondern auch das Mikrogefüge. Abb. 142 zeigt Mikroröntgenschattenbilder (Positive) von Proben, die aus der Mitte von Kokillenguß-, Tütenguß- und Wassergußbarren von 300 mm ∅ aus Al-Cu-Mg entnommen wurden. DieProben wurden auf 0,1 mm Dicke abgefräßt und dann geröntgt. Derartige Röntgenschattenbilder geben bei geeigneter Vergrößerung einen guten Einblick in die Kristallseigerung und die Dichtigkeit des Gefüges Man erkennt in Abb. 142 deutlich, daß der Wasserguß völlig dicht ist, während der Tütenguß ebenso porenreich wie der Kokillenguß ist, was mit seiner ausgedehnten Erstarrungszone zusammenhängt. Beim Kokillenguß tritt außerdem die Kristallseigerung im Röntgenschattenbild hervor.

Alle die beschriebenen Eigenschaften bewirken, daß die Verarbeitbarkeit der nach dem Stranggießverfahren in kurzer Kokille mit direkter Wasserkühlung hergestellten Barren, besonders das Warmwalzen und Schmieden, wesentlich besser ist als die Verarbeitbarkeit von Blöcken älterer Gießarten; der Schrottentfall ist geringer,

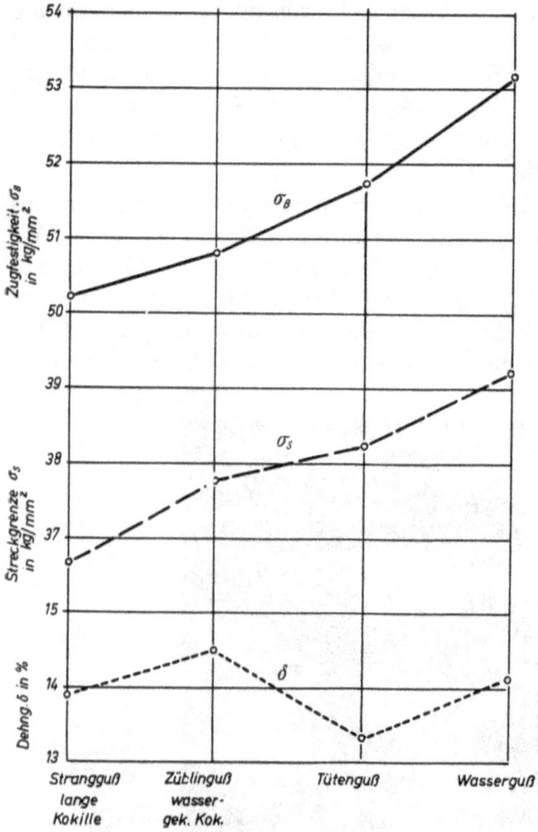

Abb. 143. Festigkeitswerte von aus 300 mm dicken Rundbarren verschiedener Gießverfahren hergestellten Profilen aus AlCuMg.

die Festigkeitswerte der Halbzeuge sind zum Teil beträchtlich höher[14]). Die Werkstoff-Fehler, die früher durch Lunker, Poren und Seigerungen entstanden, werden weitgehend vermieden.

Um ein einwandfreies Urteil über die Güte des nach den verschiedenen Leichtmetallblockgießverfahren hergestellten Werkstoffes zu erhalten, wurde im Jahre 1943 ein Großvergleichsversuch durchgeführt, an welchem sich fünf bedeutende deutsche Leichtmetallwerke beteiligten. Diese Werke tauschten eine größere Anzahl 300 mm dicker Preßbarren aus Fliegwerkstoff 3125 aus, untersuchten sie eingehend und verarbeiteten sie zu Stangen und Profilen, welche ebenfalls genauestens geprüft wurden. Die Barren waren nach vier verschiedenen Verfahren hergestellt: nach einem Stranggießverfahren mit über 1 m langer, wassergekühlter Kokille, nach einer Art Züblinverfahren mit ebenfalls wassergekühlter Kokille, nach dem Tütengießverfahren und nach dem Wassergießverfahren. (Die bereits angeführten Mikroröntgenschattenbilder, Abb. 142, entstammen diesem Großversuch.) Alle anfallenden Versuchsergebnisse wurden gegenseitig ausgetauscht und gemeinsam ausgewertet. Abb. 143 zeigt die Mittelwerte aller gefundenen Längs- und Querfestigkeitswerte der aus den verschiedenen Barrenarten hergestellten Stangen und Profile. Man sieht, daß die Güte der aus Wasserguß hergestellten Halbzeuge von keinem anderen Verfahren erreicht wurde.

---

[14]) P. Brenner u. W. Roth, Metallwirtschaft 21 (1942) S. 697.

E. Schrottaufbereitung

I. Mittels mechanischer Reinigung durch Schmelzen in besonders konstruierten Öfen

Während in und nach dem ersten Weltkriege die Verarbeitung von Schwermetall-Altmaterialien, Schrotten, Krätzen und Abfällen einen großen Aufschwung nahm und sich durch die Not der Zeit, insbesondere durch die Verknappung an Neumetallen eine selbständige, technisch gereifte Industrie entwickelte, zeigte sich auf dem Gebiet der Aluminium-Altmaterialverwertung und Raffination keine Belebung. Technik und Wissenschaft richteten ihr Hauptaugenmerk auf die Entwicklung der Leichtmetall-Hüttenerzeugnisse und der Legierungskunde, während man den anfallenden Altmaterialien und Rückständen keine Beachtung schenkte. Erst Jahre später erkannte man auch deren Wert und begann zögernd, teilweise angeregt durch die Auslandentwicklung, diese dem Materialfluß einzugliedern, wobei man eine eindeutige Trennung zwischen Reinaluminium und seinen Legierungen und Umschmelzaluminium einführte. Bis Mitte der zwanziger Jahre wurde es von den Aluminiumhütten schärfstens abgelehnt, sich mit der Aufarbeitung und Umschmelzung von Aluminium-Altmaterialien und Schrotten zu befassen. Man betrachtete von dieser Seite das Problem als metallurgisch uninteressant und überließ es den Metallhändlern und den sich aus diesen Kreisen entwickelnden Umschmelzhütten sich auf diesem Neuland zu betätigen. Fast ein Jahrzehnt später erkannten dann auch die Aluminiumhütten die wachsende Bedeutung der Aluminiumschrott- und Altmaterialverwertung und ergriffen, teilweise gedrängt durch die scharfen Bewirtschaftungsmaßnahmen, auch hier die Initiative. Durch den Einsatz metallurgisch geschulter Kräfte waren bald die sich bietenden Möglichkeiten der Schrottverwertung erkannt. Die damit einsetzende stetige Entwicklung strebt dem Ziel zu, für bestimmte Gebiete dem Hüttenmetall annähernd gleichwertige Umschmelzlegierungen gegenüberzustellen. Bei sachgemäßer Verarbeitung kann dieses Problem heute weitgehendst als abgeschlossen betrachtet werden.

Einige grundlegende Merkmale sind bei der Raffination von Alu-Altmaterialien im Vergleich zur Aufarbeitung von Schwermetallabfällen von ausschlaggebender Bedeutung. Aluminium nimmt eine Sonderstellung innerhalb der Metalle ein, die durch sein chemisches Verhalten bedingt ist. Es ist unedler als die Schwermetalle. Da die Grundlage aller metallurgischer Prozesse in dem unterschiedlichen Verhalten der Metalle zueinander, in ihrer Legierungsaffinität und ihrer chemischen Affinität liegt, ist diese Tatsache kennzeichnend für die grundsätzliche Behandlung bei der Raffination dieses Werkstoffes. Während bei den Schwermetallen die Verunreinigungen und Legierungszusätze bei einer raffinierenden Oxydationsbehandlung in die Schlacke gehen und auf diese Weise entfernt werden können, ein Verfahren, das allgemein üblich ist, würde man bei gleicher Behandlung der Aluminiumabfälle das

Aluminium zur Reaktion bringen. Damit würden nicht die metallischen Verunreinigungen entfernt, sondern diese durch den entstehenden Alu-Abbrand erhöht werden. Aus dieser Erkenntnis wurden bei der Raffination von Umschmelzaluminium grundsätzlich zwei in ihrer Zielsetzung und Methodik unterschiedliche Arbeitsverfahren entwickelt:

1. Reinigendes Schmelzen z. T. unter Verwendung von Flußmittel und Gasen, wobei man bestrebt ist, die vorhandenen edleren Legierungszusätze zu belassen, das Grundmetall von Oxyden, Karbiden, Nitriden usw. zu reinigen und durch Verschnitt mit unlegiertem Aluminium oder Vorlegierungen die erwünschte Qualität zu erstellen.

2. Metallurgische Raffination, deren Endprodukt die Erstellung von Rein- bzw. Reinstaluminium ist.

Die den Leichtmetallen anhaftenden Verunreinigungen können teils mechanisch gebundene Metalle oder sonstige Bestandteile sein, teils nichtmetallische oder gasförmige, die mit dem Schrott oder im Laufe des Schmelzprozesses ins Bad gelangen. Zu ihrer Entfernung sind während des Schmelzprozesses folgende grundlegende Maßnahmen durchzuführen:

Eine genügende Badbewegung, eine Temperatur- bzw. Druckerniedrigung der Schmelze und die Einleitung einer Verschlackung[1]).

Die Badbewegung und Durchwirbelung der Schmelze kann bewirkt werden durch mechanische Mittel, wie kräftiges Rühren mit Spezialwerkzeugen, durch Begasen mit einem inerten Fremdgas, durch Induktions- oder Hochfrequenzströme oder durch Schall bzw. Ultraschall. Diese Mittel verfolgen den Zweck, sowohl die Gase als auch die nichtmetallischen Suspensionen zu koagulieren, um ihnen einen besseren Auftrieb im Bad zu geben. Ähnliche Effekte erreicht man mit dem Prinzip der Druckerniedrigung, welche teilweise mit der Durchwirbelung kombiniert wird.

Nach den heutigen Erkenntnissen ist das am meisten störende Gas der Wasserstoff. Seine Entfernung ist daher von ausschlaggebender Bedeutung. Die Löslichkeit des Wasserstoffes ist bei Temperaturen über 750^0 verhältnismäßig groß, dagegen bei Temperaturen knapp über dem Schmelzpunkt verhältnismäßig klein. Daraus ergibt sich als eine Maßnahme zur Verringerung des Wasserstoff-Gehaltes der Schmelze ein Abstehenlassen bei Temperaturen knapp über dem Schmelzpunkt. Infolge der relativ hohen Viskosität der Metallschmelze benötigt man aber lange Abstehzeiten, wodurch diese Art der Entgasung kostspielig wird. Eine schnelle Entgasung läßt sich durch Evakuierung der Metallschmelze sowie durch Behandlung mit Fremdgasen wie z. B. Stickstoff oder Chlor erreichen. Dabei dürfen verständlicherweise nur trockene Gase zur Anwendung gelangen. Bei der Begasung, die gleichzeitig eine mechanische Wirbelung verursacht, vereinigen sich die teils mikroskopisch kleinen Bläschen zu größeren Gasblasen und können somit besser aus der Schmelze entweichen. Nach neuen Untersuchungen läßt sich eine Entgasung bzw. Reinigung der Metallschmelze auch durch Schallbehandlung erreichen.

---

[1]) P. Röntgen, Die Grundlage der Raffination von Aluminium und seinen Legierungen. Zschr. Aluminium 1941 S. 121—130.

Gleichzeitig werden mit den aufsteigenden Gasen auch Teile der fein suspendierten nichtmetallischen Verunreinigungen an die Oberfläche getragen. Eine intensive Austreibung der durch die Altmetalle in die Schmelze gelangten festen oder flüssigen Bestandteile, wie Oxyde, Nitride, Karbide usw. der verschiedensten Metalle erreicht man durch Behandlung mit geeigneten Flußmitteln. Diese Verbindungen müssen auf dem Wege der Verschlackung ausgeschieden werden. Die hierfür zur Anwendung kommenden Reinigungs- und Flußmittel sind mannigfaltig und füllen Seiten der Patentliteratur. Ihre Wirkung beruht im wesentlichen auf reinen Flotationseffekten[2]).

Zur Charakteristik seien einige binäre Salzmischungen der zur Anwendung kommenden Halogenverbindungen der Alkali- und Erdalkalimetalle aufgeführt[3]):

Tabelle 22

1. Komponente		2. Komponente		Eutektikum		Verbindungen
Formel	Schmp.	Formel	Schmp.	Mol %	Schmp.	Formel
KCl	776°	$MgCl_2$	712°	33	426°	$KCl \cdot MgCl_2$
KCl	776°	NaCl	800°	50	663°	
NaCl	800°	NaF	992°	35	675°	
KCl	776°	KF	859°	43	605°	
KF	859°	NaF	992°	40	700°	
AlF_3 subl.,	1260°	NaF	992°	53	685°	$3\,AlF_3 \cdot 5\,NaF$
AlF_3 „	1260°	NaF	992°	86	885°	$AlF_3 \cdot 3\,NaF$
AlF_3 „	1260°	KF	859°	55	565°	$AlF_3 \cdot 3\,KF$
$CaCl_2$	774°	NaCl	800°	47,2	500°	
$CaCl_2$	774°	CaF_2	1300°	20	644°	$CaCl_2 \cdot CaF_2$
$CaCl_2$	774°	$BaCl_2$	960°	35	600°	
$BaCl_2$	960°	$MgCl_2$	712°	65	560°	
BaF_2	1280°	KF	859°	45	750°	

In der Praxis verwendet man faßt ausschließlich Mehrstoffsalzmischungen. Man stellt an sie zumindest folgende Forderungen:

> Keine oder nur geringe Löslichkeit in flüssigem Aluminium, niedrige Schmelztemperatur und hohe Viskosität, geringeres spez. Gewicht als Aluminium und seine Legierungen, frei von Feuchtigkeit und nicht hygroskopisch[4]).

Wie aus der Tabelle 22 zu ersehen ist, sind die wesentlichen Aufbaustoffe Fluoride und Chloride, die als einzige Halogenide oxydlösend wirken. Eine andere Gruppe Salze, die in ihrer Wirkung intensiver ist, sind solche, die mit der Schmelze chemische Reaktionen unter Entbindung von raffinierend wirkenden Gasen eingehen wie $MnCl_2$, $ZnCl_2$ oder $PbCl_2$[5]).

[2]) L. Tronstad u. J. H. Reimers, Über die Reaktionsverhältnisse beim Raffinieren von Aluminiumschmelzen. Zschr. Aluminium 1939 S. 834—838.

[3]) F. Währer, Leichtmetall-Schrottverarbeitung. Zschr. Erzbau und Metallhüttenwesen 1948 S. 129—137.

[4]) K. Steinhäuser, Entfernung von Gasen und anderen Verunreinigungen aus Alu. Zschr. Metallwirtschaft XVI 1933 S. 284—285.

[5]) H. Bauer u. H. Winterhager, Über den Einfluß geringer Bleizusätze auf Silumin. Zschr. Aluminium 1938 S. 700—704.

Ihr Einsatz ist jedoch beschränkt und nur für die Herstellung solcher Vormaterialien und Legierungen anwendbar, in denen die freiwerdenden Metalle nicht stören bzw. erwünscht sind.

Welche der oben angeführten Mittel zur Reinigung der Schmelzen eingesetzt werden, hängt jeweils von der Art des Schrottes, von den zur Verfügung stehenden Hilfsmitteln und den vorhandenen Öfen ab. Die Qualität des Schrottes ist weitgehendst ausschlaggebend. Meist bedarf dieser einer eingehenden Aufarbeitung und Sortierung bevor er den Schmelzöfen zugeführt wird.

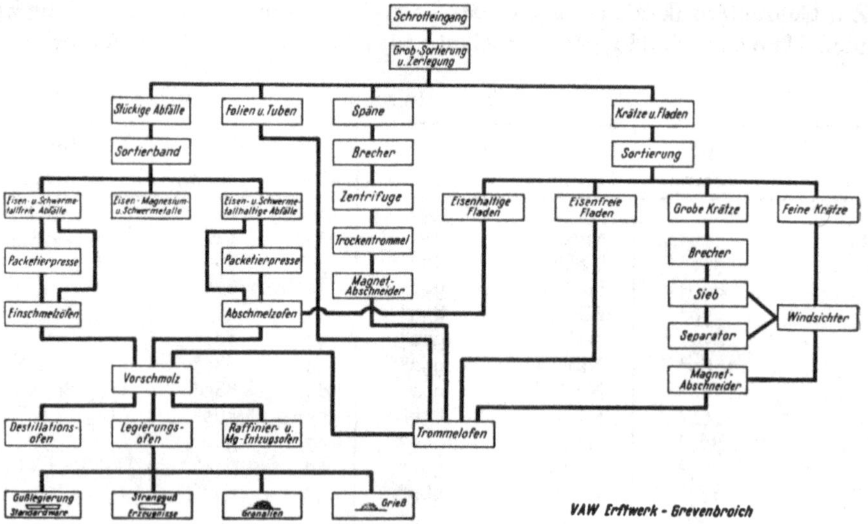

Abb. 144. Fabrikationsgang einer Umschmelzhütte.

Die anfallenden Schrotte fließen über den Klein-, Mittel- und Großhandel den Aluminium-Umschmelzhütten zu, wo sie beim Eingang einer Grobsortierung unterworfen werden. Einen Überblick über die Behandlung und Verarbeitung der hier ankommenden mannigfaltigen Produkte zeigt das Schema eines Fabrikationsganges einer Aluminium-Umschmelzhütte (Abb. 144).

Grundsätzlich lassen sich die vorsortierten Schrotte in vier wesentliche Gruppen eingliedern, und zwar:

1. In schwermetall- und eisenfreie grobstückige Abfälle aus Knet- und Gußlegierungen, in blechartige und dünnwandige reine Fabrikationsabfälle und Drähte.
2. In schwermetall- und eisenhaltige Mischkonstruktionsteile aus Knet- und Gußlegierungen, sowie eisenhaltige Drähte.
3. In Späne, Folien und Tuben.
4. In Krätze und Fladen.

Die Abfälle der ersten beiden Gruppen werden, soweit sie kleinstückig sind, über ein Sortierband geleitet und durch geschulte Kräfte in die verschiedensten Sorten und Legierungen zerlegt. Wesentlich ist das Aussuchen des klar erkennbaren Reinaluminiums, die Trennung des verbleibenden Mischschrottes vom Gußschrott und das Ausscheiden von Magnesium, Zink, Blei, Kupfer und Messing. Grobstückige Teile werden von Hand sortiert, falls dies lohnend erscheint zerlegt und den einzelnen Kategorien zugeteilt. Soweit eine Legierungstrennung mit dem bloßen Auge nicht möglich ist, greift man bei Knetwerkstoffen zu chemischen Schnellmethoden, wie z. B. der Tüpfelprobe, die in den meisten Fällen hinreichend ist. Wesentliche Reagenzien zur Durchführung der Tüpfelprobe sind 20%ige Natronlauge, konzentrierte Salpetersäure und Kadmium-Sulfatlösung. Sie reagieren auf die einzelnen Legierungssorten wie folgt:

Tabelle 23

Legierung	20%ige Natronlauge	Reagenz Konzentrierte Salpetersäure	Kadmium-Sulfat-Lösung
Reinaluminium	weiß		schwacher Niederschlag
Al-Cu-Legierungen . . .	schwarz	Färbung verschwindet	keine Reaktion
Al-Zn-Legierungen . . .	schwarz	Färbung verschwindet	grau-schwarzer Niederschlag
Al-Si-Legierungen . . .	schwarz	Färbung bleibt	
Al-Mg-Legierungen . . .	weiß		grau-schwarzer Niederschlag
Mg und Mg-Legierungen	keine Reaktion	heftige Reaktion	grau-schwarzer Niederschlag

(Vgl. auch H. Ginsberg, Leichtmetallanalyse, S. 298. Verlag W. de Gruyter & Co., Berlin 1945.)

Andere geeignete Sortiermethoden bauen sich auf die physikalischen Eigenschaften des Aluminiums und seiner Legierungen auf, wie Härte, Leitfähigkeit und Lösungspotential[6]). Die Gußlegierungen lassen sich weitgehendst an ihrem Bruchaussehen erkennen.

Das sortierte Material wandert, soweit es sich um Knetwerkstoffe handelt, über die Paketierpresse zum Einschmelzofen, Abschmelzofen oder zum Stapelplatz, der Gußschrott direkt zu den beiden Öfen oder zum Vorratsbunker. Das die Öfen verlassende flüssige Material wird in sogenannte Vorschmolzmasseln vergossen und einer eingehenden analytischen Prüfung unterzogen. Die anfallende Analyse ist entscheidend für die Weiterverwendung des Vorschmolzes. Soweit keine störenden Verunreinigungen ausgewiesen werden, fließt das Material in die Legierungsöfen. Liegen überhöhte Zink- oder Mg-Gehalte vor, so kommt es in die Destillations- oder Mg-Entzugsöfen und von hier in die Legierungsöfen.

Grundsätzlich anders werden Späne behandelt. Eine Sortierarbeit im oben beschriebenen Sinne ist hier nicht möglich. Eingehende Sendungen werden nach Aus-

[6]) K. Schneider, Die Verhüttung von Aluminiumschrott. Metall-Verlag G. m. b. H., Berlin W 15.

sehen getrennt und zur Voruntersuchung nach Vornahme einer Löffelprobe analysiert und klassifiziert. Hochlegierte Späne des Knet- und Gußsektors sind meist kurz, während niedrig legierte und Reinaluminiumspäne meist langlockig sind. Letztere müssen daher in einem Brecher zerkleinert werden. Zur Trennung des häufig den Spänen anhaftenden Öls, Petroleums oder der Bohröl-Emulsion schickt man diese durch geeignete Zentrifugen, in denen durch Abschleudern eine Rückgewinnung dieser Ölprodukte ermöglicht wird. Die Späne verlassen die Zentrifuge mit einem durchschnittlichen Feuchtigkeitsgehalt von 2%. Da eine völlige Trocknung der Späne von grundlegender Bedeutung ist, durchwandern sie anschließend eine mit direkter oder indirekter Heizung versehene rotierende Trockentrommel. Aus der Trockentrommel werden die Späne durch ein Becherwerk über einen Trommel-Magnetscheider geleitet und hier von Eisen- und Stahlteilchen getrennt. In beiden Anlagen wird durch Ventilatoren eine zusätzliche Entstaubung vorgenommen. Die so von anhaftenden Verunreinigungen gut gereinigten Späne werden unter Salz in Trommel- oder Vorherdöfen eingeschmolzen. Eine vorherige Paketierung kann unterbleiben, da sie keine wesentlichen Vorteile bringt. Die aus dem Trommel- und Vorherdofen anfallenden Masseln werden als Vorschmolz betrachtet, analysiert und je nach Befund weiterverarbeitet.

Folienabfälle bestehen heute fast ausschließlich aus Reinaluminium. Soweit sie nicht kaschiert, d. h. ein- oder zweiseitig mit Papierüberzug versehen sind, werden sie paketiert und in Trommel- oder Vorherdöfen eingeschmolzen. Die Entfernung des Papiers von kaschierten Folien geschieht vorteilhaft durch Verbrennen im Drehofen, über einem Rost oder in der Spänetrocken-Trommel. Dabei reicht der natürliche Zug meist aus, um die zurückbleibenden verkohlten Papierreste zu separieren.

Bei der Verarbeitung von Abfalltuben ist meist größere Vorsicht geboten, da Zink- und Bleituben häufig störend beigemengt sind. Die Verarbeitung geschieht fast ausschließlich im Trommelofen. Die Ausbeuten sind infolge der Restfüllungen meist gering.

Schwierig gestaltet sich die Verarbeitung von Krätze und Fladen, die in weitem Bereiche schwankende Al-Gehalte haben. Neben dem Rein-Metall enthalten sie im wesentlichen oxydische Verunreinigungen. Der rückzugewinnende Metallanteil liegt zwischen 30 und 70%. Soweit die Krätzen aus dem eigenen Betrieb stammen, sind ihre analytischen Zusammensetzungen annähernd bekannt. Fremde Krätzen müssen durch Probenahmen befundigt werden. Beigemengte eisenfreie und eisenhaltige Fladen, sowie verbrannte Schlacke werden von Hand aussortiert. Grobe Krätze wird in Backenbrechern oder Kollergängen zerkleinert und gesiebt. Die Siebrückstände kommen in einen Krätze-Separator, der aus einer rotierenden mit Stahlkugeln gefüllten Siebtrommel besteht. Die ausgetragene „Gröbe" ist nach Vornahme einer Magnetscheidung ofenfertig. Die abgesiebten feinen Rückstände werden ebenso wie alle fein anfallenden Krätzen über einen Windsichter mit angebautem Magnetscheider geleitet und hiernach dem Trommelofen zugeführt. Die Verarbeitung der aufbereiteten Krätzen geschieht fast ausschließlich unter Salzabdeckung. Der anfallende Vorschmolz kann als gleichwertiges Gut der Weiterverarbeitung eingegliedert werden.

Die so auf den verschiedensten Wegen und über die mannigfaltigsten Arbeitsstufen den Legierungsöfen zufließenden gereinigten Vorschmolze werden sorgfältig gattiert und zu Aluminiumverschnitt, Guß- und Desoxydationslegierungen verarbeitet, deren Zusammensetzung und Eigenschaften in der nachstehenden Tabelle aufgeführt sind (Tab. 24, siehe S. 226, 227).

Für das wirtschaftliche Durchsetzen dieser verschiedenartigen Schrotte und Abfälle sind im Laufe der Zeit spezielle Öfen gebaut und individuelle Raffinationsverfahren entwickelt worden.

Die Öfen lassen sich unterteilen in Tiegelöfen, Herdöfen, Abschmelzöfen, Trommelöfen, Schaukelöfen, Salzbadelektrodenöfen, Induktionsöfen und Vakuumöfen.

1. Tiegelöfen

Zu Beginn der Leichtmetallentwicklung waren die Tiegelöfen die einzig in Frage kommenden Schmelzaggregate. Sie wurden vom Schwermetallsektor übernommen

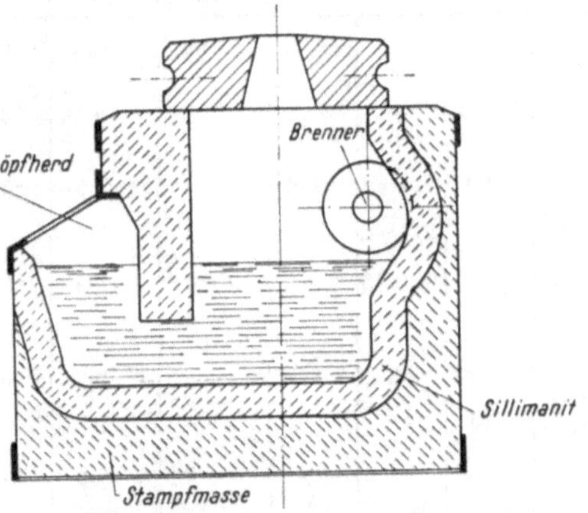

Abb. 145. Tiegelofen mit Vorherd (Bauart Schmitz & Co., Wuppertal).

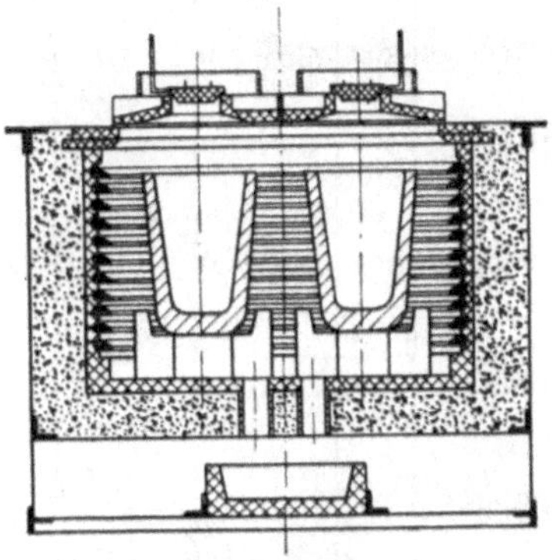

Abb. 146. Widerstandsbeheizter Doppeltiegelofen (Bauart Elino).

und blieben im wesentlichen in ihrer Bauart unverändert. Die Beheizung verfeinerte man von Koks über Gas und Öl bis zur elektrischen Energie, die bei günstiger Stromdarbietung heute die vorteilhafteste Beheizungsart darstellt. Die Öfen werden je nach Größe und Verwendungszweck in feststehender oder kippbarer Ausführung gebaut. Die meist verwandten Einsatztiegel werden aus Tongraphit, in seltenen Fällen aus Eisen gefertigt. Ebenso scheint Siliziumkarbid für diese Zwecke geeignet zu sein[6]). Die Behandlung und Pflege der Tiegel hat in jedem Fall mit Sorgfalt zu erfolgen, einerseits um bei Graphittiegeln einen zu hohen Verschleiß zu vermeiden, andererseits um bei Verwendung von Eisentiegeln das Einsatzgut vor Eisenaufnahme zu schützen. Tiegelöfen mit gemauertem oder gestampftem Futter werden vorzugsweise mit Vorherd gebaut (Abb. 145). Da sie ohne allzu großen Verschleiß mit Salz oder Gas behandelt werden können, sind sie für Hüttenbetriebe zum Durchsatz kleinerer Partien besser geeignet als normale Tiegelöfen. Ihr Einsatz läßt sich bei entsprechender Konstruktion bis auf 500 kg steigern. Ein Tiegelofen moderner Bauart und elektrisch geheizt gibt Abb. 146 wieder[7]).

[7]) Ph. Schneider, Die elektrisch beheizten Leichtmetall-Schmelzöfen. Zschr. Die neue Gießerei 1950 S. 339—346.

Tabelle 24. Liste der

Standard Nr.	Kurzzeichen	Metall-Klasse	Zusammenfassung (Rest = Aluminium) Cu %	Zn %	Si %	Fe %	Ti %	Ni %	Mn %	Mg %	Pb %	Sn %
110	AlCuMg	310	2,5—5,0	—0,7	—1,0	Fe+Ti—0,8		—0,2	0,3—1,5	0,2—1,8	—0,1	
112	VAlCuMg	310	—5,5	—0,7	—1,0	Fe+Ti—0,8		—0,3	—1,5	—2,0	—0,1	
113	AlCuMgPb	310	2,5—5,0	—0,9	—1,0	Fe+Ti—1,0		—0,3	0,3—1,5	0,2—1,8	s. Bemerkung	
120	AlMgSi	300	—0,1	—0,3	0,6—1,2	Fe+Ti—0,5			0,6—1,0	0,6—1,0	—0,1	
121	VAlMgSt	300	—0,3	—0,4	—2,0	Fe+Ti—0,6			—1,5	—2,0	—0,1	
140	AlMg	300	—0,1	—0,3	—0,8	Fe+Ti—0,5			—0,7	2,0—4,0		
212	GAlZnCu	302	3,0—5,0	4,0—8,0	—1,5	—1,2		—0,3	—0,6	—0,4	—0,3	—0,1
221	GAlCu	302	5,5—7,0	—1,5	—0,9	—0,8		—0,2	—0,6	—0,15	—0,1	—0,1
223	GAlCuSi	302	4,0—7,0	—2,5	2,0—4,0	—1,1		—0,5	—0,6	—0,5	—0,3	—0,2
225	GAlSi6Cu3	302	2,0—4,0	—2,0	5,5—7,0	—1,0	—0,15	—0,5	0,4—0,6	—0,3	—0,3	—0,1
231	GAlSi(Cu)	320	—1,0	—0,5	11,0—13,0	—0,8	—0,2	—0,2	—0,5	—0,3	—0,1	—0,1
232	GAlSi9(Cu)	320	—1,6	—1,5	7,0-11,0	—1,0		—0,4	0,2—0,5	—0,3	—0,2	—0,2
233	GAlSiMg (Cu)	320	—0,2	—0,2	8,5-10,5	—0,6	—0,15		—0,5	0,2—0,4		
234	GAlSi5Cu1	302	1,2—1,6	—0,5	5,0—6,0	—0,7	—0,15	—0,5	—0,5	0,4—0,6	—0,2	—0,1
241	GAlMg3 (Cu)	300 302	—0,3	—0,3	—1,3	—0,6	—0,3		—0,8	1,5—4,0		
311	DAlSiCu	302	2,0—3,0	—0,7	5,0—6,5	—1,2		—0,5	0,2—0,6	—0,5	—0,3	—0,3
411	RAlI	302	—4,5	—1,0							—0,3	
413	RAlIII	302	—5,5	—3,0							—1,0	—0,5

Bemerkungen: [1]) Weitere Bestandteile in üblichen unschädlichen Mengen [2]) Richtwerte
Zustand, K = Kokillenguß, K* = Kokillenguß

Standard-Aluminiumlegierungen

Bemerkungen z. d. Bestandteilen[1])	[3])	Festigkeitswerte[2]) Streckgr. kg/mm²	Zugfest. kg/mm²	Dehnung δ_5 %	Härte kg/mm²	Kennzeichnende Eigenschaften	Bemerkungen zur Verwendung
Pb m. e. max. D'schn. je Lieferg. von 0,07%							Knetlegierung
							Verschnittlegierung
Pb+Sn+Cd+Bi 0,5—2,5%						Bohr- und Drehqualität	Knetlegierung
Cr —0,3%							Knetlegierung
Cr —0,3%							Verschnittlegierung
Cr —0,3%							Knetlegierung
Fe+Ni+Mn+Mg +Pb+Sn —2,0%	S	9—13	15—20	3—1	65— 80	dünnflüss. Sandgußlegierung	für einfache Gußteile
	K	10—16	14—21	2—0,5	70— 95	Spez. Leg. f. dünnwand. Kokilleng.	vorzugsweise für Bestecke
Fe+Ni+Mn+Pb +Sn —2,0%	S K	12—16 13—17	16—20 17—22	2—0,5 2—0,2	75—100 80—110	gut gießbar mit höherer Härte	normal beanspr. Gußteile ohne Stoßbeanspruchung
	S K	12—16 12—18	16—20 17—22	3—1 3—1	65— 80 70—100	sehr gut gießbare warmfeste Universallegierung	Gußteile aller Art, auch dünnwand., m. mittl. b. höh. Beanspr.
Cu+Zn+Fe+Ni +Mn+Mg+Pb +Sn+Ti —2,5%	S K	8—10 9—10	15—22 18—26	4—1 4—2	50— 65 55— 75	eutektische Leg. ausgezeichnete Gießeigensch.	dünnwand., schwier. Gußteile für höhere Beanspruchung
	S K	10—14 11—15	15—20 17—22	3—1 2—1	65— 85 70— 90	sehr gute Gießeigenschaften	schwierige, dünnwandige, flüssigkeitsdichte Gußteile
	S S* K K*	9—11 17—26 11—15 20—28	18—24 22—30 20—26 24—32	5—2 4—1 4—1 4—1	55— 65 80—110 65— 85 85—115	ausgz. Gießeigenschaft., aushärtb. mittl. Oberfläch.-beständigkeit	verwickelte, schwingungsfeste Gußteile für höchste Beanspruchung
Fe+Mn —1,1%	S S* K K*	10—14 17—26 12—15 20—26	16—22 21—28 18—23 23—30	3—1 2—0,5 3—1 2—0,5	65— 80 80—110 70— 85 85—115	sehr gute Gießeigenschaften, aushärtbar	verwickelte, schwingungsfeste Gußteile für höchste Beanspruchung
Cr —0,3%	S K	8—10 9—11	14—18 14—20	6—2 8—3	50— 65 50— 65	gut polierbar, dekorativ anodisch oxydierbar	Beschläge aller Art
Zn+Fe+Ni+Pb +Sn —2,5%	D		15—21	2,5—1	60— 75	Druckgußlegierung	Druckgußteile aller Art
Zn+Pb+Sn —1,2% Al+ Mg min. 92%	CuGeh. m. Toler. v. ±0,5%						Reduktionsmittel für Stahldesoxydation und kohlefreie Metalle, Zusatz für Zinkbäder
Zn+Pb+Sn —4% Al+ Mg min. 88%							

ermittelt am Probestab [3]) Lieferzustand: S = Sandguß, S* = Sandguß im ausgehärteten
im ausgehärteten Zustand, D = Druckguß

Allgemein ist zu sagen, daß der Tiegelofen infolge seines geringen Einsatzes und der damit verbundenen Unwirtschaftlichkeit weiterhin durch die Schwierigkeit seiner Handhabung in Hüttenbetrieben heute nur noch beschränkt einsatzfähig ist Er eignet sich nur noch zur Durchführung von Versuchs- und Probeschmelzungen und zur Herstellung von Sonderlegierungen.

Mit steigender Aluminiumproduktion wurden die Tiegelöfen abgelöst und durch größere und wirtschaftlichere Schmelzanlagen ersetzt, von denen die Herdöfen die weitgehendste Anwendung gefunden haben.

Ansätze, einen universellen Wannenofen für die verschiedenen Abfallprodukte zu bauen, lagen vor, wurden aber in Deutschland nicht weiter verfolgt[8]).

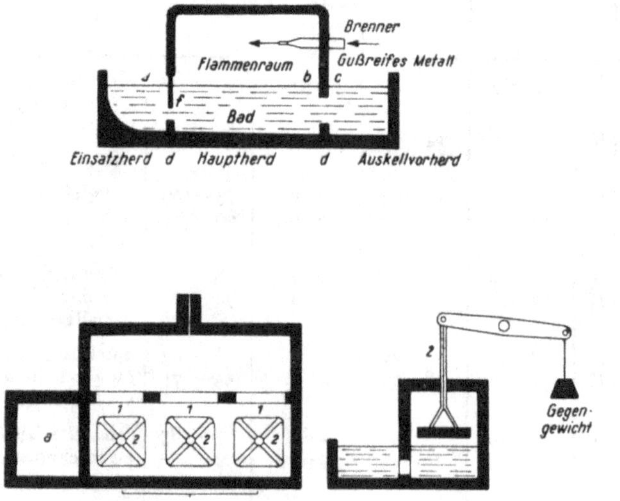

Abb. 147. Universeller Wannenofen
mit Vorherden zum Einschmelzen von Aluminium-Schrotten.

In Abb. 147 ist der Typ eines derartigen Ofens schematisch wiedergegeben. Kennzeichnend für diese Konstruktion sind drei verschiedene Herde *a*, *b* und *c*. Der mittlere *b* enthält die Hauptmasse des Materials. Er wird von der Flamme bestrichen. Es bildet sich, begünstigt durch die direkte Flammenberührung, eine starke Oxydhaut, die das Bad vor weiterer Oxydation schützt. Die Temperatur soll möglichst 1000° betragen. Sie muß so hoch sein, um das Metall in den Vorherden *a* und *c*, die kommunizierend mit dem Hauptherd *b* verbunden sind und nur indirekt durch Konvektion geheizt werden, heiß zu halten. Die am Boden der Schmelzwanne eingebauten Stege *d* sollen verhindern, daß Bodensätze, die sich beim Einschmelzen eisenhaltigen Materials bilden, in den Raum *b* bzw. *c* gelangen.

Der Bodensatz, der im wesentlichen aus Al_3Fe besteht, soll über die ausgerundete Neigung des Kammerbodens *a* herausgekratzt werden. Der Vorherd *c* dient zum Auskellen und Vergießen. Der Ofen kann mit einem weiteren Vorherd *e* kom-

[8]) W. Guertler, Zum Problem der Aufarbeitung von Alu-Altmaterial. Zschr. Aluminium 1936 S. 256—261.

munizierend verbunden werden, der für das Einschmelzen mittelfeiner Materialien vorgesehen und dementsprechend eingerichtet ist. Der Ofen soll der direkten Erzeugung von Formgußstücken dienen, wobei die Entleerung über Tiegel vorgenommen wird. Eine Reinigung des flüssigen Metalls mittels fluoridischer Flußmittel ist beim Einfließen in den Tiegel vorgesehen, eine Entgasung kann durch Einfrierenlassen in einen nachgeschalteten Warmhalteofen erfolgen.

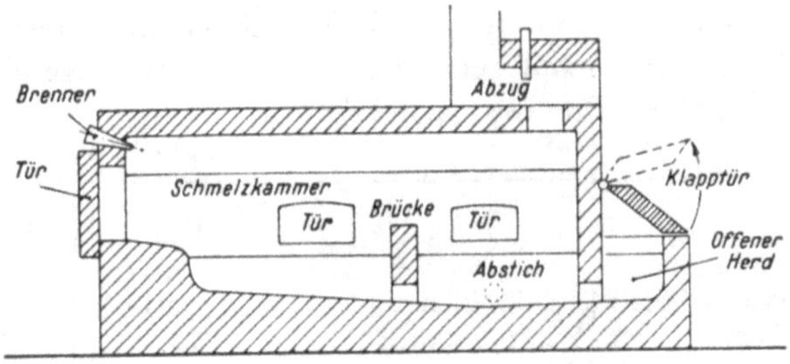

Abb. 148. Prinzipskizze eines universellen Wannen-Vorherdofens (Vorschlag VLW).

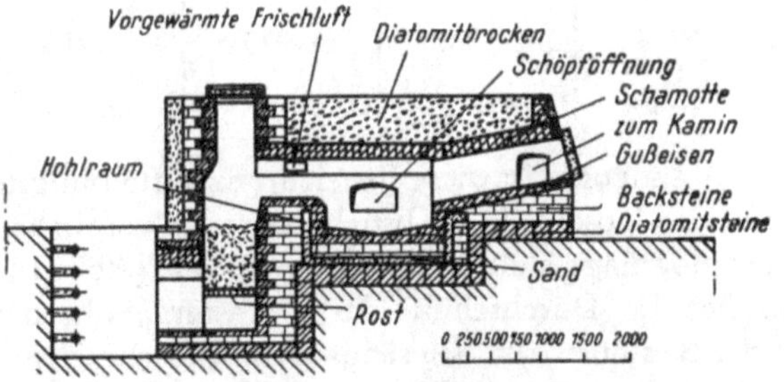

Abb. 149. Koksgefeuerter Herdofen.

Im Prinzip kann dieser Ofen heute als modern angesprochen werden. In gut durchkonstruierter Form werden Vorherdöfen feststehender Bauart weitgehendst in USA eingesetzt und mit Erfolg betrieben. Ihr Fassungsvermögen wurde bis zu 25 t Wanneninhalt gesteigert. In moderner Ausführung entspricht der Ofen etwa der Abb. 148. Zum Einschmelzen eisenfreier Abfälle ist bei uns immer noch der einfache Herdofen der beliebteste Ofen. Das Einschmelzen erfolgt in gemauerten, direkt beheizten Wannen, die feststehend oder armiert mit Eisenmantel, mechanisch oder hydraulisch kippbar ausgeführt werden. Feststehende Öfen werden mit Fassungsvermögen je nach Beheizung ohne Beschränkung bis 25 t gebaut. Kippbare Öfen mit Eisenummantelung baut man vorzugsweise bis 10 t Inhalt. Die Haltbarkeit und Wirtschaftlichkeit der armierten Öfen ist besser. Sie haben weiterhin den Vorteil der besseren Vergießbarkeit, während bei feststehenden Öfen über einen Abstich entleert werden muß. Die Badtiefen erreichen meist 300—500 mm. Die Beheizung erfolgt nach Brennstofflage mit Koks, Gas, Öl oder Kohlenstaub. Diese Öfen eignen sich besonders zum reinigenden Schmelzen, da unbeschränkt Flußmittel und Reinigungsgase angewandt werden können. Ein feststehend gemauerter Wannenofen mit Koksfeuerung ist in Abb. 149 wiedergegeben, während Abb. 150 einen charakteristischen eisenummantelten Wannenofen, gebaut für Gas- und Ölheizung, zeigt. Für beide

Ofentypen läßt sich die von A. A. Smith und R. A. Quadt[9]) vorgeschlagene Begasungsanlage nach Abb. 151 ohne Schwierigkeit anwenden.

Eine Weiterentwicklung des einfachen Herdofens ist der Vorherdofen nach Abb. 152, der vorwiegend zum Einschmelzen von dünnwandigen Abfällen wie Folien, Tuben und groben Spänen dient. Zur Verringerung des Schmelzverlustes kann der Vorherd mit einer Salzschicht abgedeckt werden, unter die das Einsatzgut eingerührt werden kann. Der Ofen nach Abb. 150 und 152 läßt sich nach geringer Brennerveränderung auf Braunkohlenstaubheizung umstellen. Die dadurch erreichbare Wirtschaftlichkeit zeigt der in Tabelle 25 aufgeführte Kostenvergleich für die verschiedenen Brennstoffarten:

Tabelle 25

Energieart	Koks	Stadtgas	Teeröl	Staub
Einheit	kg	m^3	kg	kg
Wärmeinhalt je Einh. in Kcal	7000	3800	9000	5000
Theor. therm. Wirkungsgrad	60%	60%	60%	60%
Eff. therm. Wirkungsgrad	20%	25%	25%	30%
Preis je Einh. DM	0,03	0,06	0,17	0,015
Preis für 1000 Kcal DM	0,004	0,016	0,019	0,003
1000 Kcal eff. ausgenützte Wärme kosten DM	0,022	0,065	0,075	0,015
Energieverbrauch zum Schmelzen von 100 kg L-Leg.	15—25	25—35	10—17,5	30—40

Bei günstiger Lage der Hütte zur Braunkohle ist diese Beheizungsart die billigste und vorteilhafteste. Kalkulationswerte der Kosten eines Abstichgenerators verglichen mit den Kosten einer Braunkohlenstaubanlage stellen dies unter Beweis (Abb. 153 und Tabellen 26a/b). Der Staub hat im Durchschnitt 10% Wassergehalt, der sich in keiner Weise nachteilig auf das Bad auswirkt. Ein sich auf das Einschmelzgut niederschlagender leichter Aschebelag bringt Schutz gegen zu starke Oxydation.

Mit einem Heizwert von etwa 5000 Kcal ist ebenso wie bei Gas und Öl ein schnelles und intensives Einschmelzen und Aufheizen gewährleistet, ein Vorteil, der nicht unterschätzt werden darf.

Ein für den Umschmelzbetrieb ebenfalls geeigneter Ofen ist der feststehende Herdofen mit angebautem Trockengenerator, wie er von der Firma Dönicke entwickelt wurde (Abb. 154). Der Ofen arbeitet mit unmittelbarer Beheizung des Bades und hat eine Schmelzleistung von 500 kg/h. Er wird ausgeführt als 1-t-Einfachofen, 2-t-Doppelherdofen und 3-t-Einfachofen. Der, wie aus der Abbildung ersichtlich, direkt mit dem Ofen gekoppelte Generator, arbeitet bei vorschriftsmäßiger Bedienung zufriedenstellend, wobei der unter dem Schmelzraum eingebaute Rekuperator eine weitere Herabsetzung der Brennstoffkosten bringt. Die Möglichkeiten der Salzbehandlung und Gasraffination sind gegeben. Der Ofen ist als einer der billigsten Herdschmelzöfen anzusprechen. Er kann reduzierend gefahren werden, so daß die Gewähr für eine einwandfreie Schmelze gegeben ist. Ein weiterer Vorteil für die Schrottverarbeitung ist die große Chargiertür, die die gesamte Breite der Wanne einnimmt[10]).

[9]) USA-Patent, 2447672.

[10]) Ph. Schneider, Der Entwicklungsstand der Leichtmetall-Schmelzöfen. Zschr. Die neue Gießerei 1950 S. 269—274.

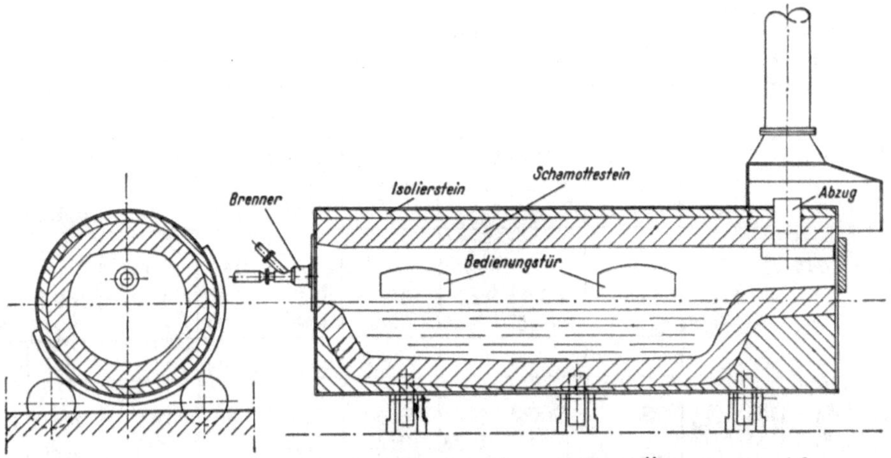

Abb. 150. Kippbarer eisenummantelter Wannenofen mit Gas-, Öl- oder Staubfeuerung

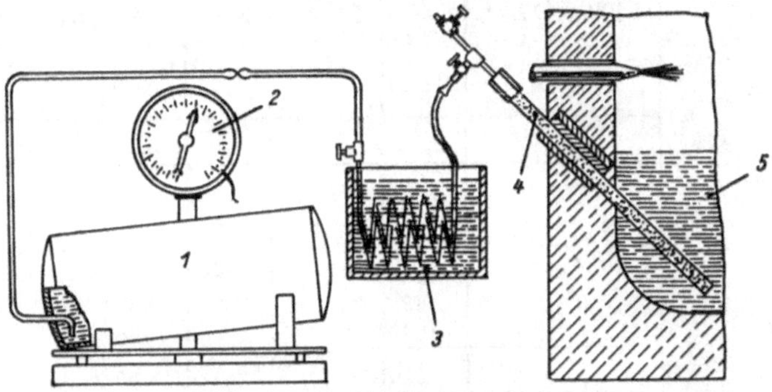

Abb. 151. Chlorierungsanlage für Aluminium-Legierungen nach AA Smith jr. USA, P. 2447672.

1 Chlorbehälter, 2 Druckanzeiger, 3 Temperaturausgleichgefäß, 4 Einführstutzen, 5 Aluminiumbad.

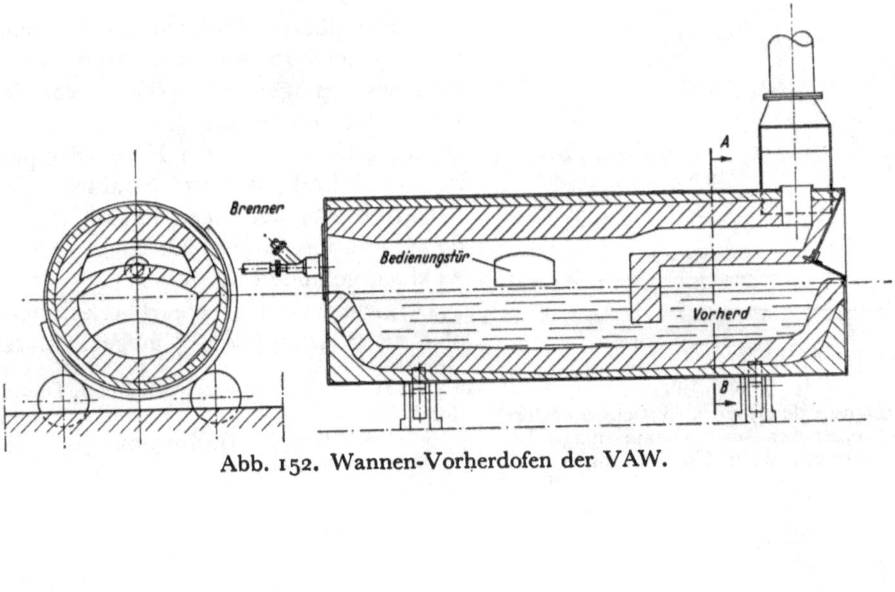

Abb. 152. Wannen-Vorherdofen der VAW.

Tabelle 26a

Kostenrechnung je t Gießleistung für Koksgenerator-Anlage

Kostenart	200 moto			400 moto			600 moto		
	Verbr. Gesamt	Verbr. je t Erzg.	Wert je t Erzg.	Verbr. Gesamt	Verbr. je t Erzg.	Wert je t Erzg.	Verbr. Gesamt	Verbr. je t Erzg.	Wert je t Erzg.
A. Einsatzkosten	t	t	DM	t	t	DM	t	t	DM
Koks t DM 46,—	300,—	1,5	69,—	300,—	0,5	34,50	300,—	0,5	23,—
Schlacke t DM 12,—	25,—	0,125	1,50	25,—	0,062	0,74	25,—	0,042	0,50
			70,50			35,24			23,50
B. Personalkosten									
Löhne, Std. DM 1,35	Std.	Std.		Std.	Std.		Std.	Std.	
Soz.-Zul. Std. DM 0,42	1814,—	9,07	16,08	1814,—	4,54	8,04	1814,—	3,02	5,36
C. Sachkosten	kWh	kWh		kWh	kWh		kWh	kWh	
Strom	15400,—	77,—	4,49	15400,—	38,5	2,25	15400,—	25,7	1,50
Wasser			1,03			0,51			0,34
Reparaturen } Hilfsmaterial }			1,91			0,96			0,64
			7,43			3,72			2,48
D. Anteilige Gemeinkosten									
Werkverwaltung			0,80			0,40			0,27
Allgem. Betriebe			1,16			0,58			0,39
Hauptmagazin			0,76			0,38			0,26
Generalunkosten			0,48			0,24			0,15
			3,20			1,60			1,07
E. Abschreibungen			6,24			3,12			2,08
Selbstkosten			103,45			51,72			34,49

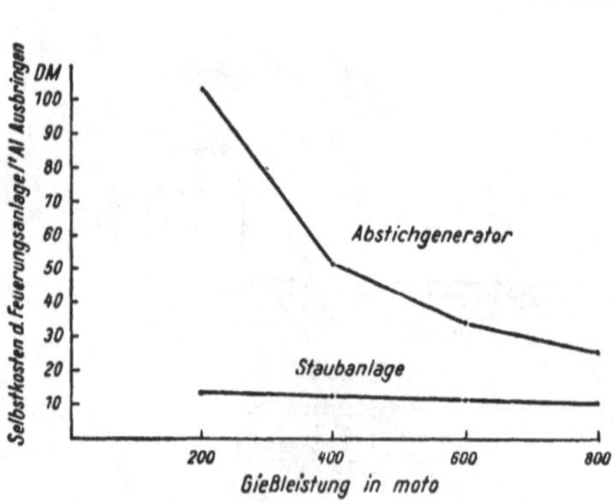

Abb. 153.
Kostenvergleich eines Abstichgenerators mit einer Braunkohlenstaubanlage bei verschiedenen Gießleistungen.

Ein kippbarer Herdofen mit angebautem Nadelrekuperator wird mit einem Fassungsvermögen von 0,6—5 t von der Firma Pontzen gebaut[11]).

Ein anderer Ofen der Firma Koppers ist der indirekt beheizte Strahlrohrofen nach Abb. 155, der wegen der Anfälligkeit der Strahlrohre in Hüttenbetrieben wenig Anklang gefunden hat[12]).

Desgleichen sei ein eigenartiger Schmelzofen der Sterling Corp.[13]) aufgeführt, der

[11]) H. Pontzen, Industrie-Ofenbau, Düsseldorf.

[12]) DRP. 699163, H. Koppers.

[13]) USA-Patent 2204173.

Tabelle 26 b

Kostenrechnung je t Gießleistung für Kohlenstaub-Anlage

Kostenart	200 moto			400 moto			600 moto		
	Verbr. Gesamt	Verbr. je t Erzg.	Wert je t Erzg.	Verbr. Gesamt	Verbr. je t Erzg.	Wert je t Erzg.	Verbr. Gesamt	Verbr. je t Erzg.	Wert je t Erzg.
A. Einsatzkosten									
	t	t	DM	t	t	DM	t	t	DM
Staub t DM 16,90	100,—	0,5	8,45	200,—	0,5	8,45	300,—	0,5	8,45
B. Personalkosten									
Löhne, Std. DM 1,35	Std.	Std.		Std.	Std.		Std.	Std.	
Soz.-Zul. Std. DM 0,42	203,—	1,02	1,80	340,—	0,85	1,50	424,—	0,71	1,25
C. Sachkosten		kWh			kWh			kWh	
Strom		1,9	0,08		1,90	0,08		1,9	0,08
Reparaturen			0,60			0,50			0,40
Hilfsmaterial			0,04			0,04			0,02
			0,72			0,62			0,50
D. Anteilige Gemeinkosten									
Werkverwaltung			0,38			0,30			0,25
Allgem. Betriebe			0,35			0,25			0,21
Hauptmagazin			0,03			0,02			0,01
Generalunkosten			0,20			0,15			0,13
			0,96			0,72			0,60
E. Abschreibungen			1,89			0,94			0,63
Selbstkosten			13,82			12,23			11,43

einen Einbau zum Anwärmen der Masseln enthält und gleichzeitig zum Einschmelzen von Schrott dient (Abb. 156). Der Herd ist durch einen Kanal mit der als Vorherd dienenden Kammer 3, in der die Massel oder über eine Einsatzvorrichtung der Schrott eingetragen werden kann, verbunden. Zur Verhinderung eines schädlichen Einflusses der Verbrennungsgase auf das geschmolzene Metall sowie zur Vermeidung der Bildung von Oxydkrusten wird das Metall mit einem Abdeckungsmittel, bevorzugt mit einer Holzkohlenschicht, abgedeckt.

Elektrische Wannenöfen sind zum reinigenden Schmelzen ebenfalls nur begrenzt einsatzfähig. Infolge der Empfindlichkeit ihrer Heizelemente, Chromnickeldraht- oder Felgenheizung gegen Spritzer und Chlordämpfe kann eine intensive Schmelzbehandlung mit Flußmittel oder Chlorgas kaum durchgeführt werden. Damit ist die Verwendungsmöglichkeit der elektrischen Öfen praktisch nur auf den Einsatz sauberer Fabrikationsabfälle beschränkt. Die Schmelzleistung der Öfen nach Abb. 157 liegt bei etwa 50 kg/m²h, der Stromverbrauch bei 45—50 kWh pro 100 kg. Das Fassungs-

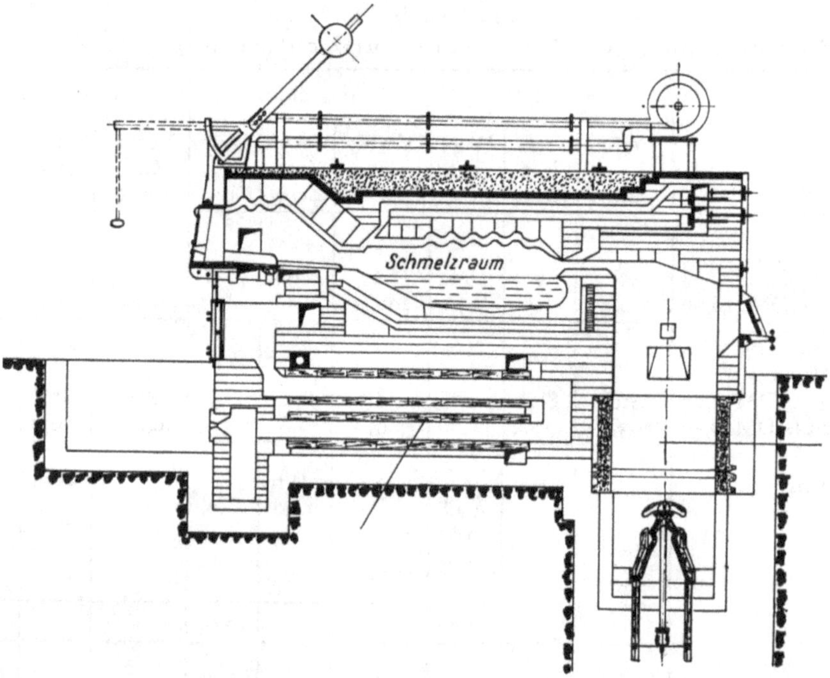

Abb. 154. Feststehender Herdschmelzofen für Aluminium-Legierungen mit angebautem Koksgenerator und Steinrekuperator (Bauart Dönicke).

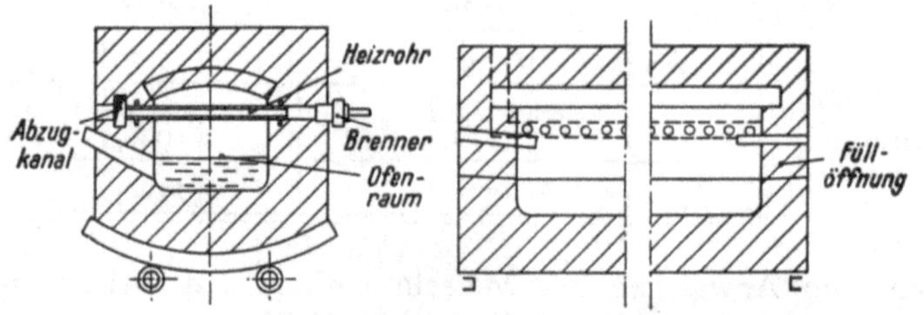

Abb. 155. Gasgefeuerter Strahlrohrofen für Aluminium-Schmelzen (Bauart H. Koppers GmbH.).

vermögen der elektrischen Herdöfen reicht bis 5 t. Infolge der Strahlungsbeheizung kann je qm nur 35 kWh Leistung untergebracht werden, wodurch eine große Herdfläche bedingt ist. Vorteile dieser Ofentypen sind der gute Leerwert, die gute Regulierbarkeit der Temperatur, der gute Wirkungsgrad und die ruhige Badoberfläche[7]). Diese Vorzüge machen sie besonders als Mischer und Warmhalteöfen geeignet. Bei diesen Verwendungszwecken steigern sich die Badinhalte bis auf 15 t bei einer Badtiefe bis zu 1000 mm.

Interessehalber sei in diesem Zusammenhang ein elektrodenbeheizter Wannenschmelzofen der Siemens-Schuckert-Werke erwähnt[14]), der in Abb. 158 wieder-

[14]) DRP. 714602, Siemens-Schuckert-Werke.

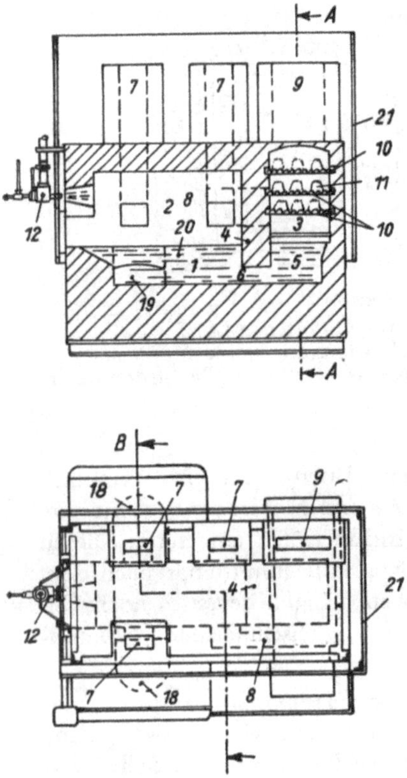

1 Sammelraum,
2 Heizkammer,
3 Röstkammer,
4 Trennwand,
5 Vorherd,
6 Verbindungskanal,
7 senkrechter Kamin,
8 waagerechter Verb.-Kanal,
9 Kamin,
10 Roste,
11 Masseln,
12 Brenner,
15 Chargierbrücke für Schrotte,
16, 17 Türen,
18 Metallentnahme.

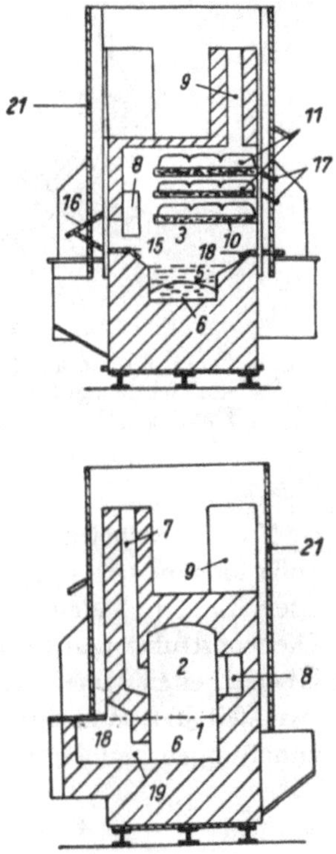

Abb. 156. Schmelzofen der Sterling Corporation, A. P. 2204173.

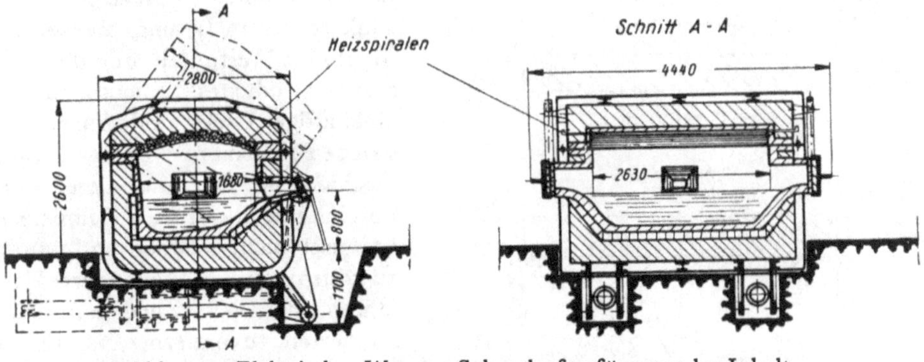

Abb. 157. Elektrischer Wannen-Schmelzofen für 5000 kg Inhalt (Bauart Elino).

gegeben ist. Die Erwärmung des Bades wird durch unmittelbaren Stromdurchgang bewirkt. Über den Einsatz dieses Ofens und über die technischen Daten ist bisher nichts bekannt geworden.

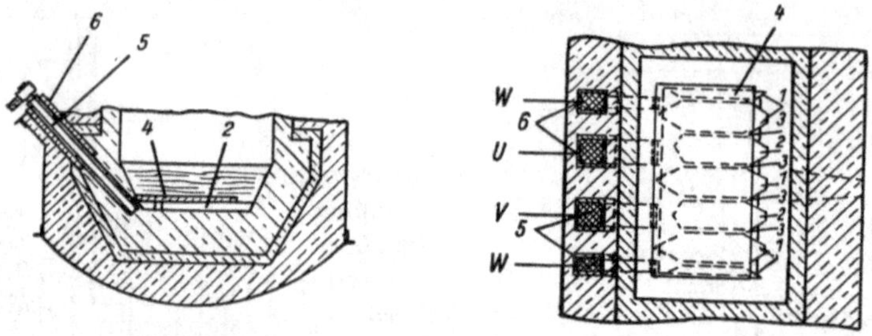

Abb. 158. Elektrischer Schmelzofen SSW.

1 u. 2 flache Klötze aus ff. Stein,
3 mit Schmelzgut angefüllte flache Kanäle,
4 Platte aus gefüttertem Al_2O_3,
5 Stromzuführung aus Kohle,
6 Rohre aus Isolierstoff, UVW Stromphasen.

2. Abschmelzöfen

Zur Verarbeitung von Aluminiumabfällen mit Eisen- und Schwermetallanhaftungen, wie Flugzeugschrotte, Maschinenbruch und Motorenteile sowie von eisenhaltigen Fladen werden fast ausschließlich Abschmelzöfen eingesetzt. Diesen Ofenkonstruktionen liegt das Prinzip zugrunde, das Metall unmittelbar nach dem Überschreiten seines Schmelzpunktes zum Fließen zu bringen bevor es noch Gelegenheit hat, sich mit dem Eisen oder den sonstigen hochschmelzenden Metallanhaftungen nennenswert zu legieren.

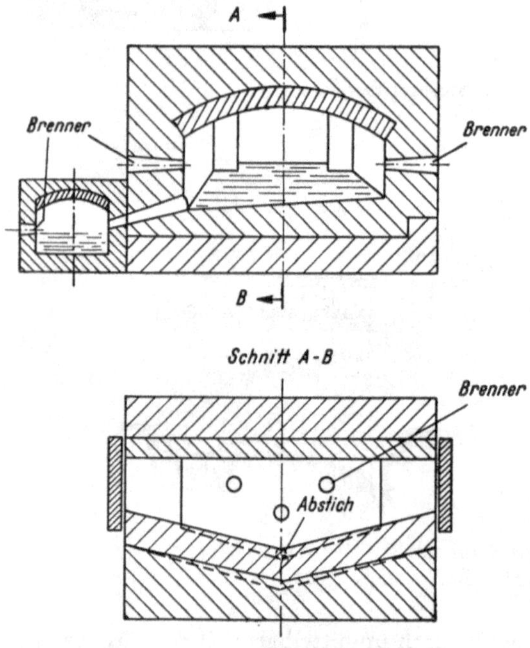

Abb. 159. Einfacher Flugzeugschrott-Abschmelzofen mit zwei Schmelzbrücken.

Die Trennung der niedrigschmelzenden Metalle wie Zink und Blei bereitet gewisse Schwierigkeiten und ist mit den üblichen Öfen nicht durchführbar. Während Blei in den diesen Öfen eigenen Vorherden bis unter 1% ausseigert, geht Zink restlos in Lösung und bringt somit eine Wertminderung des Vorschmelzproduktes. Ebenso führen zinkhaltige Lack- und Farbenanstriche zu Zinkanreicherungen. Eine mechanische Trennung dieser Verunreinigungen vor dem Schmelzen ist meist nicht möglich und würde zu kostspielig. Ein brauchbares Verfahren, Blei und Zink beim Abschmelzen zu entfernen ist bisher nicht gefunden worden, es sei denn, daß der anfallende Leichtmetallschrott bei etwa 400° C auf einem Rostband durch einen Tunnelofen geschickt wird, in dem Zink und Blei in ein Auffangblech abtropfen.

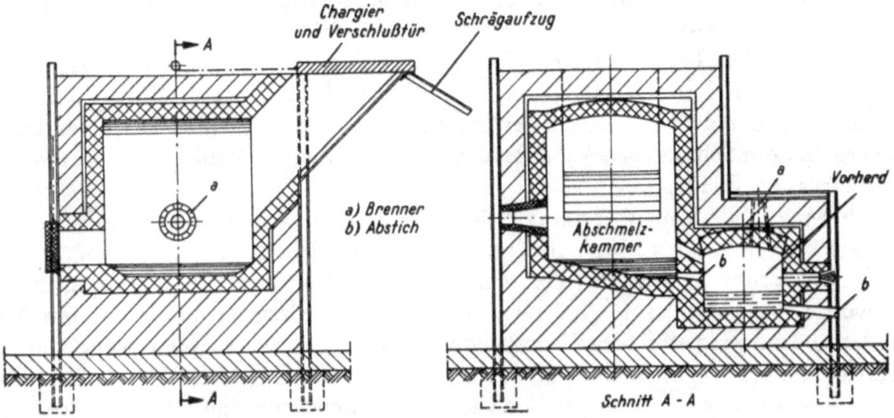

Abb. 160. VAW Abschmelzofen mit Schrägaufzug.

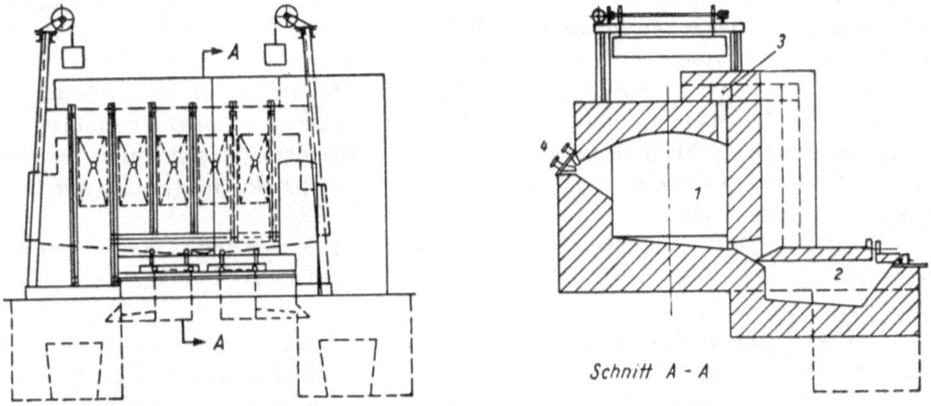

Abb. 161. Klönne-Ofen.

1 Schmelzraum,
2 Warmhalteofen,
3 Gasabzug,
4 Brenner,
5 Auffangtiegel,
6 Chargierseite,
7 Eisen-Auszugsseite.
8 Grube.

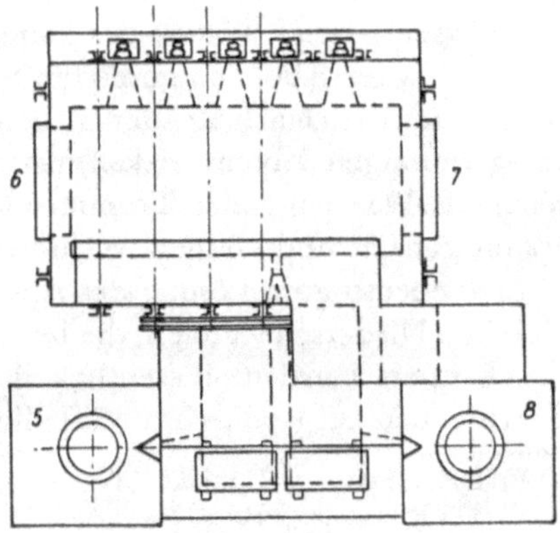

Abschmelzöfen sind in mannigfaltiger Ausführung gebaut worden. Typisch für alle ist, das Einsatzgut auf einer geneigten Sohle abzuschmelzen, von der das flüssige Metall in den Vorherd abfließt und von der gleichzeitig die Rückstände abgezogen werden können. Die Beheizung der Öfen erfolgt infolge der nötigen großen Energiemenge ausschließlich mit Gas, Öl- oder Kohlenstaub. Die ersten Konstruktionen derartiger Abschmelzöfen zeigten den gewöhnlichen Wannenofen mit einer oder zwei vorgebauten Schmelzbrücken, von denen das Metall in die mit gleicher Flamme beheizte Wanne floß[15]).

Auch Etagenöfen mit übereinanderliegenden Abschmelz- und Vorherdräumen, die durch enge Kanäle verbunden sind, wurden entwickelt[16]).

Einen einfachen primitiven Ofen, der zu Beginn des Flugzeugschrottanfalles gebaut wurde, zeigt Abb. 159. Auf zwei zur Mitte der Kammersohle geneigten Abschmelzbrücken wird das Metall abgeschmolzen und fließt in einen vorgebauten, separat geheizten Vorherd. Der Ofen wird wechselseitig bedient, so daß ein halbkontinuierliches Abschmelzen gegeben ist. Bei den meist sperrigen Abfällen war die Beschickung der bisher beschriebenen Öfen langwierig und lohnintensiv. Eine Verbesserung in dieser Hinsicht brachte ein in der VAW entwickelter Flugzeugschrottofen nach Abb. 160. Über einen Schrägaufzug wird das Einsatzgut in die Abschmelzkammer befördert, die durch einen seitlich angebrachten Brenner auf 800—900° C aufgeheizt wird. Das schmelzende Metall fließt durch die über der Abschmelzsohle angebrachten Durchbrüche in den 2 t fassenden Vorherd, der mit einer Deckenbeheizung versehen ist. Der dargestellte Ofen arbeitet mit einer Tagesleistung je nach Güte des Beschickungsmaterials von 6—10 t Ausbringen. Die Dimensionierung des Ofens ist so gewählt, daß ganze Tragflächen ohne Zerlegung chargiert werden können. Um ein kontinuierliches Arbeiten zu gewährleisten, kann der Ofen mit zwei Vorherden ausgerüstet werden.

Bei nicht allzu sperrigem und wenig durch Fremdmetalle verunreinigten Schrotten hat sich auch der von Klönne[17]) vorgeschlagene Abschmelzofen nach Abb. 161 gut bewährt.

Der Ofen ist entwickelt aus einem der ersten Abschmelzöfen, der aus einer kubischen Kammer von 2×2×2 m bestand, gasbeheizt und mit einem Eisenrost versehen war. Auf diesem wurde der Leichtmetallschrott aufgetragen, wobei das Metall durch die Gitterstäbe in den Vorherd abtropfte. Der Rost wurde durch Ausfahren und Kippen geleert. Wegen des hohen Verschleißes der Roststäbe wurde der Ofen mit dem in der Abb. 160 gezeigten Schräghherd versehen. Seine Weiterentwicklung zum kontinuierlich arbeitenden, rationellen und wirtschaftlichen Ofen zeigt Abb. 162. Der geräumigen Abschmelzkammer sind zwei Vorherde nachgeschaltet, die entweder als Wannen- oder Trommelöfen ausgebildet sein können. Beide Öfen sind separat geheizt und können wechselseitig gefüllt werden.

Eine ebenso gute Lösung des Abschmelzproblems brachten die gleichzeitig entwickelten Niederschachtöfen, die mit einem Schrägaufzug versehen von einer Bühne aus chargiert wurden. Wesentlich dabei ist, daß die Ofensohle in ihrer Neigung unterbrochen ist, wodurch die Möglichkeit der Vorwärmung von frisch chargierten

---

15) DRP. 650657, Dönicke.
16) DRP. 542449, Russ.
17) DRP. Anm. V 36722 VI/40a, Vereinigte Stahlwerke.

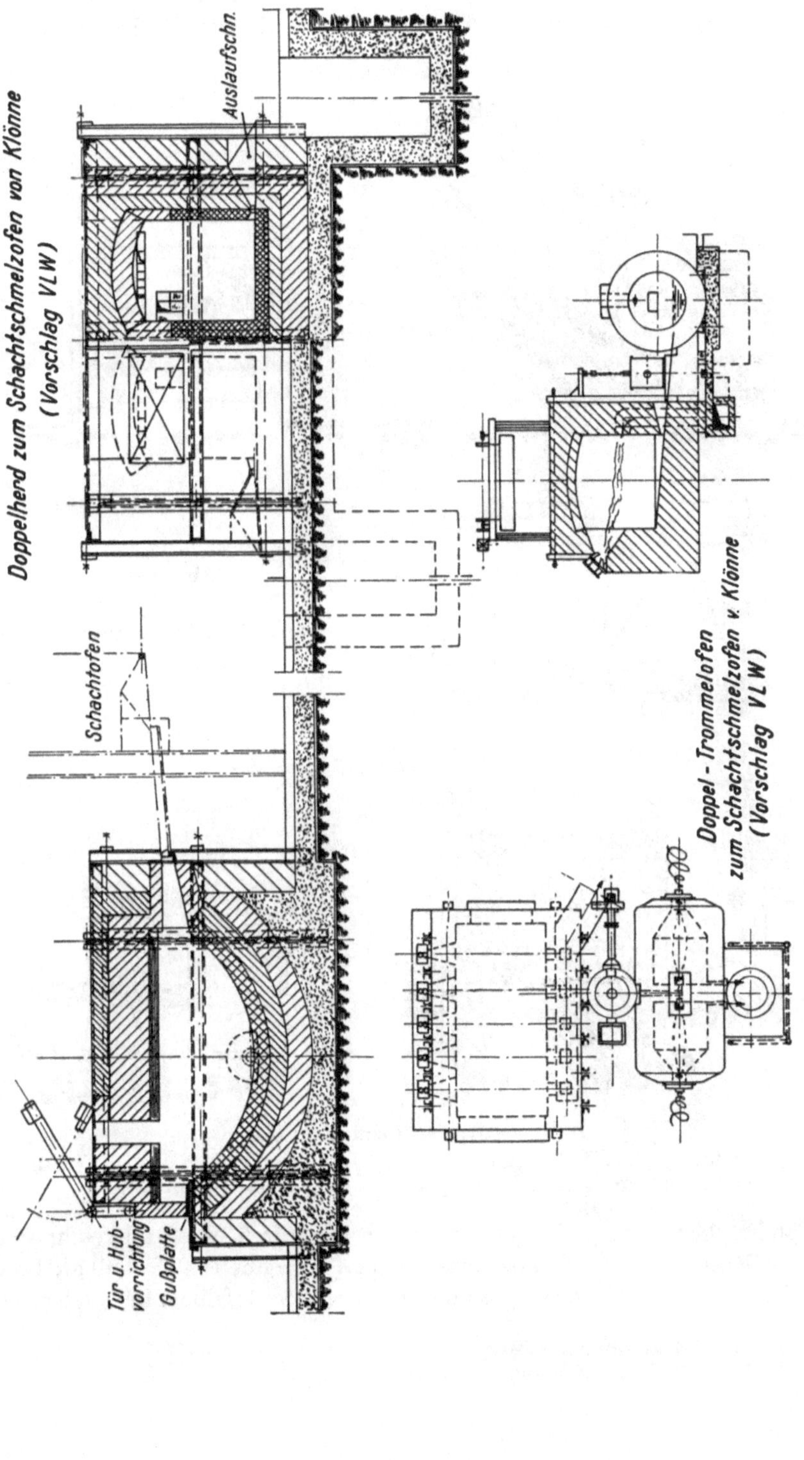
Doppelherd zum Schachtschmelzofen von Klönne
(Vorschlag VLW)
Auslaufschn.
Schachtofen
Tür u. Hub-
vorrichtung
Gußplatte
Doppel-Trommelofen
zum Schachtschmelzofen v. Klönne
(Vorschlag VLW)

Abb. 162.

Schrotten gegeben ist. Der erste Ofen dieser Art wurde von Eggert[18]) gebaut. Im Prinzip entspricht er der Abb. 163. Mit dieser Entwicklung war der Weg zum kontinuierlich arbeitenden Schachtofen gewiesen (Abb. 164)[19]). Der 3—4 m hohe

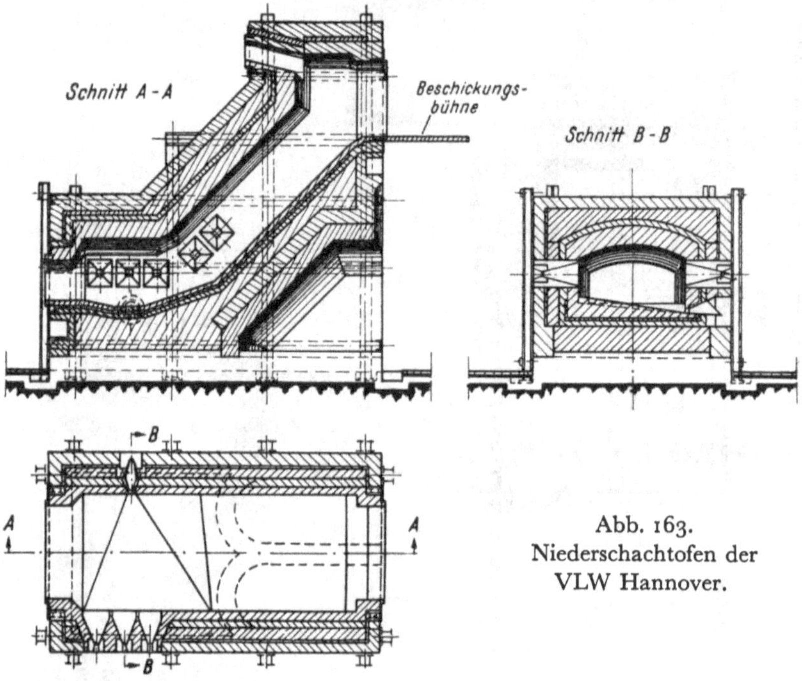

Abb. 163.
Niederschachtofen der
VLW Hannover.

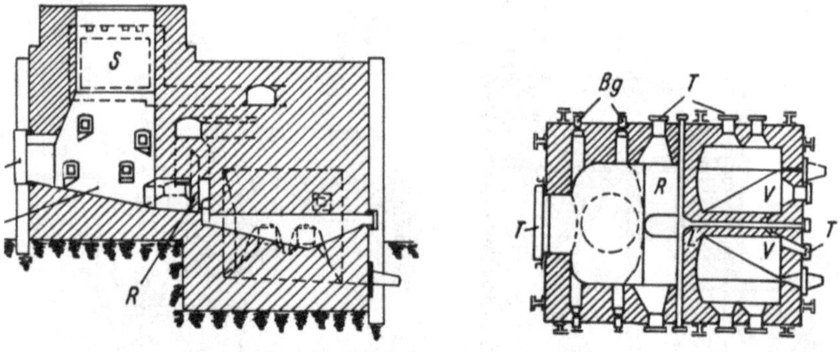

Abb. 164. Schachtofen der I.G.
S Schacht, *R* Rost, *V* Vorherd, *T* Tür.
A Abschmelzraum, *L* Läuterrinne, *Bg* Brennergruppe,

Schacht steht über einer geneigten Ofensohle, die durch einen senkrecht stehend gemauerten Rost von den Metallsammelwannen getrennt ist. Vorteilhaft bestückt man die Öfen mit zwei Vorherden, so daß bei Leerung des einen der andere gefüllt

[18]) DRP. Anm., Dürener Metallwerke AG.
[19]) DRP. Anm., I. G. Farbenindustrie AG.

werden kann. Zur Regulierung der Beheizung setzt man in verschiedenen Höhen des Schachts Brennergruppen ein, die in Brennkanälen liegen, so daß keine direkte Flammenberührung mit dem Schmelzgut eintritt. Trotz dieser Maßnahme besteht bei dieser Arbeitsweise nicht die Möglichkeit, unter sauerstofffreier Atmosphäre zu arbeiten. Der Abbrand und die Verkrätzung sind hoch. Diese Verluste zu vermeiden, ist Grundgedanke einer Weiterentwicklung in Form eines Schachtofens, bei dem die notwendige Energie dadurch zugeführt wird, daß Luft außerhalb der Brennkammer vorgewärmt und nach dem Umluftprinzip dauernd umgewälzt wird (Abb. 165).

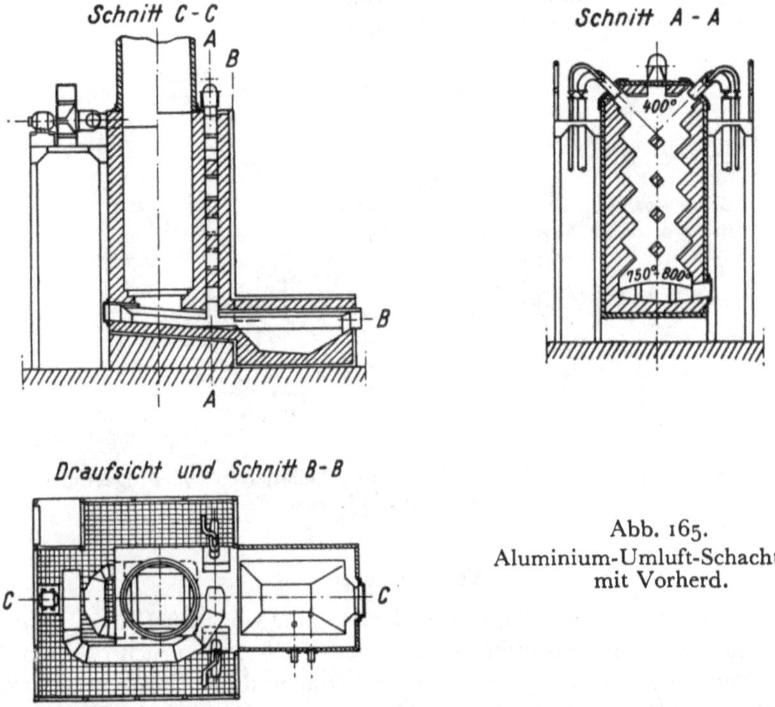

Abb. 165.
Aluminium-Umluft-Schachtofen
mit Vorherd.

Der Ofen ist ebenfalls mit einer geneigten Sohle ausgerüstet, von der die Rückstände je nach Bedarf abgezogen werden können. Im unteren Teil des Schachtes ist eine Vorrichtung eingebaut, die das unkontrollierbare Nachsacken der Beschickung verhindert. Zur Vermeidung der Oxydation sollen die Verbrennungsgase keinen Sauerstoff enthalten, was dadurch vermieden wird, daß die Brennstoffe in einer seitlich angebrachten Brennkammer (Schnitt *AA*) völlig zur Verbrennung gebracht werden. Die Heizgase, die nur bei einer Temperatur von 150—200° C über dem Schmelzpunkt der Beschickung liegen, ermöglichen durch eine erreichbare hohe Gasgeschwindigkeit eine intensive Wärmeübertragung. Ein Teil der Wärme wird durch die Seitenwand direkt auf das Schmelzgut übertragen. Technische Daten über den Betrieb des Ofens liegen z. Z. nicht vor[3]).

Zum Abschluß dieser Ofenkategorie sei noch ein Spezialofen zum Abschmelzen schwerer Teile, wie Flugzeugmotore und Ofenplatten erwähnt. Man verwendet hierfür unterflurgelagerte Spezialkammeröfen, bei denen die Beschickung durch Kräne und die Räumung der zurückbleibenden Eisenteile durch Magnete erfolgt. Ein Ofen dieser Art zeigt Abb. 166. Die Abschmelzkammer, die mit zwei tangential gerichteten Brennern versehen ist, hat einen Schrägherd, der durch einen Steinrost von dem in der gleichen Kammer liegenden Vorherd getrennt ist. Nach der Beschickung wird der Herd durch einen fahrbaren Deckel verschlossen. Der Abstich erfolgt entweder in Tiegel oder in tiefergelegene wassergekühlte Masselformen. Der Ofen hat sich zum Abschmelzen von Motoren bestens bewährt. Da sowohl das im Abschmelz- als auch im Schachtofen erschmolzene Metall oxyd- und wasserstoffhaltig ist, empfiehlt sich eine reinigende Behandlung im Vorherdofen, die durch Chlorierung oder eine intensive Salzwäsche vorgenommen werden kann.

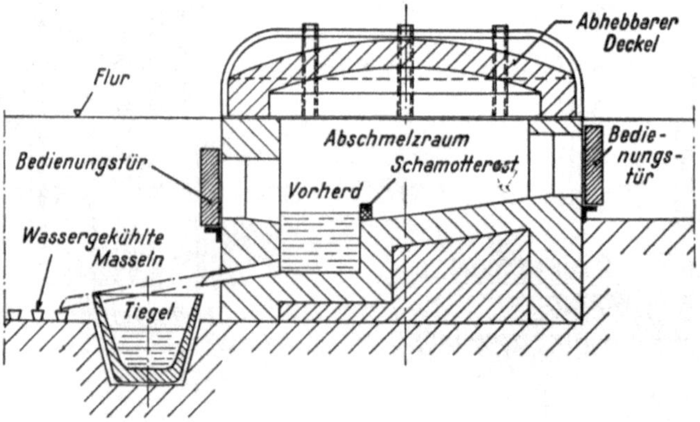

Abb. 166. Unterflurgelagerter Kammerofen zum Abschmelzen von Flugzeugmotoren (Bauart VAW).

3. Trommelöfen

Feinstückige Aluminiumabfälle, insbesondere Späne wie auch Krätze, Schlacken und Aschen, lassen sich in den bisher beschriebenen Ofentypen nicht wirtschaftlich verarbeiten. Unter normalen Voraussetzungen betragen diese Abfälle etwa 25% des Hüttendurchsatzes. Ihre Aufarbeitung erfolgt fast ausschließlich in Trommelöfen. Da Späne und Feinabfälle durch ihre große Oberfläche eine starke Oxydschicht haben, müssen sie vor weiterer Oxydation geschützt werden. Dies geschieht durch Zugabe von Salzmischungen, meist Kali-Natrium-Kryolith-Gemischen, in denen die Abfälle eingewickelt werden. Sie überziehen sich dabei während des Schmelzprozesses mit einer Salzschicht, die infolge ihres Chlor- und Fluorgehaltes gleichzeitig oxydlösend wirkt. Das Salzbad kann je nach Verunreinigung des Einsatzgutes mehrere Male gebraucht werden. Von Einfluß auf die Viskosität des Salzes ist auch die Beheizungsart. Während Gas und Öl, die für Trommelöfen gebräuchlichen Energiequellen, kaum Rückstände hinterlassen, verschlammt die Kohlenstaubfeuerung durch den Ascheanfall das Salzbad sehr schnell, so daß die wirtschaftlichere Staubbeheizung infolge des erhöhten Salzverbrauches keine Vorteile bringt.

Der Trommelofen bietet, bedingt durch seine kontinuierliche Umdrehung, den Vorteil einer besseren Wärmeübertragung auf das Schmelzgut. Das die meiste Wärme aufnehmende Gewölbe gibt laufend infolge der Drehung an den Schmelzraum Wärme ab, so daß der Ofen immer gleichmäßigem Verschleiß unterworfen ist. Damit wird gleichzeitig eine schädliche Überhitzung des Schmelzgutes vermieden. Ebenfalls erfolgt durch die Drehbewegung nur eine geringe Verminderung der Wärmeübertragung durch die Salzdecke, da die rotierenden Wände das Metallbad von unten her erwärmen.

Zur Erhöhung der Rührwirkung und zur besseren Einwicklung des Einsatzgutes hat man teilweise die Öfen in Form eines Polygons ausgemauert (Abb. 167). Eine bessere Durchmischung und eine intensivere Raffinationswirkung verspricht man sich weiterhin davon, drei undurchbrochene Trennwände in der Längsachse des

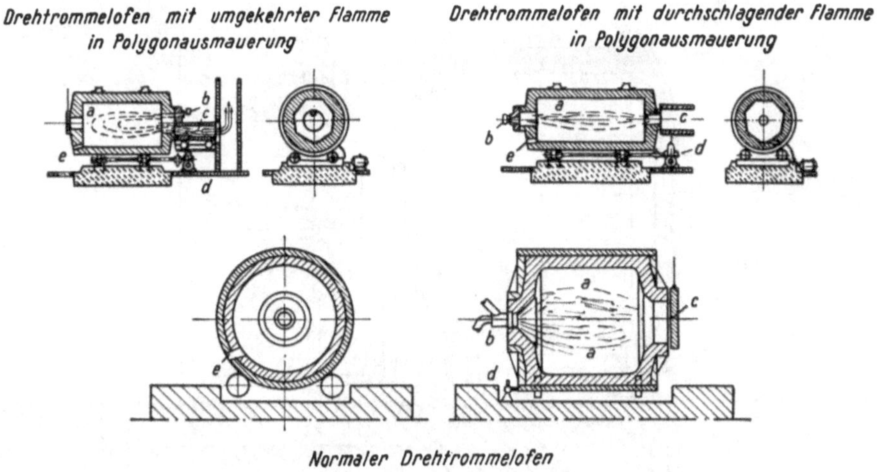

Abb. 167. Verschiedene Ausführungsarten von Drehtrommelöfen.
a Schmelzraum, *b* Brenner, *c* Abzug, *d* Antrieb, *e* Abstichloch.

Ofens einzubauen, die gleichsam drei Herdkammern bilden. Die Kammern sind so bemessen, daß sie die gesamte Salz- und Metallmenge aufnehmen können, so daß sich beim Rollen erst das Salz über die Trennwand ergießt und anschließend das Metall in dünnem Strahl durch das Salzbad fließt[20]).

Beiden Verfahren ist eine Wirksamkeit nicht abzusprechen, nur hat die Praxis gezeigt, daß infolge des relativ hohen Verschleißes der Öfen diese Maßnahmen durch Abrieb der Wände in kurzer Zeit unwirksam werden.

Wie aus der Abb. 167 ersichtlich, sind die zur Beheizung notwendigen Brenner entweder an der Stirnseite gleichzeitig mit dem Abzug angebracht, so daß der Ofen mit umgekehrter Flamme arbeitet oder der Abzug liegt gegenüber dem Brenner, wobei man von durchschlagender Flamme spricht. Letztere Bauweise ist die häufigere. Vorteilhaft trägt man das Einsatzgut auf der Abzugseite des Ofens ein. Durch Überbau einer Haube über den gesamten Ofen können Salzdämpfe und Abgase aufgefangen werden, ohne die Bedienungsmannschaft ernstlich zu belästigen. Der Abstich sowohl des Metalls als auch des Salzes erfolgt durch Abstichlöcher, die entweder an der Stirnseite oder im Trommelmantel angeordnet sind.

[20]) DRP. 673858, Dürener Metallwerke AG.

Die meisten Öfen sind mit Stufengetriebe ausgestattet, die 1—3 U/min zulassen. Ihr Fassungsvermögen reicht bis 3000 kg. Die Höhe des Einsatzes und die nötige prozentuale Menge des Salzes hängt weitgehendst von der Art und der Verunreinigung der Abfälle ab. Dementsprechend schwankt die Schmelzleistung von 200—1000 kg pro Stunde.

Eine in zahlreichen Fällen bewährte Trommelofenkonstruktion ist der Kurztrommelofen[21]), der in seiner Dimensionierung insofern abweicht, daß die Länge des Ofens etwa gleich oder kleiner als sein Durchmesser ist. Man erreicht durch diese Maßnahme eine größere Tiefe und eine relativ kleine Oberfläche des Schmelzbades.

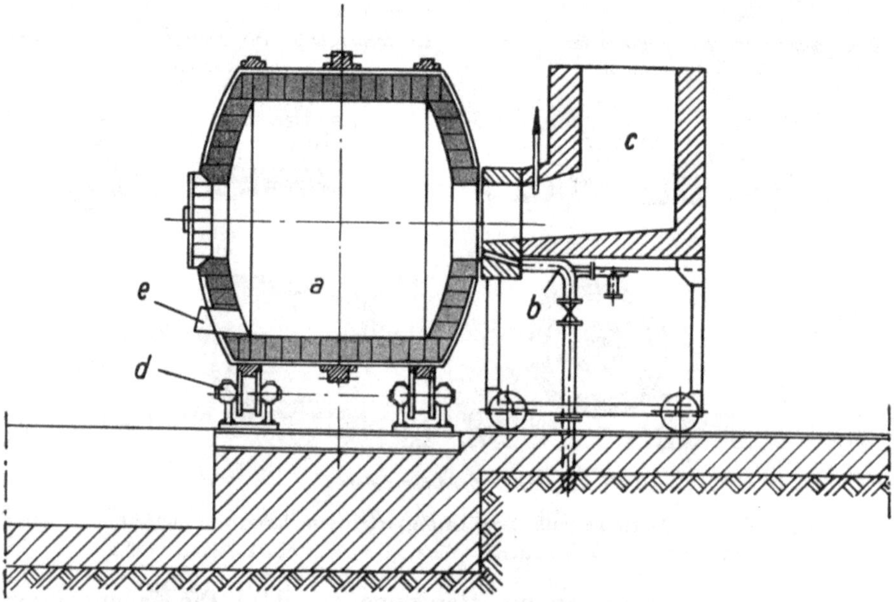

Abb. 168. Längsschnitt durch einen Kurztrommelofen.
a Schmelzraum, *b* Brenner, *c* Abzug, *d* Antrieb, *e* Abstichloch.

Die Oxydierungsmöglichkeiten der Badoberfläche durch die Flammengase werden heruntergesetzt. Die Wärmeabstrahlungen durch den Ofenmantel verringern sich durch die kleinen Außenflächen der Öfen. Dadurch daß die Einführung des Brennstoffes unterhalb des Abzuges an der hinteren Stirnseite erfolgt und die vordere Seite nur eine verschließbare Chargieröffnung hat, bleibt der Ofen nahezu gänzlich vor Falschluftzuführung verschont (Abb. 168). Die Feuerung kann sowohl durch Gas, Öl oder Kohlenstaub erfolgen. Man spricht diesem Ofentyp durch die innige Berührung und Durchmischung des eintretenden Brennstoffes eine bessere Wärmeausnützung zu.

Die Entleerung erfolgt abweichend von dem normalen Trommelofen auf der Stirnseite durch Drehung des Ofens. Wird mit Salzbad gearbeitet, so empfiehlt sich eine zweite größere Öffnung für den Salzabstich vorzusehen. Vorgänge chemischer

[21]) E. J. Kohlmeyer, Über Drehöfen und ihre Bedeutung für das Umschmelzen von Metallspänen. Zschr. Metallwirtschaft 1928, Heft 44.

oder physikalischer Natur wie Chlorgasreinigung oder Mg-Entzug lassen sich im Kurztrommelofen besser und rationeller durchführen als in normalen Trommelöfen.

Eine besondere Bedeutung haben die Trommelöfen zum Entzug des in den hochfesten Al-Legierungen enthaltenen Magnesiums gewonnen. Diese Dur-Legierungen werden im wesentlichen zum Verschnitt von Cu-haltigen Gußlegierungen eingesetzt, wobei das die Gießbarkeit und die technologischen Eigenschaften störende Magnesium entfernt sein muß. Aus der Reihe der Bildungswärmen von Metallverbindungen geht hervor, daß Mg zu Sauerstoff, Chlor, Fluor, Schwefel und Stickstoff eine größere Affinität besitzt als Aluminium. Auf diese Tatsache bauen sich die verschiedenen Mg-Entzugsverfahren auf. Das Herausbrennen des Mg bei hohen Temperaturen durch selektive Oxydation ist unter 2% Mg nicht anwendbar und mit großem Alu-Abbrand verbunden[22]). Dagegen ist die Abtrennung des Mg durch Chlor ein heute vielfach angewandtes Verfahren[23]). Hierbei entspricht die erforderliche Chlormenge fast theoretisch derjenigen Menge, die zur Bildung von Magnesiumchlorid erforderlich ist, d. h. zur Entfernung von 1% Mg aus einer Tonne Al-Legierung

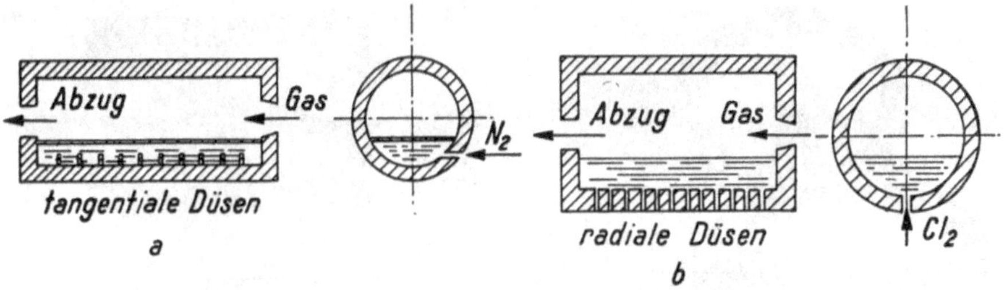

Abb 169. Schematische Zeichnung des Salz-Stickstoff-Konverters (*a*) und des Chlor-Stickstoff-Konverters (*b*) der Metallhütte Mark.

sind rund 30 kg Chlor erforderlich. Bei richtiger Führung des Prozesses treten praktisch keine Al-Verluste auf. Zur Durchführung des Verfahrens bedient man sich des Trommelkonverters (Abb. 169), der aus dem einfachen Trommelofen entwickelt wurde[24]). Der Ofen erhält zu diesem Zweck möglichst viel radial angeordnete Düsen (Abb. 169), die in gleichmäßiger Verteilung angeordnet sein müssen, um eine innige Berührung der Schmelze mit dem durchströmenden Chlor zu erreichen. Das Bad soll möglichst tief sein und muß für die Einleitung der Verdampfungsreaktion eine große Oberfläche haben. Zur Entfernung der Chloridreste bläßt man kurz nach Beendigung der Chlorbehandlung mit Stickstoff nach. Daraus resultiert die Bezeichnung des Trommelofens als Chlor-Stickstoff-Konverter. Der Vorgänger dieses Ofens war der einfache Stickstoffkonverter, zu dessen Entwicklung die intensive Durchwirbelung des Metall- und Salzbades mit inertem Gas Pate standen. Dementsprechend charakterisiert diesen Konverter eine möglichst geringe Badtiefe mit großer Oberfläche, also ein langer Ofen mit geringem Durchmesser und tangential eingebauten Düsen (Abb. 169). Die zur Verwendung gelangende Salzmischung be-

---

[22]) K. Schneider, Die Verhüttung von Aluminiumschrott. S. 127.

[23]) Warsington, The Metal Industry 1942, S. 333.

[24]) W. Dautzenberg, Die Chlorstickstoffraffination von NE, insbesondere von Leichtmetallen. Zschr. Metall 1950, S. 125—129.

steht aus 25% NaF und 75% Kochsalz. Die Raffinationstemperatur liegt bei 900 bis 1000° C. So interessant diese Verfahren sind, ist ihnen jedoch eine gewisse Wirtschaftlichkeit abzusprechen. In normalen Trommelöfen durchgeführte Mg-Entzugsmethoden mit Chlor- und Fluorabgebenden Salzen sind gleiche Effekte zu erzielen, wobei Temperaturen nicht über 850° C zur Anwendung gelangen. Dabei kann aus einer 1000 kg Charge mit 1% Mg bei Anwendung von 155 kg NaCl-Kryolith-Salzmischung im Verhältnis 1 : 1 der Mg-Gehalt mit Sicherheit unter 0,1% gedrückt werden. Die Reaktionszeit dauert 1—2 Stunden. Der Al-Abbrand liegt unter 1,5%.

4. Schaukelöfen

Eine bewährte Sonderkonstruktion zum Einschmelzen von Spänen und zur Durchführung von Mg-Entzug ist der Schaukelofen nach Abb. 170. Der Wannenofen mit elliptischem Querschnitt ist durch eine in Längsrichtung eingebaute Zwischenwand in zwei Kammern getrennt und mit einem Wechselgetriebe versehen, das den Ofen

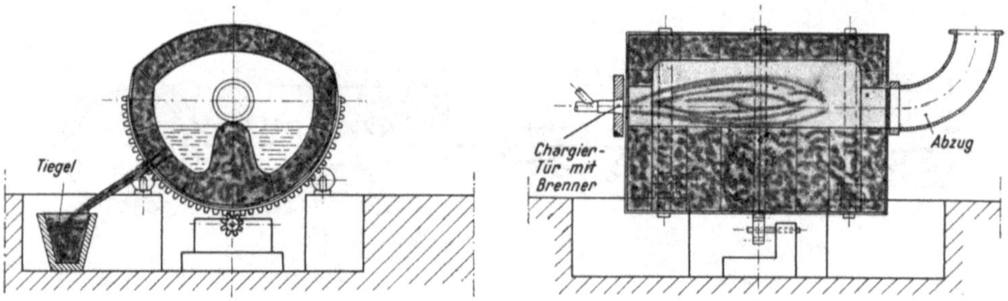

Abb. 170. Prinzipskizze eines Schaukelofens.

in langsam laufende Schaukelbewegung versetzt. Zu Beginn der Einschmelzperiode wird ein Salzbad eingeschmolzen, dessen Menge eine Ofenkammer füllt. In die andere Ofenkammer werden die zu schmelzenden Späne gefüllt. Bringt man den Ofen jetzt in Schaukelbewegung, so fließt das flüssige überhitzte Salz in dünnem flachen Strahl in die Spänekammer. Die dabei einsetzende Durchmischung der Späne mit dem Salz ist so intensiv, wie sie beim normalen Trommelofen nicht erreicht werden kann. Nach guter Durchmischung schmilzt man bei ruhendem Ofen ein und beginnt nach der Absetzung des Metalls vom Salz wieder mit der Schaukelbewegung. Nunmehr fließt zuerst das Salz von einer Kammer in die andere und anschließend das flüssige Metall in das Salzbad. Auf diese Weise erreicht man eine besonders gute Raffinationswirkung. Der Ofen arbeitet mit geringem Abbrand und besonders hoher Schmelzleistung. In der Anschaffung wird er trotz des Spezialgetriebes nicht teurer als der Trommelofen[25]).

5. Salzbadelektrodenöfen

Eine andere Möglichkeit der elektrischen Erschmelzung von Aluminiumabfällen, insbesondere von Spänen basiert auf dem Gedanken, die zum Schmelzen und Raf-

[25]) DRP. 673858, Dürener Metallwerke AG.

finieren benötigte Salzschicht als elektrischen Widerstand zu benutzen. Die ersten Ofentypen dieser Art sehen wir bei der VAW als Späneumschmelzofen entwickelt[26]) (Abb. 171). Der Ofen ist wie der Al-Elektrolyseofen ein Widerstandsofen, in dessen Salzschicht die für das Einschmelzen des Metalls erforderliche Wärme nicht durch Gleichstrom, sondern durch Wechselstrom erzeugt wird. Als Salz wird ein Gemisch von Natriumchlorid, Kaliumchlorid und Kryolith verwendet. Die Dicke der Salzschicht beträgt 20—25 cm. Die Späne oder leichte Abfälle werden in trockenem oder nassem Zustand auf die flüssige Salzschicht aufgegeben. Die Entnahme des Metalls

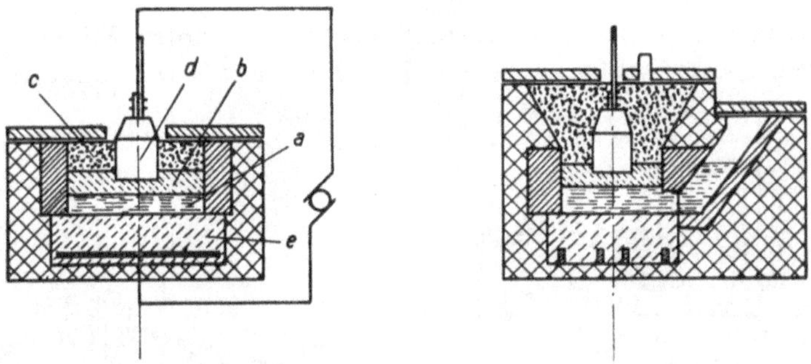

Einfacher Umschmelzofen für Späne.
a flüssige Metallschicht, *b* flüssige Salzschicht, *c* Späne, *d* Kohleelektrode, *e* Kohlenboden mit Stromanschlußschienen.

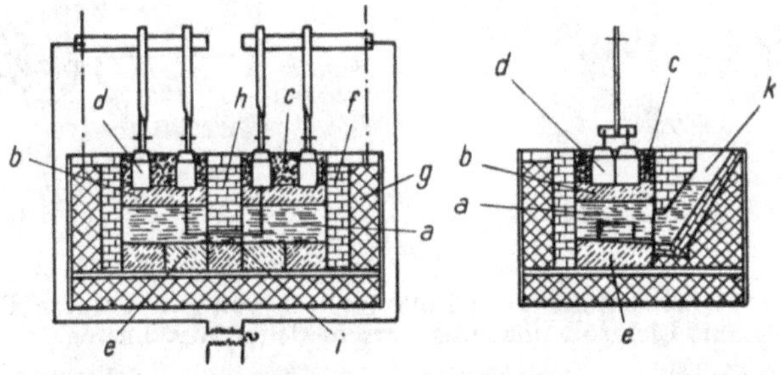

Abb. 171. Doppelherd-Umschmelzofen mit Vorherd.
a geschmolzenes Metall, *b* Salzschicht, *c* Späne, *d* Kohlenelektrode, *e* Ofenboden aus Kohle, *f* Magnesitstein, *g* Isolierstein, *h* Trennwand aus Magnesitstein, *i* Verbindungskanal, *k* Vorherd.

erfolgt durch einen Vorherd. Für den Einsatz schwerer massiver Stücke ist dieser Ofen weniger geeignet. Beim Durchtropfen des Metalls durch die fluoridhaltige Salzschmelze tritt eine Austauschreaktion mit Mg-haltigen Abfällen ein, die einen Mg-Entzug auf 0,02%[27]) ermöglicht. Somit kann der Ofen gleichzeitig zum Mg-Entzug eingesetzt werden. Einige Betriebsdaten des oben beschriebenen Ofens beim Durchsatz von feuchten Spänen zeigen folgendes Ergebnis:

---

[26]) W. Helling u. H. Lay, Entwicklung der Al-Schrottraffination in der Dreischichtenelektrolyse. Zschr. für Erzbergbau und Metallhüttenwesen 1949 S. 65/96.

[27]) H. Ginsberg, Neuere Einsatzmöglichkeiten der Dreischichtenschmelzflußelektrolyse. Zschr. Aluminium 23. 1941, S. 131/135.

Feuchtigkeit und Schmelzverlust	9,1%
Salzverbrauch	18,5%
Stromverbrauch	2,4 kWh/kg
Elektrodenverbrauch	2,5%

In neuerer Zeit versucht man die prinzipiellen Erkenntnisse der elektrischen Widerstandsheizung durch das Salzbad zum Bau eines kontinuierlich arbeitenden Späne-Schachtofens anzuwenden[28]) (Abb. 172). Die Abbildung zeigt verschiedene Ausführungsformen, und zwar Variationen bezüglich der Stromzuführung wie des Einsatzes.

Ein Ofen nach Typ 1 ist als Versuchsofen betrieben worden. Mit einem Fassungsvermögen von 200 kg und der gleichen Gewichtsmenge Salz beträgt der Anschluß-

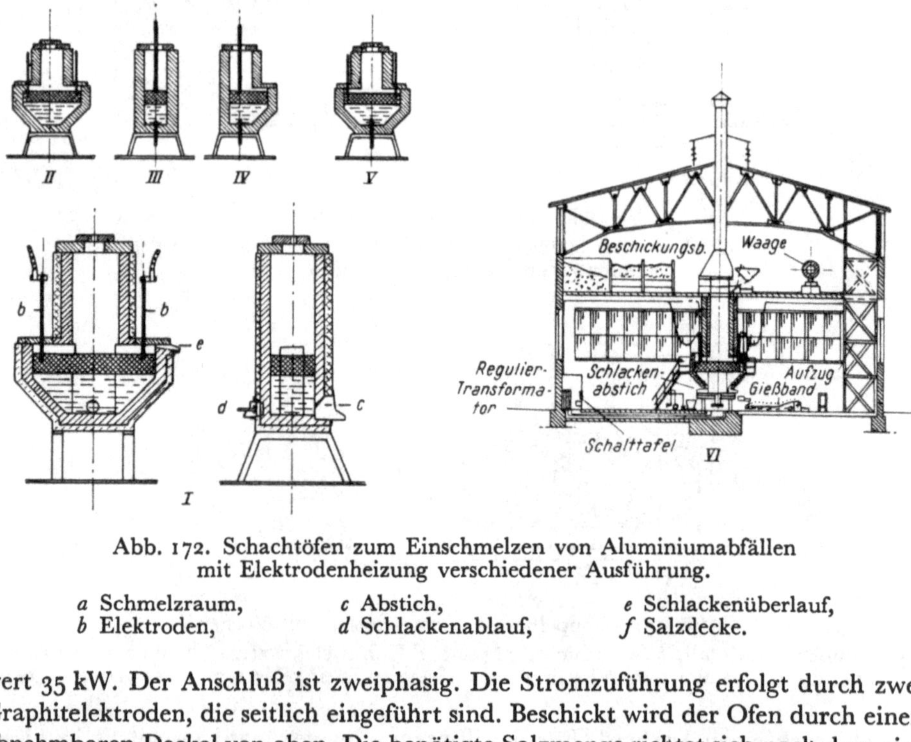

Abb. 172. Schachtöfen zum Einschmelzen von Aluminiumabfällen mit Elektrodenheizung verschiedener Ausführung.

a Schmelzraum, *b* Elektroden, *c* Abstich, *d* Schlackenablauf, *e* Schlackenüberlauf, *f* Salzdecke.

wert 35 kW. Der Anschluß ist zweiphasig. Die Stromzuführung erfolgt durch zwei Graphitelektroden, die seitlich eingeführt sind. Beschickt wird der Ofen durch einen abnehmbaren Deckel von oben. Die benötigte Salzmenge richtet sich nach dem einzuschmelzenden Material. Saubere stückige Abfälle benötigen weniger Salz als stark verunreinigte Späne. Erstere sinken beim Einbringen zu Boden und schmelzen hier im Metallbad, das durch die Anreicherung allmählich steigt. Die Späne schmelzen an der Berührungsfläche mit dem flüssigen Salz. Der Schacht kann beim Späneeinsatz ganz gefüllt werden. Beim Chargieren feuchter Späne setzt eine Trocknung durch die aufsteigende Warmluft innerhalb des Schachtes ein.

[28]) E. Bertram, Neuartige elektrische Öfen zum Erschmelzen von Aluminiumabfällen und -krätzen. Zschr. Metall 1948, 1/6.

Der Ofenwirkungsgrad lag bei den durchgeführten Versuchen bei 65% mit einem Stromverbrauch von 50 kW/100 kg sehr günstig. Nachteilig wird sich beim Betrieb der vorgeschlagenen Öfen die Nachstellung der Elektroden auswirken. Die Abb. 172 zeigt weiter den Aufbauplan eines vorgesehenen 3—4-t-Ofens mit einer Schmelzleistung von 1000 kg/h und einem Anschlußwert von 500 kW. Ob der Ofen die theoretischen Überlegungen bestätigt und die bei derartigen Öfen auftretenden Betriebsschwierigkeiten überwindbar sind, ist zweifelhaft.

Vorteilhaft erscheint der Vorschlag eines Elektrodenschmelzofens nach Abb. 173, der als Niederschachtofen ausgebildet ist. Die Verbesserung liegt im wesentlichen darin, daß das Metall kontinuierlich über einen Syphon einem Vorherd zuläuft und somit die Elektroden nicht verstellt werden brauchen, es sei denn infolge des natürlichen Abbrandes. Die verbrauchte Salzschlacke kann durch Neigung des Ofens abgezogen werden. Sollte die Waschwirkung des Salzes nicht genügen, um den ge-

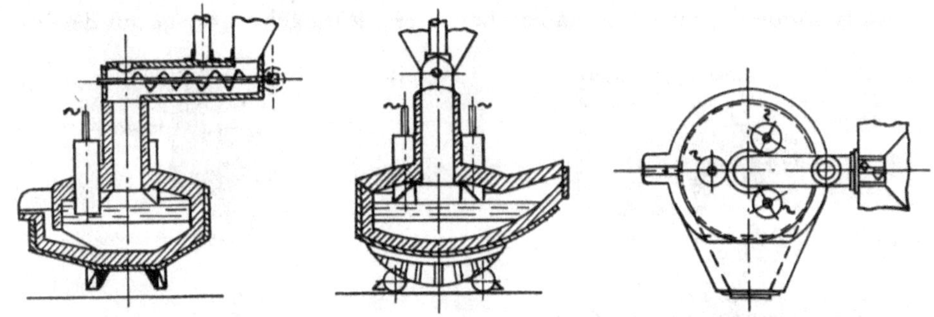

Abb. 173. Aluminiumspäne-Schmelzofen mit elektrischer Schmelzsalzbeheizung.

wünschten Reinheitsgrad zu erreichen, so kann durch Begasung mit Chlor im Vorherd nachbehandelt werden. Der Ofen scheint auch zum Schmelzen stückigen Schrottes geeignet. Die Abbrandverluste dürften gering sein[3]).

6. Induktionsöfen

Neben den Herdöfen haben in den letzten Jahren die Induktionsöfen zum Einschmelzen eisenfreier Schrotte und Abfälle mehr und mehr Anklang gefunden. Angeregt durch die Vorteile, die diese Öfen beim Einschmelzen von Kupfer und Messing bieten, wurde ihre Umstellung auf Schmelzen von Alu und Alu-Legierungen in den letzten zehn Jahren beschleunigt betrieben. Die Grundelemente wurden dem Ajax-Wyatt-Ofen entnommen. Hauptvorteil dieser Öfen ist, daß man auf kleinem Raum eine große Schmelzleistung dadurch unterbringen kann, daß die Wärme direkt im Schmelzgut erzeugt wird und somit eine neutrale Ofenatmosphäre garantiert ist. Weiterhin haben die Öfen keine Heizkörper, die durch Spritzer oder Überhitzen zerstört werden können. Die Heizung erfolgt beim Niederfrequenz-Induktionsofen über ein elektromagnetisches Feld durch Induktionsströme. Eine Prinzipskizze bringt Abb. 174. Die Primärwicklung eines eisengeschlossenen Transformators wird mit Strom normaler Frequenz von 50 Hertz gespeist, während die Sekundärwicklung durch das um den Eisenkern fließende flüssige Metall gebildet wird. In der Praxis wird die Sekundärrinne mit einem größeren Ofentiegel verbunden, wobei der Ofentrafo unter dem Ofengefäß angeordnet ist (Abb. 175). Die Wärmeübertragung erfolgt sowohl durch Leitung und Konvektion als auch durch elektrodynamische Kräfte, die eine kräftige Badbewegung verursachen und unter dem Namen Pincheffekt bekannt sind.

Die zum Einschmelzen von Leichtmetallen gebräuchlichen Öfen werden fast ausschließlich für Drehstrom gebaut, wobei der Drehstrom in einem besonderen Reguliertrafo in Scottscher Schaltung zu Zwei-Phasen-Wechselstrom umgewandelt wird. Diese Öfen benötigen mindestens zwei Rinnen. Gegenüber den geschlossenen Rinnen zum Schmelzen von Kupfer und Messing müssen die Rinnenquerschnitte bedeutend vergrößert werden, damit der Temperaturunterschied zwischen dem Material in der Rinne und dem Material im Ofenraum möglichst gering gehalten und ein rasches Zusetzen der Rinne verhindert wird. Auf die Ausbildung der Rinne zur Steigerung der Leistung und auf deren Verbesserung zur Steuerung der Badbewegung wurde von allen Ofenbauern besonderer Wert gelegt. Einige aus der Viel-

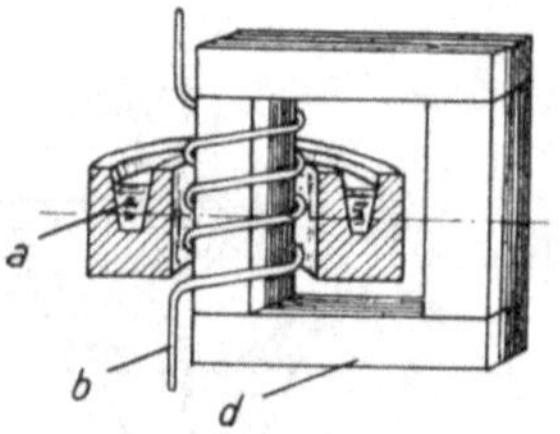

Abb. 174.
Prinzip des Niederfrequenz-Induktionsofens.
a Schmelzrinne, *b* Primärspule,
d Transformator.

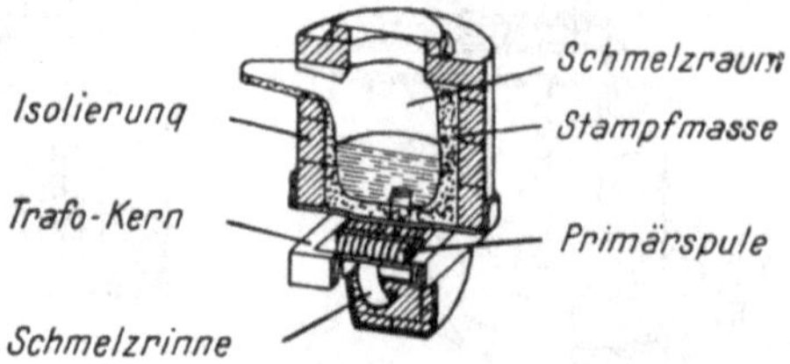

Abb. 175.
Aufbau des Niederfrequenz-Induktionsofens.

zahl herausgegriffene Rinnenkonstruktionen (Abb. 176) zeigen die Bemühungen auf diesem Gebiet (vgl. auch S. 170).

Die Schmelzleistungen der Niederfrequenz-Induktionsöfen wurden durch die verschiedensten Maßnahmen bis auf 850 kg/h bei einem Fassungsvermögen von 4000 bis 4500 kg gesteigert. Eine weitere Erhöhung dieser Daten erscheint aus Gründen der Betriebssicherheit nicht angebracht. In Abb. 177 ist ein moderner S. & H.-Ofen wiedergegeben. Der Ofen ist unterteilt in einen an der Chargierseite liegenden Schmelzraum und einen an der Ausgußseite befindlichen Gießraum. Die Rinnen liegen horizontal und bieten somit erleichterte Reinigungs- und Reparaturmöglichkeiten. Darüber hinaus werden die elektrodynamischen Stöße abgeschwächt, was wiederum eine Verringerung der Badbewegung zur Folge hat. Beim Reinigen kann der Sumpf im Ofen verbleiben, so daß die Schmelzleistung bei der Neuzustellung nur unwesentlich verringert wird. Einige technische Daten dieses S. & H.-Doppelherd-Induktionsofens sind der nachstehenden Tab. 27 zu entnehmen:

Nach den bisher vorliegenden Erfahrungen sind Niederfrequenz-Induktionsöfen zum Erschmelzen aller normalen Fabrikationsabfälle und Späne des Guß- und Knetsektors bestens geeignet und ergeben bei guter Behandlung einwandfreies Material[29]).

---

[29]) H. Capitaine, Betriebserfahrungen mit einem neuartigen Niederfrequenz-Induktionsofen für Leichtmetall. Zschr. Aluminium 1943, S. 62—69.

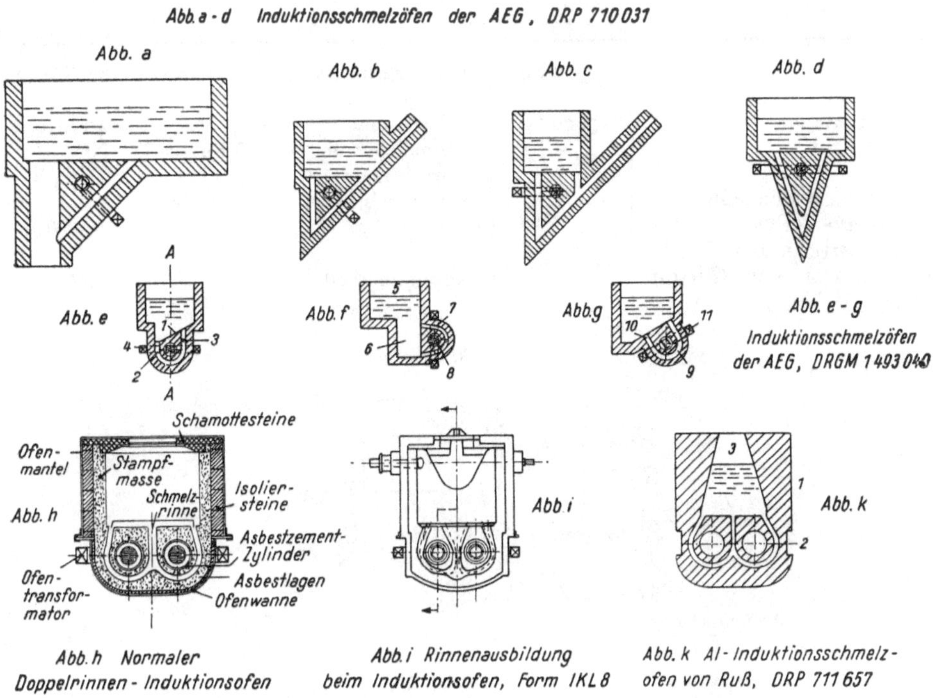

Abb. 176. Verschiedene Rinnenkonstruktionen von Induktionsöfen.

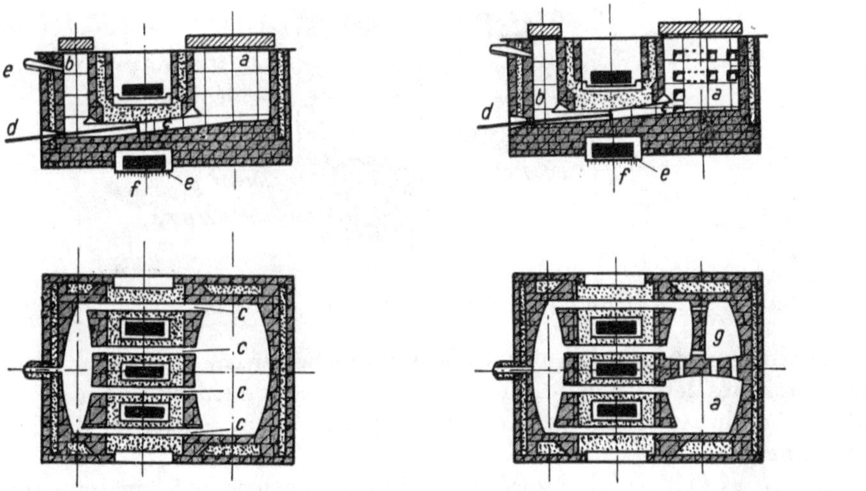

Abb. 177.

Moderner S & H-Niederfrequenz-Induktionsofen.

S & H-Niederfrequenz-Induktionsofen, Ausführung mit Einbau im Schmelzraum.

a Schmelzraum,
b Gießraum,
c Schmelzrinne,
d Rinnenreiniger,
g Schmelzraumeinbau.
e Ofentransformator,
f Kühlluft,

Tabelle 27

Ofeninhalt	4500 kg	Leistungsaufwand beim Warmhalten des Sumpfes	55 KW
Normaler Abguß	3000 kg	Schmelzzeit für 3 t auf 750°	240 Min.
Sumpfgewicht	1500 kg	Schmelzleistung im Dauerbetrieb auf 750°	720 kg/h
Wirkleistung einschließlich Regeltrafo-Verlust	420 KW	Stromverbrauch zum Schmelzen auf 750°	487/kWh/t
Kühlgebläseverbrauch	12 KW		
Leistungsfaktor der Gesamtanlage	0,95%	Reinigungszeit	20 Min.

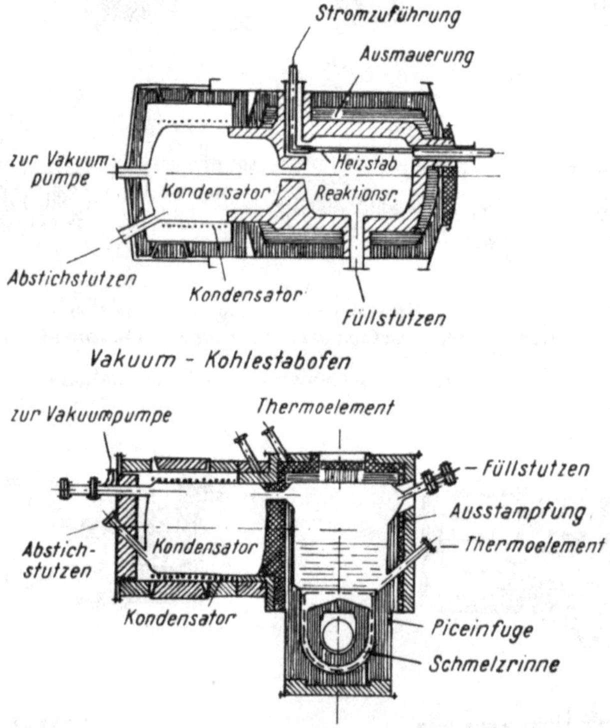

Abb. 178. Vakuum-Niederfrequenzofen.

Bei den heutigen gesteigerten Qualitätsansprüchen erscheint es jedoch vorteilhaft, nicht direkt aus dem „Indu"-Ofen zu vergießen, sondern einen Mischer oder Warmhalteofen nachzuschalten, um darin eine Beruhigung und Entgasung der Schmelze vorzunehmen.

Handelt es sich bei dem zur Verarbeitung gelangenden Schmelzgut um stark verschmutzte oder oxydierte, insbesondere feinstückige Einsätze, so ist die wirtschaftliche Verwendung auch des modernsten Indu-Ofens in Frage gestellt. Der anfallende Schmutz und Oxydgehalt, der sich vorwiegend an der Rinnenwand absetzt, führt nach kurzer Zeit zur Verstopfung der Rinne, die durch die häufige Reinigung stark leidet und zu unliebsamen Störungen Anlaß gibt. Einen Versuch, auch die

Verarbeitung dieser schlechten Abfälle im Indu-Ofen zu erreichen, wurde durch Einbau eines abgetrennten Raumes innerhalb des Schmelzraumes nach Abb. 178 erstrebt. Es soll durch diesen Einbau bewirkt werden, daß die Verunreinigungen der feinstückigen Abfälle, die ausschließlich in diesem Raum eingesetzt werden, nicht in die Schmelzrinne eindringen können. Der Einbau steht durch Schlitze im oberen Mauerwerk mit dem eigentlichen Schmelzraum in Verbindung, so daß die Gewähr einer genügenden Metallaufheizung gegeben ist. Es zeigte sich, daß bei der normalen Rinnenreinigung eine dickflüssige breiartige Metallmasse, die zum größten Teil aus Oxyden bestand, ausgeschöpft werden konnte. Schwierigkeiten entstanden jedoch dadurch, daß die zur Reinigung der Schmelze aufgebrachte Salzschicht, bedingt durch das Wärmegefälle im Ofen, nicht dünnflüssig genug zu halten war. Dies hatte zur Folge, daß die Salzdecke sich in beträchtlichem Maße mit Metalleinschlüssen anreicherte, die die Schmelzausbeute stark vermindern[28]).

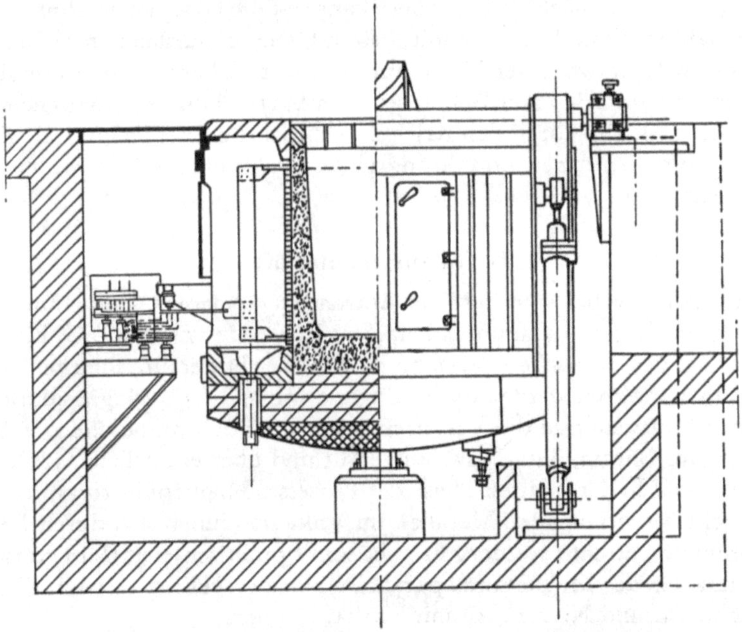

Abb. 179. Hydraulisch kippbarer Hochfrequenz-Tiegelofen.

Der Niederfrequenz-Induktionsofen kann nach den bisherigen Erfahrungen somit nur als vorzügliches Schmelzaggregat zur Verarbeitung normaler Abfälle und Späne angesprochen werden. Seine wirtschaftliche Verwendung ist nur in Großhütten möglich, denen ausreichende Einsatzmaterialien für längere Schmelzperioden zur Verfügung stehen.

Muß ein häufiger Legierungswechsel vorgenommen werden, wie dies in kleineren Umschmelzhütten öfters der Fall ist, so stellt die Erneuerung des zum jeweiligen Anfahren erforderlichen Sumpfes, der flüssig in den Ofen eingebracht werden muß, die Wirtschaftlichkeit des Ofens in Frage.

Man erkennt aus diesen Darlegungen, daß bei Anschaffung einer derartigen kostspieligen Anlage die Vor- und Nachteile reiflichst abgestimmt werden müssen.

Wenig Anklang hat bisher der Hochfrequenzofen in den Betrieben gefunden. Der Ofen arbeitet kernlos. Das zu schmelzende Metall befindet sich in einem von einer wassergekühlten Spule umgebenen Tiegel. Zum Einschmelzen von Leichtmetall arbeitet man mit Frequenzen von 500—1000 Hertz, wozu ein besonderes Umformeraggregat erforderlich ist. Infolge seiner hohen Anlagekosten und seines relativ hohen Stromverbrauches konnte der Hochfrequenzofen sich nicht durchsetzen, obschon seine Arbeitsweise für Gießereien und Hüttenbetriebe zum Durchsetzen der häufig anfallenden kleinen Sammelpartien als ideal anzusprechen ist. Seine stete Einsatzbereitschaft, sein einfacher Aufbau und seine einfache Bedienung sind neben den Arbeiten mit nur kaltem Einsatz nicht zu unterschätzende Vorteile [30]).

Die Öfen werden gebaut in hydraulisch kippbarer Ausführung nach Abb. 179. Es hat auch nicht an Bestrebungen gefehlt, das Prinzip des Hochfrequenzofens auf einen rinnenlosen Induktionsofen mit Netzfrequenz zu übertragen. Der Ofen ist in seinem Aufbau sehr einfach, insbesondere kann auf die kostspielige Umformeranlage verzichtet werden. Erste Versuche mit diesem Ofentyp wurden zum Schmelzen von Aluminium im Lautawerk der VAW durchgeführt. Ebenso wurde ein 200 kg fassender Ofen (System BBC) zum Schmelzen von Magnesium im praktischen Schmelzbetrieb erprobt [31]). Die durch den Krieg unterbrochene Entwicklung ist wieder aufgenommen, so daß mit der Einführung dieses praktischen Ofens in den Schmelzbetrieben bald zu rechnen ist.

7. Vakuumschmelzöfen

Ein in seinem Aufbau und in seiner Anwendung anderer Ofentyp zur Reinigung von Aluminium ist der Vakuumschmelzofen. Er wurde von der I. G. Bitterfeld zur Durchführung des Beckschen Verfahrens der Leichtmetallraffination entwickelt. Nach diesem Verfahren werden durch Zugabe von 25—30% Magnesiumschrott zur Aluminiumschrottschmelze die Verunreinigungen an Schwermetallen, insbesondere Eisen, Mangan, Chrom, Titan usw. ausgefällt und über ein beheiztes Kiesfilter abfiltriert, während in der zweiten Phase des Prozesses Magnesium zusammen mit den übrigen leicht verdampfenden Metallen im Vakuumschmelzofen durch Destillation vom Aluminium getrennt werden. Es geht somit praktisch eine Reinigung des Aluminiums mit der des Magnesiums parallel [32]). Leider gelingt es nach diesem Verfahren nicht, Cu und Ni vom Aluminium zu trennen.

Der erste Ofen zur technischen Durchführung der Metallverdampfung im Vakuum war ein Kohlenstabofen nach Abb. 178. Der Ofen ist unterteilt in einen Reaktionsraum, der mit einem Kondensator in Verbindung steht. Die Beheizung des Reaktionsraumes erfolgt durch zwei axial angeordnete Kohlenstäbe. Die verdampfenden Metalle kondensieren fest in dem aus Sichromal 8 bestehenden Kondensator und können durch eine von außen angebrachte Chrom-Nickel-Heizung verflüssigt werden. Der Schmelz- und Destillationsprozeß wird unter Vakuum von 0,1 Torr, daß durch eine Pfeifferpumpe mit 300 m³ Stundenleistung erzeugt wird, durchgeführt.

[30]) F. Linnhoff, Elektroöfen zum Schmelzen von Alu und Alu-Legierungen. Zschr. Aluminium 1941 S. 554—556.

[31]) G. Hennicke u. Ph. Schneider, Ein rinnenloser Netzfrequenz-Induktionsofen zum Schmelzen von Magnesium-Legierungen. Zschr. Die neue Gießerei 36 (1949) H. 6 S. 172—182.

[32]) A. Beck, Neuzeitl. Leichtmetall-Schrott-Raffination. Zschr. Metall 1947, S. 108—112.

Da es unvermeidlich war, daß während des Destillationsprozesses Aluminiumspritzer unter Bildung von Aluminiumkarbid die Kohlenstäbe nach kurzer Zeit zerstörten, wurde von dieser Beheizungsart abgegangen und ein Niederfrequenz-Induktionsofen als Vakuumdestillationsofen umgebaut[33]) (Abb. 178). Die Hauptschwierigkeit lag dabei darin, aus elektrischen Gründen eine Trennung des Ofengehäuses von der Schmelzrinne so durchzuführen, daß die Trennfugen isolierend und gegen die äußere Atmosphäre vakuumdicht abgeschirmt waren. Dies gelang durch Dichten der Fugen mit Picein, später mit aufvulkanisiertem Gummi und Kühlen mit Wasserkammern. Eine weitere Schwierigkeit bestand im vakuumdichten

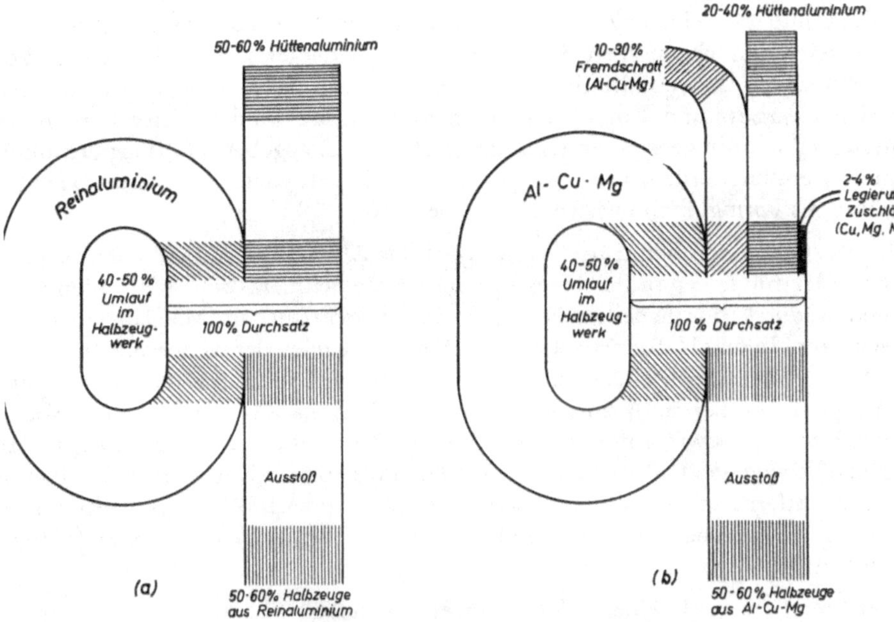

Abb. 180. Metallfluß bei der Herstellung von Halbzeugen aus Reinaluminium (*a*) und Al-Cu-Mg (*b*).

Schweißen der Ofenhaut. Der Herd des Ofens wird mit saurem Futter ausgestampft, welches mit Sorgfalt und sachgemäß ausgetrocknet werden muß. Nach Füllung des Ofens mit Aluminium und Aufheizen auf 1000° C formiert sich die innere Schicht der Auskleidung zu Aluminiumoxyd, das weder von Aluminium noch von den verdampfenden Metallen angegriffen wird.

Die Leistung eines 3-t-Ofens beträgt etwa 250 kW bei einem $\cos \varrho = 0{,}3$. Der Stromverbrauch wird mit etwa 2 kWh pro kg Aluminium angegeben. Die Destillationskosten dürften im Dauerbetrieb etwa 15—25 Pf. pro kg Aluminium betragen. Die Entwicklung der Vakuumdestillationsöfen und der Verfahrenstechnik kann noch nicht als abgeschlossen betrachtet werden. Aussicht auf eine erfolgreiche Einführung hat unter anderem der Vakuumlichtbogenofen, der bisher nur als Versuchsofen erprobt wurde.

[33]) H. Schunck, Die Trennung von Al-Mg-Leg. durch Vakuumdestillation. Zschr. Chemiker-Zeitung 1950. 74, 353.

F. Überblick über die Weiterverarbeitung des Metalles

Allgemeines

Aluminium und seine Legierungen müssen zwecks Verwendung im Fahrzeugbau, im Bauwesen, im chemischen Apparatebau, in der Elektrotechnik, in der Verpackungs- und Nahrungsmittelindustrie, sowie auf sonstigen Gebieten in die Form von Halbzeugen und Formgußteilen übergeführt werden. Hierzu muß das Hüttenaluminium in geeigneten Öfen umgeschmolzen, gegebenenfalls legiert und in Formen gegossen werden, um entweder durch Kneten weiterverarbeitet oder unmittelbar als Formgußteile verwendet zu werden.

In den Gießereien der Hüttenwerke wird das Aluminium mitunter unmittelbar aus den Elektrolyseöfen in flüssigem Zustand in die Schmelz- oder Warteöfen übergeleitet, wodurch der Arbeitsgang der Zwischenerstarrung zu Masseln eingespart werden kann. In den Halbzeugwerken und Formgießereien der weiterverarbeitenden Industrie werden neben Hüttenaluminium (nach DIN 1712) und den Legierungszuschlägen in größerem Ausmaße die bei der Fabrikation entstehenden Abfälle (Umlaufschrott), sowie sonstiger Aluminiumschrott (Fremdschrott) mit in die Schmelzöfen eingesetzt. Diese Schrotte werden, falls erforderlich, zwecks Raffination oder zur Entfernung bestimmter Legierungszusätze (wie z. B. des Magnesiums) in besonderen Öfen umgeschmolzen und als Verschnittlegierungen benutzt (näheres s. Abschnitt E).

Der Metallumlauf in einem Halbzeugwerk ist in Abb. 180 an den Beispielen der Herstellung von Halbzeugen aus Reinaluminium (*a*) und Al-Cu-Mg (*b*) schematisch dargestellt (s. S. vorher).

Die Wahl des Einsatzes, insbesondere seine Aufteilung in Hüttenaluminium, Legierungszuschlägen, Umlaufmetall und Fremdschrott wird, abgesehen von wirtschaftlichen Gesichtspunkten, in erster Linie von den an das fertige Halbzeug oder Gußstück zu stellenden Anforderungen wie chemische Zusammensetzung, Form und Abmessungen, mechanisch-technologischen Eigenschaften u. dgl. bestimmt und kann daher von den in Abb. 180 enthaltenen Angaben erheblich abweichen. So können z.B. Reinaluminium-Halbzeuge aus 100% Hüttenaluminium hergestellt und das anfallende Umlaufmetall für den Einsatz von Legierungen (z.B. Al-Mg, Al-Mn oder Al-Mg-Si) verwendet werden. Ein bestimmter Zusatz von Umlaufmetall oder Schrott zum Hüttenaluminium wirkt sich jedoch auf die Eigenschaften beim Gießen und Kneten im allgemeinen günstig aus.

Die zur Herstellung von Halbzeugen und Gußteilen angewendeten Schmelz- und Gießverfahren, sowie die hierzu erforderlichen Einrichtungen sind in den Abschnitten C und D beschrieben.

I. Formgebung

Einen Überblick über die zur Herstellung von Halbzeugen und Formgußteilen notwendigen Formgebungsarbeiten gibt Abb. 181. Während die erste Formgebungsstufe des Gießens durch das Formgießen (Sand-, Kokillen- und Druckguß) bereits zu den fertigen Gußteilen führt, stellt das Blockgießen nur eine Vorstufe für die Weiterverarbeitung durch Kneten zur Herstellung von Halbzeugen dar. Form und Abmessungen der Gußblöcke (Walzbarren, Preßbarren) müssen hierbei der nachfolgenden Knetbearbeitung durch Walzen, Strangpressen oder Schmieden angepaßt werden. Wie aus Abb. 181 ersichtlich, greifen die Arbeitsgänge des Knetens teilweise ineinander über; so können z. B. Bleche, Bänder und Profile entweder unmittelbar

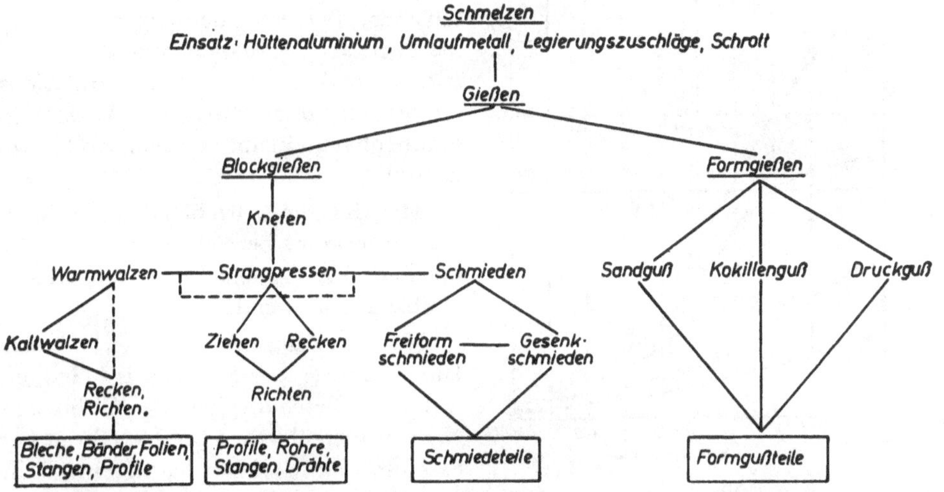

Abb. 181. Spanlose Formgebung zur Herstellung von Halbzeugen und Gußteilen.

durch Walzen aus Walzbarren oder aus Preßbarren durch Strangpressen und anschließendes Walzen hergestellt werden. Dasselbe gilt für Schmiedestücke, die entweder durch unmittelbares Schmieden der Gußbarren oder unter Zwischenschaltung des Strangpressens oder Walzens hergestellt werden können. Welche dieser Verfahren im einzelnen zu wählen sind, hängt von der Legierungszusammensetzung, von der Form und den Abmessungen des Halbzeugs sowie von den zur Verfügung stehenden Einrichtungen ab.

Der Übersichtlichkeit halber sind in Abb. 181 nur die Arbeitsgänge der spanlosen Formgebung durch Gießen und Kneten aufgenommen. Darüber hinaus sind zur Herstellung von Halbzeugen und Gußteilen eine Reihe weiterer Arbeitsgänge, insbesondere Zerspanungsarbeiten und Wärmebehandlungen, notwendig, die unter Umständen nach dem Gießen bzw. vor und nach den einzelnen Stufen des Knetens durchgeführt werden müssen.

Eine Liste der Normen über die Aluminium-Knet- und Gußwerkstoffe findet man am Schluß dieses Abschnittes.

1. Kneten

Aluminium gehört zu den verformungsfähigsten Metallen. Es weist ebenso wie Kupfer, Gold, Silber, γ-Eisen und Nickel ein kubisches, flächenzentriertes Gitter auf, dem die größte Atomdichte je Flächeneinheit und sechs Gleitmöglichkeiten zugeordnet sind. Bei höheren Temperaturen werden noch weitere Gleitflächen mit geringerer Atomdichte wirksam.

Bei der Verformung poly-kristalliner Metalle findet nicht ein gegenseitiges Verschieben der einzelnen Kristalle statt, sondern die Kristalle erfahren selbst elastische und plastische Verformungen, d. h. sie werden gestreckt oder gestaucht. Diese Verformungen kommen dadurch zustande, daß sich Teile des Kristalls entlang von kristallographisch ausgezeichneten Ebenen, den Gleitflächen, gegeneinander verschieben. Bei einer derartigen Gleitung, die auch als Translation bezeichnet wird, tritt keine Spaltung an der Translationsebene ein, sondern der molekulare Zusammenhang bleibt hierbei völlig gewahrt[1]).

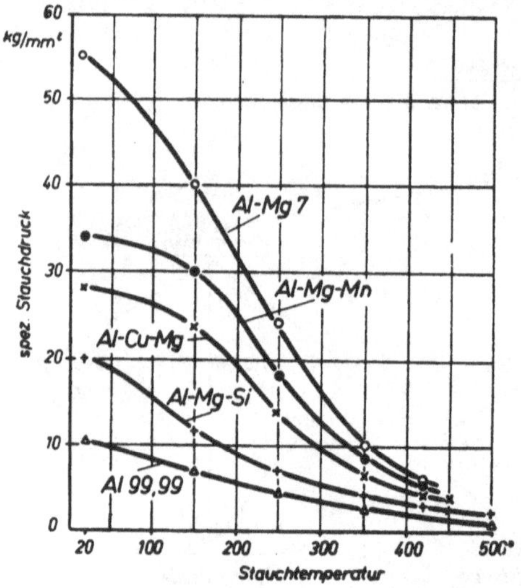

Abb. 182.
Spez. Stauchdruck bei 50%iger Stauchung in Abhängigkeit von der Stauchtemperatur.

Mit „Kneten" wird hier diejenige spanlose Verformung bezeichnet, die zur Überführung der Gußblöcke in die fertigen Halbzeuge notwendig ist.

Voraussetzung für eine erfolgreiche Durchführung des Knetens ist eine einwandfreie Beschaffenheit der Gußblöcke. Nach früher üblichen Gießverfahren hergestellte Blöcke wiesen häufig eine Reihe von Fehlern wie Oxydeinschlüsse, Lunker, Poren, Grobstruktur und Seigerungen auf, die bei der Knetbearbeitung zu großen Schwierigkeiten und hohen Ausschußzahlen führten. Erst durch die Entwicklung neuartiger Gießverfahren, insbesondere des Stranggießens (siehe Abschnitt D IV) wurde die Herstellung fehlerfreier Gußblöcke aus Aluminium und Aluminiumlegierungen und ihre wirtschaftliche Verarbeitung durch Walzen, Pressen und Schmieden ermöglicht.

Um aus einem Gußblock durch Knetbearbeitung ein Halbzeug bestimmter Form und Abmessungen herzustellen, ist es üblich, die hierzu notwendigen Formgebungsarbeiten möglichst in der Wärme durchzuführen, da bei den metallischen Werkstoffen, insbesondere auch bei Aluminium und den Aluminiumlegierungen, der Formänderungswiderstand mit steigender Temperatur stark abnimmt und daher Warmverformungen einen bedeutend geringeren Arbeitsaufwand erfordern als entsprechende Kaltverformungen.

In Abb. 182 ist z. B. für einige der wichtigsten Aluminium-Werkstoffe der spezifische Stauchdruck in Abhängigkeit von der Stauchtemperatur aufgetragen. Die

[1]) G. Masing, Grundlagen der Metallkunde, J. Springer, Berlin 1941.

Kurven wurden durch Bestimmung des Stauchdruckes bei 50%igem Stauchen prismatischer Körper erhalten[2]). Die Ergebnisse lassen die starke Abnahme des Verformungswiderstandes, besonders bei den höher legierten Werkstoffen, mit steigender Verformungstemperatur erkennen.

Mit steigender Temperatur nimmt aber nicht nur der Formänderungswiderstand ab, sondern es wird auch die Formänderungsfähigkeit beträchtlich verbessert, wie aus der in Abb. 183 dargestellten Temperaturabhängigkeit der Dehnung (δ) und Einschnürung (ψ) für Reinaluminium (Al 99,3) und Al-Cu-Mg hervorgeht. In ähnlicher Weise verhalten sich auch andere Aluminiumlegierungen. Es lassen sich also um so größere plastische Verformungen vornehmen, je höher die Verformungstemperatur ist.

Eine obere Grenze der Verformungstemperatur ist dadurch gegeben, daß Überhitzung unter allen Umständen vermieden werden muß. Bei manchen Legierungen besteht Gefahr, daß bei Wahl zu hoher Temperaturen eutektische Gefügephasen übermäßig erweichen oder zum Schmelzen kommen und zu Brüchen oder Rissen

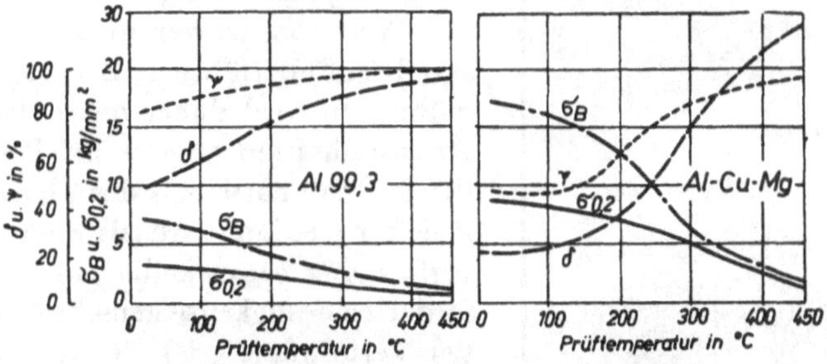

Abb. 183. Temperaturabhängigkeit der Festigkeitseigenschaften vollständig stabilisierter Aluminium-Werkstoffe.

beim Kneten Anlaß geben. Beim Anwärmen von Gußblöcken oder Werkstücken muß daher eine Sicherheitsspanne gegen Überhitzen vorgesehen werden, deren Größe von der Temperaturgenauigkeit der zur Verfügung stehenden Anwärmöfen bestimmt wird. In manchen Fällen werden die Gußblöcke beim Anwärmen homogenisiert und die Knetbearbeitung entweder bei Homogenisierungstemperatur oder einer bis zu 100° C niedrigeren Temperatur durchgeführt.

Durch das Kneten in der Wärme wird das im Gußzustand, besonders bei Legierungen, zwischen den Dendriten eingelagerte spröde Netzwerk intermetallischer Verbindungen aufgebrochen und über das ganze Gefüge fein verteilt, wodurch eine Verbesserung der Formänderungseigenschaften bewirkt wird. Das Ausmaß der erzielbaren Gefügeverbesserungen wird von der Verformungsart und vom Verformungsgrad beeinflußt. Knetlegierungen sind im allgemeinen durch wesentlich bessere mechanisch-technologische Eigenschaften, insbesondere bessere Formänderungsfähigkeit, gekennzeichnet als Gußlegierungen. Das Gefüge einer Al-Cu-Mg-Legierung in gegossenem und gewalztem Zustand ist in Abb. 184 wiedergegeben.

Bei manchen Halbzeugen, wie z.B. bei dünnen Blechen, Bändern, Rohren oder Drähten, müssen zumindest für die letzten Verformungsstufen, mehr oder weniger

[2]) A. v. Zeerleder, R. Irmann und E. v. Burg, Aluminium, Febr. 1936.

starke Kaltverformungen angewendet werden, weil die Werkstücke infolge ihrer verhältnismäßig großen Oberfläche ihre Wärme so schnell an die Luft oder an die Werkzeuge (Walzen, Gesenk, Matrizen) abgeben würden, daß es sich mit einfachen Mitteln nicht bewerkstelligen läßt, die für eine Warmverformung notwendigen Temperaturen in den Werkstücken aufrecht zu erhalten. Auch aus anderen Gründen, z. B. Herstellung einer bestimmten Korngröße, Anforderungen an die Textur, Einhaltung von Maßtoleranzen, Erzielung einer möglichst glatten Oberfläche u. dgl., können die Endstufen der Verformung in solchen Fällen nicht in der Wärme durchgeführt werden.

Mit zunehmender Kaltverformung geht, besonders bei höher legierten Werkstoffen, eine starke Verfestigung und Versprödung des Werkstoffes einher. Bei Erreichung bestimmter Verformungsgrade muß daher die Kaltverformung durch Zwischenglühungen unterbrochen werden, die den Zweck haben, die vorhergegangene Verfestigung möglichst weitgehend zu beseitigen und den Werkstoff wieder in den „weichen“ Zustand zu überführen. Bei diesen Zwischenglühungen wird daher meist eine vollständige Rekristallisation angestrebt. Bei Halbzeugen, die in „halbhartem“ oder „hartem“ Zustand geliefert werden, wird als Endstufe eine Kaltverformung angewendet mit einem den geforderten Festigkeitseigenschaften entsprechenden Verformungsgrad. Bei aushärtbaren Werkstoffen folgt der letzten Kaltverformungsstufe ein Lösungsglühen mit anschließendem Abschrecken und Auslagern bei Raumtemperatur oder erhöhten Temperaturen. Um besonders hohe Streckgrenzen- und Festigkeitswerte zu erreichen, werden Halbzeuge aus aushärtbaren Aluminiumlegierungen mitunter auch vor oder nach dem Auslagern bei Raumtemperatur oder erhöhten Temperaturen einer Kaltverformung unterworfen[3]).

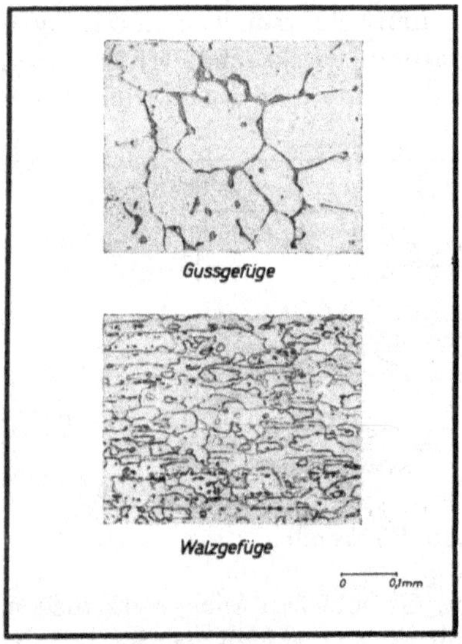

Abb. 184.
Gefüge einer Al-Cu-Mg-Legierung.

Die chemische Zusammensetzung und mechanischen Eigenschaften der wichtigsten Aluminium-Knetlegierungen sind in Tabelle 28 zusammengestellt. Darüber hinaus gibt es eine Reihe von Sonderlegierungen für Automatenbearbeitung, elektrische Freileitungen, Kolben von Verbrennungsmotoren, Gleitlager u. dgl., die der Übersichtlichkeit halber in dieser Tabelle nicht enthalten sind. Bei diesen Legierungen handelt es sich teils um Abwandlungen der in Tab. 28 aufgeführten Werkstoffe, teils um Legierungen mit grundsätzlich anderer Zusammensetzung. Besonders zu erwähnen sind Legierungen auf der Basis AlZnMgCu, die ähnliche Zusammensetzung wie die AlZnMg aufweisen, jedoch zusätzlich 1—2% Cu enthalten und sie bezüglich ihrer Festigkeit und Streckgrenze noch übertreffen. Sie haben daher besonders für den Flugzeugbau Bedeutung erlangt.

[3]) P. Brenner, Z. f. Metallkunde, Bd. 29 (1938), S. 269.

Tabelle 28

Aluminium-Knetwerkstoffe

a) Reinaluminium

Chemische Zusammensetzung (DIN 1712, Bl. 3), Mechanische Eigenschaften (DIN 1788—90)

Reinheitsgrad %	Zustand	Streckgrenze σ 0,2 kg/mm²	Zugfestigkeit σ_B kg/mm²	Dehnung δ 10 %	Brinellhärte $H_B (P=5D^2)$ kg/mm²	Werte gelten für
99,7	weich	1,5—2,5	7—8	30—22	18—22	Stangen
	halbhart	6—9	11—12	12—5	30—33	Stangen bis 18 mm ∅
	hart	9—12	13—14	6—3	35—38	Stangen bis 10 mm ∅
99,5	weich	1,5—2,5	7—9	35—22	18—23	Bleche bis 5 mm
	halbhart	4—6	9—11	15—7	26—30	Bleche bis 5 mm
	hart	11—15	13—18	6—5	35—40	Bleche bis 2 mm
99,0	weich	2—3	8—10	30—20	20—30	Bleche bis 5 mm
	halbhart	4—10	10—14	10—5	30—38	Bleche bis 5 mm
	hart	13—17	14—20	5—3	38—45	Bleche bis 2 mm
98/99	weich	4—7	10—12	10—5	28—32	Stangen bis 30 mm ∅
	halbhart	8—11	12—14	7—4	32—36	Stangen bis 18 mm ∅
	hart	11—13	14—18	4—3	38—42	Stangen bis 10 mm ∅

Weitere mechanische Werte siehe DIN 1788 (Bleche und Bänder)
DIN 1789 (Rohre)
DIN 1790 (Stangen und Profile)

(Fortsetzung siehe S. 262 u. 263)

a) Walzen

aa) Warmwalzen

Bei der Herstellung von Blechen, Bändern und Folien wird meist von Gußblöcken mit rechteckigem Querschnitt, sog. Walzbarren, ausgegangen. Das Seitenverhältnis beträgt 1 : 3 bis 1 : 6. Diese Walzbarren werden, besonders wenn sie auf dem Wege des Stranggießens hergestellt werden, in größeren Längen (2—3 m) gegossen und dann in kürzere für das Walzen geeignete Abschnitte aufgeteilt. Mit fortschreitender Gieß- und Walztechnik sind die Blockgewichte ständig gestiegen, und zwar von etwa 150 kg auf bis zu 2 t und darüber. Hierdurch konnten erhebliche wirtschaftliche Vorteile, insbesondere Ersparnisse an Walzlöhnen und an Abfall beim Einteilen der gewalzten Platten erzielt werden.

Werden die Walzbarren, wie dies häufig der Fall ist, senkrecht zur Gießrichtung gewalzt, so empfiehlt es sich, die Schmalseiten konvex auszubilden, um Überlappungen durch das unvermeidliche Voreilen der äußeren Zonen gegenüber dem Kern auszuschalten und dadurch dem Auftreten von Doppelungen an den Blechrändern entgegenzuwirken. Einige Beispiele üblicher Ausbildungsformen der Schmalseiten von Walzbarren sind in Abb. 185 wiedergegeben. Die Walzbarren werden vor dem

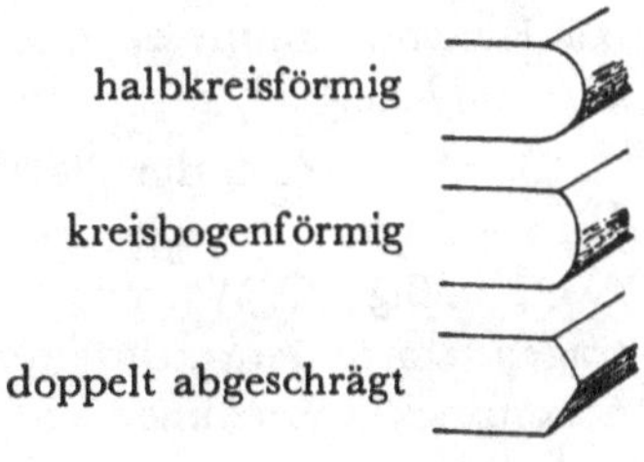

Abb. 185.
Ausbildung der Schmalseiten von Walzbarren.

Tabelle 28 (Fortsetzung)

b) nicht aushärtbare Aluminium-Legierungen

Chemische Zusammensetzung (DIN 1725, Bl. 1), Mechanische Eigenschaften (DIN 1745—49)

Gattung nach DIN 1725	Chemische Zusammensetzung % Rest Al	Zulässige Beimengungen % höchstens	Zustand	Streckgrenze $\sigma_{0,2}$ kg/mm²	Zugfestigkeit σ_B kg/mm²	Dehnung δ_{10} %	Brinellhärte $H_B (P = 5D^2)$ kg/mm²	Werte gelten für Blech bis mm
Al-Mn	Mn 1,0—1,5	Fe+Ti 0,5	weich	4—6	9—12	35—20	25—35	10
	Cr 0—0,3	Si 0,5	halbhart	10—16	12—18	16—5	35—50	10
		Mn 0,3	hart	12—21	15—25	7—3	40—60	6
		Zn 0,1						
		Cu 0,05						
Al-Mg-Mn	Mg 1,5—3,0	Fe+Ti 0,5	weich	8—12	18—23	24—15	45—50	10
	Mn 0,5—1,5	Si 0,5	halbhart	14—19	23—26	16—6	55—65	10
	Cr 0—0,3	Zn 0,3	hart	18—27	26—32	9—3	65—75	6
		Sb 0,2						
		Cu 0,05						
Al-Mg 3	Mg 2—4,0	Fe+Ti 0,5	weich	8—12	18—23	27—15	45—55	6
	Mn 0—0,4	Si 0,5	halbhart	14—24	23—27	19—8	60—70	6
	Cr 0—0,3	Zn 0,3	hart	18—31	26—34	8—3	70—85	6
		Cu 0,05						
Al-Mg 5	Mg 4,0—5,5	Fe+Ti 0,5	weich	11—16	24—30	25—15	55—65	6
	Mn 0—0,8	Si 0,5	halbhart	18—23	25—33	20—8	70—80	6
	Cr 0—0,3	Zn 0,3	hart	24—36	32—40	9—3	80—95	6
		Cu 0,05						
Al-Mg 7	Mg 5,5—7,5	Fe+Ti 0,5	weich	14—18	28—32	24—15	70—80	6
	Mn 0—0,8	Si 0,5	halbhart	20—29	34—40	20—6	85—100	6
	Cr 0—0,3	Zn 0,3						
		Cu 0,05						

Technische Lieferbedingungen DIN 1745 (Bleche und Bänder)
DIN 1746 (Rohre)
DIN 1747 (Stangen)
DIN 1748 (Profile)
DIN 1749 (Preßteile)

Warmwalzen an der Oberfläche abgefräst, um die beim Gießen gebildete Oxydschicht, vorhandene Unebenheiten und Anreicherungen spröder Gefügebestandteile in den Außenzonen zu entfernen. Die Dicke der abzufräsenden Schicht beträgt bei Reinaluminium 2—5 mm und bei Legierungen, die zu umgekehrter Blockseigerung neigen, 4—10 mm.

Das Anwärmen der Walzbarren kann in elektrisch-, gas-, kohle- oder ölgeheizten Öfen erfolgen. Infolge des hohen Reflektionsvermögens der Blockoberfläche ist es zweckmäßig, die Wärme nicht durch Strahlung, sondern durch Konvektion zu übertragen. Um die Anwärmzeiten herabzusetzen und die Ofenleistung zu erhöhen, werden neuerdings in zunehmendem Maße Öfen mit Luft- bzw. Gasumwälzung angewendet, wobei angestrebt wird, die Strömungsgeschwindigkeit möglichst hoch zu wählen und mit periodisch umkehrbarer Strömungsrichtung zu arbeiten. Auch auf eine genaue Temperaturregelbarkeit der Anwärmöfen wird immer größerer Wert gelegt, da zur

Tabelle 28 (Fortsetzung)

c) Aushärtbare Aluminium-Legierungen

Chemische Zusammensetzung (DIN 1725, Bl. 1), Mechanische Eigenschaften (DIN 1745—49)

Gattung nach DIN 1725	Chemische Zusammensetzung %, Rest Al	Zustand	Streckgrenze σ 0,2 kg/mm²	Zugfestigkeit σ_B kg/mm²	Dehnung δ_{10} %	Brinellhärte $H_B(P=5D^2)$ kg/mm²	Werte gelten für Bleche bis mm
AlMgSi	Mg 0,6—1,4	weich	5—11	11—17	25—15	35—40	10
	Si 0,6—1,6	kalt-ausgehärtet	10—20	20—26	20—12	60—75	20
	Mn 0,6—1,0						
	Cr 0—0,3, Fe+Ti ≦ 0,5	warm-ausgehärtet	18—27	28—32	20—10	80—95	20
	Zn ≦ 0,3 Cu ≦ 0,1 (0,05)						
AlCuMg normal (plattiert)	Cu 3,5—4,5	weich	9—13	17—24	21—12	60—70*)	6
	Mg 0,4—0,8	kalt-ausgehärtet	26—34	39—45	21—14	100—115*)	6
	Mn 0,3—0,6						
	Si ≦ 0,8	kalt-ausgehärtet	28—39	43—49	20—10	110—130*)	6
	Fe + Ti ≦ 0,7						
AlCuMg hochfest (plattiert)	Cu 4,2—4,8	warm-ausgehärtet	36—42	44—48	13—6	120—140*)	6
	Mg 0,8—1,4						
	Mn 0,4—1,2	kalt-ausgehärtet	32—44	44—58	18—10	110—135	Profile unplatt. > 3...6
	Si ≦ 1,0						
	Fe + Ti ≦ 0,6						
AlZnMg **)	Zn 4—5 Cr ≦ 0,3	kalt-ausgehärtet	28—32	42—49	20—13	105—125	Blech bis 6
	Mg 2—3 V ≦ 0,05						
	Cu ≦ 0,1 Si ≦ 0,5	warm-ausgehärtet	36—48	46—52	15—9	115—130	Blech bis 6
	Fe + Ti ≦ 0,6						
AlZnMg Cu (plattiert) **)	Zn 5,5—6,5 Cr ≦ 0,3	warm-ausgehärtet	42—50	50—58	15—8	130—170*)	Blech bis 6 plattiert
	Mg 2—3 V ≦ 0,05						
	Cu 1,5—2 Si ≦ 0,5						
	Fe + Ti ≦ 0,4	warm-ausgehärtet	47—56	52—62	13—6	125—170	Profile > 3...6 unplatt.

*) Am unplattierten Blech. **) In DIN 1725 noch nicht genannt.

Technische Lieferbedingungen s. DIN 1745 (Bleche und Bänder)
DIN 1746 (Rohre)
DIN 1747 (Stangen)
DIN 1748 (Profile)
DIN 1749 (Preßteile)

Erleichterung der Verformbarkeit z. T. hohe Walztemperaturen angewendet werden und daher nur kleine Temperaturspannen gegen Überhitzen zur Verfügung stehen. Auch die mit dem Anwärmen mitunter verbundene Homogenisierungsglühung erfordert eine genaue Einhaltung der Lösungstemperatur über längere Zeiträume. Die Lösungsglühdauer stranggegossener Blöcke kann allerdings gegenüber in Kokillen gegossenen Blöcken infolge des feineren und gleichmäßigeren Gefügeaufbaus der ersteren außerordentlich verkürzt werden[4]), wodurch diese Aufgabe wesentlich

[4]) P. Brenner und H. Kostron, Metallurgia, Vol. 41 (1950), N. 244, S. 209.

Tabelle 29. Liste der Normblätter über die Aluminium-Knet- und Gußwerkstoffe

DIN 1712, Bl. 3	Chem. Zus.	Rein-Al, Halbzeug
DIN 1712, Bl. 4	„ „	Raffinal und Reflectal
DIN 1725, Bl. 1	„ „	Al-Leg. Halbzeug geknetet
DIN 1725, Bl. 2	„ „	Al-Leg. Formguß
DIN 1732	„ „	Al-Leg. Schweiß- und Lötdraht
DIN 1745	Techn. Lief.	Al-Leg. Blech und Band
DIN 1746	„ „	Al-Leg. Rohre
DIN 1747	„ „	Al-Leg. Stangen
DIN 1748	„ „	Al-Leg. Profile
DIN 1749	„ „	Al-Leg. Preßteile
DIN 1753	Zul. Maßabw.	Rein-Al Bleche
DIN 1769	„ „	Al, Al-Leg. Stangen flach gezogen
DIN 1770	„ „	Al, Al-Leg. Stangen flach gepreßt
DIN 1771	„ „	Al, Al-Leg. Profile L gepreßt
DIN 1783	„ „	Al-Leg. Bleche
DIN 1784	„ „	Al-Leg. Bänder
DIN 1788	Techn. Lief.	Rein-Al Blech, Band, Streifen
DIN 1789	„ „	Rein-Al Rohre
DIN 1790	„ „	Rein-Al Stangen, Profile
DIN 1793	Zul. Maßabw.	Rein-Al Bänder
DIN 1794	„ „	Rein-Al Rohre
DIN 1795	„ „	Al-Leg. Rohre
DIN 1796	„ „	Al, Al-Leg. Stangen, 4kt., gezogen
DIN 1797	„ „	Al, Al-Leg. Stangen, 6kt., gezogen
DIN 1798	„ „	Al, Al-Leg. Stangen, rund, gezogen
DIN 1799	„ „	Al, Al-Leg. Stangen, rund, gepreßt
DIN 9107	„ „	Al-Leg. Rohre, dickw., gepreßt
DIN 9711	„ „	Al, Al-Leg. Profile Grundn.
DIN 9712	„ „	Al, Al-Leg. Profile H, gepreßt
DIN 9713	„ „	Al, Al-Leg. Profile U, gepreßt
DIN 9714	„ „	Al, Al-Leg. Profile T, gepreßt
L 446	„ „	Nietdraht
LgN 113 30	„ „	Leichtmetalle, Gesenkpreßteile

erleichtert und die Leistungsfähigkeit derartiger Öfen um ein Vielfaches gesteigert werden kann.

Die Walzbarren werden je nach den Betriebsverhältnissen entweder chargenweise in Kastenöfen eingesetzt oder bei Verwendung von Durchlauföfen kontinuierlich beschickt.

Manche Legierungen wie z.B. Al-Mg-Legierungen mit Mg-Gehalten von 7% und darüber können nicht unmittelbar aus dem Gußzustand warmgewalzt werden. In diesem Falle werden aus diesen Legierungen Preßbarren von 300—500 mm Durchmesser gegossen, aus denen auf der Strangpresse Schienen von 250—450 mm Breite und 20—80 mm Dicke hergestellt werden. Nach Unterteilen dieser Schienen in für das Walzen geeigneten Längen, Abfräsen und Anwärmen werden diese dann in entsprechender Weise warmgewalzt, wie für die Walzbarren beschrieben.

Diese Arbeitsweise, die natürlich wesentlich unwirtschaftlicher ist als das unmittelbare Walzen der Gußblöcke, mußte früher für die meisten Aluminiumlegierungen angewendet werden. Es läßt sich seit Einführung der verbesserten

Schmelz- und Gießverfahren auf einige wenige besonders schwierig walzbare Werkstoffe beschränken.

Die Walztemperaturen richten sich nach den verwendeten Legierungen. Sie betragen z.B. für Al-Cu-Mg-Legierungen 400—480° C, bei Al-Mg-Si-Legierungen 450—500° C und bei Al-Mn-Legierungen 460—520° C. Reinaluminium wird bei Temperaturen von 500—550° C gewalzt.

Der Einfluß der Warmwalztemperatur auf die Kristallorientierung ist nicht völlig geklärt. Nach englischen Untersuchungen[5]) unterscheidet sich die Rekristallisationstextur von handelsüblichem Reinaluminium, das bei Temperaturen über 500° C gewalzt wurde, von der bei niedrigeren Temperaturen gewalzten, und zwar ist im ersteren Falle die (112)-Lage, im letzteren Falle die Würfellage vorherrschend.

Die Querschnittsabnahme beim Warmwalzen wird von der chemischen Zusammensetzung des Walzgutes, von der Walztemperatur, von der Form und den Abmessungen der Walzbarren, sowie von den zur Verfügung stehenden Walzeinrichtungen bestimmt. Bei Reinaluminium sind Dickenabnahmen von 30% und mehr je Stich möglich, bei Legierungen entsprechend weniger. Die üblichen Enddicken beim Warmwalzen liegen bei 8—10 mm, vielfach wird jedoch bis auf 4—6 mm Dicke warm heruntergewalzt. Bei Unterschreitung einer Plattendicke von 12 mm nimmt die Walztemperatur infolge der starken Oberflächenvergrößerung des Walzgutes schnell ab, so daß dann die folgenden Stiche bei wesentlich tieferen Temperaturen durchgeführt werden müssen, was eine mehr oder weniger starke Verfestigung des Werkstoffes zur Folge hat.

Während früher das Warmwalzen in der Regel mit Zwischenanwärmungen durchgeführt wurde, erlauben die neuzeitlichen Walzwerke ein Warmwalzen bis auf Endstärke in einer Hitze.

Die Gefügeänderungen eines Walzbarrens aus einer Al-Cu-Mg-Legierung beim Warmwalzen von 180 mm auf 7 mm sind aus Abb. 186 ersichtlich[6]). Der Ausgangszustand (Abwalzung 0%) zeigt das bekannte Gußgefüge, das auch nach 22% Abwalzung keine grundsätzlichen Änderungen erkennen läßt. In die aluminiumreiche Grundmasse ist ein Netzwerk spröder intermetallischer Verbindungen eingelagert. Bei stärkerer Abwalzung wird dieses Netzwerk immer stärker aufgerissen und schließlich in kleinste unzusammenhängende Teilchen zerbrochen, die bei 96% Abwalzung ziemlich gleichmäßig über den ganzen Querschnitt verteilt sind. Die Mikroaufnahmen stammen aus der Mitte des Walzbarrens. Ursprüngliche Unterschiede zwischen den Innen- und Außenzonen des Walzbarrens werden bereits nach Abwalzungen von 50% weitgehend ausgeglichen.

Untersuchungen über die Eigenschaftsänderungen beim Warmwalzen hatten die in Abb. 187 dargestellten Ergebnisse. Hierbei wurden Festigkeit, Streckgrenze und Dehnung längs und quer zur Walzrichtung (*L* und *Q*), sowie senkrecht zur Walzoberfläche (*S*) durch Mikrozerreißstäbe bestimmt und das Mittel der in den drei Richtungen nur wenig unterschiedlichen Werte für die Innen- und Außenzonen (*i* und *a*) über dem Abwalzgrad aufgetragen. Bis zu 25% Abwalzung ist ein starker Rückgang der Festigkeit und Streckgrenze zu erkennen, der wahrscheinlich auf eine

[5]) F. Kacz und P. C. Varley, J. Inst. Metals, Vol. 76 (1950), S. 407 u. f.

[6]) Nach Untersuchungen von H. Kostron.

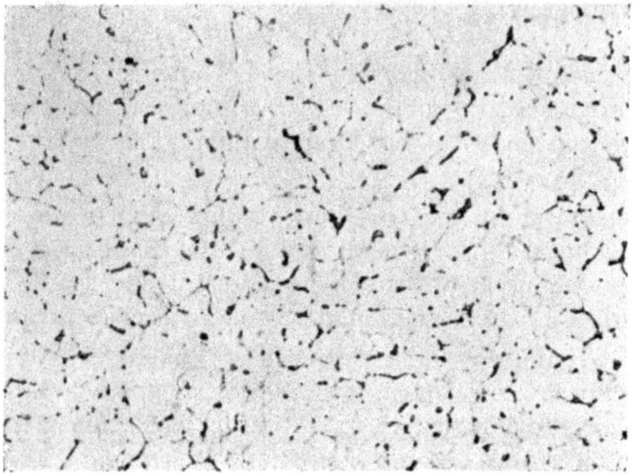

Abb. 186a.
Gefügeänderungen beim Warmwalzen
(V = 100 x, ungeätzt).
Legierung: Al-Cu-Mg.
Walztemperatur: 450° C.
Dicke: 180 mm.
Abwalzung: 0% (Guß).

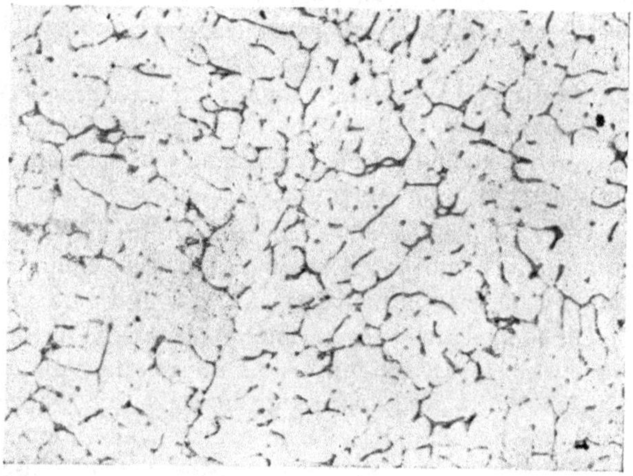

Abb. 186b.
Dicke: 140 mm.
Abwalzung: 22%.

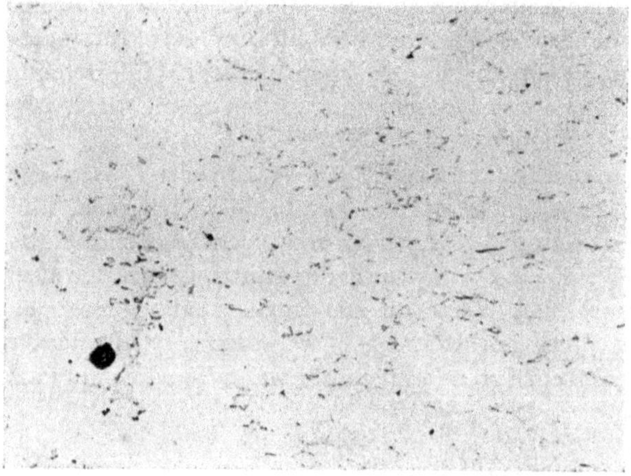

Abb. 186c.
Dicke: 80 mm.
Abwalzung: 56%.

Abb. 186d.

Gefügeänderungen beim Warmwalzen ($V = 100 x$, ungeätzt).
Legierung: Al-Cu-Mg.
Walztemperatur: 450° C.

Dicke: 40 mm.
Abwalzung: 78 %.

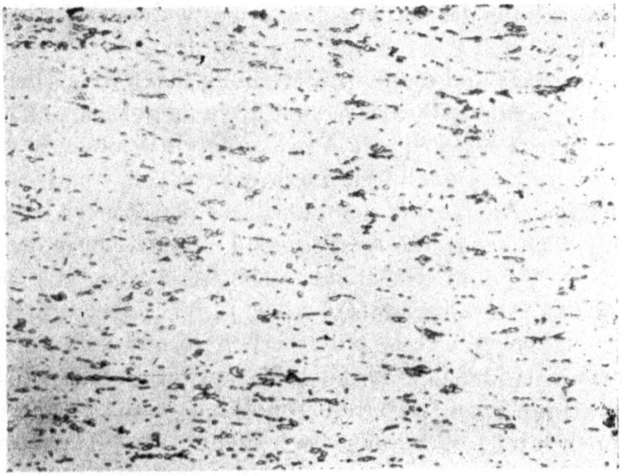

Abb. 186e.
Dicke: 20 mm.
Abwalzung: 89%.

Abb. 186f.
Dicke: 7 mm.
Abwalzung: 96%.

Schwächung des den Formänderungswiderstand erhöhenden intermetallischen Netzwerkes durch Risse oder Brüche zurückzuführen ist. Das weitere Aufbrechen dieses Netzwerkes und die feine Verteilung der spröden Bruchstücke über den Querschnitt mit steigenden Abwalzgraden führen dann zu einer ständigen Erhöhung der Dehnung, die bereits bei 50%iger Abwalzung ein Vielfaches der Dehnung des Gußzustandes erreicht. Dagegen liegen die Streckgrenzen- und besonders die Festigkeitswerte nach 96%iger Abwalzung deutlich unter den Werten des Gußzustandes; bemerkenswert ist jedoch der starke Anstieg der Festigkeitswerte im Bereich mittlerer Abwalzgrade (22—56%) und der etwas geringere Anstieg der Streckgrenzenwerte im Bereich höherer Abwalzgrade (56—96%). Besonders ungünstige Verformungsverhältnisse dürften bei Abwalzungen zwischen 10 und 30% vorliegen, da hier sowohl der Verformungswiderstand als auch die Verformungsfähigkeit sehr niedrige Werte aufweist. Es kommt hinzu, daß in diesem Bereich auch die Eigenschaftsunterschiede zwischen Innen- und Außenzonen noch nicht ausgeglichen sind. Erfahrungsgemäß treten in

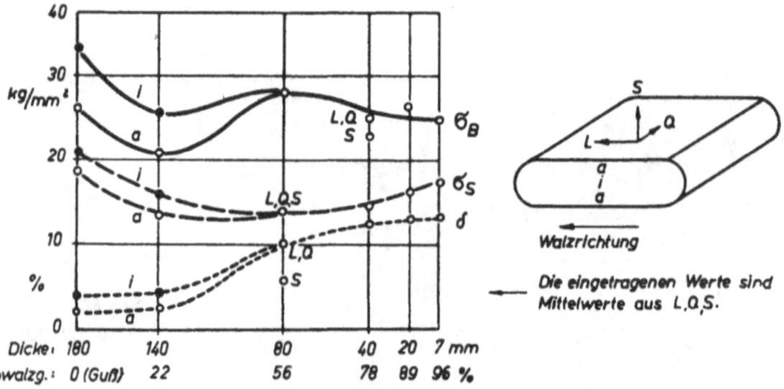

Abb. 187. Eigenschaftsänderungen beim Warmwalzen.
Legierung: Al-Cu-Mg. Walztemperatur 450° C.

diesem Bereich die häufigsten Walzschwierigkeiten, insbesondere Kantenrisse und Aufreißen (engl. „crocodiling") auf. Es ist eine oft bewährte Praxis, diesen Bereich möglichst vorsichtig, d. h. mit kleinen Stichen und geringen Walzgeschwindigkeiten, zu durchschreiten.

In Übereinstimmung mit der Gefügeuntersuchung zeigt auch Abb. 187 einen Ausgleich der Eigenschaften der Innen- und Außenzone nach einem Abwalzgrad von etwa 50%.

Das Warmwalzen von Aluminium und Aluminiumlegierungen wird meist auf Duo-Gerüsten ausgeführt. An Stelle der früher üblichen Walzgerüste mit Überhebetischen werden neuerdings in zunehmendem Maße Reversier-Walzwerke verwendet, bei denen das Walzgut hin- und hergewalzt wird. Als Vorteile dieses Verfahrens sind besonders eine homogenere Verformung und ein schnelleres Arbeiten, damit ein geringerer Temperaturabfall des Walzgutes anzuführen. — Infolge der geringen Härte des Aluminiums und seiner Legierungen bei den üblichen Warmwalztemperaturen sind besondere Maßnahmen erforderlich, um Oberflächenbeschädigungen des Walzgutes zu vermeiden, was sich am besten durch Einbau angetriebener und steuerbarer Transportrollen in die Walzentische bewerkstelligen läßt.

Die Walzendurchmesser von Duo-Warmwalzen bewegen sich zwischen 600 und 900 mm. Die Walzgeschwindigkeit, die bei den ersten Stichen verhältnismäßig niedrig gewählt wird, kann gegen Ende des Warmwalzens erheblich gesteigert werden. In neuzeitlichen Duo-Gerüsten wird mit Walzgeschwindigkeiten bis zu 300 m/min gearbeitet.

Zum Teil werden zum Warmwalzen von Aluminium und Aluminiumlegierungen auch Trio- und Quarto-Gerüste angewendet. Bei den Trio-Gerüsten werden meist drei Walzen gleichen Durchmessers angewandt, um eine Verkrümmung des Walzblockes zu vermeiden. Die Wahl dünnerer Arbeitswalzen bei den Quarto-Gerüsten ermöglicht zwar die Ausübung höherer spezifischer Walzdrücke, erschwert aber das Greifen der Walzen und hat eine Verkürzung des Verformungsweges zur Folge, wodurch die Größe der Stichabnahme begrenzt wird. Es sind auch Kombinationen von Duo- und Mehrrollen-Gerüsten möglich; eine zweckmäßige Arbeitsweise besteht z. B. in einem Vorwalzen auf einem Duo-Gerüst und in einem Endwalzen auf einem Quarto-Gerüst. In einem französischen Walzwerk werden Walzbarren von 200 bis 300 mm Dicke zuerst auf einem Reversier-Quarto auf etwa 15 mm und dann ohne neue Anwärmung auf drei Quarto-Gerüsten in Tandème-Anordnung auf etwa 2,5 mm weitergewalzt[7]). Ein großes amerikanisches Reversier-Quarto zum Warmwalzen von Aluminium und Aluminium-Legierungen ist in Abb. 188 wiedergegeben.

Abb. 188. Amerikanisches Reversier-Quarto zum Warmwalzen von Aluminium und Al-Legierungen.

Um ein Kleben des Walzgutes an den Walzen zu vermeiden, darf die Walzentemperatur 250° C nicht überschreiten[8]). Es ist daher für ausreichende Walzenkühlung durch geeignete Kühlmittel zu sorgen. Besonders vorteilhaft erscheint die Verwendung von Ölemulsionen, die neben der Walzenkühlung eine Verringerung des Abriebes bewirken, ohne das Greifen der Walzen in unzulässiger Weise zu beeinträchtigen.

Während Stangen und Profile aus Aluminium und Aluminiumlegierungen üblicherweise auf dem Wege des Strangpressens hergestellt werden, ist in USA und in Frankreich die Herstellung dieser Halbzeuge auch durch Walzen aufgenommen worden. Das Walzen wird auf Profilwalzgerüsten, wie sie auch zum Walzen von Walzeisen verwendet werden, vorgenommen, wobei von Gußbarren, stranggepreßten oder geschmiedeten Rohlingen ausgegangen wird. Die Walztemperaturen entsprechen den beim Warmwalzen von Walzbarren üblichen. Das Walzen von Stangen und Profilen kommt nur für größere Querschnitte von verhältnismäßig einfacher

---

[7]) J. Matter und M. Lamourdedieu, J. Inst. of Metals, Vol. 75 (1949), P. 12, S. 899.
[8]) A. v. Zeerleder, Die Technologie des Aluminiums und seiner Legierungen.

Form in Frage. Es hat aber gegenüber dem Strangpressen den Vorteil höherer Arbeitsgeschwindigkeit und geringer Metallverluste, die beim Strangpressen infolge des Abfalls des Preßanfangs und Preßendes, sowie des Preßrestes beträchtlich sind.

bb) Kaltwalzen

Die warmgewalzten Platten werden meist ohne Zwischenglühung kalt weitergewalzt. Hierfür werden vorzugsweise Trio- oder Quarto-Gerüste verwendet, die zur Erzeugung hoher spezifischer Walzdrücke mit einer dünneren Mittelwalze bzw. dünneren Arbeitswalzen versehen sind. Beim Kaltwalzen tritt im Gegensatz zum

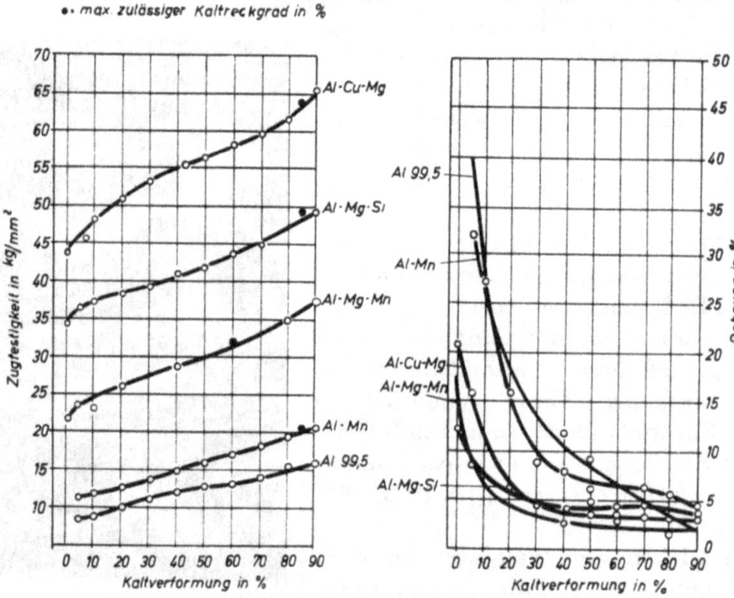

Abb. 189. Einfluß der Kaltverformung auf Festigkeit und Dehnung.

Warmwalzen eine starke Verfestigung des Werkstoffes ein. In Abb. 189 ist für Reinaluminium und verschiedene Aluminiumlegierungen Festigkeit und Dehnung in Abhängigkeit vom Kaltverformungsgrad aufgetragen. Die in die Abbildung nicht eingetragenen Streckgrenzenwerte zeigen einen noch steileren Anstieg als die Festigkeit. Bei hohen Abwalzgraden wird der Werkstoff schließlich so hart und spröde, daß entweder die Walzdrücke zur weiteren Dickenabnahme nicht mehr ausreichen oder Rißerscheinungen, besonders an den Blechkanten auftreten, die ein weiteres Abwalzen unwirtschaftlich machen.

Zur Wiedererweichung des Werkstoffes muß eine Zwischenglühung durchgeführt werden. Die Glühtemperatur und Glühzeit richtet sich nach der chemischen Zusammensetzung des Werkstoffes, nach dem angewendeten Abwalzgrad, nach der Größe des Ofeneinsatzes, seiner Stapelung, sowie nach der Leistungsfähigkeit des Glühofens.

Abb. 190 zeigt den Einfluß einer Glühung von 350° C auf die Festigkeitseigenschaften eines walzharten Bleches der Gattung Al-Mn von 1 mm Dicke. Man erkennt die mit steigender Glühtemperatur und Glühdauer abnehmende Festigkeit und Streckgrenze und den Wiederanstieg der Dehnung.

Bei höheren Temperaturen (im allgemeinen über 300° C) setzt bei Aluminium und Aluminiumlegierungen eine Rekristallisation ein. Bei tieferen Temperaturen

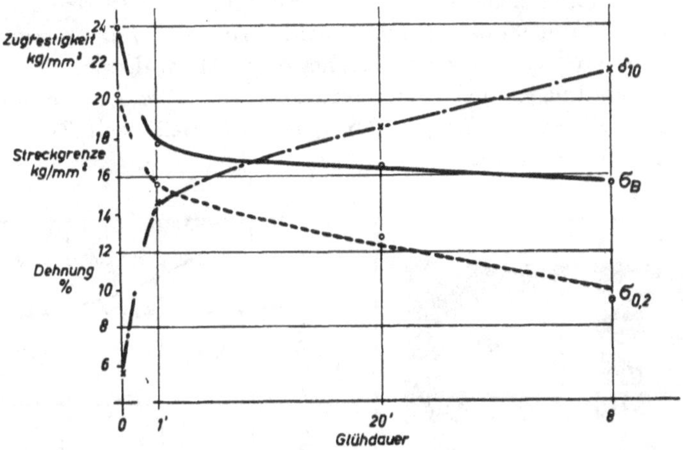

Abb. 190. Einfluß einer Erwärmung von 350° C auf die Festigkeitseigenschaften eines walzharten Bleches der Gattung Al-Mn (Blechdicke 1 mm).

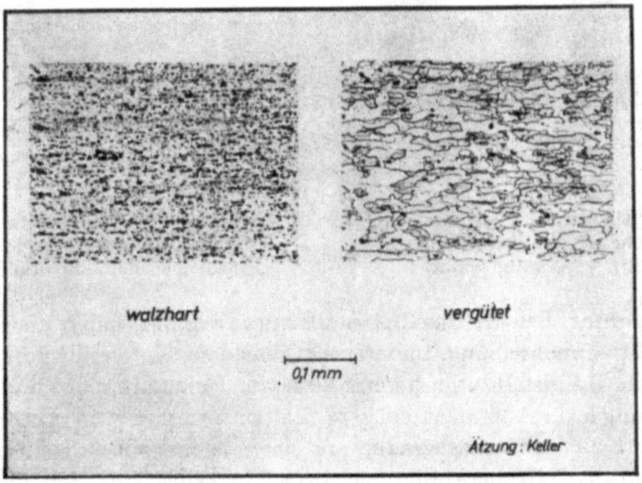

Abb. 191. Al-Cu-Mg-Blech vor und nach der Rekristallisation (Lösungsglühung).

beruht die Entfestigung auf einer Erholung, d. h. es findet keine Umbildung des Gefüges statt. Die Entfestigung ist dabei allerdings nur eine teilweise.

Abb. 191 zeigt Mikroaufnahmen eines walzharten Al-Cu-Mg-Bleches vor und nach einer Rekristallisationsglühung. In walzhartem Zustand ist ein eigentliches Kristallgefüge nicht zu erkennen. Wird dieses Blech 30 Min. bei 500° C geglüht, so wird das neue, aus einzelnen Kristalliten bestehende Gefüge, das durch Rekristallisation entstanden ist, deutlich sichtbar. Der Beginn der Rekristallisation kann auf Grund metallographischer Gefügeuntersuchungen nicht genau bestimmt werden. Zur Feststellung des Rekristallisationsbeginnes bedient man sich daher häufig röntgenographischer Untersuchungsverfahren, bei denen ein unter einem bestimmten Winkel zur Metalloberfläche auftreffender Röntgenstrahl an den Netzebenen des Kristallgitters zur Reflektion gebracht wird. Abb. 191 zeigt einige Rückstrahlaufnahmen eines 50% kaltgewalzten Bleches einer Al-Mn-Legierung nach verschiedenen Glühbehandlungen. Bei nicht rekristallisiertem Werkstoff erhält man einen kontinuierlichen Schwärzungsring (Abb. 192a), der sich nach Rekristallisation in einzelne Reflexe auflöst (Abb. 192c und d).

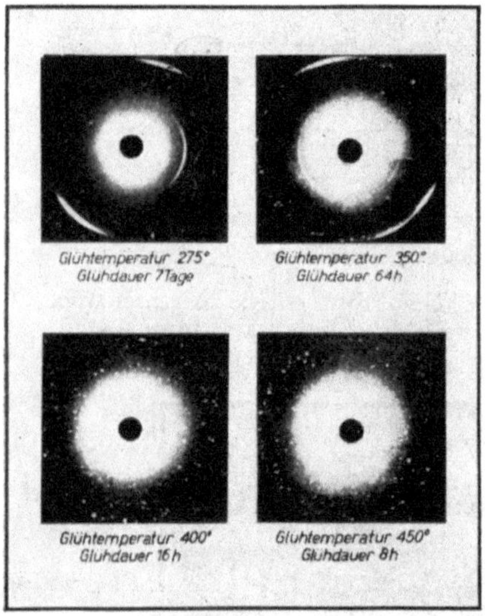

Abb. 192. Rückstrahlaufnahmen nach verschiedener Glühbehandlung (Al-Mn, 50% kaltgewalzt).

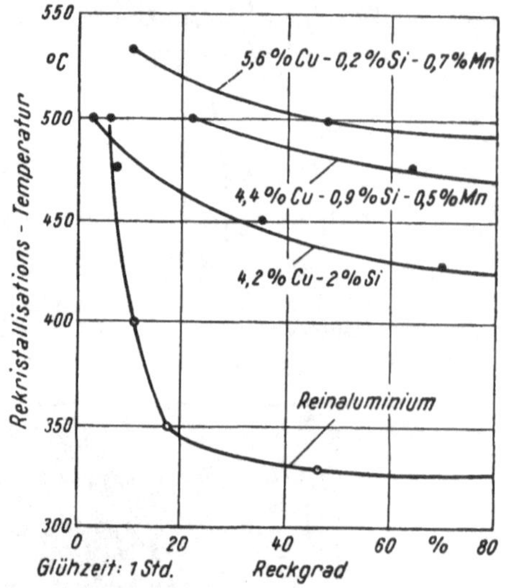

Abb. 193. Rekristallisationstemperatur verschiedener Al-Legierungen (nach Hanemann und Vogel).

Die Temperatur, bei der die Rekristallisation beginnt, hängt einerseits von der chemischen Zusammensetzung, andererseits von dem Kaltverformungsgrad ab. In Abb. 193 ist die Rekristallisationstemperatur von Reinaluminium und einigen Aluminiumlegierungen in Abhängigkeit vom Kaltverformungsgrad dargestellt.

Bei kleinen Kaltverformungsgraden und nachfolgender Rekristallisationsglühung besteht Neigung zur Grobkornbildung, wobei in kritischen Bereichen unter Umständen mehrere Zentimeter große Kristalle entstehen können. In Abb. 194 sind Probestäbe einer Al-Cu-Mg-Legierung wiedergegeben, die nach verschieden starkem Recken (1—15%) einer Rekristallisationsglühung bei 505° C unterworfen wurden. Wie ersichtlich, liegt der kritische Verformungsgrad, bei dem die stärkste Grobkörnigkeit auftritt, bei etwa 4%.

Zur Erzielung guter Festigkeitseigenschaften muß ein möglichst feinkörniges Gefüge angestrebt und insbesondere die Anwendung kritischer Verformungsgrade vermieden werden. In Abb. 195 sind z.B. Mikroaufnahmen einer Al-Cu-Mg-Legierung, die nach verschieden starker Abwalzung bei 500° C geglüht wurden, die entsprechenden Festigkeitswerte zugeordnet, woraus die Überlegenheit des feinkörnigen Werkstoffes deutlich zu ersehen ist. Grobkörniger Werkstoff weist auch in anderer Hinsicht nachteilige Eigenschaften auf, wie z.B. Narbigwerden der Oberfläche bei Formgebungsarbeiten und Neigung zu interkristallinen Rissen bei höheren Temperaturen.

Tiefziehbleche, bei deren späterer Verarbeitung sich kritische Verformungsgrade nicht umgehen lassen, werden mitunter mit einer mittleren Korngröße geliefert, da in diesem Zustand die Neigung zur Grobkornbildung bei mehrmaligen Zwischenglühungen weniger ausgeprägt ist.

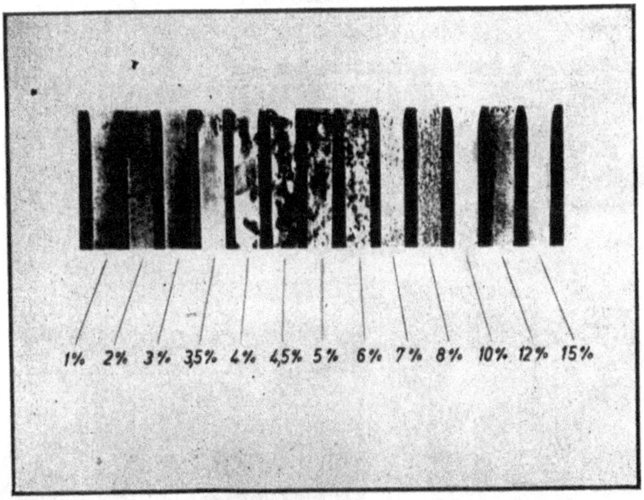

Abb. 194. Abhängigkeit der Korngröße (AlCuMg) vom Verformungsgrad (Recken 1—15%) nach Rekristallisation bei 505°.

Die Herstellung feinkörniger Halbzeuge macht um so größere Schwierigkeiten, je reiner der Werkstoff ist. Aus diesem Grunde werden Halbzeuge aus Reinstaluminium (Reinheitsgrad 99,99%) vielfach mit geringen Legierungszusätzen, z.B. Magnesium, hergestellt.

Die Beherrschung der Korngröße bei der Herstellung von Blechen und Bändern aus Aluminium und Aluminiumlegierungen erfordert sorgfältige Wahl und Überwachung der Walz- und Wärmebehandlungsbedingungen auf Grund eingehender Kenntnis des Rekristallisationsverhaltens und seiner Beeinflussung durch die chemische Zusammensetzung des Werkstoffes[9]). Hierbei kommt den Einrichtungen für die Wärmebehandlung besondere Bedeutung zu, an die heute höhere Anforderungen bezüglich Leistungsfähigkeit, Gleichmäßigkeit, Regelbarkeit und Genauigkeit gestellt werden als früher.

---

[9]) K. L. Dreyer, Aluminium-Knetlegierungen, Naturforschung und Medizin in Deutschland 1939—1946, Bd. 32, Metallkunde der Nichteisenmetalle, Teil 1, Herausgegeben von M. Hansen, S. 78.

Das Fertigwalzen erfolgt in der Regel auf Duo-Gerüsten, die bei Sonderanforderungen an die Oberfläche mit hochglanzpolierten Stahlwalzen ausgerüstet sind.

Für die Herstellung von Bändern werden besondere Bandwalzwerke benützt, bei denen vorgewalzte Platten von 6—15 mm Dicke nach Erreichen einer Dicke von etwa 3 mm unter gleichzeitiger Anwendung einer Zugkraft kaltgewalzt werden

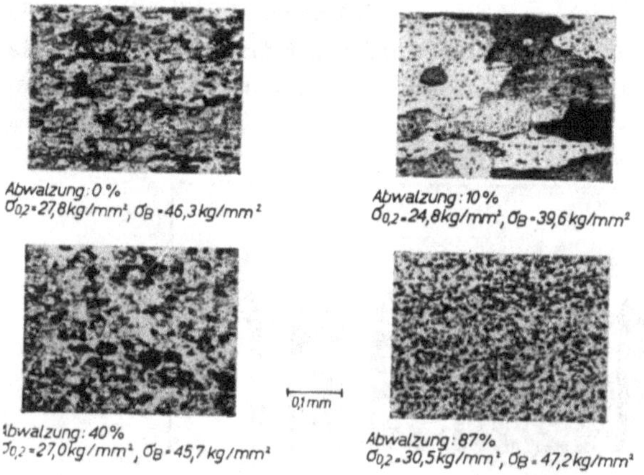

Abb. 195. Einfluß der Korngröße auf 0,2 Grenze und Festigkeit. Al-Cu-Mg (Bondur 17/69).

Abb. 196. Bandwalzgerüst.

(Abb. 196). Dieses Arbeitsverfahren ist dem normalen Blechwalzen wirtschaftlich überlegen, da das Walzen unter gleichzeitiger Zugbeanspruchung des Bandes wesentlich stärkere Abnahmen ermöglicht. Dieses Verfahren wird auch zur Herstellung von Folien von 0,1—0,005 mm Dicke angewendet, wobei vielfach Spezialausführungen von Vier- oder Sechswalzengerüsten mit sehr dünnen Arbeitswalzen benutzt werden. Von einer bestimmten Dicke ab (etwa 0,02 mm) werden die Folien in mehrfacher Lage gewalzt. Dieses „Paketwalzen" ist übrigens auch bei der Herstellung von Blechen unter 1 mm Dicke üblich.

Als eine andere Spezialausführung sind Walzwerke zur Herstellung verjüngter Streifen zu erwähnen, bei denen der Walzspalt während des Walzens kontinuierlich verändert wird. Auf derartigen Gerüsten können verjüngte Streifen bis zu 500 mm Breite und einer Dickenabnahme bis zu 12 mm je laufenden Meter hergestellt werden.

Bei der Herstellung von Blechen und Bändern aus aushärtbaren Aluminiumlegierungen wird die Aushärtebehandlung, die in einem Lösungsglühen mit anschließendem Abschrecken besteht, normalerweise nach der letzten Abwalzung durchgeführt. Die hierbei auftretenden Verwerfungen des Glühgutes müssen durch ein nachträgliches Richten beseitigt werden. Es ist zweckmäßig, diesen Arbeitsgang möglichst sofort nach dem Abschrecken auszuführen, da besonders bei Al-Cu-Mg-Legierungen schon nach wenigen Stunden Lagerzeit eine beträchtliche Härtesteigerung einsetzt, die die Durchführung der Richtarbeiten erschwert.

Während das Richten von Bändern durch leichtes Nachwalzen auf Bandwalzen erfolgt, werden Bleche bei stärkeren Verwerfungen auf Duo-Gerüsten mit Walzen größeren Durchmessers, sog. Plan- oder Egalisierwalzen, gerichtet. Kleinere Unplanheiten werden auf Mehrrollen-Richtwalzen beseitigt, bei denen die Bleche zwischen einer größeren Zahl hintereinander angeordneter Walzen hin- und hergebogen werden. Bleche von 0,5—2,5 mm werden vorzugsweise auf Reckbänken, bei denen die Blechenden ähnlich wie bei einer Zerreißmaschine in Backen eingespannt und auf Zug beansprucht werden, gerichtet.

cc) Walzplattieren

Aluminium und eine Reihe seiner Legierungen lassen sich durch Warmwalzen miteinander verschweißen, so daß es gelingt, auf diesem Wege Verbundwerkstoffe mit ganz neuartigen Eigenschaften herzustellen.

Bleche und Bänder aus Al-Cu-Mg-Legierungen erhalten z.B. meist eine beiderseitige Plattierung aus Reinaluminium oder einer kupferfreien Aluminiumlegierung. Derartige Werkstoffe weisen bei der hohen Korrosionsbeständigkeit des Reinaluminiums oder der für die Plattierung verwendeten kupferfreien Aluminiumlegierung die hohe Festigkeit der Al-Cu-Mg-Legierungen auf. Infolge des unedleren Potentials der Plattierung gegenüber dem kupferhaltigen Kern tritt außerdem eine elektrolytische Fernschutzwirkung auf, durch die auch solche Stellen, an denen die Plattierschicht unterbrochen ist, wie z.B. an den Schnittkanten von Blechen, vor Korrosion geschützt werden. Über die Eigenschaften dieser Verbundwerkstoffe ist im Schrifttum eingehend berichtet worden[10]) [11]).

Die Herstellung solcher Verbundwerkstoffe erfolgt in der Weise, daß der Al-Cu-Mg-Walzbarren nach Abfräsen und Beizen in das Plattierblech aus Reinaluminium oder einer kupferfreien Legierung eingepackt, auf Walztemperatur angewärmt und in der üblichen Weise heruntergewalzt wird. Das Verschweißen des Plattierwerkstoffes mit dem Kern findet schon bei den ersten Walzstichen statt und wird bei den weiteren Abwalzungen noch vervollkommnet.

---

[10]) P. Brenner, Z. f. Metallkunde Bd. 28 (1936), S. 276.
[11]) P. Brenner u. W. Roth, Z. f. Metallkunde, Bd. 29 (1937) S. 325.

Bei einer anderen Herstellungsart wird mit Hilfe des Plattiergießverfahrens[12]) bereits ein plattierter Walzbarren hergestellt, der ohne weitere Behandlung auf Walztemperatur angewärmt und warmgewalzt wird.

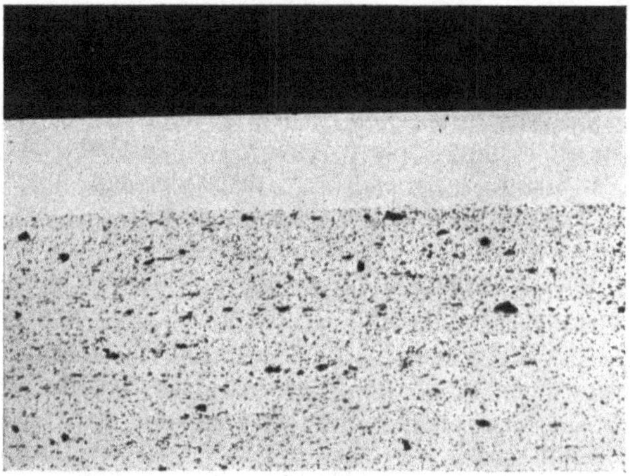

Abb. 197. Mikro-Aufnahme eines aluminiumplattierten AlCuMg-Bleches (V = 200 x). Zustand: walzhart (nicht ausgehärtet). Plattierschicht: diffusionsfrei.

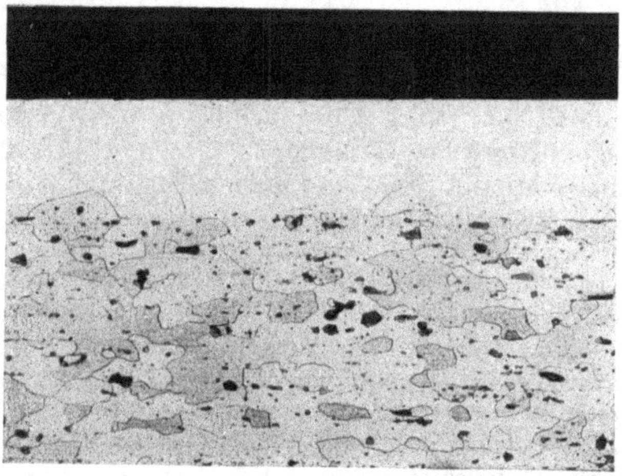

Abb. 198. Mikro-Aufnahme eines aluminiumplattierten AlCuMg-Bleches (V = 200 x). Zustand: kalt ausgehärtet (10 min bei 500° C geglüht und abgeschreckt). Diffusion von Legierungselementen des Kernwerkstoffes an der Grenzzone zwischen Kernwerkstoff und Plattierung.

Das Verhältnis zwischen Plattierdicke und Blockdicke bleibt während des gesamten Walzvorganges nahezu konstant und wird meist so gewählt, daß die Dicke der beiderseitigen Plattierschicht je etwa 5% der Gesamtdicke beträgt.

---

[12]) P. Brenner u. W. Roth, Metallwirtschaft XXI (1942), Heft 45/46.

Abb. 197 und 198 zeigen Mikroaufnahmen von mit Reinaluminium plattierten Al-Cu-Mg-Blechen vor und nach dem Aushärten. Im nicht ausgehärteten (walzharten) Zustand ist das unrekristallisierte Kerngefüge scharf gegen die aufgeschweißte Plattierschicht abgegrenzt. Durch das Lösungsglühen beim Aushärten wird einerseits eine Rekristallisation des Kern- und Plattiergefüges, andererseits eine Diffusion von Legierungselementen des Kernwerkstoffes, insbesondere des Kupfers in die Plattierschicht an der Begrenzungsfläche beider Werkstoffe bewirkt. Bei Anwendung sehr dünner Plattierschichten und genügend langer Erhitzung bei Lösungsglühtemperatur kann die Diffusion bis zur Blechoberfläche fortschreiten (Abb. 199). Obwohl im Hinblick auf die Erzielung möglichst hoher Korrosionsbeständigkeit eine möglichst dif-

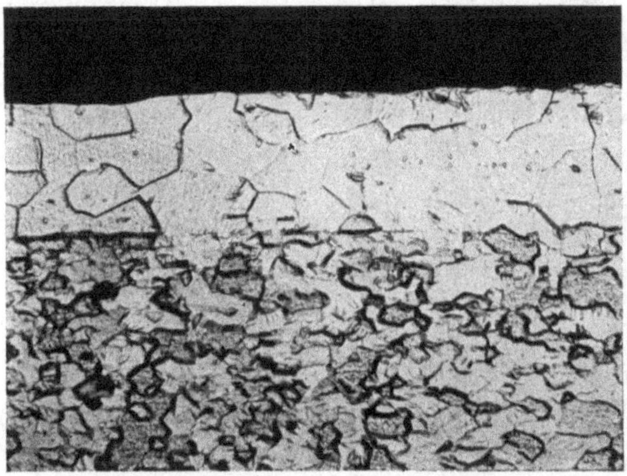

Abb. 199. Mikro-Aufnahme eines aluminiumplattierten AlCuMg-Bleches (V = 200 x). Zustand: kalt ausgehärtet (60 min bei 500° C geglüht und abgeschreckt). Diffusion von Legierungselementen des Kernwerkstoffes bis zur Blechoberfläche.

fusionsfreie Plattierschicht angestrebt wird, so weisen doch auch Werkstoffe mit vollständig durchdiffundierter Plattierschicht noch wesentlich höhere Korrosionsbeständigkeit auf als unplattierte Werkstoffe[13]).

b) Pressen und Ziehen

aa) Strangpressen

Beim Strangpressen lassen sich wesentlich höhere Querschnittsabnahmen in einem Arbeitsgang erzielen als beim Walzen, da der Block bei der Verformung unter allseitig hohem Druck steht und sich Risse nicht so leicht ausbilden können wie unter dem nur örtlich wirksamen Walzendruck. Gußblöcke aus schwierig verformbaren Werkstoffen, insbesondere Aluminiumlegierungen mit höheren Magnesiumgehalten, werden daher erst durch Strangpressen verformt, bevor sie durch Walzen oder Schmieden weiterverarbeitet werden.

---

[13]) H. Kostron, Aluminium, April 1941.

Das Strangpressen wird bei Aluminium und Aluminiumlegierungen in der Wärme durchgeführt und entspricht grundsätzlich dem bei anderen Nichteisenmetallen wie Kupfer, Messing und Zink angewendeten Verfahren[14]).

Abb. 200.
Stehende 1000-t-Strangpresse.

Zum Strangpressen von Aluminium und Aluminiumlegierungen werden hydraulische, in direktem Verfahren arbeitende Pressen bevorzugt. Kleinere Pressen bis zu 1000 t werden aus Gründen der Raumersparnis meist stehend angeordnet (Abb. 200) Liegende Strangpressen sind bis zu 12000 t Preßdruck ausgeführt worden. Abb. 201 zeigt eine Dreisäulenpresse von 3500 t, Abb. 202 eine Viersäulenpresse von 5000 t.

Für das Strangpressen werden Gußbarren bis zu 600 mm Durchmesser verwendet, die in geeignete Preßlängen aufgeteilt werden. Die durch die schmelz- und gießtechnischen Fortschritte (siehe S. 193ff.) erzielten Verbesserungen in der Beschaffenheit der Gußblöcke, insbesondere die weitgehende Ausschaltung von Poren, Lunker, Oxydhäuten, Grobstruktur und Seigerungen, haben sich sehr günstig auf die Durchführung des Strangpressens und die Eigenschaften der stranggepreßten Halbzeuge ausgewirkt.

[14]) G. Sachs, Spanlose Formgebung der Metalle, Verlag J. Springer, Berlin 1931.

Abb. 201. Liegende 3-Säulen-Strangpresse (3500 t).

Die Gußblöcke werden in elektrisch, seltener in gas- oder ölgeheizten Öfen angewärmt, die meist als Durchlauföfen ausgebildet und neben den Strangpressen aufgestellt sind. Die Temperaturgenauigkeit dieser Öfen soll mindestens $\pm 10^0$ C betragen; bei Legierungen, die eine Homogenisierung im Gußzustand erfordern, sind möglichst engere Temperaturgrenzen einzuhalten. Die Anwärmtemperaturen liegen, je nach Legierung, zwischen 400 und 500^0 C.

Abb. 202. Liegende 4-Säulen-Strangpresse (5000 t).

Die Verformung beim Strangpressen ist schematisch in Abb. 203 dargestellt. Durch die Bewegung des Preßstempels in Preßrichtung wird zunächst der warm eingesetzte Block so weit aufgestaucht, bis er an der Rezipientenwand anliegt. Unter dem zunehmenden Druck des Preßstempels wird dann das Metall gezwungen, durch die Matrizenöffnung auszutreten und ein langgestrecktes Halbzeug mit dem der Matrizenöffnung entsprechenden Querschnitt zu formen. Am Übergang von Zone *a* zu *b* tritt eine stetige Zunahme der Fließgeschwindigkeit des Metalles ein, die um so größer ist, je kleiner die Austrittsöffnung *A* im Verhältnis zum Blockdurchmesser *B* ist. Das Verhältnis *B*:*A* ist ein Maß für den Verformungsgrad und wird

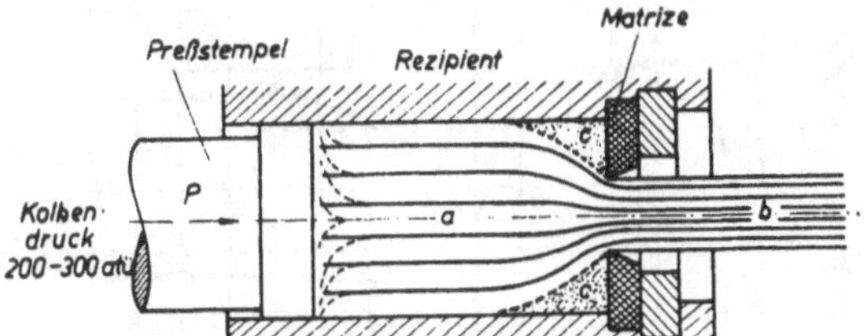

Abb. 203. Verformung beim Strangpressen (schematisch).

auch als Verpressungsverhältnis bezeichnet. Da aus strömungstechnischen Gründen die Zonen *c* nicht an der Verformung teilnehmen, finden an ihrem Übergang zur Verformungszone *a* starke örtliche Verschiebungen statt, die u. U. zu Materialtrennungen führen können.

Kritische Verformungen in diesen Zonen sind vielfach die Ursache von Grobkornbildung bei der Rekristallisationsglühung. Die Abb. 204a und b zeigen z. B. die Ausbildung derartiger Grobkorngebiete beim Pressen einer Rundstange von 50 mm ∅ aus einem Block von 155 mm ∅ aus einer Al-Cu-Mg-Legierung in verschiedenen Preßstufen, nach einer einstündigen Glühung bei 500^0 C. Diese Grobkorngebiete erstrecken sich in die Randzonen der stranggepreßten Stangen und erreichen am Preßende ihre größte Ausdehnung. Diese Erscheinung ist mit einem Abfall der Festigkeit und Streckgrenze bei ansteigender Dehnung nach den Randzonen verbunden (Abb. 205a und b). Die Makroaufnahmen lassen die grobkörnige Randzone, die besonders am Preßende deutlich ausgeprägt ist, erkennen.

Gegen Ende des Preßvorganges ändert sich das Fließbild derartig, daß die Mittelzone des Blockendes eingezogen wird und ein Trichter entsteht, der bis in das Ende des Strangpreßhalb-

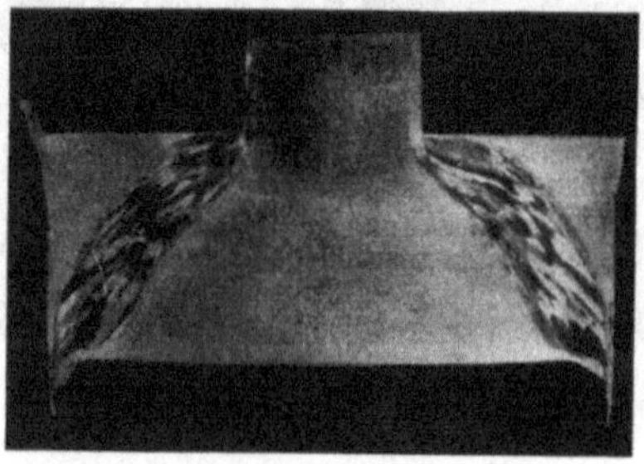

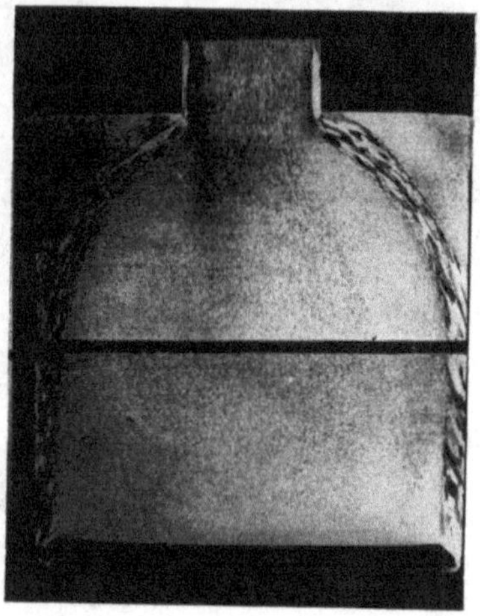

a b

Abb. 204. Ausbildung von Grobkornzonen beim Strangpressen (60 min bei 500° C im Salzbad geglüht).
a) Preßstufe: $^2/_3$ Barrenlänge. b) Preßstufe: $^1/_3$ Barrenlänge.

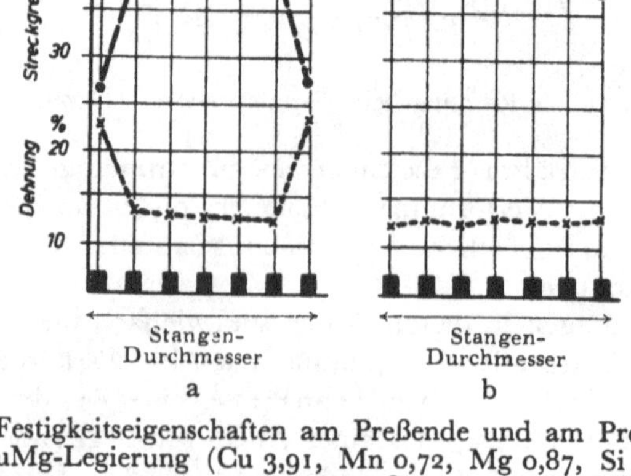

Abb. 205a und b. Festigkeitseigenschaften am Preßende und am Preßanfang von Stangen 50 mm ⌀ aus AlCuMg-Legierung (Cu 3,91, Mn 0,72, Mg 0,87, Si 0,46, Fe 0,44%), einstranggepreßt.

zeuges lunkerartig hineinragen kann. Zur Vermeidung dieser als „Preßlunker" oder „Zweiwachs" bekannten Erscheinung wird der Block nur bis auf einen „Preßrest" ausgepreßt, dessen Mindestlänge etwa 25% des Blockdurchmessers betragen soll.

Die für das Strangpressen aufgewendete Energie wird nicht nur zum Umformen des Blockes in das stranggepreßte Halbzeug, sondern zum großen Teil zur Über-

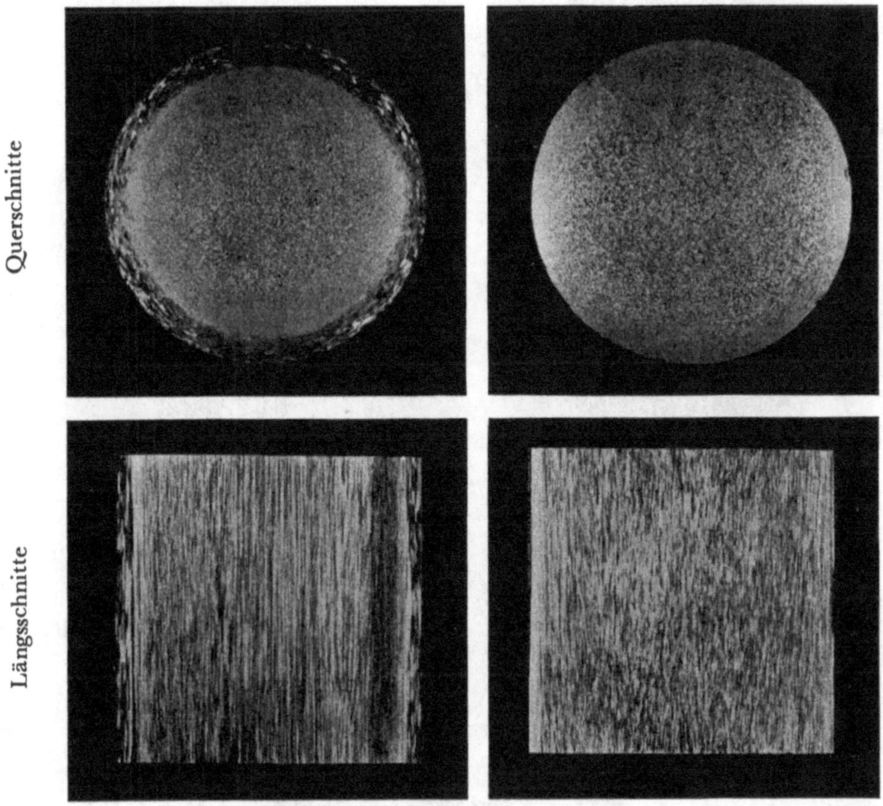

c) d)

Abb. 205c und d. Makrogefüge am Preßende und am Preßanfang von Stangen 50 mm ∅ aus AlCuMg-Legierung (Cu 3,91, Mn 0,72, Mg 0,87, Si 0,46, Fe 0,44%), einstranggepreßt und vergütet. Preßbarren 155 mm ∅.

c) Preßende, d) Preßanfang.

windung der Reibung des Blockes an der Rezipientenwand und an der Matrize aufgebracht. Die hierdurch freiwerdende Wärme kann eine Wärmesteigerung der Austrittstemperatur von 20—50° C gegenüber der Blocktemperatur zur Folge haben.

Aus Abb. 206 ist der Materialfluß beim Strangpressen einer Stange zu erkennen. Aus der Verformung des ursprünglich quadratischen Netzes ergibt sich ein deutliches Voreilen des Kernes gegenüber den Randzonen, das gegen das Preßende ständig zunimmt.

Damit die Blocktemperatur während des Strangpressens nicht in unzulässiger Weise absinkt, sind die Strangpressen mit einer Rezipientenheizung, die meist als elektrische Widerstandsheizung ausgebildet ist, versehen. Die Rezipiententemperatur soll mindestens 400° C betragen.

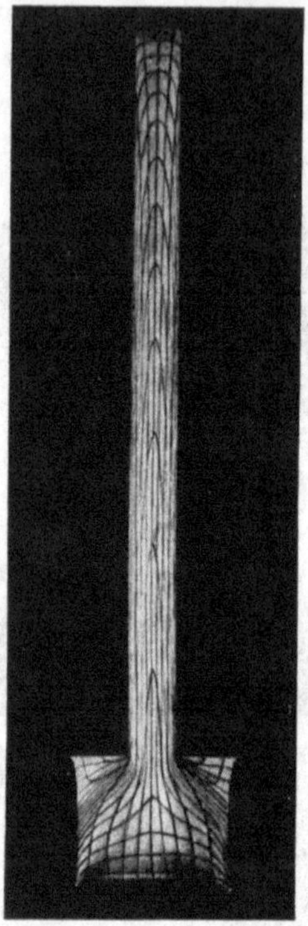

Abb. 206. Fließbild zur Darstellung der Verformung beim Strangpressen. Voreilen des Kerns gegenüber den Randzonen.

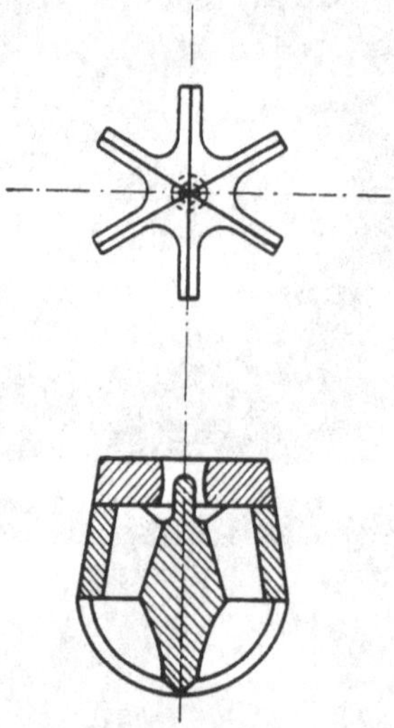

Abb. 207. Rohrpreßwerkzeug. Dorn mittels Bügel an der Matrize befestigt.

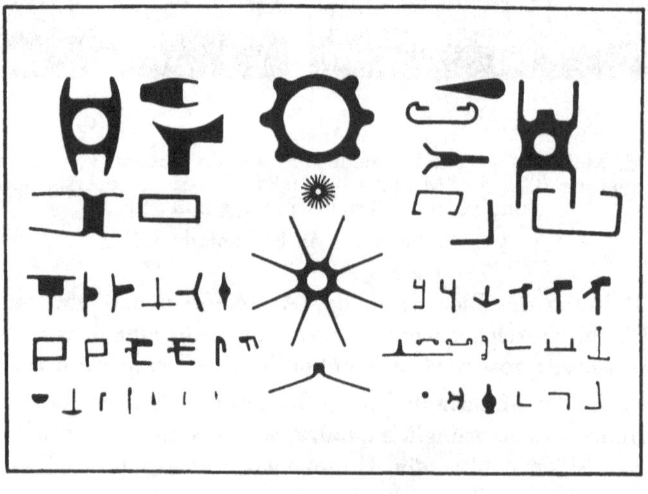

Abb. 208. Querschnitte von Leichtmetall-Preßprofilen.

Die Preßgeschwindigkeit bewegt sich je nach Legierung, Querschnittsgröße und Form der Strangpreßhalbzeuge zwischen 1,5 und 15 m/Min.

Das Strangpressen von Rohren oder Hohlprofilen erfolgt durch Verwendung eines in der Preßscheibe oder im Preßstempel befestigten Dorns. Bei Reinaluminium finden auch sogenannte Kammer- oder Brückenmatrizen Anwendung, bei denen der Dorn durch Stege mit der Matrize verbunden ist (Abb. 207). Hierbei fließt das Metall um die Stege herum und schweißt beim Austritt aus der Matrize an diesen Stellen wieder vollständig zusammen.

Die Ausbildung der Matrizen erfolgt bei Aluminium und Aluminiumlegierungen meist scharfkantig bzw. mit geringen Abrundungsradien von 1—2 mm. Bei komplizierteren Profilen, insbesondere solchen mit unterschiedlicher Wandstärke, sind besondere Maßnahmen erforderlich, um die unterschiedliche Fließgeschwindigkeit in den verschiedenen Querschnittsteilen auszugleichen. Ein übliches Verfahren ist die Anordnung von Führungs- oder Bremsflächen, durch die die Reibung an Stellen vergrößerter Austrittsöffnungen erhöht wird.

In Abb. 208 sind einige Beispiele von Profilquerschnitten zusammengestellt, wie sie durch Strangpressen aus Aluminium und Aluminiumlegierungen hergestellt werden. Obwohl der Querschnittsgestaltung solcher Profile praktisch kaum Grenzen gezogen sind, so bestehen doch Unterschiede in ihrer Herstellbarkeit. Starke Wanddickenunterschiede führen besonders bei Profilen mit unsymmetrischen Querschnittsformen infolge unterschiedlicher Fließgeschwindigkeiten mitunter zu Verwerfungen, die durch nachträgliches Richten beseitigt werden müssen. Es ist daher üblich, die Querschnittsformen nach Schwierigkeitsgraden einzuordnen und die Stufung der Preisberechnung zugrunde zu legen[15]).

bb) Mehrstrangpressen

Stangen und Profile werden vielfach im Mehrstrangpreßverfahren hergestellt. In diesem Falle sind in der Matrize zwei oder mehrere Öffnungen angebracht, durch die die Stränge gleichzeitig austreten. Die Anordnung der Öffnungen zueinander ist hierbei von erheblichem Einfluß auf die Eigenschaften der stranggepreßten Halbzeuge. Im allgemeinen werden die Matrizenöffnungen möglichst gleichmäßig über den Rezipientenquerschnitt verteilt, wodurch der Metallfluß am wenigsten gestört und die Neigung zur Ausbildung grobkörniger Zonen bei der Rekristallisationsglühung hintangehalten wird. Durch das Mehrstrangpressen lassen sich erhebliche wirtschaftliche Vorteile bei gleichzeitiger Verbesserung der Eigenschaften der stranggepreßten Halbzeuge erzielen. Mit zunehmender Strangzahl kann die gewichtsmäßige Ausbringung beim Strangpressen bis zu 70% gesteigert werden.

cc) Abschrecken an der Matrize

Bei aushärtbaren Aluminiumlegierungen kann die sonst übliche gesonderte Aushärtebehandlung dadurch eingespart werden, daß die stranggepreßten Halbzeuge bei ihrem Austritt aus der Matrizenöffnung durch Spritzringe od. dgl. abgeschreckt werden. Dieses Verfahren hat sich besonders bei den Al-Zn-Mg-Legierungen ein-

---

[15]) G. W. Berger u. W. Bleicher, Luftwissen Bd. 10 (1943) S. 23.

geführt, deren Lösungsglühtemperaturen etwa 450° C betragen und daher im Bereich der normalen Austrittstemperaturen des Preßgutes liegen.

dd) Preßeffekt

Stranggepreßte Halbzeuge aus aushärtbaren Aluminiumlegierungen weisen in Preßrichtung häufig wesentlich höhere Festigkeitswerte auf, als sie an Blechen aus denselben Werkstoffen erhalten werden können. Diese als „Preßeffekt" bekannte Erscheinung tritt nach Untersuchungen von Dreyer und Seemann[16]) an solchen

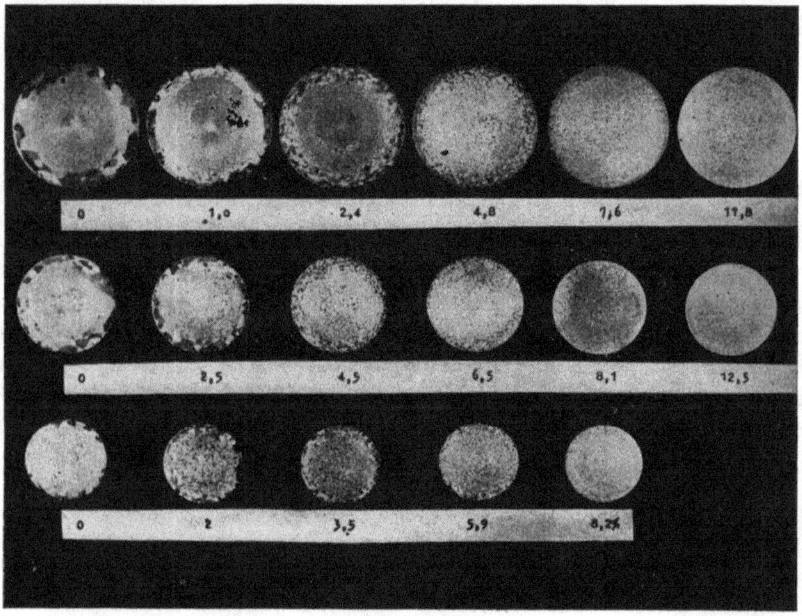

Abb. 209. Beseitigung grobkörniger Randzonen von Al-Cu-Mg-Stangen durch Kaltziehen und Rekristallisationsglühen (Aushärten). (Die Zahlen geben die Abziehgrade in % an.)

Halbzeugen auf, die im ausgehärteten Zustand nicht oder nur teilweise rekristallisiert sind. Durch Legierungszusätze wie z.B. Mangan, sowie durch bestimmte Preßbedingungen kann die Rekristallisationstemperatur über die übliche Lösungsglühtemperatur erhöht werden. Der Preßeffekt kann durch eine Erhöhung der Lösungsglühtemperatur und -Dauer bis zur Rekristallisation zum Verschwinden gebracht werden.

ee) Ziehen

Stranggepreßte Halbzeuge, insbesondere Stangen und Rohre, werden, um geringere Durchmesser bzw. Wandstärken erzielen zu können, kaltgezogen. Dies erfolgt auf Ziehbänken in ähnlicher Weise wie bei Schwermetallegierungen.

---

[16]) K. L. Dreyer und H. J. Seemann, Aluminium 23 (1941), S. 437.

Das Ziehen von Stangen wird häufig auch zur Beseitigung einer vom Strangpressen herrührenden grobkörnigen Randzone, wie sie besonders bei aushärtbaren Aluminiumlegierungen auftreten, angewendet. In Abb. 209 sind z.B. Querschnitte von in Einstrangmatrizen gepreßten Al-Cu-Mg-Stangen von 27, 21 und 17 mm Durchmesser wiedergegeben, die beim Aushärten eine grobkörnige Randzone zeigten. Die Stangen wurden nach den angegebenen Abziehgraden von neuem ausgehärtet, und man erkennt deutlich eine fortschreitende Feinkörnigkeit mit zunehmendem Abziehgrad.

c) Schmieden

Beim Schmieden wird meist von stranggepreßten Knüppeln oder Schienen ausgegangen, deren Querschnittsabmessungen und Form mit Rücksicht auf das fertige Schmiedestück und die verschiedenen Arbeitsstufen beim Schmieden gewählt werden müssen. Für flache Schmiedeteile dienen häufig Bleche als Vormaterial. In Halb-

Abb. 210. Rißbildung beim Schmieden einer grobkörnigen Al-Cu-Mg-Legierung.

zeugwerken, die über Profilwalzwerke verfügen, werden auch vorgewalzte Knüppel für das Schmieden verwendet. In neuerer Zeit ist man vielfach dazu übergegangen, die Gußblöcke nach Entfernen der Gußhaut unmittelbar zu schmieden, wodurch nicht nur betriebliche Vorteile infolge Wegfalls der Zwischenverformung durch Strangpressen oder Walzen, sondern z. T. auch bessere Eigenschaften in den fertigen Schmiedeteilen erzielt werden als bei der bisher üblichen Arbeitsweise. Solche Schmiedeteile weisen vor allem gleichmäßigere Festigkeitseigenschaften in den verschiedenen Raumrichtungen auf, da sich die besonders durch das Strangpressen bedingte Anisotropie beim Schmieden nie ganz beseitigen läßt.

Reinaluminium wird nur wenig zur Herstellung von Schmiedeteilen verwendet, da an diese in der Regel höhere Festigkeitsanforderungen gestellt werden. Die wichtigsten Schmiedelegierungen gehören den Gattungen Al-Mg-Si, Al-Cu-Mg, Al-Cu-Ni, Al-Zn-Mg und Al-Mg an, sowie Sonderlegierungen mit Zusätzen von Ni, Si und Fe. Bei den Al-Mg-Legierungen nimmt die Schmiedbarkeit mit steigendem

Mg-Gehalt ab; Legierungen mit 7 und 9% Mg eignen sich daher weniger zur Herstellung von Schmiedeteilen. Hervorragende Schmiedeeigenschaften besitzen die Al-Mg-Si-Legierungen.

Die Schmiedetemperaturen richten sich nach der chemischen Zusammensetzung der Legierungen und liegen zwischen 360 und 460° C. Wesentlich ist, daß zum Schmieden ein nicht grobkörniger Werkstoff verwendet wird, da sonst, besonders bei hohen Schmiedetemperaturen, Korngrenzenrisse bei der Verformung auftreten können (Abb. 210). Um Grobrekristallisation bei stranggepreßtem Vormaterial zu vermeiden, empfiehlt es sich daher, die Anwärmtemperatur und Anwärmdauer vor dem Schmieden nicht zu hoch zu wählen.

aa) Freiformschmieden

Freiformschmieden wird im allgemeinen bei kleinen Stückzahlen, bei denen sich die Anfertigung von Gesenken nicht lohnt, oder bei Schmiedestücken sehr großer Abmessungen angewendet. Derart große Stücke, die nicht mehr durch Strangpressen oder Walzen vorverformt werden können und deren Gewichte bis zu 2 t betragen[17]), müssen unmittelbar aus dem Gußblock geschmiedet werden.

Das Freiformschmieden dient auch als Vorstufe für das Gesenkschmieden. Hierbei wird häufig so vorgegangen, daß der Block ein oder mehrere Male abwechslungsweise gestaucht und gestreckt wird, um das Gefüge möglichst gleichmäßig zu durchkneten und vorhandene Richtungsunterschiede auszugleichen[18]).

Beim Freiformschmieden bedient man sich meist einfacher Hilfswerkzeuge, wie z.B. Sättel zum Recken oder offener Gesenke zum Runden. Ringe werden derart hergestellt, daß der vorgeschmiedete Block zunächst gelocht und dann über einen Dorn allmählich auf die gewünschten Abmessungen ausgeschmiedet wird.

Zum Vorschmieden verjüngter Teile wie Luftschrauben, Kurbelstangen u. dgl. werden sog. Schmiedewalzen angewendet, die eine konische Gravur aufweisen. Die Walzen wirken stichweise vor- und zurückgehend. Um Gratbildung zu vermeiden, wird das Werkstück bei jedem Stich etwas um seine Längsachse gedreht.

bb) Gesenkschmieden

Handelt es sich um größere Stückzahlen und werden besondere Anforderungen an die Maßgenauigkeit und Oberflächenbeschaffenheit gestellt, so muß zum Gesenkschmieden übergegangen werden.

Bei der Ausbildung der Gesenke muß den spezifischen Eigenschaften der Aluminiumlegierungen sorgfältigst Rechnung getragen werden. Dieser Grundsatz muß bereits bei der konstruktiven Gestaltung von Gesenkschmiedeteilen berücksichtigt werden. So verlangt z.B. der Umstand, daß Aluminiumlegierungen verhältnismäßig schwer fließen, die Vermeidung scharfer Kanten und Ecken, schroffer Querschnittsübergänge, zu großer Querschnittsunterschiede und Werkstoffanhäufungen. In Schmiederichtung liegende Flächen müssen, auch mit Rücksicht auf das hohe Schwindmaß der Aluminiumlegierungen, geschrägt werden, außerdem sind bestimmte Bodenschrägen und Mindestwandstärken in und quer zur Schmiederichtung

[17]) F. E. Stockeld, J. Inst. Metals Vol. 76, Part 5, S. 453.
[18]) G. Sachs, J. Inst. Metals 1939, 64/S. 261.

vorzusehen. Die wichtigsten Gesichtspunkte für eine werkzeug-, werkstoff- und schmiedegerechte Gestaltung sind in Normblatt DIN 9005, Gestaltungsrichtlinien für Gesenkschmiedestücke aus Leichtmetall, niedergelegt.

Abb. 211. Gesenkpreßteile aus Leichtmetall.

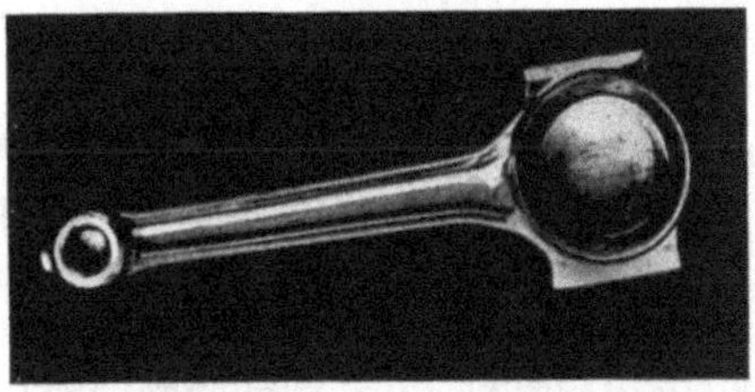

Abb. 212. Geschmiedete Pleuelstange.

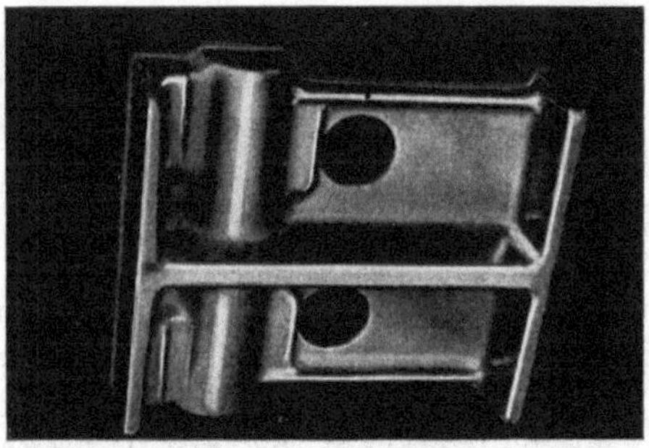

Abb. 213. Leichtmetall-Gesenkpreßteil.

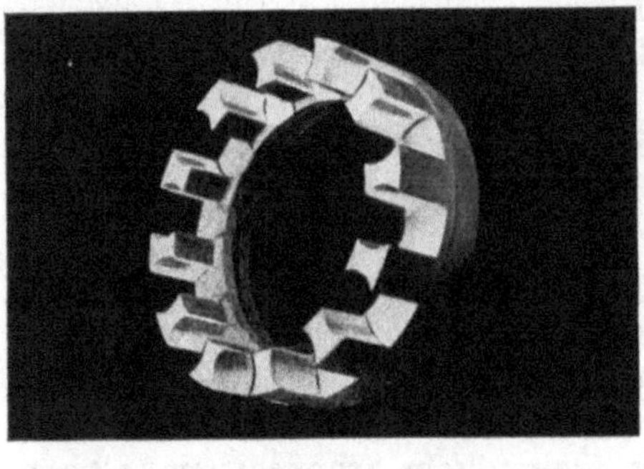

Abb. 214. Leichtmetall-Gesenkpreßteil.

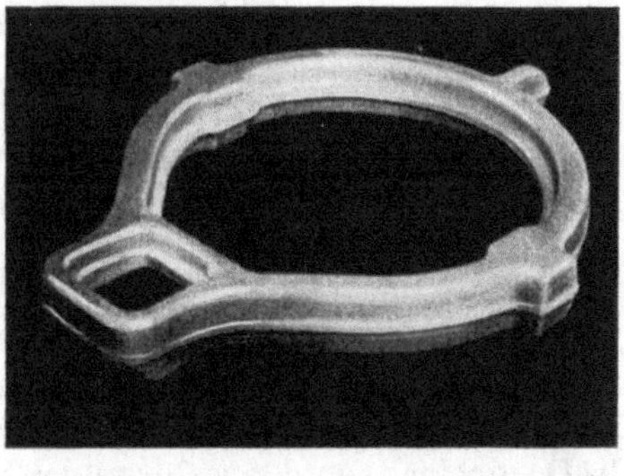

Abb. 215. Leichtmetall-Gesenkpreßteil (Verstelltraverse für Messerschmitt-Verstell luftschraube Me P 7).

Zur Erzielung eines der Verwendung des Schmiedestückes entsprechenden Faserverlaufs ist in erster Linie die Wahl eines geeigneten Vormaterials und bei komplizierteren Schmiedestücken u. U. die Anwendung von einem oder mehreren Vorgesenken erforderlich. Von Bedeutung ist ferner die zweckmäßige Anordnung der

Teilfuge zwischen Ober- und Untergesenk, da hier der überschüssige Werkstoff bei geschlossenem Gesenk durch Bildung des Grates ausfließt. Die Spanbearbeitung des fertigen Schmiedestückes soll, auch aus wirtschaftlichen Gründen, auf ein Mindestmaß beschränkt werden, insbesondere darf hierdurch nicht der Faserverlauf angeschnitten werden.

Um das Fließen des Werkstoffes zu erleichtern, soll die Oberfläche der Werkzeuge möglichst glatt sein und ein geeignetes Schmiermittel angewendet werden.

Die Festigkeitseigenschaften des Schmiedeteils sind in hohem Maße abhängig vom Durchschmiedungsgrad, der einen Mindestbetrag erreichen muß. Die Anwendung übermäßig hoher Durchschmiedungsgrade ist nicht nur wirtschaftlich unerwünscht, sondern bringt im allgemeinen eher eine Verschlechterung als eine weitere Verbesserung der Festigkeitseigenschaften.

Bei Beachtung dieser Gesichtspunkte lassen sich aus Aluminiumlegierungen hochwertige Gesenkpreßteile und Schmiedestücke herstellen, die oft auch preislich mit entsprechenden Teilen aus Schwermetall oder Stahl in Wettbewerb treten können, dazuhin aber den Vorteil des geringeren Gewichtes aufweisen.

In den Abb. 211—215 sind einige typische Gesenkpreßteile wiedergegeben.

cc) Schmiedehämmer und Schmiedepressen

Es hat sich gezeigt, daß die Anwendung hoher Verformungsgeschwindigkeiten nur dann zweckmäßig ist, wenn Vormaterial verwendet wird, das schon eine bestimmte Verformung durch Strangpressen, Walzen oder Schmieden erfahren hat. In diesen Fällen kann mit Fallhämmern, Reibspindelpressen oder Kurbelpressen gearbeitet werden. Kleinere Preßteile in großen Stückzahlen werden vorzugsweise auf Spindel- oder Kurbelpressen hergestellt, auf denen wesentlich schneller gearbeitet werden kann als auf hydraulischen Pressen. Für flache Preßteile finden mitunter auch Fallhämmer Anwendung, die jedoch den Nachteil haben, daß, besonders bei Teilen größerer Abmessungen, die Gesenke sehr hohen schlagartigen Beanspruchungen ausgesetzt sind und infolgedessen nur geringe Lebensdauer erreichen. Außerdem sind bei derartigen Teilen eine große Zahl von Schlägen erforderlich, durch die — abgesehen von dem hierfür erforderlichen hohen Zeitaufwand — die Erzielung hoher Maßgenauigkeit beeinträchtigt wird.

Zur Herstellung mittlerer und größerer Schmiedeteile haben sich in zunehmendem Maße hydraulische Pressen eingeführt. Durch die geringere Verformungsgeschwindigkeit wird, besonders bei Schmiedeteilen komplizierter Gestalt, ein gleichmäßigeres Fließen des Werkstoffes und eine geringere Beanspruchung der Gesenke bewirkt. In Deutschland wurden während des Krieges hydraulische Schmiedepressen bis zu 30000 t verwendet. In Abb. 216 ist eine 4säulige hydraulische 15000-t-Schmiedepresse mit 3 Arbeitszylindern wiedergegeben.

dd) Abgratpressen

Die Entfernung des an der Teilfuge ausgetretenen Grates erfolgt in Abgratpressen, in denen das Gesenkschmiedestück mit Hilfe eines Stempels durch die

Schnittplatte hindurchgedrückt wird. Die Oberfläche der Schnittplatte muß der Gesenkteilungslinie entsprechen; der Schnittwinkel soll 45^0 nicht überschreiten[19]).

ee) Aushärten

Üblicherweise wird das Aushärten der Schmiedestücke aus aushärtbaren Aluminiumlegierungen nach dem Fertigschmieden und Abgraten in Salzbädern vorgenommen. Kleinere Teile werden dabei in größeren Stückzahlen in Körben zusammengefaßt, in diesen in das Salzbad gebracht und in Wasser abgeschreckt. Um

Abb. 216. 15000 t Schmiedepresse.

ein Verziehen größerer Schmiedeteile beim Abschrecken möglichst zu vermeiden, werden die Teile am besten senkrecht zu ihrer größten Längenausdehnung in das Wasserbad eingetaucht oder mit gleichmäßig über die Oberfläche des Schmiedeteils versprühtem Wasser abgekühlt.

Mittlere und größere Schmiedeteile können u. U. auch unmittelbar an der Presse abgeschreckt werden, in dem das noch heiße Werkstück nach dem Fertigschmieden auf schnellstem Weg in ein Wasserbad eingetaucht wird. Für die Arbeitsweise eignen sich besonders Al-Zn-Mg-Legierungen, für deren Aushärtung nur Lösungstemperaturen von 400—450^0 C erforderlich sind.

---

[19]) H. Kaeßberg, Gesenkschmiede, I. Teil, Werkstattbücher, Verlag J. Springer, 1938.

2. Formgießen

Die wichtigsten Aluminiumgußlegierungen sind auf Grund DIN 1725, Blatt 2 Tabelle 30, und zwar unterteilt nach Sand-, Kokillen- und Druckguß zusammengestellt. Die Legierungswahl hat nach dem Verwendungszweck, insbesondere nach den Anforderungen an Festigkeit und Korrosionsbeständigkeit, sowie nach Form und Abmessungen des Gußstückes zu erfolgen.

Zum Schmelzen der Aluminiumgußlegierungen dienen meist kleinere Ofeneinheiten, die elektrisch-, gas- oder koksgeheizt sein können. In den Formgießereien werden im Vergleich zu den Halbzeugwerken größere Mengen von Umschmelzaluminium verarbeitet, dessen Verwendung allerdings auch hier durch die verlangte chemische Zusammensetzung und die Eigenschaften des Gußstückes Grenzen gesetzt sind. Kleinere Formgießereien sind vielfach ganz auf die Verwendung von Umschmelzaluminium eingestellt, das von Umschmelzwerken einsatzfertig bezogen wird.

Für das Erschmelzen von Aluminiumgußlegierungen gelten ähnliche Grundsätze wie für Aluminiumknetlegierungen. Die Schmelzführung soll eine möglichst einwandfreie Beschaffenheit der gießfertigen Schmelze, besonders was Oxyd- und Gasfreiheit anbelangt, gewährleisten. Die hierfür erforderlichen Maßnahmen sind im Abschnitt D eingehender beschrieben.

Die Gießtemperatur soll im Hinblick auf Feinkörnigkeit des Gußstückes und zur Vermeidung von Warmrissen möglichst niedrig gewählt werden; sie muß aber hoch genug sein, um bei den in der Gießform herrschenden Abkühlverhältnissen die Ausbildung von Kaltschweißen auszuschließen und die Form vollständig zu füllen.

Sehr wichtig ist, daß das Metall der Gießform möglichst störungsfrei zugeführt wird, damit keine Oxydhäute oder Gasblasen in das Gußstück gelangen können.

a) Sandguß

Sandguß wird hauptsächlich für größere Gußteile angewendet, sowie für kompliziert geformte Teile mit Hinterschneidungen. Auch in Fällen geringer Stückzahlen, bei denen sich die Anfertigung von Dauerformen nicht lohnt, ist Sandguß am Platze.

Der Formsand soll insbesondere geringen Feuchtigkeitsgehalt (7—10%) und gute Gasdurchläsigkeit aufweisen, damit die in der Form enthaltene Luft und der sich beim Gießen aus dem Formsand entwickelnde Wasserdampf leicht entweichen können.

Besondere Erfahrungen erfordert die Ausbildung der Sandform. Die Anschnitte sind so anzuordnen, daß die Form möglichst gleichmäßig und schnell von unten nach oben mit dem flüssigen Metall gefüllt wird. Infolge der 3—7% betragenden Volumenänderung während der Erstarrung und der dadurch bedingten Neigung zur Lunkerung muß dafür gesorgt werden, daß die zuletzt erstarrenden, größeren Querschnitte Metall nachsaugen können. An diesen Stellen sind daher reichlich Steiger anzubringen. Wo dies infolge der Schwierigkeit einer späteren Entfernung nicht möglich ist, können Abschreckplatten, am besten aus Aluminium, in die Sandform eingesetzt werden, durch die die Erstarrung an diesen Stellen beschleunigt wird. Die Wirkung von Steigern und Abschreckplatten ist auf Abb. 217 angedeutet.

Von den Aluminiumgußlegierungen besitzen besonders die Al-Si-Legierungen mit etwa eutektischer Zusammensetzung (11—13% Si) hervorragende Gießbarkeit und gute mechanische Eigenschaften. Durch Zusatz kleiner Mengen metallischen

Natriums oder Natriumfluorids zur Schmelze wird das grobkörnige Gefüge der normalen Al-Si-Legierungen in ein außerordentlich feinkörniges Gefüge umgewandelt. Dieses im Jahre 1920 durch A. Pacz*) entdeckte Verfahren wird mit „Veredelung" oder „Modifizierung" bezeichnet. Die Wirkung einer Na-Veredelung auf das Mikrogefüge einer Legierung mit 13,5% Si zeigt Abb. 218. Das linke Bild ist eine Mikroaufnahme der unveredelten Legierung (übereutektisch mit primären Si-Kristallen

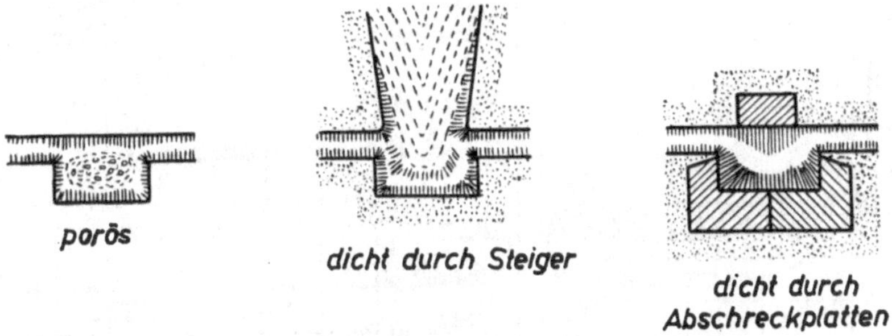

Abb. 217. Wirkung von Steiger und Abschreckplatten.

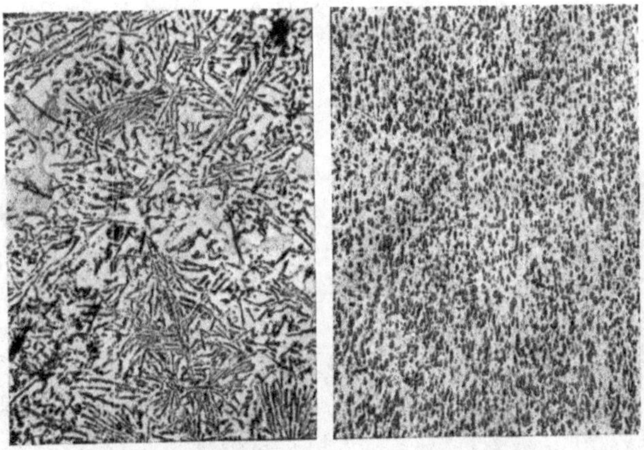

unveredelt mit Na veredelt

Abb. 218. Mikrogefüge einer AlSi-Legierung (Silumin).

und grobem Eutektikum), das rechte Bild eine Mikroaufnahme der veredelten Legierung (rein eutektisches, sehr feines Gefüge ohne α- oder Si-Primärkristalle).

Die günstigste Wirkung wird durch einen Zusatz von etwa 0,01% Na erzielt, das bei einer Temperatur der Schmelze von etwa 800° C 5—15 Min. lang einwirken soll, bevor vergossen wird.

Als besondere Vorteile der eutektischen Al-Si-Legierungen, die unter dem Namen „Silumin" und „Alpax" bekannt sind, sind zu erwähnen: keine Neigung zu Seigerungen, Vermeidung von Gußspannungen und Schwindrissen infolge Fehlens eines Erstarrungsintervalls und gutes Formfüllungsvermögen.

*) Vergl. auch S. 94.

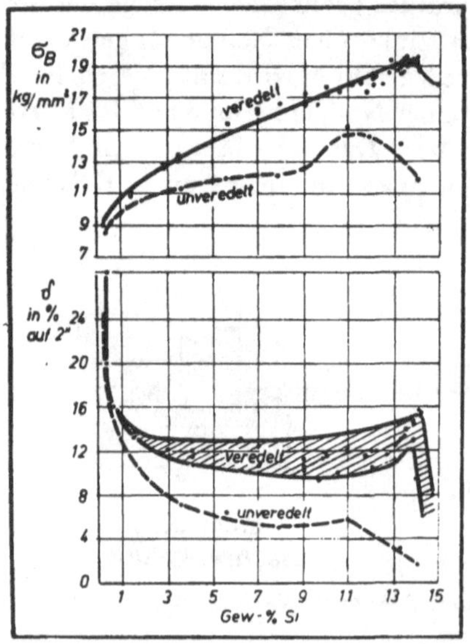

Abb. 219. Einfluß des Si-Gehaltes und der Veredlung auf die Zugfestigkeit und die Dehnung von Silumin.

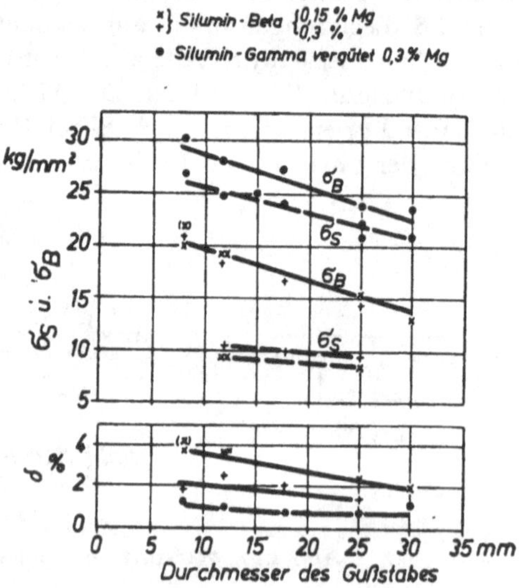

Abb. 220. Einfluß der Probendicke auf die Festigkeitseigenschaften von Silumin-Beta und Silumin-Gamma.

Abb. 221. Sandgußstücke.

Der Einfluß der Veredelung auf Zugfestigkeit und Dehnung in Abhängigkeit vom Si-Gehalt ist in Abb. 219 dargestellt. Der Veredelungseffekt steigt an bis zur eutektischen Konzentration, der dann einsetzende Abfall ist auf das in Form von großen Kristallen auftretende, überschüssige Silizium zurückzuführen.

Der Mechanismus des Veredelungsvorganges ist noch nicht geklärt. Vermutlich werden durch den Na-Zusatz die Wachstumsgeschwindigkeit der Si-Kristalle verringert und die Kristallisationskeime vermehrt.

Durch Zusatz von etwa 0,5% Mg wird eine aushärtbare Legierung hoher Festigkeit erhalten (Silumin-γ). Die Aushärtebehandlung besteht in einem Lösungsglühen bei 530° C, Abschrecken und 6- bis 10stündigem Erwärmen bei 160 bis 170° C. Die erzielbaren mechanischen Eigenschaften ausgehärteter Al-Si-Mg-Legierungen können aus Tab. 30 entnommen werden.

Die Veredelung wird vor allem bei Sandguß angewendet, da sie bei Kokillenguß und Druckguß wenig wirksam ist.

Abb. 222. Sandgußstücke.

Die Festigkeitswerte von Sandgußstücken sind um so niedriger, je größer die Wanddicke ist. Versuche mit Probestäben von 8—30 mm Durchmesser aus Silumin-γ und Silumin-β ergaben ein Absinken der Zugfestigkeit, Streckgrenze und Dehnung mit zunehmendem Probendurchmesser[20]) (Abb. 220).

Einige typische Sandgußstücke zeigen die Abb. 221 und 222.

b) Kokillenguß

Bei Kokillengußstücken, die in metallenen, meist gußeisernen Dauerformen abgegossen werden, lassen sich im allgemeinen wesentlich höhere Festigkeitswerte erreichen als bei Sandgußstücken. Dies ist auf die größere Erstarrungsgeschwindigkeit beim Kokillenguß zurückzuführen, durch die ein dichteres, gleichmäßigeres und feinkörnigeres Gefüge erhalten wird. Auch die Neigung zu Seigerungen wird dadurch vermindert. Bei aushärtbaren Al-Legierungen können die Festigkeitsunterschiede von Kokillenguß und Sandguß besonders groß sein, da durch die raschere Abkühlung ein übersättigter Zustand entstehen kann, der zu einem Aushärteeffekt führt. Außerdem zeichnen sich Kokillengußstücke gegenüber Sandgußstücken durch glattere Oberfläche und größere Maßgenauigkeit aus. Kleinere und mittlere Gußstücke werden daher, sofern sie keine zu komplizierte Gestalt aufweisen, vorzugsweise im Kokillenguß hergestellt, der meist schon bei verhältnismäßig geringen Stückzahlen gegenüber dem Sandguß wirtschaftliche Vorteile bietet.

Die Ausbildung der Form ist beim Kokillenguß noch von größerer Bedeutung als beim Sandguß, zumal als ungünstig sich erwiesene Anschnitte und Steiger nicht so leicht geändert werden können wie beim Sandguß. Die Rißgefahr ist beim Kokillenguß wesentlich größer als beim Sandguß, da infolge der Unnachgiebigkeit

[20]) G. Sachs, Z. VDI Bd. 77 (1933), S. 115—120.

der Form Schrumpfungen in festem Zustand zu hohen Spannungen führen können. Auch durch unterschiedliche Abkühlung des Gußstückes infolge unterschiedlicher Wanddicke können erhebliche Wärmespannungen auftreten. Um Rißbildung bei Kokillenguß zu vermeiden, haben sich insbesondere folgende Maßnahmen als wirkungsvoll erwiesen:

1. Vermeidung großer Wanddickenunterschiede, insbesondere plötzlicher Querschnittsübergänge.
2. Anwendung möglichst niedriger Gießtemperaturen.
3. Anwärmen der Kokille auf 100—200° C, u. U. sogar auf höhere Temperaturen.
4. Möglichst schnelles Herausnehmen des Gußstückes aus der Kokille nach dem Erstarren, insbesondere möglichst frühzeitiges Herausziehen der Kerne.

Abb. 223. Kokillengußstücke.

Manche Legierungen sind so rißempfindlich, daß sie sich zur Herstellung komplizierter Kokillengußstücke überhaupt nicht eignen. Versuche haben ergeben, daß die Warmrißneigung einer Legierung beim Gießen mit dem Mengenanteil des Eutektikums zusammenhängt[21]). Je mehr Eutektikum, um so geringer ist die Warmrißneigung. Diese Beobachtung kann damit erklärt werden, daß sich beim Erstarren bildende Risse um so besser und vollständiger ausgefüllt werden, je größer der Anteil der zuletzt erstarrenden Phase ist.

Zur Untersuchung der Warmrißneigung wurde ein einfaches Prüfverfahren entwickelt, bei dem die zu prüfende Legierung in eine Ringkokille gegossen wird[22]). Nach dem Erkalten wird die auf dem Kokillenkern festgeschrumpfte Ringprobe mit einer Schraubenpresse entfernt und als Maß für die Stärke der Rißneigung die Gesamtlänge der aufgetretenen Risse ermittelt.

[21]) D. C. G. Lees, J. Inst. Metals 1946, 72, S. 343.
[22]) A. R. E. Singer und P. H. Jennings, J. Inst. Metals 1946, 73, S. 197.

Auf Grund derartiger Versuche ergab sich, daß die Warmrißneigung von Aluminium, das in reinem Zustand rißfrei ist, bei kleinen Zusätzen sehr stark ansteigt und bei Durchschreiten eines Maximums in dem Maße abnimmt, als die Legierungszusätze zunehmen. Binäre Al-Si-Legierungen von eutektischer Zusammensetzung zeigen keine Neigung zur Warmrißbildung. Im System Al-Cu-Si vermindern Zusätze von Silizium die Warmrissigkeit in stärkerem Maße als Kupferzusätze, sobald das Maximum der Warmrissigkeit überschritten ist[23]).

Für die Herstellung komplizierterer, insbesondere dünnwandiger Kokillengußstücke, ist das Formfüllungsvermögen von Bedeutung, das bei Aluminiumlegierungen mit 10—13% Si am günstigsten ist. Die Dünnflüssigkeit von Aluminiumlegierungen nimmt bei wiederholtem Umschmelzen ab, kann aber durch geeignete Raffination der Schmelze vor dem Gießen, z.B. durch Chlorieren, verbessert werden.

Die Kokillen sollen im übrigen so ausgebildet sein, daß der Metallfluß möglichst wenig behindert wird, vor allem Stauungen und Wirbelbildung vermieden wird. Damit die durch das Metall verdrängte Luft ungestört entweichen kann, sind dünne Luftkanäle vorzusehen, die in der Teilfuge der Kokille angeordnet werden.

Einige typische Kokillengußstücke sind in Abb. 223 wiedergegeben.

c) Druckguß

Während beim Sand- und Kokillenguß das Metall die Form unter seiner eigenen Schwere füllt, wird es beim Druckguß unter einem Druck von 30—50 at und darüber der Form zugeführt. Durch dieses schußartige Füllen der Form wird einerseits die Arbeitsgeschwindigkeit, d. h. die Stückzahl je Zeiteinheit gegenüber Sand- und Kokillenguß gesteigert, andererseits auch in mancher Hinsicht eine Verbesserung der Eigenschaften der Gußstücke erreicht. Dadurch, daß das Metall mit hohem Druck gegen die Kokillenwände gepreßt wird, wird der Wärmeübergang vom Metall zur Gießform verbessert und eine höhere Abkühlgeschwindigkeit erzielt, so daß bei Druckgußstücken ein meist sehr feinkörniges Gefüge erhalten wird. Außerdem bewirkt die Anwendung des hohen Drucks eine sehr glatte Oberfläche und wenigstens in den Außenzonen des Gußstückes ein sehr dichtes Gefüge. Daß die Kernzone von Druckgußteilen weniger dicht, mitunter sogar porig ausfällt, ist für ihre Verwendung meist bedeutungslos, solange dafür gesorgt wird, daß die dichten Außenzonen nicht durch Spanbearbeitung entfernt werden.

Druckguß eignet sich daher besonders zur Massenfertigung von Teilen kleinerer und mittlerer Abmessungen, die wegen ihrer hochwertigen Oberflächenbeschaffenheit eine Spanbearbeitung nicht mehr erfordern.

Die für Aluminium verwendeten Druckgießmaschinen arbeiten meist mit Druckluft. Der Aufbau einer derartigen Druckluftgießmaschine ist schematisch in Abb. 224[24]) dargestellt. Das Schöpfgefäß wird durch Eintauchen in den Schmelz- oder Warmhaltebehälter mit flüssigem Metall gefüllt und dann vermittels eines Kniehebelgestänges mit dem Mundstück gegen die konische Einspritzöffnung in der feststehenden Vorderplatte der Gießform gepreßt. Die Hinterplatte der Gießform ist verschiebbar angeordnet und wird fest gegen die Vorderplatte gedrückt,

---

[23]) P. H. Jennings, A. R. E. Singer und W. J. Pumphrey, J. Inst. Metals 1948, 74, S. 227.
[24]) F. Jentsch, Metall, 4. Jg. 1950, S. 218.

damit kein flüssiges Metall an der Teilfuge austreten kann. Durch Druckluftzuführung am hinteren Ende des Schöpfgefäßes wird das flüssige Metall mit hoher Geschwindigkeit in die Form eingespritzt, wo es augenblicklich erstarrt. Die Gießform ist so ausgebildet, daß das Gußstück beim Öffnen an der Hinterplatte haften bleibt, wo es durch Auswerferstifte entfernt wird. Bei vollautomatischem Betrieb werden normalerweise Stundenleistungen von 100—200 Schüssen erreicht. Bei Mehrfachformen ist die Herstellung von einigen hundert Gußstücken je Stunde möglich.

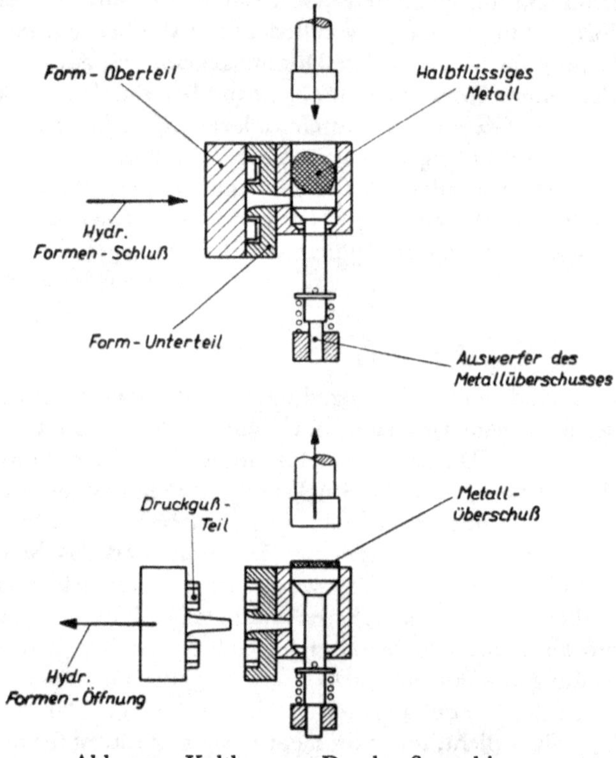

Abb. 224. Kaltkammer-Druckgußmaschine.

Für Aluminiumlegierungen werden außerdem mit Erfolg Preßgußmaschinen angewendet, bei denen eine abgemessene Menge des Metalles in eine auf etwa 400° C angewärmte Preßkammer eingesetzt und in halb erstarrtem, teigigem Zustand durch einen meist hydraulisch bewegten Kolben mit Drücken zwischen 300 und 1000 at in die Form gepreßt wird. Auf derartigen Maschinen werden in USA Aluminium-Druckgußteile bis zu 20 kg Gewicht u. a. auch ganze Türrahmen für Automobile hergestellt (Abb. 225a und b).

Die Druckgußformen sind bei Aluminiumlegierungen besonders hohen Anforderungen ausgesetzt; außerdem neigt Aluminium dazu, an den Formen anzufressen. Die Formteile müssen daher gehärtet werden und aus Sonderstählen mit Zusätzen von Chrom, Chrom-Nickel oder Chrom-Wolfram hergestellt sein. Die Entlüftungskanäle müssen wesentlich enger ausgeführt werden als bei Kokillenguß, damit bei den hohen Drücken kein Metall aus der Form austritt.

Bei der Gestaltung von Aluminium-Druckgußteilen sind besondere Richtlinien zu beachten[25]). Die Wanddicke soll möglichst gleichmäßig gehalten werden und am besten zwischen 1,5—3,5 mm betragen, wobei unter günstigen Bedingungen auch Wandstärken bis 1 mm und darunter möglich sind. Die Übergänge sollen allmählich erfolgen und Werkstoffanhäufungen, sowie Hinterschneidungen vermieden werden. Außerdem ist genügende, senkrecht zur Richtung der Teilfuge verlaufende Konizität vorzusehen.

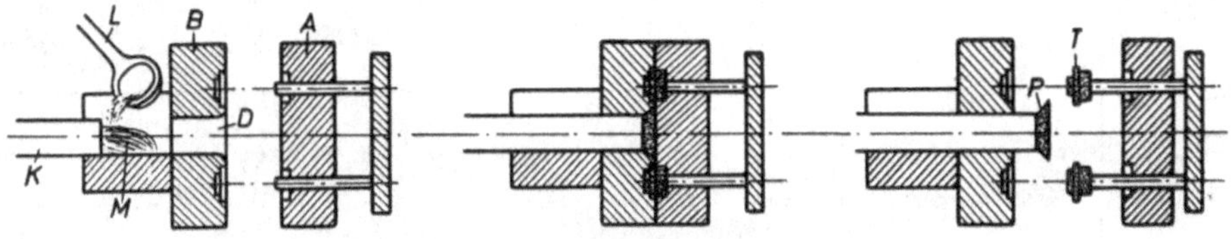

Abb. 225a. Arbeitsprinzip der Preßgießmaschine; Druckkammer innerhalb der Gießform (Bauart Eckert, Nürnberg).

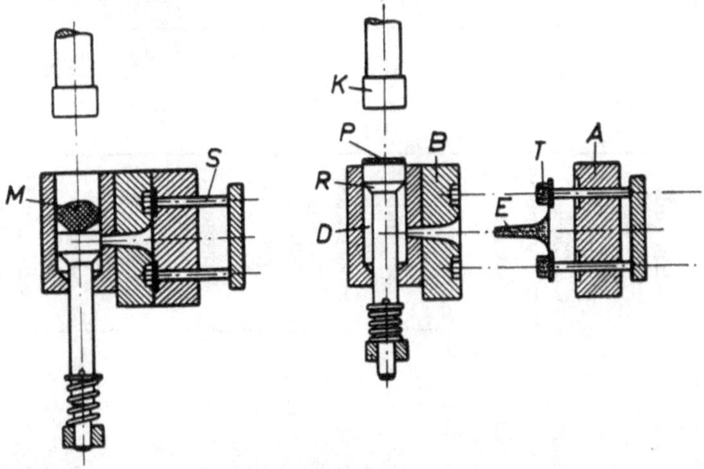

a) Form in Gießstellung, Metall eingefüllt. b) Form geöffnet, nach dem Schuß.

A Auswerfform, *B* Deckform, *T* Preßgußteil, *E* Eingußzapfen, *M* Metall, *K* Kolben, *P* Preßrest, *R* Ausstoßkolben, *D* Druckkammer, *S* Auswerfstifte.

Abb. 225b. Arbeitsprinzip der Preßgießmaschine; Druckkammer außerhalb der Gießform (Bauart Polak, Prag).

Der Druckguß gibt die Möglichkeit, Einlagen aus höher schmelzenden Metallen, wie z.B. Stahlgewinde, Lagerbüchsen u. dgl. einzugießen. Dabei müssen diese Teile so angeordnet werden, daß sie im Gußstück festschrumpfen. Gegebenenfalls sind derartige Einlagen gegen Herausziehen, Verdrehen oder Verschieben zu sichern, z.B. durch Aufrauhen, Nuten, Eindrehungen usw.

---

[25]) J. Gerber, Aluminium 1941, 23. Jahrg., S. 315.

Tabelle 30. **Aluminium-Gußlegierungen.** Chemische Zusammensetzung und mechanische Eigenschaften

a) Sand- und Kokillengußlegierungen[1])

Kurzzeichen nach DIN 1725 Blatt 2	Chemische Zusammensetzung % Rest Al	Zulässige Beimengungen %, höchstens	Liefer-Zustand	Streckgrenze[2]) $\sigma_{0,2}$ kg/mm²	Zugfestigkeit[2]) σ_B kg/mm²	Dehnung[2]) δ_5 %	Härte[2]) H_B kg/mm²	Bemerkungen
GAlSi	Si 11—13,5	Fe 0,6	Sandguß	8—9	17—22	4—8	50—60	Original-Legierung
	Mn 0,3—0,5	Ti 0,15	Sandguß geglüht	9—10	18—22	6—10	50—60	
		Cu 0,05						
		Zn 0,1	Kokillenguß	9—11	20—26	3—7	55—70	
		Mg 0,05	Kokillenguß gegl. u. abgeschr.	9—11	20—26	6—10	50—60	
GAlSi(Cu)	Si 11—13	Cu + Zn + Fe	Sandguß	8—10	15—22	1—4	50—65	Umschmelz-Legierung 231
	Mn ≦ 0,5	+ Ni + Ti +						
		Mn + Mg + Pb	Kokillenguß	9—12	18—26	2—4	55—75	
		+ Sn ≦ 2,5						
GAlSiMg	Si 9—10	Fe 0,6	Sandguß	9—11	18—24	2—5	55—65	Original-Legierung
	oder 11—13	Ti 0,15	Sandguß ausgehärtet	17—26	22—30	1—4	80—110	
	Mg 0,25—0,40	Cu 0,05						
	Mn 0,3—0,5	Zn 0,1	Kokillenguß	11—15	20—26	1—4	65—85	
		Fe + Ti 0,65	Kokillenguß ausgehärtet	20—28	24—32	1—4	85—115	
GAlSiMg(Cu)	Si 8,5—10,5	Fe 0,6	Sandguß	9—11	18—24	2—5	55—65	Umschmelz-Legierung 233
	Mg 0,2—0,4	Ti 0,15	Sandguß ausgehärtet	17—26	22—30	1—4	80—110	
	Mn ≦ 0,5	Cu 0,2						
		Zn 0,2	Kokillenguß	11—15	20—26	1—4	65—85	
			Kokillenguß ausgehärtet	20—28	24—32	1—4	85—115	
GAlSi5Cu1	Si 5—6	Fe 0,7, Ti 0,15	Sandguß	10—14	16—22	1—3	65—80	Umschmelz-Legierung 234
	Cu 1,2—1,6	Zn 0,5, Mn 0,5	Sandguß ausgehärtet	17—26	21—28	0,5—2	80—110	
	Mg 0,4—0,6	Ni 0,5, Pb 0,2						
		Sn 0,1	Kokillenguß	12—15	18—23	1—3	70—85	
		Fe + Mn ≦ 1,1	Kokillenguß ausgehärtet	20—26	23—30	0,5—2	85—115	
GAlSi9(Cu)	Si 7—11	Fe 1,0, Cu 1,6	Sandguß	10—14	15—20	1—3	65—85	Umschmelz-Legierung 232
	Mn 0,2—0,5	Zn 1,5, Mg 0,3	Kokillenguß	11—15	17—22	1—2	70—90	
		Ni 0,4, Pb 0,2						
		Sn 0,2						

GAlMgMn	Mg 1,5—3,0 Mn 0,6—1,3 Si ≦ 1,3 Ti ≦ 0,3 Cr ≦ 0,3	Fe 0,5 Cu 0,05 Zn 0,1	Sandguß	8—10	14—19	3—8	50—60	Original-Legierung
			Sandguß ausgehärtet	13—16	21—28	2—8	70—90	
			Kokillenguß	9—12	15—20	3—8	50—60	
			Kokillenguß ausgehärtet	15—18	23—33	4—15	65—90	
GAlMg3	Mg 1,5—3,5 Mn ≦ 0,6 Si ≦ 1,3 Ti ≦ 0,3 Cr ≦ 0,3	Fe 0,5 Cu 0,05 Zn 0,1	Sandguß	8—10	14—19	3—8	50—60	Original-Legierung
			Sandguß ausgeh.	13—16	21—28	2—8	70—90	
			Kokillenguß	9—12	15—20	3—8	50—60	
			Kokillenguß ausgehärtet	15—18	23—33	4—15	65—90	
GAlMg3(Cu)	Mg 1,5—4,0 Mn ≦ 0,8 Si ≦ 1,3 Ti ≦ 0,3 Cr ≦ 0,3	Fe 0,6 Cu 0,3 Zn 0,3	Sandguß	8—10	14—18	2—6	50—65	Umschmelz-Legierung 241
			Kokillenguß	9—11	14—20	3—8	50—65	
GAlMg5	Mg 4,5—5,5 Mn 0,1—0,5 Si ≦ 1,3, Ti ≦ 0,2 Cr ≦ 0,3	Fe 0,5 Cu 0,05 Zn 0,1	Sandguß	9—10	16—19	2—5	55—70	Original-Legierung
			Kokillenguß	9—10	17—25	3—8	60—80	
GAlSi5Mg	Si 4—6 Mg 0,5—0,8 Mn 0,2—0,6 Ti ≦ 0,2	Fe 0,5 Cu 0,05 Zn 0,1	Sandguß	10—13	15—18	1—3	60—70	Original-Legierung
			Sandguß ausgehärtet	15—29	18—30	0,5—4	70—100	
			Kokillenguß	12—16	17—20	1,5—5	60—80	
			Kokillenguß ausgehärtet	16—29	20—30	1—5	70—105	
GAlSi6Cu3	Si 5,5—7,0 Cu 2,0—4,0 Mn 0,4—0,6	Fe 1,0, Ti 0,15 Zn 2,0, Mg 0,3 Ni 0,5, Pb 0,3, Sn 0,1	Sandguß	12—16	16—20	1—3	65—80	Umschmelz-Legierung 225
			Kokillenguß	12—18	17—22	1—3	70—100	
GAlCuSi	Cu 4—7 Si 2—4	Fe + Ni + Mn + Pb + Sn ≦ 2,0	Sandguß	12—16	16—20	0,5—2	75—100	Umschmelz-Legierung 223
			Kokillenguß	13—17	17—22	0,2—2	80—110	
GAl-Cu	Cu 5,5—7,0	Fe 0,8, Si 0,9, Zn 1,5, Mg 0,15, Mn 0,6, Ni 0,2 Pb 0,1, Sn 0,1						Umschmelz-Legierung 221

[1]) Auszug aus DIN 1725, Blatt 2, Juni 1951. [2]) Richtwerte, die aus besonders gegossenen Probestäben ermittelt werden.

Tabelle 30 (Fortsetzung)

b) Druckgußlegierungen [1])

Kurzzeichen nach DIN 1725 Blatt 2	Zusammensetzung %	Zulässige Beimengungen %, höchstens	Zugfestigkeit [2]) σ_B kg/mm²	Bruchdehnung [2]) δ_5 %	Brinellhärte [2]) H_B kg/mm²	Spez. Gewicht kg/dm³ ≈
GDAl-Si13	Si 11—13 Mn 0—0,7 Mg 0—0,5 Rest Al	Fe 1,5 Cu 0,4 Zn 0,4	18—26	3,0—1,0	60—80	2,65
GDAl-Si7	Si 6—10 Mn 0,2—0,7 Mg 0—0,5 Al Rest	Fe 1,5 Cu 0,4 Zn 0,4	17—24	3,0—1,0	55—75	2,65
GDAl-Mg-Si	Mg 0,3—2,5 Si 1,5—5 Mn 0—1,5	Fe 1,5 Cu 0,4 Zn 0,4	16—19	3,0—1,0	55—70	2,7
GDAl-Mg9	Mg 6—10 Mn 0,2—0,7 Al Rest	Fe 1,5 Cu 0,2 Si 0,6 Zn 0,4	19—27	3,0—1,0	65—85	2,6
GDAl-Si-Cu	Si 5—6,5 Cu 2—3 Mn 0,2—0,6 Al Rest	Fe 1,5, Sn 0,3, Ni 0,5, Zn 0,7, Pb 0,3 Mg 0,5	19—23	2,5—1,0	55—75	2,8

[1]) Auszug aus DIN 1725, Blatt 2, Juni 1951. [2]) Richtwerte, die an besonders gegossenen Probestäben ermittelt wurden.

Die erreichbare Maßgenauigkeit beträgt nach DIN 1725, Blatt 2 (alte Ausgabe Jan. 45) für Druckgußlegierungen ±0,03 mm für Sollmaße bis 15 mm und ±0,2% für Sollmaße über 15 mm. Für Maße, die von beweglichen Formteilen wie z.B. Kernen begrenzt sind, müssen entsprechende Zuschläge gemacht werden.

Einige Beispiele von Druckgußteilen sind in Abb. 226 wiedergegeben.

Einen Überblick über die wichtigsten Druckgußlegierungen gibt Tabelle 30 auf S. 298—300.

Abb. 226. Beispiele von Druckgußteilen.

II. Oberflächenbehandlung

1. Herstellung und Eigenschaften oxydischer Deckschichten

Das Normalpotential des Aluminiums gegenüber einer Normalwasserstoffelektrode liegt bei —1,67 V. Es wäre demnach beispielsweise zu erwarten, daß sich das Aluminium in Wasser unter Bildung von Wasserstoff und Aluminiumhydroxyd zersetzt, und daß es alle edleren Metalle aus ihren Lösungen verdrängt. Diese Umsetzungen werden jedoch durch die Bildung einer oxydischen Deckschicht verhindert oder erschwert.

Infolge der hohen Affinität des Aluminiums zum Sauerstoff bildet sich diese Deckschicht in sauerstoffhaltiger Umgebung mit hoher Geschwindigkeit. Nach W. I. Müller[1]) erfolgt das Wachstum progressiv mit der Zeit nach einer Exponentialfunktion.

Da das Verhältnis des Molekularvolumens des Oxyds zu dem des metallischen Aluminiums größer als 1 ist[2]), kommt es zu einer vollständigen Bedeckung der Metalloberfläche. Die Homogenität der gebildeten Schicht hängt vom Reinheitsgrad des Metalls, sowie von der Löslichkeit im festen Zustand und dem chemischen Verhalten der Verunreinigungen oder Legierungselemente ab. Die Korrosionsbeständigkeit des Aluminiums wird demnach im wesentlichen durch die Beständigkeit der oxydischen Deckschicht, ihre Bildungsgeschwindigkeit im jeweiligen Korrosionsmedium und durch ihre Homogenität bestimmt. Die Neubildung der Schicht wird durch das Vorhandensein von Oxydationsmitteln begünstigt; alkalische Lösungen und starke nicht oxydierende Säuren zerstören sie. Der Einfluß der in die Schicht eingebauten Metallide auf die Korrosionsbeständigkeit hängt vom Angriffsmittel sowie von der Größe und dem chemischen Verhalten der Metallide oder der durch ihre Umsetzung mit dem Sauerstoff entstandenen oxydischen Verbindungen ab. Wie aus der Tab. 31 hervorgeht, ist der Einfluß des Eisen- und Siliziumgehaltes beim Angriff Chlorionen enthaltender Lösungen sehr deutlich, bei der Einwirkung von Salpetersäure und verdünnter Natronlauge dagegen verhältnismäßig gering[3]).

Ausgeschiedenes Silizium wirkt, wie Tab. 32 zeigt[4]), beim Angriff 0,05%iger Natronlauge korrosionshemmend. Die Werte für die Mylius-Zahl lassen den außerordentlichen Einfluß der Menge und Teilchengröße des ausgeschiedenen Siliziums auf den Gewichtsverlust erkennen.

Die Dicke der „natürlichen Oxydschicht" schwankt zwischen 0,002—0,09[5]) μ.

Wegen des geschilderten Einflusses der oxydischen Deckschicht auf die Beständigkeit des Aluminiums hat man sich schon vor einer großtechnischen Anwendung dieses

---

[1]) W. J. Müller, Die Bedeckungstheorie der Metalle und ihre experimentelle Begründung. Verlag Chemie, Berlin 1933.

[2]) N. B. Pitting und R. Bedworth, J. Inst. Metals 29 (1923) 529.

[3]) E. Zurbrügg, Korr. u. Metallsch. 15 (1939) 15.

[4]) W. Helling, Z. Metallkunde 1937 S. 25.

[5]) W. H. J. Vernon, Trans. Farada Soc. 23 (1927) S. 113.

Metalls bemüht, die Schicht künstlich zu verstärken. Die entwickelten Arbeitsweisen können unterteilt werden in die sog. chemischen Oxydations- oder Sudverfahren und die Verfahren zur anodischen Oxydation.

Tabelle 31

Korrosionseigenschaften des Aluminiums von verschiedenem Reinheitsgrad

Reinheitsgrad in % (Fe : Si=1—2)	Thermische HCl-Probe Reaktionszahl Δ °C/min	Gasvolumetrische Löslichkeitsprobe in 10 % HCl Reaktionszahl $\frac{ccm \cdot H_2}{Std \cdot cm^2}$	Gasvolumetrische Löslichkeitsprobe in 5 % NaOH Reaktionszahl $\frac{ccm \cdot H_2}{Std \cdot cm^2}$	Löslichkeit in 20 % H_2SO_4 bei 20—22° g/m²·Tg	Löslichkeit in 25 % HNO_3 bei 20—22° g/m²·Tg	Löslichkeit in konc. HNO_3 bei 20—22° (d = 1,40) g/m²·Tg	Oxydische NaCl-Probe g/dm²·Tg
99,99	—	0,01—0,02	2,5—4	1—1,5	4—6	2,5—4	0,005—0,02
99,95	—	0,03—0,1	4—6	1,3—2	4—6	3—5	0,005—0,02
99,90	0—1,0	0,01—3	5—7	1,3—2,5	4—6	3—5	0,005—0,02
99,85	0,5—1,5	1—5	6—8	1,5—2,5	5—7	4—6	0,01 —0,03
99,7	0,8—2,0	3—10	6—8	1,5—3	5—7	4—6	0,02 —0,05
99,5	1,2—2,5	5—15	6—8	2—3	5—7	4—6	0,04 —0,08
99,3	1,5—3	7—20	6—8	2—4	5—7	4—6	0,06 —0,12
99,0	2,0—4	10—25	7—10	3—5	6—8	4—7	0,10 —0,20
98,5	2,5—6	15—35	7—10	3—6	5—8	5—8	0,15 —0,30

Tabelle 32

Gewichtsverlust einer Aluminium-Siliziumlegierung mit 1,54% Si und 0,12% Fe in verschiedenen Lösungen. 3 h bei 570° C geglüht und abgeschreckt

Anlaßzeit bei 218° C	Ausgeschiedenes Silizium in %	Gew.-Verl. in Mischs. g/m²/h	Myliuszahl	Gewichtsverlust in g/m²/24 h							
				0,5%ige Natronlauge	2%ige Schwefels.	oxyd. Kochsalzlösung	Wasserdampf	40%ige Essigsäure	0,05%ige Natronlauge nach 2 Tg.	7 Tg.	60 Tg.
—	0	17,1	0,55	117	0,55	0,041	0,012	0,054	2,16	11,6	16,5
4 min	36	488	0,14	117	0,75	0,056	0,002	0,060	1,65	11,5	18,5
15 min	58	510	0,07	121	0,71	0,079	0,005	0,047	2,08	10,8	14,1
30 min	62	598	0,74	132	0,79	0,090	0,007	0,051	2,2	11,3	11,3
60 min	81	546	1,50	170	0,82	0,095	—	0,062	1,8	9,1	0,1 Zunahme
24 h	94	529	1,85	186	0,86	0,110	—	0,064	1,45	8,7	0,13 Zunahme

a) Die chemische Oxydation

Die Bemühungen, die oxydische Deckschicht durch Einwirkung von Gasen wirksam zu verstärken, haben zu keinem brauchbaren Ergebnis geführt. Nur durch eine kombinierte Anwendung von Ammoniakdämpfen und Ammoniaklösungen konnten korrosionshemmende Schutzschichten erzeugt werden. Wegen ihrer schwierigen Durchführung hat diese Arbeitsweise jedoch keine praktische Bedeutung erlangt. Alle technisch bedeutsamen Verfahren arbeiten in wässerigen Lösungen, die das

Aluminium unter Wasserstoffabscheidung angreifen. Dabei findet nach Schenk[6]) eine Zerlegung des Wassers als vorherrschender Oxydationsvorgang nach

$$2Al + 6OH^{-}6H^{+} \longrightarrow 2Al^{+++} + 6OH^{-} + 6H$$

und die Bildung von Aluminiumhydroxyd aus den Al^{+++}- und OH^{-}-Ionen statt. Gleichzeitig laufen Reduktionen zwischen den in den meisten Oxydationsbädern vorhandenen Schwermetallsalzen und dem Wasserstoff ab. Es entstehen schwerlösliche Verbindungen, die in die Schicht eingebaut werden.

Bei der Behandlung von Aluminium in Soda-Chromatbädern entsteht aus Natriumchromat Chromhydroxyd, das zusammen mit dem Aluminiumhydroxyd die Schicht bildet und sie grau bzw. graugrün färbt. Die nach dem MBV-Verfahren*) hergestellte Schicht enthält etwa 73% Aluminiumhydroxyd und 25% Chromhydroxyd[7]).

Von allen bekanntgewordenen Arbeitsweisen haben die Soda-Chromatverfahren — MBV, Pylumin und EW-Verfahren — die größte praktische Bedeutung erlangt.

b) Soda-Chromat-Verfahren

Gibt man Reinaluminium in eine etwa 90° C heiße, 5% kalzinierte Soda- und 1,5% Natriumchromat enthaltende wässerige Lösung, so entsteht eine schiefergraue, kompakte Schicht[8]). Die Stärke dieser Schicht nimmt mit der Behandlungsdauer zu. Sie beträgt nach einer Tauchzeit von 120 Minuten etwa 6 μ (siehe Abb. 227). Die Oberfläche wird mit zunehmender Tauchzeit rauher, die Porosität nimmt zu (siehe Abb. 228). Den Einfluß der Legierungskomponenten auf die Farbe und die Dicke der Schicht zeigt die Tab. 33. Der auf kupferhaltigen Legierungen entstehende Überzug ist schwammig und bietet daher keinen Schutz. Bei Aluminium-Magnesium-Legierungen mit mehr als 4% Mg kann die Reaktionsfähigkeit der MBV-Lösung durch Zugabe von 10 g NaOH/l gesteigert werden.

Wird die MBV-Schicht durch Erhitzen entwässert, so verändern sich die Eigenschaften merklich. Hygroskopizität, Lackaufnahmevermögen und Anfärbbarkeit mit organischen Farbstoffen nehmen mit steigender Glühtemperatur zu, die Löslichkeit in Salzsäure und Natronlauge nimmt ab (siehe Tab. 34 S. 308)[7]).

Die optimale Tauchzeit und Arbeitstemperatur, sowie die Art der Nachbehandlung, hängen vom Verwendungszweck der oxydierten Gegenstände ab. Soll die MBV-Schicht als Korrosionsschutz dienen, so ist eine Tauchzeit von 5—10 Min. bei 95° C Badtemperatur und ein anschließendes Auskochen in einer 2%igen Wasserglaslösung zweckmäßig. Durch eine derartige Behandlung wird die Beständigkeit des Aluminiums u. a. gegenüber agressiven Wässern, vielen Metall-Chloridlösungen, sowie gegen reine Alkohol-Wassergemische verbessert. Alkalien und die meisten Säuren lösen die Schicht ab.

Die Arbeitsbedingungen für die Herstellung von Schichten mit gutem Lackverankerungsvermögen werden sehr von der Konsistenz des Lackes und dem Zustand

---

[6]) M. Schenk, Werkstoff Aluminium und seine anodische Oxydation. S. 545.

*) MBV = Modifiziertes Bauer-Vogel-Verfahren.

[7]) W. Helling, Aluminium 19 (1937) S. 375—381.

[8]) G. Eckert, Hauszeitschr. VAW 3 (1931) S. 349—351.

der Metalloberfläche bestimmt. Sollen Lacke mit geringer Viskosität auf eine verhältnismäßig glatte Oberfläche aufgebracht werden, so genügt eine MBV-Behand-

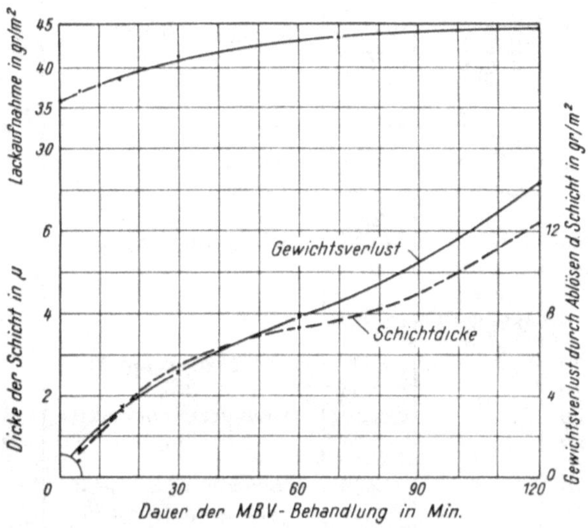

Abb. 227. Einfluß der Behandlungsdauer auf Schichtdicke und Lackaufnahmevermögen der MBV-Schicht.

10 min

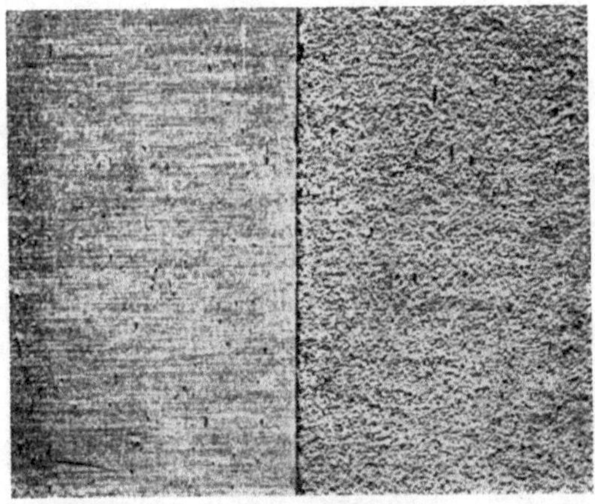

60 min

Abb. 228. Oberflächenbeschaffenheit der MBV-Schicht in Abhängigkeit von der Behandlungszeit.

lung von 2—10 Min. Bei hochviskosen Lacken und rauhen Oberflächen ist eine längere MBV-Behandlung zweckmäßig. In allen Fällen sollte die Schicht aus den obengenannten Gründen vor der Lackierung bei etwa 100—120° C getrocknet werden. Bei der Behandlung von Gußteilen ist es notwendig, die Badflüssigkeit aus den Poren durch Auskochen in Wasser zu entfernen. Es ergeben sich daraus folgende Arbeitsvorschriften:

Tabelle 33. Einfluß des Legierungskomponenten auf die MBV-Schicht.

Nr.	Werkstoff	Dauer der MBV-Behandl. in Min.	Zusammensetzung und Temp. der Lösung	Gewichtsverlust durch MBV-Behandlung	Aussehen der Schicht	Gewichtsverlust durch Ablösen in Salpetersäure in g/m²	Angenommene Schichtdicke in μ
1	Rein-aluminium walzhart	10	Soda-Chromat = 5 : 1,5 60 g/l Wasser Temp. 90—95° C	2,54	hellgrau, kompakt	2,10	1,3 (gemessen)
2		30		9,74	dunkler wie 1, kompakt	4,50	2,7 (gemessen)
3		60		14,88	dto.	7,80	3,8 (gemessen)
4		120		17,98	dunkelgrau-grün, rau h	14,10	6,1 (gemessen)
1	Silumin hart	10	dto.	2,86	hellgrau, kompakt	3,66	1,8
2		30		4,08	dto.	8,40	4,2
3		60		4,72	weiß-grau, kompakt	11,72	5,9
4		120		5,70	dto.	15,48	7,7
1	Mangal 41 H	10	Soda-Chromat 5 : 1,5 = 60 g/l Wasser Temp. 90—95° C	2,48	schiefergrau, kompakt	3,42	1,7
2		30		6,20	grau-grün, kompakt	8,16	4,1
3		60		9,92	dto.	10,34	5,2
4		120		14,82	grau-grün, rauh u. stumpf	16,20	8,1
1	Pantal hart	10	dto.	2,06	grau-grünlich, glänzend	3,86	1,9
2		30		5,46	grau-schwarz	8,68	4,3
3		60		8,00	grau-schwarz	11,40	5,7
4		120		14,67	grau-schwarz, schwamm.	16,66	8,3
1	Duralumin hart	10	dto.	2,98	grün-gelb, irisierend	5,66	2,8
2		30		5,27	grau-schwarz, schwamm.	10,56	5,2
3		60		6,92	schwarz, schwammig	13,76	6,9
4		120		12,36	dto.	19,16	9,6
1	RR 53 walzhart	10	dto.	2,8	metallisch, hell, kompakt	7,3	3,7
2		30		5,9	grau-grün, noch komp.	10,0	5,0
3		60		11,2	bräunlich, schwammig	25,0	12,5
1	Hy 25	10	dto.	1,37	feldgrau, kompakt	2,00	1,0
2		30		3,38	dto.	3,72	1,86
3		60		4,70	dunkler wie 1 u. 2	6,28	3,1
4		120		8,66	dunkler und stumpfer	10,16	5,1
1	Hy 50	10	Soda-Chromat 5 : 1,5 = 60 g/l Wasser = 10 g NaOH je l, Temp. 70° C	8,96	hellgrün, metall. glänzend	13,01	6,5
2		30		24,34	grün, rauh, noch komp.	30,60	30,3
3		60		44,05	grün, sehr rauh, komp.	44,80	22,4
4		120		79,54	dto.	67,70	33,8

Tabelle 33 (Fortsetzung)

Nr.	Werkstoff	Dauer der MBV-Behandl. in Min.	Zusammensetzung und Temp. der Lösung	Gewichtsverlust durch MBV-Behandlung	Aussehen der Schicht	Gewichtsverlust durch Ablösen in Salpetersäure in g/m²	Angenommene Schichtdicke in μ
1	Hy 70	10	Soda-Chromat = 5 : 1,5 60 g/l Wasser + 10 g NaOH je l, Temp. 70° C	4,49	hellgrün, metall. glänz.	9,20	4,6
2		30		12,14	grün, stumpfer, kompakt	22,08	11,0
3		60		21,32	dunkelgrün, stumpf, kom.	35,10	17,6
4		120		35,88	grün, rauh, kompakt	56,70	28,0
1	Hy 9	10		1,60	hellgrau-grünlich	5,00	2,5
2		30		4,06	hellgrün	12,46	6,2
3		60		7,16	dunkl. wie 2 u. stumpfer	19,90	10,0
4		120		12,00	dto.	32,60	16,3

Behandlung von Knetlegierungen zur:

Erhöhung der chemischen Beständigkeit

Standardlösung
Behandlungstemperatur 90—95° C
Behandlungsdauer bis zu 10 Min.
Spülen in fließendem Wasser
Auskochen in 2%iger Wasserglaslösung
Trocknenlassen bei Raumtemperatur

Verbesserung des Haftgrundes für Anstriche

Standardlösung
Behandlungstemperatur 98—100°
Behandlungsdauer abhängig von der Konsistenz der Lacke zwischen 2 und 30 Min.
Spülen
Trocknen im Trockenofen bei 100—140° C (nicht ausglühen, Temperaturkontrolle)

Gußlegierungen:

Erhöhung der chemischen Beständigkeit

Standardlösung
Behandlungstemperatur 98—100°
Behandlungsdauer 15—20 Min.
Spülen
Auskochen in 1—2%iger Wasserglaslösung
Spülen
Trocknen bei Raumtemperatur

Verbesserung des Haftgrundes für Anstriche

Standardlösung
Behandlungstemperatur 98—100°
Behandlungsdauer 20—30 Min.
Spülen
Auskochen in Wasser (etwa 5 Min.)
Trocknen im Trockenofen bei 100—140°

Tabelle 34. Einfluß einer Nachglühung auf die Eigenschaften der MBV-Schicht

Glühtemperatur in °C	Glühzeit in Stunden	Farbe der Schicht	Gewichtsverlust durch Erhitzen in g/m²	Wasseraufnahme der Schicht nach dem Glühen in g/m² nach 6 Tg. Lagerung	Lackaufnahme in g/m²	Gewichtszunahme in g/m² durch Wasserglasnachbehandlung	Anfärbbarkeit mit organ. Farstoffen	Gewichtsverlust in 10%iger HCl (20°) in g/m²/5 min.	Gewichtsverlust in 10%iger NaOH (20° C) in g/m²/5 min.
Bei Raumtemperatur getrocknet und sofort geprüft	—	schiefergrau	—	0	6,36	0,66	ungleichmäßig und schwach angefärbt	3,72	6,6
30—40	1	dto.	0,18	0,14	6,36	0,60	Schicht gleichmäßiger, sonst wie vorher	3,00	2,7
100—120	1	grünlichbraun	0,60	0,13	6,66	0,27	satter, gleichmäßiger Farbton	1,32	4,68
250—260	1	grünbraun	0,78	0,22	6,86	0,30	wie vorher	0,06	4,6
500—510	1	gelbgrün	1,56	0,36	7,4	0,20	wie vorher, Farbe stumpfer	0,3	1,08
600—620	1	schmutziggelb	—	0,14	6,9	0,20	wie vorher, Farbe stumpfer	0,18	0,18

Die Abb. 229 zeigt Beispiele für die Verbesserung der Haftfestigkeit von Lacken durch die geschilderte Vorbehandlung. Die Möglichkeiten des Anfärbens der MBV-Schicht sind wegen ihrer grauen Eigenfarbe auf die dunkleren Farbtöne beschränkt. In Tab. 35 sind einige Verfahren zur Färbung mit anorganischen Reagenzien zusammengestellt.

Tabelle 35. Färbung mit anorganischen Reagenzien

Nr.	Vorbehandlung	Färbebad	Farbton	Nachbehandlung	Lichtbeständigkeit nach 4 Mon.	Wetterbeständigkeit beurteilt	Korrosionsbeständigkeit im Kühlturm	Korrosionsbeständigkeit nach 1 Monat in 2%iger NaCl-Lösung
1	10 min MBV	auf 1 l MBV-Lösung 4 g $KMnO_4$ Temp. 90—95°, Dauer 2 min	dunkelbraun	keine	wenig aufgehellt	schlecht	gut	gut
2			wie 1, etwas glänzender	Wachs	dto.	schlecht	gut	gut
3				Kronogenlack	dto.	etwas heller, sonst gut	Lack zerstört	gut
4	10 min MBV	wie 1 Dauer: 10 min	rötlich braun Stich ins Gelbliche	keine	dto.	schlecht	gut	gut
5			wie 4, etwas glänzender	Wachs	dto.	dto.	dto.	dto.
6			dto.	Kronogenlack	dto.	etwas heller, sonst gut	Lack zerstört	dto.
7	1½ min MBV	auf 1 l Wasser 25 g Cu $(NO_3)_2$ 10 g $KMnO_4$ 4 cm^3 HNO_3 (65%ig) Temp. 80° C, Dauer: 2 min	rotbraun kupferähnlicher Glanz	keine	gut	schlecht	Farbton unverändert mit einigen Ausblühungen	fleckig
8			wie 7, etwas glänzender	Wachs	gut	schlecht		dto.
9			dto.	Kronogenlack	gut	gut	Lack zerstört	gut

Tabelle 35 (Fortsetzung)

Nr.	Vorbehandlung	Färbebad	Farbton	Nachbehandlung	Lichtbeständigkeit nach 4 Mon.	Wetterbeständigkeit beurteilt	Korrosionsbeständigkeit im Kühlturm	Korrosionsbeständigkeit nach 1 Monat in 2%iger NaCl-Lösung
10	10 min MBV	wie 7—9	schwarz, stahlähnl. Ton	keine	gut	schlecht	Farbton unverändert mit einigen Ausblühungen	heller geworden, mit Ausblühungen
11			wie 10, etwas glänzender	Wachs	gut	besser als 7		besser als 10
12			dto.	Kronogenlack	gut	praktisch gut	Lack zerstört	Farbton unverändert mit kleinen Ausblühungen
13	10 min MBV	auf 1 l Wasser 25 g Cu $(NO_3)_2$ 10 g $KMnO_4$ 4 cm^3 HNO_3 (65%ig) Temp. 80° C Dauer: 10 min	tiefschwarz	keine	gut	gut	Farbton unverändert	gut
14			wie 13, etwas glänzender	Wachs	gut	gut	mit einigen Ausblühungen	gut
5			dto.	Kronogenlack	gut	gut	Lack zerstört	gut

Eine Anfärbung mit organischen Farbstoffen ist nur nach dem Trocknen der Schicht möglich.

c) Erftwerk-Verfahren

Die im MBV-Bad entstehende Schicht ist wegen ihres hohen Gehaltes an Chromhydroxyd undurchsichtig. Setzt man der Badlösung jedoch je Ltr. 0,1 g Wasserglas zu, so entstehen auf Reinaluminium transparente helle Schichten, die auch bei längerer Bewitterung nicht nachdunkeln[9]). Auf Legierungen entstehen irisierende und teilweise graue Schichten.

Durch den Zusatz des Wasserglases zur Badlösung wird deren Angriff herabgesetzt; es wird nur wenig Natriumchromat zu Chromhydroxyd reduziert.

Die Schichtdicke ist entsprechend geringer als die der MBV-Schicht, sie beträgt maximal 1,5 μ, die Korrosionsbeständigkeit ist gleich gut und teilweise besser, die Aufnahmefähigkeit für Lacke und Farben ist dagegen gering.

[9]) W. Helling und H. Neunzig, Aluminium 20 (1935) S. 536—538.

Die gleiche Wirkung wie durch Wasserglas kann durch einen Zusatz von etwa 3 g Natriumfluorid zu 1 l MBV-Lösung erzielt werden. Es wird dadurch lösliches Chromfluorid gebildet und der Einbau von schwerlöslichen Cr-Verbindungen in die Schicht zurückgedrängt. Es ergibt sich daraus folgende Arbeitsweise:

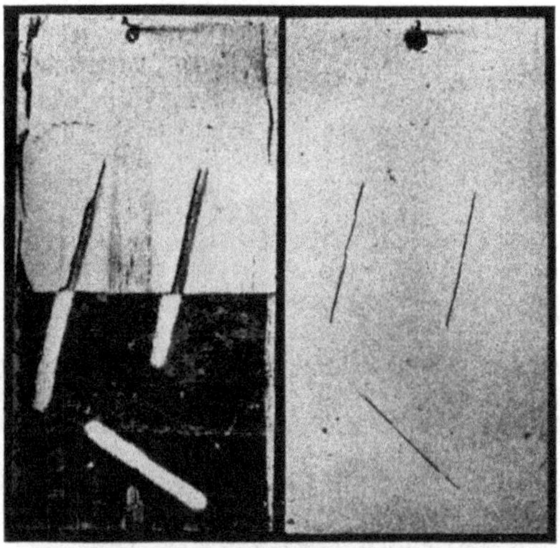

Abb. 229. Steigerung des Lackverankerungsvermögens durch MBV-Behandlung.

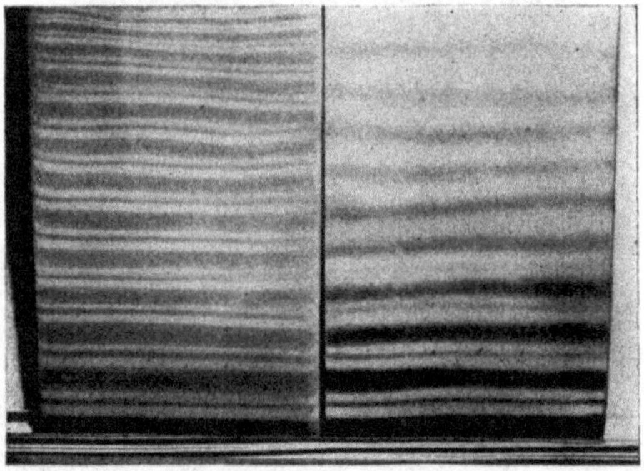

Abb. 230. Einfluß der Vorbehandlung auf die Klarheit der EW-Schicht. Al 99,5%.

0,1 g Wasserglas in 1 l kochendem Wasser lösen und anschließend 60 g MBV-Salz zugeben. Behandlungstemperatur 95—100° C, Behandlungsdauer etwa 10 Min., anschließend spülen und trocknen lassen bei Raumtemperatur. Das Bad ist erschöpft, wenn sich eine graue Schutzschicht ausbildet. Eine Nachbehandlung durch Auskochen in Wasserglaslösung ist nicht erforderlich. In Fällen, wo man besonderen

Wert auf die Helligkeit der Schicht legt, ist es empfehlenswert, die Gegenstände vor der EW-Behandlung chemisch oder anodisch zu polieren[10]) (Abb. 230).

Als Behälterwerkstoff für das MBV- und EW-Verfahren sind Schwarzblech, Emaille, keramische Werkstoffe oder Holz geeignet. Die entstehenden Badnebel

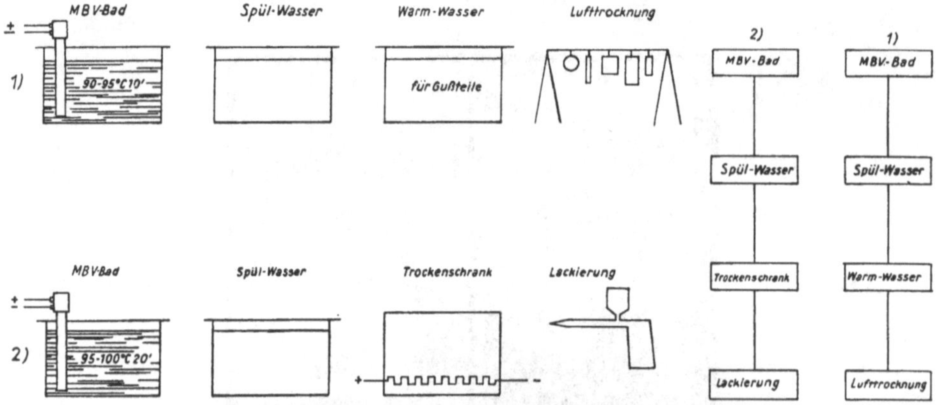

Abb. 231. Schematische Darstellung einer Anlage zur chemischen Oxydation von Aluminium und Aluminium-Legierungen nach dem MBV- und EW-Verfahren.

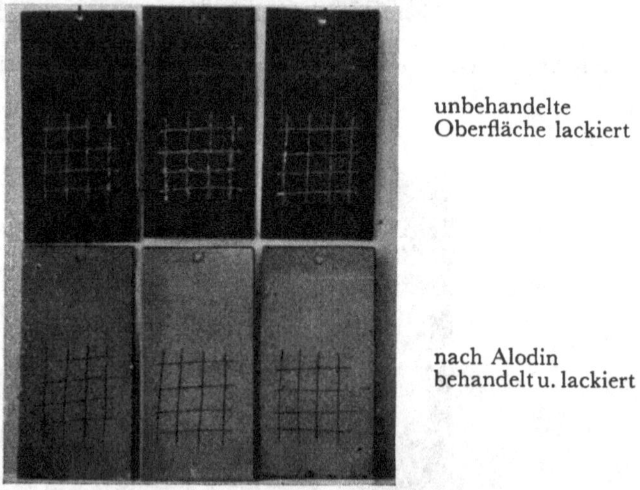

Abb. 232. Einfluß einer Alodine-Behandlung auf das Lackverankerungsvermögen. Korrosion nach Lackieren und Anritzen in essigs. oxyd. Kochsalzlösung.

müssen abgesaugt werden. Zur Erhöhung der Ergiebigkeit der Bäder sollte der sich bildende Hydratschlamm nach dem Absitzen entfernt werden. Eine geeignete Anordnung zeigt die Abb. 231. Wenn die chemische Oxydation in dieser Weise vorgenommen wird, können bei 10 Min. Tauchdauer und 95° C Badtemperatur mit 1 l MBV-Lösung etwa 7,5 m² Oberfläche behandelt werden. Rechnet man für das

[10]) Nach unveröffentlichten Versuchen von W. Helling und H. Neunzig.

Abb. 233. Korrosionsverhalten einer Alodine behandelten Probe. Einwirkung 5% Kupfersulfatlösung 48 Std., anschließend in 2%iger Kochsalzlösung 500 Std.

MBV-Salz einen Preis von 2,50 DM, so liegen die reinen Materialkosten bei 2 Pf pro m^2 Oberfläche beim MBV-Verfahren und bei 7—8 Pf pro m^2 Oberfläche beim EW-Verfahren.

Abwandlungen des MBV-Verfahrens sind unter der Bezeichnung Pylumin-[11]) und Alroc-Verfahren im Ausland bekannt geworden. In neuerer Zeit sind Oberflächenbehandlungsverfahren entwickelt worden, deren Badzusammensetzung teilweise geheim gehalten werden. Eine von Schenk entwickelte, unter der Bezeichnung Alprox-Verfahren bekannt gewordene Arbeitsweise besteht darin, daß zunächst eine Schutzschicht aufgebracht und diese Schicht teilweise oder ganz wieder abgelöst wird. Die dadurch entstehende Oberfläche soll besonders gut für die Verankerung niedrig viskoser Lacke geeignet sein. Dem gleichen Zweck dient das Alodine-[12]) Verfahren, das mit sauren, Chromsäure, Phosphorsäure und Flußsäure enthaltenden Bädern arbeitet. Die Teile werden nach der Entfettung 1—2 Min. im 50° C warmen Bad behandelt, gespült, 15 Min. in einem Spezialbad bei 50° C nachbehandelt und dann getrocknet. Wie die Abb. 232 und 233 zeigen, ist das Lackverankerungsvermögen der Alodine-Schicht gut, ihr Korrosionsschutz dagegen gering.

d) Die anodische Oxydation

Die ersten Versuche, die oxydische Deckschicht auf elektrochemischem Wege zu verstärken, wurden durch Buff und Pollak durchgeführt. Pollak meldete 1898 das erste Patent über die anodische Oxydation an[13]). Er benutzte als Elektrolyten Kalium-Bichromat und Seifenlösung. Eine technische Anwendung der anodischen Oxydation setzte aber erst ein, als Bengough und Stuart im Jahre 1923[14]) die Verwendung eines chromsauren Elektrolyten vorschlugen. Seitdem sind eine Reihe großtechnisch angewendeter Verfahren unter Bezeichnungen wie z. B. Alumilite- und Eloxalverfahren entwickelt worden.

In der Tab. 36 sind die bedeutendsten Verfahren aufgeführt und ihre Arbeitsbedingungen angegeben.

---

[11]) Brit. Patent 441 088.
[12]) US-Patente 2435877 und 2471909.
[13]) Englisches Patent 937/1898.
[14]) Engeneering 122, 274—77.

Tabelle 36. Anodische Oxydations-Verfahren

Verfahrens-Bezeichnung	Elektrolyt-Zusammensetzung	Arbeitsbedingungen Bad-Temp. °C	Span-nung V	Strom-dichte A/dm²	Behand-lungs-dauer h	Strom-art	Schicht-farbe	Schicht-eigenschaft	Patent-lage	Bemerkungen
Bengough-Stuart BK —	2,5—5,5% Chromsäure, störend wirken über 0,1 g Cl/1 u. H_2SO_4-Verunreinigungen	20—50 vorzugsweise 36—44	20—50 stufenweise ansteuern	0,3—0,5	1	Gleichstrom	milchig opak	verhältnismäßig weich	DRP 413875 15.7.24	zu hohe Stromdichte führt zu Anfressungen. Hohe Gestehungskosten
BK — neuzeitl. Abwandlg.	5—10% freie Chromsäure, störend wirken über 0,1 g Cl/1 u. H_2SO_4-Verunreihigungen	20—40 vorzugsweise 35	20—50 vorzugsweise 30—40	etwa 1,2	1	Gleichstrom	milchig opak	verhältnismäßig weich. Höher Korrosionsschutz		Spannungsregelg. nicht erforderlich. Hohe Gestehungskosten. Anwendg. in der engl. Flugzeugindustrie
Eloxal GS — Alumilite	10—77% Schwefelsäure vorzugsweise 15%	10—30 vorzugsweise 20	2—30 je nach Werkstoff 13—15	0,5—3 vorzugsweise 1,6	45′	Gleichstrom	farblos durch Leg.-Anteile mehr oder weniger beeinflußt	je niedriger die Temp. und Konz. d. Elektrolyten, um so härter d. Schichten	DRP 600387 vom 8.2.28 DRP 618199 vom 29.4.33 DRP 622451 vom 22.1.31	praktische Anwendung bezüglich H_2SO_4-Konzentration findet DRP 600387
Eloxal WS —		18—25 vorzugsweise 20	10—15	1—3 vorzugsweise 1,5	60′	Wechselstrom	farblos, durch Leg.-Anteile mehr oder weniger beeinflußt	wesentlich weicher als GS-Schichten aber biegsamer		findet nur in besonderen Fällen Anwendung (Drahtoxydation) Eloxalschicht H_2S-haltig

Eloxal GX —	6—10% Oxalsäure vorzugsweise 8%	18—22 vorzugsweise 20	30—60 vorzugsweise 45	1—2 vorzugsweise 1,5	1	Gleichstrom, Voroxydation mit Wechselstrom vorteilhaft	nahezu farblos	verhältnismäßig hohe Härte und dichte Poren		auf Sonderzwecke beschränkt. Schicht wenig anfärbbar, für gegossene, geschweißte und gedrehte Teile weniger geeignet
Eloxal GX h	6—10% Oxalsäure vorzugsweise 8%	35—40	30—35	1—2 vorzugsweise 1,5	1	Gleichstrom. Voroxydation m. Wechselstrom vorteilhaft	nahezu farblos	Schichten etwas weicher		auf Sonderzwecke beschränkt. Schicht wenig anfärbbar. Für gegossene, geschweißte und gedrehte Teile weniger geeignet
Eloxal WX —	6—10% Oxalsäure vorzugsweise 8%	20—45 vorzugsweise 30	30—80 vorzugsweise 60	1—5 vorzugsweise 3	1	Wechselstrom	je nach Oxydationsdauer neusilber, hellmennig bis dkl.-bronze	Schicht weicher, gutes Aufsaugvermögen		weniger geeignet für schwermetallhaltige Teile
Eloxal WGX —	6—10 Oxalsäure vorzugsweise 8%	20—35 vorzugsweise 30	30—60 vorzugsweise 45 30—60 vorzugsweise 45	2—3 vorzugsweise 3 1—2 vorzugsweise 1,5		Wechselstrom Gleichstrom	je nach Oxydationsdauer neusilber, hellmennig bis dkl.-bronze	Schicht härter als WX		dekorative Oxydation, weniger geeignet für schwermetallhaltige Teile. Geeignet zur Erzielung starker Schichten, wesentl. höh. Anfressung u. Gestehungskosten
Eloxal XS —	Oxalsäure und Schwefelsäure	25—35 vorzugsweise 25	10—25 vorzugsweise 20 20—40 vorzugsweise 30	1—1,5 vorzugsweise 1,5 etwa 1,0		Wechselstrom und/oder Gleichstrom	Wechselstrom, Schicht leicht gelbst. Gleichstromschicht nahezu farblos	Schicht verhältnismäßig hart		GXS-Verfahren ist dort vorzuziehen, wo man mit ungünstiger Kühlung zu rechnen hat (Draht-Oxydation)

Struktur und Eigenschaften der Deckschichten sind von dem bei der anodischen Oxydation gewählten Elektrolyten, seiner Temperatur und Konzentration, sowie von Art und Menge der Verunreinigungen oder Legierungskomponenten und den Vorgängen bei der Verarbeitung des Metalls abhängig. Da man sehr harte und haftfeste Schichten mit hoher Verschleiß- und Korrosionsbeständigkeit, guter Einfärbbarkeit, hohem elektrischen Widerstand und guten optischen Eigenschaften erzeugen kann, hat die elektrochemische Oxydation eine große technische Bedeutung erlangt.

e) Die Vorgänge beim Aufbau der Schicht

Die bei der anodischen Oxydation entstehende Schicht ist nicht einheitlich aufgebaut. Unmittelbar auf der Metalloberfläche bildet sich ein dünner etwa 0,03 bis 0,05 μ starker, kompakter Film, der aus γ-Tonerde besteht. Auf dieser Grundschicht, die dielektrische Eigenschaften hat, baut sich eine stromleitende Schicht auf, deren Wassergehalt mit wachsender Entfernung von der Anodenoberfläche zunimmt und in die teilweise basische Salze eingebaut sind.

Auf Grund der Arbeiten von Baumann[15]) und einer kritischen Stellungnahme von Schenk[16]) zu den bisherigen Theorien kann man sich die Vorgänge bei der anodischen Oxydation wie folgt vorstellen: Der sich durch die Entladung von Sauerstoff-Ionen bildende atomare Sauerstoff reagiert mit dem Aluminium-Atom unter Bildung von Aluminiumoxyd

$$Al + 3O \longrightarrow Al_2O_3 + \text{Energie}$$

Nach Hermann bilden die Aluminium-Ionen mit den Anionen Salze. Hermann[17]) nimmt an, daß sie teilweise z.B. mit SO_4-Ionen und dem Wasser unter Bildung eines basischen Sulfates reagieren, das in die Schicht eingebaut wird.

$$Al^{+++} + H_2O + SO_4{}'' \longrightarrow (Al(OH)(SO_4)) + H^+$$

An der Kathode entweicht Wasserstoff.

Durch den zunächst gleichmäßigen Angriff des Sauerstoffes entsteht auf der Anode ein sehr dünner, zusammenhängender Film. Am Ende der sich unter dem Einfluß der angelegten Spannung und der lösenden Wirkung des Elektrolyten gebildeten Porenkanäle, durch die der Sauerstoff zum Metall gelangt, kommt es zu einer bevorzugten Oxydbildung. Es entstehen nach Baumann Oxydkalotten, deren Wachstum in Abb. 234 schematisch dargestellt ist. Diese Erkenntnis Baumanns wurde durch elektromikroskopische Aufnahmen von Fischer und Kurz[18]) bestätigt (Abb. 235). Während der anodischen Oxydation findet eine fortlaufende Reaktion zwischen dem Elektrolyten und der Schichtsubstanz statt, deren Auswirkung um so deutlicher wird, je länger die Badbehandlungsdauer und je oxydlösender der Elektrolyt ist. Es kommt zu einer Aufweitung der Poren und einer Hydratisierung des Aluminiumoxyds. Außerdem lagern sich die auf Grund der obigen und anderen Reaktionen entstehenden basischen Salze in die Schicht ein. Die Oxydlöslichkeit

---

[15]) W. Baumann, Z. Physik 111 (1939) S. 707—736.
[16]) M. Schenk, s. o. unter [6]) S. 609—613.
[17]) W. Hermann, Siemens-Zeitschr., Werkstoff-Sonderheft 1940.
[18]) H. Fischer und F. Kurz, Korr. u. Metallsch. 15 (1942) S. 158—212.

des Elektrolyten, sowie seine Temperatur sind daher von entscheidendem Einfluß auf die Zusammensetzung und den Aufbau der Schicht.

Nach Angabe von Pullen[19]) enthält der in Oxalsäure erzeugte Film etwa 3% Oxalation und der in Schwefelsäure hergestellte Film 13% Sulfation. Der Wassergehalt beider Schichten liegt nach Baumann bei 5—7%. Schenk[20]) nimmt an, daß innerhalb der Poren infolge des hohen Spannungsgefälles eine Wasserzersetzung stattfindet, und daß ein Teil der Oxalsäure durch Wasserstoff reduziert wird.

Wie aus diesen Angaben zu entnehmen ist, beeinflußt der Elektrolyt Struktur und Zusammensetzung der Schicht. Er ist u. a. von wesentlichem Einfluß auf die erreichbare Schichtdicke und den anodischen Wirkungsgrad, worunter das Verhältnis der nach dem Faradayschen Gesetz theoretisch zu bildenden und der praktisch entstehenden Schichtsubstanz verstanden wird. Wie noch bei der Beschreibung der Glänzverfahren gezeigt werden wird, wird die Rücklösung sehr merklich durch das chemische Verhalten des sich bei der Anodisierung bildenden Aluminiumsalzes beeinflußt. Beim Arbeiten in Oxalsäure kommt es, offenbar begünstigt durch die hohe Temperatur, zu einer teilweisen Hydrolyse des Aluminiumoxalats. Der entstehende Aluminium-Hydroxydfilm beeinträchtigt die Rücklösung. Es ist anzunehmen, daß er durch das Anodengas und den Elektrolyten von den erhabenen Stellen eher abgeschwemmt wird als aus den Vertiefungen, und daß es daher zu einer Einebnung kommt. Es steht demnach eine verhältnismäßig kleine Fläche für den laufenden Angriff des Elektrolyten zur Verfügung. Die Rücklösung ist entsprechend gering.

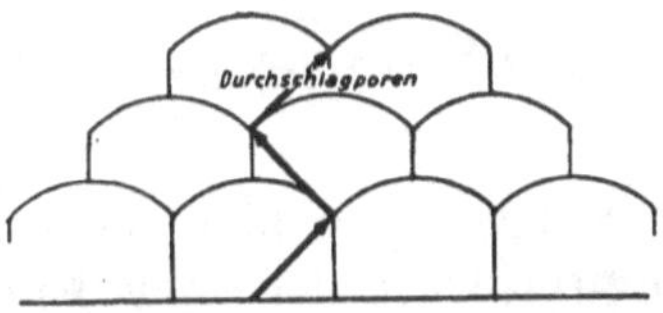

Abb. 234. Schematische Darstellung: Das Wachstum anodischer Deckschichten nach Baumann.

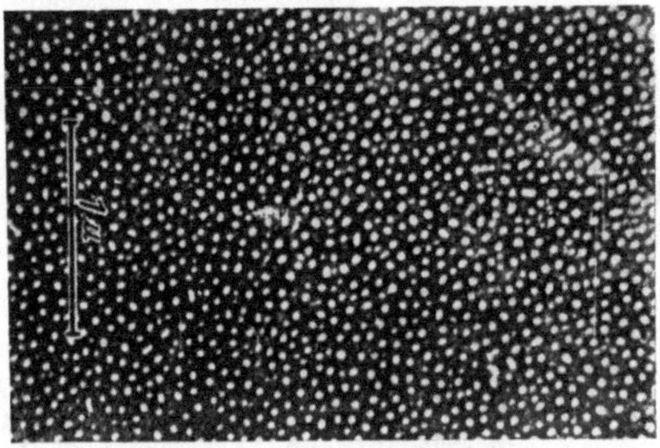

Abb. 235. Elektronenmikroskopische Aufnahme eines Oxalsäure-Films nach H. Fischer. V = 18000, Al 99,99%, mechanisch poliert, elektrolyt. geglättet.

Es ist daher möglich, in Oxalsäure ohne größere Schwierigkeiten Schichten bis zu 60 μ Dicke zu erzeugen und mit Wechselstrom zu arbeiten, während es in Schwefelsäure nur mit besonderen Mitteln gelingt, die Schichtdicke auf 50 μ zu steigern und ein Arbeiten mit Wechselstrom nicht möglich ist.

Grundsätzlich arbeitet man bei der anodischen Oxydation nur mit solchen Lösungen, die das Metall kaum, die Oxydschicht dagegen merklich angreifen.

---

[19]) N. D. Pullen, Metal Ind. 54 (1939) 327—29, S. 42—50.
[20]) M. Schenk, s. o. unter [6]) S. 577—587.

f) Die Struktur der Schichten

Die Oxydschichten sind quasiamorph. Nur in wenigen Fällen konnte eine kristalline Struktur nachgewiesen werden. Es wurde dabei γ-Al_2O_3 gefunden. E. I. W. Verwey[21]) konnte außerdem ein γ'-Al_2O_3 nachweisen. Wird die Schichtsubstanz bei Temperaturen über 1000° C geglüht, so bildet sich γ-Al_2O_3. Nach den Feststellungen von Harrington und Nelson[22]) kann man das quasiamorphe Oxydhydrat durch Auskochen in Wasser in ein kristallines $Al_2O_3 \cdot H_2O$ umwandeln.

Aus Versuchen von Lacombe und Beaugard[23]) läßt sich die interessante Tatsache ableiten, daß die Struktur der oxydischen Schicht offenbar von der ursprünglichen Größe des Rekristallisationskornes beeinflußt wird. Schenk folgert daraus, daß die anodische Schicht auf dem direkten Wege von der Metalloberfläche nach außen wächst.

g) Die Eigenschaften der Schicht

Das spezifische Gewicht der anodischen Deckschicht wird durch die Art des Elektrolyten wenig beeinflußt; es liegt bei 3,05—3,15. Dagegen ist die erreichbare Schichtdicke sehr vom Charakter des Elektrolyten abhängig. Bei der technischen Anodisierung werden üblicherweise folgende Schichtdicken erreicht.

Chromsäure 3—6 μ.
Schwefelsäure-Gleichstrom 8—20 μ (GS-Verfahren).
Wechselstrom-Gleichstrom-Oxalsäure 10—30 μ (WGX-Verfahren).
Ematal-Verfahren 10—18 μ.

Die erforderliche Dicke richtet sich sehr nach dem jeweiligen Verwendungszweck des oxydierten Gegenstandes. Bei mechanisch stark beanspruchten Teilen strebt man möglichst dicke Schichten an. Bei Reflektoren und anderen mechanisch schwach beanspruchten Gegenständen genügen im allgemeinen Schichten von 5—8 μ Stärke. Die Farbe der Schicht hängt vom Reinheitsgrad bzw. von der Legierung, sowie vom Charakter des Elektrolyten, der Elektrolyttemperatur und den Strombedingungen ab. Die Härte und Verschleißfestigkeit wird weitgehend durch die Arbeitsbedingungen bestimmt[24]).

Tabelle 37

Eloxal-variante	Werkstoff	Dicke in μ	Kegelspitze Härte je μ/kg	Spez. Verschleiß-festigkeit H/μ
Gx	AlZnMg	35,3	2,9	
GS	AlZnMg	14,7	2,6	
WX	AlZnMg	5,2	0,9	
GS	Reinaluminium	10,3		4590
GS	Reinalumimium	30,9		10890

[21]) E. I. W. Verwey, Kristallographie 91 (1935) S. 65—69 (γ-Oxyd mit unvollständiger Gitteranordnung).

[22]) Trans. Amer. Inst. Mining Met. Eng. 137 (1940) S. 62—75.

[23]) P. Lacombe und L. Beaugard, Comité général d'organistie des industries mecaniques 1944, S. 73—89.

[24]) W. Mauksch und H. Budiloff, Aluminium 19 (1937) S. 298—302.

Durch die Nachbehandlung in Wasser oder den gebräuchlichsten Salzlösungen geht die Abriebfestigkeit zurück. Die Brinellhärte der oxydischen Schichten ist etwas geringer als die galvanisch aufgebrachter Chromschichten; sie liegt aber über der der Nickel, Kupfer und Eisenüberzüge. Die Sprödigkeit der Schichten nimmt mit wachsender Dicke und Härte zu. Ausreichend starke Schichten reißen schon bei sehr geringer Verformung. Man kann aus diesem Grunde eloxierte Bleche bzw. Profile nur in besonderen Fällen verformen, im allgemeinen muß die Schicht nach der Fertigstellung des Gegenstandes aufgebracht werden.

unbehandelt anodisch oxydiert

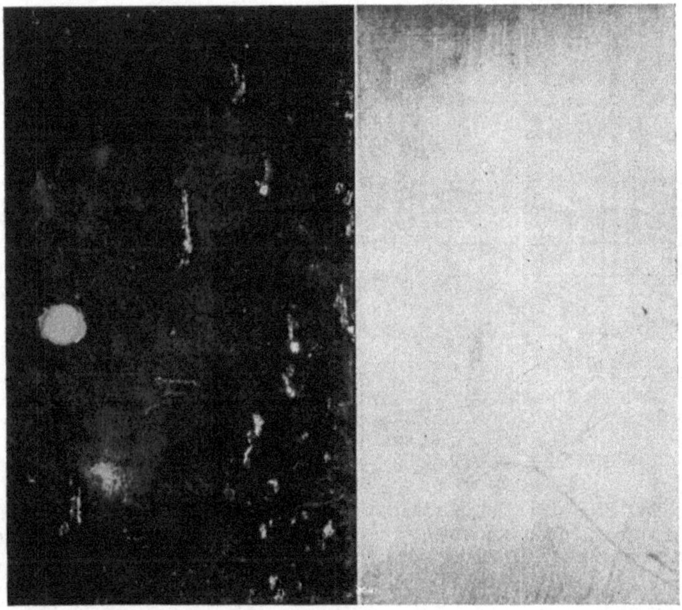

Abb. 236. Korrosionsbeständigkeit von unbehandelt und anodisch oxydiertem Al 99,5% in aggressivem Flußwasser.

Das Verankerungsvermögen der Schichten für Lacke ist gut. Es ist aber richtiger, für diese Art Behandlung die chemischen Oxydationsverfahren anzuwenden.

Die Temperaturbeständigkeit der Eloxalschichten ist groß. Die Rißempfindlichkeit, die durch die verschiedenen Ausdehnungskoeffizienten des Metalls und Oxyds bedingt ist, hängt außer der Schichtdicke und Härte sehr von der geometrischen Form der Teile ab. Erhitzt man beispielsweise zylindrische Hohlkörper, mit einem Durchmesser von 100 mm, so treten die ersten feinen Risse bei GS-Schichten bei 120° C und bei WGX-Schichten bei etwa 150° C auf.

Die Korrosionsbeständigkeit des Aluminiums wird durch eine anodische Oxydation vor allem gegen aggressive Wässer, viele Metallchloridlösungen und andere Agenzien wesentlich gesteigert. In Abb. 236 sind ungeschützte und geschützte Bleche gezeigt, die sechs Monate lang der Einwirkung eines stark chlor- und SO_4-haltigen Flußwassers ausgesetzt waren.

Die chemische Oxydation wird außer durch den Aufbau der Schicht und die Nachbehandlung noch weitgehend durch Zusammensetzung und Wärmebehandlung des Grundmetalls, sowie durch dessen Oberflächenbeschaffenheit beeinflußt.

Wie bei der Beschreibung der Vorgänge beim Schichtaufbau dargestellt wurde, bildet sich unmittelbar auf der Metalloberfläche eine kompakte Grundschicht mit dielektrischen Eigenschaften. Diese Tatsache hat zu einer großtechnischen Anwendung des Aluminiums beim Bau von Elektrolytkondensatoren geführt. Über die Zusammenhänge zwischen den Formierungsbedingungen und den dielektrischen Eigenschaften sind umfangreiche Untersuchungen durchgeführt worden. Hermann[25]) zeigt in einem Schaubild den Einfluß der Formierungsspannung auf die Schichtbildung, die spez. Kapazität und die Feldstärke (Abb. 237). Die elektrischen Eigen-

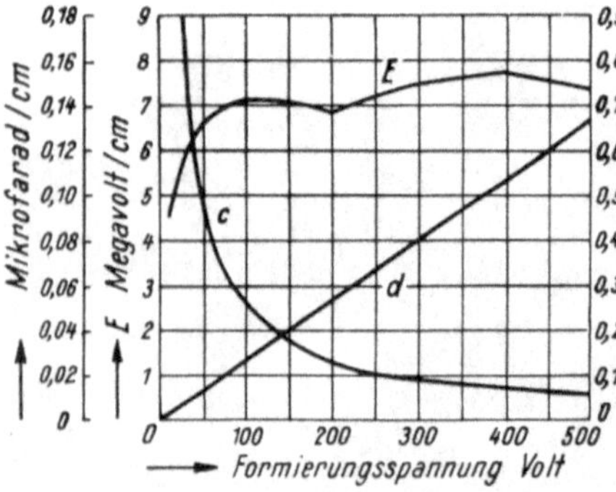

Abb. 237. Abhängigkeit der spez. Kapazität *c*, Feldstärke *E* und Schichtdicke *d* von der Formierungsspannung nach W. Herrmann.

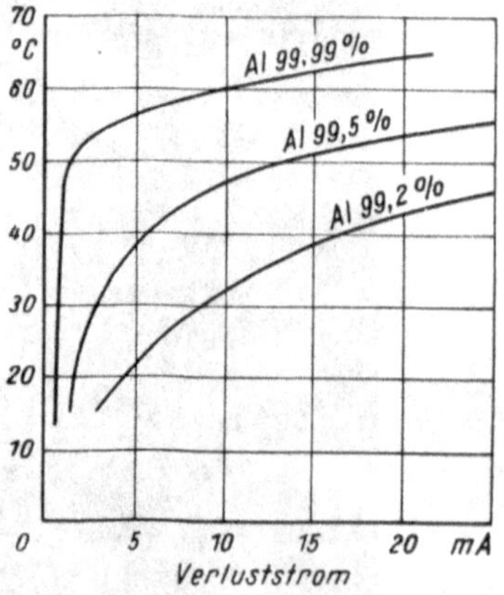

Abb. 238. Einfluß des Reinheitsgrades auf den Verluststrom von Elektrolyt-Überspannungsableiter Als-Thom, Type KA für 325 V nach Gadeau.

schaften der Kondensatoren werden um so günstiger, je reiner das verwendete Aluminium ist. Die Abb. 238 zeigt den Einfluß des Reinheitsgrades auf die Reststromverluste[26]). Seitdem man das zur Vergrößerung der Oberfläche der Formierung vorgeschaltete Anätzen des hochreinen Aluminiums beherrscht, wird die Masse der Elektrolytkondensatoren aus diesem Werkstoff hergestellt. Im Jahre 1949 wurden monatlich in Deutschland etwa 50 t Reinstaluminium zur Herstellung von Elektrolytkondensatoren verbraucht.

Schmitt und Lux[27]) kamen auf Grund von Widerstandsmessungen der Eloxalschicht zu der Schlußfolgerung, daß anodisch oxydierte Drähte bei geeigneter Nachbehandlung mit Lacken oder Pasten in der Elektrotechnik für bestimmte Polwicklungen, Schaltspulen, Motorenwicklungen, Transformatoren u. dgl. Verwendung finden können.

[25]) W. Hermann, Siemens Zeitschr. Werkstoff Sonderheft 1940, S. 206.
[26]) R. Gadeau, Aluminium (1936) 1 S. 16.
[27]) H. Schmitt und L. Lux, Haus-Zeitschr. VAW 2 (1930) S. 75—81.

h) Einfluß der Gefügebestandteile und Verarbeitungsbedingungen

Da die sich bei der anodischen Oxydation bildende Deckschicht durch Umsetzung des Aluminiums mit dem Sauerstoff entsteht, werden gleichzeitig alle im Grundmetall vorhandenen Legierungselemente und Verunreinigungen an der Reaktion beteiligt. Ihr Einfluß auf die Eigenschaften der Schicht ist besonders deutlich

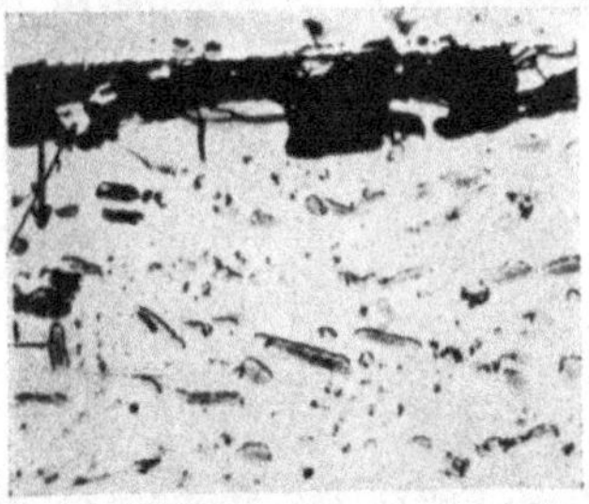

Abb. 239. Einbau von Si-Kristallen in die Eloxalschicht nach H. Fischer.

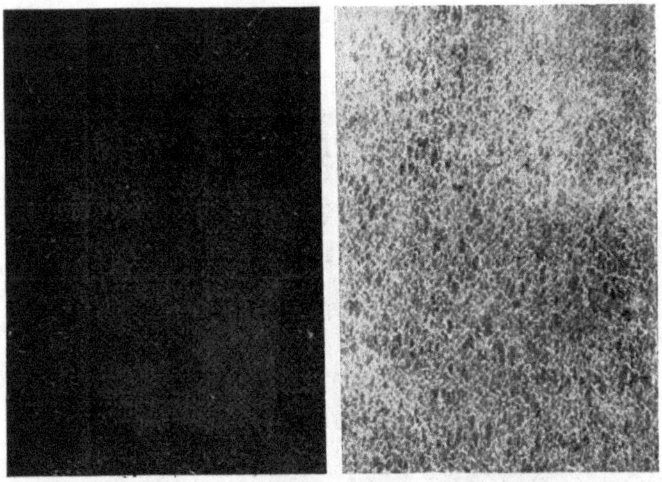

Abb. 240. Einfluß des Reinheitsgrades auf die Gefügeabzeichnung von Al-Mg-Legierungen. Links: Al-Mg-Legierung aus Raffinal; rechts: Al-Mg-Legierung aus Al 99,7%.

bei heterogenem Gefüge. H. Fischer[28]) unterteilt auf Grund von Messungen der anodischen Reaktionsfähigkeit die Legierungselemente bzw. Verunreinigungen nach dem Grad ihrer Umsetzung. Die Aluminide $MnAl_6$, $CuAl_2$ und $FeAl_3$, sowie die Elemente Silizium und Blei werden nach seinen Feststellungen nur teilweise, die magnesium- und zinkhaltigen Verbindungen, wie z.B. Mg_2Si, $MgAl_3$ und $Mg_2Zn_3Al_2$ dagegen vollständig aufgelöst. Die eingebauten Metallide oder ihre Reaktionsprodukte zeichnen sich ab. In Abb. 239 ist ein Querschliff durch eine anodisch

[28]) H. Fischer, Metalloberfläche A. Heft 6, 1949.

oxydierte Aluminium-Silizium-Legierung mit 12% Si gezeigt. Man erkennt deutlich die eingebauten Si-Kristalle; diese Kristalle bewirken eine Dunkelfärbung der Schicht. Die Abb. 240 zeigt, wie sich die an den Korngrenzen angehäuften Metallide bzw. ihre Reaktionsprodukte abzeichnen. Es entsteht die in der Technik mit Maserung bezeichnete Oberflächenzeichnung. Aus den angegebenen Gründen ist der

Abb. 241. Einfluß der Wärmebehandlung auf Al-Mg-Si-Preßprofile.
Links: ungenügende Homogenisierung; rechts: vollständig homogenisiert.

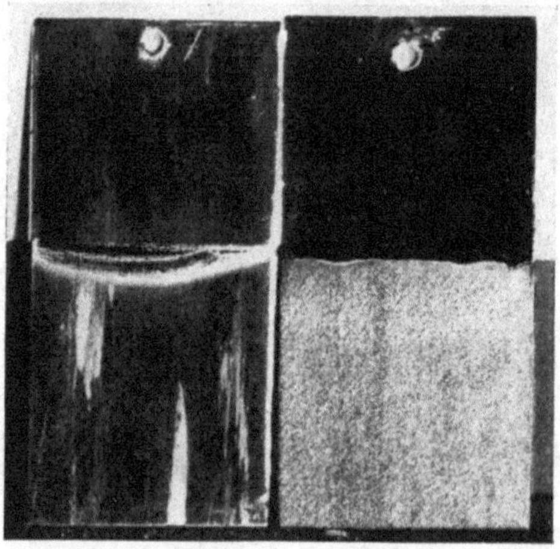

Abb. 242. Einfluß des Gußgefüges beim chem. Polieren von Al 99,99%.

Einfluß der Wärmebehandlung besonders groß bei den vergütbaren Legierungen. Die Abb. 241 zeigt diesen Einfluß bei einer AlMgSi-Legierung. Wie selbst kleinste Mengen an Verunreinigungen den Glanz und die elektrischen Eigenschaften der anodischen Schichten beeinflussen, wird bei der Behandlung der Glänzverfahren geschildert werden. H. Fischer hat durch Messung der Klemmenspannung bei der anodischen Oxydation verschiedener Legierungen und Wärmebehandlungen nach der Elektrolyse von 1 A/h festgestellt, daß kupferhaltige Legierungen im homogenen

Zustand eine höhere Spannung als im heterogenen Zustand zeigen, die AlMg-, AlMgZn- und AlMgSi-Legierungen dagegen sich umgekehrt verhalten.

Der Einfluß der in fester Lösung befindlichen Legierungselemente ist nicht so deutlich; er ist daher noch wenig untersucht worden. Wie neuere Versuche über den Einfluß des Chroms und Mangans auf die Farbe von GS-Schichten zeigen, bewirken schon geringe, in fester Lösung befindliche Chrom- oder Mangangehalte eine sehr dekorativ wirkende Gelbfärbung der Schicht. Es genügt zur Erzielung des sehr häufig gewünschten Neusilbertones in Schwefelsäure ein Chrom- oder Mangangehalt von 0,15%[29]).

Außer durch die Verunreinigungen und Legierungselemente wird die Ausbildung der anodischen Schicht, vor allem ihr Aussehen, durch das Gußgefüge und das Rekristallisationskorn beeinflußt. Dieser Einfluß tritt besonders stark beim chemischen Glänzen in Erscheinung. In Abb. 242 ist dieser Einfluß an chemisch und anodisch

Abb. 243. Einfluß der Homogenisierung auf die Glänzung von einer Al-Cr-Guß-Legierung auf Raffinal-Basis.
Links: unvollständig homogenisiert; rechts: bei 600° C geglüht.

geglänztem Raffinal gezeigt. Die bemerkenswerte Wirkung einer Rekristallisationsglühung einer Aluminium-Chrom-Legierung im Gußzustand zeigt Abb. 243. Auf der ungeglühten Probe zeichnet sich nach dem Glühen und Eloxieren das Gußgefüge deutlich ab; die Schicht ist etwas getrübt. Die rekristallisierte und glanzeloxierte Probe ist frei von störenden Abzeichnungen und hochglänzend. Aus den geschilderten Gründen sind außer Hüttenaluminium und Raffinal besonders die daraus erschmolzenen homogenen Legierungen, wie z. B. AlMg-, AlMgSi-, AlZnMg- und AlMn-Legierungen bei zweckentsprechender Wärmebehandlung für die anodische Oxydation geeignet.

i) Die Technik der anodischen Oxydation

In Tab. 36 sind die gebräuchlichsten Arbeitsbedingungen der einzelnen Verfahren angegeben. Aus dieser Aufstellung und den Ausführungen über die Vorgänge bei der Schichtbildung ist zu erkennen, daß die Führung einer Eloxalanlage vielseitige Kenntnisse erfordert, und daß nur durch eine intensive Zusammenarbeit zwischen Halbzeugwerk und Anodisieranlage einwandfreie Schichten erzeugt werden können. Außer den auf die Herstellung von Elektrolytkondensatoren beschränkten

[29]) Nach unveröffentlichten Versuchen der VAW-Grevenbroich.

Formierungsverfahren, deren Durchführung vielfach geheim gehalten wird, haben die Schwefelsäure-, Oxalsäure- und Chromsäure-Verfahren größere Bedeutung erlangt.

Bei der laufenden Herstellung anodisch oxydierter Gegenstände ist die Vor- und Nachbehandlung oftmals umfangreicher und kostspieliger als der eigentliche Oxydationsvorgang selbst. Die Masse der Teile muß mechanisch poliert und vorgeschliffen werden. Vor dem mechanischen Polieren wird häufig zur Ablösung des bei der Verarbeitung oder beim Guß entstandenen Oxydfilmes, der sog. Walz- oder Gußhaut bzw. Vergütungsschicht, gebeizt. Bei sehr großen Anforderungen an die Oberflächenglätte wird nach dem Vorschleifen zweckmäßig eine Zwischenbeize eingelegt. Nach dem Polieren findet eine weitere Entfettung statt. Vor dieser letzten Entfettung oder im Anschluß daran werden die Hilfskontakte befestigt. Nach der anodischen Behandlung werden die Teile in fließendem Wasser gespült. Danach erfolgt die sogenannte Nachverdichtung in kochendem Wasser oder in bestimmten Salzlösungen. Im allgemeinen wird in Wasser und zwar in weichem bzw. destilliertem Wasser ausgekocht. Bei diesem Vorgang wird ein Teil der Oxydschicht hydratisiert. Diese Hydratschicht schmiert beim Anfassen; sie muß durch Abreiben oder Ablösen entfernt werden. Nach diesem Vorgang werden die Teile getrocknet, nachgesehen und evtl. schwach angefettet. Es ergibt sich daraus folgendes Arbeitsschema:

Beizen oder/und Entfetten	Spülen in kaltem Wasser
Vorschleifen	Nachverdichten in kochendem dest. Wasser
Zwischenbeizen	Entfernen der beim Nachverdichten entstandenen Hydratschicht
Polieren	Trocknen
Entfetten	Nachprüfen und Einfetten
Anodisch oxydieren	

Wegen der großen Bedeutung der einzelnen Arbeitsgänge sollen die wichtigsten Maßnahmen näher beschrieben werden.

j) Entfetten und Beizen

Bei besonders starker Verschmutzung durch schwerlösliche Fette u. dgl. wird zweckmäßig mit organischen Fettlösemitteln, wie z. B. Tri- und Perchloräthylen vorbehandelt. Dadurch werden alle Fette, Öle, sowie Wachs und Paraffin abgelöst. Zweckmäßigerweise arbeitet man in geschlossenen Gefäßen und baut die Anlage so, daß die Gegenstände nur mit den dampfförmigen Lösemitteln in Berührung kommen. Beim Beizen in alkalischen oder sauren Lösungen muß grundsätzlich darauf geachtet werden, daß die Gemische nicht zu stürmisch angreifen. Es besteht sonst die Gefahr, daß die Oberfläche durch eine bevorzugte Auflösung des Metalls in der Umgebung der intermetallischen Komponenten zerklüftet wird. Die Abb. 244 zeigt ein Blech aus Hüttenaluminium, das in Natronlauge gebeizt wurde. Man erkennt deutlich einen muldenförmigen Angriff an den Stellen, an denen gröbere Metallide vorhanden waren. Abb. 245 zeigt die Korrosionsanfälligkeit einer solchen Oberfläche. Diese Anfälligkeit wird auch durch die Eloxierung nicht vollständig behoben. Das Blechmuster der Abb. 245 wurde in einem Gemisch von Salpetersäure und Flußsäure, das so eingestellt war, daß ein langsamer und gleichmäßiger Angriff erfolgt, behandelt. Man erkennt, daß die Oberfläche kaum aufgerauht ist und sieht in Abb. 246, daß die Korrosionsbeständigkeit wesentlich besser ist als die der in Natronlauge ge-

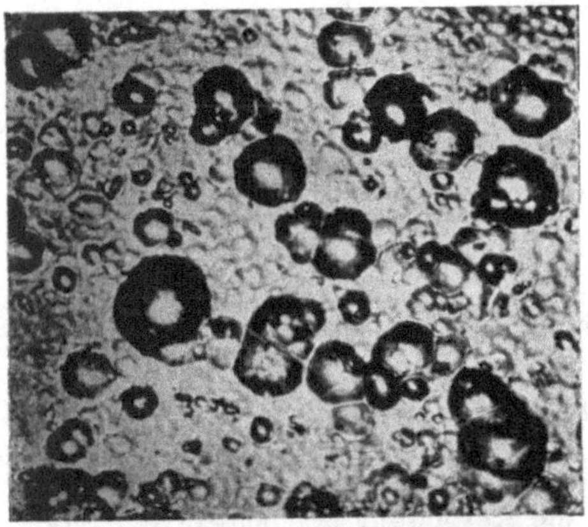

Abb. 244. Blechoberfläche von alkalisch gebeiztem Al 99,5%. V = 500.

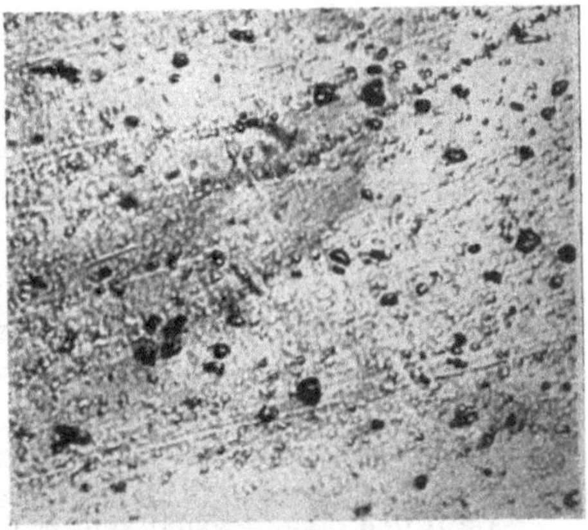

Abb. 245. Blech-Oberfläche von in Salpetersäure-Flußsäure gebeiztem Al 99,5%. V = 500.

Abb. 246. Korrosion in Abhängigkeit von der Beizbehandlung.
Links: Entfettet mit Trichloräthylen. Mitte: Alkalisch gebeizt. Rechts: Sauer gebeizt.

beizten Proben. Diese Feststellungen sind auch wichtig für die Herstellung von spiegelnden Oberflächen durch mechanisches Polieren und anschließendes anodisches oder chemisches Glänzen. Bei hochreinem Aluminium oder seinen homogenen Legierungen wirkt sich die alkalische Beize nicht korrosionsfördernd aus.

Als Behälter für die saure Beize sind mit Kunststoffen, wie z. B. Hartgummi oder Mipolam, ausgekleidete Eisengefäße geeignet. Das alkalische Beizen kann in Eisenbehältern durchgeführt werden.

k) Ausrüstung für die anodische Oxydation

Für die einzelnen Verfahren haben sich folgende Behälterwerkstoffe bewährt:

aa) Schwefelsäure-Verfahren

Blei, Eisengefäße mit Kunststoffauskleidung.

bb) Oxalsäure-Verfahren

Blei, Eisengefäße mit Kunststoffauskleidung, bei GX-Verfahren genügt auch hochreines Aluminium.

cc) Chromsäure-Verfahren (s. S. 332)

Da aus den oben geschilderten Gründen die Ausbildung der Schicht sehr vom Lösevermögen des Elektrolyten und damit von seiner Temperatur abhängt, muß die Badtemperatur sowie die Konzentration in den optimalen Grenzen gehalten werden. Wie die folgende Aufstellung zeigt, ist die bei der anodischen Oxydation auftretende Wärme so groß, daß zur Gleichhaltung der Badtemperatur gekühlt werden muß.

Tabelle 38

	GS 1,6 A/dm² 10 μ	WGX 1,5 ~ A/dm², 3,0 = A/dm²
Joulsche Wärme . . . . kcal/m²	691	2225
Oxydationswärme . . . kcal/m²	86	86
Wärmezufuhr . . . . . kcal/m²	777	2311
Zersetzungswärme . . . kcal/m²	47	47
abzuführende Wärme . . kcal/m²	730	2264

Einige Möglichkeiten zum Wärmeaustausch sind in der Abb. 247 schematisch dargestellt. Die Art der Kühlung hängt sehr vom Durchsatz und von der Form der Behälter ab. Bei langen und schmalen Behältern mit Bleiwandungen wird man im allgemeinen mit einer Außenkühlung auskommen. Zur Verbesserung des Wärmeaustausches kann der Bleibehälter dabei durch ein Siebblech abgestützt werden. Bei großem Durchsatz in breiteren Behältern wird zweckmäßig mit Innenkühlung gearbeitet. Nach Schenk kann diese Innenkühlung verschiebbar durchgebildet werden und gleichzeitig als Anode dienen. Gegebenenfalls muß mit Kühlsohlen gearbeitet werden. Eine weitere Möglichkeit der Kühlung besteht darin, daß der Elektrolyt durch ein außerhalb des Anodisierbehälters gelegenes Kühlsystem gepumpt wird, die Badlösung fließt dabei über einen Überlauf zur Pumpe und wird von dort durch das Kühlsystem wieder in den Behälter gefördert. In diesem Falle kann auf die Durchmischung des Elektrolyten mit Hilfe von Preßluft verzichtet werden. Bei der Durchbildung der Hilfskontakte muß auf die Form der zu behandelnden Gegenstände und ausreichenden Kontakt bei möglichst geringer Anpreßfläche, sowie auf eine einfache

Handhabung Rücksicht genommen werden. In der Abb. 248 sind einige Formen dargestellt. Durch zweckentsprechende Formgebung oder durch Verwendung von Gummiringen wird ein federnder Kontaktdruck erreicht.

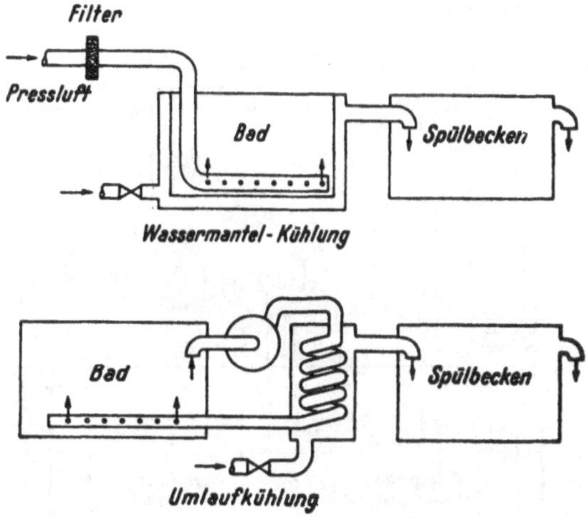

Abb. 247. Möglichkeiten für den Wärmeaustausch beim Eloxal-Betrieb.

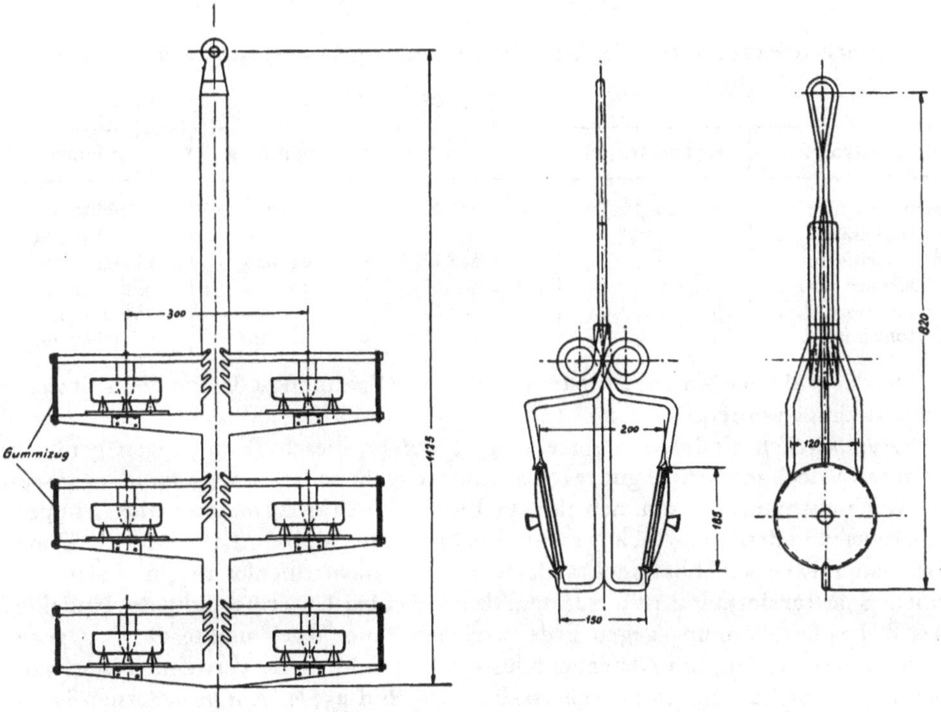

Abb. 248. Hilfskontakte beim anodischen Oxydieren.

Bei der Aufstellung der Gleichstrommaschine und des Transformators ist grundsätzlich darauf zu achten, daß die Leitungen von den Maschinen zu den Bädern kurz sind. In der Abb. 249 ist das Schaltschema einer Großversuchsanlage wiedergegeben. Die notwendigen Spannungen richten sich nach dem Elektrolyten, der Stromstärke und dem Durchsatz.

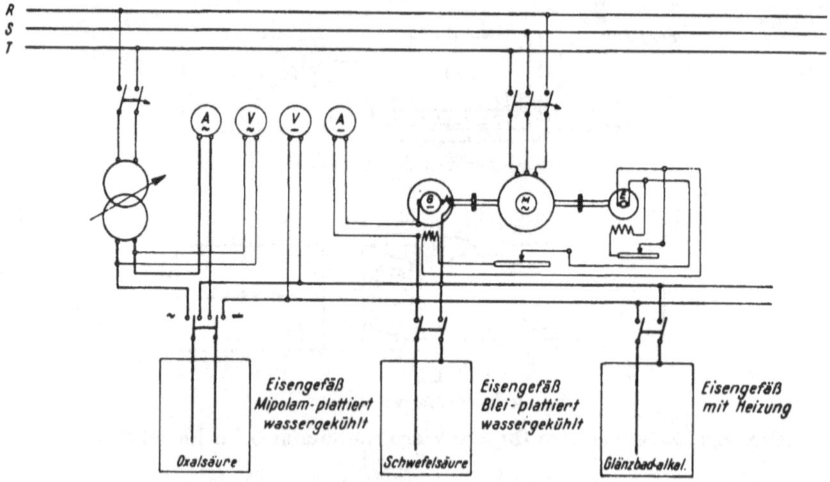

Abb. 249. Schaltschema einer Eloxalanlage.

Für Schwefelsäure- und Oxalsäurebäder sind folgende Spannungen erforderlich:

Tabelle 39

Elektrolyt	Konzentration	Temperatur	Spannung	Stromart
Schwefelsäure .	21,5%	20° C	12	Gleichstrom
Schwefelsäure .	15—20%	20° C	16—20	Gleichstrom
Schwefelsäure .	8%	20° C	22—25	Gleichstrom
Oxalsäure . . .	7%	20° C	50—60	Gleichstrom
Oxalsäure . . .	7%	20° C	30—40	Wechselstrom
Chromsäure . .	3%	40° C	→ 40	Gleichstrom

Bei der Wahl der Maschinenspannung muß der Spannungsabfall in den Leitungen berücksichtigt werden.

Grundsätzlich sind alle Stromerzeuger, welche diesen Bedingungen genügen, geeignet, jedoch müssen sie gut regelbar und weitgehend belastungsunabhängig sein. Als Wechselstromquelle kommen also alle Einphasen-Transformatoren und Gruppenschaltungen in Betracht. Am angenehmsten ist ein Drehtransformator oder ein Transformator mit verschiebbarem Eisenjoch, da diese sich stufenlos regeln lassen. Von einem Spartransformator ist abzuraten, da hierbei bei Unterbrechung des Nulleiters das Bad volle Spannung gegen Erde erreichen kann. Auch müßte das Bad gegen Erde isoliert werden, um Nebenanschlüsse zu vermeiden. Zu verwenden ist er aber bei Zwischenschaltung eines Isoliertrafos nach Bild 250/2. Am geeignetsten ist ein Trafo nach Bild 250/3. Steht ein Stufentrafo zur Verfügung, so kann er durch Zufügen eines Trafos (Bild 250/4) auf die gewünschte Spannung reduziert werden. Alle diese Trafos belasten das Netz 1- bzw. 2-phasig. Bei der Verwendung von 3 Bädern gleicher Größenordnung sind die Trafos auf die 3 Phasen zu verteilen (Bild 250/5). Bei 2 Bädern kann die Skott-Schaltung nach Bild 250/6 angewendet werden.

Als Gleichstromquelle kommt hauptsächlich ein durch einen Drehstrommotor angetriebener Gleichstromgenerator mit Fremderregung und Kompensationswicklung in Betracht. Die Fremderregung kann einer auf gleicher Welle sitzenden Erregermaschine oder einem Trockengleichrichter entnommen werden. Eine Maschine mit Eigenerregung kann auch benutzt werden, es ist aber ratsam, dieselbe auf Fremderregung umzuschalten. Als besonders vorteilhaft erscheint, insbesondere

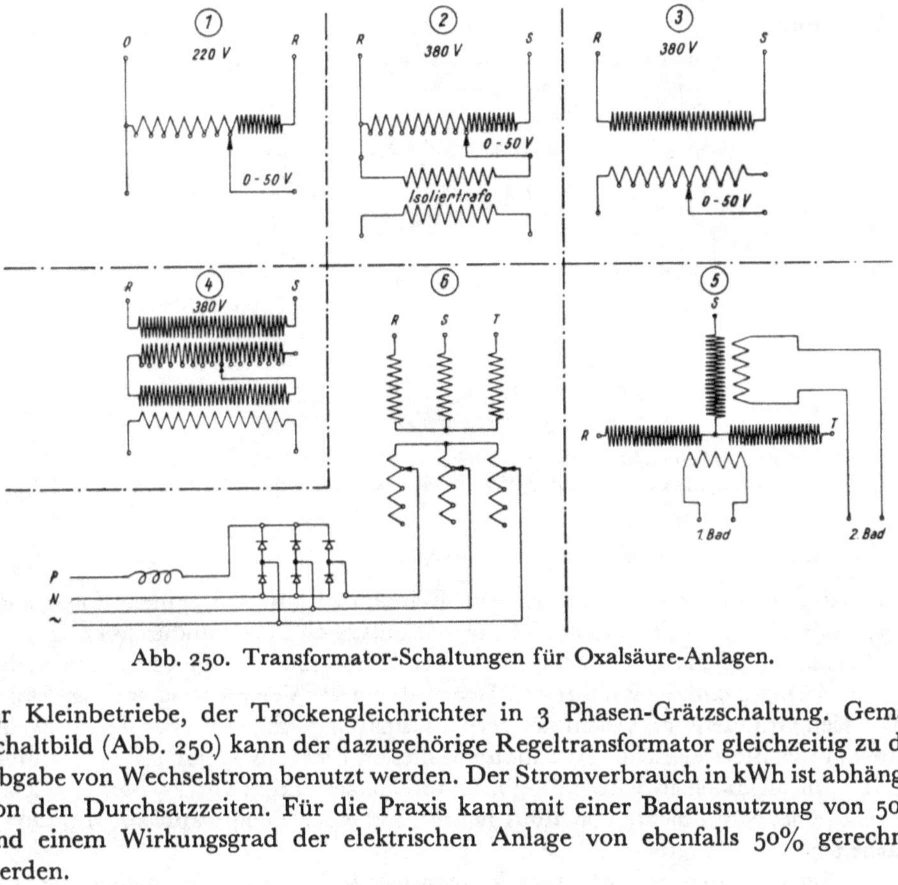

Abb. 250. Transformator-Schaltungen für Oxalsäure-Anlagen.

für Kleinbetriebe, der Trockengleichrichter in 3 Phasen-Grätzschaltung. Gemäß Schaltbild (Abb. 250) kann der dazugehörige Regeltransformator gleichzeitig zu der Abgabe von Wechselstrom benutzt werden. Der Stromverbrauch in kWh ist abhängig von den Durchsatzzeiten. Für die Praxis kann mit einer Badausnutzung von 50% und einem Wirkungsgrad der elektrischen Anlage von ebenfalls 50% gerechnet werden.

l) Die Nachbehandlung

Zur Entfernung des Elektrolyten und von überschüssigen Salzen müssen die eloxierten Gegenstände 15—20 Min. lang in fließendem Leitungswasser gespült werden. Wenn nicht gefärbt oder lackiert werden soll, ist es notwendig, die Schichten durch Behandlung in 85—95° C heißem Wasser oder in bestimmten Salzlösungen nachzuverdichten. Im allgemeinen genügt eine Behandlung von 10—12 Min. Bei zu hoher Temperatur und zu langer Behandlungsdauer bildet sich eine verhältnismäßig dicke Hydratschicht aus. Der Gegenstand schmiert beim Anfassen. Für die Nachverdichtung sind nur solche Wässer geeignet, die frei bzw. arm an Kalziumbikarbonat sind, da sonst schwer lösliches Kalziumkarbonat ausgefällt wird, das anschließend kaum mehr entfernt werden kann. Trotz aller Vorsicht beim Nachverdichten läßt sich die Ausbildung der erwähnten Hydratschicht nicht vollständig vermeiden. Ihre restlose Entfernung ist nur möglich durch Ablösen in einem Gemisch von Salpetersäure und Chromsäure, oder aber durch Abreiben der in der Eigenhitze oder künstlich getrockneten Gegenstände unter fließendem Wasser.

Nach diesem Vorgang werden die Gegenstände nochmals kurz unter Leitungswasser getaucht und bei etwa 100° C getrocknet. Diese Trocknung erfolgt am besten im Luftstrom.

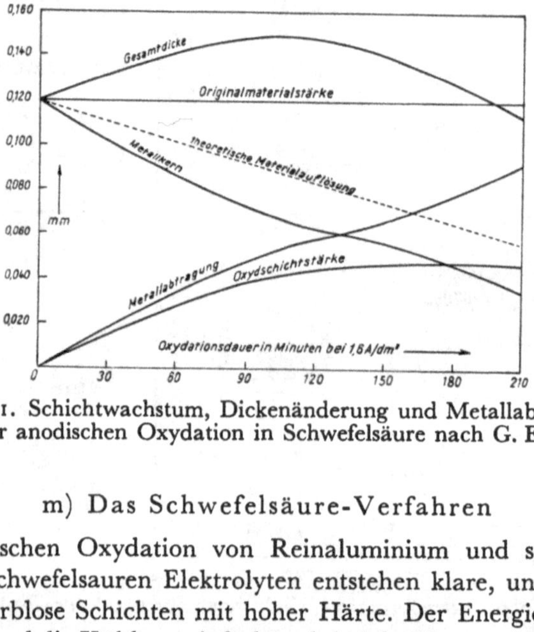

Abb. 251. Schichtwachstum, Dickenänderung und Metallabtragung bei der anodischen Oxydation in Schwefelsäure nach G. Elßner.

m) Das Schwefelsäure-Verfahren

Bei der anodischen Oxydation von Reinaluminium und seinen homogenen Legierungen im schwefelsauren Elektrolyten entstehen klare, undurchsichtige und im allgemeinen farblose Schichten mit hoher Härte. Der Energieverbrauch ist bedeutend geringer und die Kühlung einfacher als bei der Verwendung von Oxalsäure. Aus diesen Gründen und wegen des verhältnismäßig geringen Preises der Schwefelsäure hat sich die anodische Oxydation mit diesem Elektrolyten am stärksten durchgesetzt. Im allgemeinen wird mit einer Säurekonzentration von 15—25 Gewichtsprozent, einer Stromdichte von 1,6 A je dm² und einer Temperatur von 18—20° C gearbeitet.

Die Eigenschaften der Schichten können durch Änderung der Bedingungen in weiten Grenzen variiert werden. Wie die Abb. 251 zeigt, hängt die erforderliche Badspannung außer von der Temperatur auch von der Säurekonzentration ab. Zum Ansetzen der Bäder können technische Säuren, z. B. 94%ige H_2SO_4 mit einer Dichte von 1,84, und Leitungswasser verwendet werden. Nach Schenk[30]) sind maximal folgende Verunreinigungen zulässig:

[30]) M. Schenk, s. o. unter [6]) S. 772.

Eisenverbindungen	0,03% (als Fe)	Arsentrioxyd	0,001%
Bleiverbindungen	0,005% (als Pb)	Nitrate und Nitride	0,002% (als Na)
Chloride	0,005% (als Cl)		

Beim Ansetzen des Bades muß darauf geachtet werden, daß die Säure dem Wasser zugegeben wird und dabei gekühlt werden muß. Wie auf S. 326 ausgeführt, erfolgt die Durchmischung des Elektrolyten zweckmäßig durch Preßluft. Im allgemeinen genügt ein kräftiges Luftrühren in den Arbeitspausen. Zum Auffangen der bei der Behandlung auftretenden Sprühnebel werden den Bädern häufig geringe Mengen schäumende Präparate, z.B. das Sapamin MS der Ciba zugesetzt. Über die Wirkung anderer Badzusätze, wie z.B. Glyzerin, Alkohol, Ammoniak und Aluminiumsulfat, ist wenig bekannt geworden. In der Regel wird ohne jeden Zusatz gearbeitet. Die Kontrolle des Säuregehaltes erfolgt durch Ausspindeln oder Titration der freien Säure mit *n*/NaOH-Lösung. Im allgemeinen begnügt man sich mit Schichtdicken von 7—20 μ.

n) Oxalsäure

Die anodische Oxydation in Oxalsäure bietet sehr viele Möglichkeiten. Man kann mit Wechselstrom oder Gleichstrom sowie mit beiden Stromarten kombiniert arbeiten. Infolge der auf S. 318 geschilderten Vorgänge kommt es zu einer Färbung der Schicht. Man kann durch sinnvolle Anwendung beider Stromarten sowie durch Variationen von Temperatur und Stromdichte schwachgelbe, gelbe und braungefärbte Schichten erzeugen. Der Elektrolyt enthält 8—10% kristallisierte Oxalsäure, das sind 5,6—7% Oxalsäureanhydrid. Werden Teile durchgesetzt, die nicht vollständig entfettet sind, so empfiehlt sich ein Zusatz von 0,01—0,05% Chromsäure. Die Kontrolle des Bades kann durch Ausspindeln oder durch Titration erfolgen. Die einzelnen Konzentrationen haben folgende Dichte:

8% Oxalsäure kristallisiert = 1,026
9% Oxalsäure kristallisiert = 1,029
10% Oxalsäure kristallisiert = 1,032

Bei der analytischen Feststellung der Gesamtsäure wird mit Schwefelsäure angesäuert und anschließend mit *n*/10-Permanganat-Lösung titriert. Der Gehalt an freier Säure wird durch Titration mit *n*/NaOH ermittelt, aus der Differenz ergibt sich die zu Aluminiumoxalat abgebundene Säure.

Bei der WX-Behandlung entstehen relativ weiche, elastische Schichten. Diese Schichten werden wegen ihrer geringen Sprödigkeit vielfach auf Drähte aufgebracht. Da sie ein sehr angenehmes neusilberähnliches Aussehen aufweist, wird die WX-Oxydation neuerdings in steigendem Umfange zur Behandlung von Beschlagteilen angewendet. Durch Wechselstrom erfolgt eine bedeutend intensivere Färbung als durch Gleichstrom, dagegen sind die GX-Schichten wesentlich härter. Wenn gelblich gefärbte Schichten mit hoher Härte verlangt werden, ist eine nacheinander geschaltete Behandlung mit Wechsel- und Gleichstrom „WGX“ erforderlich. Schichten mit sehr schöner Tönung und hoher Härte lassen sich beispielsweise nach folgender Arbeitsweise herstellen:

10 Min. WX 1,5 A je dm², 18—22° C, 40—50 V, anschließend
5 Min. GX 3 A je dm², 18—22° C, 40—50 V[31]).

[31]) G. Elßner, Aluminium 25 (1943) S. 310.

o) Oxalsäure-Schwefelsäure-Mischungen

Die für die anodische Oxydation in Oxalsäure notwendigen Spannungen sind relativ hoch. Durch Zusatz von Schwefelsäure kann die Badspannung weitgehend gesenkt werden. Bei einem Verhältnis der beiden Säuren 1 : 1 und der für die WGX-Behandlung angegebenen Stromdichte von 1,5 bzw. 3,0 A je dm² liegt die Spannung bei 23 V. Die Schichten sind leicht gelblich gefärbt. Will man die gleiche Tönung erreichen wie beim WGX-Verfahren unter den oben angegebenen Bedingungen, so muß die Wechselstrombelastung auf 3,0 A je dm² erhöht werden, d. h. man muß unter folgenden Bedingungen arbeiten:

WX 10 Min., 3,0 A je dm², 18—20° C, 30 V,
GX 5 Min., 3,0 A je dm², 18—20° C, 23 V.

Durch eine weitere Erhöhung des Schwefelsäuregehaltes wird die Badspannung nur unwesentlich gesenkt[32]).

p) Das Chromsäure-Verfahren

Diese Arbeitsweise wird hauptsächlich in England und den USA angewendet. Der Elektrolyt besteht aus einer Lösung von 3% Chromtrioxyd in Wasser. Es wird im allgemeinen bei einer Temperatur von 40° C und einer Stromdichte von etwa 0,3 A je dm² gearbeitet. Die Badspannung wird innerhalb 15 Min. von 0 auf 40 V gesteigert. Bei konzentriertem Elektrolyten kann man nach Buzzard mit konstanter Spannung arbeiten[33]). Die entstehenden Schichten sind opak. Die Schichtdicke der Chromsäureüberzüge beträgt maximal 5 μ. Der Abnutzungswiderstand ist deswegen relativ gering, die Korrosionsbeständigkeit ist dagegen gut. Bezüglich Behältermaterial liegen keine eigenen Erfahrungen vor.

q) Das Ematal-Verfahren

Setzt man einem oxalsauren Elektrolyten bestimmte Metallsalze, wie z.B. Kaliumtitanoxalat oder die entsprechenden Verbindungen des Zirkons und Thoriums zu, so entstehen bei der Anodisierung durch Einbau der Hydroxyde dieser Metalle undurchsichtige milchige Schichten[34]). Die Badspannung liegt beim Einschalten auf etwa 80 V; sie wird im Verlaufe von etwa 7 Min. auf 120 V gesteigert. Die Stromdichte beträgt anfangs etwa 3 A je dm². Sie sinkt im Verlaufe der etwa 30 Min. dauernden Behandlung auf etwa 1,8 A je dm² ab. Die Arbeitstemperatur liegt bei 50—70° C. Der pH-Wert der Bäder soll 1,6—3,0 betragen und genauestens eingehalten werden. Die Ematalschichten sind gut verschleißfest und korrosionsbeständig sowie anfärbbar.

Für die Ematalisierung eignen sich vorzugsweise außer Reinaluminium alle Legierungen, auf denen sich klare GS-Schichten erzeugen lassen.

Der Zusatz der obengenannten Metallverbindungen zum chromsauren Elektrolyten „Ematal-Chromsäure-Verfahren" hat geringes technisches Interesse, da die entstehenden Schichten sehr dünn und weich sind. Das Wort „Ematal" ist geschützt.

---

[32]) Nach unveröffentlichten Versuchen von R. Lattey, Grevenbroich.
[33]) R. W. Buzzard; J. Res. Bureau Standard 15 (1937) S. 251.
[34]) Schweiz. Patente 182415, 188228.

r) Die anodische Deckschicht als Grundlage für Farben, lichtempfindliche Schichten und metallische Niederschläge

Die oxydischen Deckschichten lassen sich gut mit organischen Farbstoffen oder wässerigen Lösungen anorganischer Salze anfärben. Die anorganischen Färbungen sind licht- und witterungsbeständiger, als die organischen Färbungen. Im allgemeinen dient wegen ihrer geringen Eigenfarbe die GS-Schicht als Färbegrundlage. In der Tab. 40 sind einige Arbeitsweisen angegeben.

Tabelle 40

Färben von künstlich erzeugten Oxydschichten

A. Färben mit basischen organischen Beizfarbstoffen:

Grundlage: gut saugfähige vorzugsweise anodisch erzeugte Oxydschichten.
Konzentration der Farblösung: 10—50 g/l.
Temperatur der Farblösung: 70—80° C.
Farbtöne: schwarz und jede gewünschte Farbe.
Farbintensität von der Konzentration, der Arbeitstemperatur der Farblösung, der Oyxdschichtdecke und Färbdauer abhängig.

Anwendung	Eigenschaften	Anmerkungen	Patent-Nummer bzw. Nummer der Anmeldung
Für dekorative Zwecke auf schwermetallfreien und siliziumarmen Legierungen	weniger Temperatur und lichtbeständig	—	DRP. 413876 (16. 7. 1924)
für Reflektoren	farbige Lichtwirkung	—	DRP. 655825 (28. 11. 36)
Schilderherstellung durch Aufdruck, gegebenenfalls mit verschiedenen Farbstoffen	unempfindlich gegen Witterungseinflüsse	—	DRP. 634092 (24. 11. 34)
Beschriften und Mustern mittels Abdeckmittel und mechanische oder chemimische Behandlung der nicht abgedeckten Stellen	wetterfeste reliefartige Abzeichnungen	—	DRP. 752309 (18. 6. 52)
für dekorative Zwecke ein- und mehrfarbiger Batik-Muster	wetterfest	—	Anmeldung P 37651 (23. 3. 49)
unzerbrechliche Schreibtafeln Meßgerätskalen	geeignet für Beschriftung mit Bleistift, Tinte und anderen Schreibmitteln, unempfindlich gegen Witterungseinflüsse	vor der anodischen Oxydation Oberfläche mechanisch oder chemisch aufrauhen	DRP. 735756 (20. 9. 33)

Nach DRP. 735756, 634092, 752309, 655825 und Anmeldung P 37651 kann durch Behandlung der Teile hintereinander in zwei verschiedenen Metallsalzlösungen Einlagerung farbiger anorganische Pigmente erreicht werden. In diesem Fall sind die Färbungen lichtbeständig.

Tabelle 40 (Fortsetzung)

B. Färben mit Metallsalzlösungen:

Grundlage: gut saugfähige, vorzugsweise anodisch erzeugte Oxydschichten.
Konzentration: 50 bis 100 g/l.
Temperatur der Metallsalzlösungen: 50 bis 70° C, vorzugsweise 55° C.

Anwendung	Eigenschaften	Anmerkungen	Patent-Nummer bzw. Nummer der Anmeldung
für dekorative Zwecke	licht- und wetterfeste goldähnliche Färbung	lösliche Eisenverbindungen, vorzugsweise Ferrichlorid	DRP. 671 074 (24. 11. 36)
	licht- und wetterfeste braun bis braunschwarze Färbungen	lösliche Metallsalze und anschließend chemische Oxydation mit Kaliumpermanganat	DRP. 622 585 (11. 5. 32)
	licht- und wetterfeste Schwarz-Färbung	Hintereinanderbehandeln der Teile in Eisenammonium-Oxalat und einem organischen Reduktionsmittel	Anmeldung V 40974 VIa/48d (13. 4. 44)
und Einfärben von Reflektoren	licht- und wetterbeständige lichtstahlblaue Färbungen	Hintereinanderbehandeln der Teile in Eisenammonium-Oxalat und Alkaliferrocyanid	Anmeldung V 2742 VIa/48d (9. 10. 50)

C. Sonder-Verfahren:

Grundlage: künstlich erzeugte Oxydschichten.

Anwendung	Arbeitsweise	Farbton	Eigenschaften	Patentnummer bzw. Nummer der Anmeldung
für dekorative Zwecke	Vor der anodischen Oxydation Teile vorbehandeln in einer Salpetersäure-Ammoniumbifluoridlösung	weiß emailleartig	licht- und wetterbeständig	Anmeldung V 269 VIa/48a (19. 12. 49)
	Zusatz von Agenzien zu den Oxydationsbädern, die aus den Legierungen schichttrübende Partikel herauslösen	silberweiß	licht- und wetterbeständig	Anmeldung V 31 268 VI/48a (6. 11. 34)

s) Photo-Verfahren[35])

Aus geeigneten Lösungen lassen sich lichtempfindliche Salze, wie z.B. Halogen-Silbersalze auf der Oxydschicht ausfällen. Die so präparierten Schichten können wie Fotopapiere belichtet, entwickelt und fixiert werden. Diese Photos sind sehr widerstandsfähig gegen mechanische und chemische Beanspruchung und von großer Genauigkeit. Der Anwendungsbereich der anodischen Foto-Verfahren, die unter den Bezeichnungen Seo-Photo und Aluphot[36]) bekannt geworden sind, ist daher sehr umfangreich.

t) Das Elytal-Verfahren[37])

Wie wir gesehen haben, ist die anodische Deckschicht nicht einheitlich aufgebaut. Bei der Einwirkung von lösenden Agenzien werden die wasserreicheren Teile schneller

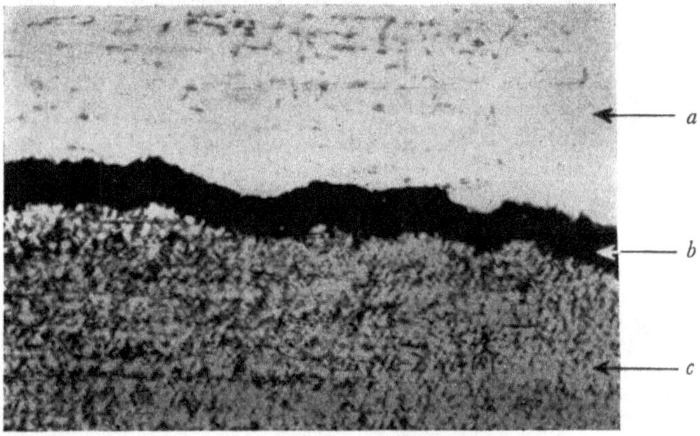

Abb. 252. Elytierte Al-Oberfläche.
a = Galvanischer Überzug (Nickel). *b* = Oxydzwischenschicht.
c = Grundmetall (Aluminium).

angegriffen als die wasserärmeren Partien. Durch die Porenkanäle gelangt die ätzende Lösung zum Metall. Es kommt zu einem differenziellen Angriff, der so geleitet werden kann, daß nach einer bestimmten Einwirkungsdauer ein Oxydsklett zurückbleibt. Eine so vorbereitete Oberfläche stellt einen ausgezeichneten Verankerungsgrund für galvanische Niederschläge dar. Abb. 252 zeigt einige nach dieser Arbeitsweise, die unter der Bezeichnung Elytal-Verfahren bekannt geworden ist, vernickelte Aluminiumteile. Die oxydische Zwischenschicht ist deutlich erkennbar.

u) Das anodische und chemische Polieren

Bei dem mechanischen Polieren von Metallen sollen die Erhebungen der Oberfläche abgeschliffen werden. Es läßt sich aber bei weichen Metallen nicht vermeiden,

---

[35]) DRP. 607012, 608270, 615692, 619450, 620664 und 622480.
[36]) Nach M. Schenk DRP. angemeldet.
[37]) H. Ginsberg, Aluminium (1937).

daß die Kuppen in die Vertiefungen verschoben bzw. eingedrückt werden. Dadurch kommt es zu einer Verformung der oberflächennahen Bereiche (des Kristallgitters) und vielfach zu Überlappungen. Aus diesen Gründen bereitet das mechanische Polieren des sehr plastischen Rein- und Reinstaluminiums große Schwierigkeiten.

Die erreichbare Oberflächenglätte und der Glanz hängen außer von der Plastizität noch von der Korngröße und der Oxydationsgeschwindigkeit, sowie von der Dicke und Eigenfarbe der sich bildenden Oxydschicht ab. Die beim mechanischen Polieren des Aluminiums auftretende Temperatur begünstigt die Bildung einer festhaftenden oxydischen Deckschicht. Diese Deckschicht wird bei der anodischen Oxy-

mech. poliert

mech. poliert
und eloxiert

Abb. 253. Einfluß der Vorbehandlung auf eine GS-Schicht Al 99,99%.

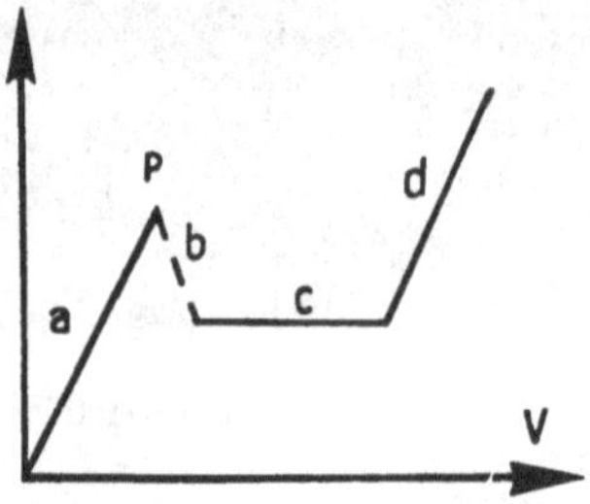

Abb. 254. Stromspannungskurve beim anodischen Glänzen nach K. Huber.

dation in die „künstliche" Oxydschicht eingebaut. Es entstehen auch auf hochreinem Aluminium getrübte Schichten (Abb. 253). Aus diesem Grunde sind elektrolytische Polierverfahren entwickelt worden, durch die die bei der Verarbeitung entstehende Deckschicht entfernt und die Oberfläche eingeebnet werden soll. Der Glänz- und Poliereffekt wird im wesentlichen durch den Charakter des Elektrolyten, die Stromdichte und den Reinheitsgrad des zu glänzenden Aluminiums bestimmt. Nach Jaquet[38]) und Huber[39]) sind die Vorgänge bei der anodischen Glänzung durch die Stromspannungskurve charakterisiert (Abb. 254). Unter den Bedingungen des Kurvenstückes *a* geht Aluminium anodisch in Lösung. Bis zum Beginn des Kurvenstückes *c* bleiben die Proben matt. Unter den Stromspannungsbedingungen *c* erfolgt die Glänzung. Bei weiterem Anstieg der Stromdichte erfolgt nach Jaquet eine Gasentwicklung, verbunden mit einem ungleichen Angriff der Proben.

[38]) P. A. Jaquet, Le polissage élektrolytiques des surface metalliques et ses application.
[39]) K. Huber, Chimia Vol. 4, 54—62 (1950).

Nach einer Diskussion der Stromspannungskurve kommt K. Huber zu der Schlußfolgerung, daß das elektrolytische Polieren stets auf einer wenn auch unvollkommenen, anodischen Passivierung beruht, die durch die Entstehung einer Deckschicht bedingt ist. Unveröffentlichte Versuche der Vereinigten Aluminium-Werke Aktiengesellschaft, Grevenbroich, zeigten, daß unter bestimmten Bedingungen auch während der normalen anodischen Oxydation eine Einebnung stattfindet, d. h., daß eine verhältnismäßig starke oxydische Schicht den Einebnungsvorgang nicht verhindert. Dieser Effekt kann gemessen werden, wenn die gebildete Schicht abgelöst wird, ohne daß ein Angriff des Metalls erfolgt. In der Abb. 255 ist die Zunahme des Reflexionsvermögens durch diese in Tab. 41 mit Ablöseverfahren be-

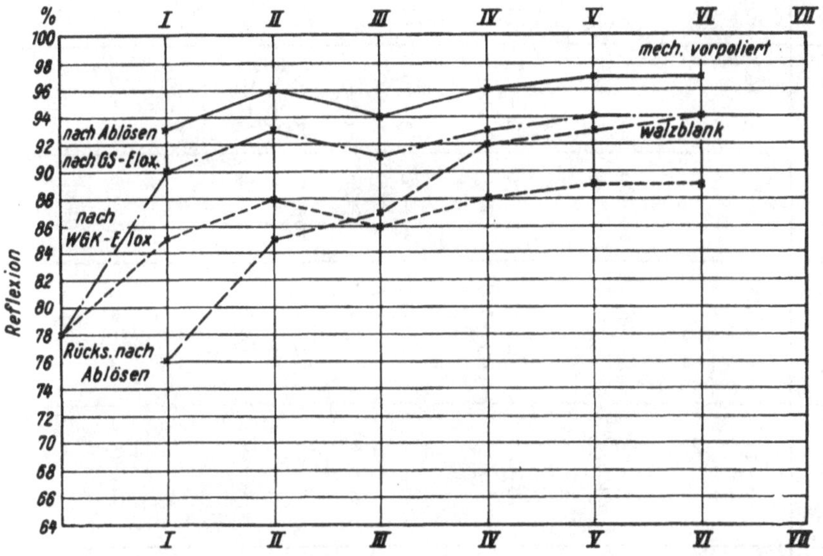

Abb. 255. Reflexionssteigerung bei Al 99,99% durch das Ablöseverfahren.

zeichnete Glänzmethode dargestellt. Die besten Effekte werden in Oxalsäure bei kombinierter Anwendung von Wechselstrom und Gleichstrom erzielt. Im Schwefelsäure-Elektrolyten ist der Glänzeffekt gering. Durch diese Beobachtungen wird die Hubersche Theorie gestützt. Auch bei einem später zu schildernden chemischen Polierverfahren bildet sich eine Schicht auf der Metalloberfläche aus. Taucht man z.B. Aluminiumbleche in eine kalte Lösung aus Salpetersäure und Ammoniumbifluorid, so entsteht bei trägem Angriff eine kompakte weißgraue Schicht aus Aluminiumfluorid und Ammoniumfluorid. Steigert man die Temperatur auf etwa 40—50° C, so tritt bei stürmischer Reaktion Glättung und Glänzung ein.

Die sich auf der Blechoberfläche in großen Mengen bildenden schwerlöslichen Salze werden durch den Wasserstoff abgeschwemmt. Man kann als sicher annehmen, daß dieses Abschwemmen auf den erhabenen Stellen schneller vor sich geht, als in den Vertiefungen.

Tabelle 41. Übersicht über Verfahren zum anodischen Glänzen

Bezeichnung	Patent	Elektrolyt	Volt	Amp/dm²	Temp.	Zeit	Nachbehandlung	Literatur
Brytal-Verfahren	Brit. Pat. 449 162	15% Na_2CO_3 + 5% Na_3PO_4	9—12	3,3—3,8	80° (± 1%)	5—10′	Elox. 20% $NaHSO_4$, 35° 10 V 0,55 Amp/dm² 12—15 Min.	Schenk 1948 S. 801
Alzak-Verfahren	USA Pat. 2 108 603	0,5—5% BF_3 (2,5% = 0,8%≅)	5—25 (8—12)	1,1—8,6 (2,15)	20—60° (30—33°)	5—15′	Elox. 7% H_2SO_4, 25° 20 V 1,3 Amp/dm² 10 Min.	Schenk 1948 S. 803
Alzak-Verfahren	USA Pat. 2 040 617	1,0—25% CrO_3 0,2—1,5% HF	16—22	2—15 (4,9—5,6)	30—70° (50°)	5—30′ (10)	Elox. 7% H_2SO_4, 25° 20 V 1,3 Amp/dm² 10 Min.	Schenk 1948 S. 803
Alzak-Verfahren	USA Pat. 2 040 618	1—60% H_2SO_4 0,2—1,5% HF	8—10 (=8) (≅10)	1—11 (=10) (≅8,5)	30—70° (=60°) (≅35°)	3—30′ (=10′) (≅20′)	Elox. 7% H_2SO_4, 25° 20 V 1,3 Amp/dm² 10 Min.	Schenk 1948 S. 803
Alzak-Verfahren	USA Pat. 2 045 286	1—60% H_2SO_4 0,2—1,5% HF	8—10 (=8) (≅10)	1—11 (=10 (≅8,5)	30—70° (=60°) (≅35°)	3—30′ (=10′) (≅20′)	Ablösen: 1—8% Na_2CO_3 0,5—3% $Na_2Cr_2O_7$ 70—95° 0,25—3 Min., Elox. wie oben	Schenk 1948 S. 803
Französ. Verfahren	Brit. Pat. 618 120	40—90% H_3PO_4 > 3% Oxalsäure > 1,5% Borsäure 0,05—0,2% Bleiglätte	50—25	4,5—200 (30)	20—90° (60°)	1—10′	Elox. 15%ige H_2SO_4 12 V, 10 Min., 20°	Light Metals Bulletin 1949 Vol. 11, Nr. 9
Alcoa-Verfahren	Brit. Pat. 613 887	30—50% H_3PO_4 25—55% Glyzerin Rest H_2O	20—60	5—10	70—80°	3—10′	Ablösen: H_3PO_3 + CrO_3-Lösung Elox. 15%ige H_2SO_4	Light Metals Bulletin 1949 Nr. 4

Phosphorsäure-Schwefelsäure-Verfahren	Frz. Pat. 798 721	45—70 Vol.% H_2SO_4 5—15 Vol.% H_3PO_4 0,5—2 Vol.% HNO_3	12—14	10—15	75—100°	3—10′	Ablösen der Haut Elox. in 15%iger H_2SO_4	Schenk 1948 S. 805
Phosphorsäure-Schwefelsäure-Verfahren	Brit. Pat. 612 478	42 Vol.% H_3PO_4 8 Vol.% H_2SO_4 17 Vol.% H_2O 33 Vol.% Äthyl-monoäthyl-Ester	?	3,5	40—90°			Patentschrift der IV Westwood and United Anodising Ltd.
VAW-Glänz-Verfahren		10% Na_2SO_4 1% NaOH	10—8	10—15	90° (±3°)	10—8′	Auswaschen Elox. in GS-Bad	
Ablöse-Verfahren		7%ige Oxalsäure (WGX-Behandlung)	≅30—40 V =50—60 V	≅1,5 Amp. =3,0 Amp.	20° (±2°)	≅10′ =5′	Ablösen in Mischsäure Elox. in GS-Bad	

Die Entwicklung auf dem Gebiet des anodischen und chemischen Glänzens von Aluminium ist noch in Fluß; es sind daher die Vorstellungen über die die Einebnung verursachenden Vorgänge noch nicht endgültig. Die besprochenen Forschungsergebnisse bestätigen aber die bisher geäußerten Vorstellungen, wonach der die Einebnung verursachende differenzielle Angriff sehr von der Menge und Löslichkeit der sich auf der Aluminiumoberfläche bildenden Salze und von der Diffusionsgeschwindigkeit der Badlösung an der Metalloberfläche abhängt. Sie zeigen weiterhin, daß eine Einebnung auch dann stattfindet, wenn sich bereits eine starke oxydische Schicht gebildet hat und daß es auch bei den chemischen Polierverfahren zu einer zwischenzeitlichen Deckschichtbildung kommt.

In den Abb. 257—261 sind die Veränderungen der Oberflächen beim chemischen und anodischen Polieren dargestellt.

Abb. 257 zeigt eine Tolansky-Aufnahme eines mechanisch polierten Raffinalbleches. Die zerfaserte Linie kennzeichnet feine Riefen.

Die Abb. 258—261 zeigen die Probe nach dem Glänzvorgang. Man ersieht daraus, daß beim chemischen Polieren eine Art Kornflächen-Ätzung auftritt, d. h. die Abtragung der einzelnen Kristallite ist verschieden stark. Bei der „gerichteten" Einebnung der anodischen Glänzverfahren treten die Korngrenzen nicht hervor.

Da der Niveauunterschied zwischen den Ebenen der einzelnen Körner des chemisch polierten Bleches kleiner als $\frac{1}{2}\,\lambda$ ist, sind die Reflexionswerte selbst für gerichtetes Licht nur unwesentlich geringer als bei anodisch geglänzten Proben.

In der Tab. 42 sind einige Verfahren zum anodischen Glänzen aufgeführt. Über den Anwendungsumfang der einzelnen Verfahren ist wenig bekannt geworden. In den USA werden vorzugsweise die Alzak-Verfahren angewendet, während in England nach

Pullen-Brytal-Verfahren geglänzt und in der Schweiz und in Deutschland neuerdings in steigendem Umfange in Schwefelsäure-Phosphorsäure-Lösungen sowie nach dem VAW-Verfahren anodisch poliert wird.

Die teilweise recht komplizierte Verfahrenstechnik wird im allgemeinen geheim gehalten. Bei den meisten anodischen Glänzverfahren muß der Elektrolyt sehr sorg-

Abb. 256.
Anfressungen in Drückriefen beim anodischen Glänzen im alkalischen Elektrolyten durch Anodengas.

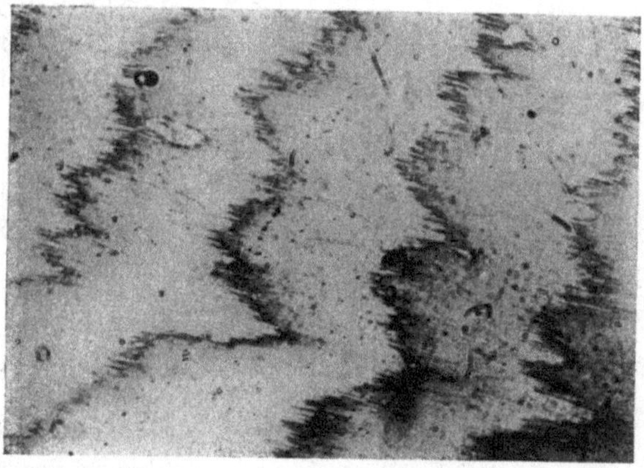

Abb. 257.
Interferenzlinien-Aufnahme nach Tolansky, Natriumlicht, Linienabstand $\lambda/2$, Reflectal mech. poliert, GS-eloxiert.

fältig überwacht werden, da oft schon Spuren von Fremdelementen, wie z.B. Cl oder SO_4 Anätzungen verursachen.

Da Verunreinigungen der Oberfläche, wie z.B. Flitter oder nichtmetallische Körper zu Anfressungen führen können, kann man nur sehr sorgfältig hergestellte Bleche bzw. Profile verwenden und muß durch zweckentsprechende Vorbehandlung die Gegenstände für das anodische Glänzen vorbereiten. Das VAW-Glänzverfahren ist nicht für alle Al-Legierungen anwendbar. Schon geringe Magnesiumgehalte können störend wirken. Bei diesem Verfahren, sowie bei dem Schwefelsäure-Phosphorsäure-Verfahren wird mit sehr hohen Stromdichten gearbeitet. Dadurch wird die Kontaktgebung bei großflächigen Gegenständen sehr erschwert. Außerdem sind verhältnismäßig große Umformer-Aggregate erforderlich. Beim Einsatz komplizierter Hohlkörper bereitet die Abführung des Anodengases so große Schwierigkeiten, daß

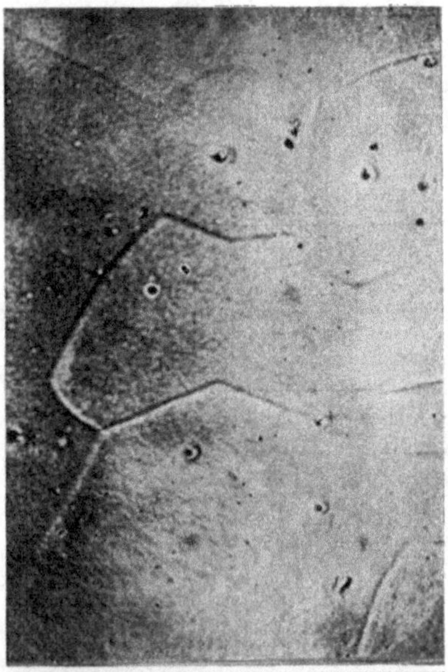

Abb. 259. Lichtmikroskopische Aufnahme (1000 : 1), Reflectal 5″, chem. geglänzt, GS-eloxiert.

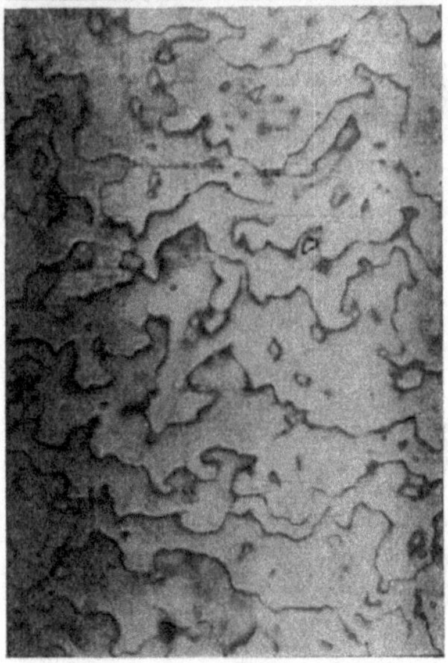

Abb. 258. Interferenzlinien nach Tolansky, Reflectal 15″, chem. geglänzt, GS-eloxiert.

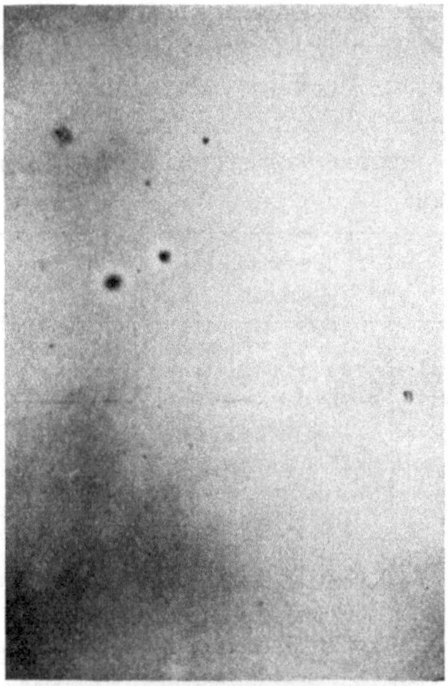

Abb. 261. Lichtmikroskop. Aufnahme (1000 : 1), Raffinal, anodisch geglänzt, GS-eloxiert.

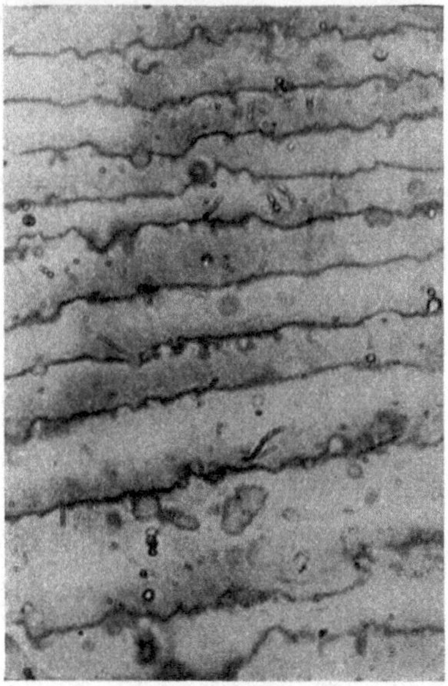

Abb. 260. Interferenzlinien nach Tolansky, Raffinal, anodisch geglänzt, GS-eloxiert.

daran vielfach die Anwendung des anodischen Glänzens scheitert. Wenn die Anodengase nicht reibungslos abgeführt werden können, so treten sehr leicht Anätzungen auf. Die Abb. 256 zeigt einen nach dem VAW-Verfahren behandelten Reflektor, der in den beim Drücken entstandenen Riefen angeätzt wurde. Die mechanisch polierte

Innenseite ist dagegen frei von Anfressungen. Da schon sehr feine Riefen, wie sie beim Vorschleifen häufig entstehen, zu Fehlstellen beim Glänzen führen, muß dieser Vorgang besonders sorgfältig gehandhabt werden. Vielfach empfiehlt es sich, nach dem Vorschleifen chemisch zu polieren und dann mechanisch weiter zu polieren. Wegen der geschilderten Schwierigkeiten hat man sich in neuerer Zeit bemüht, ohne Anwendung von Strom eine Einebnung zu erreichen. In Amerika und der Schweiz sind einige Verfahren entwickelt worden, die unter der Bezeichnung „Alupol-Verfahren" bekannt geworden sind. Die Arbeitsbedingungen und der Glänzeffekt dieser Verfahren ist in der Tab. 42 angeführt.

Tabelle 42

Bezeichnung	Zusammensetzung	Temp.	Zeit	Nachbehandlung	Glänzeffekt
Alupol II (Polierbad)	133 g Natriumhydroxyd (in Schuppen) 111 g Natriumnitrat 83 g Natriumnitrit 55 g Natriumphosphat (Tri) 0,83 g Kupfernitrat 100 cm^3 Wasser	120 bis 145° C Wenn 145° überschritten, Wasser zusetzen	15 bis 60 Sek.	Abschrecken in 60—70° warmem Wasser, in Salpetersäure neutr. und Spülen in fließendem Wasser	Hochglanz nur auf Reinaluminium 99,85% und höher möglich. Bei komplizierten Teilen, insbes. auf Hohlkörpern, ist ein gleichmäßiger Hochglanz nicht zu erreichen
Alupol II (Glänzbad)	73 g Phosphorsäure D 1,7 10 g Eisessig 2,5 g Salpetersäure 40° Bè 2 g Kupfernitrat auf 1 kg Badinhalt Höchstzulässiger Wassergehalt 15—16%	76 bis 83° C	10 bis 15 Min.	In fließendem Wasser gut spülen	Ein ausreichender Hochglanz ist nur unter Vorschaltung des Alupol-I-Bades möglich
Alupol III	415 g Phosphorsäure D 1,7 381 g rauchende Schwefelsäure mit 20% SO_3 159,7 g Salpetersäure 40° Bè 24,5 g Borsäure 18,8 g Wasser 1 g Kupfernitrat	95 bis 98° C	3 Min.	In fließendem Wasser spülen, eintauchen in Salpetersäure und wieder spülen	Nur mattglänzende Oberflächen, mit verhältnismäßig geringer Spiegelwirkung zu erreichen

Bei der VAW-Grevenbroich wurde ein Glänzlösung gefunden, die aus Ammoniumbifluorid, Salpetersäure und Wasser besteht[40]).

[40]) Patente.

Die Arbeitstemperatur liegt bei 40—80° C.

Der Glänzvorgang dauert 15—30 Sekunden.

Beim Eintauchen der Gegenstände in diese Lösung erfolgt eine schlagartige Reaktion. Die sich bildenden schwerlöslichen Fluoride färben das Bad milchig. Bei der Reaktion wird im wesentlichen die freie Flußsäure des Bifluorids verbraucht. Das Bad kann daher durch Zugabe von Flußsäure regeneriert werden.

Tabelle 43

Einfluß des Reinheitsgrades bei Anwendung des VAW-Glänz-Verfahrens

Werkstoff	Oberflächenbeschaffenheit	Gewichtsverlust in g/m² 25 Sek.	Gesamt-Reflexionsvermögen gegen Silberspiegel in %	Aussehen der Oberfläche nach der Glänzung
Al 99,5	walzblank	70,50	34	rauh, matt, Strukturabzeichnung
	geschliffen	78,46	41	rauh, matt, Strukturabzeichnung
Al 99,99	walzblank	80,36	92	hochglänzend
	geschliffen	84,5	92	wie vorher, jedoch optisch klarer

Wie Tab. 43 zeigt, spricht das geschilderte Glänzverfahren sehr stark auf den Reinheitsgrad des Aluminiums an. Ein Hochglanz wird praktisch nur auf Raffinal und seinen homogenen Legierungen erzielt. Es ist aber auch anwendbar auf Hüttenaluminium mit mindestens 99,6% Al und seinen Al-Mg-Legierungen, wenn ein Mattglanz den Ansprüchen genügt; das ist z.B. bei manchen Profilen für Architekturzwecke der Fall.

Der Einfluß der Wärmebehandlung auf den Glänzeffekt ist in Abb. 242 dargestellt. Es ist notwendig, das Primärgefüge durch geeignete Maßnahmen (Zwischenglühungen) zu zerstören. Preßprofile und vor allem nachgezogene Profile, sowie Rohre sind ausgezeichnet glänzbar.

Die Beschränkung des Ammoniumbifluorid-Salpetersäure-Verfahrens auf die höheren Reinheitsgrade des Aluminiums ist nicht unbedingt als ein schwerwiegender Nachteil zu werten. Wie wir gesehen haben, bauen sich bei der Eloxierung die intermetallischen Komponenten in die Schicht ein und trüben sie. Wenn demnach ein chemisch oder anodisch geglänztes Teil aus Hüttenaluminium oder seinen Legierungen eloxiert wird, so tritt eine um so stärkere Verfärbung ein, je unreiner das Metall und je stärker die Schicht ist. Wenn man aus Aluminium hochglänzende Gegenstände fertigen und sie dauerhaft vor Witterungseinflüssen schützen will, so kann man auf eine Eloxierung nicht verzichten. Man ist daher genötigt, die höchsten Reinheitsgrade zu verwenden. Das Glanzeloxieren von unreinem Aluminium ist daher nur bei geringen Anforderungen an den Oberflächeneffekt interessant.

Wegen der einfachen Handhabung und Wirtschaftlichkeit hat das chemische Polieren das anodische Glänzen schon jetzt aus vielen Gebieten verdrängt. Nur bei besonders hohen Anforderungen an die Oberflächenglätte, wie sie z.B. an Reflektoren für gerichtetes Licht gestellt werden, ist man vorerst noch auf die anodischen Polierverfahren angewiesen.

Die Abb. 263, 264 und 265 zeigen die praktische Anwendung des Glanzeloxierens.

Abb. 262.
Kühlerfigur und Zierleiste aus Reflectal, chemisch poliert und eloxiert.

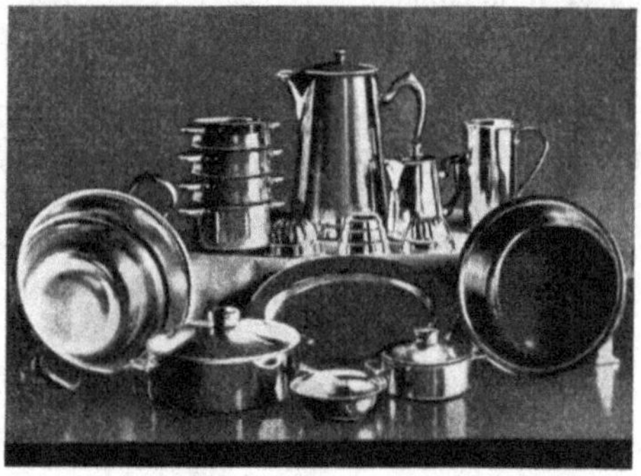

Abb. 263.
Serviergeräte aus Reflectal, chemisch poliert und eloxiert.

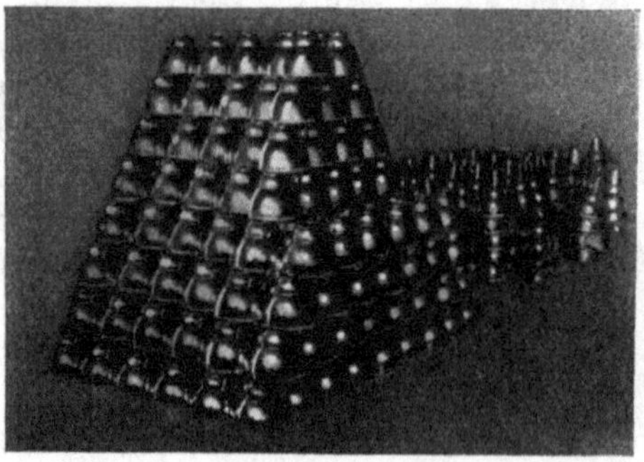

Abb. 264.
Reflektoren für diffuses Licht, chemisch poliert und eloxiert.

G. Anhang

I. Verzeichnis der Abbildungen

			Seite
Abb.	1	Aluminium-Elektrolyse-Zelle 1854 von Sainte-Claire Deville	3
Abb.	2	Metallschmelzofen nach W. von Siemens (1878)	3
Abb.	3	Première idée de l'invention d'Héroult tracée par lui sur un cahier de cours de l' Ecole des Mines (1883)	3
Abb.	4	Héroult-Ofen 1888—1889 für Herstellung von Al-Legierungen	5
Abb.	5	Ofen nach Kiliani mit drehbarer Anode	6
Abb.	6	Zelle von Héroult mit drehbarer Kathode	6
Abb.	7	Elektrolyse-Anlage in Froges	7
Abb.	8	Elektrolyse-Zelle nach DRP. 445246 (V.A.W.)	7
Abb.	9	Sechs-Elektroden-Zelle 5000 A (1894)	11
Abb.	10	8000-A-Elektrolyseofen	11
Abb.	11	20000-A-Zelle mit 12 Elektroden	11
Abb.	12	Ovale Elektrolyse-Zelle	12
Abb.	13	8000-A-Ofen mit Söderberg-Elektrode	12
Abb.	14	Söderberg-Anode mit flußeisernen Stromzuführungsbolzen	13
Abb.	15, 16	Söderberg-Anode mit vertikalen Stromzuführungsbolzen	13
Abb.	17	Metallentnahme aus 8000-A-Zelle mit Schöpftiegel	14
Abb.	18	Mechanische Schöpfeinrichtung in 8000-A-Zelle mit archimedischer Spirale und Preßluftmotor	14
Abb.	19	Pneumatische Schöpfeinrichtung	14
Abb.	20	Blick in eine ältere Elektrolysehalle, in der das Metall nach dem Heber-Prinzip aus den Öfen entnommen wird	15
Abb.	21	Strom- und Spannungsmeßkurven	24
Abb.	22	Leistung der Gleichstromgeneratoren in Abhängigkeit von der Tourenzahl	28
Abb.	23	Schnitt durch Wasserschloß, Rohrbahn und Krafthaus Töging	30
Abb.	24	Maschinenhaus	31
Abb.	25	Schaltbild einer Gleichstromanlage für Alu-Elektrolyse	32
Abb.	26	Motorgeneratoren des Erftwerkes	36
Abb.	27	Einankerumformer im Lautawerk	38
Abb.	28	Gleichrichtergefäße 4000 A	39
Abb.	29	Wirkungsgrad, Preis und Platzbedarf der Quecksilber-Gleichrichter in Abhängigkeit von der Spannung	40
Abb.	30	Schaltung für den Selektivschutz rückzündender Gleichrichter	43
Abb.	31	Einzeldrehregler mit Handantrieb, eingebaut hinter der Betätigungstafel	44
Abb.	32	Summendrehregler mit selbsttätigem Öldruck-Schnellregler	44
Abb.	33	Einzelprimärströme, Gesamtnetzstrom- und Gleichspannung im Oszillogramm einer 36-phasigen Gleichrichteranlage	46
Abb.	34	Gleichstrommessung mit Gleichstrom-Meßwandler von Koch und Sterzel	51
Abb.	35	Aufhängung einer einzelnen Anode	55
Abb.	36	gekoppelte Anoden	57
Abb.	37	Blockanoden, gekoppelt	57
Abb.	38	Anodenrahmen einer Söderberg-Elektrode (Spießanordnung für Zwei-Anoden-Ofen)	58
Abb.	39	Anodenrahmen für Ein-Anoden-Ofen	59
Abb.	40	Anordnung von Eisen- und Aluminium-Mantel zur Führung der Elektroden-Masse	59
Abb.	41	Kathode mit gußeiserner Platte	61

Seite

Abb. 42 verschiedene Kathodenformen 61
Abb. 43 „Bitterfelder" Ofen-Form 63
Abb. 44 sogenannter Schienenofen 63
Abb. 45 runder Ofen mit Bodenschienen 63
Abb. 46 Stromstärke und Spannungsverlauf je Zelle beim Einschalten 72
Abb. 47 Einschaltung von 100 Söderbergöfen für 30000 Ampère 74
Abb. 48 Einschaltung eines 30000 Amp.-Söderbergofens mit Blockkohlenboden und grüner Anode 75
Abb. 49 Verlauf von Spannung und Stromausbeute 81
Abb. 50 Festlegung des Elektrodenabstandes 85
Abb. 51 Abbrand der Anoden 87
Abb. 52 „Einschnüren der Anoden" 88
Abb. 53 Schöpftiegel 89
Abb. 54 Absaugeinrichtung 90
Abb. 55 Abhängigkeit der Polarisationsspannung von der Temperatur und Stromdichte bei bewegtem Elektrolyten 99
Abb. 56 Abhängigkeit der Polarisationsspannung von der Temperatur und Stromdichte bei unbewegtem Elektrolyten 99
Abb. 57 Abhängigkeit der Polarisationsspannung von der Temperatur bei bewegtem Elektrolyten 99
Abb. 58 Raffinationszelle nach W. Hoopes 100
Abb. 59 Raffinationszelle nach S. A. Tucker 100
Abb. 60 Raffinationszelle nach A. G. Betts 101
Abb. 61 Raffinationszelle, Bauart A. I. A. G.. 103
Abb. 62 Raffinationszelle mit Vorherd (Bauart VAW Grevenbroich) 104
Abb. 63 Schema einer Schrottaufbereitung 107
Abb. 64 Abhängigkeit der Stromausbeute η von der Stromdichte D bei konstantem Elektrodenabstand 112
Abb. 65 Abhängigkeit der Stromausbeute η vom Elektrodenabstand l bei konstanter Stromdichte 112
Abb. 66 Steigerungsgebiete 113
Abb. 67 Beziehung zwischen Neigung der Liquiduslinie und Zusammensetzung der Mutterlauge nach P. Röntgen 113
Abb. 68 Ternäres Diagramm Al-Fe-Cu 114
Abb. 69 Seigerrückstand 114
Abb. 70 Beeinflussung der Spannung durch Zugabe von frischem zu raffinierendem Metall 117
Abb. 71 Aufarbeitung von Rückständen aus der Dreischichtenschmelzfluß-Elektrolyse 119
Abb. 72 Schema einer Gießanlage 120
Abb. 73 Korrosionsbeständigkeit von Aluminium gegen Salzsäure, Gewichtsverluste in g/dm² abhängig von der Dauer des Angriffs 121
Abb. 74 Anlage zur Bindemittelherstellung 132
Abb. 75 Schema einer Brechanlage 132
Abb. 76 Vertikalkammerofen-Anlage, Bauart Koppers 134
Abb. 77 Schema einer Siebkugelmühle 136
Abb. 78 Diagramm der Kornfraktionen einer Klassieranlage 137
Abb. 79 Mahl- und Klassieranlage für Anoden-Trockenstoff 138
Abb. 80 Mischmaschine in Kippstellung mit geöffnetem Deckel 138
Abb. 81 Schema einer Mischanlage 139
Abb. 82 Brennkurven, gemessen im Brennofen für Anoden 142
Abb. 83 Schema eines Brennofen-Gundrisses 144
Abb. 84 Ausschnitt aus der Kammerreihe (schematisch) 145
Abb. 85 Querschnitt durch den Brennofen (schematisiert) 145
Abb. 86, Abb. 87 Nippelbefestigung bei Anoden 149

Seite

Abb. 88, Abb. 89 Nippelbefestigung bei Anoden 149
Abb. 90 Anodenverbrauch in Abhängigkeit vom Volumenverhältnis CO_2 : CO im Abgas der Zelle 151
Abb. 91 Diffusionsabbrand (schematisiert) 152
Abb. 92 Anodenreste 152
Abb. 93 Söderbergmasse, Fließproben 157
Abb. 94 Schema einer Mahl- und Klassieranlage für Söderbergmasse 158
Abb. 95 Ausnutzung der Gase der Elektrolyse unter Rückgewinnung von Kryolith 161
Abb. 96 Waschtürme für die Ofengase 161
Abb. 97 Gasbeheizter Tiegelschmelzofen 166
Abb. 98 Elektrisch beheizter Herdschmelzofen; mit Schmelzbrücke; um den Schwerpunkt kippbar (Bauart AIAG) 167
Abb. 99 Elektrisch beheizter Herdschmelzofen; ohne Schmelzbrücke; um die Schnauzenspitze kippbar (Bauart Junker) 168
Abb. 100 Koksgefeuerter Herdschmelzofen (nach Budgen) 168
Abb. 101 Elektrisch beheizter Warmhalte- und Gießofen; um die Schnauzenspitze kippbar (Bauart VLW) 169
Abb. 102 Niederfrequenz-Induktionsofen, mit gebogener Schmelzrinne (Bauart Ruß) 170
Abb. 103 Niederfrequenz-Induktionsofen, mit geraden Schmelzrinnen (Siemens und Halske) 170
Abb. 104 Masselarten 172
Abb. 105 Masselguß mit schwenkbarer Rinne 172
Abb. 106 Schema einer Masselgießmaschine mit schräg laufendem Band (Bernsdorfer Eisenwerk) 173
Abb. 107 Schema einer Masselgießmaschine mit waagerechtem Band (Ardelt-Werke GmbH.) 173
Abb. 108 Handbedienung eines Kippgefäßes an einer Masselgießmaschine . . . 174
Abb. 109 Mechanische Bewegung der Kippwanne einer zweireihigen Masselgießmaschine 174
Abb. 110 Fallender Guß 186
Abb. 111 Liegender Guß (nur für Walzbarren) 186
Abb. 112 Liegender Guß (nach Erichsen) DRGM. 1525251 187
Abb. 113 Schwenkguß 188
Abb. 114 Durville-Guß 188
Abb. 115 Züblin-Guß 189
Abb. 116 Wassergekühlte Züblinkokille mit feststehendem Schlitzverschluß (DRP. 66976 DM) 190
Abb. 117 Aufbaukokillenguß (DRP. 686763 DMW) 190
Abb. 118 Tütenguß (sehr langsames Absenken der vorher gefüllten Tüte in Wasser und Beheizen des noch über Wasser befindlichen Teiles der Tüte) (nach IG. Farben) 191
Abb. 119 Tütenguß (rasches Füllen der Tüte mit Metall und darauffolgendes Steigenlassen des Kühlwassers) (High Duty Alloys) 191
Abb. 120 Tütenguß (Metallzuführung durch Trichterrohr unter gleichzeitigem Absenken der Tüte in Wasser 192
Abb. 121 Tütenguß (Metallzuführung durch Wendelrinne unter gleichzeitigem Absenken der Tüte in Wasser) (nach Lurgi Thermi GmbH.) 192
Abb. 122 Vollkuntinuierliche Stranggußanlage (Junghans) 193
Abb. 123 Halbkontinuierliche Stranggußanlage (VLW) 194
Abb. 124 Kleinere, transportable Gießanlage 196
Abb. 125 Unterbrochener Strangguß (nach VDM) 197
Abb. 126 a) Rundbarrenguß 198
Abb. 126 b) Walzbarrenguß 198
Abb. 127 Hohlbarrenguß (Innendurchmesser > 130 mm) 200

Seite
Abb. 128 a) Plattierguß unter Verwendung der Züblin-Gießart 201
Abb. 128 b) Plattierguß unter Anwendung des Stranggießprinzips 201
Abb. 129 Mehrfachguß mit selbsttätiger Metallverteilung durch Schwimmer . . 202
Abb. 130 Gießgeschwindigkeit von Wassergußrundbarren verschiedener Legierungen in Abhängigkeit vom Blockdurchmesser 205
Abb. 131 Gießgeschwindigkeit von Wassergußflachbarren in Abhängigkeit von der Blockdicke 205
Abb. 132 a) Zur Verringerung von Spannungen theoretisch günstigste Temperaturverteilung beim Blockguß (schematisch) 208
Abb. 132 b) Ungefähre Temperaturverteilung im Leichtmetallblock beim Wassergießen mit mittlerer Geschwindigkeit 208
Abb. 132 c) Temperaturverteilung im Leichtmetallblock beim „langsamen Wassergießen“ 208
Abb. 133 Dreiteilige gußeiserne Form für Ringgußproben zur Prüfung von Al-Legierungen auf Warmbrüchigkeit 210
Abb. 134 Warmbrüchigkeit von Al-Cu-Mg-Legierungen hoher Reinheit (nach Pumphrey u. Moore) 210
Abb. 135 Lage untersuchter Legierungen aus Aluminium (99,5)-Kupfer-Magnesium-Mangan mit 1% Mn und Ergebnisse von Gießversuchen 211
Abb. 136 Warmbrüchigkeit von AlFeSi-Legierungen hoher Reinheit (nach A. R. E. Singer und P. H. Jennings) 211
Abb. 137 Warmbrüchigkeit von AlMgSi-Legierungen hoher Reinheit (nach Jennings, A. R. E. Singer und Pumphrey) 211
Abb. 138 a) Entstehung des Schrumpfspaltes und der Oberflächenausschwitzungen 213
Abb. 138 b) Vermeidung der Oberflächenausschwitzungen durch eine sich nach unten konisch verengende Kokille 213
Abb. 139 a) und b) Einwirkung von raschem und langsamem Gießen auf die Erstarrungszonenbreite und das Bruchgefüge von AlCuNi 214
Abb. 140 a) und b) Schliffbild aus der Mitte eines 300 mm dicken Rundbarrens aus AlCuMg. 215
Abb. 141 a) und b) Längsschliff eines Abschnittes aus einem stranggegossenen Rundbarren von 150 mm ∅ aus Reinaluminium 216
Abb. 142 Mikroröntgenschattenbilder aus der Mitte von AlCuMg-Gußbarren von 300 mm ∅ 217
Abb. 143 Festigkeitswerte von aus 300 mm dicken Rundbarren verschiedener Gießverfahren hergestellten Profilen aus AlCuMg 218
Abb. 144 Fabrikationsgang einer Umschmelzhütte 222
Abb. 145 Tiegelofen mit Vorherd (Bauart Schmitz & Co., Wuppertal) 225
Abb. 146 Widerstandsbeheizter Doppeltiegelofen (Bauart Elino) 225
Abb. 147 Universeller Wannenofen mit Vorherden zum Einschmelzen von Aluminium-Schrotten 228
Abb. 148 Prinzipskizze eines universellen Wannen-Vorherdofens (Vorschlag VLW) 229
Abb. 149 Koksgefeuerter Herdofen 229
Abb. 150 Kippbarer eisenummantelter Wannenofen mit Gas, Öl- oder Staubfeuerung 231
Abb. 151 Chlorisierungsanlage für Aluminium-Legierungen nach A. A. Smith Ir. USA Pat. 2447672 231
Abb. 152 Wannen-Vorherdofen der VAW 231
Abb. 153 Kostenvergleich eines Abstichgenerators mit einer Braunkohlenstaubanlage bei verschiedenen Gießleistungen 232
Abb. 154 Feststehender Herdschmelzofen für Aluminiumlegierungen mit angebautem Koksgenerator und Steinrekuperator (Bauart Dönicke) 234
Abb. 155 Gasgefeuerter Strahlrohrofen für Al-Schmelzen (Bauart H. Koppers GmbH.) 234
Abb. 156 Schmelzofen der Sterling Corporation A. P. 2204173 235
Abb. 157 Elektrischer Wannenschmelzofen für 5000 kg Inhalt (Bauart Elino) . . 235

Seite

Abb. 158 Elektrischer Schmelzofen S. S. W. 236
Abb. 159 Einfacher Flugzeugschrott-Abschmelzofen mit zwei Schmelzbrücken . . 236
Abb. 160 VAW-Abschmelzofen mit Schrägaufzug 237
Abb. 161 Klönne-Ofen 237
Abb. 162 Doppelherd und Doppel-Trommelofen zum Schachtschmelzofen von Klönne (Vorschlag VLW) 239
Abb. 163 Niederschachtofen der VLW Hannover 240
Abb. 164 Schachtofen der IG. 240
Abb. 165 Aluminium-Umluft-Schachtofen mit Vorherd 241
Abb. 166 Unterflurgelagerter Kammerofen zum Abschmelzen von Flugzeugmotoren (Bauart VAW) 242
Abb. 167 Verschiedene Ausführungsarten von Drehtrommelöfen 243
Abb. 168 Längsschnitt durch einen Kurztrommelofen 244
Abb. 169 Schematische Zeichnung des Salz-Stickstoff-Konverters (a) und des Chlor-Stickstoff-Konverters (b) der Metallhütte Mark 245
Abb. 170 Prinzipskizze eines Schaukelofens 246
Abb. 171 Einfacher Umschmelzofen für Späne und Doppelherd-Umschmelzofen mit Vorherd 247
Abb. 172 Schachtöfen zum Einschmelzen von Aluminiumabfällen mit Elektrodenheizung verschiedener Ausführung 248
Abb. 173 Aluminiumspäne-Schmelzofen mit elektrischer Schmelzsalzbeheizung . . 249
Abb. 174 Prinzip des Niederfrequenz-Induktionsofens 250
Abb. 175 Aufbau des Niederfrequenz-Induktionsofens 250
Abb. 176 Verschiedene Rinnenkonstruktionen von Induktionsofen 251
Abb. 177 S. & H. Niederfrequenz-Induktionsofen 251
Abb. 178 Vakuum-Niederfrequenzofen 252
Abb. 179 Hydraulischer kippbarer Hochfrequenz-Tiegelofen 253
Abb. 180 Metallfluß bei der Herstellung von Halbzeugen aus Reinaluminium (a) und AlCuMg (b) 255
Abb. 181 Spanlose Formgebung zur Herstellung von Halbzeugen und Gußteilen . 257
Abb. 182 Spez. Stauchdruck bei 50prozentiger Stauchung in Abhängigkeit von der Stauchtemperatur 258
Abb. 183 Temperaturabhängigkeit der Festigkeitseigenschaften vollständig stabilisierter Aluminium-Werkstoffe 259
Abb. 184 Gefüge einer AlCuMg-Legierung 260
Abb. 185 Ausbildung der Schmalseiten von Walzbarren 261
Abb. 186 Gefügeänderungen beim Warmwalzen (V = 100 ×, ungeätzt) Legierung: AlCuMg, Walztemperatur 450° C 266/267
Abb. 187 Eigenschaftsänderungen beim Warmwalzen Legierung: AlCuMg Walztemperatur 450° C 268
Abb. 188 Amerikanisches Reservier-Quarto zum Warmwalzen von Aluminium und Al-Legierungen 269
Abb. 189 Einfluß der Kaltverformung auf Festigkeit und Dehnung 270
Abb. 190 Einfluß einer Erwärmung von 350° C auf die Festigkeitseigenschaften eines walzharten Bleches der Gattung Al-Mn (Blechdicke 1 mm) . . . 271
Abb. 191 AlCuMg-Blech vor und nach der Rekristallisation (Lösungsglühung) . . 271
Abb. 192 Rückstrahlaufnahmen nach verschiedener Glühbehandlung (Al-Mn, 50% kaltgewalzt) 272
Abb. 193 Rekristallisationstemperatur verschiedener Al-Legierungen (nach Hanemann und Vogel) 272
Abb. 194 Abhängigkeit der Korngröße (AlCuMg) vom Verformungsgrad (Recken 1—15%) nach Rekristallisation bei 505° 273
Abb. 195 Einfluß der Korngröße auf 0,2 Grenze und Festigkeit. AlCuMg (Bondur 17/69) 274
Abb. 196 Bandwalzgerüst 274

Seite

Abb. 197 Mikro-Aufnahme eines aluminiumplattierten AlCuMg-Bleches (V = 200 ×) Zustand: walzhart (nicht ausgehärtet) Plattierschicht diffusionsfrei 276
Abb. 198 Mikro-Aufnahme eines aluminiumplattierten AlCuMg-Bleches (V = 200 ×) Zustand: kalt ausgehärtet (10 min bei 500° C geglüht und abgeschreckt). Diffusion von Legierungselementen des Kernwerkstoffs an der Grenzzone zwischen Kernwerkstoff und Plattierung 276
Abb. 199 Mikro-Aufnahme eines aluminiumplattierten AlCuMg-Bleches (V = 200 ×) Zustand: Kalt ausgehärtet (60 min bei 500° C geglüht und abgeschreckt). Diffusion von Legierungselementen des Kernwerkstoffes bis zur Blechoberfläche 277
Abb. 200 Stehende 1000-t-Strangpresse 278
Abb. 201 Liegende 3-Säulen-Strangpresse (3500 t) 278
Abb. 202 Liegende 4-Säulen-Strangpresse (5000 t) 279
Abb. 203 Verformung beim Strangpressen (schematisch) 279
Abb. 204 Ausbildung von Grobkornzonen beim Strangpressen (60 min bei 500° C im Salzbad geglüht). a) Preßstufe: 2/3 Barrenlänge, b) Preßstufe: 1/3 Barrenlänge 280
Abb. 205 a) und b) Festigkeitseigenschaften am Preßende und am Preßanfang von Stangen 50 mm ∅ aus AlCuMg-Legierung (Cu 3,91, Mn 0,72, Mg 0,87, Si 0,46, Fe 0,44%), einstranggepreßt 280
Abb. 205 c) und d) Makrogefüge am Preßende und am Preßanfang von Stangen 50 mm ∅ aus AlCuMg-Legierung (Cu 3,91, Mn 0,72, Mg 0,87, Si 0,46, Fe 0,44%), einstranggepreßt und vergütet. Preßbarren 155 mm ∅. c) Preßende, d) Preßanfang 281
Abb. 206 Fließbild zur Darstellung der Verformung beim Strangpressen. Voreilen des Kerns gegenüber den Randzonen 282
Abb. 207 Rohrpreßwerkzeug. Dorn mittels Bügel an der Matrize befestigt 282
Abb. 208 Querschnitte von Leichtmetall-Preßprofilen 282
Abb. 209 Beseitigung grobkörniger Randzonen von AlCuMg-Stangen durch Kaltziehen und Rekristallisationsglühen (Aushärte) 284
(Die Zahlen geben die Abziehgrade in % an)
Abb. 210 Rißbildung beim Schmieden einer grobkörnigen AlCuMg-Legierung . . 285
Abb. 211 Gesenkpreßteile aus Leichtmetall 287
Abb. 212 Geschmiedete Pleuelstange 287
Abb. 213 Leichtmetall-Gesenkpreßteil 287
Abb. 214 Leichtmetall-Gesenkpreßteil 287
Abb. 215 Leichtmetall-Gesenkpreßteil (Verstelltraverse für Messerschmitt-Verstellluftschraube Me P 7) 287
Abb. 216 15000-t-Schmiedepresse 289
Abb. 217 Wirkung von Steiger und Abschreckplatten 291
Abb. 218 Mikrogefüge einer AlSi-Legierung (Silumin) 291
Abb. 219 Einfluß des Si-Gehaltes und der Veredlung auf die Zugfestigkeit und die Dehnung von Silumin 292
Abb. 220 Einfluß der Probendicke auf die Festigkeitseigenschaften von Silumin-Beta und Silumin-Gamma 292
Abb. 221 Sandgußstücke 292
Abb. 222 Sandgußstücke 293
Abb. 223 Kokillengußstücke 294
Abb. 224 Kaltkammer-Druckgußmaschine 296
Abb. 225 a) Arbeitsprinzip der Preßgießmaschine. Druckkammer innerhalb der Gießform (Bauart Eckert, Nürnberg) 297
Abb. 225 b) Arbeitsprinzip der Preßgießmaschine. Druckkammer außerhalb der Gießform (Bauart Polak, Prag) 297
Abb. 226 Beispiele von Druckgußteilen 301
Abb. 227 Einfluß der Behandlungsdauer auf Schichtdicke und Lackaufnahmevermögen der MBV-Schicht 305

Seite

Abb. 228 Oberflächenbeschaffenheit der MBV-Schicht in Abhängigkeit der MBV-Dauer 305
Abb. 229 Steigerung des Lackverankerungsvermögens durch BMV-Behandlung . 311
Abb. 230 Einfluß der Vorbehandlung auf die Klarheit der EW-Schicht. Al 99,5% 311
Abb. 231 Schemat. Darstellung einer Anlage zur chemischen Oxydation von Aluminium und Aluminium-Legierungen nach dem MBV- und EW-Verfahren . . . 312
Abb. 232 Einfluß einer Alodine-Behandlung auf das Lackverankerungsvermögen. Korrosion nach Lackieren und Anritzen in essigs. oxyd. Kochsalzlösung 312
Abb. 233 Korrosionsverhalten einer Alodine behandelten Probe. Einwirkung 5% Kupfersulfat-Lösung 48 Std., anschließend in 2%iger Kochsalzlösung 500 Std. 313
Abb. 234 Schemat. Darstellung: Das Wachstum anodischer Deckschichten n. Baumann 317
Abb. 235 Elektronenmikroskopische Aufnahme eines Oxalsäure-Films nach H. Fischer. V = 18000. Al 99,99%, mech. poliert, elektrolyt. geglättet . . 317
Abb. 236 Korrosionsbeständigkeit von unbehandelt und anodisch oxydiertem Al 99,5% in aggressivem Flußwasser 319
Abb. 237 Abhängigkeit der spez. Kapazität c, Feldstärke E, und Schichtdicke d von der Formierungsspannung nach W. Herrmann 320
Abb. 238 Einfluß des Reinheitsgrades auf den Verluststrom von Elektrolyt-Überspannungsableiter Als-Thom, Type KA für 325 V = nach Gadeau . . 320
Abb. 239 Einbau von Si-Kristallen in die Eloxalschicht nach H. Fischer 321
Abb. 240 Einfluß des Reinheitsgrades auf die Gefügeabzeichnung von Al-Mg-Legierungen. Links: Al-Mg-Legierung aus Raffinal, rechts: Al-Mg-Legierung aus Al 99,7% 321
Abb. 241 Einfluß der Wärmebehandlung auf Al-Mg-Si-Preß-Profile. Links: ungenügende Homogenisierung, rechts: vollständig homogenisiert 322
Abb. 242 Einfluß des Gußgefüges beim chem. Polieren von Al 99,99% 322
Abb. 243 Einfluß der Homogenisierung auf die Glänzung von Al-Cr-Guß-Legierung auf Raffinal-Basis. Links: vollständig homogenisiert, rechts: bei 600° C geglüht 323
Abb. 244 Blechoberfläche von alkalisch gebeiztem Al 99,5%. V = 500 × 325
Abb. 245 Blech-Oberfläche von in Salpetersäure-Flußsäure gebeiztem Al 99,5%. V = 500 × 325
Abb. 246 Korrosion in Abhängigkeit von der Beizbehandlung. Links: Entfettet mit Trichloräthylen, Mitte: Alklisch gebeizt, Rechts: sauer gebeizt. 325
Abb. 247 Möglichkeiten für den Wärmeaustausch beim Eloxal-Betrieb 327
Abb. 248 Hilfskontakte beim anodischen Oxydieren 327
Abb. 249 Schaltschema einer Eloxalanlage 328
Abb. 250 Transformator-Schaltungen für Oxalsäure-Anlagen 329
Abb. 251 Schichtwachstum, Dickenänderung und Metallabtragung bei der anodischen Oxydation in Schwefelsäure nach G. Elßner 330
Abb. 252 Elytierte Al-Oberfläche 335
Abb. 253 Einfluß der Vorbehandlung auf eine GS-Schicht Al 99,99% 336
Abb. 254 Stromspannungskurve beim anodischen Glänzen nach K. Huber 336
Abb. 255 Reflexionssteigerung bei Al 99,99% durch das Ablöseverfahren 337
Abb. 256 Anfressungen in Drückriefen beim anodischen Glänzen im alkalischen Elektrolyten durch Anodengas 340
Abb. 257 Interferenzlinien-Aufnahme nach Tolansky, Natriumlicht, Linienabstand $\lambda/2$, Reflectal mech. poliert, GS-eloxiert 340
Abb. 258 Interferenzlinien nach Tolansky, Reflectal 15″, chem. geglänzt, GS-eloxiert 341
Abb. 259 Lichtmikroskop. Aufnahme (1000:1), Reflectal 5″, chem. geglänzt, GS-eloxiert 341
Abb. 260 Interferenzlinien nach Tolansky, Raffinal, anodisch-geglänzt, GS-eloxiert 341
Abb. 261 Lichtmikroskop. Aufnahme (1000:1), Raffinal, anodisch-geglänzt, GS-eloxiert 341
Abb. 262 Kühlerfigur und Zierleiste aus Reflectal, chemisch-poliert und eloxiert . 344
Abb. 263 Serviergeräte aus Reflectal, chemisch poliert und eloxiert 344
Abb. 264 Reflektoren für diffuses Licht, chemisch poliert und eloxiert 344

II. Verzeichnis der Tabellen

Seite

Tab. 1 Kennzahlen der ersten Aluminium-Elektrolysen 11
Tab. 2 Gleichstromverbrauch bei verschiedenen Ofenarten und Betriebsbedingungen 68
Tab. 3 Schmelzmittelbedarf bei 14000 A-Öfen in verschiedenen Jahren 69
Tab. 4 Anoden-Verbrauch bei verschiedenen Ofenarten in den verschiedenen Jahren 70
Tab. 5 Abscheidungspotentiale 97
Tab. 6 Physikalische Daten der Elekrolyt-Bestandteile 102
Tab. 7 Dichten einiger Salze im Schmelzfluß 102
Tab. 8 Entmischungstemperaturen einiger ternärer und quaternärer Salzgemische 106
Tab. 9 Einige Daten zum Chlor-Stickstoff-Verfahren von Röntgen-Haas 108
Tab. 10 Vergleichende Daten zweier Raffinationszahlen 110
Tab. 11 Analysendaten der Ausgangslegierung und der sogenannten Mutterlauge (Alu-Raffination) 114
Tab. 12 Übersicht über die Wärmeverluste der Raffinationszelle 116
Tab. 13 Verunreinigungen der Ausgangsstoffe für den Raffinationselektrolyten . . 117
Tab. 14 Analyse von Anodenmetallen 119
Tab. 15 Analysendaten von raffiniertem Metall 120
Tab. 16 Technologische Daten des Raffinademetalls verschiedenen Reinheitsgrades 122
Tab. 17 Analysendaten zur Al-Raffination auf chemischem Wege 126
Tab. 18 Daten einiger Elektrolyseöfen zur Berechnung des Luftabbrandes der Anoden 153
Tab. 19 Vergleichsdaten einer kürzeren und einer längeren Anode 154
Tab. 20 Liquidus- und Badtemperatur für verschiedene Aluminium-Legierungen . 204
Tab. 21 Gießbedingungen für Plattierguß 206
Tab. 22 Binäre Salzgemische, ihre Schmelzpunkte und Eutektika 221
Tab. 23 Trüpfelproben zur Identifizierung der Legierungssorten 223
Tab. 24 Liste der Standard-Aluminium-Legierungen 226/227
Tab. 25 Kostenvergleich für verschiedene Brennstoffe 230
Tab. 26 Kostenrechnung je t Gießleistung bei
a) Koksgeneratoranlage 232
b) Kohlenstaubfeuerung 233
Tab. 27 Technische Daten zum S. u. H.-Doppelherd-Induktionsofen 252
Tab. 28 Aluminium-Knetwerkstoffe 261
Tab. 29 Liste der Normblätter über die Aluminium-Knet- und Gußwerkstoffe . . . 264
Tab. 30 Aluminium-Gußlegierungen 298
Tab. 31 Korrosionseigenschaften des Aluminiums von verschiedenem Reinheitsgrad 303
Tab. 32 Gewichtsverlust einer Al-Si-Legierung mit 1,54% Si und 0,12% Fe in verschiedenen Lösungen 303
Tab. 33 Einfluß der Legierungskomponenten auf die Ausbildung der MBV-Schicht 306
Tab. 34 Einfluß einer Nachglühung auf die Eigenschaften der MBV-Schicht . . 308
Tab. 35 Licht-, Wetter- und Korrosionsbeständigkeit von gefärbten MBV-Schichten 309
Tab. 36 Anodische Oxydations-Verfahren 314
Tab. 37 Verschleißfestigkeit von Eloxalschichten 318
Tab. 38 Wärmeentwicklung beim Eloxieren 326
Tab. 39 Temperatur und Spannung beim Eloxieren 328
Tab. 40 Färben von künstlich erzeugten Oxydschichten 333
Tab. 41 Übersicht über Verfahren zum anodischen Glänzen 338
Tab. 42 Chemisches Glänzen nach dem Alupol-Verfahren 342
Tab. 43 Einfluß des Reinheitsgrades bei Anwendung des Erftwerk-Glänzverfahrens 343

III. Stichwort-Verzeichnis

(siehe auch Inhaltsverzeichnis)

Abgratpressen 288
Ablöse-Verfahren 339
Absaugeinrichtung 54, 90, 159 ff.
Abschrecken 283
Abschreckungsöfen 236
Alcoa-Verfahren 338
Aluminide 321
Alupol-Verfahren 342
Alzac- — 338
Anoden 53, 149
— -Abbrand 87, 88
— -Abstand 85
— -Aufbau 317
— -Aufhängung 55
Block- — 57
— -Brennen 141
— -Brennofen 143 ff.
— -Deckschichten 316
— -Dicken 317
— -Dienst 87
— drehbare 6
— -Effekt 22, 83
— -Eigenschaften 150, 318
— -Eingießen 150
— -Einstampfen 150
— gekapselte 57
— gekoppelte 57
— -Pressen 140
— -Rahmen 58, 59
— Söderberg- 12, 13, 58
— -Struktur 318
— vorgebrannte 53
Anodische Oxydation 313, 314, 323 ff.
Arbeitsvorschriften f. MBV 306 ff.
Aushärten 289
Ausschwitzungen 214

Badschmelzen 82
— -Beurteilung 82
Beizen 324, 325
Bindemittel 131
Blockguß 178, 208
Blockseigerung 213
Brytal-Verfahren 338, 340

Chromsäure-Verfahren 332

Depolarisation 19, 123
Dreischichten-Elektrolyse 100
Druckguß 295
Durville-Guß 188

Elektrischer Arbeitsverbrauch 10, 26
Elektrische Anlagen für Elektrolyse 20
Elektroden (s. Anoden und Kathoden)
— -Abbrand 85
Elektrolyse-Bedienung 82
— -Einschalten v. Systemen bzw. einzelnen Öfen 71, 73, 77
— Geschichtliches 1
— -Öfen (-Zellen) 3, 4, 10, 11, 15, 53, 100
— — geschlossene 13
— — offene 11, 14, 53
— — -Typen 53
— -Technik in Deutschland 8
— — in Europa 4
— — in USA 9
Elektrolyt 2, 4, 69
Eloxal-Verfahren 330
— -Oxalsäure- — 331
— -Schwefelsäure- — 330
Elytal-Verfahren 335
Ematal-Verfahren 332
Entfetten 324
Entgasung 220
Erstarrungs-Zonen 212
Erftwerk-Verfahren 310

Färben von Oxydschichten 333, 334
Feinrissigkeit 209
Fernschutzwirkung 275
Folien-Abfälle 224
— -Aufbereitung 224
Formänderungs-Widerstand 259
Formgebung 257
Formgießen 290
Formgußteile 257

Gas-Gehalt 220
— -Löslichkeit 220
Gießöfen 165
— -Temperaturen 203, 204
Glänzen 338
— VAV-Verfahren 339, 340
Gleichrichter 34, 39, 49, 52, 117
Gleichstrom-Maschinen 29
— -Primär-Erzeugung 28
Gußgefüge 321, 322

Haftgrund für Anstriche 307, 308
Hall-Verfahren 10
Herdöfen 167
Héroult-Verfahren 4
Homogenisierung 323
Hütten 8, 9, 28

Induktionsöfen 170, 249

Kaltlaufbildung 209, 215
— -schweißstellen 216
— -verformung 260
— -walzen 270
Kathoden 15, 60
— drehbare 6, 7
Kneten 257, 258
Kokillenguß 199, 217, 293
Kokssorten 128
Kontakt-Gleichrichter 52
Koppers-Ofen 134
Kornbildung 273
Korngrößen für Anodenkoks 135
Korrosions-Eigenschaften 303
Kosten-Vergleiche 67, 71
— für Schmelzen 232, 233
Krätze-Aufbereitung 224
Kryolith 2, 4, 17, 85

Legierungen 94, 227, 262, 263, 298—300
Mn- — 95
Si- — 94
Ti- — 95
Verschnitt- — 256

Masselguß 172, 174
Mehrfachguß 202
Mehrstrangpressen 283
Metall-Absaugen 54
— -Entnahme 14, 89
Mischkokse 130

Oberflächenbehandlung 302
Ofen-Aufbereitung 163
— für Elektrolyse s. unter E
— -Gase 161
— -Spannung 10, 22, 79, 81
— -Typen 53 ff.
Oxydation, chemische 303

Paketwalzen 274
Pechkoks 129, 130
Personal-Bedarf 70
Petrolkoks 128
Plattiergieß-Verfahren 276
Plattierguß 201, 205
Polarisationsspannung 98, 124
Polieren, anodisch 335, 338
— chemisch 335
— mechanisch 335
Pressen 277
Preß-Effekt 284
— -Lunker 281
— -Profile 282
— -Werkzeuge 282
Pullen-Verfahren 317, 340

Quecksilberdampf-Gleichrichter 39

Raffinal 97
Raffination durch Elektrolyse 99
— von Schrott 219
— -szelle 115
— szellen-Aufbau 104, 116
Reflectal-Verfahren 344
Regler 43, 44
Reinstaluminium 97
Reißneigung 209
Rekristallisation 260, 272
Rückzündungen 41

Salzbad-Elektroofen 246
Sandguß 290
Schaukelofen 242
Schmelzen 4, 113
— Bad 69
— Beurteilung 82, 86
— Mittel 69
Schmieden 285
— Freiform- 286
— Gesenk- 286
— Hämmer- 288
— Pressen- 288
Schrott (s. auch Raffination)
— -Umlauf 256
Seigerungen 113
Seigerrückstand 114
Söderberg-Anlage 158
— -Anode (s. Anode)
— -Masse 127 ff., 155
Spaltrisse 210
Stauchdruck 258
Stauchtemperatur 258
Störungen 90
Strangguß 193 ff., 217
Stromausbeute 21, 26, 80, 81, 111
— verbrauch 10, 11, 68

Theoretisches z. Aluminium-Elektrolyse 16
Tiegelöfen 166, 225
Transformatoren 43
Trommelöfen 242
Tütenguß 191, 192, 217

Umformer 34
— -Anker 37
— -Rückspannung 18, 99

Verbundwerkstoff 275
Verbrauch an Rohstoffen 68
— an Strom 10, 11, 68
Verformungen 259
Verpreßverhältnis 279

Walzen 261
Walzplatten 275
— -temperatur 265
Warmbrüchigkeit 210
— -Risse 209
— -Walzen 266 ff.
Wasserguß 216, 217

Ziehen 277, 284
Züblin-Guß 189, 190, 201
— -Verfahren 218
Zweiwachs 281

IV. Namen-Verzeichnis

Arndt, K. 16, 83

Bataschew, K. P. 16
Bauer, H. XII, 222
Baukloh, C. 180
Baumann, W. 316, 317
Beaugard, L. 318
Beck, A. 254
Bedworth, R. 302
Bengough, G. D. 313
Berger, G. W. 283
Berthaut, 3
Bertram, E. 169, 248
Betts, B. 101
Bleicher, W. 283
Boner, J. E. 16
Bosshard, M. 183
Bradley 10
Brenner, P. 184, 206, 218, 263, 275, 276
Briesemeister, S. 180
Budgen, N. F. 167
Budiloff, H. 318
Buff, 313
Bunsen, R. 2
Burg, E. v. 259
Butzard, R. W. 332

Capitaine, H. 171, 250
Chatelier, Le, L. 2
Chrétienne, P. E. 178
Claus, W. 180
Cotterell, S. A. 210
Cowles, Gebr. 125
Czochralski, J. 193

Daniel, L. J. E. 3
Dautzenberg, W. 108, 181, 245
Davy, H. 1
Deville, H., Sainte-Claire 1, 2, 3, 4
Dicks, H. 169
Dixon, J. D. 3
Dönicke, K. H. 234, 238
Draper, Chr. 181
Dreyer, K. L. 273, 284
Droßbach, P. 17, 18, 19, 99, 111
Durville 187, 188

Eastwood, Z. B. L. W. 178, 180
Eckert, G. 304
Eggert 240
Eitel, W. 80
Elsner, G. 330, 331
Emme, M. 3
Engelhardt, V. 94
Erichsen, P. F. 186, 187

Feldmann 3
Ferrand 11
Fischer, J. W. 17, 95, 96
Fischer, H. 316, 317, 321, 322

Gadeau, R. 97, 101, 320
Gaschler, A. 124
Gaudin 3
Gengenbach, O. 167
Gentil, H. L. 124
Gerber, J. 297
Ginsberg, H. 19, 96, 100, 223, 247, 335
Grabau 3
Graetzel 3
Grogan, J. D. 181
Groß, A. XII
Grothe, H. 105
Grousilliers 3
Grube, G. 17, 98
Grünert, E. 17
Grünler, Ph. 29
Guertler, W. 228
Gürtler, G. 183

Haas, M. 181[13])
Haglund, T. 125
Hall, Chr. M. 4, 10
Hansen, M. 273
Hanson, D. 181
Hantelmann, P. 17, 98
Harrington, R. A. 318
Hänsler, E. 183
Heiligenstaedt, W. 169
Helling, W. 247, 304, 310, 312
Hennicke, G. 171, 254
Hermann, W. 316, 320

Herrmann, E. 193
Héroult, P. 2, 3, 4, 5, 6, 7, 10
Hoffmann, K. 175
Hoopes, W. 100, 101
Holder, H. 96
Huber, K. 336, 337
Hug, H. 171, 183
Hurter 103

Irmann, R. 259

Jaquet, P. A. 336
Jennings, P. H. 210, 211, 212, 294, 295
Jentsch, F. 295
Junghans, S. 193

Kacz, F. 265
Kaeßberg, H. 289
Kagenbusch 3
Kalaehne, E. 180
Kalass, W. 16
Kästner, H. 196
Kiliani, M. 5, 6
Kiliani, H. 5
Klönne, 238, 239
Knops, F. 171
Koch, W. 180, 181
Kohlmeyer, E. J. 124, 244
Koppers, H. 232
Kostron, H. 263, 265, 277
Kötteritzsch, E. 187
Krämer, W. 52
Kurz, F. 316

Lacombe, P. 318
Lamourdedieu, M. 269
Lange, Br. 80
Lange, R. XII
Lattey, R. 332
Lay, H. 247
Lebrecht, L. 53
Lees, D. C. E. 294
Linnhof, F. 254
Lontin, 3
Lorenz, R. 80
Lossier 3
Lux, L. 320
Luzzatto 14

Masing, G. 213, 258
Matter, J. 269
Mauksch, W. 318
Mäkelt, E. XII
Menzen, Th. XII
Minet, 3
Moore, D. C. 210
Monckton, E. H. C. 124
Müller (u. Röntgen) 180
Müller, W. J. 302

Nelson, H. R. 318
Neunzig, H. 310, 312
Noelke, O. E. 51
Nikuradse-U. 178
Nipper, H. A. 178

Oersted, H. Chr. 1
Omholt 3

Pacz, A. 94, 291
Péchiney, 4, 5
Peters, H. XII
Piontelli, R. 17
Pitting, N. B. 302
Piwowarsky, E. 178, 207
Pollak 313
Pontzen, H. 232
Prearly-Rapatz 193
Probst, H. 83
Pullen, N. D. 317
Pumphrey, W.J. 210, 211, 295

Redjali, M. 180
Reimers, J. H. 221
Reis, W. v. 119
Rosenhain, W. 181
Roth, W. 165, 184, 195, 204, 218, 275, 276
Röhrig, H. 178
Röntgen, P. 17, 97, 113, 180, 220

Sachs, G. 278, 286, 293
Seemann, H. J. 284
Siedentopf, K. 173
Siemens, W. v. 2, 3
Sieverts, A. 180
Singer, A. R. E. 210, 211, 212, 294, 295
Slater, J. G. 181
Smith, A. A. 231
Smithells, C. J. 180

Schenk, M. 304, 313, 316, 317, 318, 330, 335
Scheuer, E. 183
Schindler, M. 5
Schmid, E. 180
Schmitt, H. 320
Schneider, K. 223, 245
Schneider, Ph. 171, 225, 230 254
Schofield, T. H. 181
Schöller, H. 27
Schunck, H. 255
Schweinitz, H. v. 180

Steinhäuser, K. 120, 221
Stelljes, H. A. 176
Stockeld, F. E. 286
Stuart, J. McA. 313

Tronstad, L. 221
Tucker 101
Tullis, D. R. 181

Varley, P. C. 265
Vernon, W. H. J. 302
Verwey, E. J. W. 318

Ward, J. W. 50
Warsington, W. 245
Wartenberg, H. v. 83
Währer, F. 221
Weiß, P. XII
Winkler, A. 3
Winterhager, H. 180, 222
Wöhler, Fr. 1

Zeerleder, A. v. 95, 96, 103, 165, 173, 183, 185, 187, 259, 269
Zunckel, B. 194
Zurbrügg, E. 302
Züblin, J. 187, 201

ANZEIGEN

GeScho
Das führende Metallveredlungswerk Deutschlands
Fernruf: 80741-43 u. 82421
Fernschreiber: 0723926
Gebr. Schoch Stuttgart-Feuerbach

WIRTH
Blockschruppbänke
WIRTH
Blockbohrbänke
WIRTH
Plattenfräsmaschinen
ALFRED WIRTH & CO., ERKELENZ (RHLD.)

FULMINA
INDUSTRIEÖFEN
Schmelzöfen
Wärmebehandlungsöfen
elektrisch-, gas- und ölbeheizt
Ölbrenner, Gasbrenner
INDUSTRIEOFENBAU FULMINA
FRIEDRICH PFEIL
EDINGEN-MANNHEIM
FERNSCHREIBER 046-666

MIX
Papier | Fördert gute Waldnutzung
FSC® C083411

Kolibri 360 GmbH
Ferdinand-Jühlke-Straße 7
99095 Erfurt, Deutschland
produktsicherheit@kolibri360.de